Springer-Lehrbuch

Norbert Kusolitsch

Maß- und Wahrscheinlichkeitstheorie

Eine Einführung

2., überarbeitete und erweiterte Auflage

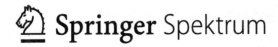 Springer Spektrum

Prof. Dipl.-Ing. Dr. techn. Norbert Kusolitsch
Institut für Statistik und Wahrscheinlichkeit
Technische Universität Wien
Wien, Österreich

Die erste Auflage des Buches erschien 2011 bei Springer Wien.

ISSN 0937-7433
ISBN 978-3-642-45386-1   ISBN 978-3-642-45387-8 (eBook)
DOI 10.1007/978-3-642-45387-8

Die Deutsche Nationalbibliothek verzeichnet diese Publikation in der Deutschen Nationalbibliografie;
detaillierte bibliografische Daten sind im Internet über http://dnb.d-nb.de abrufbar.

Springer Spektrum
© Springer Berlin Heidelberg 2011, 2014

Springer Spektrum ist eine Marke von Springer DE.
Springer DE ist Teil der Fachverlagsgruppe Springer Science+Business Media.
www.springer-spektrum.de

Tibor Nemetz

zum Gedenken

Vorwort zur zweiten Auflage

In der zweiten Auflage wurden neben etlichen Berichtigungen und Verbesserungen vor allem die Abschnitte über Konvergenzarten, gleichmäßige Integrierbarkeit, Ergodensätze und Martingale überarbeitet und erweitert. Zudem habe ich auf Wunsch vieler Leser ein Symbolverzeichnis eingefügt.

An dieser Stelle möchte ich insbesondere den Studentinnen und Studenten, danken, die mich auf Fehler und Unklarheiten im Text der ersten Auflage hingewiesen haben, und die dadurch viel zur besseren Lesbarkeit und Verständlichkeit der neuen Auflage beigetragen haben.

Schließlich danke ich Frau Agnes Herrmann und Herrn Clemens Heine vom Springer-Verlag für ihre Hilfe und zuvorkommende Betreuung, mit der sie die Neuauflage ermöglicht haben.

Wien, November 2013 *Norbert Kusolitsch*

Vorwort zur ersten Auflage

Dieses Buch ist aus Vorlesungen über „Maß- und Wahrscheinlichkeitstheorie" entstanden, die ich in den letzten Jahren an der TU Wien für drittsemestrige Studenten mit grundlegenden Kenntnissen aus Analysis im Anschluss an eine elementare Einführung in die Wahrscheinlichkeitsrechnung gehalten habe. Es ist daher empfehlenswert, wenn der Leser ein entsprechendes Wissen mitbringt, aber, um auch für das Selbststudium geeignet zu sein, ist das Buch so konzipiert, dass es für sich alleine gelesen werden kann (die dafür notwendigen Begriffe und Resultate sind im Anhang zusammengestellt).

Es sei betont, dass es sich um ein Lehrbuch handelt, das sich an einen Leserkreis wendet, der sich einen ersten Überblick über die wesentlichsten Themen und Problemstellungen der Maß- und Integrationstheorie, sowie der auf maßtheoretischen Konzepten aufbauenden Wahrscheinlichkeitstheorie verschaffen möchte. Keinesfalls ist es für Experten gedacht, die nach einer umfassenden Darstellung mit Verweisen auf die Originalliteratur suchen, oder die sich einen Überblick über die neuesten Entwicklungen verschaffen möchten.

Diejenigen Leserinnen und Leser, denen dieses Buch als Einstiegsdroge dient - ich hoffe es gibt welche - und die sich eingehender mit einem oder beiden Fachgebieten auseinandersetzen wollen, finden in der Literaturliste eine Reihe empfehlenswerter Werke. Zur Maß- und Integrationstheorie hervorheben möchte ich das gleichnamige Buch von J. Elstrodt, Neben einer umfangreichen Bibliographie an Originalarbeiten enthält es zahlreiche Bemerkungen über die historischen Entwicklungen und etliche Kurzbiographien von Mathematikern, die bedeutende Beiträge zu diesem Themenkreis geleistet haben. Ein ausgezeichnetes Buch, das beide Gebiete sehr ausführlich und umfassend behandelt, ist P. Billingsley's „Probability and Measure", und zur Wahrscheinlichkeitstheorie seien neben den klassischen zwei Bänden von W. Feller vor allem die Bücher von L. Breiman und D. Williams erwähnt.

Der Zielsetzung des Buches entsprechend habe ich nicht immer die kürzeste und eleganteste Darstellung gewählt, sondern um des besseren Verständnisses willen mitunter auch Umwege in Kauf genommen oder auf Beweisideen zurückgegriffen, die mir intuitiver schienen. So wird etwa Lebesgues Satz über die Differenzierbarkeit monotoner Funktionen nicht, wie meist üblich, mit Hilfe von Vitali-Überdeckungen bewiesen, sondern ich habe dazu den geometrisch so anschaulichen Satz von Riesz über die aufgehende Sonne verwendet.

Für einen einsemestrigen kombinierten Kurs über Maß- und Wahrscheinlichkeitstheorie ist der Umfang wohl zu groß. Da wird man eine Auswahl treffen müssen, etwa durch Verzicht auf die Abschnitte 6.6 - 6.8, 7.4 , 7.7, 7.8, 8.4, 10.3, 10.4, 13.3, 13.4, 14.3, 15.4, 17.3 - 17.5 sowie das gesamte Kapitel 16. Die Auswahl für einen Semesterkurs, der nur Maß- und Integrationstheorie behandelt, ergibt sich von selbst, und in zwei Semestern sollte es möglich sein den gesamten Stoff durchzuarbeiten.

Mein besonderer Dank gilt den Studentinnen und Studenten, die bei der Verfassung des Manuskripts und der Erstellung der Grafiken mitgeholfen haben. Danken möchte ich aber auch jenen die mit Anregungen, Ratschlägen und Berichtigungen zur Verbesserung des Textes und der Beseitigung zahlreicher Fehler beigetragen haben. Für die verbleibenden Fehler und Unklarheiten ist selbstverständlich der Autor verantwortlich. Den Leserinnen und Lesern danke ich im Voraus, wenn sie mich darauf aufmerksam machen oder mir sonstige Verbesserungsvorschläge mailen (an *kusolitsch@ci.tuwien.ac.at*).

Und zu guter Letzt danke ich dem Team des Springer-Verlages, Wien, insbesondere Frau Schilgerius und Frau Mag. Martiska für die wohlwollende Unterstützung und kompetente technische Hilfe, mit der sie zur Verwirklichung und Fertigstellung des Buches beigetragen haben.

Wien, Oktober 2010   *Norbert Kusolitsch*

Inhaltsverzeichnis

1

Einführung

1.1 Ein Beispiel

Wirft man einen Würfel bis zur ersten Sechs, so kann man die Wahrscheinlichkeit, dass dies gerade beim n-ten Wurf passiert, berechnen, indem man die Menge $\Omega_n := \{1, \ldots, 6\}^n$ aller n-Tupel betrachtet, die man mit den Augenzahlen $1, \ldots, 6$ bilden kann. Ω_n besteht aus $|\Omega_n| = 6^n$ Elementen und bei einem fairen Würfel sollte jedes n-Tupel gleich wahrscheinlich sein. Die erste Sechs erscheint gerade dann beim n-ten Wurf, wenn das n-Tupel der Wurfergebnisse in $A_n := \{(x_1, \ldots, x_{n-1}, 6): \quad x_i \in \{1, \ldots, 5\} \quad \forall i = 1, \ldots, n-1\}$ liegt. Wegen $|A_n| = 5^{n-1}$ folgt dann aus der klassischen Wahrscheinlichkeitsdefinition

$$P(A_n) = \left(\frac{\text{günstige Fälle}}{\text{mögliche Fälle}} \right) = \frac{5^{n-1}}{6^n} \, .$$

Um die Wahrscheinlichkeiten der einzelnen Ausgänge zu bestimmen, haben wir für jedes n einen anderen Wahrscheinlichkeitsraum Ω_n verwendet.

Man kann dies nur umgehen, wenn man als Raum der Versuchsausgänge die Menge $\Omega := \{(x_1, x_2, \ldots): x_i \in \{1, \ldots, 6\} \quad \forall i \in \mathbb{N}\}$ aller Folgen, die mit den Zahlen $1, \ldots, 6$ gebildet werden können, betrachtet.

Ersetzt man in diesen Folgen jede Sechs durch eine Null, so kann man die entsprechende Folge $(x_1, x_2, \ldots)$ interpretieren als Zahl $x := \sum_{i=1}^{\infty} x_i \, 6^{-i}$, angeschrieben im 6-adischen Zahlensystem. Bei Zahlen der Form $\sum_{i=1}^{n} x_i \, 6^{-i}$ mit $x_n \neq 0$, die auch periodisch als $\sum_{i=1}^{n-1} x_i \, 6^{-i} + (x_n - 1) \, 6^{-n} + 5 \sum_{i=n+1}^{\infty} 6^{-i}$ angeschrieben werden können, wollen wir immer die endliche Form verwenden. Dadurch entspricht jeder Zahl aus $[0, 1)$ eine eindeutige Folge.

Wir werden etwas später sehen, dass es praktisch keine Rolle spielt, wenn wir damit den Folgen $(x_1, \ldots, x_n, 5, 5, \ldots)$, $x_n < 5$ keine Zahl zuordnen können. Aber auf Grund der obigen Ausführungen ist klar, dass unser Raum Ω überabzählbar sein muss.

Wir haben angenommen, dass jedes konkrete n-Tupel $(x_1, \ldots, x_n) \in \Omega_n$ mit der gleichen Wahrscheinlichkeit $P((x_1, \ldots, x_n)) := 6^{-n}$ auftreten kann. Die Menge aller Folgen, deren erste n Würfe durch das n-Tupel $(x_1, \ldots, x_n)$ festgelegt sind, bezeichnen wir mit $A(x_1, \ldots, x_n)$, d.h.

$$A(x_1, \ldots, x_n) := \{(x_1, \ldots, x_n, x_{n+1}, \ldots) : x_{n+i} \in \{0, \ldots, 5\} \quad \forall\, i \in \mathbb{N}\}\,.$$

Der Folge $(x_1, \ldots, x_n, 0, \ldots)$ entspricht die Zahl $x := \sum\limits_{i=1}^{n} x_i \cdot 6^{-i}$ und der Folge $(x_1, \ldots, x_n, 5, \ldots)$ ist die Zahl $x + 6^{-n}$ zugeordnet. Da wir keine periodischen Darstellungen der Form $(x_1, \ldots, x_n, 5, \ldots)$ zulassen, entsprechen den Folgen aus $A(x_1, \ldots, x_n)$ die Zahlen aus dem Intervall $[x, x + 6^{-n})$, und die Länge dieses Intervalls ist gerade die Wahrscheinlichkeit von $A(x_1, \ldots, x_n)$, d.h. $P(A(x_1, \ldots, x_n)) = \frac{1}{6^n}$.

Von einem sinnvollen Wahrscheinlichkeitsbegriff wird man verlangen, dass keine Untermenge wahrscheinlicher als eine sie enthaltende Obermenge sein sollte. Man nennt das die Monotonie der Wahrscheinlichkeit.

Da für jede Folge $(x_1, x_2, \ldots)$ gilt $(x_1, x_2, \ldots) \in A(x_1, \ldots, x_n) \,\forall\, n \in \mathbb{N}$, muss daraus folgen $P(\{(x_1, x_2, \ldots)\}) \leq \frac{1}{6^n} \quad \forall\, n \in \mathbb{N}$, d.h. jede Folge hat Wahrscheinlichkeit $P((x_1, x_2, \ldots)) = 0$. Damit ist klar, dass die Wahrscheinlichkeitsverteilung P nicht durch die Wahrscheinlichkeiten der einzelnen Punkte von Ω festgelegt werden kann. Außerdem kann man überabzählbar viele Terme nicht aufsummieren, d.h. eine Summe der Gestalt $\sum\limits_{(x_1, x_2, \ldots) \in A(x_1, x_2, \ldots, x_n)} P((x_1, x_2 \ldots))$ ergibt keinen Sinn.

Die Menge der Folgen $(x_1, \ldots, x_n, 5, 5, \ldots)$, $x_n < 5, n \in \mathbb{N}$ ist abzählbar. Daher kann man die Summe der Wahrscheinlichkeiten der einzelnen Punkte dieser Menge bilden und erhält Wahrscheinlichkeit 0, was durchaus unserer Intuition entspricht, denn man wird es für ausgeschlossen halten, dass bei einem fairen Würfel ab einem bestimmten Zeitpunkt nur mehr Fünfen geworfen werden. Somit ist es praktisch irrelevant sich mit dieser Menge zu beschäftigen.

Ist nun $[a, b)$ ein beliebiges Teilintervall von $[0, 1)$ mit $a = \sum\limits_{i=1}^{\infty} a_i \, 6^{-i}$ und $b = \sum\limits_{i=1}^{\infty} b_i \, 6^{-i}$, und bezeichnet man die auf n Stellen abgerundeten Werte von a und b mit $\hat{a}_n$ bzw. $\hat{b}_n$ (d.h. $\hat{a}_n = \sum\limits_{i=1}^{n} a_i \, 6^{-i}$ bzw. $\hat{b}_n = \sum\limits_{i=1}^{n} b_i \, 6^{-i}$), so bilden die Intervalle $[\hat{a}_n, \hat{a}_n + 6^{-n}), [\hat{a}_n + 6^{-n}, \hat{a}_n + 2 \cdot 6^{-n}), \ldots, [\hat{b}_n, \hat{b}_n + 6^{-n})$ eine disjunkte Überdeckung des Intervalls $[a, b)$, deren Wahrscheinlichkeit der Summe $\hat{b}_n + 6^{-n} - \hat{a}_n$ der Längen der Teilintervalle entspricht. Ohne die beiden Randintervalle $[\hat{a}_n, \hat{a}_n + 6^{-n})$, $[\hat{b}_n, \hat{b}_n + 6^{-n})$ reduziert sich die Gesamtlänge der Vereinigung der verbleibenden Intervalle auf $\hat{b}_n - \hat{a}_n - 6^{-n}$ und diese Vereinigung liegt nun zur Gänze in $[a, b)$. Wegen der Monotonie der Wahrscheinlich-

keitsverteilung sollte daher gelten $\hat{b}_n - \hat{a}_n - 6^{-n} \leq P([a,b)) \leq \hat{b}_n - \hat{a}_n + 6^{-n}$.
Daraus folgt wegen $\lim_{n\to\infty} \hat{a}_n = a$, $\quad \lim_{n\to\infty} \hat{b}_n = b$ und $\lim_{n\to\infty} 6^{-n} = 0$

$$P([a,b)) = b - a \, .$$

Diese Verteilung, die jedem Teilintervall $[a,b) \subseteq [0,1)$, $a \leq b$ seine Länge $b-a$ als Wahrscheinlichkeit zuordnet, wird stetige Gleichverteilung auf $[0,1)$ genannt. Der Name rührt daher, dass jedes Teilintervall mit einer gegebenen Länge dieselbe Wahrscheinlichkeit besitzt, unabhängig von seiner Lage in $[0,1)$. Man sagt auch, die stetige Gleichverteilung ist translationsinvariant.

Wir zeigen nun, dass es unmöglich ist, durch P *jeder* Teilmenge von $[0,1)$ eine Wahrscheinlichkeit zuzuordnen, wenn man fordert, dass man die Wahrscheinlichkeiten abzählbar vieler disjunkter Mengen aufsummieren darf, und, wenn man die Forderung der Translationsinvarianz aufrecht erhalten möchte.

Mit den Bezeichnungen $\lfloor x \rfloor := \max\{z \in \mathbb{Z} : z \leq x\}$, $\quad x \bmod 1 := x - \lfloor x \rfloor$ ist $x \sim y \Leftrightarrow (x-y) \bmod 1 \in \mathbb{Q} \cap [0,1)$ eine Äquivalenzrelation. und bestimmt daher eine Klassenzerlegung von $[0,1)$.

Man nimmt nun aus jeder Klasse genau ein Element und bildet damit eine Menge A (das Auswahlaxiom A.2 besagt, dass dies möglich ist). Somit gilt $x \neq y$, $x,y \in A \Rightarrow (x-y) \bmod 1 \notin \mathbb{Q}$.

Ist $A + x := \{y = (a+x) \bmod 1 : a \in A\}$, dann bilden die $\{A + q : q \in \mathbb{Q}\}$ eine disjunkte Zerlegung von $[0,1)$, denn für $q_1 \neq q_2$, $q_i \in \mathbb{Q}$ gilt klarerweise $A + q_1 \cap A + q_2 = \emptyset$, und für jedes $x \in [0,1)$ gibt es ein $y \in A$, sodass $x \sim y \Rightarrow \exists q : x-y \bmod 1 = q \in \mathbb{Q} \Rightarrow x \in A+q$. Also $[0,1) = \bigcup_{q \in \mathbb{Q} \cap [0,1)} A+q$.

Die Translationsinvarianz bedeutet $P(A+q) = P(A) \quad \forall \, q \in \mathbb{Q}$.

Darf man nun die Wahrscheinlichkeiten der $A + q$ aufsummieren, so gilt

$$P([0,1)) = \begin{cases} 0 & \text{, wenn } P(A) = 0 \\ \infty & \text{, wenn } P(A) > 0 \, . \end{cases}$$

Das widerspricht $P([0,1)) = 1$, womit unsere Behauptung bewiesen ist.

Wir müssen also für die stetige Gleichverteilung einen kleineren Definitionsbereich als die Potenzmenge von $[0,1)$ suchen.

2

Mengen und Mengensysteme

2.1 Elementare Mengenlehre

Mit $\mathfrak{P}(\Omega) := \{A : A \subseteq \Omega\}$ bezeichnen wir die Potenzmenge von $\Omega \neq \emptyset$.

Die Mengenoperationen, wie Vereinigung zweier Mengen $A \cup B$, ihr Durchschnitt $A \cap B$, ihre Differenz $A \setminus B := A \cap B^c$ und ihre symmetrische Differenz $A \triangle B := (A \setminus B) \cup (B \setminus A)$ werden als bekannt vorausgesetzt.

Definition 2.1. *Ist* $f : \Omega_1 \to \Omega_2$ *eine beliebige Abbildung und* $A \subseteq \Omega_1$ *, so nennt man die Abbildung* $f|_A : A \to \Omega_2$ *, definiert durch* $f|_A(\omega) := f(\omega) \quad \forall\, \omega \in A$ *die Einschränkung oder Restriktion von* f *auf* A *.*

Definition 2.2. *Ist* $f : \Omega_1 \to \Omega_2$ *eine beliebige Abbildung, so nennt man* $f^{-1}(A) := \{\omega \in \Omega_1 : f(\omega) \in A\}$ *das Urbild von* $A \subseteq \Omega_2$ *. In der Wahrscheinlichkeitstheorie ist auch die Schreibweise* $[f \in A]$ *für das Urbild gebräuchlich.*

Für $\emptyset \neq \mathfrak{C} \subseteq \mathfrak{P}(\Omega_2)$ *bezeichnet* $f^{-1}(\mathfrak{C}) := \{f^{-1}(C) : C \in \mathfrak{C}\}$ *das System der Urbilder von* $\mathfrak{C}$ *.*

Lemma 2.3 (Operationstreue des Urbilds). *Ist* $f : \Omega_1 \to \Omega_2$ *eine beliebige Abbildung, so gilt:* $f^{-1}(\emptyset) = \emptyset, f^{-1}(\Omega_2) = \Omega_1, f^{-1}(A^c) = f^{-1}(A)^c$,
$$f^{-1}\left(\bigcup_i A_i\right) = \bigcup_i(f^{-1}(A_i)) \text{ und } f^{-1}\left(\bigcap_i A_i\right) = \bigcap_i(f^{-1}(A_i)).$$

Beweis. Die obigen Aussagen folgen unmittelbar aus Definition 2.2.

Definition 2.4. *Ist* $(\Omega_i)_{i \in I}$ *eine Familie von Mengen mit einer beliebigen Indexmenge* I *, so nennt man* $\prod_{i \in I} \Omega_i := \{\omega : I \to \bigcup_i \Omega_i : \omega(i) \in \Omega_i \quad \forall\, i \in I\}$ *das kartesische Produkt der* Ω_i *. Gilt* $\Omega_i = \Omega \quad \forall\, i \in I$ *, schreibt man dafür* Ω^I *.*

Ist $J \subseteq I$ *und bezeichnet man die Elemente von* $\Omega_J := \prod_{j \in J} \Omega_j$ *mit* ω_J *, so wird durch* $\mathrm{pr}_{I,J}(\omega) := \omega_J : \omega_J(j) = \omega(j) \quad \forall\, j \in J$ *eine surjektive Funktion* $\mathrm{pr}_{I,J} : \Omega_I := \prod_{i \in I} \Omega_i \to \Omega_J$ *definiert, die man Projektion von* Ω_I *auf* Ω_J *nennt.*

Statt $\mathrm{pr}_{I,J}$ *schreibt man auch* pr_J *bzw.* pr_j *für* $J = \{j\}$ *, wenn* I *gegeben ist.*

Bemerkung 2.5. *1. Für $|I| = n$ ist $\prod_{i \in I} \Omega_i$ der Raum der n-Tupel $(\omega_1, \ldots, \omega_n)$,*

d.h. es gilt $\prod_{i \in I} \Omega_i = \{(\omega_1, \ldots, \omega_n) : \omega_i \in \Omega_i \quad \forall\, i\}$.

2. Bei abzählbarem I kann $\prod_{i \in I} \Omega_i = \{(\omega_1, \omega_2, \ldots) : \omega_i \in \Omega_i \quad \forall\, i\}$ als Folgen-

raum angeschrieben werden.

3. Ist $A \subseteq \Omega_J$, $J \subset I$, so gilt klarerweise $\mathrm{pr}_J^{-1}(A) = A \times \prod_{i \in J^c} \Omega_i$.

Lemma 2.6. *Sind A, B und C beliebige Teilmengen einer Menge Ω, so gilt:*

1. $A \cap B = B \cap A$,
2. $A \cap (B \cap C) = (A \cap B) \cap C$,
3. $A \,\triangle\, B = B \,\triangle\, A$,
4. $A \,\triangle\, B = A^c \,\triangle\, B^c$,
5. $A \,\triangle\, \emptyset = A$,
6. $A \,\triangle\, A = \emptyset$,
7. $A \,\triangle\, B = (A \cup B) \setminus (A \cap B)$,
8. $(A \,\triangle\, B)^c = (A \cap B) \cup (A^c \cap B^c)$,
9. $A \,\triangle\, (B \,\triangle\, C) = (A \,\triangle\, B) \,\triangle\, C$,
10. $A \cap (B \,\triangle\, C) = (A \cap B) \,\triangle\, (A \cap C)$,
11. $A \,\triangle\, C \subseteq (A \,\triangle\, B) \cup (B \,\triangle\, C)$,
12. $(A \cap B) \,\triangle\, (C \cap D) \subseteq (A \,\triangle\, C) \cup (B \,\triangle\, D)$.

Beweis. ad 1. -6.   Diese Punkte sind trivial.

ad 7. $A \,\triangle\, B = (A \cap B^c) \cup (B \cap A^c) = (A \cup B) \cap (B \cup B^c) \cap (A \cup A^c) \cap (A^c \cup B^c)$
$\qquad = (A \cup B) \cap (A^c \cup B^c) = (A \cup B) \cap (A \cap B)^c = (A \cup B) \setminus (A \cap B)$.

ad 8.   Aus Punkt 7. folgt $(A \,\triangle\, B)^c = (A \cup B)^c \cup (A \cap B) = (A^c \cap B^c) \cup (A \cap B)$.

ad 9. $(B \,\triangle\, C) \setminus A = A^c \cap [(B \cap C^c) \cup (B^c \cap C)] = (A^c \cap B \cap C^c) \cup (A^c \cap B^c \cap C)$.

Aus Punkt 8. folgt

$$A \setminus (B \,\triangle\, C) = A \cap [(B \cap C) \cup (B^c \cap C^c)] = (A \cap B \cap C) \cup (A \cap B^c \cap C^c).$$

Die beiden obigen Gleichungen zusammen ergeben

$$A \,\triangle\, (B \,\triangle\, C) = (A \cap B \cap C) \cup (A \cap B^c \cap C^c) \cup (A^c \cap B \cap C^c) \cup (A^c \cap B^c \cap C).$$

Da die rechte Seite dieser Gleichung symmetrisch in A, B und C ist, muss gelten $A \,\triangle\, (B \,\triangle\, C) = (A \,\triangle\, B) \,\triangle\, C$.

ad 10.   Durch Umformen erhält man

$$\begin{aligned}
(A \cap B) \,\triangle\, (A \cap C) &= [(A \cap B) \cap (A \cap C)^c] \cup [(A \cap B)^c \cap (A \cap C)]\\
&= [(A \cap B) \cap (A^c \cup C^c)] \cup [(A^c \cup B^c) \cap (A \cap C)]\\
&= (A \cap B \cap C^c) \cup (A \cap B^c \cap C) = A \cap [(B \cap C^c) \cup (B^c \cap C)]\\
&= A \cap (B \,\triangle\, C).
\end{aligned}$$

ad 11. Auch dies ergibt sich durch einfache Umformung

$$A \vartriangle C = (A \cap C^c) \cup (A^c \cap C)$$
$$= (A \cap B \cap C^c) \cup (A \cap B^c \cap C^c) \cup (A^c \cap B \cap C) \cup (A^c \cap B^c \cap C)$$
$$\subseteq (B \cap C^c) \cup (A \cap B^c) \cup (A^c \cap B) \cup (B^c \cap C) = (A \vartriangle B) \cup (B \vartriangle C) .$$

ad 12. $(A \cap B) \setminus (C \cap D) = (A \cap B) \cap (C^c \cup D^c) = (A \cap B \cap C^c) \cup (A \cap B \cap D^c)$
$$\subseteq (A \cap C^c) \cup (B \cap D^c) \subseteq (A \vartriangle C) \cup (B \vartriangle D) .$$

Aus Symmetriegründen gilt auch $(C \cap D) \setminus (A \cap B) \subseteq (A \vartriangle C) \cup (B \vartriangle D) .$

Lemma 2.7.

$$\left(\bigcup_{i \in I} A_i \right) \vartriangle \left(\bigcup_{j \in I} B_j \right) \subseteq \bigcup_{i \in I} (A_i \vartriangle B_i) . \tag{2.1}$$

Beweis. $\left(\bigcup_i A_i \right) \cap \left(\bigcup_j B_j \right)^c = \bigcup_i \left(A_i \cap \bigcap_j B_j^c \right) \subseteq \bigcup_i (A_i \cap B_i^c) \subseteq \bigcup_i (A_i \vartriangle B_i).$

Analog zeigt man $\left(\bigcup_j B_j \right) \cap \left(\bigcup_i A_i \right)^c \subseteq \bigcup_i (A_i \vartriangle B_i) .$

Lemma 2.8. *Sind* $I_1, \ldots, I_n$ *endliche Indexmengen, so gilt für beliebige Mengen* $A_{i,j}$ $i = 1, \ldots, n,$ $j \in I_i$:

$$\bigcap_{i=1}^n \bigcup_{j \in I_i} A_{i,j} = \bigcup_{(j_1, \ldots, j_n) \in \prod\limits_{i=1}^n I_i} \bigcap_{i=1}^n A_{i,j_i}, \quad \bigcup_{i=1}^n \bigcap_{j \in I_i} A_{i,j} = \bigcap_{(j_1, \ldots, j_n) \in \prod\limits_{i=1}^n I_i} \bigcup_{i=1}^n A_{i,j_i}.$$

Beweis. Es genügt die linke Gleichung zu beweisen, die rechte folgt dann daraus nach den Regeln von de Morgan.

$$\omega \in \bigcap_{i=1}^n \bigcup_{j \in I_i} A_{i,j} \quad \Leftrightarrow \quad \forall i \in \{1, \ldots, n\} \; \exists j_i \in I_i : \quad \omega \in A_{i,j_i}$$

$$\Leftrightarrow \exists (j_1, \ldots, j_n) \in \prod_{i=1}^n I_i : \quad \omega \in \bigcap_{i=1}^n A_{i,j_i} \quad \Leftrightarrow \quad \omega \in \bigcup_{(j_1, \ldots, j_n) \in \prod\limits_{i=1}^n I_i} \bigcap_{i=1}^n A_{i,j_i} .$$

Bemerkung 2.9. *Die Floskel „im Zeichen" wird meist durch i.Z. abgekürzt.*

Definition 2.10. *Unter dem limes superior einer Mengenfolge* (A_n) *versteht man die Menge* $\overline{\lim} A_n := \limsup A_n := \bigcap_{n \in \mathbb{N}} \bigcup_{k \geq n} A_k$, *und als limes inferior der Folge bezeichnet man die Menge* $\underline{\lim} A_n := \liminf A_n := \bigcup_{n \in \mathbb{N}} \bigcap_{k \geq n} A_k$. *Wenn gilt* $\underline{\lim} A_n = \overline{\lim} A_n$, *so nennt man* $A := \lim_n A_n := \underline{\lim} A_n = \overline{\lim} A_n$ *den Grenzwert der Folge, und sagt* A_n *konvergiert gegen* A *(i.Z.* $A_n \to A$).

Lemma 2.11. *Ist (A_n) eine Mengenfolge, so gilt:*

1. $\limsup A_n = \overline{A} := \{\omega : \quad \omega$ *liegt in unendlich vielen* $A_n\}$
2. $\liminf A_n = \underline{A} := \{\omega : \quad \omega$ *liegt in fast allen* $A_n\}$.

Beweis. Für $\omega \in \overline{A}$ existiert eine Teilfolge (k_i), sodass: $\omega \in A_{k_i} \quad \forall\, i \in \mathbb{N}$. Daher gibt es für $\forall\, n \in \mathbb{N}$ ein $k_i \geq n : \quad \omega \in A_{k_i} \subseteq \bigcup_{k \geq n} A_k$. Somit gilt

$$\omega \in \bigcap_{n \in \mathbb{N}} \bigcup_{k \geq n} A_k \text{ , d.h. } \overline{A} \subseteq \limsup A_n \; .$$

Umgekehrt bildet man zu $\omega \in \limsup A_n$ durch $k_1 := \min\{k \geq 1 : \omega \in A_k\}$ und $k_n := \min\{k > k_{n-1} : \quad \omega \in A_k\}$ für $n > 1$ eine Teilfolge (k_n), mit $\omega \in A_{k_n} \quad \forall\, n \in \mathbb{N} \; \Rightarrow \; \limsup A_n \subseteq \overline{A}$. Damit ist Punkt 1. gezeigt.

Aus Punkt 1. folgt mit Hilfe der de Morgan'schen Regeln

$$(\liminf A_n)^c = \left(\bigcup_{n \in \mathbb{N}} \bigcap_{k \geq n} A_k \right)^c = \bigcap_{n \in \mathbb{N}} \bigcup_{k \geq n} A_k^c$$

$$= \{\omega : \quad \omega \text{ in unendlich vielen } A_n^c\} = \{\omega : \quad \omega \text{ in fast allen } A_n\}^c \; .$$

Somit gilt $(\liminf A_n)^c = \underline{A}^c \quad \Rightarrow \quad \liminf A_n = \underline{A}$.

Lemma 2.12. *Für jede Mengenfolge (A_n) gilt* $\liminf A_n \subseteq \limsup A_n$.

Beweis. Obwohl das Lemma unmittelbar aus dem vorigen Lemma folgt, wollen wir einen Beweis geben, der sich nicht auf Lemma 2.11 stützt.
Für $m \geq n$ gilt $\bigcap_{k \geq n} A_k \subseteq \bigcap_{k \geq m} A_k \subseteq \bigcup_{k \geq m} A_k$. Ist hingegen $m < n$, so führt dies zu $\bigcap_{k \geq n} A_k \subseteq \bigcup_{k \geq n} A_k \subseteq \bigcup_{k \geq m} A_k$. Somit gilt $\bigcap_{k \geq n} A_k \subseteq \bigcup_{k \geq m} A_k \quad \forall\, m \in \mathbb{N}$.
Daraus folgt $\bigcap_{k \geq n} A_k \subseteq \bigcap_{m \in \mathbb{N}} \bigcup_{k \geq m} A_k \, \forall\, n \in \mathbb{N} \; \Rightarrow \; \bigcup_{n \in \mathbb{N}} \bigcap_{k \geq n} A_k \subseteq \bigcap_{m \in \mathbb{N}} \bigcup_{k \geq m} A_k$.

Definition 2.13. 1. *Eine Funktion $f : A \to \mathbb{R}$ mit $A \subseteq \mathbb{R}$ ist monoton steigend oder wachsend, wenn $x < y \Rightarrow f(x) \leq f(y) \quad \forall\, x, y \in A$ (i.Z. $f_n \nearrow$).*
   Die Funktion $f : A \to \mathbb{R}$ ist strikt (streng) monoton steigend, wenn $x < y \Rightarrow f(x) < f(y), \quad \forall\, x, y \in A$.
2. *Eine Funktion $f : A \to \mathbb{R}$ mit $A \subseteq \mathbb{R}$ ist monoton fallend, wenn gilt $x < y \Rightarrow f(x) \geq f(y) \quad \forall\, x, y \in A$ (i.Z. $f_n \searrow$).*
   Die Funktion $f : A \to \mathbb{R}$ ist strikt (streng) monoton fallend, wenn $x < y \Rightarrow f(x) > f(y) \quad \forall\, x, y \in A$.
3. *Eine reelle Zahlenfolge (x_n) wird monoton steigend genannt, wenn $n < m \Rightarrow x_n \leq x_m \quad \forall\, n, m \in \mathbb{N}$ (i.Z. $x_n \nearrow$).*
   Die Folge ist strikt monoton steigend, wenn $n < m \Rightarrow x_n < x_m \quad \forall\, n, m \in \mathbb{N}$.
4. *Eine reelle Zahlenfolge (x_n) wird monoton fallend genannt, wenn $n < m \Rightarrow x_n \geq x_m \quad \forall\, n, m \in \mathbb{N}$ (i.Z. $x_n \searrow$).*
   Die Folge ist strikt monoton fallend, wenn $n < m \Rightarrow x_n > x_m \quad \forall\, n, m \in \mathbb{N}$.

5. *Eine Mengenfolge (A_n) ist monoton steigend, wenn*
   $n < m \Rightarrow A_n \subseteq A_m \quad \forall\, n, m \in \mathbb{N}$ *(i.Z. $A_n \nearrow$).*
   Die Folge ist strikt monoton steigend, wenn:
   $n < m \Rightarrow A_n \subset A_m \quad \forall\, n, m \in \mathbb{N}$.
6. *Eine Mengenfolge (A_n) ist monoton fallend, wenn*
   $n < m \Rightarrow A_n \supseteq A_m \quad \forall\, n, m \in \mathbb{N}$ *(i.Z. $A_n \searrow$).*
   Die Folge ist strikt monoton fallend, wenn
   $n < m \Rightarrow A_n \supset A_m \quad \forall\, n, m \in \mathbb{N}$.

Definition 2.14. *Der Indikator einer Menge $A \subseteq \Omega$ ist die Funktion*

$$\mathbb{1}_A(\omega) := \begin{cases} 1, & \omega \in A \\ 0, & \omega \in A^c. \end{cases}$$

Definition 2.15. *Als Signum- oder Vorzeichenfunktion bezeichnet man die Funktion* $\mathrm{sgn} : \mathbb{R} \to \{-1, 0, 1\}$ *definiert durch* $\mathrm{sgn}(x) := \mathbb{1}_{(0,\infty)}(x) - \mathbb{1}_{(-\infty,0)}(x)$.

Definition 2.16. $\delta_{i,j} := \mathbb{1}_{\{i\}}(j)$ *heißt Kronecker-Symbol.*

Lemma 2.17. *Ist (A_n) eine endliche oder abzählbare Mengenfolge aus Ω und $A_0 := \emptyset$, so gilt für die Mengen $B_n := A_n \setminus \left(\bigcup_{i=0}^{n-1} A_i \right) \quad \forall\, n \in \mathbb{N}$:*

$$\bigcup_n A_n = \bigcup_n B_n \,\wedge\, B_n \cap B_m = \emptyset \quad \forall\, n \neq m.$$

Beweis. Aus der Definition der B_n folgt sofort, dass diese disjunkt sind und gilt $B_n \subseteq A_n \quad \forall\, n \in \mathbb{N} \quad \Rightarrow \quad \bigcup_n B_n \subseteq \bigcup_n A_n$. Andererseits gibt es zu jedem $\omega \in \bigcup_{n \in \mathbb{N}} A_n$ ein n mit $\omega \in A_n$. Ist $n_0 := \min\{n : \omega \in A_n\}$, so gilt $\omega \in A_{n_0}$ und $\omega \notin A_i \,\forall\, i < n_0 \Rightarrow \omega \in B_{n_0}$. Daher gilt auch $\bigcup_n A_n \subseteq \bigcup_n B_n$.

Bemerkung 2.18. *Für $(A_n) \nearrow$ gilt: $B_n = A_n \setminus A_{n-1}$.*

Lemma 2.19. *Monoton steigende Mengenfolgen (A_n) konvergieren gegen $\bigcup_n A_n$, während monoton fallende Folgen gegen ihren Durchschnitt $\bigcap_n A_n$ gehen.*

Beweis. $(A_n) \nearrow \quad \Rightarrow \quad \bigcap_{k \geq n} A_k = A_n \quad \Rightarrow \quad \bigcup_{n \in \mathbb{N}} \bigcap_{k \geq n} A_k = \bigcup_{n \in \mathbb{N}} A_n$.
Weiters gilt $\bigcup_{k \geq 1} A_k = \bigcup_{k \geq n} A_k \quad \forall\, n \in \mathbb{N} \quad \Rightarrow \quad \bigcap_{n \in \mathbb{N}} \bigcup_{k \geq n} A_k = \bigcup_{k \geq 1} A_k$.
   Die 2-te Aussage folgt aus der ersten, angewendet auf (A_n^c) und den de Morgan'schen Regeln.

2.2 Algebren und σ-Algebren

Wie schon früher erwähnt, kann man die Gleichverteilung nicht auf $\mathfrak{P}([0,1))$ definieren. Man braucht also einen kleineren Definitionsbereich $\mathfrak{A}_\sigma$, der gewisse Bedingungen erfüllen sollte:

1. Da man Ω die Wahrscheinlichkeit 1 zuordnet, sollte gelten $\Omega \in \mathfrak{A}_\sigma$.
2. Mit $A \in \mathfrak{A}_\sigma$ und $P(A) = p \in [0,1]$, wird man A^c die Wahrscheinlichkeit $1-p$ zuordnen. Somit: $A \in \mathfrak{A}_\sigma \;\Rightarrow\; A^c \in \mathfrak{A}_\sigma$.
3. Da man einer abzählbaren Vereinigung disjunkter Mengen die Summe der Wahrscheinlichkeiten der einzelnen Mengen zuordnet, sollte gelten:

$$A_n \in \mathfrak{A}_\sigma \quad \forall\, n \in \mathbb{N} \quad \wedge A_i \cap A_j = \emptyset \quad \forall\, i \neq j \;\Rightarrow\; \bigcup_{n \in \mathbb{N}} A_n \in \mathfrak{A}_\sigma.$$

4. Sind A, B Mengen, die mit gewissen Wahrscheinlichkeiten auftreten können, so wird man auch $A \cap B$ eine Wahrscheinlichkeit zuordnen wollen, also $A, B \in \mathfrak{A}_\sigma \;\Rightarrow\; A \cap B \in \mathfrak{A}_\sigma$.

Definition 2.20. *Ein Mengensystem $\mathfrak{C} \neq \emptyset$ heißt durchschnittsstabil, wenn es Bedingung 4. erfüllt, also mit je 2 Mengen A, B auch $A \cap B$ enthält.*

Zur Definition eines Mengensystems, das allen obigen Forderungen genügt, werden wir aber etwas einfachere Bedingungen verwenden und dann zeigen, dass diese zu 1. - 4. äquivalent sind.

Definition 2.21. *Ist Ω eine Menge, so nennt man ein System $\emptyset \neq \mathfrak{A}_\sigma \subseteq \mathfrak{P}(\Omega)$ eine σ-Algebra, wenn gilt*

1. $A \in \mathfrak{A}_\sigma \;\Rightarrow\; A^c \in \mathfrak{A}_\sigma$
2. $(A_n) \in \mathfrak{A}_\sigma \quad \forall\, n \in \mathbb{N} \;\Rightarrow\; \bigcup_{n \in \mathbb{N}} A_n \in \mathfrak{A}_\sigma$.

Schwächt man die zweite Bedingung in der obigen Definition ab auf endliche Vereinigungen, so spricht man von einer Algebra.

Definition 2.22. *$\emptyset \neq \mathfrak{A} \subseteq \mathfrak{P}(\Omega)$ heißt Algebra, wenn gilt*

1. $A \in \mathfrak{A} \;\Rightarrow\; A^c \in \mathfrak{A}$
2. $A, B \in \mathfrak{A} \;\Rightarrow\; A \cup B \in \mathfrak{A}$.

Lemma 2.23. *Ist $\mathfrak{A}$ eine Algebra, so gilt $A, B \in \mathfrak{A} \;\Rightarrow\; A \setminus B = A \cap B^c \in \mathfrak{A}$.*

Beweis. $A, B \in \mathfrak{A} \;\Rightarrow\; A^c \cup B \in \mathfrak{A} \;\Rightarrow\; A \setminus B = (A^c \cup B)^c \in \mathfrak{A}$.

Wir zeigen nun, dass die ursprünglich betrachteten Bedingungen äquivalent zu Definition 2.21 sind.

Lemma 2.24. *$\mathfrak{A}_\sigma$ ist eine σ-Algebra genau dann, wenn*

1. $\Omega \in \mathfrak{A}_\sigma$

2. $A \in \mathfrak{A}_\sigma \Rightarrow A^c \in \mathfrak{A}_\sigma$

3. $A_n \in \mathfrak{A}_\sigma \quad \forall\, n \in \mathbb{N} \,\wedge\, A_i \cap A_j = \emptyset \quad \forall\, i \neq j \Rightarrow \bigcup_{n \in \mathbb{N}} A_n \in \mathfrak{A}_\sigma$.

4. $A, B \in \mathfrak{A}_\sigma \Rightarrow A \cap B \in \mathfrak{A}_\sigma$

$\mathfrak{A}$ *ist eine Algebra genau dann, wenn es die Bedingungen 1., 2. und 4. erfüllt.*

Beweis. Punkt 1. impliziert $\mathfrak{A} \neq \emptyset$, und aus den Eigenschaften 2. und 4. folgt:

$$A, B \in \mathfrak{A} \Rightarrow A^c, B^c \in \mathfrak{A} \Rightarrow A^c \cap B^c \in \mathfrak{A} \Rightarrow (A^c \cap B^c)^c = A \cup B \in \mathfrak{A}.$$

Somit folgen die Eigenschaften einer Algebra aus den Punkten 1., 2. und 4.

Ist umgekehrt $\mathfrak{A}$ eine Algebra, so enthält $\mathfrak{A} \neq \emptyset$ eine Menge A und daher auch das Komplement A^c. Daraus folgt $A \cup A^c = \Omega \in \mathfrak{A}$. Mit $A, B \in \mathfrak{A}$ gilt $A^c \cup B^c \in \mathfrak{A} \Rightarrow (A^c \cup B^c)^c = A \cap B \in \mathfrak{A}$.

Ist $\mathfrak{A}_\sigma$ eine σ-Algebra, so gelten, wie oben gezeigt, die Punkte 1., 2. und 4. Punkt 3. folgt unmittelbar aus Bedingung 2. der Definition.

Gelten andererseits die Bedingungen des Lemmas, und ist (A_n) eine Folge aus $\mathfrak{A}_\sigma$, so gilt $A_1 \cup A_2 = (A_1^c \cap A_2^c)^c \in \mathfrak{A}_\sigma$. Daraus folgt durch vollständige Induktion $\bigcup_{i=1}^{n} A_i \in \mathfrak{A}_\sigma \quad \forall\, n \in \mathbb{N}$, sodass nach Lemma 2.23 die disjunkten Mengen $B_1 := A_1, B_n = A_n \setminus \left(\bigcup_{i=1}^{n-1} A_i \right), \quad n \geq 2$ in $\mathfrak{A}_\sigma$ liegen. Nach Lemma 2.17 gilt $\bigcup_n A_n = \bigcup_n B_n \Rightarrow \bigcup_n A_n \in \mathfrak{A}_\sigma$. Somit ist $\mathfrak{A}_\sigma$ eine σ-Algebra.

Beispiel 2.25.

1. $\mathfrak{A}_\sigma = \{\emptyset, \Omega\}$ ist eine σ-Algebra.
2. $\mathfrak{A}_\sigma = \mathfrak{P}(\Omega)$ ist eine σ-Algebra.
3. $\mathfrak{A} = \left\{ A = \bigcup_{i=1}^{n} [a_i, b_i), \; n \in \mathbb{N}, \; 0 \leq a_i \leq b_i \leq 1 \right\}$ ist eine Algebra auf $[0, 1)$.

Dass die Beispiele 1. und 2. σ-Algebren sind, ist offensichtlich.
Beispiel 3. erfüllt klarerweise Bedingung 2. der Definition einer Algebra. Bedingung 1. zeigen wir mit vollständiger Induktion.

$n = 1$: $[a_1, b_1) \subseteq [0, 1) \Rightarrow [a_1, b_1)^c = [0, a_1) \cup [b_1, 1) \in \mathfrak{A}_\sigma$.

$n \to n+1$: Aus $\left(\bigcup_{i=1}^{n} [a_i, b_i) \right)^c = \bigcup_{j=1}^{m} [c_j, d_j)$ folgt unter Verwendung der Bezeichnungen $a \wedge b := \min\{a, b\}$ und $a \vee b := \max\{a, b\}$

$$\left(\bigcup_{i=1}^{n+1} [a_i, b_i) \right)^c = \left(\bigcup_{i=1}^{n} [a_i, b_i) \right)^c \cap [a_{n+1}, b_{n+1})^c$$

$$\bigcup_{j=1}^{m} [c_j, d_j) \cap \left([0, a_{n+1}) \cup [b_{n+1}, 1) \right) = \bigcup_{j=1}^{m} [c_j, d_j \wedge a_{n+1}) \cup [c_j \vee b_{n+1}, d_j).$$

Satz 2.26. *Ist (A_n) eine Folge aus einer σ-Algebra $\mathfrak{A}_\sigma$, so gilt $\bigcap_{\mathbb{N}} A_n \in \mathfrak{A}_\sigma$.*

Beweis. $\bigcap\limits_{n \in \mathbb{N}} A_n = \left(\bigcup\limits_{n \in \mathbb{N}} A_n^c \right)^c$.

Beispiel 2.27. $\mathfrak{S} := \{A = \bigcup\limits_{\mathbb{N}}[a_i, b_i), 0 \le a_i \le b_i \le 1\}$ ist keine σ-Algebra

auf $[0, 1)$, denn es gilt $\bigcup\limits_{n}[x + \frac{1}{n}, 1) = (x, 1) \Rightarrow \left(\bigcup\limits_{n}[x + \frac{1}{n}, 1) \right)^c = [0, x]$.
Angenommen es gäbe Intervalle $[a_i, b_i)$, sodass $[0, x] = \bigcup\limits_{i \in \mathbb{N}} [a_i, b_i)$, dann folgte

daraus $[a_i, b_i) \subseteq [0, x] \quad \forall i$. Somit müsste gelten $b := \sup\limits_{i} b_i \le x$, und dies
würde zum Widerspruch $[0, x] = \bigcup\limits_{i} [a_i, b_i) \subseteq [0, b) \subseteq [0, x)$ führen.

Man kann also mit Intervallen leicht eine Algebra konstruieren, aber es ist nicht trivial, die σ- Algebra zu finden, die alle Intervalle enthält.

2.3 Semiringe, Ringe und σ-Ringe

Jedem Intervall $[a, b) \subseteq \mathbb{R}$ kann man seine Länge $\lambda([a, b)) := b - a$ zuordnen.
Nun ist $\mathfrak{R} := \left\{ A = \bigcup\limits_{i=1}^{n} [a_i, b_i), n \in \mathbb{N}, a_i \le b_i \in \mathbb{R} \right\}$ keine Algebra, da $\mathbb{R} \notin \mathfrak{R}$.
Weil $\mathfrak{R}$ und λ in der Analysis eine wichtige Rolle spielen, definieren wir:

Definition 2.28. *Ein Mengensystem* $\mathfrak{R} \ne \emptyset$, $\mathfrak{R} \subseteq \mathfrak{P}(\Omega)$ *heißt Ring, wenn*

1. $A, B \in \mathfrak{R} \Rightarrow B \setminus A \in \mathfrak{R}$
2. $A, B \in \mathfrak{R} \Rightarrow A \cup B \in \mathfrak{R}$.

Bemerkung 2.29.

1. *Wegen 1. gilt* $\emptyset = A \setminus A \in \mathfrak{R}$ *, sodass man* $\mathfrak{R} \ne \emptyset$ *durch* $\emptyset \in \mathfrak{R}$ *ersetzen kann.*
2. *Die Intervalle bilden keinen Ring, da* $[a, b) \cup [c, d)$ *für* $b < c$ *kein Intervall ist.*

Definition 2.30. *Ein Mengensystem* $\mathfrak{R}_\sigma \ne \emptyset$, $\mathfrak{R}_\sigma \subseteq \mathfrak{P}(\Omega)$ *heißt* σ-*Ring, wenn*

1. $A, B \in \mathfrak{R}_\sigma \Rightarrow B \setminus A \in \mathfrak{R}_\sigma$
2. $A_n \in \mathfrak{R}_\sigma \quad \forall n \in \mathbb{N} \Rightarrow \bigcup\limits_{n} A_n \in \mathfrak{R}_\sigma$.

Lemma 2.31. *Ist* (A_n) *eine Folge aus einem* σ-*Ring* $\mathfrak{R}_\sigma$ *, so gilt* $\bigcap\limits_{n} A_n \in \mathfrak{R}_\sigma$.

Beweis. Aus $A := \bigcup\limits_{n} A_n \in \mathfrak{R}_\sigma$ folgt $B_n := A \setminus A_n \in \mathfrak{R}_\sigma \quad \forall n \in \mathbb{N}$. Daher gilt

$$\bigcup\limits_{n} B_n \in \mathfrak{R}_\sigma \Rightarrow A \setminus \left(\bigcup\limits_{n} B_n \right) = A \cap \bigcap\limits_{n} B_n^c = \bigcap\limits_{n} [A \cap (A^c \cup A_n)] = \bigcap\limits_{n} A_n \in \mathfrak{R}_\sigma .$$

Bemerkung 2.32. *Klarerweise ist jeder* σ-*Ring, der* Ω *enthält, eine* σ-*Algebra.*

Definition 2.33. $\mathfrak{T} \ne \emptyset \subseteq \mathfrak{P}(\Omega)$ *heißt Semiring, wenn gilt*

1. $A, B \in \mathfrak{T} \Rightarrow A \cap B \in \mathfrak{T}$
2. $A, B \in \mathfrak{T}, A \subseteq B \Rightarrow \exists n \in \mathbb{N}, \quad C_1, \ldots, C_n \in \mathfrak{T}: \quad C_i \cap C_j = \emptyset \quad \forall i \neq j,$

$$A \cup \bigcup_{i=1}^{k} C_i \in \mathfrak{T}, \quad k = 1, \ldots, n \quad \wedge \quad B \setminus A = \bigcup_{i=1}^{n} C_i.$$

Bemerkung 2.34. *Die Forderung 2. in der obigen Definition bedeutet, dass man, bildlich gesprochen, innerhalb des Semirings eine „Leiter" von der Unter- zur Obermenge bilden kann. Sie wird oft durch die schwächere Bedingung*

$$B \setminus A = \bigcup_{i=1}^{n} C_i, \quad C_1, \ldots, C_n \in \mathfrak{T}, \quad C_i \cap C_j = \emptyset \quad \forall i \neq j \text{ ersetzt. Wir sprechen}$$

dann von einem Semiring im weiteren Sinn (i.w.S.). Wollen wir hingegen betonen, dass es sich um einen Semiring gemäß Definition 2.33 handelt, so werden wir auch die Formulierung „Semiring im engeren Sinn" (i.e.S.) verwenden.

Die obige Definition des Semirings geht auf John von Neumann zurück; wir werden später sehen, dass sie eine Reihe von Vorteilen bringt.

Lemma 2.35. *Jeder Semiring $\mathfrak{T}$ i.w.S. enthält $\emptyset$.*

Beweis. $\mathfrak{T} \neq \emptyset \Rightarrow \exists A \in \mathfrak{T}$. Wegen $A \subseteq A$ muss es disjunkte Mengen $C_1, \ldots, C_n$ aus $\mathfrak{T}$ geben mit $\emptyset = A \setminus A = \bigcup_{i=1}^{n} C_i \Rightarrow \emptyset = C_1 \in \mathfrak{T}$.

Satz 2.36. *Sind $\mathfrak{T}_i$, $i = 1, 2$ Semiringe auf Ω_i, $i = 1, 2$, so ist*

$$\mathfrak{T}_1 \otimes \mathfrak{T}_2 := \{A_1 \times A_2 : A_i \in \mathfrak{T}_i\}$$

ein Semiring auf $\Omega_1 \times \Omega_2$.

Beweis. Dass die Durchschnitte in $\mathfrak{T}_1 \otimes \mathfrak{T}_2$ liegen, ist leicht zu sehen:

$$(A_1 \times A_2) \cap (B_1 \times B_2) = (A_1 \cap B_1) \times (A_2 \cap B_2) \in \mathfrak{T}_1 \otimes \mathfrak{T}_2.$$

Da aus $A_1 \times A_2 \subseteq B_1 \times B_2$ folgt $A_1 \subseteq B_1 \wedge A_2 \subseteq B_2$, gibt es disjunkte Mengen $C_1, \ldots, C_n \in \mathfrak{T}_1$, sodass $B_1 \setminus A_1 = \bigcup_{i=1}^{n} C_i \wedge A_1 \cup \bigcup_{i=1}^{h} C_i \in \mathfrak{T}_1, h = 1, \ldots, n$. Damit kann man von $A_1 \times A_2$ innerhalb des Semirings nach $B_1 \times A_2$ gehen, denn für $h = 1, \ldots, n$ gilt

$$\left(A_1 \cup \bigcup_{i=1}^{h} C_i\right) \times A_2 \in \mathfrak{T}_1 \otimes \mathfrak{T}_2 \wedge (C_i \times A_2) \cap (C_j \times A_2) = \emptyset \quad \forall i \neq j. \quad (2.2)$$

Es gibt aber auch disjunkte Mengen $D_1, \ldots, D_m$ aus $\mathfrak{T}_2$, sodass

$$B_2 \setminus A_2 = \bigcup_{i=1}^{m} D_i \wedge A_2 \cup \bigcup_{i=1}^{h} D_i \in \mathfrak{T}_2, \quad h = 1, \ldots, m.$$

Damit kommen wir von $B_1 \times A_2$ nach $B_1 \times B_2$, weil für $h = 1, \ldots, m$ gilt

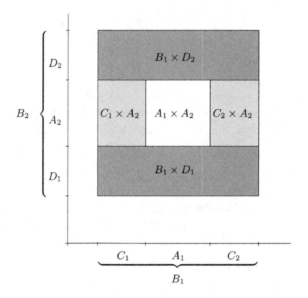

Abb. 2.1. $T_1 \otimes T_2$ ist ein Semiring

$$B_1 \times \left(A_2 \cup \bigcup_{i=1}^{h} D_i \right) \in \mathfrak{T}_1 \otimes \mathfrak{T}_2 \wedge (B_1 \times D_i) \cap (B_1 \times D_j) = \emptyset \quad \forall \, i \neq j \, . \quad (2.3)$$

Aus (2.2) und (2.3) folgt, dass $\mathfrak{T}_1 \otimes \mathfrak{T}_2$ auch Eigenschaft 2. eines Semirings erfüllt, da wegen $D_j \cap A_2 = \emptyset$ auch $(C_i \times A_2) \cap (B_1 \times D_j) = \emptyset \quad \forall \, i,j$ gilt.

Folgerung 2.37. *Sind $\mathfrak{T}_i$ Semiringe auf $\Omega_i, \quad i = 1, \ldots, n$, so ist*

$$\bigotimes_{i=1}^{n} \mathfrak{T}_i := \left\{ \prod_{i=1}^{n} A_i : A_i \in \mathfrak{T}_i \right\}$$

ein Semiring auf $\prod_{i=1}^{n} \Omega_i$.

Beweis. Nimmt man an, dass $\bigotimes_{i=1}^{n-1} \mathfrak{T}_i$ ein Semiring ist, so folgt aus dem obigen Satz, angewendet auf $\bigotimes_{i=1}^{n-1} \mathfrak{T}_i$ und $\mathfrak{T}_n$, dass auch $\bigotimes_{i=1}^{n} \mathfrak{T}_i$ ein Semiring ist und damit ist die Folgerung durch vollständige Induktion bewiesen.

Satz 2.38. *Sind $\mathfrak{T}_1$ und $\mathfrak{T}_2$ zwei Semiringe auf Ω, so ist das Mengensystem $\mathfrak{D} := \{A \cap B : A \in \mathfrak{T}_1, B \in \mathfrak{T}_2\}$ ebenfalls ein Semiring.*

Beweis. $\emptyset = \emptyset \cap \emptyset \in \mathfrak{D} \Rightarrow \mathfrak{D} \neq \emptyset$.

Sind $A_1 \cap B_1$ und $A_2 \cap B_2$ Mengen aus $\mathfrak{D}$ mit $A_1, A_2 \in \mathfrak{T}_1$ und $B_1, B_2 \in \mathfrak{T}_2$, so gilt $A_1 \cap B_1 \cap A_2 \cap B_2 = (A_1 \cap A_2) \cap (B_1 \cap B_2) \in \mathfrak{D}$ wegen $A_1 \cap A_2 \in \mathfrak{T}_1$ und $B_1 \cap B_2 \in \mathfrak{T}_2$. $\mathfrak{D}$ ist also durchschnittsstabil.

Ist nun $A_1 \cap B_1$ enthalten in $A_2 \cap B_2$, so gilt $A_1 \cap B_1 = (A_1 \cap A_2) \cap (B_1 \cap B_2)$. Da $\mathfrak{T}_1$ ein Semiring ist, gibt es disjunkte Mengen $C_1, \ldots, C_n$ aus $\mathfrak{T}_1$, sodass

$$A_2 \setminus (A_1 \cap A_2) = \bigcup_{i=1}^{n} C_i \text{ und } (A_1 \cap A_2) \cup \bigcup_{i=1}^{k} C_i \in \mathfrak{T}_1 \quad \forall \, k = 1, \ldots, n.$$

Daraus folgt $\left[(A_1 \cap A_2) \cup \bigcup_{i=1}^{k} C_i \right] \cap B_1 \cap B_2 \in \mathfrak{D} \quad \forall \, k = 1, \ldots, n$ und

$\left[(A_1 \cap A_2) \cup \bigcup_{i=1}^{n} C_i \right] \cap B_1 \cap B_2 = A_2 \cap B_1 \cap B_2$. Diese Mengen bilden also eine „Leiter" von $A_1 \cap B_1$ nach $A_2 \cap B_1 \cap B_2$. Da auch $\mathfrak{T}_2$ ein Semiring ist, gibt es weiters disjunkte Mengen $D_1, \ldots, D_m$ aus $\mathfrak{T}_2$, sodass

$$B_2 \setminus (B_1 \cap B_2) = \bigcup_{j=1}^{m} D_j \text{ und } (B_1 \cap B_2) \cup \bigcup_{j=1}^{k} D_j \in \mathfrak{T}_2 \quad \forall \, k = 1, \ldots, m.$$

Daraus folgt $A_2 \cap \left[(B_1 \cap B_2) \cup \bigcup_{j=1}^{k} D_j \right] \in \mathfrak{D} \quad \forall \, k = 1, \ldots, m$, aber auch

$A_2 \cap \left[(B_1 \cap B_2) \cup \bigcup_{j=1}^{m} D_j \right] = A_2 \cap B_2$. Damit haben wir auch eine „Leiter" von $A_2 \cap B_1 \cap B_2$ nach $A_2 \cap B_2$, womit der Satz bewiesen ist.

Satz 2.39. *Sind $A, A_1, \ldots, A_n$ Mengen aus einem Semiring $\mathfrak{T}$, so gibt es disjunkte Mengen $C_1, \ldots, C_k$ in $\mathfrak{T}$, sodass $A \setminus \bigcup_{i=1}^{n} A_i = \bigcup_{j=1}^{k} C_j$.*

Beweis. Der Beweis wird mit vollständiger Induktion geführt.

$n = 1$: Wegen $A \cap A_1 \in \mathfrak{T}$ und $A \setminus A_1 = A \setminus (A \cap A_1)$ ergibt sich die Aussage des Satzes für $n = 1$ unmittelbar aus der Definition des Semirings.

$n \to n+1$: Auf Grund der Induktionsannahme gibt es disjunkte Mengen $C_1, \ldots, C_{k_n}$ in $\mathfrak{T}$ mit $A \setminus \bigcup_{i=1}^{n} A_i = \bigcup_{j=1}^{k_n} C_j$. Weiters gilt:

$$A \setminus \bigcup_{i=1}^{n+1} A_i = (A \setminus \bigcup_{i=1}^{n} A_i) \setminus A_{n+1} = \bigcup_{j=1}^{k_n} (C_j \setminus A_{n+1}). \tag{2.4}$$

Aus der Definition des Semirings folgt für jedes $j = 1, \ldots, k_n$ die Existenz disjunkter Mengen $C_{j,1}, \ldots, C_{j,m_j}$ in $\mathfrak{T}$, sodass $C_j \setminus A_{n+1} = \bigcup_{h=1}^{m_j} C_{j,h}$. Dies und (2.4)) liefert $A \setminus \bigcup_{i=1}^{n+1} A_i = \bigcup_{j=1}^{k_n} \bigcup_{h=1}^{m_j} C_{j,h}$. Damit ist der Satz bewiesen, da klarerweise gilt $C_{i,h_1} \cap C_{j,g_2} = \emptyset, \quad \forall \, h_1, g_2, \quad i \neq j$.

Satz 2.40. *Sind $A_1, \ldots, A_n$ Mengen aus einem Semiring $\mathfrak{T}$, so gibt es disjunkte Mengen $C_1, \ldots, C_k$ in $\mathfrak{T}$ mit $\bigcup\limits_{i=1}^{n} A_i = \bigcup\limits_{j=1}^{k} C_j$ und für jedes $i = 1, \ldots, n$ existiert eine Teilmenge $I_i \subseteq \{1, \ldots, k\}$, sodass $A_i = \bigcup\limits_{j \in I_i} C_j$.*

Beweis. Auch diesen Satz beweisen wir mit vollständiger Induktion.

$n = 1$: Für $n = 1$ sind die obigen Aussagen trivialerweise richtig.

$n \to n+1$: Gilt der Satz für $n \in \mathbb{N}$, so gibt es gemäß der Induktionsvoraussetzung disjunkte Mengen $C_1, \ldots, C_k$ aus $\mathfrak{T}$, sodass $\bigcup\limits_{i=1}^{n} A_i = \bigcup\limits_{j=1}^{k} C_j$ und $A_i = \bigcup\limits_{j \in I_i} C_j, \forall i$ mit geeignetem $I_i \subseteq \{1, \ldots, k\}$. Für jedes $j \in \{1, \ldots, k\}$ existieren disjunkte Mengen $C_{j,1}, \ldots, C_{j,m_j} \in \mathfrak{T}$ mit $C_j \backslash A_{n+1} = \bigcup\limits_{k=1}^{m_j} C_{j,k}$.

Damit erhält man

$$\left(\bigcup_{i=1}^{n} A_i \right) \backslash A_{n+1} = \bigcup_{j=1}^{k} (C_j \backslash A_{n+1}) = \bigcup_{j=1}^{k} \bigcup_{h=1}^{m_j} C_{j,h}, \qquad (2.5)$$

wobei klarerweise $C_{j_1,k_1} \cap C_{j_2,k_2} \subseteq C_{j_1} \cap C_{j_2} = \emptyset, \quad \forall j_1 \neq j_2$. Weiters gilt:

$$\left(\bigcup_{i=1}^{n} A_i \right) \cap A_{n+1} = \bigcup_{j=1}^{k} (C_j \cap A_{n+1}), \quad C_j \cap A_{n+1} \in \mathfrak{T}, \quad \forall j. \qquad (2.6)$$

Wegen Satz 2.39 gibt es disjunkte Mengen $B_1, \ldots, B_h$ in $\mathfrak{T}$, sodass:

$$A_{n+1} \backslash \left(\bigcup_{i=1}^{n} A_i \right) = \bigcup_{l=1}^{h} B_l. \qquad (2.7)$$

Mit den Mengen $C_{j,h}$, $C_j \cap A_{n+1}$ und B_l aus (2.5), (2.6) und (2.7) gilt die Aussage des Satzes nun auch für $A_1, \ldots, A_{n+1}$.

Beispiel 2.41.

1. a) $\mathfrak{J} := \{(a, b] : a \leq b\}$ ist ein Semiring auf $\mathbb{R}$.
   $(a_1, b_1] \cap (a_2, b_2] = (\max(a_1, a_2), \min(b_1, b_2)]$.
   $(a_1, b_1] \subseteq (a_2, b_2] \Rightarrow (a_2, b_2] \backslash (a_1, b_1] = (a_2, a_1] \cup (b_1, b_2]$ mit
   $(a_1, b_1] \cup (a_2, a_1] = (a_2, b_1] \in \mathfrak{J}$.
   b) $\mathfrak{J}_{1,\mathbb{Q}} := \{(a, b] : a \leq b, \ a, b \in \mathbb{Q}\}$ ist ein Semiring auf $\mathbb{R}$.

2. a) $\mathfrak{J}_k := \{\prod\limits_{i=1}^{k} (a_i, b_i] := \{(x_1, \ldots, x_k) : a_i < x_i \leq b_i, \quad \forall i = 1, \ldots, k\}$
   ist wegen Satz 2.36 und Punkt 1a. oben ein Semiring auf $\mathbb{R}^k$.
   b) $\mathfrak{J}_{k,\mathbb{Q}} := \{\prod\limits_{i=1}^{k} (a_i, b_i] : a_i \leq b_i, \ a_i, b_i \in \mathbb{Q}\}$ ist ein Semiring auf $\mathbb{R}^k$.

Definition 2.42. *Die achsenparallelen Quader $\prod_{i=1}^{k} (a_i, b_i]$, die Elemente des Semirings $\mathfrak{J}_k$, werden auch (linkshalboffene) Zellen des $\mathbb{R}^k$ genannt.*

Bemerkung 2.43. *Sind $\mathbf{a} := (a_1, \ldots, a_k)$ und $\mathbf{b} := (b_1, \ldots, b_k)$ Punkte aus $\mathbb{R}^k$, so werden wir im Folgenden $\mathbf{a} < \mathbf{b}$ schreiben, wenn gilt $a_i < b_i \quad \forall\, 1 \le i \le k$ und $\mathbf{a} \le \mathbf{b}$ wird in analoger Weise verwendet.*
Weiters definieren wir $\mathbf{a} \pm \mathbf{b} := (a_1 \pm b_1, \ldots, a_m \pm b_m)$ bzw.
$\mathbf{a} \cdot \mathbf{b} := (a_1 \cdot b_1, \ldots, a_m \cdot b_m)$ und $\mathbf{a} \pm c := (a_1 \pm c, \ldots, a_m \pm c)$, sowie
$c\,\mathbf{a} := (c\,a_1, \ldots, c\,a_m)$ für $c \in \mathbb{R}$ und $\mathbf{a} \in \mathbb{R}^k$.
Außerdem verwenden wir für 2 Vektoren $\mathbf{a}, \mathbf{b} \in \mathbb{R}^k$ auch die Kurzschreibweise

$$\mathbf{a} \wedge \mathbf{b} := (\min\{a_1, b_1\}, \ldots, \min\{a_k, b_k\})\,,$$

$$\mathbf{a} \vee \mathbf{b} := (\max\{a_1, b_1\}, \ldots, \max\{a_k, b_k\})\,.$$

Gilt $\mathbf{a} \le \mathbf{b}$, so schreiben wir $(\mathbf{a}, \mathbf{b}]$ für die Zelle $\prod_{i=1}^{k} (a_i, b_i]$ und Analoges gilt für die Bezeichnungsweisen $(\mathbf{a}, \mathbf{b})$, $[\mathbf{a}, \mathbf{b}]$ und $[\mathbf{a}, \mathbf{b})$.

Definition 2.44. *Ein Semiring, der Ω enthält, heißt eine Semialgebra.*

Satz 2.45. *Ein Ring, der Ω enthält, ist eine Algebra.*

Beweis. Dies ergibt sich sofort aus den beiden Definitionen 2.28 und 2.22.

Satz 2.46. *$\mathfrak{R} \ne \emptyset$ ist genau dann ein Ring, wenn mit $A, B \in \mathfrak{R}$ auch $A \bigtriangleup B$ und $A \cap B$ in $\mathfrak{R}$ liegen.*

Beweis. $\Rightarrow$: $A, B \in \mathfrak{R} \quad \Rightarrow A \setminus B \in \mathfrak{R} \,\wedge\, B \setminus A \in \mathfrak{R}$. Daraus folgt
   weiters $A \bigtriangleup B = (A \setminus B) \cup (B \setminus A) \in \mathfrak{R}$. Dies wiederum impliziert
   $A \cap B = (A \cup B) \setminus (A \bigtriangleup B) \in \mathfrak{R}$.
$\Leftarrow$: Sind A, B aus $\mathfrak{R}$, so liegt der Durchschnitt $A \cap B$ in $\mathfrak{R}$, und damit gilt
   $B \setminus A = B \bigtriangleup (A \cap B) \in \mathfrak{R}$.
   Sind $A, B \in \mathfrak{R}$ disjunkt, so gilt $A \cup B = A \bigtriangleup B$ (vgl. Lemma 2.6 Punkt 7.),
   also $A \cup B \in \mathfrak{R}$. Wegen $B \cap (A \setminus B) = \emptyset$ erhält man daraus aber für
   beliebige Mengen $A, B \in \mathfrak{R}$, dass $A \cup B = B \cup (A \setminus B) \in \mathfrak{R}$.

Bemerkung 2.47. *Der Name Ring kommt daher, dass $\mathfrak{R}$ bezüglich der Operationen $\bigtriangleup$ und $\cap$ abgeschlossen ist und deshalb $(\mathfrak{R}, \bigtriangleup, \cap)$ einen Ring im algebraischen Sinn bildet (siehe Lemma 2.6).*

Man kann einen Ring auch folgendermaßen charakterisieren.

Satz 2.48. *$\mathfrak{R} \ne \emptyset$ ist genau dann ein Ring, wenn*

   1. $A, B \in \mathfrak{R} \wedge A \cap B = \emptyset \quad \Rightarrow \quad A \cup B \in \mathfrak{R}$
   2. $A, B \in \mathfrak{R} \wedge A \subseteq B \quad \Rightarrow \quad B \setminus A \in \mathfrak{R}$
   3. $A, B \in \mathfrak{R} \quad \Rightarrow \quad A \cap B \in \mathfrak{R}$.

Beweis. $\Rightarrow$:   Aus der Definition des Ringes folgen klarerweise die Punkte 1. und 2., und in Satz 2.46 haben wir gezeigt, dass auch Punkt 3. aus der Definition folgt.

$\Leftarrow$: Aus 2. und 3. folgt $B \setminus A = B \setminus (A \cap B) \in \mathfrak{R}$. Darüber hinaus gilt $A \cup B = (A \setminus B) \cup (B \setminus A) \cup (A \cap B)$, wobei alle drei Mengen auf der rechten Seite disjunkt sind. Daher liegt auch $A \cup B$ in $\mathfrak{R}$.

2.4 Erzeugte Systeme

Wir haben in Abschnitt 1.1 den Intervallen Wahrscheinlichkeiten zugeordnet und wir haben gesehen, dass diese Wahrscheinlichkeiten nicht auf ganz $\mathfrak{P}([0,1))$ definiert werden können. Die Intervalle bilden aber nur einen Semiring, während der natürliche Definitionsbereich einer Wahrscheinlichkeitsverteilung eine σ-Algebra ist. Es fragt sich nun, wie die „kleinste" σ-Algebra aussieht, die die Intervalle enthält. Leider kann man diese σ- Algebra nicht konstruktiv beschreiben. Aber es gilt der folgende Satz.

Satz 2.49. *Sind $\mathfrak{R}_i, i \in I$ beliebige Ringe aus $\mathfrak{P}(\Omega)$, so ist auch $\bigcap_I \mathfrak{R}_i$ ein Ring.*

Für σ-Ringe, Algebren und σ-Algebren gelten analoge Aussagen.

Beweis.   Der Beweis ist trivial.

Bemerkung 2.50. *Der Durchschnitt von Semiringen ist im Allgemeinen kein Semiring, wie das folgende Beispiel zeigt.*

Beispiel 2.51. Auf $\Omega := \{0,1,2\}$ ist $\mathfrak{T}_1 := \{\emptyset, \{0\}, \{1,2\}, \Omega\}$ ein Semiring.
$\mathfrak{T}_2 := \{\emptyset, \{0\}, \{1\}, \{2\}, \{0,1\}, \Omega\}\}$ ist ebenfalls ein Semiring i.e.S., denn
$\Omega \setminus \{0\} = \{1\} \cup \{2\}$ mit $\{0\}\cup\{1\} = \{0,1\} \in \mathfrak{T}_2$ und $\{0\}\cup\{1\}\cup\{2\} = \Omega \in \mathfrak{T}_2$,
$\Omega \setminus \{1\} = \{0\} \cup \{2\}$ mit $\{1\}\cup\{0\} = \{0,1\} \in \mathfrak{T}_2$ und $\{1\}\cup\{0\}\cup\{2\} = \Omega \in \mathfrak{T}_2$,
$\Omega \setminus \{2\} = \{0,1\} \in \mathfrak{T}_2, \Omega \setminus \{0,1\} = \{2\} \in \mathfrak{T}_2, \{0,1\} \setminus \{0\} = \{1\} \in \mathfrak{T}_2$ und
$\{0,1\} \setminus \{1\} = \{0\} \in \mathfrak{T}_2$.   Aber $\mathfrak{T}_1 \cap \mathfrak{T}_2 = \{\emptyset, \Omega, \{0\}\}$ ist kein Semiring.

Die Potenzmenge $\mathfrak{P}(\Omega)$ ist ein Ring. Daher gibt es zu jedem beliebigen Mengensystem $\mathfrak{C} \neq \emptyset$, $\mathfrak{C} \subseteq \mathfrak{P}(\Omega)$ mindestens einen Ring, der $\mathfrak{C}$ enthält, d.h. $\mathcal{R}(\mathfrak{C}) := \{\mathfrak{R} \supseteq \mathfrak{C},\ \mathfrak{R} \text{ ist ein Ring}\} \neq \emptyset$ und $\mathfrak{R}(\mathfrak{C}) := \bigcap_{\mathfrak{R} \in \mathcal{R}(\mathfrak{C})} \mathfrak{R}$ ist ein Ring.

Definition 2.52. *Ist $\mathfrak{C} \neq \emptyset$, so nennt man* $\mathfrak{R}(\mathfrak{C}) := \bigcap_{\mathfrak{R} \in \mathcal{R}(\mathfrak{C})} \mathfrak{R}$ *mit*
$\mathcal{R}(\mathfrak{C}) := \{\mathfrak{R} \supseteq \mathfrak{C},\ \mathfrak{R} \text{ ist ein Ring}\}$ *den von $\mathfrak{C}$ erzeugten Ring.*

Da die Potenzmenge auch ein σ-Ring, eine Algebra und σ-Algebra ist, gilt

$$\mathcal{R}_\sigma(\mathfrak{C}) := \{\mathfrak{R}_\sigma \supseteq \mathfrak{C},\ \mathfrak{R}_\sigma \text{ ist ein } \sigma\text{-Ring}\} \neq \emptyset$$
$$\mathcal{A}(\mathfrak{C}) := \{\mathfrak{A} \supseteq \mathfrak{C},\ \mathfrak{A} \text{ ist eine Algebra}\} \neq \emptyset$$
$$\mathcal{A}_\sigma(\mathfrak{C}) := \{\mathfrak{A}_\sigma \supseteq \mathfrak{C},\ \mathfrak{A}_\sigma \text{ ist eine } \sigma\text{-Algebra}\} \neq \emptyset ,$$

und dementsprechend ist $\mathfrak{R}_\sigma(\mathfrak{C}) := \bigcap\limits_{\mathfrak{R}_\sigma \in \mathcal{R}_\sigma(\mathfrak{C})} \mathfrak{R}_\sigma$ ein σ-Ring, $\mathfrak{A}(\mathfrak{C}) := \bigcap\limits_{\mathfrak{A} \in \mathcal{A}(\mathfrak{C})} \mathfrak{A}$ eine Algebra und $\mathfrak{A}_\sigma(\mathfrak{C}) := \bigcap\limits_{\mathfrak{A}_\sigma \in \mathcal{A}_\sigma(\mathfrak{C})} \mathfrak{A}_\sigma$ eine σ-Algebra. Man definiert daher mit den obigen Bezeichnungen:

Definition 2.53. *Ist* $\mathfrak{C} \neq \emptyset$*, so nennt man*

$\mathfrak{R}_\sigma(\mathfrak{C}) := \bigcap\limits_{\mathfrak{R}_\sigma \in \mathcal{R}_\sigma(\mathfrak{C})} \mathfrak{R}_\sigma$ *den von* $\mathfrak{C}$ *erzeugten* σ*-Ring,*

$\mathfrak{A}(\mathfrak{C}) := \bigcap\limits_{\mathfrak{A} \in \mathcal{A}(\mathfrak{C})} \mathfrak{A}$ *die von* $\mathfrak{C}$ *erzeugte Algebra,*

$\mathfrak{A}_\sigma(\mathfrak{C}) := \bigcap\limits_{\mathfrak{A}_\sigma \in \mathcal{A}_\sigma(\mathfrak{C})} \mathfrak{A}_\sigma$ *die von* $\mathfrak{C}$ *erzeugte* σ*-Algebra.*

Lemma 2.54. *Ist* $\mathfrak{C} \neq \emptyset$*, so gilt*

1. $\mathfrak{C} \subseteq \mathfrak{R}$ $\quad \wedge \quad$ $\mathfrak{R}$ *ist ein Ring* $\qquad \Rightarrow \quad$ $\mathfrak{R}(\mathfrak{C}) \subseteq \mathfrak{R}$,
2. $\mathfrak{C} \subseteq \mathfrak{A}$ $\quad \wedge \quad$ $\mathfrak{A}$ *ist eine Algebra* $\qquad \Rightarrow \quad$ $\mathfrak{A}(\mathfrak{C}) \subseteq \mathfrak{A}$,
3. $\mathfrak{C} \subseteq \mathfrak{R}_\sigma$ $\quad \wedge \quad$ $\mathfrak{R}_\sigma$ *ist ein* σ*-Ring* $\qquad \Rightarrow \quad$ $\mathfrak{R}_\sigma(\mathfrak{C}) \subseteq \mathfrak{R}_\sigma$,
4. $\mathfrak{C} \subseteq \mathfrak{A}_\sigma$ $\quad \wedge \quad$ $\mathfrak{A}_\sigma$ *ist eine* σ*-Algebra* $\qquad \Rightarrow \quad$ $\mathfrak{A}_\sigma(\mathfrak{C}) \subseteq \mathfrak{A}_\sigma$.

Beweis. Der Beweis folgt sofort aus den Definitionen 2.52 und 2.53.

Definition 2.55. *Ist* $\Omega = \mathbb{R}^k$*, so nennt man* $\mathfrak{B}_k := \mathfrak{A}_\sigma(\mathfrak{J}_k)$*, die durch die Zellen aus* $\mathfrak{J}_k$ *erzeugte* σ*-Algebra, die* σ*-Algebra der* k*-dimensionalen Borelmengen. Für* $k = 1$ *schreibt man einfach* $\mathfrak{B}$ *statt* $\mathfrak{B}_1$.

Bemerkung 2.56. *Wegen* $\mathbb{R}^k = \bigcup\limits_{\mathbf{n} \in \mathbb{N}^k} (-\mathbf{n}, \mathbf{n}]$ *gilt natürlich auch* $\mathfrak{B}_k := \mathfrak{R}_\sigma(\mathfrak{J}_k)$.

Lemma 2.57. *Das System* $\{(\mathbf{a}, \mathbf{b}) : \mathbf{a}, \mathbf{b} \in \mathbb{R}^k, \mathbf{a} \leq \mathbf{b}\}$ *der offenen Zellen erzeugt* $\mathfrak{B}_k$ *genauso, wie das System der abgeschlossenen Zellen oder das System der rechtshalboffenen Zellen oder auch* $\mathfrak{J}_{k, \mathbb{Q}}$.

Beweis. Wegen $(\mathbf{a}, \mathbf{b}) = \bigcup\limits_n (\mathbf{a}, \mathbf{b} - \frac{1}{n}]$ enthält $\mathfrak{B}_k$ alle offenen Zellen und daher auch die von den offenen Zellen gebildete σ-Algebra.

Umgekehrt gilt $(\mathbf{a}, \mathbf{b}] = \bigcap\limits_n (\mathbf{a}, \mathbf{b} + \frac{1}{n})$ und daher enthält die von den offenen Zellen gebildete σ-Algebra das System $\mathfrak{J}_k$ und deshalb auch $\mathfrak{B}_k = \mathfrak{A}_\sigma(\mathfrak{J}_k)$.

Für die abgeschlossenen, die rechtshalboffenen Zellen oder $\mathfrak{J}_{k, \mathbb{Q}}$ verläuft der Beweis in analoger Weise.

Aber die σ-Algebra der Borelmengen wird auch durch das System der offenen Mengen aus $\mathbb{R}^k$ und das System der abgeschlossenen Mengen aus $\mathbb{R}^k$ erzeugt.

Lemma 2.58. *Das System der offenen Mengen erzeugt* $\mathfrak{B}_k$ *genauso, wie das System der abgeschlossenen Mengen.*

Beweis. Jede offene Menge U muss wegen Satz A.29 in der von den offenen Zellen erzeugten σ-Algebra, also $\mathfrak{B}_k$ liegen und daher muss auch die von den offenen Mengen erzeugte σ-Algebra in $\mathfrak{B}_k$ liegen.

Umgekehrt enthält die von den offenen Mengen erzeugte σ-Algebra die offenen Zellen und damit auch $\mathfrak{B}_k$.

Dass auch die abgeschlossenen Mengen $\mathfrak{B}_k$ erzeugen, ergibt sich nun einfach aus der Tatsache, dass jede abgeschlossene Menge das Komplement einer offenen Menge ist.

Den durch einen Semiring erzeugten Ring kann man explizit beschreiben.

Satz 2.59. *Ist $\mathfrak{T}$ ein Semiring, so gilt*

$$\mathfrak{R}(\mathfrak{T}) = \mathfrak{R}_1 := \left\{ \bigcup_{i=1}^{n} A_i : \quad A_i \in \mathfrak{T}, \quad n \in \mathbb{N} \right\}$$

$$= \mathfrak{R}_2 := \left\{ \bigcup_{i=1}^{n} A_i : \quad A_i \in \mathfrak{T}, \quad n \in \mathbb{N}, \quad A_i \cap A_j = \emptyset \ \ \forall \, i \neq j \right\} .$$

Beweis. Sind $B_1 = \bigcup\limits_{i=1}^{n} A_{i,1}$, $B_2 = \bigcup\limits_{j=1}^{m} A_{j,2}$ Mengen aus $\mathfrak{R}_2$, so gibt es wegen Satz 2.40 disjunkte Mengen $C_1, \ldots, C_k \in \mathfrak{T}$, sodass $B_1 \cup B_2 = \bigcup\limits_{i=1}^{k} C_i$. Daraus folgt $B_1 \cup B_2 \in \mathfrak{R}_2$. Aus Satz 2.40 folgt aber auch, dass B_1 und B_2 darstellbar sind in der Form $B_1 = \bigcup\limits_{i \in I_1} C_i$, $B_2 = \bigcup\limits_{i \in I_2} C_i$, für geeignete Indexmengen $I_1, I_2 \subseteq \{1, \ldots, k\}$. Deshalb gilt $B_1 \setminus B_2 = \bigcup\limits_{i \in I_1 \setminus I_2} C_i \in \mathfrak{R}_2$. Somit ist $\mathfrak{R}_2$ ein Ring. Da $\mathfrak{R}_2$ offensichtlich $\mathfrak{T}$ enthält, folgt daraus $\mathfrak{R}(\mathfrak{T}) \subseteq \mathfrak{R}_2$. Zusammen mit $\mathfrak{R}_2 \subseteq \mathfrak{R}_1$ ergibt das $\mathfrak{R}(\mathfrak{T}) \subseteq \mathfrak{R}_2 \subseteq \mathfrak{R}_1$. Aber $\mathfrak{R}_1$ ist in jedem Ring $\mathfrak{R}$ mit $\mathfrak{T} \subseteq \mathfrak{R}$ enthalten. Somit gilt $\mathfrak{R}(\mathfrak{T}) \subseteq \mathfrak{R}_2 \subseteq \mathfrak{R}_1 \subseteq \mathfrak{R}(\mathfrak{T}) \Rightarrow \mathfrak{R}(\mathfrak{T}) = \mathfrak{R}_2 = \mathfrak{R}_1$.

Auch die von einem Ring erzeugte Algebra ist leicht zu bestimmen.

Satz 2.60. *Ist $\mathfrak{R}$ ein Ring, so gilt* $\mathfrak{A}(\mathfrak{R}) = \mathfrak{S} := \{ A \subseteq \Omega : A \in \mathfrak{R} \vee A^c \in \mathfrak{R} \} .$

Beweis. Da Algebren die Komplemente ihrer Mengen enthalten, muss $\mathfrak{S}$ ein Teilsystem jeder Algebra $\mathfrak{A}$ mit $\mathfrak{R} \subseteq \mathfrak{A}$ sein. Daher gilt $\mathfrak{S} \subseteq \mathfrak{A}(\mathfrak{R})$.
Umgekehrt gilt $\mathfrak{R} \subseteq \mathfrak{S}$, und $A \in \mathfrak{S} \Leftrightarrow A^c \in \mathfrak{S}$. Zudem gilt für $A, B \in \mathfrak{S}$ einer der folgenden Fälle

- $A, B \in \mathfrak{R} \Rightarrow A \cup B \in \mathfrak{R} \subseteq \mathfrak{S}$,
- $A, B^c \in \mathfrak{R} \Rightarrow B^c \setminus A = B^c \cap A^c \in \mathfrak{R} \Rightarrow A \cup B = (A^c \cap B^c)^c \in \mathfrak{S}$,
- $A^c, B \in \mathfrak{R}$ Dieser Fall ist symmetrisch zu $A, B^c \in \mathfrak{R}$,
- $A^c, B^c \in \mathfrak{R} \Rightarrow A^c \cap B^c \in \mathfrak{R} \quad \Rightarrow \quad A \cup B = (A^c \cap B^c)^c \in \mathfrak{S}$.

$\mathfrak{S}$ enhält deshalb mit je zwei Mengen deren Vereinigung. Somit ist $\mathfrak{S}$ eine Algebra, die überdies $\mathfrak{R}$ enthält. Daraus folgt $\mathfrak{A}(\mathfrak{R}) \subseteq \mathfrak{S}$. Also gilt $\mathfrak{A}(\mathfrak{R}) = \mathfrak{S}$.

Die Vereinigung von zwei Algebren ist i.A. nicht einmal durchschnittsstabil, aber es gilt folgendes Lemma.

Lemma 2.61. *Sind $\mathfrak{A}_1$ und $\mathfrak{A}_2$ zwei Algebren auf Ω, so wird $\mathfrak{A}(\mathfrak{A}_1 \cup \mathfrak{A}_2)$ erzeugt durch die Semialgebra $\mathfrak{D} := \{A_1 \cap A_2 : A_1 \in \mathfrak{A}_1, A_2 \in \mathfrak{A}_2\}$, also gilt*

$$\mathfrak{A}(\mathfrak{A}_1 \cup \mathfrak{A}_2) = \left\{ \bigcup_{i=1}^{n} D_i : n \in \mathbb{N}, D_i \in \mathfrak{D}, 1 \leq i \leq n, D_i \cap D_j = \emptyset \; \forall \, i \neq j \right\}.$$

Beweis. $\mathfrak{D}$ ist nach Satz 2.38 ein Semiring und wegen $\Omega \in \mathfrak{D}$ sogar eine Semialgebra. $\mathfrak{A} := \left\{ \bigcup_{i=1}^{n} D_i : n \in \mathbb{N}, D_i \in \mathfrak{D}, 1 \leq i \leq n, \; D_i \cap D_j = \emptyset \; \forall \, i \neq j \right\}$
ist laut Satz 2.59 die von $\mathfrak{D}$ erzeugte Algebra. Aus $C = C \cap \Omega \in \mathfrak{D} \quad \forall \, C \in \mathfrak{A}_1$ und $D = \Omega \cap D \in \mathfrak{D} \quad \forall \, D \in \mathfrak{A}_2$ folgt $\mathfrak{A}_1 \cup \mathfrak{A}_2 \subseteq \mathfrak{D} \; \Rightarrow \; \mathfrak{A}(\mathfrak{A}_1 \cup \mathfrak{A}_2) \subseteq \mathfrak{A}$. Umgekehrt enthält $\mathfrak{A}(\mathfrak{A}_1 \cup \mathfrak{A}_2)$ alle Mengen aus $\mathfrak{A}$. Somit gilt $\mathfrak{A}(\mathfrak{A}_1 \cup \mathfrak{A}_2) = \mathfrak{A}$.

Satz 2.62. *Ist $f : \Omega_1 \to \Omega_2$ eine Abbildung und $\mathfrak{C} \neq \emptyset$ ein beliebiges Mengensystem auf Ω_2, so gilt $\mathfrak{R}(f^{-1}(\mathfrak{C})) = f^{-1}(\mathfrak{R}(\mathfrak{C})), \mathfrak{A}(f^{-1}(\mathfrak{C})) = f^{-1}(\mathfrak{A}(\mathfrak{C})),$
$\mathfrak{R}_\sigma(f^{-1}(\mathfrak{C})) = f^{-1}(\mathfrak{R}_\sigma(\mathfrak{C})), \mathfrak{A}_\sigma(f^{-1}(\mathfrak{C})) = f^{-1}(\mathfrak{A}_\sigma(\mathfrak{C}))$.*

Beweis. $f^{-1}(\mathfrak{R}(\mathfrak{C}))$ ist ein Ring, denn für je 2 Mengen $A, B \in \mathfrak{R}(\mathfrak{C})$ gilt $f^{-1}(A) \setminus f^{-1}(B) = f^{-1}(A \setminus B)$ und $f^{-1}(A) \cup f^{-1}(B) = f^{-1}(A \cup B)$. Zusammen mit $f^{-1}(\mathfrak{C}) \subseteq f^{-1}(\mathfrak{R}(\mathfrak{C}))$ ergibt das $\mathfrak{R}(f^{-1}(\mathfrak{C})) \subseteq f^{-1}(\mathfrak{R}(\mathfrak{C}))$.
Wegen $f^{-1}(\mathfrak{C}) \subseteq \mathfrak{R}(f^{-1}(\mathfrak{C}))$ enthält $\mathfrak{S} := \{A \subseteq \Omega_2 : f^{-1}(A) \in \mathfrak{R}(f^{-1}(\mathfrak{C}))\}$ andererseits $\mathfrak{C}$, und $\mathfrak{S}$ ist ein Ring, denn $A, B \in \mathfrak{S}$ ist gleichbedeutend zu $f^{-1}(A), f^{-1}(B) \in \mathfrak{R}(f^{-1}(\mathfrak{C}))$. Da $\mathfrak{R}(f^{-1}(\mathfrak{C}))$ ein Ring ist, folgt daraus $f^{-1}(A \setminus B) = f^{-1}(A) \setminus f^{-1}(B) \in \mathfrak{R}(f^{-1}(\mathfrak{C}))$, also $A \setminus B \in \mathfrak{S}$, aber auch $f^{-1}(A \cup B) = f^{-1}(A) \cup f^{-1}(B) \in \mathfrak{R}(f^{-1}(\mathfrak{C}))$, d.h. $A \cup B \in \mathfrak{S}$. Somit gilt $\mathfrak{R}(\mathfrak{C}) \subseteq \mathfrak{S}$. Dies entspricht $f^{-1}(\mathfrak{R}(\mathfrak{C})) \subseteq \mathfrak{R}(f^{-1}(\mathfrak{C}))$. Damit ist $f^{-1}(\mathfrak{R}(\mathfrak{C})) = \mathfrak{R}(f^{-1}(\mathfrak{C}))$ bewiesen.

Die anderen Aussagen des Satzes zeigt man auf ganz ähnliche Art, sodass es sich erübrigt diese Beweise im Detail auszuführen.

Definition 2.63. *Ist $\mathfrak{C} \subseteq \mathfrak{P}(\Omega)$ ein beliebiges Mengensystem, so bezeichnet man $\mathfrak{C} \cap A := \{B = C \cap A : \quad C \in \mathfrak{C}\}$ als die Spur (oder Restriktion) von $\mathfrak{C}$ auf A.*

Satz 2.64. *Ist $\mathfrak{C} \neq \emptyset$, so gilt $\mathfrak{R}_\sigma(\mathfrak{C} \cap A) = \mathfrak{R}_\sigma(\mathfrak{C}) \cap A$.*

Beweis. Mit $\Omega_1 := A, \Omega_2 := \Omega, f(\omega) := \omega, \forall \, \omega \in A$ erhält man $f^{-1}(\mathfrak{C}) = \mathfrak{C} \cap A$ und $f^{-1}(\mathfrak{R}_\sigma(\mathfrak{C})) = \mathfrak{R}_\sigma(\mathfrak{C}) \cap A$. Unter Berücksichtigung von Satz 2.62 ergibt das $\mathfrak{R}_\sigma(\mathfrak{C}) \cap A = \mathfrak{R}_\sigma(\mathfrak{C} \cap A)$.

2.5 Monotone Systeme und Dynkin-Systeme

Die folgenden Mengensysteme haben vor allem beweistechnische Bedeutung.

Definition 2.65. *Ein Mengensystem $\mathfrak{M} \neq \emptyset$ wird monoton genannt, wenn für jede monotone Mengenfolge (A_n) aus $\mathfrak{M}$ die Grenzmenge $\lim_n A_n$ in $\mathfrak{M}$ liegt.*

Definition 2.66. $\mathfrak{D} \subseteq \mathfrak{P}(\Omega)$ *heißt Dynkin-System, wenn*

1. $\Omega \in \mathfrak{D}$
2. $D \in \mathfrak{D} \Rightarrow D^c \in \mathfrak{D}$
3. (D_n) *aus* $\mathfrak{D} \wedge D_n \cap D_m = \emptyset \quad \forall\, n \neq m \quad \Rightarrow \quad \bigcup_{\mathbb{N}} D_n \in \mathfrak{D}$.

Analog zu Satz 2.49 gilt die folgende Aussage.

Satz 2.67. *Die Potenzmenge* $\mathfrak{P}(\Omega)$ *ist ein monotones Dynkin-System.*
  Sind die $\mathfrak{M}_i,\ i \in I$ *monoton, so ist* $\bigcap_{i \in I} \mathfrak{M}_i$ *monoton.*
  Sind die $\mathfrak{D}_i,\ i \in I$ *Dynkin-Systeme, so ist* $\bigcap_{i \in I} \mathfrak{D}_i$ *ein Dynkin-System.*

Beweis. Der Beweis ist trivial.

Wegen des obigen Satzes sind die folgenden Definitionen sinnvoll.

Definition 2.68. *Ist* $\mathfrak{C} \neq \emptyset$, *so nennt man*

1. $\mathfrak{M}(\mathfrak{C}) := \bigcap_{\mathfrak{M} \in \mathcal{M}(\mathfrak{C})} \mathfrak{M}$ *mit* $\mathcal{M}(\mathfrak{C}) := \{\mathfrak{M} \supseteq \mathfrak{C}, \quad \mathfrak{M} \text{ ist ein monotones System}\}$
   das von $\mathfrak{C}$ *erzeugte monotone System,*
2. $\mathfrak{D}(\mathfrak{C}) := \bigcap_{\mathfrak{D} \in \mathcal{D}(\mathfrak{C})} \mathfrak{D}$ *mit* $\mathcal{D}(\mathfrak{C}) := \{\mathfrak{D} \supseteq \mathfrak{C}, \quad \mathfrak{D} \text{ ist ein Dynkin-System}\}$ *das*
   von $\mathfrak{C}$ *erzeugte Dynkin-System.*

Lemma 2.69. *Ist* $\mathfrak{M}$ *monoton und* $\emptyset \neq \mathfrak{C} \subseteq \mathfrak{M}$, *so gilt* $\mathfrak{M}(\mathfrak{C}) \subseteq \mathfrak{M}$.
  Ist $\mathfrak{D}$ *ein Dynkin-System und* $\emptyset \neq \mathfrak{C} \subseteq \mathfrak{D}$, *so gilt* $\mathfrak{D}(\mathfrak{C}) \subseteq \mathfrak{D}$.

Beweis. Das Lemma ergibt sich unmittelbar aus der obigen Definition.

Lemma 2.70. *Jeder monotone Ring* $\mathfrak{R}$ *ist ein* σ-*Ring.*

Beweis. Ist (A_n) eine Mengenfolge in $\mathfrak{R}$, so bilden die $B_n := \bigcup_{i=1}^{n} A_i$ eine monotone Folge aus $\mathfrak{R}$ mit $B_n \nearrow \bigcup_{n=1}^{\infty} A_n \Rightarrow \bigcup_{n=1}^{\infty} A_n \in \mathfrak{R}$.

Bemerkung 2.71. *Aus Definition 2.30 und Lemma 2.31 folgt umgekehrt sofort, dass jeder* σ-*Ring monoton ist.*

Satz 2.72. *Ist* $\mathfrak{R}$ *ein Ring, so gilt* $\mathfrak{M}(\mathfrak{R}) = \mathfrak{R}_\sigma(\mathfrak{R})$.

Beweis. Da $\mathfrak{R} \subseteq \mathfrak{R}_\sigma(\mathfrak{R})$ und $\mathfrak{R}_\sigma(\mathfrak{R})$ monoton ist, gilt $\mathfrak{M}(\mathfrak{R}) \subseteq \mathfrak{R}_\sigma(\mathfrak{R})$.
Definiert man umgekehrt zu jeder beliebigen Menge A das Mengensystem
$\mathfrak{M}_A := \{B \in \mathfrak{M}(\mathfrak{R}) :\ B \setminus A \in \mathfrak{M}(\mathfrak{R}) \wedge A \setminus B \in \mathfrak{M}(\mathfrak{R}) \wedge A \cup B \in \mathfrak{M}(\mathfrak{R})\}$, so
gilt offenbar $B \in \mathfrak{M}_A \Leftrightarrow A \in \mathfrak{M}_B, \quad \forall\, A, B$. Zudem ist $\mathfrak{M}_A$ monoton, denn
mit (B_n) sind auch die Folgen $(A \setminus B_n)$, $(B_n \setminus A)$ und $(B_n \cup A)$ monoton.
  Für $A \in \mathfrak{R}$ und beliebiges $B \in \mathfrak{R}$ gilt aber $B \setminus A \in \mathfrak{M}(\mathfrak{R})$, $A \setminus B \in \mathfrak{M}(\mathfrak{R})$
sowie $A \cup B \in \mathfrak{M}(\mathfrak{R})$. Daraus folgt $\mathfrak{R} \subseteq \mathfrak{M}_A \ \forall A \in \mathfrak{R}$. Da $\mathfrak{M}_A$ monoton ist,

impliziert dies aber auch $\mathfrak{M}(\mathfrak{R}) \subseteq \mathfrak{M}_A \;\; \forall\, A \in \mathfrak{R}$. Dies bedeutet, dass gilt $B \in \mathfrak{M}_A \; \forall\, A \in \mathfrak{R},\, B \in \mathfrak{M}(\mathfrak{R})$. Damit gilt auch $\mathfrak{R} \subseteq \mathfrak{M}_B \; \forall\, B \in \mathfrak{M}(\mathfrak{R})$. Da $\mathfrak{M}_B$ monoton ist, folgt daraus wiederum $\mathfrak{M}(\mathfrak{R}) \subseteq \mathfrak{M}_B \;\; \forall\, B \in \mathfrak{M}(\mathfrak{R})$. Also gilt $B \setminus C \in \mathfrak{M}(\mathfrak{R}),\, C \setminus B \in \mathfrak{M}(\mathfrak{R}),\, B \cup C \in \mathfrak{M}(\mathfrak{R}) \;\; \forall\, B, C \in \mathfrak{M}(\mathfrak{R})$. Somit ist $\mathfrak{M}(\mathfrak{R})$ ein Ring und nach Lemma 2.70 auch ein σ-Ring, der natürlich $\mathfrak{R}$ enthält. Daraus folgt $\mathfrak{M}(\mathfrak{R}) \supseteq \mathfrak{R}_\sigma(\mathfrak{R})$. Somit gilt schließlich $\mathfrak{M}(\mathfrak{R}) = \mathfrak{R}_\sigma(\mathfrak{R})$.

Bemerkung 2.73. *Das im obigen Beweis verwendete Verfahren wird oft als „Prinzip der guten Menge" bezeichnet, da man dabei eine Menge $\mathfrak{M}_A$ definiert, die gerade die gewünschten Eigenschaften besitzt. Ein anderer Name für diese Beweistechnik ist „Steigbügelmethode", da $\mathfrak{M}_A$ quasi als Steigbügel dient.*

Satz 2.74. *$\mathfrak{D}$ ist genau dann ein Dynkin-System, wenn*

1. *$\Omega \in \mathfrak{D}$*
2. *$D_1, D_2 \in \mathfrak{D} \wedge D_1 \subseteq D_2 \Rightarrow D_2 \setminus D_1 \in \mathfrak{D}$*
3. *$\mathfrak{D}$ ist monoton.*

Beweis.

$\Rightarrow$: Aus den Bedingungen 1. und 2. der Definition 2.66 folgt $\emptyset \in \mathfrak{D}$. Sind $D_1 \subseteq D_2$ zwei Mengen aus $\mathfrak{D}$, so bilden die durch $A_1 := D_2^c$, $A_2 := D_1$, $A_n := \emptyset \;\; \forall\, n \geq 3$ definierten Mengen wegen $D_1 \cap D_2^c = \emptyset$ eine disjunkte Folge in $\mathfrak{D}$, sodass aus Bedingung 3. der Definition folgt $D_2^c \cup D_1 = \bigcup_{n \in \mathbb{N}} A_n \in \mathfrak{D}$, und wieder nach Bedingung 2. führt dies zu $D_2 \setminus D_1 = D_2 \cap D_1^c = (D_2^c \cup D_1)^c \in \mathfrak{D}$. Damit ist Punkt 2. gezeigt.

Ist (D_n) aus $\mathfrak{D}$ monoton steigend, so gilt wegen der eben gezeigten Aussage mit $D_0 := \emptyset$ auch $D_n' := D_n \setminus D_{n-1} \in \mathfrak{D} \;\; \forall\, n \in \mathbb{N}$. Da die D_n' disjunkt sind, folgt deshalb nach Bedingung 3. der Definition $\bigcup D_n = \bigcup D_n' \in \mathfrak{D}$. Ist (D_n) aus $\mathfrak{D}$ monoton fallend, so gilt $D_n^c \nearrow \bigcup_{n \in \mathbb{N}} D_n^c$. Daraus folgt $\bigcup_{n \in \mathbb{N}} D_n^c \in \mathfrak{D}$. Damit gilt aber $\bigcap_{n \in \mathbb{N}} D_n = \left(\bigcup_{n \in \mathbb{N}} D_n^c \right)^c \in \mathfrak{D}$ nach Bedingung 2. der Definition. Somit ist auch der obige Punkt 3. bewiesen.

$\Leftarrow$: Aus den obigen Punkten 1. und 2. folgen klarerweise die ersten beiden Bedingungen der Definition eines Dynkin-Systems.

Sind $D_1, D_2 \in \mathfrak{D}, \;\; D_1 \cap D_2 = \emptyset$, so gilt $D_1 \subseteq D_2^c$. Aus Punkt 2. des Satzes folgt deshalb $D_1^c \cap D_2^c = D_2^c \setminus D_1 \in \mathfrak{D} \Rightarrow D_1 \cup D_2 = \Omega \setminus (D_2^c \setminus D_1) \in \mathfrak{D}$. Ist nun $D_1, \ldots, D_n$ eine Klasse disjunkter Mengen aus $\mathfrak{D}$, so liefert vollständige Induktion $\bigcup_{i=1}^{n} D_i \in \mathfrak{D} \;\; \forall\, n \in \mathbb{N}$. Zusammen mit Punkt 3. ergibt das $\bigcup_{n=1}^{\infty} D_n \in \mathfrak{D}$. Damit ist auch diese Richtung bewiesen.

Satz 2.75. *Ein Dynkin-System $\mathfrak{D}$ ist genau dann eine σ-Algebra, wenn $\mathfrak{D}$ durchschnittsstabil ist.*

Beweis. Die eine Richtung ist klar, denn jede σ-Algebra ist ein Dynkin-System und durchschnittsstabil. Umgekehrt ist jedes durchschnittsstabile Dynkin-System $\mathfrak{D}$ wegen Lemma 2.24 auch eine σ-Algebra.

Satz 2.76. *Ist* $\mathfrak{C} \neq \emptyset$ *durchschnittsstabil, so gilt* $\mathfrak{D}(\mathfrak{C}) = \mathfrak{A}_\sigma(\mathfrak{C})$.

Beweis. Da jede σ-Algebra ein Dynkin System ist, gilt $\mathfrak{D}(\mathfrak{C}) \subseteq \mathfrak{A}_\sigma(\mathfrak{C})$.

Definiert man umgekehrt zu jedem $D \in \mathfrak{D}(\mathfrak{C})$ ein Mengensystem $\mathfrak{D}_D$ durch $\mathfrak{D}_D := \{E \subseteq \Omega : \quad E \cap D \in \mathfrak{D}(\mathfrak{C})\}$, so ist $\mathfrak{D}_D$ offensichtlich monoton und es gilt $\Omega \in \mathfrak{D}_D$. Aus $D_1, D_2 \in \mathfrak{D}_D$ und $D_1 \subseteq D_2$ folgt weiters $D_2 \cap D \in \mathfrak{D}(\mathfrak{C})$, $D_1 \cap D \in \mathfrak{D}(\mathfrak{C})$ und $D_1 \cap D \subseteq D_2 \cap D$. Daher gilt auch $(D_2 \setminus D_1) \cap D = (D_2 \cap D) \setminus (D_1 \cap D) \in \mathfrak{D}(\mathfrak{C})$, d.h. $D_1, D_2 \in \mathfrak{D}_D$ und $D_1 \subseteq D_2$ impliziert $D_2 \setminus D_1 \in \mathfrak{D}_D$. Somit ist $\mathfrak{D}_D$ ein Dynkin-System. Daraus folgt aber $\mathfrak{D}(\mathfrak{C}) \subseteq \mathfrak{D}_C$, $\forall C \in \mathfrak{C}$, denn für $C \in \mathfrak{C}$ gilt $\mathfrak{C} \subseteq \mathfrak{D}_C$. Für $C \in \mathfrak{C}$ und $D \in \mathfrak{D}(\mathfrak{C})$ gilt also $D \cap C \in \mathfrak{D}(\mathfrak{C})$. Dies bedeutet $C \in \mathfrak{D}_D$ $\forall C \in \mathfrak{C}$, oder anders ausgedrückt $\mathfrak{C} \subseteq \mathfrak{D}_D$ $\forall D \in \mathfrak{D}(\mathfrak{C})$. Da $\mathfrak{D}_D$ ein Dynkin-System ist, liefert dies $\mathfrak{D}(\mathfrak{C}) \subseteq \mathfrak{D}_D$ $\forall D \in \mathfrak{D}(\mathfrak{C})$. Somit ist $\mathfrak{D}(\mathfrak{C})$ durchschnittsstabil und daher nach Satz 2.75 eine σ-Algebra. Damit gilt aber auch $\mathfrak{A}_\sigma(\mathfrak{C}) \subseteq \mathfrak{D}(\mathfrak{C})$.

Zum Abschluss wollen wir noch die Zusammenhänge zwischen den in diesem Kapitel behandelten Mengensystemen grafisch darstellen.

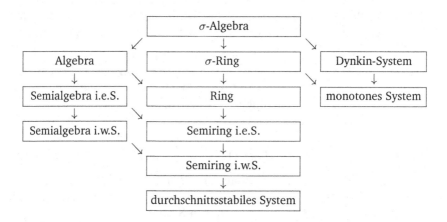

Abb. 2.2. Hierarchie der Mengensysteme

3

Mengenfunktionen

3.1 Inhalte und Maße auf Semiringen

Die wesentliche Eigenschaft von Wahrscheinlichkeitsverteilungen ist die σ-Additivität. Wir wollen uns daher in diesem Abschnitt mit additiven und σ-additiven Mengenfunktionen beschäftigen.

Definition 3.1. *Eine Mengenfunktion μ auf einem Mengensystem $\mathfrak{C} \neq \emptyset$ mit Werten aus $(-\infty, \infty]$ oder $[-\infty, \infty)$ heißt additiv, wenn für beliebige disjunkte Mengen $A_1, \ldots, A_n$ aus $\mathfrak{C}$ mit $\bigcup_{i=1}^{n} A_i \in \mathfrak{C}$ gilt*

$$\mu\left(\bigcup_{i=1}^{n} A_i\right) = \sum_{i=1}^{n} \mu(A_i).$$

(3.1)

μ heißt σ-additiv oder abzählbar additiv, wenn für jede Folge (A_n) disjunkter Mengen aus $\mathfrak{C}$ mit $\bigcup_{n\in\mathbb{N}} A_n \in \mathfrak{C}$ gilt

$$\mu\left(\bigcup_{n\in\mathbb{N}} A_n\right) = \sum_{n\in\mathbb{N}} \mu(A_n).$$

(3.2)

Bemerkung 3.2. *Der Wert der Reihe in (3.2) ist unabhängig von der Anordnung der A_n. Nach Satz A.14 kann die Reihe deshalb nicht bedingt konvergieren.*

Definition 3.3. *Als Inhalt bezeichnet man eine nichtnegative, additive Mengenfunktion μ auf einem Semiring $\mathfrak{T}$ mit $\mu(\emptyset) = 0$.*

Auf Semiringen i.e.S. kann man Bedingung (3.1) etwas abschwächen.

Satz 3.4. *Ist $\mathfrak{T}$ ein Semiring i.e.S. und μ eine nichtnegative Mengenfunktion auf $\mathfrak{T}$ mit $\mu(\emptyset) = 0$, so ist μ ein Inhalt genau dann, wenn für je zwei disjunkte Mengen A_1, A_2 aus $\mathfrak{T}$ gilt*

$$A_1 \cup A_2 \in \mathfrak{T} \quad \Rightarrow \quad \mu(A_1 \cup A_2) = \mu(A_1) + \mu(A_2).$$

(3.3)

Beweis. Da (3.3) aus (3.1) folgt, muss man nur die andere Richtung zeigen, die wir zunächst unter der Voraussetzung beweisen, dass man die disjunkten Mengen $A_1, \dots, A_n$ so indizieren kann, dass gilt $\bigcup\limits_{i=1}^{k} A_i \in \mathfrak{T} \quad \forall\, 1 \leq k \leq n$.

Für $n = 2$ ist nichts zu beweisen, und unter der Induktionsannahme, dass (3.1) für n Mengen, die die obige Bedingung erfüllen, gilt, erhält man

$$\mu\left(\bigcup_{i=1}^{n+1} A_i\right) = \mu\left(\left(\bigcup_{i=1}^{n} A_i\right) \cup A_{n+1}\right) = \mu\left(\bigcup_{i=1}^{n} A_i\right) + \mu(A_{n+1})$$

$$= \sum_{i=1}^{n} \mu(A_i) + \mu(A_{n+1}) = \sum_{i=1}^{n+1} \mu(A_i)\,.$$

Damit ist die obige Behauptung mit vollständiger Induktion bewiesen.

Auch den allgemeinen Fall zeigen wir mit vollständiger Induktion und nehmen an, dass (3.1) für n Mengen gilt.

Sind nun $A_1, \dots, A_{n+1}$ disjunkte Mengen aus $\mathfrak{T}$ mit $A := \bigcup\limits_{i=1}^{n+1} A_i \in \mathfrak{T}$, dann gibt es wegen $A_{n+1} \subseteq A$ disjunkte Mengen $C_1, \dots, C_k \in \mathfrak{T}$ mit

$$A \setminus A_{n+1} = \bigcup_{i=1}^{n} A_i = \bigcup_{j=1}^{k} C_j\,, \quad A_{n+1} \cup \bigcup_{j=1}^{l} C_j \in \mathfrak{T} \quad \forall\, 1 \leq l \leq k\,. \tag{3.4}$$

$A_{n+1}, C_1, \dots, C_k$ erfüllen demnach die obige Annahme und daher gilt

$$\mu(A) = \mu(A_{n+1}) + \sum_{j=1}^{k} \mu(C_j) \tag{3.5}$$

Da Semiringe durchschnittsstabil sind und gilt $A_i \cap A_{n+1} = \emptyset \quad \forall\, 1 \leq i \leq n$, folgt aus (3.4) auch

$$\bigcup_{j=1}^{l} (A_i \cap C_j) = A_i \cap \left(\bigcup_{j=1}^{l} C_j\right) = A_i \cap \left(A_{n+1} \cup \bigcup_{j=1}^{l} C_j\right) \in \mathfrak{T} \quad \forall\, 1 \leq l \leq k\,.$$

Somit trifft die obige, einschränkende Voraussetzung für jedes i auf die Mengen $A_i \cap C_j$, $1 \leq j \leq k$ zu, und es gilt $\mu(A_i) = \sum\limits_{j=1}^{k} \mu(A_i \cap C_j) \quad \forall\, i = 1, \dots, n$. Daraus folgt

$$\sum_{i=1}^{n} \mu(A_i) = \sum_{i=1}^{n} \sum_{j=1}^{k} \mu(A_i \cap C_j)\,. \tag{3.6}$$

Umgekehrt gilt wegen (3.4) $\quad C_j = \bigcup\limits_{i=1}^{n} (A_i \cap C_j) \quad \forall\, j = 1, \dots, k$. Damit kann die Induktionsvoraussetzung auf die C_j angewendet werden, und man erhält $\mu(C_j) = \sum\limits_{i=1}^{n} \mu(A_i \cap C_j) \quad \forall\, j = 1, \dots, k$. Daraus folgt sofort

$$\sum_{j=1}^{k} \mu(C_j) = \sum_{j=1}^{k} \sum_{i=1}^{n} \mu(A_i \cap C_j).$$ (3.7)

Setzt man (3.7) in (3.5) ein, so ergibt das unter Berücksichtigung von (3.6)

$$\mu(A) = \mu(A_{n+1}) + \sum_{j=1}^{k} \sum_{i=1}^{n} \mu(A_i \cap C_j) = \mu(A_{n+1}) + \sum_{i=1}^{n} \mu(A_i).$$

Definition 3.5. *Ist $\mathfrak{T}$ ein Semiring, so wird $\mu : \mathfrak{T} \to \overline{\mathbb{R}}$ ein Maß oder eine Maßfunktion genannt, wenn gilt*

1. *$\mu(\emptyset) = 0$,*
2. *$\mu(A) \geq 0 \quad \forall\, A \in \mathfrak{T}$,*
3. *μ ist σ-additiv.*

Bemerkung 3.6. *Ein Maß ist auch stets additiv, denn es gilt $\bigcup_{i=1}^{n} A_i = \bigcup_{i=1}^{\infty} A_i$, wenn man $A_i := \emptyset \quad \forall\, i > n$ setzt.*

Definition 3.7. *Ein Maß P auf einer Semialgebra mit $P(\Omega) = 1$ wird als Wahrscheinlichkeitsverteilung (Wahrscheinlichkeitsmaß) bezeichnet.*

Bemerkung 3.8. *Man sagt eine Mengenfunktion P auf einer Semialgebra $\mathfrak{T}$ erfüllt das Kolmogoroff'sche Axiomensystem, wenn gilt*

1. *$P(\Omega) = 1$,*
2. *$P(A) \geq 0 \quad \forall\, A \in \mathfrak{T}$,*
3. *P ist σ-additiv.*

Aus dem Kolmogoroff'schen Axiomensystem folgt

$$1 = P(\Omega) = P\left(\Omega \cup \bigcup_{n \in \mathbb{N}} \emptyset\right) = P(\Omega) + \sum_{n \in \mathbb{N}} P(\emptyset) \;\Rightarrow\; P(\emptyset) = 0\,,$$

und P ist daher ein Wahrscheinlichkeitsmaß.

Definition 3.9. *Ein Maß μ auf einem Semiring $\mathfrak{T}$ heißt endlich, wenn für alle $A \in \mathfrak{T}$ gilt $\mu(A) < \infty$.*
Wenn es eine Folge (A_n) aus $\mathfrak{T}$ gibt mit $\Omega = \bigcup_{\mathbb{N}} A_n \wedge \mu(A_n) < \infty \quad \forall\, n \in \mathbb{N}$, so nennt man μ σ-endlich.
Wenn es eine Folge (A_n) aus $\mathfrak{T}$ mit $\Omega = \bigcup_{\mathbb{N}} A_n \wedge \sum_n \mu(A_n) < \infty$ gibt, nennt man μ total-endlich.

Beispiel 3.10. $\Omega = \mathbb{N}$, $\mathfrak{T} = \mathfrak{P}(\mathbb{N})$, $\zeta(A) := |A| \quad \forall\, A \in \mathfrak{T}$ wird Zählmaß genannt und ist σ-endlich auf $\mathfrak{T}$.

Definition 3.11. *Ist μ ein Maß auf einem Semiring $\mathfrak{T}$, so nennt man den Semiring μ- vollständig (vollständig bezüglich μ), wenn zu jeder Menge $A \in \mathfrak{T}$ mit $\mu(A) = 0$ auch alle Teilmengen $B \subseteq A$ in $\mathfrak{T}$ liegen.*

Lemma 3.12. *Ist μ auf dem Semiring $\mathfrak{T}$ additiv, dann gilt für $A, B, B \setminus A \in \mathfrak{T}$*

$$A \subseteq B \wedge |\mu(A)| < \infty \Rightarrow \mu(B \setminus A) = \mu(B) - \mu(A) \text{ (Subtraktivität)}. \quad (3.8)$$

Beweis. Aus $B = A \cup (B \setminus A)$ folgt $\mu(B) = \mu(A) + \mu(B \setminus A)$, und wegen $\mu(A) \in \mathbb{R}$ kann man $\mu(A)$ von beiden Seiten subtrahieren und erhält so (3.8).

Lemma 3.13. *Ist μ ein Inhalt auf einem Semiring $\mathfrak{T}$, so gilt für $A, B \in \mathfrak{T}$*

$$A \subseteq B \Rightarrow \mu(A) \leq \mu(B) \quad (\text{Monotonie}). \quad (3.9)$$

Beweis. Da es disjunkte Mengen $C_1, \ldots, C_k$ in $\mathfrak{T}$ gibt, die auch zu A disjunkt sind, sodass $B = A \cup \bigcup_{j=1}^{k} C_j$, gilt $\mu(A) \leq \mu(A) + \sum_{j=1}^{k} \mu(C_j) = \mu(B)$.

Folgerung 3.14. *Ist μ ein endlicher Inhalt auf einem Semiring $\mathfrak{T}$, so gilt für alle $A, B \in \mathfrak{T}$ mit $B \setminus A \in \mathfrak{T}$*

$$\mu(B) - \mu(A) \leq \mu(B \setminus A). \quad (3.10)$$

Liegen auch $A \setminus B$ und $A \bigtriangleup B$ in $\mathfrak{T}$, so gilt

$$|\mu(A) - \mu(B)| \leq \mu(A \bigtriangleup B). \quad (3.11)$$

Beweis. Aus $A, B \in \mathfrak{T}$ folgt $A \cap B \in \mathfrak{T}$ und daher gilt nach dem obigen Lemma $\mu(B \setminus A) = \mu(B \setminus (A \cap B)) = \mu(B) - \mu(A \cap B) \geq \mu(B) - \mu(A)$.

Gilt außerdem $A \bigtriangleup B \in \mathfrak{T}$ und $A \setminus B \in \mathfrak{T}$, so erhält man

$$\mu(A \bigtriangleup B) \geq \mu(A \setminus B) \geq \mu(A) - \mu(B) \wedge \mu(A \bigtriangleup B) \geq \mu(B \setminus A) \geq \mu(B) - \mu(A).$$

Daraus folgt sofort $\mu(A \bigtriangleup B) \geq |\mu(A) - \mu(B)|$.

3.2 Die Fortsetzung von Inhalten und Maßen auf Ringe

Wir werden sehen, dass es ausreicht, eine Maßfunktion auf einem Semiring festzulegen, da das auf dem Semiring $\mathfrak{T}$ definierte Maß unter sehr allgemeinen Voraussetzungen in eindeutiger Weise auf $\mathfrak{R}_\sigma(\mathfrak{T})$ fortgesetzt werden kann. Als ersten Schritt wollen wir die Fortsetzung auf $\mathfrak{R}(\mathfrak{T})$ betrachten und zeigen das folgende Lemma.

Lemma 3.15. *Ist μ ein Inhalt auf einem Semiring $\mathfrak{T}$ und sind $B_1, \ldots, B_n$ und $C_1, \ldots, C_m$ zwei Familien disjunkter Mengen aus $\mathfrak{T}$ mit $\bigcup_{i=1}^{n} B_i = \bigcup_{j=1}^{m} C_j$, so gilt*

$$\sum_{i=1}^{n} \mu(B_i) = \sum_{j=1}^{m} \mu(C_j). \quad (3.12)$$

Beweis. Da $\mathfrak{T}$ durchschnittsstabil ist, liegen die $B_i \cap C_j$ in $\mathfrak{T}$ $\forall i,\, j$ und es gilt

$$B_i = \bigcup_{j=1}^{m} (B_i \cap C_j) \quad \forall\, i = 1, \dots, n \quad \wedge \quad C_j = \bigcup_{i=1}^{n} (B_i \cap C_j) \quad \forall\, j = 1, \dots, m\,.$$

Daraus folgt wegen der Additivität von μ

$$\sum_{i=1}^{n} \mu(B_i) = \sum_{i=1}^{n}\sum_{j=1}^{m} \mu(B_i \cap C_j) = \sum_{j=1}^{m}\sum_{i=1}^{n} \mu(B_i \cap C_j) = \sum_{j=1}^{m} \mu(C_j)\,.$$

Satz 3.16. *Ist μ ein Inhalt auf einem Semiring $\mathfrak{T}$, so gibt es einen eindeutig bestimmten Inhalt $\overline{\mu}$ auf $\mathfrak{R}(\mathfrak{T})$, sodass $\overline{\mu}(A) = \mu(A)$ $\forall\, A \in \mathfrak{T}$. Ist μ ein Maß, so ist auch $\overline{\mu}$ ein Maß. Ist μ endlich, so ist $\overline{\mu}$ endlich, und, wenn μ σ–endlich ist, dann ist auch $\overline{\mu}$ σ-endlich.*

Beweis. Ist $A \in \mathfrak{R}(\mathfrak{T})$, so gibt es wegen Satz 2.59 disjunkte Mengen $B_1, \dots, B_n$ aus $\mathfrak{T}$ mit $A = \bigcup_{i=1}^{n} B_i$. Durch $\overline{\mu}(A) := \sum_{i=1}^{n} \mu(B_i)$ wird A ein Wert zugewiesen, der nach dem obigen Lemma unabhängig von der Zerlegung $B_1, \dots, B_n$ ist. $\overline{\mu}$ ist somit wohldefiniert auf $\mathfrak{R}(\mathfrak{T})$ und klarerweise nichtnegativ und additiv. Da offensichtlich gilt $\overline{\mu}(B) = \mu(B)$ $\forall\, B \in \mathfrak{T}$, ist $\overline{\mu}$ eine Fortsetzung von μ. Es bleibt nur noch die σ–Additivität von $\overline{\mu}$ zu zeigen, wenn μ ein Maß ist.

Liegt für eine Folge (A_n) disjunkter Mengen aus $\mathfrak{R}(\mathfrak{T})$ auch die Vereinigung $A := \bigcup_{n \in \mathbb{N}} A_n$ in $\mathfrak{R}(\mathfrak{T})$, so gibt es disjunkte Mengen $B_1, \dots, B_m$ in $\mathfrak{T}$, sodass $A = \bigcup_{i=1}^{m} B_i$ und daher auch $\overline{\mu}(A) := \sum_{i=1}^{m} \mu(B_i)$ gilt. Auch für jedes A_n gibt es disjunkte Mengen $C_{n,1}, \dots, C_{n,k_n}$ in $\mathfrak{T}$, sodass

$$A_n = \bigcup_{j=1}^{k_n} C_{n,j} = \bigcup_{i=1}^{m}\bigcup_{j=1}^{k_n} (B_i \cap C_{n,j}) \quad \text{mit } B_i \cap C_{n,j} \in \mathfrak{T} \quad \forall\, i,\, j\,. \tag{3.13}$$

Daher gilt $\overline{\mu}(A_n) = \sum_{i=1}^{m} \sum_{j=1}^{k_n} \mu(B_i \cap C_{n,j})$ $\forall\, n \in \mathbb{N}$, woraus folgt

$$\sum_{n \in \mathbb{N}} \overline{\mu}(A_n) = \sum_{n \in \mathbb{N}}\sum_{i=1}^{m}\sum_{j=1}^{k_n} \mu(B_i \cap C_{n,j})\,. \tag{3.14}$$

Da $B_i = \bigcup_{n \in \mathbb{N}} (B_i \cap A_n) = \bigcup_{n \in \mathbb{N}}\bigcup_{j=1}^{k_n} (B_i \cap C_{n,j})$ $\forall\, i = 1, \dots, m$, und, weil μ auf $\mathfrak{T}$ σ-additiv ist, gilt andererseits $\mu(B_i) = \sum_{n \in \mathbb{N}}\sum_{j=1}^{k_n} \mu(B_i \cap C_{n,j})$ $\forall\, i = 1, \dots, m$.

Daraus folgt $\overline{\mu}(A) = \sum_{i=1}^{m} \mu(B_i) = \sum_{i=1}^{m}\sum_{n \in \mathbb{N}}\sum_{j=1}^{k_n} \mu(B_i \cap C_{n,j})$. Da die Summanden in dieser Gleichung alle nichtnegativ sind, kann man die Summationsreihenfolge auf Grund von Satz A.16 vertauschen. Damit stimmt ihre rechte Seite mit der rechten Seite von (3.14) überein. Also gilt $\overline{\mu}(A) = \sum_{n \in \mathbb{N}} \overline{\mu}(A_n)$.

Definition 3.17. *Ist μ ein Inhalt auf einem Semiring $\mathfrak{T}$, so heißt das in Satz 3.16 auf $\mathfrak{R}(\mathfrak{T})$ definierte $\overline{\mu}$ Fortsetzung von μ, und man schreibt einfach μ statt $\overline{\mu}$.*

3.3 Eigenschaften von Inhalten und Maßen

Satz 3.18. *Ist μ ein Inhalt auf einem Semiring $\mathfrak{T}$ und sind $A, A_1, \ldots, A_N$ Mengen aus $\mathfrak{T}$ mit $A \subseteq \bigcup\limits_{n=1}^{N} A_n$, so gilt*

$$\mu(A) \leq \sum_{n=1}^{N} \mu(A_n) \quad \text{(Subadditivität)} . \tag{3.15}$$

Ist μ ein Maß auf $\mathfrak{T}$, so gilt (3.15) auch für abzählbar viele Mengen A_n aus $\mathfrak{T}$. Man spricht in diesem Fall von der σ-Subadditivität von μ.

Beweis. Da man μ gemäß Satz 3.16 eindeutig auf $\mathfrak{R}(\mathfrak{T})$ fortsetzen kann, genügt es die obige Aussage für Ringe zu beweisen.

Sind $A, A_1, \ldots, A_N$ Mengen aus einem Ring $\mathfrak{R}$ mit $A \subseteq \bigcup\limits_{n=1}^{N} A_n$, dann liegen auch die Mengen $B_1 := A \cap A_1$, $B_n := A \cap \left[A_n \setminus \left(\bigcup\limits_{i=1}^{n-1} A_i \right) \right]$, $n \geq 2$ in $\mathfrak{R}$. Von Lemma 2.17 wissen wir, dass die $B_n \subseteq A_n$ disjunkt sind, und, dass $A = \bigcup\limits_{n=1}^{N} B_n$. Daraus folgt $\mu(A) = \sum\limits_{n=1}^{N} \mu(B_n) \leq \sum\limits_{n=1}^{N} \mu(A_n)$.

Ist μ ein Maß und (A_n) eine abzählbare Überdeckungen von A, so geht der Beweis völlig analog zu oben, wenn man nur N durch ∞ ersetzt.

Lemma 3.19. *Ist μ ein Inhalt auf einem Semiring $\mathfrak{T}$ und (A_n) eine Folge disjunkter Mengen aus $\mathfrak{T}$ mit $\bigcup\limits_{n \in \mathbb{N}} A_n \subseteq A \in \mathfrak{T}$, dann gilt*

$$\sum_{n \in \mathbb{N}} \mu(A_n) \leq \mu(A) . \tag{3.16}$$

Beweis. Wir zeigen, dass (3.16) auf $\mathfrak{R}(\mathfrak{T})$ gilt, wenn man μ auf $\mathfrak{R}(\mathfrak{T})$ fortsetzt. Da $\bigcup\limits_{n \leq N} A_n \in \mathfrak{R}(\mathfrak{T}) \ \wedge \ \bigcup\limits_{n \leq N} A_n \subseteq A \quad \forall \, N \in \mathbb{N}$, folgt aus Lemma 3.13 (Monotonie) und der Additivität von μ

$$\sum_{n=1}^{N} \mu(A_n) = \mu \left(\bigcup_{n \leq N} A_n \right) \leq \mu(A) \quad \forall \, N \in \mathbb{N} \ \Rightarrow \ \sum_{n=1}^{\infty} \mu(A_n) \leq \mu(A) .$$

σ-additive Mengenfunktionen haben gewisse Stetigkeitseigenschaften

Satz 3.20. *Ist μ ein Maß auf einem Semiring $\mathfrak{T}$ und (A_n) eine monoton steigende Folge von Mengen aus $\mathfrak{T}$ mit $\bigcup_{n \in \mathbb{N}} A_n \in \mathfrak{T}$, so gilt*

$$\mu\left(\bigcup_{n \in \mathbb{N}} A_n\right) = \mu\left(\lim_n A_n\right) = \lim_n \mu(A_n) \quad \text{(stetig von unten)} . \qquad (3.17)$$

Beweis. Wie gewohnt setzen wir μ zunächst auf den Ring $\mathfrak{R}(\mathfrak{T})$ fort.

Mit $A_0 := \emptyset$ und $B_n := A_n \setminus A_{n-1}$, $\quad n \in \mathbb{N}$ gilt $A = \bigcup_n A_n = \bigcup_n B_n$, und die B_n sind disjunkt. Weiters gilt $A_n = \bigcup_{k=1}^{n} B_k \quad \forall\, n \in \mathbb{N}$, und daraus folgt

$$\mu\left(\bigcup_{k \in \mathbb{N}} A_k\right) = \mu\left(\bigcup_{k \in \mathbb{N}} B_k\right) = \sum_{k=1}^{\infty} \mu(B_k) = \lim_n \sum_{k=1}^{n} \mu(B_k) = \lim_n \mu(A_n) .$$

Satz 3.21. *Ist μ ein Maß auf einem Semiring $\mathfrak{T}$ und existiert zu einer monoton fallenden Folge (A_n) aus $\mathfrak{T}$ mit $\bigcap_n A_n \in \mathfrak{T}$ ein n_0, sodass $\mu(A_{n_0}) < \infty$, so gilt*

$$\mu\left(\bigcap_{n \in \mathbb{N}} A_n\right) = \mu\left(\lim_n A_n\right) = \lim_n \mu(A_n) . \qquad (3.18)$$

Wir sagen μ ist in $A = \bigcap_{n \in \mathbb{N}} A_n$ stetig von oben.

Beweis. $\mu(A_{n_0}) < \infty \Rightarrow \mu(A_n) < \infty \quad \forall\, n \geq n_0 \wedge \mu\left(\bigcap_{\mathbb{N}} A_n\right) < \infty$.

Wegen $A_n \searrow$ gilt $A_{n_0} \setminus A_n \nearrow$ für $n \geq n_0$, sodass aus Satz 3.20 und der Subtraktivität des Maßes (Lemma 3.12) folgt

$$\mu(A_{n_0}) - \mu\left(\bigcap_{\mathbb{N}} A_n\right) = \mu\left(A_{n_0} \setminus (\lim_n A_n)\right) = \mu\left(\lim_n (A_{n_0} \setminus A_n)\right)$$

$$= \lim_n \mu(A_{n_0} \setminus A_n) = \lim_n \left[\mu(A_{n_0}) - \mu(A_n)\right] = \mu(A_{n_0}) - \lim_n \mu(A_n) .$$

Subtrahiert man $\mu(A_{n_0}) < \infty$ auf beiden Seiten, so erhält man (3.18).

Das folgende Beispiel zeigt, dass auf die Endlichkeitsvoraussetzung im obigen Satz nicht verzichtet werden kann.

Beispiel 3.22. Sei: $\mathfrak{T} = \mathfrak{P}(0,1)$, $\mu(\emptyset) = 0$, $\mu(A) = \infty \quad \forall\, A \neq \emptyset$, dann gilt $\lim_n \left(0, \frac{1}{n}\right) = \emptyset$ aber $\lim_n \mu\left(\left(0, \frac{1}{n}\right)\right) = \infty$.

Der nächste Satz stellt eine Umkehrung der Sätze 3.20 und 3.21 dar.

Satz 3.23. *Ein endlicher Inhalt μ auf einem Ring $\mathfrak{R}$, der bei jedem $A \in \mathfrak{R}$ stetig von unten ist oder der bei der leeren Menge $\emptyset$ stetig von oben ist, ist ein Maß.*

Beweis. Ist (A_n) eine Folge disjunkter Mengen aus $\mathfrak{R}$ mit $A := \bigcup_\mathbb{N} A_n \in \mathfrak{R}$, so gilt $A = \lim\limits_{N \in \mathbb{N}} \left(\bigcup\limits_{n \leq N} A_n \right)$. Ist μ stetig von unten bei A ist, so folgt daraus

$$\mu(A) = \lim_{N \in \mathbb{N}} \mu \left(\bigcup_{n \leq N} A_n \right) = \lim_N \sum_{n \leq N} \mu(A_n) = \sum_{n=1}^\infty \mu(A_n).$$

Ist μ stetig von oben bei $\emptyset$, so folgt aus $B_N := A \setminus \bigcup\limits_{n \leq N} A_n \searrow \emptyset$

$\lim\limits_N \mu(B_N) = 0$. Da $\mu(A) = \mu \left(B_N \cup \bigcup\limits_{n \leq N} A_n \right) = \mu(B_N) + \sum\limits_{n \leq N} \mu(A_n)$ für alle

$N \in \mathbb{N}$ gilt, führt dies zu $\mu(A) = \lim\limits_N \sum\limits_{n \leq N} \mu(A_n) + \lim\limits_N \mu(B_N) = \sum\limits_{n=1}^\infty \mu(A_n).$

Wie in Satz 3.21 kann auch für die zweite Aussage von Satz 3.23 nicht auf die Endlichkeit von μ verzichtet werden.

Beispiel 3.24. $\mathfrak{A} = \{A \subset \mathbb{N} : |A| < \infty \vee |A^c| < \infty\}$, ist eine Algebra auf $\Omega = \mathbb{N}$, und die Mengenfunktion $\mu(A) := \begin{cases} 0, & |A| < \infty \\ \infty, & \text{sonst} \end{cases}$ ist bei $\emptyset$ stetig von oben, aber sie ist nicht σ–additiv.

Anders als in den Sätzen 3.20 und 3.21 benötigt man in 3.23 als Definitionsbereich für μ einen Ring, wie das folgende Gegenbeispiel zeigt:

Beispiel 3.25. Auf $\Omega := \mathbb{Q} \cap (0,1]$ bilden die $A_a^b := (a,b] \cap \Omega$, $0 \leq a \leq b \leq 1$ einen Semiring $\mathfrak{T}$, auf dem durch $\mu(A_a^b) := b - a$ ein endlicher Inhalt definiert wird, der, wie man leicht sieht, stetig von unten und von oben ist.

Ist (q_n) eine Durchnummerierung von Ω und $\varepsilon > 0$, so bilden die Mengen $A_{a_i}^{b_i}$ mit $a_i := \max(0, q_i - \frac{\varepsilon}{2^i})$ und $b_i = \min(1, q_i + \frac{\varepsilon}{2^i})$ $\forall i \in \mathbb{N}$ eine Überdeckung von Ω. Wäre μ σ-additiv, so müsste wegen Satz 3.18 gelten $\mu(\Omega) \leq \sum\limits_{i \in \mathbb{N}} \mu(A_{a_i}^{b_i}) \leq 2\varepsilon$. Dies steht im Widerspruch zu $\mu(\Omega) = 1$. μ kann also nicht σ-additiv sein.

Die Sätze 3.20 und 3.21 können in folgender Weise verallgemeinert werden.

Satz 3.26. *Ist μ ein endliches Maß auf einem σ–Ring $\mathfrak{R}_\sigma$ und (A_n) eine Mengenfolge aus $\mathfrak{R}_\sigma$, dann gilt*

$$\mu \left(\liminf_n A_n \right) \leq \liminf_n \mu(A_n) \leq \limsup_n \mu(A_n) \leq \mu \left(\limsup_n A_n \right). \quad (3.19)$$

Beweis. Da für $B_n := \bigcap\limits_{k \geq n} A_k$ gilt $B_n \nearrow \liminf\limits_n A_n$, folgt aus Satz 3.20 und

wegen $B_n \subseteq A_n$, dass gilt $\mu \left(\liminf\limits_n A_n \right) = \lim\limits_n \mu(B_n) \leq \liminf\limits_n \mu(A_n)$.

Für $C_n := \bigcup\limits_{k \geq n} A_k$ gilt $C_n \searrow \limsup\limits_n A_n$. Da μ endlich ist und gilt $C_n \supseteq A_n$, folgt daraus nach Satz 3.21 $\mu\left(\limsup_n A_n\right) = \lim_n \mu(C_n) \geq \limsup_n \mu(A_n)$.

Dass $\liminf_n \mu(A_n) \leq \limsup_n \mu(A_n)$ gilt, ist klar.

Der folgende Satz ist ein wichtiges Hilfsmittel der Wahrscheinlichkeitstheorie.

Satz 3.27 (1-tes Lemma von Borel-Cantelli). *Ist μ ein Maß auf einem σ–Ring $\mathfrak{R}_\sigma$ und (A_n) eine Folge von Mengen aus $\mathfrak{R}_\sigma$, dann gilt*

$$\sum_{n=1}^{\infty} \mu(A_n) < \infty \quad \Rightarrow \quad \mu\left(\limsup_n A_n\right) = 0. \tag{3.20}$$

Beweis. Aus Satz 3.18 (Subadditivität) und $\limsup_n A_n \subseteq \bigcup_{k \geq n} A_k \quad \forall\, n \in \mathbb{N}$

folgt $\mu\left(\limsup_n A_n\right) \leq \mu\left(\bigcup_{k \geq n} A_k\right) \leq \sum_{k \geq n} \mu(A_k) \quad \forall\, n \in N$. Damit aber ist

der Satz bewiesen, denn aus $\sum_{n=1}^{\infty} \mu(A_n) < \infty$ folgt $\lim_n \sum_{k \geq n} \mu(A_k) = 0$.

3.4 Additionstheorem und verwandte Sätze

Bemerkung 3.28. *In diesem Abschnitt wird die Summationsreihenfolge immer wieder nach dem folgenden Schema vertauscht. Zunächst bildet man zu jeder Menge $\emptyset \neq I \subseteq \mathbb{N}_n := \{1, \ldots, n\}$ über alle Mengen $J \supseteq I$ eine innere Summe, in der von den J abhängige Terme $f(J)$ aufaddiert werden, und dann fasst man die inneren Summen zu einer äußeren Summe über alle I zusammen. Das ergibt die Doppelsumme $\sum_{\emptyset \neq I \subseteq \mathbb{N}_n} \sum_{I \subset J} f(J)$. In dieser Summe tritt $f(J)$ zu gegebenem J gerade bei jenen I auf, die Teilmenge von J sind. Es kommt daher $\sum_{\emptyset \neq I \subseteq J}$ -mal in der Doppelsumme vor. Somit gilt $\sum_{\emptyset \neq I \subseteq \mathbb{N}_n} \sum_{I \subset J} f(J) = \sum_{\emptyset \neq J \subseteq \mathbb{N}_n} f(J) \sum_{\emptyset \neq I \subset J} 1$. Unterteilt man die Mengen I und J entsprechend ihrer Mächtigkeit ergibt das*

$$\sum_{k=1}^{n} \sum_{I:|I|=k} \sum_{m=k}^{n} \sum_{I \subseteq J \wedge |J|=m} f(J) = \sum_{m=1}^{n} \sum_{J:|J|=m} f(J) \sum_{k=1}^{m} \binom{m}{k}, \tag{3.21}$$

da eine m- elementige Menge J jeweils $\binom{m}{k}$ Teilmengen I mit k Elementen besitzt.

Satz 3.29 (verallgemeinertes Additionstheorem). *Ist μ ein Inhalt auf einem Ring $\mathfrak{R}$ und sind $A_1, \ldots, A_n$ Mengen aus $\mathfrak{R}$ mit $\mu\left(\bigcup_{i=1}^{n} A_i\right) < \infty$, so gilt*

$$\mu\left(\bigcup_{i=1}^{n} A_i\right) = \sum_{k=1}^{n} (-1)^{k-1} \sum_{1 \leq i_1 < \ldots < i_k \leq n} \mu\left(\bigcap_{h=1}^{k} A_{i_h}\right). \tag{3.22}$$

Beweis. Ist $A := \bigcup\limits_{i=1}^{n} A_i$, so definieren wir zu $J_m := \{j_1, \ldots, j_m\} \subseteq \{1, \ldots, n\}$

mit $1 \le m \le n$ einen Durchschnitt $D(J_m) := \bigcap\limits_{h=1}^{m} A_{j_h} \cap \bigcap\limits_{g \in J_m^c} (A \setminus A_g)$. Die

$D(J_m)$ bilden eine Zerlegung von A. Daraus folgt

$$\mu(A) = \sum_{m=1}^{n} \sum_{J_m} \mu\left(D(J_m)\right). \tag{3.23}$$

Ist $I_k := \{i_1, \ldots, i_k\}$, so gilt umgekehrt $A(I_k) := \bigcap\limits_{h=1}^{k} A_{i_h} = \bigcup\limits_{m=k}^{n} \bigcup\limits_{I_k \subseteq J_m} D(J_m)$.

Das ergibt für die rechte Seite von (3.22) unter Berücksichtigung von Bemerkung 3.28 und $\sum\limits_{k=1}^{m} (-1)^{k-1} \binom{m}{k} = 1 - \sum\limits_{k=0}^{m} \binom{m}{k}(-1)^k 1^{m-k} = 1 - (1-1)^m = 1$

$$\sum_{k=1}^{n} (-1)^{k-1} \sum_{I_k} \mu\left(\bigcap_{h=1}^{k} A_{i_h}\right) = \sum_{k=1}^{n} (-1)^{k-1} \sum_{I_k} \sum_{m=k}^{n} \sum_{I_k \subseteq J_m} \mu\left(D(J_m)\right)$$

$$= \sum_{m=1}^{n} \sum_{J_m} \mu\left(D(J_m)\right) \sum_{k=1}^{m} (-1)^{k-1} \binom{m}{k} = \sum_{m=1}^{n} \sum_{J_m} \mu\left(D(J_m)\right). \tag{3.24}$$

Somit stimmt die rechte Seite von (3.22) überein mit der rechten Seiten von (3.23), und damit ist der Satz bewiesen.

Bemerkung 3.30. *Der obige Satz wird oft auch Satz von Poincaré genannt. Als Additionstheorem bezeichnet man den Spezialfall für $n = 2$, also die Formel*

$$\mu(A_1 \cup A_2) = \mu(A_1) + \mu(A_2) - \mu(A_1 \cap A_2). \tag{3.25}$$

Der nächste Satz liefert untere und obere Schranken für $\mu\left(\bigcup\limits_{i=1}^{n} A_i\right)$.

Satz 3.31 (Ungleichungen von Bonferroni). *Ist μ ein Inhalt auf einem Ring $\mathfrak{R}$ und sind die $A_1, \ldots, A_n$ aus $\mathfrak{R}$ mit $\mu\left(\bigcup\limits_{i=1}^{n} A_i\right) < \infty$, so gilt für $1 \le h \le n$*

$$(-1)^h \left[\mu\left(\bigcup_{i=1}^{n} A_i\right) - \sum_{k=1}^{h} (-1)^{k-1} \sum_{1 \le i_1 < \ldots < i_k \le n} \mu\left(\bigcap_{j=1}^{k} A_{i_j}\right)\right] \ge 0. \tag{3.26}$$

Beweis. Mit den Bezeichnungen des verallgemeinerten Additionstheorems und mit $S_0 := \mu\left(\bigcup\limits_{i=1}^{n} A_i\right)$, $S_k := \sum\limits_{I_k} \mu\left(A(I_k)\right)$, $k = 1, \ldots, n$ wird die eckige Klammer in (3.26), nachdem man S_0 durch $\sum\limits_{m=1}^{n} \sum\limits_{J_m} \mu(D(J_m))$ und jedes

$\mu\left(A(I_k)\right)$ durch $\sum\limits_{m=k}^{n} \sum\limits_{I_k \subseteq J_m} \mu\left(D(J_m)\right)$ ersetzt, zu

$$\sum_{k=0}^{h}(-1)^k S_k = \sum_{m=1}^{n}\sum_{J_m} \mu(D(J_m)) + \sum_{k=1}^{h}(-1)^k \sum_{I_k}\sum_{m=k}\sum_{I_k \subseteq J_m} \mu\left(D(J_m)\right) .$$

Da die 2-te Summe auf der rechten Seite gemäß Bemerkung 3.28 übereinstimmt mit $\sum\limits_{m=1}^{n}\sum\limits_{J_m} \mu(D(J_m)) \sum\limits_{k=1}^{h \wedge m}(-1)^k \binom{m}{k}$, erhält man

$$\sum_{k=0}^{h}(-1)^k S_k = \sum_{m=1}^{n}\sum_{J_m} \mu(D(J_m)) \sum_{k=0}^{h \wedge m}(-1)^k \binom{m}{k} . \tag{3.27}$$

Wir betrachten nun die innerste Summe in der obigen Gleichung.

Für $h \geq m$ gilt $\sum\limits_{k=0}^{h \wedge m}(-1)^k \binom{m}{k} = \sum\limits_{k=0}^{m}\binom{m}{k}(-1)^k 1^{m-k} = (1-1)^m = 0$, und

daher ist in diesem Fall (3.26) erfüllt.

Mit der Bezeichnung $\lceil x \rceil := \min\{z \in \mathbb{Z} : z \geq x\}$ ($\lceil x \rceil$ heißt Aufrundungsfunktion) gilt für $h = 2u$, $u \in \mathbb{N}$ und $h \leq \lceil \frac{m}{2} \rceil$ wegen $\binom{m}{2g} \geq \binom{m}{2g-1}$ $\forall g \leq u$

$$\sigma_h := \sum_{k=0}^{h}(-1)^k \binom{m}{k} = 1 + \sum_{g=1}^{u}\left(\binom{m}{2g} - \binom{m}{2g-1}\right) \geq 0 .$$

Für $h \leq \lceil \frac{m}{2} \rceil \wedge h = 2u-1$, $u \in \mathbb{N}$ erhält man

$$\sigma_h = \sum_{g=0}^{u-1}\left(\binom{m}{2g} - \binom{m}{2g+1}\right) \leq 0 ,$$

Für $h \leq \lceil \frac{m}{2} \rceil$ gilt also $(-1)^h \sigma_h \geq 0$.

Aus $\sigma_m = (1-1)^m = 0$ und $\binom{m}{k} = \binom{m}{m-k}$ folgt aber auch

$$0 = \sigma_m = \sigma_h + (-1)^m \sigma_{m-h-1} \Rightarrow (-1)^{m-1}\sigma_{m-h-1} = \sigma_h$$
$$\Rightarrow (-1)^{m-h-1}\sigma_{m-h-1} = (-1)^{-h}\sigma_h = (-1)^h \sigma_h \geq 0 .$$

Somit gilt $(-1)^h \sigma_h \geq 0$ $\forall 1 \leq h \leq n$. Eingesetzt in (3.27) ergibt das

$$(-1)^h \sum_{k=0}^{h}(-1)^k S_k = \sum_{m=1}^{n}\sum_{J_m} \mu(D(J_m))\,(-1)^h\,\sigma_h \geq 0 ,$$

Satz 3.32 (Satz von Jordan). *Ist μ ein Inhalt auf einem Ring $\mathfrak{R}$, sind $A_1, \ldots, A_n$ aus $\mathfrak{R}$ mit $\mu\left(\bigcup\limits_{i=1}^{n} A_i\right) < \infty$ und ist $1 \leq m \leq n$, so gilt für die Menge $A_{[m]} := \bigcup\limits_{\{j_1, \ldots, j_m\}} D(j_1, \ldots, j_m)$ der Punkte, die in genau m der A_i liegen*

$$\mu(A_{[m]}) = \sum_{k=m}^{n}(-1)^{k-m}\binom{k}{m}\sum_{1 \leq i_1 < \ldots < i_k \leq n} \mu\left(\bigcap_{h=1}^{k} A_{i_h}\right) . \tag{3.28}$$

Beweis. Ersetzt man mit den Bezeichnungen der vorigen Sätze in (3.28) $\mu(A(I_k))$ durch $\sum\limits_{g=k}^{n}\sum\limits_{I_k\subseteq J_g}\mu(D(J_g))$, so erhält man nach Vertauschung der Summationsreihenfolge für die rechte Seite dieser Gleichung

$$\sum_{k=m}^{n}(-1)^{k-m}\binom{k}{m}S_k = \sum_{k=m}^{n}(-1)^{k-m}\binom{k}{m}\sum_{I_k}\sum_{g=k}^{n}\sum_{I_k\subseteq J_g}\mu(D(J_g))$$

$$= \sum_{g=m}^{n}\sum_{J_g}\sum_{k=m}^{g}(-1)^{k-m}\binom{k}{m}\sum_{I_k\subseteq J_g}\mu(D(J_g))$$

$$= \sum_{g=m}^{n}\sum_{J_g}\mu(D(J_g))\sum_{k=m}^{g}(-1)^{k-m}\binom{k}{m}\binom{g}{k}. \tag{3.29}$$

Ist $g = m$, so gilt $s_g := \sum\limits_{k=m}^{g}(-1)^{k-m}\binom{k}{m}\binom{g}{k} = (-1)^0\binom{m}{m}\binom{m}{m} = 1$.

Ist $g > m$, so gilt $s_g = \binom{g}{m}\sum\limits_{k=m}^{g}(-1)^{k-m}\binom{g-m}{k-m} = \binom{g}{m}\sum\limits_{j=0}^{g-m}(-1)^j\binom{g-m}{j} = 0$.

Damit ist (3.28) bewiesen, da sich (3.29) vereinfacht zu

$$\sum_{k=m}^{n}(-1)^{k-m}\binom{k}{m}S_k = \sum_{J_m}\mu(D(J_m)) = \mu\left(\bigcup_{J_m\subseteq\{1,\dots,n\}}D(J_m)\right) = \mu(A_{[m]}).$$

Folgerung 3.33. *Ist $1 \le m \le n$, so gilt unter den Voraussetzungen und mit den Bezeichnungen von Satz 3.32 für die Menge $A_{(m)} := \bigcup\limits_{g\ge m}A_{[g]}$ der Punkte, die in* mindestens m *der Mengen A_i liegen*

$$\mu(A_{(m)}) = \sum_{k=m}^{n}(-1)^{k-m}\binom{k-1}{m-1}\sum_{1\le i_1 < \dots < i_k \le n}\mu\left(\bigcap_{h=1}^{k}A_{i_h}\right). \tag{3.30}$$

Beweis. Für $m = n$ gilt $A_{(n)} = A_{[n]}$ und $\binom{n}{n} = \binom{n-1}{n-1}$. Daher ergibt sich die Folgerung in diesem Fall unmittelbar aus dem vorigen Satz.

Man führt nun einen Induktionsbeweis, beginnend mit $m = n$ in umgekehrter Richtung und zeigt, dass die Folgerung für m gilt, wenn sie für $m + 1$ stimmt.

Ist $m < n$, so gilt $A_{(m)} = A_{(m+1)} \cup A_{[m]}$ und $A_{(m+1)} \cap A_{[m]} = \emptyset$. Aus der Induktionsvoraussetzung und Satz 3.32 folgt daher

$$\mu(A_{(m)}) = \sum_{k=m+1}^{n}(-1)^{k-m-1}\binom{k-1}{m}S_k + \sum_{k=m}^{n}(-1)^{k-m}\binom{k}{m}S_k$$

$$= \binom{m}{m}S_m + \sum_{k=m+1}^{n}(-1)^{k-m}\left[\binom{k}{m}-\binom{k-1}{m}\right]S_k$$

$$= \binom{m-1}{m-1}S_m + \sum_{k=m+1}^{n}(-1)^{k-m}\binom{k-1}{m-1}S_k = \sum_{k=m}^{n}(-1)^{k-m}\binom{k-1}{m-1}S_k.$$

4

Fortsetzung von Maßen auf σ–Algebren

4.1 Äußere Maße und Carathéodory-Messbarkeit

Das Ausschöpfungsprinzip des Eudoxos weist den Weg, wie man den Definitionsbereich eines Maßes auf σ-Algebren ausdehnen kann.

Nach diesem Verfahren bestimmt man die Fläche eines Kreises approximativ, indem man den Kreis mit immer kleiner werdenden Quadraten überdeckt und andererseits die Flächen der Quadrate addiert, die zur Gänze im Kreis liegen.

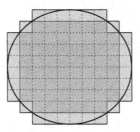

Abb. 4.1. Ausschöpfungsprinzip des Eudoxos

Im Folgenden wird dieses Überdeckungsverfahren formalisiert.

Definition 4.1. *Ist μ ein Maß auf einem Ring $\mathfrak{R}$ über Ω, so nennt man die durch*

$$\mu^*(A) := \inf \left\{ \sum_n \mu(E_n) : A \subseteq \bigcup_n E_n, \; E_n \in \mathfrak{R} \quad \forall \, n \in \mathbb{N} \right\} \tag{4.1}$$

auf $\mathfrak{P}(\Omega)$ definierte Mengenfunktion μ^* das von μ induzierte äußere Maß, wobei mit der Vereinbarung $\inf \emptyset := \infty$ Mengen, die keine abzählbare Überdeckung durch Elemente aus $\mathfrak{R}$ besitzen, das äußere Maß ∞ zugeordnet wird.

Wir zeigen nun, dass das induzierte äußere Maß eine Fortsetzung von μ ist.

Lemma 4.2. *Ist μ ein Maß auf einem Ring $\mathfrak{R}$ und μ^* das von μ induzierte äußere Maß, so gilt $\mu^*(A) = \mu(A)$ $\forall A \in \mathfrak{R}$.*

Beweis. Ist $A \in \mathfrak{R}$, so bilden $E_1 := A$, $E_n := \emptyset$ $\forall n \geq 2$ eine Folge aus $\mathfrak{R}$ mit $A \subseteq \bigcup_n E_n \ \wedge \ \sum_n \mu(E_n) = \mu(A)$. Daraus folgt $\mu^*(A) \leq \mu(A)$.

Umgekehrt folgt aus Satz 3.18, dass für jede Überdeckung (E_n) von A mit Mengen aus $\mathfrak{R}$ gilt $\mu(A) \leq \sum_n \mu(E_n) \Rightarrow \mu(A) \leq \mu^*(A)$.

Der nächste Satz listet grundlegende Eigenschaften des äußeren Maßes auf.

Satz 4.3 (Eigenschaften des äußeren Maßes). *Ist μ ein Maß auf einem Ring $\mathfrak{R}$ und μ^* das induzierte äußere Maß auf $\mathfrak{P}(\Omega)$, so gilt*

1. $\mu^*(\emptyset) = 0$,
2. $\mu^*(A) \geq 0$ $\forall A \in \mathfrak{P}(\Omega)$,
3. $A \subseteq B \Rightarrow \mu^*(A) \leq \mu^*(B)$ $\qquad$ *(Monotonie von μ^*)*,
4. $A \subseteq \bigcup_{n \in \mathbb{N}} A_n \Rightarrow \mu^*(A) \leq \sum_{n \in \mathbb{N}} \mu^*(A_n)$ *(σ-Subadditivität von μ^*)*.

Beweis. Da die Eigenschaften 1. - 3. offensichtlich sind, bleibt nur die abzählbare Subadditivität von μ^* zu zeigen.

Falls die Summe auf der rechten Seite von 4. unendlich ist, ist nichts mehr zu beweisen. Daher nehmen wir an, dass diese Summe endlich ist. Wegen (4.1) gibt es für jedes $n \in \mathbb{N}$ und $\varepsilon > 0$ Folgen von Mengen $(C_{n,m}) \in \mathfrak{R}$, sodass $A_n \subseteq \bigcup_{m \in \mathbb{N}} C_{n,m}$ und $\sum_m \mu(C_{n,m}) \leq \mu^*(A_n) + \varepsilon\, 2^{-n}$ $\forall n \in \mathbb{N}$. Aus $A \subseteq \bigcup_{n \in \mathbb{N}} \bigcup_{m \in \mathbb{N}} C_{n,m}$ und aus den obigen Ungleichungen folgt nun

$$\mu^*(A) \leq \sum_n \sum_m \mu(C_{n,m}) \leq \sum_n \mu^*(A_n) + \varepsilon.$$

Damit ist der Satz bewiesen, da $\varepsilon > 0$ beliebig klein gewählt werden kann.

Definition 4.4. *Eine Funktion μ^* auf $\mathfrak{P}(\Omega)$ mit den Eigenschaften 1. - 4. aus Satz 4.3 nennt man eine äußere Maßfunktion.*

Beispiel 4.5. Zwei Beispiele für äußere Maße sind etwa:

1. $\Omega \neq \emptyset$ beliebig und $\mu^*(A) := \begin{cases} 0, & A = \emptyset \\ 1, & A \neq \emptyset. \end{cases}$

2. Ist $C = (c_{i,j})_{1 \leq i,j \leq n}$ eine $n \times n$-Matrix, so ist μ^* auf $\mathfrak{P}(\{c_{i,j}\})$ definiert durch $\mu^*(A) = |\{j : \exists i : c_{i,j} \in A\}|$ eine äußere Maßfunktion ($\mu^*(A)$ ist die Anzahl der Spalten, die mindestens ein Element von A enthalten).

Im Allgemeinen ist ein äußeres Maß keine Maßfunktion auf $\mathfrak{P}(\Omega)$. Wir werden aber sehen, dass die Einschränkung von μ^* auf ein geeignetes System von Mengen, die sogenannten messbaren Mengen, eine Maßfunktion ist.

Bemerkung 4.6. *Ist μ ein endliches Maß auf einer Algebra $\mathfrak{A}$, so liegt es nahe*

$$\mu_*(A) := \mu(\Omega) - \mu^*(A^c)$$

als inneres Maß für A zu verwenden und, dem Ausschöpfungsprinzip folgend, eine Menge A messbar zu nennen, wenn gilt $\mu_*(A) = \mu^*(A)$ oder umgeformt

$$\mu(\Omega) = \mu^*(\Omega) = \mu^*(A) + \mu^*(A^c). \tag{4.2}$$

Carathéodory hat aber gezeigt, dass es beweistechnisch viel vorteilhafter ist die Messbarkeit von Mengen folgendermaßen zu definieren.

Definition 4.7 (Carathéodory-Messbarkeit). *Ist μ^* ein äußeres Maß auf $\mathfrak{P}(\Omega)$, so nennt man die Menge $A \subseteq \Omega$ μ^*-messbar, falls für jedes $B \subseteq \Omega$ gilt*

$$\mu^*(B) = \mu^*(B \cap A) + \mu^*(B \setminus A) = \mu^*(B \cap A) + \mu^*(B \cap A^c). \tag{4.3}$$

Bemerkung 4.8.

1. *Dass (4.3) Bedingung (4.2) impliziert, ist klar, da (4.3) verlangt, dass jede Menge B von A additiv zerlegt wird, und nicht nur Ω. Wir werden später zeigen, dass die beiden Bedingungen für total-endliche Maße äquivalent sind.*
2. *Zum Nachweis der Carathéodory-Messbarkeit reicht der Beweis von*

$$\mu^*(B) \geq \mu^*(B \cap A) + \mu^*(B \setminus A) \quad \forall \, B \subseteq \Omega \ \text{ mit } \ \mu^*(B) < \infty, \tag{4.4}$$

denn einerseits ist μ^* subadditiv und andererseits ist (4.4) für Mengen B mit $\mu^*(B) = \infty$ trivial.

4.2 Fortsetzungs- und Eindeutigkeitssatz

Der untenstehende Satz ist von zentraler Bedeutung für die Fortsetzung eines Maßes auf einen σ-Ring.

Satz 4.9. *Ist μ^* eine äußere Maßfunktion auf $\mathfrak{P}(\Omega)$, so ist das System $\mathfrak{M}_{\mu^*}$ der μ^*-messbaren Mengen eine σ–Algebra auf Ω, und μ^* ist ein Maß auf $\mathfrak{M}_{\mu^*}$.*

Beweis. $\mathfrak{M}_{\mu^*}$ enthält offensichtlich Ω und, da die Definitionsgleichung (4.3) symmetrisch in A und A^c ist, gilt $A \in \mathfrak{M}_{\mu^*} \Leftrightarrow A^c \in \mathfrak{M}_{\mu^*}$.

Sind $A_1, A_2 \in \mathfrak{M}_{\mu^*}$ und ist $B \subseteq \Omega$ beliebig, so kann man B durch A_1 additiv zerlegen in $B \cap A_1$ und $B \cap A_1^c$ und dann $B \cap A_1^c$ durch A_2 weiter zerlegen in $B \cap A_1^c \cap A_2$ und $B \cap A_1^c \cap A_2^c = B \setminus (A_1 \cup A_2)$. Das führt zu

$$\mu^*(B) = \mu^*(B \cap A_1) + \mu^*(B \cap A_1^c)$$
$$= \mu^*(B \cap A_1) + \mu^*(B \cap A_1^c \cap A_2) + \mu^*(B \setminus (A_1 \cup A_2)).$$

Aber $B \cap A_1$ und $B \cap A_1^c \cap A_2$ bilden die additive Zerlegung von $B \cap (A_1 \cup A_2)$ durch A_1, daher gilt $\mu^*(B \cap A_1) + \mu^*(B \cap A_1^c \cap A_2) = \mu^*(B \cap (A_1 \cup A_2))$. Oben eingesetzt ergibt das $\mu^*(B) = \mu^*(B \cap (A_1 \cup A_2)) + \mu^*(B \setminus (A_1 \cup A_2))$.

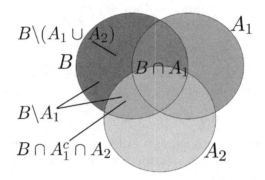

Abb. 4.2. $A_1, A_2 \in \mathfrak{M}_{\mu^*} \Rightarrow A_1 \cup A_2 \in \mathfrak{M}_{\mu^*}$

Daraus folgt $A_1 \cup A_2 \in \mathfrak{M}_{\mu^*}$. Somit ist $\mathfrak{M}_{\mu^*}$ eine Algebra.

Sind $A_1, A_2 \in \mathfrak{M}_{\mu^*}$ disjunkt und ist $C \subseteq \Omega$ beliebig, so ergibt (4.3) angewendet auf $B := C \cap (A_1 \cup A_2)$

$$\mu^*(C \cap (A_1 \cup A_2)) = \mu^*(C \cap A_1) + \mu^*(C \cap A_2).$$

Da $\mathfrak{M}_{\mu^*}$ eine Algebra ist, ist auch die Spur $\mathfrak{M}_{\mu^*} \cap C$ eine Algebra, und deshalb folgt aus Satz 3.4 und der obigen Gleichung, dass für beliebiges $C \subseteq \Omega$, für alle disjunkten Mengen $A_1, \ldots, A_n$ aus $\mathfrak{M}_{\mu^*}$ und für alle $n \in \mathbb{N}$ gilt

$$\mu^* \left(C \cap \bigcup_{i=1}^n A_i \right) = \sum_{i=1}^n \mu^*(C \cap A_i). \tag{4.5}$$

Ist (A_n) eine Folge disjunkter Mengen aus $\mathfrak{M}_{\mu^*}$, so gilt für jedes $C \subseteq \Omega$

$$\mu^*(C) \geq \mu^* \left(C \cap \bigcup_{k=1}^n A_k \right) + \mu^* \left(C \setminus \bigcup_{k=1}^n A_k \right)$$

$$\geq \sum_{k=1}^n \mu^*(C \cap A_k) + \mu^* \left(C \setminus \bigcup_{k=1}^\infty A_k \right) \quad \forall\, n \in \mathbb{N}. \tag{4.6}$$

Daraus folgt unter Berücksichtigung der Subadditivität von μ^*

$$\mu^*(C) \geq \sum_{n=1}^\infty \mu^*(C \cap A_n) + \mu^* \left(C \setminus \bigcup_{n=1}^\infty A_n \right)$$

$$\geq \mu^* \left(C \cap \bigcup_{n=1}^\infty A_n \right) + \mu^* \left(C \setminus \bigcup_{n=1}^\infty A_n \right). \tag{4.7}$$

Die Vereinigung $\bigcup\limits_{n=1}^\infty A_n$ einer Folge disjunkter Mengen $A_n \in \mathfrak{M}_{\mu^*}$ liegt also ebenfalls in $\mathfrak{M}_{\mu^*}$. Somit ist $\mathfrak{M}_{\mu^*}$ ein durchschnittsstabiles Dynkin-System und damit eine σ-Algebra (siehe Satz 2.76).

Mit $C := \bigcup\limits_{n=1}^{\infty} A_n$ wird (4.7) unter Beachtung der Subadditivität von μ^* zu

$$\sum_{n=1}^{\infty} \mu^*(A_n) \geq \mu^* \left(\bigcup_{n=1}^{\infty} A_n \right) \geq \sum_{n=1}^{\infty} \mu^*(A_n) + \mu^*(\emptyset) = \sum_{n=1}^{\infty} \mu^*(A_n).$$

Somit ist μ^* σ-additiv, also ein Maß auf $\mathfrak{M}_{\mu^*}$.

Satz 4.10 (Fortsetzungssatz). *Ist μ ein Maß auf einem Ring $\mathfrak{R}$, μ^* das von μ induzierte äußere Maß und $\mathfrak{M}_\mu := \mathfrak{M}_{\mu^*}$ die σ-Algebra der μ^*-messbaren Mengen, so gilt $\mathfrak{R} \subseteq \mathfrak{M}_\mu$ mit $\mu^*(A) = \mu(A)$ $\quad \forall\, A \in \mathfrak{R}$. μ^* ist somit eine Fortsetzung von μ auf $\mathfrak{M}_\mu$ und damit auch auf $\mathfrak{A}_\sigma(\mathfrak{R})$.*

Beweis. Nach Lemma 4.2 gilt $\mu(A) = \mu^*(A)$ $\quad \forall A \in \mathfrak{R}$. Zum Nachweis der anderen Aussagen des Satzes reicht es daher $\mathfrak{R} \subseteq \mathfrak{M}_\mu$ zu zeigen, denn dann gilt auch $\mathfrak{A}_\sigma(\mathfrak{R}) \subseteq \mathfrak{M}_\mu$, da $\mathfrak{M}_\mu$ eine σ-Algebra ist.

Ist $A \in \mathfrak{R}$ und $B \subseteq \Omega$ mit $\mu^*(B) < \infty$, so gibt es zu jedem $\varepsilon > 0$ eine Überdeckung von B durch Mengen C_n aus $\mathfrak{R}$ mit $\sum\limits_n \mu(C_n) \leq \mu^*(B) + \varepsilon$. Für $A \in \mathfrak{R}$ gilt dann $\mu^*(B) + \varepsilon \geq \sum\limits_n \mu(C_n) = \sum\limits_n \mu(C_n \cap A) + \sum\limits_n \mu(C_n \setminus A)$. Wegen $\bigcup\limits_n (C_n \cap A) \supseteq B \cap A$ und $\bigcup\limits_n (C_n \setminus A) \supseteq B \setminus A$ folgt daraus weiters $\mu^*(B) + \varepsilon \geq \mu^*(B \cap A) + \mu^*(B \setminus A)$. Da $\varepsilon > 0$ beliebig klein gewählt werden kann, gilt daher $\mu^*(B) \geq \mu^*(B \cap A) + \mu^*(B \setminus A)$. Auf Grund von Bemerkung 4.8 Punkt 2. ist damit $A \in \mathfrak{M}_\mu$ bzw. $\mathfrak{R} \subseteq \mathfrak{M}_\mu$ gezeigt.

Bemerkung 4.11. *Ist μ ein Maß auf einem Ring $\mathfrak{R}$, so bezeichnet man die durch μ^* auf $\mathfrak{M}_\mu$ gebildete Fortsetzung von μ üblicherweise ebenfalls mit μ und nicht mit μ^*, um anzudeuten, dass es sich um ein Maß handelt.*

Nicht jede beliebige Maßfunktion auf einem Ring $\mathfrak{R}$ kann in eindeutiger Weise auf die von $\mathfrak{R}$ erzeugte σ–Algebra fortgesetzt werden, wie das folgende Gegenbeispiel zeigt.

Beispiel 4.12. Auf $\Omega := \mathbb{Q} \cap (0,1]$ ist $\mathfrak{T} := \{A_a^b \subseteq \Omega : 0 \leq a \leq b \leq 1\}$ mit $A_a^b := (a, b] \cap \Omega$ bekanntlich ein Semiring. Für jedes $A \in \mathfrak{T}$ und damit auch für jedes $A \in \mathfrak{R}(\mathfrak{T})$ gilt $A = \emptyset$ $\ \vee \ $ $|A| = \infty$. Definiert man auf $\mathfrak{R}(\mathfrak{T})$ die beiden Maße μ_1 und μ_2 durch $\mu_1(A) := |A|$, $\mu_2(A) := 2\,|A|$, so gilt

$$\mu_1(A) = \mu_2(A) = \begin{cases} 0, & A = \emptyset \\ \infty, & A \neq \emptyset, \end{cases} \quad \text{also } \mu_1 \equiv \mu_2 \text{ auf } \mathfrak{R}(\mathfrak{T}).$$

Aber $\{1\} = \bigcap\limits_{n \in \mathbb{N}} A^1_{1-\frac{1}{n}} \in \mathfrak{R}_\sigma(\mathfrak{R})$ und $\mu_1(\{1\}) = 1 \neq \mu_2(\{1\}) = 2$.

Satz 4.13 (Eindeutigkeitssatz). *Ist μ ein σ–endliches Maß auf einem Ring $\mathfrak{R}$, so gibt es genau ein Maß $\bar{\mu}$ auf $\mathfrak{A}_\sigma(\mathfrak{R})$, das μ fortsetzt. $\bar{\mu}$ ist σ–endlich.*

Beweis. Gemäß Satz 4.10 gibt es eine Fortsetzung $\bar{\mu}$ von μ auf $\mathfrak{A}_\sigma(\mathfrak{R})$.

Wir nehmen zunächst an, dass $\mathfrak{R}$ eine Algebra ist und gilt $\mu(\Omega) < \infty$. Ist $\hat{\mu}$ eine weitere Fortsetzung von μ und $\mathfrak{C} := \{A \in \mathfrak{A}_\sigma(\mathfrak{R}) : \hat{\mu}(A) = \bar{\mu}(A)\}$, so gilt klarerweise $\mathfrak{R} \subseteq \mathfrak{C}$ und deshalb auch $\Omega \in \mathfrak{C}$. $\mathfrak{C}$ enthält mit jedem A auch A^c, da $\hat{\mu}(A^c) = \mu(\Omega) - \hat{\mu}(A) = \mu(\Omega) - \bar{\mu}(A) = \bar{\mu}(A^c)$. Sind die (A_n) aus $\mathfrak{C}$ disjunkt, so gilt schließlich $\hat{\mu}\left(\bigcup_n A_n\right) = \sum_n \hat{\mu}(A_n) = \sum_n \bar{\mu}(A_n) = \bar{\mu}\left(\bigcup_n A_n\right)$, d.h. $\mathfrak{C}$ ist ein Dynkin-System. Aus Satz 2.76 folgt aber $\mathfrak{A}_\sigma(\mathfrak{R}) = \mathfrak{D}(\mathfrak{R})$. Daher gilt $\mathfrak{C} \subseteq \mathfrak{A}_\sigma(\mathfrak{R}) = \mathfrak{D}(\mathfrak{R}) \subseteq \mathfrak{C}$. Somit stimmen $\hat{\mu}$ und $\bar{\mu}$ auf $\mathfrak{A}_\sigma(\mathfrak{R})$ überein.

Ist nun $\mathfrak{R}$ ein Ring und μ σ-endlich auf $\mathfrak{R}$, so gibt es höchstens abzählbar viele disjunkte Mengen $E_n \in \mathfrak{R}$ mit $\Omega = \bigcup_n E_n$ und $\mu(E_n) < \infty$. Da jedes $\mathfrak{R} \cap E_n$ zudem eine Algebra auf E_n ist, gilt für je zwei Fortsetzungen $\bar{\mu}$ und $\hat{\mu}$

$$\hat{\mu}(A) = \sum_n \hat{\mu}(A \cap E_n) = \sum_n \bar{\mu}(A \cap E_n) = \bar{\mu}(A) \quad \forall A \in \mathfrak{A}_\sigma(\mathfrak{R}),$$

womit der Satz bewiesen ist.

Bemerkung 4.14. *Wo immer in den Definitionen und Sätzen dieses Kapitels angenommen wurde, dass das Maß μ auf einem Ring definiert ist, kann dies durch die schwächere Voraussetzung, dass μ auf einem Semiring $\mathfrak{T}$ festgelegt ist, ersetzt werden, denn nach Satz 3.16 wird dann μ eindeutig auf $\mathfrak{R}(\mathfrak{T})$ fortgesetzt.*

4.3 Vervollständigung

Ist μ ein Maß auf einem Ring $\mathfrak{R}$, so wird $\mathfrak{A}_\sigma(\mathfrak{R})$ nur durch $\mathfrak{R}$ bestimmt und ist daher von μ völlig unabhängig. Wie die σ-Algebra $\mathfrak{M}_\mu$ aussieht, hängt hingegen sehr wohl von μ ab. In diesem Abschnitt soll nun geklärt werden, ob bzw. unter welchen Umständen trotzdem Zusammenhänge zwischen $\mathfrak{A}_\sigma(\mathfrak{R})$ und $\mathfrak{M}_\mu$ bestehen. Dazu als erstes eine leicht zu beweisende Feststellung.

Lemma 4.15. *Ist μ^* ein äußeres Maß auf $\mathfrak{P}(\Omega)$ und $\mathfrak{M}_{\mu^*}$ die σ-Algebra der μ^*-messbaren Mengen, so liegt jedes $A \subseteq \Omega$ mit $\mu^*(A) = 0$ in $\mathfrak{M}_{\mu^*}$.*

Beweis. Aus $\mu^*(A) = 0$ folgt für jede Menge $B \subseteq \Omega$ auch $\mu^*(B \cap A) = 0$. Dies führt zu $\mu^*(B) \geq \mu^*(B \cap A^c) = \mu^*(B \cap A) + \mu^*(B \cap A^c) \Rightarrow A \in \mathfrak{M}_{\mu^*}$.

Satz 4.16. *Ist μ^* ein äußeres Maß auf $\mathfrak{P}(\Omega)$ und $\mathfrak{M}_{\mu^*}$ die dazugehörige σ-Algebra der μ^*-messbaren Mengen, so ist $\mathfrak{M}_{\mu^*}$ μ^*-vollständig.*

Beweis. $C \subseteq A \in \mathfrak{M}_{\mu^*} \wedge \mu^*(A) = 0 \Rightarrow \mu^*(C) = 0 \Rightarrow C \in \mathfrak{M}_{\mu^*}$.

Der nächste Satz beinhaltet das wichtigste Ergebnis dieses Abschnitts.

Satz 4.17. *Ist μ ein Maß auf einem σ-Ring $\mathfrak{R}_\sigma$ und $\mathfrak{N}$ das System der Teilmengen der μ-Nullmengen, also $\mathfrak{N} := \{M \subseteq \Omega : M \subseteq N \in \mathfrak{R}_\sigma \text{ mit } \mu(N) = 0\}$, so gilt*

1. $\widetilde{\mathfrak{R}_\sigma} := \{A \cup M : A \in \mathfrak{R}_\sigma \wedge M \in \mathfrak{N}\}$ ist ein σ-Ring.

2. Ist $\mathfrak{R}_\sigma$ eine σ-Algebra, so ist auch $\widetilde{\mathfrak{R}_\sigma}$ eine σ-Algebra.

3. Das einzige Maß, das μ auf $\widetilde{\mathfrak{R}_\sigma}$ fortsetzt, ist gegeben durch

$$\bar{\mu}(A \cup M) := \mu(A) \quad \forall\, A \in \mathfrak{R}_\sigma,\ M \in \mathfrak{N}. \tag{4.8}$$

4. Gibt es auf einem σ-Ring $\mathfrak{S} \supseteq \mathfrak{R}_\sigma$ ein Maß ν, das μ fortsetzt, und ist $\mathfrak{S}$ vollständig bezüglich ν, so gilt $\widetilde{\mathfrak{R}_\sigma} \subseteq \mathfrak{S}$.

Beweis.

ad 1. $\emptyset \in \mathfrak{R}_\sigma \wedge \emptyset \in \mathfrak{N} \Rightarrow \emptyset = \emptyset \cup \emptyset \in \widetilde{\mathfrak{R}_\sigma}$.
Sind $A_1 \cup M_1$, $A_2 \cup M_2$ Mengen aus $\widetilde{\mathfrak{R}_\sigma}$ mit $A_1,\, A_2 \in \mathfrak{R}_\sigma$, $M_1, M_2 \in \mathfrak{N}$ und $M_i \subseteq N_i \in \mathfrak{R}_\sigma$, $\mu(N_i) = 0$, $i = 1, 2$, so gilt wegen $N_2^c \subseteq M_2^c$

$$(A_1 \cup M_1) \setminus (A_2 \cup M_2) = (A_1 \cup M_1) \cap (A_2^c \cap M_2^c)$$
$$= (A_1 \cap A_2^c \cap M_2^c) \cup (M_1 \cap A_2^c \cap M_2^c)$$
$$= (A_1 \cap A_2^c \cap N_2^c) \cup (A_1 \cap A_2^c \cap M_2^c \cap N_2) \cup (M_1 \cap A_2^c \cap M_2^c).$$

Die Menge $A_1 \cap A_2^c \cap N_2^c = (A_1 \setminus A_2) \setminus N_2$ auf der rechten Seite der obigen Gleichung liegt in $\mathfrak{R}_\sigma$, $(A_1 \cap A_2^c \cap M_2^c \cap N_2) \cup (M_1 \cap A_2^c \cap M_2^c)$ ist als Teilmenge von $N_1 \cup N_2$ ein Element von $\mathfrak{N}$ und daher liegt mit $A_1 \cup M_1$ und $A_2 \cup M_2$ auch $(A_1 \cup M_1) \setminus (A_2 \cup M_2)$ in $\widetilde{\mathfrak{R}_\sigma}$.
Ist $(A_n \cup M_n)$ eine Mengenfolge in $\widetilde{\mathfrak{R}_\sigma}$ mit $A_n \in \mathfrak{R}_\sigma$, $M_n \in \mathfrak{N}$ und $M_n \subseteq N_n \in \mathfrak{R}_\sigma$, $\mu(N_n) = 0 \quad \forall\, n \in \mathbb{N}$, so gilt $\mu\left(\bigcup_n N_n\right) = 0$ und

$$\bigcup_n (A_n \cup M_n) = \left(\bigcup_n A_n\right) \cup \left(\bigcup_n M_n\right) \subseteq \left(\bigcup_n A_n\right) \cup \left(\bigcup_n N_n\right).$$

Somit $A_n \cup M_n \in \widetilde{\mathfrak{R}_\sigma} \quad \forall\, n \in \mathbb{N} \quad \Rightarrow \quad \bigcup_{n \in \mathbb{N}} (A_n \cup M_n) \in \widetilde{\mathfrak{R}_\sigma}$.

$\widetilde{\mathfrak{R}_\sigma}$ ist also ein σ-Ring.

ad 2. $\Omega \in \mathfrak{R}_\sigma \Rightarrow \Omega = \Omega \cup \emptyset \in \widetilde{\mathfrak{R}_\sigma}$.

ad 3. $\bar{\mu}$ wird durch (4.8) auf $\widetilde{\mathfrak{R}_\sigma}$ eindeutig bestimmt, denn für $A_i, N_i \in \mathfrak{R}_\sigma$, $M_i \subseteq N_i, \mu(N_i) = 0$, $i = 1, 2$ mit $A_1 \cup M_1 = A_2 \cup M_2$ gilt

$$A_1 \setminus A_2 \subseteq (A_1 \cup M_1) \cap A_2^c = (A_2 \cup M_2) \cap A_2^c = M_2 \cap A_2^c \subseteq N_2.$$

Daraus folgt $\mu(A_1) = \mu(A_1 \cap A_2)$ und aus Symmetriegründen auch $\mu(A_2) = \mu(A_1 \cap A_2)$, also $\bar{\mu}(A_1 \cup M_1) = \mu(A_1) = \mu(A_2) = \bar{\mu}(A_2 \cup M_2)$. Dass $\bar{\mu}$ σ-additiv und daher ein Maß ist, ist offensichtlich.
Ist ν ein Maß auf $\widetilde{\mathfrak{R}_\sigma}$, das μ fortsetzt und $M \in \mathfrak{N}$ mit $M \subseteq N \in \mathfrak{R}_\sigma$, $\mu(N) = 0$, so gilt $0 \leq \nu(M) \leq \nu(N) = \mu(N) = 0$. Daher gilt für $A \cup M \in \widetilde{\mathfrak{R}_\sigma}$ mit $A \in \mathfrak{R}_\sigma$

$$\mu(A) = \nu(A) \le \nu(A \cup M) \le \nu(A) + \nu(M) = \mu(A) = \bar{\mu}(A \cup M).$$

ν stimmt demnach auf $\widetilde{\mathfrak{R}_\sigma}$ mit $\bar{\mu}$ überein.

ad 4. Da $\mathfrak{S}$ ν-vollständig ist, muss jedes $M \subseteq N \in \mathfrak{R}_\sigma$ mit $\mu(N) = \nu(N) = 0$ in $\mathfrak{S}$ liegen, also $\mathfrak{N} \subseteq \mathfrak{S}$. Zusammen mit $\mathfrak{R}_\sigma \subseteq \mathfrak{S}$ ergibt das $\widetilde{\mathfrak{R}_\sigma} \subseteq \mathfrak{S}$.

Definition 4.18. *Ist μ ein Maß auf einem σ-Ring $\mathfrak{R}_\sigma$, so nennt man*

$$\widetilde{\mathfrak{R}_\sigma} := \{A \cup M : A \in \mathfrak{R}_\sigma,\ M \subseteq N \in \mathfrak{R}_\sigma \text{ mit } \mu(N) = 0\}$$

die Vervollständigung von $\mathfrak{R}_\sigma$ bezüglich μ.

Bemerkung 4.19. *Ist μ ein σ-endliches Maß auf einem Ring $\mathfrak{R}$, so gibt es eine abzählbare Überdeckung von Ω durch Mengen E_n aus dem Ring und dementsprechend gilt $\Omega = \bigcup_n E_n \in \mathfrak{R}_\sigma(\mathfrak{R})$. In diesem Fall stimmt also der von $\mathfrak{R}$ erzeugte σ-Ring mit der von $\mathfrak{R}$ erzeugten σ-Algebra überein.*

Satz 4.20. *Ist μ ein σ –endliches Maß auf einem Ring $\mathfrak{R}$ und ist μ^* das von μ induzierte äußere Maß, so gibt es zu jedem $A \in \mathfrak{P}(\Omega)$ ein $C \in \mathfrak{A}_\sigma(\mathfrak{R})$ mit $A \subseteq C$ und $\mu^*(A) = \mu(C)$.*

Beweis. Ist $A \subseteq \Omega$ eine Menge mit $\mu^*(A) = \infty$, so ist der Satz wegen Bemerkung 4.19 und $\mu(\Omega) = \mu^*(\Omega) \ge \mu^*(A) = \infty$ trivialerweise richtig.

Ist hingegen $\mu^*(A) < \infty$, so gibt es zu jedem $n \in \mathbb{N}$ Mengen $C_{n,m}$ aus $\mathfrak{R}$ mit $A \subseteq \bigcup_m C_{n,m}$ und

$$\mu^*(A) \le \mu^*\left(\bigcup_m C_{n,m}\right) = \mu\left(\bigcup_m C_{n,m}\right) \le \sum_m \mu(C_{n,m}) \le \mu^*(A) + \frac{1}{n}.$$

Für $C := \bigcap_{n \in \mathbb{N}}\left(\bigcup_{m \in \mathbb{N}} C_{n,m}\right) \in \mathfrak{A}_\sigma(\mathfrak{R})$ gilt klarerweise $A \subseteq C$ und

$$\mu^*(A) \le \mu(C) \le \sum_m \mu(C_{n,m}) \le \mu^*(A) + \frac{1}{n} \quad \forall n \in \mathbb{N} \Rightarrow \mu^*(A) = \mu(C).$$

Satz 4.21. *Ist μ ein σ-endliches Maß auf einem Ring $\mathfrak{R}$, so gibt es zu jedem $A \in \mathfrak{M}_\mu$ Mengen $C, D \in \mathfrak{A}_\sigma(\mathfrak{R})$ mit $D \subseteq A \subseteq C$ und*

$$\mu(C \setminus D) = 0 \quad \wedge \quad \mu(D) = \mu(A) = \mu(C). \tag{4.9}$$

Beweis. Wir beweisen den Satz zunächst unter der Annahme, dass μ totalendlich ist. Dann gilt natürlich $\mu(\Omega) = \mu^*(\Omega) < \infty$.

Für jede Menge A und ihr Komplement A^c gibt es nach Satz 4.20 Mengen $C, D^c \in \mathfrak{A}_\sigma(\mathfrak{R})$ mit $A \subseteq C$, $A^c \subseteq D^c \wedge \mu^*(A) = \mu(C)$, $\mu^*(A^c) = \mu(D^c)$. Daraus folgt $A \supseteq D \in \mathfrak{A}_\sigma(\mathfrak{R})$ und $\mu(\Omega) = \mu(D) + \mu(D^c) = \mu(D) + \mu^*(A^c)$. Da aber $A \in \mathfrak{M}_\mu$ Ω additiv zerlegt, gilt auch $\mu(\Omega) = \mu^*(A) + \mu^*(A^c)$, und man erhält schließlich $\mu(D) = \mu^*(A) = \mu(C)$. Wegen $\mu(\Omega) < \infty$ folgt daraus nun $\mu(C \setminus D) = \mu(C) - \mu(D) = 0$. Damit ist der Satz für $\mu(\Omega) < \infty$ bewiesen.

Ist E_n eine Zerlegung von Ω durch Mengen aus $\mathfrak{R}$ mit $\mu(E_n) < \infty \; \forall \, n \in \mathbb{N}$, so ist μ auf den Spuren $\mathfrak{R} \cap E_n$ total-endlich und deshalb gibt es für jedes $n \in \mathbb{N}$ Mengen $D_n \subseteq A \cap E_n \subseteq C_n \subseteq E_n$, für die gilt $\mu(D_n) = \mu(A \cap E_n) = \mu(C_n)$ und $\mu(C_n \setminus D_n) = 0$. Für $C := \bigcup_n C_n$, $D := \bigcup_n D_n \in \mathfrak{A}_\sigma(\mathfrak{R})$ gilt daher

$$\mu(D) = \sum_n \mu(D_n) = \sum_n \mu(A \cap E_n)$$

$$= \mu(A) = \sum_n \mu(A \cap E_n) = \sum_n \mu(C_n) = \mu(C),$$

und aus $C \setminus D \subseteq \bigcup_n (C_n \setminus D_n)$ folgt $\mu(C \setminus D) \leq \sum_n \mu(C_n \setminus D_n) = 0$. Damit ist auch der allgemeine Fall bewiesen.

Folgerung 4.22. *Ist μ ein σ– endliches Maß auf einem Ring $\mathfrak{R}$, so ist $\mathfrak{M}_\mu$ die Vervollständigung von $\mathfrak{A}_\sigma(\mathfrak{R})$, d.h. es gilt $\widetilde{\mathfrak{A}_\sigma(\mathfrak{R})} = \mathfrak{M}_\mu$.*

Beweis. Da $\mathfrak{M}_\mu$ μ-vollständig ist und $\mathfrak{R} \subseteq \mathfrak{M}_\mu$, folgt aus Satz 4.17 Punkt 4. $\widetilde{\mathfrak{A}_\sigma(\mathfrak{R})} \subseteq \mathfrak{M}_\mu$. Umgekehrt gibt es zu jedem $A \in \mathfrak{M}_\mu$ nach Satz 4.21 Mengen C, D aus $\mathfrak{A}_\sigma(\mathfrak{R})$ mit $D \subseteq A \subseteq C$ und $\mu(\widetilde{C \setminus D}) = 0$. Da $A \setminus D \subseteq C \setminus D$ in $\mathfrak{N}$ liegt, folgt daraus $A = D \cup (A \setminus D) \in \widetilde{\mathfrak{A}_\sigma(\mathfrak{R})}$. Also gilt auch $\mathfrak{M}_\mu \subseteq \widetilde{\mathfrak{A}_\sigma(\mathfrak{R})}$.

Bemerkung 4.23. *Ist μ ein total-endliches Maß auf $\mathfrak{R}$, so gilt wegen Satz 4.20*

$$\mu^*(A) = \min\{\mu(C) : \; A \subseteq C \wedge C \in \mathfrak{A}_\sigma(\mathfrak{R})\} \quad \forall \, A \subseteq \Omega.$$

Definiert man nun für jedes $A \in \mathfrak{P}(\Omega)$ ein inneres Maß μ_* durch

$$\mu_*(A) = \sup\{\mu(D) : D \subseteq A \quad \wedge \quad D \in \mathfrak{A}_\sigma(\mathfrak{R})\},$$

so gilt

$$\mu_*(A) = \sup\{\mu(D) : \; D \subseteq A \wedge D \in \mathfrak{A}_\sigma(\mathfrak{R})\}$$
$$= \sup\{\mu(\Omega) - \mu(D^c) : \; A^c \subseteq D^c \wedge D^c \in \mathfrak{A}_\sigma(\mathfrak{R})\}$$
$$= \mu(\Omega) - \inf\{\mu(D^c) : \; A^c \subseteq D^c \wedge D^c \in \mathfrak{A}_\sigma(\mathfrak{R})\} = \mu(\Omega) - \mu^*(A^c). \; (4.10)$$

Bezeichnet man eine Menge A als messbar, wenn $\mu_*(A) = \mu^*(A)$, so ist dies nach (4.10) äquivalent zu (4.2), also $\mu(\Omega) = \mu^*(A) + \mu^*(A^c)$.

Aus $A \in \mathfrak{M}_\mu$ folgt nach Satz 4.21 $\mu_*(A) = \mu^*(A)$. Umgekehrt bedeutet $\mu_*(A) = \mu^*(A)$, dass Mengen $D \subseteq A \subseteq C$ existieren mit $C, D \in \mathfrak{A}_\sigma(\mathfrak{R})$ und $\mu(C \setminus D) = \mu(C) - \mu(D) = 0$. Daraus folgt $A = D \cup (A \setminus D) \in \mathfrak{A}_\sigma(\mathfrak{R}) \subseteq \mathfrak{M}_\mu$, d.h. A ist Carathéodory-messbar. Somit sind in diesem Fall, wie bereits in Bemerkung 4.8 erwähnt, die Gleichungen (4.2) und (4.3) äquivalent zueinander.

Satz 4.24 (Approximationssatz). *Ist $\mathfrak{R}$ ein Ring und μ ein Maß auf $\widetilde{\mathfrak{A}_\sigma(\mathfrak{R})}$, das auf $\mathfrak{R}$ σ-endlich ist, so gibt es zu jedem $A \in \widetilde{\mathfrak{A}_\sigma(\mathfrak{R})} = \mathfrak{M}_\mu$ mit $\mu(A) < \infty$ und jedem $\varepsilon > 0$ ein $C_\varepsilon \in \mathfrak{R}$, sodass*

$$\mu(A \,\triangle\, C_\varepsilon) < \varepsilon. \tag{4.11}$$

Gibt es umgekehrt für $A \subseteq \Omega$ zu jedem $\varepsilon > 0$ ein $C_\varepsilon \in \mathfrak{R}$ mit $\mu^*(A \,\triangle\, C_\varepsilon) < \varepsilon$, so gilt $A \in \widetilde{\mathfrak{A}_\sigma(\mathfrak{R})}$.

Beweis. Da μ auf $\mathfrak{R}$ σ-endlich ist, gilt $\mu(A) = \mu^*(A) \quad \forall\, A \in \widetilde{\mathfrak{A}_\sigma(\mathfrak{R})}$. Aus der Definition 4.1 des induzierten äußeren Maßes folgt, dass es zu jedem $\varepsilon > 0$ Mengen $C_n \in \mathfrak{R} \quad \forall\, n \in \mathbb{N}$ mit $A \subseteq C := \bigcup\limits_n C_n$ gibt, für die gilt $\mu^*(A) = \mu(A) \leq \mu(A) + \mu(C \setminus A) = \mu(C) \leq \sum\limits_{n \in \mathbb{N}} \mu(C_n) \leq \mu^*(A) + \frac{\varepsilon}{2}$. Daraus folgt $\mu(C \setminus A) \leq \frac{\varepsilon}{2}$. Wegen $\sum\limits_{n \in \mathbb{N}} \mu(C_n) < \infty$, existiert auch ein $N_\varepsilon \in \mathbb{N}$, sodass $\sum\limits_{n > N_\varepsilon} \mu(C_n) < \frac{\varepsilon}{2}$. Klarerweise gilt $C_\varepsilon := \bigcup\limits_{n=1}^{N_\varepsilon} C_n \in \mathfrak{R}$.

Aus $C_\varepsilon \setminus A \subseteq C \setminus A$ folgt $\mu(C_\varepsilon \setminus A) \leq \mu(C \setminus A) \leq \frac{\varepsilon}{2}$. Umgekehrt gilt wegen $A \subseteq C$ auch $\mu(A \setminus C_\varepsilon) \leq \mu(C \setminus C_\varepsilon) \leq \sum\limits_{n > N_\varepsilon} \mu(C_n) < \frac{\varepsilon}{2}$.

Es gilt also $\mu(A \,\triangle\, C_\varepsilon) \leq \varepsilon$. Damit ist die erste Aussage des Satzes bewiesen.

Ist umgekehrt $A \subseteq \Omega$, $\varepsilon > 0$, $C_\varepsilon \in \mathfrak{R}$ mit $\mu^*(A \,\triangle\, C_\varepsilon) < \varepsilon$, und $B \subseteq \Omega$, eine beliebige Menge, so gelten folgende Ungleichungen

$$\mu^*(B \cap A) \leq \mu^*(B \cap A \cap C_\varepsilon) + \mu^*(B \cap A \cap C_\varepsilon^c)$$
$$\leq \mu^*(B \cap C_\varepsilon) + \mu^*(A \cap C_\varepsilon^c) \leq \mu^*(B \cap C_\varepsilon) + \varepsilon, \tag{4.12}$$

$$\mu^*(B \cap A^c) \leq \mu^*(B \cap A^c \cap C_\varepsilon) + \mu^*(B \cap A^c \cap C_\varepsilon^c)$$
$$\leq \mu^*(A^c \cap C_\varepsilon) + \mu^*(B \cap C_\varepsilon^c) \leq \mu^*(B \cap C_\varepsilon^c) + \varepsilon. \tag{4.13}$$

Aus (4.12), (4.13) und wegen der Messbarkeit von C_ε folgt

$$\mu^*(B \cap A) + \mu^*(B \cap A^c) \leq \mu^*(B \cap C_\varepsilon) + \mu^*(B \cap C_\varepsilon^c) + 2\varepsilon \leq \mu^*(B) + 2\varepsilon.$$

Damit ist $A \in \mathfrak{M}_\mu$ gezeigt, da $\varepsilon > 0$ beliebig klein sein kann.

Definition 4.25. *Ein Tripel $(\Omega, \mathfrak{S}, \mu)$ bestehend aus einer nichtleeren Menge Ω, einer σ–Algebra $\mathfrak{S}$ von Teilmengen von Ω und einer Maßfunktion μ auf $\mathfrak{S}$, nennt man einen Maßraum. Der Maßraum heißt endlich bzw. σ-endlich, wenn μ endlich bzw. σ-endlich ist.*
Ein Paar $(\Omega, \mathfrak{S})$, bestehend aus einer Menge $\Omega \neq \emptyset$ und einer σ–Algebra $\mathfrak{S}$ von Teilmengen von Ω, heißt Messraum. Die Elemente von $\mathfrak{S}$ werden manchmal auch messbare Mengen genannt (nicht zu verwechseln mit den messbaren Mengen im Sinne des Fortsetzungssatzes).
Falls P ein Wahrscheinlichkeitsmaß ist, nennt man das Tripel $(\Omega, \mathfrak{S}, P)$ einen Wahrscheinlichkeitsraum und die Mengen aus $\mathfrak{S}$ werden Ereignisse genannt.

5

Unabhängigkeit

5.1 Die durch ein Ereignis bedingte Wahrscheinlichkeit

Das Konzept der bedingten Wahrscheinlichkeit ist von zentraler Bedeutung für die Wahrscheinlichkeitstheorie. Wir stellen hier zunächst die elementare Definition zusammen mit einigen grundlegenden Ergebnissen vor.

Definition 5.1. *Ist $(\Omega, \mathfrak{S}, P)$ ein Wahrscheinlichkeitsraum und sind $A, B \in \mathfrak{S}$ Ereignisse mit $P(B) > 0$, so nennt man*

$$P(A \mid B) := \frac{P(A \cap B)}{P(B)} \qquad (5.1)$$

die durch B bedingte Wahrscheinlichkeit von A.
Die Funktion $P(\, . \, \mid B) : \mathfrak{S} \to [0,1]$, die jedem $A \in \mathfrak{S}$ die Wahrscheinlichkeit $P(A \mid B)$ zuordnet, heißt die durch B bedingte Wahrscheinlichkeitsverteilung.

Bemerkung 5.2.

1. *Der Nachweis, dass $P(. \mid B)$ ein Wahrscheinlichkeitsmaß auf $(\Omega, \mathfrak{S})$ im Sinne von Definition 3.7 ist, ist trivial und kann dem Leser überlassen werden.*
2. *Aus der obigen Definition folgt sofort die untenstehende Multiplikationsregel*

$$P(A \cap B) = P(B) \, P(A \mid B), \qquad (5.2)$$

die mit $P(B)P(A \mid B) := 0$ bei $P(B) = 0$ für beliebige Ereignisse A, B gilt.
3. *Die bedingte Wahrscheinlichkeit gibt an, mit welcher Wahrscheinlichkeit A eintritt, wenn B eingetreten ist. Daher bedeutet $P(A \mid B) < P(A)$, dass B den Eintritt von A eher behindert, während bei $P(A \mid B) > P(A)$ das Ereignis B den Eintritt von A begünstigt, und bei $P(A \mid B) = P(A)$ hat B keinerlei Einfluss auf A. Im letzten Fall gilt nach der Multiplikationsregel $P(A \cap B) = P(A) \, P(B)$. Diese Gleichung verwendet man zur Definition der Unabhängigkeit von Ereignissen, da sie auch bei $P(B) = 0$ sinnvoll ist.*

Definition 5.3. *Ist $(\Omega, \mathfrak{S}, P)$ ein Wahrscheinlichkeitsraum, so nennt man die Ereignisse $(A_i)_{i \in I}$ paarweise unabhängig, wenn gilt*

$$P(A_i \cap A_j) = P(A_i)\, P(A_j) \quad \forall\, i \neq j\,. \tag{5.3}$$

Sie heißen unabhängig, wenn für alle endlichen Teilmengen $\{i_1, \ldots, i_n\} \subseteq I$ gilt

$$P\left(\bigcap_{j=1}^{n} A_{i_j}\right) = \prod_{j=1}^{n} P(A_{i_j})\,. \tag{5.4}$$

Für die Praxis wichtig sind die beiden folgenden Resultate, für die wir noch eine Definition einführen.

Definition 5.4. *Ist $(\Omega, \mathfrak{S}, P)$ ein Wahrscheinlichkeitsraum, so versteht man unter einem vollständigen Ereignissystem eine höchstens abzählbare Zerlegung von Ω durch Mengen $H_i \in \mathfrak{S}$, d.h. $H_i \cap H_j = \emptyset \quad \forall\, i \neq j \wedge \bigcup_i H_i = \Omega$.*

Die Ereignisse H_i werden manchmal auch Hypothesen genannt.

Satz 5.5 (Satz von der vollständigen Wahrscheinlichkeit). *Ist A ein beliebiges Ereignis und $(H_i)_{i \in I}$ ein vollständiges Ereignissystem auf einem Wahrscheinlichkeitsraum $(\Omega, \mathfrak{S}, P)$, so gilt*

$$P(A) = \sum_{i \in I} P(H_i) P(A|H_i)\,. \tag{5.5}$$

Beweis. Da die Mengen H_i ein vollständiges Ereignissystem bilden, folgt aus der σ-Additivität von P und der Multiplikationsregel (5.2)

$$P(A) = P(A \cap \Omega) = P\left(A \cap \bigcup_{i \in I} H_i\right) = \sum_{i \in I} P(A \cap H_i) = \sum_{i \in I} P(H_i)\, P(A|H_i)\,.$$

Satz 5.6 (Bayes'sches Theorem). *Ist $(H_i)_{i \in I}$ ein vollständiges Ereignissystem auf einem Wahrscheinlichkeitsraum $(\Omega, \mathfrak{S}, P)$ und A ein Ereignis mit positiver Wahrscheinlichkeit $P(A) > 0$, so gilt*

$$P(H_i \mid A) = \frac{P(H_i)\, P(A \mid H_i)}{\sum\limits_{j \in I} P(H_j)\, P(A \mid H_j)}\,. \tag{5.6}$$

Beweis. Aus Definition 5.1, der Multiplikationsregel (5.2) und Satz 5.5 folgt

$$P(H_i \mid A) = \frac{P(A \cap H_i)}{P(A)} = \frac{P(H_i)\, P(A \mid H_i)}{P(A)} = \frac{P(H_i)\, P(A \mid H_i)}{\sum\limits_{j \in I} P(H_j)\, P(A \mid H_j)}\,.$$

5.2 Unabhängigkeit von Ereignissystemen

Als nächstes soll der Begriff der Unabhängigkeit auf Familien von Ereignissystemen ausgedehnt werden.

Definition 5.7. *Eine Familie von Ereignissystemen* $(\mathfrak{C}_i)_{i \in I}$ *auf einem Wahrscheinlichkeitsraum* $(\Omega, \mathfrak{S}, P)$ *ist unabhängig, wenn für jede endliche Teilmenge* $\{i_1, \ldots, i_n\} \subseteq I$ *gilt*

$$P\left(\bigcap_{j=1}^{n} A_{i_j}\right) = \prod_{j=1}^{n} P(A_{i_j}) \quad \forall A_{i_j} \in \mathfrak{C}_{i_j}, \ j = 1, \ldots, n.$$

Satz 5.8. *Ist* $(\mathfrak{C}_i)_{i \in I}$ *eine unabhängige Familie durchschnittsstabiler Systeme auf einem Wahrscheinlichkeitsraum* $(\Omega, \mathfrak{S}, P)$, *so sind auch die von den* $\mathfrak{C}_i$ *erzeugten* σ–*Algebren* $\mathfrak{A}_i := \mathfrak{A}_\sigma(\mathfrak{C}_i)_{i \in I}$ *unabhängig.*

Beweis. Wir nehmen o.E.d.A. $I \subseteq \mathbb{N}$ an und beweisen den Satz durch vollständige Induktion nach $|I|$.

$|I| = 2$: Zu $B \in \mathfrak{S}$ definiert man $\mathfrak{D}_B := \{A \in \mathfrak{S} : P(A \cap B) = P(A)\,P(B)\}$. Klarerweise gilt $\Omega \in \mathfrak{D}_B$, und aus $A \in \mathfrak{D}_B$ folgt $A^c \in \mathfrak{D}_B$, denn

$$P(A^c \cap B) = P(\Omega \cap B) - P(A \cap B) = P(B)(1 - P(A)) = P(B)P(A^c).$$

Ist (A_n) eine Folge disjunkter Mengen aus $\mathfrak{D}_B$, so gilt

$$P\left(\bigcup_n A_n \cap B\right) = \sum_n P(A_n \cap B) = P(B) \sum_n P(A_n) = P(B)P\left(\bigcup_n A_n\right).$$

Daher gilt auch $\bigcup_n A_n \in \mathfrak{D}_B$. Somit ist $\mathfrak{D}_B$ ein Dynkin - System. Ist $A_2 \in \mathfrak{C}_2$, so gilt $\mathfrak{C}_1 \subseteq \mathfrak{D}_{A_2}$. Daraus folgt $\mathfrak{D}(\mathfrak{C}_1) \subseteq \mathfrak{D}_{A_2}$. Wegen Satz 2.76 gilt aber $\mathfrak{A}_1 = \mathfrak{A}_\sigma(\mathfrak{C}_1) = \mathfrak{D}(\mathfrak{C}_1)$. Somit gilt für alle $A_1 \in \mathfrak{A}_1$ und $A_2 \in \mathfrak{C}_2$, dass $P(A_1 \cap A_2) = P(A_1)\,P(A_2) \ \Rightarrow \ \mathfrak{C}_2 \subseteq \mathfrak{D}_{A_1} \ \forall A_1 \in \mathfrak{A}_1$. Daraus folgt $\mathfrak{A}_2 = \mathfrak{A}_\sigma(\mathfrak{C}_2) = \mathfrak{D}(\mathfrak{C}_2) \subseteq \mathfrak{D}_{A_1} \ \forall A_1 \in \mathfrak{A}_1$. Somit gilt

$$P(A_1 \cap A_2) = P(A_1)\,P(A_2) \quad \forall A_1 \in \mathfrak{A}_1, A_2 \in \mathfrak{A}_2.$$

$|I| = n \to |I| + 1$: Die Mengensysteme $\tilde{\mathfrak{C}}_i := \mathfrak{C}_i \cup \{\Omega\}$, $i = 1, \ldots, n$ sind durchschnittsstabil und daher ist auch $\mathfrak{C}_1^n := \left\{\bigcap_{i=1}^{n} C_i : C_i \in \tilde{\mathfrak{C}}_i\right\}$ durchschnittsstabil. Da $\mathfrak{C}_1^n$ unabhängig von $\mathfrak{C}_{n+1}$ ist, impliziert dies wegen der für $|I| = 2$ bewiesenen Aussage, dass $\mathfrak{A}_\sigma(\mathfrak{C}_1^n)$ unabhängig von $\mathfrak{A}_{n+1}$ ist. Nun gilt aber $\mathfrak{C}_i \subseteq \mathfrak{C}_1^n \ \forall i = 1, \ldots, n$ und daher auch $\mathfrak{A}_i \subseteq \mathfrak{A}_\sigma(\mathfrak{C}_1^n)$. Daraus folgt $\mathfrak{A}_1^n := \left\{\bigcap_{i=1}^{n} A_i : A_i \in \mathfrak{A}_i\right\} \subseteq \mathfrak{A}_\sigma(\mathfrak{C}_1^n)$. $\mathfrak{A}_1^n$ ist deshalb ebenfalls unabhängig von $\mathfrak{A}_{n+1}$. Daraus erhält man schließlich unter Berücksichtigung der Induktionsvoraussetzung für alle $A_i \in \mathfrak{A}_i$

$$P\left(\bigcap_{i=1}^{n+1} A_i\right) = P(A_{n+1})\, P\left(\bigcap_{i=1}^{n} A_i\right) = P(A_{n+1}) \prod_{i=1}^{n} P(A_i) = \prod_{i=1}^{n+1} P(A_i)\,.$$

Folgerung 5.9. *Sind die Ereignisse $A_1, \ldots, A_n$ unabhängig, so sind für jede Menge $\{i_1, \ldots i_k\} \subseteq \{1, \ldots, n\}$ auch die Ereignisse $A_{i_1}^c, \ldots, A_{i_k}^c, A_{j_1}, \ldots, A_{j_{n-k}}$ mit $\{j_1, \ldots, j_{n-k}\} := \{1, \ldots, n\} \setminus \{i_1, \ldots i_k\}$ unabhängig.*

Beweis. Das folgt aus Satz 5.8 mit $\mathfrak{C}_i := \{A_i\}$ und $\mathfrak{A}_\sigma(\mathfrak{C}_i) = \{\emptyset, A_i, A_i^c, \Omega\}$.

Beispiel 5.10 (Eulersche φ-Funktion). Die Eulersche φ-Funktion $\varphi(m)$ ist für jedes $m \in \mathbb{N}$ definiert als die Anzahl der zu m teilerfremden Zahlen aus $\{1, \ldots, m\}$. Wir werden ihren Wert mit Hilfe des obigen Satzes bestimmen.

Hat m die Primfaktorzerlegung $m = \prod\limits_{i=1}^{n} p_i^{h_i}$, so gibt es $p_i^{h_i-1} \prod\limits_{j \neq i} p_j^{h_j} = \frac{m}{p_i}$ Zahlen aus $\{1, \ldots, m\}$, die durch p_i teilbar sind. Bezeichnet man die Menge dieser Zahlen mit A_i und ist P die Gleichverteilung auf $\{1, \ldots, m\}$, so gilt

$$P(A_i) = \frac{p_i^{h_i-1} \prod\limits_{j \neq i} p_j^{h_j}}{\prod\limits_{j=1}^{n} p_j^{h_j}} = \frac{1}{p_i} \quad \forall\, i = 1, \ldots, n.$$

Aber es gilt auch $|A_{i_1} \cap \ldots \cap A_{i_k}| = \prod\limits_{g \notin \{i_1, \ldots, i_k\}} p_g^{h_g} \prod\limits_{j \in \{i_1, \ldots, i_k\}} p_j^{h_j-1} = \frac{m}{\prod\limits_{j=1}^{k} p_{i_j}}$.

Daraus folgt $P(A_{i_1} \cap \ldots \cap A_{i_k}) = \frac{1}{\prod\limits_{j=1}^{k} p_{i_j}} = \prod\limits_{j=1}^{k} P(A_{i_j})$, und dies impliziert

nach Satz 5.8 $P\left(\bigcap\limits_{i=1}^{n} A_i^c\right) = \prod\limits_{i=1}^{n} P(A_i^c) = \prod\limits_{i=1}^{n} \left(1 - \frac{1}{p_i}\right)$. $\bigcap\limits_{i=1}^{n} A_i^c$ ist aber gerade die Menge der zu m teilerfremden Zahlen aus $\{1, \ldots, m\}$ und wir erhalten

$$\varphi(m) = \left|\bigcap_{i=1}^{n} A_i^c\right| = m\, P\left(\bigcap_{i=1}^{n} A_i^c\right) = m \prod_{i=1}^{n} \left(1 - \frac{1}{p_i}\right).$$

Es gibt noch ein 2-tes Lemma von Borel-Cantelli für unabhängige Ereignisse.

Satz 5.11 (2-tes Lemma von Borel-Cantelli). *Ist $(\Omega, \mathfrak{S}, P)$ ein Wahrscheinlichkeitsraum und sind die Ereignisse $(A_n)_{n \in \mathbb{N}}$ unabhängig voneinander, so gilt*

$$\sum_{n=1}^{\infty} P(A_n) = \infty \;\Rightarrow\; P\left(\limsup_n A_n\right) = 1\,.$$

Beweis. Aus $\quad (\limsup_n A_n)^c = \bigcup_n \bigcap_{k \geq n} A_k^c = \bigcup_n B_n \ \text{mit} \ B_n := \bigcap_{k \geq n} A_k^c \ \text{und}$

der Subadditivität (Satz 3.18) folgt $\quad P\left((\limsup_n A_n)^c\right) \leq \sum_n P(B_n)$. Aus

$\sum_{n=1}^\infty P(A_n) = \infty$ folgt aber $\sum_{k=n}^\infty P(A_k) = \infty \quad \forall\, n \in \mathbb{N}$. Damit erhält man nun

$$P(B_n) = \prod_{k \geq n} P(A_k^c) = \mathrm{e}^{\sum\limits_{k=n}^\infty \ln(1-P(A_k))} \leq \mathrm{e}^{-\sum\limits_{k=n}^\infty P(A_k)} = \mathrm{e}^{-\infty} = 0 \quad \forall\, n \in \mathbb{N}.$$

Also gilt $P\left((\limsup_n A_n)^c\right) = 0$ bzw. äquivalent dazu $P\left(\limsup_n A_n\right) = 1$.

Definition 5.12. *Ist $(A_n)_{n\in\mathbb{N}}$ eine Folge von Ereignissen in einem Wahrscheinlichkeitsraum $(\Omega, \mathfrak{S}, P)$, so bezeichnet man $\mathfrak{S}_\infty := \bigcap_{n=1}^\infty \mathfrak{A}_\sigma(A_n, A_{n+1}, \dots)$, den Durchschnitt der durch die Teilfolgen $(A_n, A_{n+1}, \dots)$ erzeugten σ–Algebren $\mathfrak{A}_\sigma(A_n, A_{n+1}, \dots)$, als σ–Algebra der terminalen Ereignisse oder σ–Algebra der asymptotischen Ereignisse (klarerweise ist $\mathfrak{S}_\infty$ eine σ–Algebra). Dementsprechend heißen die Elemente von $\mathfrak{S}_\infty$ terminale oder asymptotische Ereignisse.*

Terminale Ereignisse sind beispielsweise $\liminf A_n$ und $\limsup A_n$.
Ereignisse aus $\mathfrak{S}_\infty$ sind entweder sicher oder unmöglich.

Satz 5.13 (Kolmogoroff'sches Null-Eins-Gesetz). *Ist (A_n) eine Folge unabhängiger Ereignisse in einem Wahrscheinlichkeitsraum $(\Omega, \mathfrak{S}, P)$, so gilt*

$$A \in \mathfrak{S}_\infty \;\Rightarrow\; P(A) = 0 \quad \vee \quad P(A) = 1.$$

Beweis. Die Ereignissysteme $\mathfrak{C}_1^n := \left\{ \bigcap_{j=1}^k A_{i_j} : \{i_1, \dots, i_k\} \subseteq \{1, \dots, n\} \right\}$ und

$\mathfrak{C}_{n+1}^\infty := \left\{ \bigcap_{j=1}^k A_{i_j} : \{i_1, \dots, i_k\} \subseteq \{n+1, n+2, \dots\} \right\}$ sind durchschnittsstabil und unabhängig voneinander. Daher ist $\mathfrak{A}_\sigma(\mathfrak{C}_1^n)$ unabhängig von $\mathfrak{A}_\sigma(\mathfrak{C}_{n+1}^\infty)$. Wegen $\mathfrak{S}_\infty \subseteq \mathfrak{A}_\sigma(A_{n+1}, A_{n+2}, \dots) \subseteq \mathfrak{A}_\sigma(\mathfrak{C}_{n+1}^\infty)$ ist $\mathfrak{S}_\infty$ deshalb unabhängig von $\mathfrak{C}_1^n \quad \forall\, n \in \mathbb{N}$ und daher auch unabhängig von $\mathfrak{C} := \bigcup_{n\in\mathbb{N}} \mathfrak{C}_1^n$.

Da $\mathfrak{S}_\infty$ und $\mathfrak{C}$ durchschnittsstabil sind, folgt aus Satz 5.8, dass auch $\mathfrak{S}_\infty$ und $\mathfrak{A}_\sigma(\mathfrak{C}) = \mathfrak{A}_\sigma(A_1, A_2, \dots)$ unabhängig sind. Damit ist $\mathfrak{S}_\infty \subseteq \mathfrak{A}_\sigma(A_1, A_2 \dots)$ unabhängig zu sich selbst. Für $A \in \mathfrak{S}_\infty$ gilt daher $P(A) = P(A \cap A) = P(A)^2$. Daraus folgt $P(A) = 0 \vee P(A) = 1$.

6

Lebesgue-Stieltjes-Maße

6.1 Definition und Regularität

In diesem Abschnitt betrachten wir Maßfunktionen, die auf der σ-Algebra $\mathfrak{B}_k$ der k-dimensionalen Borelmengen des $\mathbb{R}^k$ definiert sind.

Definition 6.1. *Unter einer Lebesgue-Stieltjes'schen Maßfunktion versteht man eine Maßfunktion auf* $\left(\mathbb{R}^k, \mathfrak{B}_k\right)$*, die jeder beschränkten Menge aus* $\mathfrak{B}_k$ *ein endliches Maß zuordnet.*

Das System $\mathfrak{J}_k$ der Zellen des $\mathbb{R}^k$ ist bekanntlich ein Semiring. Es genügt also eine Lebesgue-Stieltjes'sche Maßfunktion μ auf diesem Semiring zu definieren. Die Fortsetzung auf $\mathfrak{B}_k$ ist dann eindeutig.

Definition 6.2. *Ist* μ *ein Lebesgue-Stieltjes'sches Maß auf* $\left(\mathbb{R}^k, \mathfrak{B}_k\right)$*, so nennt man die Vervollständigung* $\mathfrak{L}_k^\mu := \widetilde{\mathfrak{B}_k}$ *von* $\mathfrak{B}_k$ *(bzw.* $\mathfrak{L}^\mu := \widetilde{\mathfrak{B}}$ *bei* $k = 1$*) bezüglich* μ *das System der* μ*-Lebesgue-Stieltjes-messbaren Mengen.*

Da Lebesgue-Stieltjes'sche Maße σ-endlich sind, stimmt $\mathfrak{L}_k^\mu$ wegen Folgerung 4.22 mit der σ-Algebra $\mathfrak{M}_\mu$ der bezüglich μ messbaren Mengen überein und hängt deshalb im Unterschied zu $\mathfrak{B}_k$ von μ ab.

Zunächst betrachten wir ein paar Regularitätsaussagen, also Sätze über die Approximation des Maßes Lebesgue-Stieltjes-messbarer Mengen durch die Maße offener und abgeschlossener Mengen.

Satz 6.3. *Ist* μ *ein Lebesgue-Stieltjes-Maß auf* $\left(\mathbb{R}^k, \mathfrak{L}_k^\mu\right)$*, so existieren zu jedem* $B \in \mathfrak{L}_k^\mu$ *und* $\epsilon > 0$ *eine offene Menge* U *und eine abgeschlossene Menge* A *mit*

$$A \subseteq B \subseteq U \ \wedge \ \mu\left(B \setminus A\right) < \epsilon \ \wedge \ \mu\left(U \setminus B\right) < \epsilon .$$

Beweis. Da die endlichen Vereinigungen von linkshalboffenen Zellen einen Ring bilden (siehe Satz 2.59) und auf Grund der Definition des induzierten äußeren Maßes (Def. 4.1) gibt es für jedes $B \in \mathfrak{L}_k^\mu$ mit $\mu\left(B\right) < \infty$, und jedes $\varepsilon > 0$ eine Überdeckung durch halboffene Zellen $\left(\mathbf{a}_n, \mathbf{b}_n\right]$ mit

$$\mu(B) \leq \sum_n \mu\left(\left(\mathbf{a}_n, \mathbf{b}_n\right]\right) < \mu\left(B\right) + \frac{\varepsilon}{2}. \tag{6.1}$$

Ist $n \in \mathbb{N}$ fest, so gilt $\left(\mathbf{a}_n, \mathbf{b}_n + \frac{1}{m}\right) \searrow \left(\mathbf{a}_n, \mathbf{b}_n\right]$ und da μ stetig von oben ist (vgl. Satz 3.21), muss es zu jedem $\varepsilon > 0$ ein $\delta_n > 0$ geben, sodass

$$\mu\left(\left(\mathbf{a}_n, \mathbf{b}_n\right]\right) \leq \mu\left(\left(\mathbf{a}_n, \mathbf{b}_n + \delta_n\right)\right) \leq \mu\left(\left(\mathbf{a}_n, \mathbf{b}_n\right]\right) + \frac{\varepsilon}{2^{n+1}}. \tag{6.2}$$

$U := \bigcup_n (\mathbf{a}_n, \mathbf{b}_n + \delta_n)$ ist offen, $B \subseteq U$ und wegen (6.1) und (6.2) gilt

$$\mu(B) \leq \mu(U) \leq \sum_n \mu\left(\left(\mathbf{a}_n, \mathbf{b}_n + \delta_n\right)\right) \leq \sum_n \mu\left(\left(\mathbf{a}_n, \mathbf{b}_n\right]\right) + \sum_n \frac{\varepsilon}{2^{n+1}} \leq \mu\left(B\right) + \varepsilon.$$

Da $\mu(B) \leq \mu(U) < \infty$, folgt daraus $\mu\left(U \setminus B\right) = \mu\left(U\right) - \mu\left(B\right) \leq \varepsilon$.

Gilt hingegen $\mu\left(B\right) = \infty$, so kann man B wegen der σ-Endlichkeit der Lebesgue-Stieltjes-Maße in Mengen B_n mit $\mu(B_n) < \infty \quad \forall\, n \in \mathbb{N}$ zerlegen, und, wie oben gezeigt, gibt es zu jedem B_n eine offene Obermenge U_n mit $\mu(U_n \setminus B_n) \leq \frac{\varepsilon}{2^n}$. $\bigcup_n U_n$ ist daher eine offene Obermenge von B und es gilt

$$\mu\left(\bigcup_n U_n \setminus B\right) \leq \sum_n \mu\left(U_n \setminus B\right) \leq \sum_n \mu\left(U_n \setminus B_n\right) \leq \sum_n \frac{\varepsilon}{2^n} = \varepsilon.$$

Damit ist die Aussage über die Approximation von $\mu(B)$ durch die Maße offener Obermengen gezeigt. Daher existiert aber auch zu B^c ein offenes V mit $B^c \subseteq V$ und $\varepsilon \geq \mu(V \setminus B^c) = \mu(V \cap B) = \mu(B \setminus V^c)$. Da $A := V^c \subseteq B$ abgeschlossen ist, beweist dies auch den zweiten Teil des Satzes.

Folgerung 6.4. *Ist μ ein Lebesgue-Stieltjes-Maß auf $(\mathbb{R}^k, \mathfrak{L}_k^\mu)$,so sind die folgenden Bedingungen äquivalent*

1. *$B \in \mathfrak{L}_k^\mu$.*
2. *Es gibt eine Folge (A_n) abgeschlossener Teilmengen und eine Folge (U_n) offener Obermengen von B, mit $\mu(U_n \setminus A_n) \leq \frac{1}{n}$.*
3. *Es gibt eine Vereinigung $A := \bigcup_n A_n$ abzählbar vieler abgeschlossener Mengen und einen Durchschnitt $U := \bigcap_n U_n$ abzählbar vieler offener Mengen mit $A \subseteq B \subseteq U \wedge \mu(U \setminus A) = 0$.*

Beweis.

1. $\Rightarrow$ 2. :   Dies folgt unmittelbar aus dem vorigen Satz 6.3 mit $\varepsilon = \frac{1}{2n}$.
2. $\Rightarrow$ 3. :   Für die Mengen $A_n \subseteq B \subseteq U_n$ mit $\mu(U_n \setminus A_n) \leq \frac{1}{n}$ aus Punkt 2. gilt $A_n \subseteq A := \bigcup_n A_n \subseteq B \subseteq U := \bigcap_n U_n \subseteq U_n \quad \forall\, n \in \mathbb{N}$. Daraus folgt

$$\mu(U \setminus A) \leq \mu(U_n \setminus A_n) \leq \frac{1}{n} \quad \forall\, n \in \mathbb{N} \quad \Rightarrow \quad \mu(U \setminus A) = 0.$$

3. $\Rightarrow$ 1. : Da nach Lemma 2.58 alle offenen und abgeschlossenen Mengen Borel-messbar sind, gilt $A, U \in \mathfrak{B}_k$. Daraus folgt wegen $B \setminus A \subseteq U \setminus A$ und $\mu(U \setminus A) = 0$ sofort $B = A \cup (B \setminus A) \in \widetilde{\mathfrak{B}_k} = \mathfrak{L}_k^\mu$.

Folgerung 6.5. *Für jedes* $B \in \mathfrak{L}_k^\mu$ *gilt*

$$\mu(B) = \inf\{\mu(U) : B \subseteq U, \ U \text{ ist offen}\} \tag{6.3}$$

$$= \sup\{\mu(A) : A \subseteq B, \ A \text{ ist abgeschlossen}\} \tag{6.4}$$

$$= \sup\{\mu(C) : C \subseteq B, \ C \text{ ist kompakt}\}. \tag{6.5}$$

Beweis. Es bleibt nur $\mu(B) = \sup\{\mu(C) : C \subseteq B, \quad C \text{ kompakt}\}$ zu zeigen.

Zu jedem $M < \mu(B)$ existiert eine abgeschlossene Menge $A_M \subseteq B$ mit $\mu(A_M) > M$. Die Mengen $A_M \cap [-\mathbf{n}, \mathbf{n}]$, $\mathbf{n} \in \mathbb{N}^k$ sind alle kompakt und bilden eine mit $\mathbf{n}$ monoton gegen A_M steigende Folge. Wegen Satz 3.20 gibt es daher ein $\mathbf{n}_0 \in \mathbb{N}^k$, sodass $\mu(A_M \cap [-\mathbf{n}_0, \mathbf{n}_0]) > M$, woraus folgt

$$\mu(B) = \sup\{\mu(C) : C \subseteq B, \quad C \text{ ist kompakt}\}.$$

Bemerkung 6.6. *Man nennt Mengen, für die (6.3) gilt, oft von außen regulär und Mengen, die (6.5) erfüllen, von innen regulär. Gelten beide Beziehungen heißt die Menge regulär, und das Maß μ ist regulär, wenn alle Elemente der σ-Algebra, auf der μ definiert ist, regulär sind.*

6.2 Verteilungsfunktionen auf $\mathbb{R}$

Als erstes wollen wir nun die Lebesgue-Stieltjes-Maße auf $(\mathbb{R}, \mathfrak{B})$ untersuchen. Ist μ eine derartige Maßfunktion, so wird durch

$$F(x) := \text{sgn}(x)\, \mu((0 \wedge x, 0 \vee x]) = \begin{cases} \mu((0, x]), \ x \geq 0 \\ -\mu((x, 0]), \ x < 0 \end{cases} \tag{6.6}$$

eine Funktion $F : \mathbb{R} \to \mathbb{R}$ definiert mit $\mu((a, b]) = F(b) - F(a) \quad \forall\, a \leq b \in \mathbb{R}$.

Definition 6.7. *Ist μ ein Lebesgue-Stieltjes-Maß auf $(\mathbb{R}, \mathfrak{B})$, so bezeichnet man eine Funktion $F : \mathbb{R} \to \mathbb{R}$ als Verteilungsfunktion von μ, wenn gilt*

$$\mu((a, b]) = F(b) - F(a) \quad \forall\, a \leq b \in \mathbb{R}. \tag{6.7}$$

Wie wir gesehen haben, gibt es zu μ mindestens eine Verteilungsfunktion F. Das nächste Lemma zeigt, welcher Zusammenhang zwischen verschiedenen Verteilungsfunktionen F und G von μ besteht

Lemma 6.8. *Sind F und G zwei Verteilungsfunktionen eines Lebesgue-Stieltjes-Maßes μ auf $(\mathbb{R}, \mathfrak{B})$, so gibt es eine Konstante $c \in \mathbb{R}$, sodass gilt $F - G = c$.*

Beweis. Aus $\mu((a, b]) = F(b) - F(a) = G(b) - G(a)$ folgt

$$F(b) - G(b) = c := F(a) - G(a) \quad \forall\, a < b.$$

Verteilungsfunktionen haben folgende Eigenschaften.

Satz 6.9. *Ist F die Verteilungsfunktion eines Lebesgue-Stieltjes-Maßes μ auf* $(\mathbb{R}, \mathfrak{B})$, *so gilt*

1. F *ist monoton steigend, d.h.* $x < y \Rightarrow F(x) \leq F(y)$,
2. F *ist rechtsstetig, d.h.* $F_+(x) := \lim\limits_{h_n \searrow 0} F(x + h_n) = F(x) \quad \forall\, x \in \mathbb{R}$.

Beweis.

ad 1.   Für $x < y$ gilt $F(y) - F(x) = \mu((x, y]) \geq 0$.

ad 2.   Mit $h_n \searrow 0$ gilt $(x, x + h_n] \searrow (x, x] = \emptyset$, woraus wegen Satz 3.21 folgt

$$\lim_{n \to \infty} (F(x + h_n) - F(x)) = \lim_{n \to \infty} \mu((x, x + h_n]) = \mu(\emptyset) = 0.$$

Bemerkung 6.10. *Bezeichnet man mit* $F_-(x) := \lim\limits_{h \searrow 0} F(x - h)$ *den linksseitigen Grenzwert von F im Punkt x, so gilt wegen* $\{x\} = \bigcap\limits_n (x - \frac{1}{n}, x]$ *und Satz 3.21*

$$\mu(\{x\}) = \lim_n \mu\left((x - \frac{1}{n}, x] \right) = F(x) - F_-(x) \quad \forall\, x \in \mathbb{R}. \tag{6.8}$$

F ist daher in x genau dann linksstetig und damit auch stetig, wenn $\mu(\{x\}) = 0$.

Wir zeigen nun, dass die beiden, im vorigen Satz aufgelisteten Eigenschaften Verteilungsfunktionen auf $\mathbb{R}$ charakterisieren.

Satz 6.11. *Ist $F : \mathbb{R} \to \mathbb{R}$ monoton steigend und in allen Punkten rechtsstetig, so gibt es eine eindeutig bestimmte Lebesgue-Stieltjes'sche Maßfunktion μ_F auf* $(\mathbb{R}, \mathfrak{B})$, *für die gilt* $\mu_F((a, b]) = F(b) - F(a) \quad \forall\, a \leq b$.

Beweis. Mit $\mu_F((a, b]) := F(b) - F(a)$ wird eine Mengenfunktion auf dem System $\mathfrak{J}$ der linkshalboffenen Intervalle definiert, für die gilt

$$\mu_F(\emptyset) = \mu_F((x, x]) = F(x) - F(x) = 0, \tag{6.9}$$
$$\mu_F((x, y]) = F(y) - F(x) \geq 0 \quad \forall\, (x, y] \in \mathfrak{J}. \tag{6.10}$$

Sind $(a_1, b_1], (a_2, b_2]$ zwei disjunkte Intervalle, deren Vereinigung wieder ein Intervall ist, so muss gelten $b_1 = a_2 \vee b_2 = a_1$. Nimmt man o.E.d.A. an, dass $b_1 = a_2$, so gilt $(a_1, b_1] \cup (a_2, b_2] = (a_1, b_2]$, und daraus folgt

$$\mu_F((a_1, b_1] \cup (a_2, b_2]) = F(b_2) - F(a_1) = F(b_2) - F(a_2) + F(a_2) - F(a_1)$$
$$= F(b_2) - F(a_2) + F(b_1) - F(a_1) = \mu_F((a_2, b_2]) + \mu_F((a_1, b_1]). \tag{6.11}$$

Gemäß (6.9), (6.10), (6.11) und Satz 3.4 ist μ_F ein Inhalt auf $\mathfrak{J}$ und es bleibt nur noch die σ-Additivität zu zeigen.

Ist $((a_n, b_n])$ eine Folge disjunkter Intervalle, mit $(a, b] = \bigcup\limits_{n \in \mathbb{N}} (a_n, b_n]$, so gilt wegen Lemma 3.19

$$F(b) - F(a) = \mu_F\left((a,b]\right) \geq \sum_{n \in \mathbb{N}} \mu_F\left((a_n, b_n]\right) = \sum_{n \in \mathbb{N}} \left(F(b_n) - F(a_n)\right). \quad (6.12)$$

Umgekehrt gibt es wegen der Rechtsstetigkeit von F zu jedem $\varepsilon > 0$ positive Zahlen δ, δ_n, sodass

$$F(a) \leq F(a+\delta) \leq F(a) + \varepsilon \ \wedge \ F(b_n) \leq F(b_n + \delta_n) \leq F(b_n) + \frac{\varepsilon}{2^n} \quad \forall\, n \in \mathbb{N}.$$
$$(6.13)$$

Aus $[a+\delta, b] \subseteq \bigcup_{n \in \mathbb{N}} (a_n, b_n] \subseteq \bigcup_{n \in \mathbb{N}} (a_n, b_n + \delta_n)$ und dem Satz von Heine-Borel (Satz A.32) folgt, dass es ein $n_0 \in \mathbb{N}$ gibt mit

$$(a+\delta, b] \subseteq [a+\delta, b] \subseteq \bigcup_{n=1}^{n_o} (a_n, b_n + \delta_n) \subseteq \bigcup_{n=1}^{n_o} (a_n, b_n + \delta_n].$$

Somit gilt wegen der Subadditivität von μ_F (Satz 3.18) und (6.13)

$$\mu_F((a,b]) = F(b) - F(a) \leq F(b) - F(a+\delta) + \varepsilon = \mu_F((a+\delta, b]) + \varepsilon$$
$$\leq \sum_{n=1}^{n_0} \mu_F((a_n, b_n + \delta_n]) + \varepsilon = \sum_{n=1}^{n_0} \left(F(b_n + \delta_n) - F(a_n)\right) + \varepsilon$$
$$\leq \sum_{n \in \mathbb{N}} \left(F(b_n) - F(a_n)\right) + \sum_{n \in \mathbb{N}} \frac{\varepsilon}{2^n} + \varepsilon. \quad (6.14)$$

Da $\varepsilon > 0$ beliebig ist, folgt aus (6.12) und (6.14) $\mu_F((a,b]) = \sum_{n \in \mathbb{N}} \mu_F((a_n, b_n])$.

6.3 Das Lebesgue-Maß auf $\mathbb{R}$

Das wichtigste Lebesgue-Stieltjes-Maß ist das Lebesgue-Maß.

Definition 6.12. *Das Lebesgue-Stieltjes-Maß* λ, *das den Intervallen ihre Länge zuordnet, für das also gilt*

$$\lambda((a,b]) = b - a \quad \forall\, a \leq b, \quad (6.15)$$

wird als Lebesgue-Maß bezeichnet. Die σ-Algebra $\mathfrak{L} := \mathfrak{L}^\lambda$ nennt man das System der Lebesgue-messbaren Mengen.

Bemerkung 6.13. *Dem Lebesgue-Maß entsprechen die Verteilungsfunktionen $F(x) = x + c$, $x, c \in \mathbb{R}$ und da diese stetig sind, gilt gemäß Bemerkung 6.10 $\lambda(\{x\}) = 0 \quad \forall\, x \in \mathbb{R}$, sodass (6.15) auch für offene, abgeschlossene und rechtshalboffene Intervalle richtig bleibt.*

Das Lebesgue'sche Maß hat eine geometrisch interessante Eigenschaft. Es ist translationsinvariant. Es gilt sogar ein wenig mehr.

Satz 6.14. *Für Abbildungen* $T : \mathbb{R} \to \mathbb{R}$ *der Form* $T(x) = \alpha\, x + \beta$ *mit* $\alpha \neq 0$ *gilt*

1. $T(B) = \{y = \alpha\, x + \beta : x \in B\} \in \mathfrak{B} \Leftrightarrow B \in \mathfrak{B}$,
2. $T(B) \in \mathfrak{L} \Leftrightarrow B \in \mathfrak{L}$,
3. $\lambda(T(B)) = |\alpha|\, \lambda(B) \quad \forall\, B \in \mathfrak{L}$.

Beweis.

ad 1. T ist stetig. Daher ist das Urbild $T^{-1}(U)$ jeder offenen Menge U offen. Bezeichnet man das System der offenen Mengen mit $\mathfrak{O}$, so gilt demnach $T^{-1}(\mathfrak{O}) \subseteq \mathfrak{O}$. Wegen $\alpha \neq 0$ existiert die Umkehrabbildung T^{-1}, und diese ist ebenfalls stetig. Damit gilt für jede offene Menge U, dass auch $(T^{-1})^{-1}(U) = T(U)$ offen ist, d.h. $T(\mathfrak{O}) \subseteq \mathfrak{O}$. Daraus folgt $\mathfrak{O} = T^{-1}(T(\mathfrak{O})) \subseteq T^{-1}(\mathfrak{O})$. Somit gilt $T^{-1}(\mathfrak{O}) = \mathfrak{O}$, woraus nach Lemma 2.58 und Satz 2.62 folgt

$$\mathfrak{B} = \mathfrak{A}_\sigma(\mathfrak{O}) = \mathfrak{A}_\sigma(T^{-1}(\mathfrak{O})) = T^{-1}(\mathfrak{A}_\sigma(\mathfrak{O})) = T^{-1}(\mathfrak{B}). \tag{6.16}$$

Demnach gilt $T(B) \in \mathfrak{B} \Rightarrow T^{-1}(T(B)) = B \in \mathfrak{B}$. Aber (6.16) impliziert auch $T(\mathfrak{B}) = T(T^{-1}(\mathfrak{B})) = \mathfrak{B}$, sodass auch gilt $B \in \mathfrak{B} \Rightarrow T(B) \in \mathfrak{B}$.

ad 2. und 3. Die Maße $\mu_1((a,b]) := \lambda(T(a,b])$ und $\mu_2((a,b]) := |\alpha|\,\lambda((a,b])$ stimmen offensichtlich auf dem System $\mathfrak{J}$ der linkshalboffenen Intervalle überein und damit auch auf $\mathfrak{B}$, Demnach gilt

$$\lambda(T(B)) = |\alpha|\,\lambda(B) \quad \forall\, B \in \mathfrak{B}. \tag{6.17}$$

Aus $B = C \cup M \in \mathfrak{L}$ mit $C \in \mathfrak{B}$, $M \subseteq N \in \mathfrak{B}$, $\lambda(N) = 0$ folgt

$$T(B) = T(C) \cup T(M) \wedge T(M) \subseteq T(N) \wedge \lambda(T(N)) = |\alpha|\,\lambda(N) = 0.$$

Also gilt $B \in \mathfrak{L} \Rightarrow T(B) \in \mathfrak{L}$ und $\lambda(T(B)) = \lambda(T(C))$. Daraus folgt nun

$$\lambda(T(B)) = \lambda(T(C)) = |\alpha|\,\lambda(C) = |\alpha|\,\lambda(B).$$

Ersetzt man in den obigen Überlegungen T durch T^{-1}, so führt dies zu $B \in \mathfrak{L} \Rightarrow T^{-1}(B) \in \mathfrak{L}$. Angewendet auf $T(B)$ ergibt sich daraus schließlich $T(B) \in \mathfrak{L} \Rightarrow T^{-1}(T(B)) = B \in \mathfrak{L}$.

Das Lebesguesche Maß ist bis auf eine multiplikative Konstante das einzige translationsinvariante Lebesgue-Stieltjes Maß auf $(\mathbb{R}, \mathfrak{B})$.

Satz 6.15. *Ist* μ *ein translationsinvariantes Lebesgue-Stieltjes Maß auf* $(\mathbb{R}, \mathfrak{B})$, *so gibt es eine Konstante* $k \geq 0$, *sodass*

$$\mu(B) = k\,\lambda(B) \quad \forall\, B \in \mathfrak{L}.$$

Beweis. Ist $A + c := \{x + c : x \in A\}$, so gilt für alle $m, n \in \mathbb{N}$ und $q \in \mathbb{Q}$

$$\left(q, q + \tfrac{m}{n}\right] = \bigcup_{i=0}^{m-1} \left(\left(0, \tfrac{1}{n}\right] + \tfrac{i}{n} + q\right).$$ Daraus folgt wegen der Translations-invarianz $k := \mu((0,1]) = n\,\mu\left((0,\tfrac{1}{n}]\right)$ bzw. $\mu\left((0,\tfrac{1}{n}]\right) = \tfrac{k}{n} \quad \forall\, n \in \mathbb{N}$, was

weiters zu $\mu\left((q, q + \frac{m}{n}]\right) = \sum_{i=0}^{m-1} \mu\left((0, \frac{1}{n}] + q + \frac{i}{n}\right) = \frac{mk}{n} = k\,\lambda\left((q, q + \frac{m}{n}]\right)$
führt. Die beiden Maße μ und $k\,\lambda$ stimmen also auf $\mathfrak{J}_{1,\mathbb{Q}}$ dem System der halb-offenen Intervalle mit rationalen Endpunkten überein und, da dieses System gemäß Lemma 2.57 $\mathfrak{B}$ erzeugt, müssen sie auch auf $\mathfrak{B}$ identisch sein und dementsprechend die gleiche Vervollständigung besitzen, d.h. $\mathfrak{L}^\mu = \mathfrak{L}^{k\,\lambda}$.

Ist $k = 0$, so sind alle $B \subseteq \mathbb{R}$ Nullmengen, und es gilt $\mathfrak{L}^\mu = \mathfrak{L}^{k\,\lambda} = \mathfrak{P}(\mathbb{R})$. Für $k > 0$ gilt nach Satz 6.14 $\mathfrak{L}^\mu = \mathfrak{L}^{k\,\lambda} = \mathfrak{L}$.

Bemerkung 6.16. *Auch das Zählmaß* $\zeta(A) := |A|$ *ist translationsinvariant, aber* ζ *ist wegen* $\zeta((a, b]) = \infty$ *für* $a < b$ *kein Lebesgue-Stieltjes-Maß.*

Bemerkung 6.17. *Im Abschnitt 1.1 wurde (mit Hilfe des Auswahlaxioms A.2) gezeigt, dass es kein translationsinvariantes Maß auf* $\mathfrak{P}(\mathbb{R})$ *geben kann, das den Intervallen ihre Länge als Maß zuordnet. Damit ist klar, dass* $\mathfrak{L}$ *ein echtes Teil-system von* $\mathfrak{P}(\mathbb{R})$ *ist, also* $\mathfrak{L} \subset \mathfrak{P}(\mathbb{R})$, $\mathfrak{L} \neq \mathfrak{P}(\mathbb{R})$.
Wir werden später sehen, dass $\mathfrak{L}$ *seinerseits eine echte Obermenge von* $\mathfrak{B}$ *ist.*

6.4 Diskrete und stetige Verteilungsfunktionen

Definition 6.18. *Ein Lebesgue-Stieltjes-Maß* μ *auf* $(\mathbb{R}^k, \mathfrak{B}_k)$ *wird diskret ge-nannt, wenn es eine Teilmenge* $D \subseteq \mathbb{R}^k$, $|D| \leq \aleph_0$ *gibt, mit* $\mu(D^c) = 0$.

Wie das folgende Lemma zeigt, kann man diskrete Lebesgue-Stieltjes-Maße ohne Probleme auf die Potenzmenge fortsetzen.

Lemma 6.19. *Ist* μ *ein diskretes Lebesgue-Stieltjes-Maß auf* $(\mathbb{R}^k, \mathfrak{B}_k)$, *so gilt* $\mathfrak{L}_k^\mu = \mathfrak{P}(\mathbb{R}^k)$, *d.h. alle Mengen sind* μ-*messbar.*

Beweis. Da alle einpunktigen Mengen $\{\mathbf{x}\} = \bigcap_n (\mathbf{x} - \frac{1}{n}, \mathbf{x}]$ in $\mathfrak{B}_k$ liegen und D höchstens abzählbar ist, liegen alle Teilmengen von D in $\mathfrak{B}_k \subseteq \mathfrak{L}_k^\mu$. Voraus-setzungsgemäß liegen aber auch alle Teilmengen von D^c als μ-Nullmengen in $\mathfrak{L}_k^\mu$, und, da $\mathfrak{L}_k^\mu$ eine σ-Algebra ist, liegen auch alle Vereinigungen einer Teilmenge von D und einer Teilmenge von D^c in $\mathfrak{L}_k^\mu$.

Die Verteilungsfunktionen diskreter Lebesgue-Stieltjes-Maße auf $(\mathbb{R}, \mathfrak{B})$ kön-nen folgendermaßen charakterisiert werden.

Lemma 6.20. *Eine Funktion* $F : \mathbb{R} \to \mathbb{R}$ *ist genau dann die Verteilungsfunktion eines diskreten Lebesgue-Stieltjes-Maßes* μ *auf* $(\mathbb{R}, \mathfrak{B})$, *wenn es eine höchstens abzählbare Menge* D *und eine Funktion* $p : D \to (0, \infty)$ *gibt mit*

$$F(b) - F(a) = \sum_{x \in (a,b] \cap D} p(x) < \infty \quad \forall\, a \leq b. \tag{6.18}$$

Beweis. ⇒: Ist μ ein diskretes Lebesgue-Stieltjes-Maß mit $|D| \leq \aleph_0$ und $\mu(D^c) = 0$, so gilt für jede zu μ gehörige Verteilungsfunktion F

$$F(b) - F(a) = \mu((a,b]) = \mu((a,b] \cap D) = \sum_{x \in (a,b] \cap D} \mu(\{x\}) < \infty \quad \forall\, a \leq b,$$

und $p(x) := \mu(\{x\}) > 0 \quad \forall\, x \in D$ ist die gesuchte Funktion.

⇐: Gilt für F die Gleichung (6.18), so ist F klarerweise monoton und bis auf eine additive Konstante bestimmt. Außerdem gilt für $a \in \mathbb{R}$ und $h > 0$

$$F(a+h) - F(a) = \sum_{x \in (a,a+h] \cap D} p(x) < \infty. \tag{6.19}$$

Mit $(a, a+h] \cap D = \{x_i : i \in I \subseteq \mathbb{N}\}$, gibt es wegen (6.19) zu jedem $\varepsilon > 0$ ein $n_0 \in \mathbb{N}$, sodass $\sum\limits_{i > n_0} p(x_i) < \varepsilon$. Mit $0 < \delta < \min\{|a - x_i| : 1 \leq i \leq n_0\}$ gilt dann $F(a + \delta) - F(a) \leq \sum\limits_{i > n_0} p(x_i) < \varepsilon$, d.h. F ist in jedem Punkt rechtsstetig. Deshalb gibt es ein Lebesgue-Stieltjes-Maß μ mit

$$\mu((a,b]) = F(b) - F(a) = \sum_{x \in (a,b] \cap D} p(x) \quad \forall\, a \leq b. \tag{6.20}$$

Für $x \in D$ und $(x - h, x) \cap D = \{x_i : i \in I_1 \subseteq \mathbb{N}\}$, gibt es wegen (6.19) zu jedem $\varepsilon > 0$ ein $n_1 \in \mathbb{N}$, sodass $\sum\limits_{i > n_1} p(x_i) < \varepsilon$. Wählt man $\delta_1 > 0$ so, dass $\delta_1 < \min\{|x - x_i| : 1 \leq i \leq n_1\}$, dann gilt

$$p(x) \leq F(x) - F(x - \delta_1) \leq p(x) + \sum_{i > n_1} p(x_i) < p(x) + \varepsilon.$$

Daraus und aus (6.8) folgt $p(x) = F(x) - F_-(x) = \mu(\{x\}) \quad \forall\, x \in D$. Deshalb gilt $\mu((a,b] \cap D) = \sum\limits_{x \in (a,b] \cap D} p(x) = \mu((a,b]) \quad \forall\, a \leq b$. Dies impliziert $\mu((a,b] \cap D^c) = 0 \quad \forall\, a \leq b \Rightarrow \mu(D^c) = \lim\limits_n \mu((-n,n] \cap D^c) = 0$. Demnach ist μ diskret, und wegen $F(x) - F_-(x) = \mu(\{x\}) = 0 \quad \forall\, x \in D^c$ hat F nur Unstetigkeitsstellen in D, sodass gilt

$$F(x) - F_-(x) = \mu(\{x\}) = \begin{cases} p(x), & x \in D \\ 0, & x \in D^c. \end{cases} \tag{6.21}$$

Definition 6.21. *Eine Funktion $F : \mathbb{R} \to \mathbb{R}$ nennt man eine diskrete Verteilungsfunktion, wenn es eine höchstens abzählbare Menge D und eine Funktion $p : D \to (0, \infty)$ gibt mit*

$$F(b) - F(a) = \sum_{x \in (a,b] \cap D} p(x) < \infty \quad \forall\, a \leq b. \tag{6.22}$$

Bemerkung 6.22. *Setzt man $F(0) := 0$, so ist (6.22) äquivalent zu*

$$F(b) = \operatorname{sgn}(b) \sum_{x \in (0 \wedge b,\, 0 \vee b] \cap D} p(x) \in \mathbb{R} \quad \forall\, b \in \mathbb{R}.$$

Lemma 6.23. *Ist μ ein Lebesgue-Stieltjes-Maß auf $(\mathbb{R}, \mathfrak{B})$, so ist die Menge $D := \{x : \mu(\{x\}) > 0\}$ höchstens abzählbar.*

Beweis. Da $D_n := \{x \in [-n, n] : \mu(\{x\}) > \frac{1}{n}\}$ eine beschränkte Menge ist, gilt $\frac{1}{n}\,|D_n| \le \mu(D_n) \le \mu([-n, n]) < \infty$. Daraus folgt $|D_n| < \infty \quad \forall\, n \in \mathbb{N}$,

und daraus ergibt sich schließlich $|D| = \left| \bigcup_n D_n \right| \le \sum_n |D_n| \le \aleph_0$.

Folgerung 6.24. *Ist $F : \mathbb{R} \to \mathbb{R}$ eine Verteilungsfunktion, so ist die Anzahl der Sprungstellen $D := \{x : F(x) - F_-(x) > 0\}$ höchstens abzählbar.*

Beweis. Ist μ das Lebesgue-Stieltjes-Maß von F, so gilt $D = \{x : \mu(\{x\}) > 0\}$.

Satz 6.25. *Ist $F : \mathbb{R} \to \mathbb{R}$ eine Verteilungsfunktion, so gibt es eine diskrete Verteilungsfunktion F_d und eine stetige Verteilungsfunktion F_s, sodass*

$$F = F_d + F_s. \tag{6.23}$$

F_d und F_s sind bis auf eine additive Konstante eindeutig bestimmt.

Beweis. Ist μ das zu F gehörige Lebesgue-Stieltjes-Maß, so ist laut Lemma 6.23 $D := \{x : \mu(\{x\}) > 0\} = \{x : F(x) - F_-(x) > 0\}$ höchstens abzählbar, und dementsprechend ist $\mu_d(B) := \mu(B \cap D) \quad \forall\, B \in \mathfrak{B}$ ein diskretes Lebesgue-Stieltjes-Maß. Nach Lemma 6.20 ist jede Verteilungsfunktion F_d von μ_d ebenfalls diskret, wobei entsprechend Gleichung (6.21) gilt

$$F_d(x) - F_{d-}(x) = \begin{cases} \mu_d(\{x\}) = \mu(\{x\}), & x \in D \\ 0, & x \in D^c. \end{cases} \tag{6.24}$$

Auch $\mu_s(B) := \mu(B \cap D^c)$ ist ein Lebesgue-Stieltjes-Maß. Ist F_s eine Verteilungsfunktion von μ_s so muss wegen $\mu = \mu_d + \mu_s$ klarerweise gelten

$$F(b) - F(a) = F_d(b) - F_d(a) + F_s(b) - F_s(a) \ge F_s(b) - F_s(a) \quad \forall\, a \le b, \tag{6.25}$$

Aus (6.25) folgt $F_s(x) - F_{s-}(x) \le F(x) - F_-(x) \quad \forall\, x \in \mathbb{R}$, und deshalb gilt $F_s(x) - F_{s-}(x) = 0 \quad \forall\, x \in D^c$. Weil aber für alle Punkte $x \in D$ ebenfalls gilt $F_s(x) - F_{s-}(x) = \mu(\{x\} \cap D^c) = \mu(\emptyset) = 0$, ist F_s auf ganz $\mathbb{R}$ stetig. Somit ist (6.23) gezeigt, und es bleibt uns nur noch der Nachweis der Eindeutigkeit.

Ist G_d eine diskrete Verteilungsfunktion der Gestalt

$$G_d(b) - G_d(a) = \sum_{x \in (a, b] \cap E} q(x) \quad \forall\, a \le b, \quad q : E \to (0, \infty), \quad |E| \le \aleph_0$$

und existiert dazu eine stetige Verteilungsfunktion G_s , mit der zusammen gilt $G_d + G_s = F = F_d + F_s$, so folgt daraus $G_d - F_d = F_s - G_s$ ist stetig auf $\mathbb{R}$. Das zusammen mit Gleichung (6.24) ergibt

$$G_d(x) - G_{d-}(x) = F_d(x) - F_{d-}(x) = \begin{cases} \mu_d(\{x\}) = \mu(\{x\}), & x \in D \\ 0, & x \in D^c. \end{cases} \quad (6.26)$$

Da andererseits nach (6.21) gilt $G_d(x) - G_{d-}(x) = \begin{cases} q(x), & x \in E \\ 0, & x \in E^c, \end{cases}$ muss

daraus folgen $E = D$ und $q(x) = \mu(\{x\}) \quad \forall \, x \in D$. Demnach müssen G_d und F_d bis auf eine additive Konstante übereinstimmen. Dann aber muss dies auch für F_s und G_s gelten.

6.5 Wahrscheinlichkeitsverteilungen auf $\mathbb{R}$

Ist μ ein endliches Maß auf dem Raum $(\mathbb{R}, \mathfrak{B})$, so gilt für alle Punkte $x \in \mathbb{R}$ $F(x) := \mu((-\infty, x]) \leq \mu(\mathbb{R}) < \infty$, und aus $F(b) - F(a) = \mu((a, b]) \quad \forall \, a \leq b$ folgt, dass F eine Verteilungsfunktion von μ ist.

Für diese Verteilungsfunktion gilt wegen $(-\infty, -n] \searrow \emptyset$ und $(-\infty, n] \nearrow \mathbb{R}$ zusätzlich $F(-\infty) := \lim_n F(-n) = 0$ und $F(\infty) := \lim_n F(n) = \mu(\mathbb{R})$.

Insbesondere für Wahrscheinlichkeitsverteilungen P auf $(\mathbb{R}, \mathfrak{B})$ ist es üblich nur die oben definierten Verteilungsfunktionen zu betrachten.

Definition 6.26. *Eine Verteilungsfunktion* $F : \mathbb{R} \to \mathbb{R}$ *, für die zusätzlich gilt*

$$F(-\infty) := \lim_{x \to -\infty} F(x) = 0, \quad (6.27)$$

$$F(\infty) := \lim_{x \to \infty} F(x) = 1, \quad (6.28)$$

wird als Verteilungsfunktion im engeren Sinn (i.e.S.) oder als wahrscheinlichkeitstheoretische Verteilungsfunktion bezeichnet.

Derartige Verteilungsfunktionen sind offensichtlich eindeutig festgelegt, sodass eine bijektive Beziehung zwischen der Menge der Wahrscheinlichkeitsverteilungen auf $(\mathbb{R}, \mathfrak{B})$ und den Verteilungsfunktionen i.e.S. besteht.

Für Wahrscheinlichkeitsmaße kann man Satz 6.25 so formulieren:

Satz 6.27. *Jede Wahrscheinlichkeitsverteilung* P *auf* $(\mathbb{R}, \mathfrak{B})$ *kann dargestellt werden als Mischung einer diskreten Wahrscheinlichkeitsverteilung* P_d *und einer Wahrscheinlichkeitsverteilung* P_s *mit stetiger Verteilungsfunktion*

$$P = \alpha \, P_d + (1 - \alpha) \, P_s \, , \, 0 \leq \alpha \leq 1 \, .$$

Jede Verteilungsfunktion i.e.S. F ist Mischung einer diskreten Verteilungsfunktion i.e.S. F_d und einer stetigen Verteilungsfunktion i.e.S. F_s

$$F = \alpha \, F_d + (1 - \alpha) \, F_s \, , \, 0 \leq \alpha \leq 1 \, .$$

Beweis. Zerlegt man die Verteilung P in ein diskretes Maß μ_d und ein Maß μ_s mit stetiger Verteilungsfunktion, also $P = \mu_d + \mu_s$, so gilt $0 \le \alpha := \mu_d(\mathbb{R}) \le 1$. Für $\alpha = 0$ hat P selbst eine überall stetige Verteilungsfunktion und man kann P in der Form $P = 0 \, P_d + 1 \, P$ anschreiben, wobei P_d ein beliebiges diskretes Wahrscheinlichkeitsmaß ist. Bei $\alpha = 1$ ist P diskret, und es gilt $P = 1 \, P + 0 \, P_s$ für jede Wahrscheinlichkeitsverteilung P_s mit stetiger Verteilungsfunktion. Gilt hingegen $0 < \alpha < 1$, so ist $P_d := \frac{\mu_d}{\alpha}$ eine diskrete Wahrscheinlichkeitsverteilung und $P_s := \frac{\mu_s}{1-\alpha}$ ist ein Wahrscheinlichkeitsmaß mit stetiger Verteilungsfunktion. Weiters gilt $P = \alpha \, P_d + (1-\alpha) \, P_s$. Sind F_d und F_s die zu P_d und P_s gehörigen Verteilungsfunktionen i.e.S., so gilt auch $F = \alpha \, F_d + (1 - \alpha) \, F_s$.

Bemerkung 6.28. *Der obige Satz bedeutet, dass man sich jeden Versuch mit Ausgängen aus $\mathbb{R}$ als zweistufiges Experiment denken kann, bei dem in der ersten Stufe mit den Wahrscheinlichkeiten α und $1 - \alpha$ eine der beiden Verteilungen P_d oder P_s ausgewählt wird, und man dann im zweiten Schritt den Versuchsausgang gemäß dieser Verteilung bestimmt.*

Diskrete Wahrscheinlichkeitsverteilungen

Beispiele für diskrete Wahrscheinlichkeitsverteilungen sind

Beispiel 6.29 (Alternativ- oder Bernoulliverteilung B_p, $0 \le p \le 1$).
Bei der Alternativverteilung ist die gesamte Wahrscheinlichkeit auf die Punkte $0, 1$ konzentriert, d.h. $D = \{0, 1\}$, $p(1) = p$, $p(0) = 1 - p$, $0 \le p \le 1$. Ist $p = 0$ oder $p = 1$, so spricht man von einer Kausalverteilung, einer Dirac-Verteilung oder auch einer deterministischen Verteilung.

Beispiel 6.30 (diskrete Gleichverteilung D_m, $m \in \mathbb{N}$).
Bei der diskreten Gleichverteilung haben alle Punkte einer m-elementigen Menge D die gleiche Wahrscheinlichkeit $\frac{1}{m}$, also $p(x) = \frac{1}{m}$, $x \in D$.

Beispiel 6.31 (Binomialverteilung $B_{n,p}$, $n \in \mathbb{N}$, $0 \le p \le 1$).
Die Binomialverteilung $B_{n,p}$ gibt die Anzahl der „Einsen" bei n Ziehungen mit Zurücklegen aus einer Urne mit einem Anteil p an „Einsen" und einem Anteil $1 - p$ an „Nullen" an und ist daher auf die Punkte $D = \{0, \dots, n\}$ konzentriert mit den Punktwahrscheinlichkeiten

$$p(x) = \binom{n}{x} p^x \, (1 - p)^{n-x}, \quad x = 0, 1, \dots, n.$$

Die Bernoulliverteilung ist der Sonderfall der Binomialverteilung mit $n = 1$.

Beispiel 6.32 (Poissonverteilung P_θ, $\theta > 0$).
Die Poissonverteilung ist auf $D = \mathbb{N}_0$ konzentriert mit

$$p(x) = \frac{\theta^x}{x!} \, \mathrm{e}^{-\theta}, \quad x \in \mathbb{N}_0.$$

Sie dient unter anderem zur Approximation der Binomialverteilung. Wir werden später näher auf diesen Zusammenhang eingehen.

Beispiel 6.33 (Hypergeometrische Verteilung $H_{A,N-A,n}$).

Hier enthält die Urne A „Einsen" und $N - A$ „Nullen" und die n Ziehungen erfolgen ohne Zurücklegen. Die Anzahl der „Einsen" in den Ziehungen kann natürlich n und A nicht übersteigen. Andererseits muss diese Anzahl nicht-negativ sein, und die Anzahl der „Nullen" $n - x$ in den Ziehungen kann nicht größer als $N - A$ werden. Somit $D = \{\max\{0, n - N + A\}, \dots, \min\{n, A\}\}$. Man zieht x „Einsen" gerade dann, wenn bei den Ziehungen aus den A „Einsen" x Elemente ausgewählt werden und aus den $N - A$ „Nullen" $n - x$ Elemente. Da es $\binom{N}{n}$ Möglichkeiten gibt n Elemente aus N zu wählen, gilt

$$p(x) = \frac{\binom{A}{x}\binom{N-A}{n-x}}{\binom{N}{n}} , \quad x \in D .$$

Beispiel 6.34 (negative Binomialverteilung $_{neg}B_{n,p}$, $n \in \mathbb{N}$, $0 \le p \le 1$).

Die Anzahl der „Nullen" , die man mit Zurücklegen zieht, bis man n „Einsen" gezogen hat, wobei die Urne wieder mit einem Anteil p an „Einsen" und einem Anteil $1 - p$ an „Nullen" gefüllt ist. Daher ist in diesem Fall $D = \mathbb{N}_0$.

$$p(x) = \binom{n + x - 1}{n - 1} p^n (1 - p)^x , \quad x \in \mathbb{N}_0 . \tag{6.29}$$

Die negative Binomialverteilung wird auch *Pascalverteilung* genannt. Ist $n = 1$, so nennt man sie *geometrische Verteilung* und verwendet dafür die Bezeichnung G_p . Für sie gilt

$$p(x) = p(1 - p)^x , \quad x \in \mathbb{N}_0 . \tag{6.30}$$

Verteilungen mit stetiger Verteilungsfunktion

Viele Verteilungsfunktionen F von Wahrscheinlichkeitsmaßen lassen sich als Integral einer (bis auf endlich viele Punkte) stetigen, nichtnegativen Funktion f darstellen, also $F(x) = \int_{-\infty}^{x} f(t)\, dt$. Die Funktion f wird Dichte genannt, ein Begriff, der erst später in allgemeinerer Weise definiert wird.

Aus der Analysis ist bekannt, dass F dann differenzierbar ist mit $F' = f$. Wegen $F(\infty) = 1$ muss natürlich auch gelten $\int_{-\infty}^{\infty} f(t)\, dt = 1$.

Beispiel 6.35 (stetige Gleichverteilung auf (a, b), $U_{a,b}$, $a < b$).

Zu $f(t) := \frac{1}{b-a} \mathbb{1}_{[a,b]}(t)$ erhält man die Verteilungsfunktion

$$F(x) = \begin{cases} 0, & x < a \\ \frac{x-a}{b-a}, & a \le x < b \\ 1, & b \le x. \end{cases}$$

$U_{a,b}$ stimmt bis auf die multiplikative Konstante $\frac{1}{b-a}$ mit dem Lebesgue-Maß auf $((a, b), \mathfrak{L} \cap (a, b))$ überein und ist daher translationsinvariant, d.h. Intervalle $(c, d) \subseteq (a, b)$ gleicher Länge haben gleiche Wahrscheinlichkeit, egal wo in

$[a, b]$ sie sich befinden. Daraus erklärt sich der Name stetige Gleichverteilung. Da die Verteilungsfunktion stetig ist, ist es unerheblich, ob man die stetige Gleichverteilung auf einem offenen oder einem abgeschlossenen Intervall betrachtet.

Beispiel 6.36 (Weibull-Verteilung $W_{a,b}$, $0 < a$, b).

$$f(t) = \begin{cases} a\, b\, t^{a-1}\, e^{-b\, t^a}, & t \geq 0 \\ 0, & \text{sonst} \end{cases}$$

ist stetig für $t > 0$ und liefert die Verteilungsfunktion

$$F(x) = \begin{cases} 0, & x < 0 \\ 1 - e^{-b\, x^a}, & 0 \leq x. \end{cases}$$

Diese Verteilung wird häufig zur Modellierung der Lebensdauer von Werkstoffen verwendet und spielt eine große Rolle in der Zuverlässigkeitstheorie.

6.6 Verteilungsfunktionen auf $\mathbb{R}^k$

Ist $\mathbf{x} = (x_1, \ldots, x_k) \in \mathbb{R}^k$, so bezeichnen wir für $i \leq j$ mit $\mathbf{x}_i^j$ die Teilfolge $\mathbf{x}_i^j := (x_i, \ldots, x_j)$; für $i > j$ bezeichnet $\mathbf{x}_i^j$ einfach eine leere Teilfolge, also bspw. $(\mathbf{x}_2^1, x_3, x_4) = (x_3, x_4)$.

Bei der Betrachtung mehrdimensionaler Verteilungsfunktionen empfiehlt sich die Verwendung des folgenden Begriffs.

Definition 6.37. *Ist* $F : \mathbb{R}^k \to \mathbb{R}$, $\mathbf{a}, \mathbf{b} \in \mathbb{R}^k$, *so wird*

$$\underset{i}{\triangle}_{a_i}^{b_i} F(\mathbf{x}) := F((\mathbf{x}_1^{i-1}, b_i, \mathbf{x}_{i+1}^k)) - F\left((\mathbf{x}_1^{i-1}, a_i, \mathbf{x}_{i+1}^k)\right)$$

als Differenzenoperator (in der i-ten Koordinate) bezeichnet. Für $k = 1$ schreibt man einfach $\triangle_a^b F$.

Die nächsten Hilfssätze beinhalten wichtige Eigenschaften von $\triangle_a^b$.

Lemma 6.38. *Sind* $F : \mathbb{R}^k \to \mathbb{R}$, $G : \mathbb{R}^k \to \mathbb{R}$ *Funktionen auf* $\mathbb{R}^k$, *so gilt*

$$\underset{i}{\triangle}_{a_i}^{b_i} (F + G) = \underset{i}{\triangle}_{a_i}^{b_i} F + \underset{i}{\triangle}_{a_i}^{b_i} G. \tag{6.31}$$

Beweis. Das folgt unmittelbar aus der Definition des Differenzenoperators..

Lemma 6.39. *Hängt* $F : \mathbb{R}^k \to \mathbb{R}$ *nicht von der Koordinate* x_i *ab, d.h.* $F\left((\mathbf{x}_1^{i-1}, x_i, \mathbf{x}_{i+1}^k)\right) = c$ $\forall x_i \in \mathbb{R}$, *so gilt* $\underset{i}{\triangle}_{a_i}^{b_i} F = 0$.

Beweis. Klar.

Die Operatoren $\underset{i}{\triangle}, \underset{j}{\triangle}$ $\forall i \neq j$ sind vertauschbar.

Lemma 6.40. *Ist* $F : \mathbb{R}^k \to \mathbb{R}$, *so gilt* $\forall\, a_i, a_j, b_i, b_j \in \mathbb{R}^k$

$$\underset{i}{\triangle}{}_{a_i}^{b_i} \underset{j}{\triangle}{}_{a_j}^{b_j} F = \underset{j}{\triangle}{}_{a_j}^{b_j} \underset{i}{\triangle}{}_{a_i}^{b_i} F \,.$$

Beweis. Da nur die Koordinaten i und j betroffen sind, kann man sich auf $k = 2$ beschränken.

$$\begin{aligned}
\underset{1}{\triangle}{}_{a_1}^{b_1} \underset{2}{\triangle}{}_{a_2}^{b_2} F &= \underset{1}{\triangle}{}_{a_1}^{b_1} \big(\, F(x_1, b_2) - F(x_1, a_2) \,\big) \\
&= F(b_1, b_2) - F(b_1, a_2) - F(a_1, b_2) + F(a_1, a_2) \\
&= F(b_1, b_2) - F(a_1, b_2) - F(b_1, a_2) + F(a_1, a_2) \\
&= \underset{2}{\triangle}{}_{a_2}^{b_2} \big(\, F(b_1, x_2) - F(a_1, x_2) \,\big) = \underset{2}{\triangle}{}_{a_2}^{b_2} \underset{1}{\triangle}{}_{a_1}^{b_1} F \,.
\end{aligned}$$

Definition 6.41. *Ist* $F : \mathbb{R}^k \to \mathbb{R}$, $\mathbf{a}, \mathbf{b} \in \mathbb{R}^k$, *so bezeichnet man*

$$\triangle_{\mathbf{a}}^{\mathbf{b}} F := \underset{k}{\triangle}{}_{a_k}^{b_k} \cdots \underset{1}{\triangle}{}_{a_1}^{b_1} F \qquad\qquad (6.32)$$

als k-fachen Differenzenoperator.

Lemma 6.42. *Sind* $F : \mathbb{R}^k \to \mathbb{R}$, $G : \mathbb{R}^k \to \mathbb{R}$, $\mathbf{a}, \mathbf{b} \in \mathbb{R}^k$, *so gilt*

$$\triangle_{\mathbf{a}}^{\mathbf{b}}(F + G) = \triangle_{\mathbf{a}}^{\mathbf{b}} F + \triangle_{\mathbf{a}}^{\mathbf{b}} G \,.$$

Beweis. Dies folgt unmittelbar aus Lemma 6.38.

Lemma 6.43. *Hängt* $F : \mathbb{R}^k \to \mathbb{R}$ *von höchstens* $k - 1$ *Koordinaten ab, so gilt*

$$\triangle_{\mathbf{a}}^{\mathbf{b}} F = 0 \,.$$

Beweis. Ist F unabhängig von x_i, so gilt $\underset{i}{\triangle}{}_{a_i}^{b_i} F = 0$, Daraus folgt $\triangle_{\mathbf{a}}^{\mathbf{b}} F = 0$.

Folgerung 6.44. *Sind* $F : \mathbb{R}^k \to \mathbb{R}$, *und* $H_i : \mathbb{R}^k \to \mathbb{R}, i = 1 \ldots, k$, *Funktionen auf* $\mathbb{R}^k$, *wobei jedes* H_i *unabhängig vom jeweiligen* x_i *ist, so gilt*

$$\triangle_{\mathbf{a}}^{\mathbf{b}} F = \triangle_{\mathbf{a}}^{\mathbf{b}} \left(F + \sum_{i=1}^{k} H_i \right) \qquad \forall\, \mathbf{a}, \mathbf{b} \in \mathbb{R}^k \,.$$

Beweis. Klar.

Im Beweis von Lemma 6.40 sieht man, dass in $\underset{1}{\triangle}{}_{a_1}^{b_1} \underset{2}{\triangle}{}_{a_2}^{b_2} F$ das Argument von F alle Vektoren (x_1, x_2) durchläuft, die mit den Werten b_1 oder b_1 für x_1 und a_2 oder b_2 für x_2 gebildet werden können, wobei das Vorzeichen davon abhängt, ob (x_1, x_2) eine gerade oder ungerade Anzahl von a-Koordinaten enthält. Beim Übergang zu $\underset{1}{\triangle}{}_{a_1}^{b_1} \underset{2}{\triangle}{}_{a_2}^{b_2} \underset{3}{\triangle}{}_{a_3}^{b_3} F$ muss jeder dieser Vektoren (x_1, x_2) einmal um die Koordinate $x_3 = b_3$ und einmal um $x_3 = a_3$ erweitert werden, wobei sich bei $x_3 = a_3$ das Vorzeichen des Summanden umkehrt. Somit durchläuft das Argument auch in $\underset{1}{\triangle}{}_{a_1}^{b_1} \underset{2}{\triangle}{}_{a_2}^{b_2} \underset{3}{\triangle}{}_{a_3}^{b_3} F$ alle Vektoren (x_1, x_2, x_3), die mit $x_i = a_i$ oder $x_i = b_i$, $i = 1, 2, 3$ gebildet werden können und wieder hängt das Vorzeichen davon ab, ob (x_1, x_2, x_3) eine gerade oder ungerade Anzahl von a-Koordinaten enthält. Damit ist es nun leicht eine explizite Formel für $\triangle_{\mathbf{a}}^{\mathbf{b}} F$ anzugeben.

Satz 6.45. *Ist* $F : \mathbb{R}^k \to \mathbb{R}$, $\mathbf{a}, \mathbf{b} \in \mathbb{R}^k$, *so gilt*

$$\triangle_{\mathbf{a}}^{\mathbf{b}} F = \sum_{\boldsymbol{\beta} \in \{0,1\}^k} (-1)^{\sum\limits_{i=1}^{k} \beta_i} F\left(\boldsymbol{\beta}\,\mathbf{a} + (1 - \boldsymbol{\beta})\,\mathbf{b}\right). \qquad (6.33)$$

Beweis.

k=1 : $\triangle_{a_1}^{b_1} F(x) = F(b_1) - F(a_1)$. Damit ist (6.33) trivialerweise erfüllt.

k –1 → k: Wegen der Induktionsvoraussetzung gilt

$$\triangle_{\mathbf{a}}^{\mathbf{b}} F = \triangle_{\substack{k \\ a_k}}^{b_k}\left(\triangle_{\mathbf{a}_1^{k-1}}^{\mathbf{b}_1^{k-1}} F\right)$$

$$= \triangle_{\substack{k \\ a_k}}^{b_k}\left(\sum_{\boldsymbol{\beta}_1^{k-1} \in \{0,1\}^{k-1}} (-1)^{\sum\limits_{i=1}^{k-1} \beta_i} F\left((\boldsymbol{\beta}_1^{k-1}\mathbf{a}_1^{k-1} + (1 - \boldsymbol{\beta}_1^{k-1})\mathbf{b}_1^{k-1}, x_k)\right)\right)$$

$$= \sum_{\boldsymbol{\beta}_1^{k-1} \in \{0,1\}^{k-1}} (-1)^{\sum\limits_{i=1}^{k-1} \beta_i} F\left((\boldsymbol{\beta}_1^{k-1}\,\mathbf{a}_1^{k-1} + (1 - \boldsymbol{\beta}_1^{k-1})\,\mathbf{b}_1^{k-1}, b_k)\right)$$

$$- \sum_{\boldsymbol{\beta}_1^{k-1} \in \{0,1\}^{k-1}} (-1)^{\sum\limits_{i=1}^{k-1} \beta_i} F\left((\boldsymbol{\beta}_1^{k-1}\,\mathbf{a}_1^{k-1} + (1 - \boldsymbol{\beta}_1^{k-1})\,\mathbf{b}_1^{k-1}, a_k)\right)$$

$$= \sum_{\boldsymbol{\beta} \in \{0,1\}^k} (-1)^{\sum\limits_{i=1}^{k} \beta_i} F\left(\boldsymbol{\beta}\,\mathbf{a} + (1 - \boldsymbol{\beta})\,\mathbf{b}\right).$$

Hilfssatz 6.46. $\triangle_{\mathbf{a}}^{\mathbf{b}} F = \triangle_{\mathbf{a}}^{\mathbf{b}} G$ $\forall\, \mathbf{a} \le \mathbf{b} \in \mathbb{R}^k \Rightarrow \triangle_{\mathbf{a}}^{\mathbf{b}} F = \triangle_{\mathbf{a}}^{\mathbf{b}} G\, \forall\, \mathbf{a}, \mathbf{b} \in \mathbb{R}^k.$

Beweis. Für jede Funktion H gilt $\triangle_{\substack{i \\ a_i}}^{b_i} H = \mathrm{sgn}(b_i - a_i)\, \triangle_{\substack{i \\ b_i \wedge a_i}}^{b_i \vee a_i} H$. Daraus folgt $\triangle_{\mathbf{a}}^{\mathbf{b}} F = \prod\limits_{i=1}^{k} \mathrm{sgn}(b_i - a_i)\, \triangle_{\mathbf{a} \wedge \mathbf{b}}^{\mathbf{a} \vee \mathbf{b}} F$ und $\triangle_{\mathbf{a}}^{\mathbf{b}} G = \prod\limits_{i=1}^{k} \mathrm{sgn}(b_i - a_i)\, \triangle_{\mathbf{a} \wedge \mathbf{b}}^{\mathbf{a} \vee \mathbf{b}} G$. Da voraussetzungsgemäß gilt $\triangle_{\mathbf{a} \wedge \mathbf{b}}^{\mathbf{a} \vee \mathbf{b}} F = \triangle_{\mathbf{a} \wedge \mathbf{b}}^{\mathbf{a} \vee \mathbf{b}} G$ ist der Hilfssatz damit bewiesen.

Folgerung 6.47. *Sind* $F : \mathbb{R}^k \to \mathbb{R}$ *und* $G : \mathbb{R}^k \to \mathbb{R}$ *zwei Funktionen mit* $\triangle_{\mathbf{a}}^{\mathbf{b}} F = \triangle_{\mathbf{a}}^{\mathbf{b}} G$ $\forall\, \mathbf{a} \le \mathbf{b} \in \mathbb{R}^k$, *so gibt es zu jedem* $i \in \{1, \ldots, k\}$ *eine von* x_i *unabhängige Funktion* $H_i : \mathbb{R}^k \to \mathbb{R}$, *sodass gilt* $F - G = \sum\limits_{i=1}^{k} H_i$.

Beweis. Aus der Voraussetzung, dem obigen Hilfssatz 6.46 und Satz 6.45 folgt, dass für jedes $\mathbf{x} \in \mathbb{R}^k$ gilt

$$0 = \triangle_\mathbf{0}^\mathbf{x}(F - G)$$

$$= F(\mathbf{x}) - G(\mathbf{x}) + \sum_{\boldsymbol{\beta} \in \{0,1\}^k : \, \sum \beta_i \geq 1} (-1)^{\sum \beta_i} (F - G)(\boldsymbol{\beta}\,\mathbf{0} + (1 - \boldsymbol{\beta})\,\mathbf{x})$$

$$= F(\mathbf{x}) - G(\mathbf{x}) + \underbrace{\sum_{\beta_1 = 1, \boldsymbol{\beta}_2^k \in \{0,1\}^{k-1}} (-1)^{\sum \beta_i} (F - G)(\boldsymbol{\beta}\,\mathbf{0} + (1 - \boldsymbol{\beta})\,\mathbf{x})}_{-H_1(\mathbf{x})}$$

$$+ \sum_{i=2}^k \underbrace{\sum_{\boldsymbol{\beta}_1^{i-1} = \mathbf{0}, \beta_i = 1, \boldsymbol{\beta}_{i+1}^k \in \{0,1\}^{k-i}} (-1)^{\sum \beta_i} (F - G)(\boldsymbol{\beta}\,\mathbf{0} + (1 - \boldsymbol{\beta})\,\mathbf{x})}_{-H_i(\mathbf{x})}.$$

Wegen $\boldsymbol{\beta}\,\mathbf{0} + (1 - \boldsymbol{\beta})\,\mathbf{x} = \left(\mathbf{x}_1^{i-1}, 0, (1 - \boldsymbol{\beta}_{i+1}^k)\,\mathbf{x}_{i+1}^k\right)$ ist jeder Summand in $H_i(\mathbf{x})$ unabhängig von x_i.

Hilfssatz 6.48. *Ist μ ein Lebesgue-Stieltjes-Maß auf $(\mathbb{R}^k, \mathfrak{B}_k)$, so gilt*

$$\mu\left((\mathbf{a}, \mathbf{b}]\right) = \triangle_\mathbf{a}^\mathbf{b}\left(\prod_{j=1}^k \mathrm{sgn}(x_j)\,\mu\left((\mathbf{0} \wedge \mathbf{x}, \mathbf{0} \vee \mathbf{x}]\right)\right) \qquad \forall\, \mathbf{a} \leq \mathbf{b}. \qquad (6.34)$$

Beweis. Für jedes $B \in \mathfrak{B}_{k-1}$ wird durch $\mu_B(A) := \mu(A \times B)$, $A \in \mathfrak{B}$ ein Lebesgue-Stieltjes-Maß auf $(\mathbb{R}, \mathfrak{B})$ definiert. Damit gilt wegen (6.6) und (6.7)

$$\mu((a, b] \times B) = \mu_B((a, b]) = \mathrm{sgn}(b)\mu_B((0 \wedge b, 0 \vee b]) - \mathrm{sgn}(a)\mu_B((0 \wedge a, 0 \vee a])$$
$$= \triangle_a^b \, \mathrm{sgn}(x)\,\mu_B((0 \wedge x, 0 \vee x]) = \triangle_a^b \, \mathrm{sgn}(x)\,\mu((0 \wedge x, 0 \vee x] \times B). \qquad (6.35)$$

Ist $\mathbf{a} \leq \mathbf{b}$, so ergibt (6.35) mit $(a_k, b_k]$ und $B := (\mathbf{a}_1^{k-1}, \mathbf{b}_1^{k-1}]$

$$\mu\left((a_k, b_k] \times (\mathbf{a}_1^{k-1}, \mathbf{b}_1^{k-1}]\right) = \triangle_{k\,a_k}^{b_k} \, \mathrm{sgn}(x_k)\,\mu\left((0 \wedge x_k, 0 \vee x_k] \times (\mathbf{a}_1^{k-1}, \mathbf{b}_1^{k-1}]\right).$$

Aus (6.35) mit $(a_{k-1}, b_{k-1}]$ und $B := (0 \wedge x_k, 0 \vee x_k] \times (\mathbf{a}_1^{k-2}, \mathbf{b}_1^{k-2}]$ folgt

$$\mu((\mathbf{a}, \mathbf{b}]) = \triangle_{k\,a_k}^{b_k} \triangle_{k-1\,a_{k-1}}^{b_{k-1}} \prod_{j=k-1}^k \mathrm{sgn}(x_j)\mu\left((0 \wedge \mathbf{x}_{k-1}^k, 0 \vee \mathbf{x}_{k-1}^k] \times (\mathbf{a}_1^{k-2}, \mathbf{b}_1^{k-2}]\right).$$

Unter der Annahme, dass gilt

$$\mu\left((\mathbf{a}, \mathbf{b}]\right) = \triangle_{k\,a_k}^{b_k} \cdots \triangle_{i+1\,a_{i+1}}^{b_{i+1}} \prod_{j=i+1}^k \mathrm{sgn}(x_j)\,\mu\left((\mathbf{0} \wedge \mathbf{x}_{i+1}^k, \mathbf{0} \vee \mathbf{x}_{i+1}^k] \times (\mathbf{a}_1^i, \mathbf{b}_1^i]\right),$$

liefert (6.35) angewandt auf $(a_i, b_i]$ und $B := (\mathbf{0} \wedge \mathbf{x}_{i+1}^k, \mathbf{0} \vee \mathbf{x}_{i+1}^k] \times (\mathbf{a}_1^{i-1}, \mathbf{b}_1^{i-1}]$

$$\mu\left((\mathbf{a}, \mathbf{b}]\right) = \triangle_{k\,a_k}^{b_k} \cdots \triangle_{i\,a_i}^{b_i} \prod_{j=i}^k \mathrm{sgn}(x_j)\,\mu\left((\mathbf{0} \wedge \mathbf{x}_i^k, \mathbf{0} \vee \mathbf{x}_i^k] \times (\mathbf{a}_1^{i-1}, \mathbf{b}_1^{i-1}]\right),$$

und Induktion von k nach 1 führt schließlich zu

$$\mu((\mathbf{a}, \mathbf{b}]) = \triangle_{\mathbf{a}}^{\mathbf{b}} \left(\prod_{j=1}^{k} \operatorname{sgn}(x_j)\, \mu((\mathbf{0} \wedge \mathbf{x}, \mathbf{0} \vee \mathbf{x}]) \right) .$$

Definition 6.49. *Eine Funktion* $F : \mathbb{R}^k \to \mathbb{R}$ *heißt rechtsstetig im Punkt* $\mathbf{x}$, *wenn zu jedem* $\varepsilon > 0$ *ein* $\delta > 0$ *existiert, sodass für alle* $\mathbf{y} \geq \mathbf{x}$ *gilt*

$$\|\mathbf{y} - \mathbf{x}\| < \delta \;\Rightarrow\; |F(\mathbf{y}) - F(\mathbf{x})| < \varepsilon .$$

Die Funktion heißt rechtsstetig, wenn sie rechtsstetig für alle $\mathbf{x} \in \mathbb{R}^k$ *ist.*

Beispiel 6.50. $f(x, y) := \frac{x}{y}\, \mathbb{1}_{\{0 < x < y\}}(x, y) + \frac{y}{x}\, \mathbb{1}_{\{0 < y \leq x\}}(x, y)$ *ist in* $(0, 0)$ *rechtsstetig in* x *und in* y, *denn* $\lim\limits_{h \searrow 0} f(h, 0) = \lim\limits_{h \searrow 0} f(0, h) = 0$. *Da aber gilt* $\lim\limits_{h \searrow 0} f(h, h) = 1 \neq 0 = f(0, 0)$, *ist sie dort nicht rechtsstetig.*

Definition 6.51. *Eine Funktion* $F : \mathbb{R}^k \to \mathbb{R}$ *heißt (k-dimensionale) Verteilungsfunktion, wenn* F *rechtsstetig ist und wenn gilt* $\triangle_{\mathbf{a}}^{\mathbf{b}} F \geq 0 \quad \forall\, \mathbf{a} \leq \mathbf{b}$.

Mit der obigen Definition kann man folgenden Satz formulieren.

Satz 6.52. *Ist* μ *ein Lebesgue-Stieltjes-Maß auf* $(\mathbb{R}^k, \mathfrak{B}_k)$, *so gibt es eine zu* μ *gehörige Verteilungsfunktion* $F : \mathbb{R}^k \to \mathbb{R}$, *sodass für alle* $(\mathbf{a}, \mathbf{b}]$, $\mathbf{a} \leq \mathbf{b}$ *gilt*

$$\mu((\mathbf{a}, \mathbf{b}]) = \triangle_{\mathbf{a}}^{\mathbf{b}} F = \sum_{\beta \in \{0,1\}^k} (-1)^{\sum\limits_{i=1}^{k} \beta_i} F(\boldsymbol{\beta} \mathbf{a} + (1 - \boldsymbol{\beta}) \mathbf{b}) . \tag{6.36}$$

Sind F *und* G *zwei derartige Verteilungsfunktionen, so existiert zu jedem Index* $i \in \{1, \dots, k\}$ *eine von der Koordinate* x_i *unabhängige Funktion* H_i, *sodass gilt*

$$F - G = \sum_{i=1}^{k} H_i .$$

Beweis. Wegen (6.33) und (6.34) erfüllt $F(\mathbf{x}) := \prod\limits_{j=1}^{k} \operatorname{sgn}(x_j)\, \mu((\mathbf{0} \wedge \mathbf{x}, \mathbf{0} \vee \mathbf{x}])$ die Gleichung (6.36), und es bleibt noch die Rechtsstetigkeit von F zu zeigen. Aus $\mathbf{y}_n \searrow \mathbf{x}$ folgt $\lim\limits_{n} (\mathbf{0} \wedge \mathbf{y}_n, \mathbf{0} \vee \mathbf{y}_n] = (\mathbf{0} \wedge \mathbf{x}, \mathbf{0} \vee \mathbf{x}]$, und Satz 3.26 impliziert

$$\lim_{n} \mu((\mathbf{0} \wedge \mathbf{y}_n, \mathbf{0} \vee \mathbf{y}_n]) = \mu((\mathbf{0} \wedge \mathbf{x}, \mathbf{0} \vee \mathbf{x}]) . \tag{6.37}$$

Gilt $x_i = 0$ für eine Koordinate von $\mathbf{x}$, so ist $(\mathbf{0} \wedge \mathbf{x}, \mathbf{0} \vee \mathbf{x}] = \emptyset$. Aus (6.37) und der Definition von F folgt dann $\lim\limits_{n} F(\mathbf{y}_n) = 0 = F(\mathbf{x})$.

Gilt $x_i \neq 0 \quad \forall\, i = 1, \dots, k$, so folgt aus der Stetigkeit der Vorzeichenfunktion in allen Punkten $\mathbf{x}$ mit $\prod\limits_{j=1}^{k} x_j \neq 0$, aus (6.37) und aus der Definition von F ebenfalls $\lim\limits_{n} F(\mathbf{y}_n) = F(\mathbf{x})$. Somit ist F rechtsstetig.

Die letzte Aussage des Satzes ergibt sich unmittelbar aus Folgerung 6.47.

Bemerkung 6.53. *Man beachte, dass nicht jede Funktion G, für die (6.36) gilt, eine Verteilungsfunktion von μ im Sinne von Definition 6.51 sein muss, da (6.36) auch dann richtig bleibt, wenn man zu F Funktionen H_i addiert, die nicht rechtsstetig sind.*

Bevor wir zeigen, dass Verteilungsfunktionen auf $\mathbb{R}^k$ Lebesgue-Stieltjes-Maße festlegen, beweisen wir noch ein paar Lemmata.

Lemma 6.54. *Sind $A_1, \ldots, A_k$; $B_1, \ldots, B_k$ beliebige, nichtleere Mengen mit*
$$\prod_{i=1}^{k} A_i \cap \prod_{i=1}^{k} B_i = \emptyset \quad und \quad \prod_{i=1}^{k} A_i \cup \prod_{i=1}^{k} B_i = \prod_{i=1}^{k} C_i, \quad so\ existiert\ ein\ Index\ g\ mit$$
$A_g \cap B_g = \emptyset$ *und für alle Indices $j \neq g$ gilt $A_j = B_j$.*

Beweis. Gäbe es in jedem Durchschnitt $A_i \cap B_i$, $i = 1, \ldots, k$ wenigstens einen Punkt x_i, so läge $\mathbf{x} := (x_1, \ldots, x_k)$ in $\prod_{i=1}^{k} A_i \cap \prod_{i=1}^{k} B_i = \emptyset$. Das ergibt einen Widerspruch, somit existiert ein Index g mit $A_g \cap B_g = \emptyset$.

Wegen $\prod_{i=1}^{k} A_i \cup \prod_{i=1}^{k} B_i = \prod_{i=1}^{k} C_i$ gilt $A_i \subseteq C_i \wedge B_i \subseteq C_i \ \forall i$. Daraus folgt

$(B_j \setminus A_j) \times \prod_{i \neq j} A_i \subseteq \prod_{i=1}^{k} C_i = \prod_{i=1}^{k} A_i \cup \prod_{i=1}^{k} B_i$. Aber wegen $A_j \cap (B_j \setminus A_j) = \emptyset$

gilt $\left((B_j \setminus A_j) \times \prod_{i \neq j} A_i \right) \cap \prod_{i=1}^{k} A_i = \emptyset$. Ist $j \neq g$, so folgt aus $A_g \cap B_g = \emptyset$

auch $\left((B_j \setminus A_j) \times \prod_{i \neq j} A_i \right) \cap \prod_{i=1}^{k} B_i = \emptyset$. Also gilt $\left((B_j \setminus A_j) \times \prod_{i \neq j} A_i \right) = \emptyset$.

Daraus folgt $B_j \setminus A_j = \emptyset$ für $j \neq g$, da alle A_i nichtleer sind.
Analog beweist man $A_j \setminus B_j = \emptyset \ \forall j \neq g$. Somit gilt $A_j = B_j \ \forall j \neq g$.

Lemma 6.55. *Ist $F : \mathbb{R}^k \to \mathbb{R}$ auf ganz $\mathbb{R}^k$ rechtsstetig, so gibt es für alle $\mathbf{a}, \mathbf{b} \in \mathbb{R}^k$ und zu jedem $\varepsilon > 0$ Werte $\delta, \hat{\delta} > 0$, sodass*

$$\left| \triangle_{\mathbf{a}}^{\mathbf{b}} F - \triangle_{\mathbf{a}+\delta}^{\mathbf{b}} F \right| < \varepsilon \quad \wedge \quad \left| \triangle_{\mathbf{a}}^{\mathbf{b}} F - \triangle_{\mathbf{a}}^{\mathbf{b}+\hat{\delta}} F \right| < \varepsilon. \tag{6.38}$$

Beweis. Weil F rechtsstetig ist, gibt es zu jedem $\beta \in \{0,1\}^k$ und $\varepsilon > 0$ ein $\delta(\beta) > 0$, sodass $| F(\beta \mathbf{a} + (1-\beta)\mathbf{b}) - F(\beta(\mathbf{a} + \delta(\beta)) + (1-\beta)\mathbf{b}) | < \frac{\varepsilon}{2^k}$. Mit $\delta := \min\{\delta(\beta) : \beta \in \{0,1\}^k\}$ ergibt sich daraus unter Berücksichtigung von Satz 6.45 und der Dreiecksungleichung die linke Ungleichung in (6.38). Die rechte Ungleichung beweist man völlig analog.

Satz 6.56. *Ist F eine Verteilungsfunktion auf $\mathbb{R}^k$, so wird durch*

$$\mu((\mathbf{a}, \mathbf{b}]) := \triangle_{\mathbf{a}}^{\mathbf{b}} F \quad \forall \mathbf{a} \leq \mathbf{b}$$

ein Lebesgue-Stieltjes-Maß auf $(\mathbb{R}^k, \mathfrak{B}_k)$ definiert.

Beweis. Klarerweise gilt $\mu(\emptyset) = \mu((\mathbf{a}, \mathbf{a}]) = \triangle_{\mathbf{a}}^{\mathbf{a}} F = 0$.

Sind $(\mathbf{a}, \mathbf{b}], (\mathbf{c}, \mathbf{d}]$ zwei disjunkte Zellen, deren Vereinigung wieder eine Zelle ist, dann kann nach Lemma 6.54 o.B.d.A. angenommen werden, dass gilt $a_1 \leq b_1 = c_1 \leq d_1 \wedge \mathbf{a}_2^k = \mathbf{c}_2^k \wedge \mathbf{b}_2^k = \mathbf{d}_2^k$. Die Vereinigung ergibt sich daher zu $(\mathbf{a}, \mathbf{b}] \cup (\mathbf{c}, \mathbf{d}] = (a_1, d_1] \times (\mathbf{a}_2^k, \mathbf{b}_2^k]$, und es gilt

$$\mu((\mathbf{a}, \mathbf{b}] \cup (\mathbf{c}, \mathbf{d}]) = \triangle_{\mathbf{a}_2^k}^{\mathbf{b}_2^k} \triangle_{a_1}^{d_1} F = \triangle_{\mathbf{a}_2^k}^{\mathbf{b}_2^k} [F((d_1, \mathbf{x}_2^k)) - F((a_1, \mathbf{x}_2^k))]$$

$$= \triangle_{\mathbf{a}_2^k}^{\mathbf{b}_2^k} [F((d_1, \mathbf{x}_2^k)) - F((c_1, \mathbf{x}_2^k))] + \triangle_{\mathbf{a}_2^k}^{\mathbf{b}_2^k} [F((b_1, \mathbf{x}_2^k)) - F((a_1, \mathbf{x}_2^k))]$$

$$= \triangle_{\mathbf{a}_2^k}^{\mathbf{b}_2^k} \triangle_{c_1}^{d_1} F + \triangle_{\mathbf{a}_2^k}^{\mathbf{b}_2^k} \triangle_{a_1}^{b_1} F = \mu((\mathbf{c}, \mathbf{d}]) + \mu((\mathbf{a}, \mathbf{b}]). \tag{6.39}$$

Gemäß Satz 3.4 ist damit die Additivität von μ auf $\mathfrak{J}_k$ bewiesen.

Sind nun $(\mathbf{a}_n, \mathbf{b}_n]$, $n \in \mathbb{N}$ disjunkte Zellen mit $(\mathbf{a}, \mathbf{b}] = \bigcup_n (\mathbf{a}_n, \mathbf{b}_n]$, so gibt es nach Lemma 6.55 zu jedem $\varepsilon > 0$ und $n \in \mathbb{N}$ ein $\delta_n > 0$ mit

$$\mu((\mathbf{a}_n, \mathbf{b}_n]) \leq \mu((\mathbf{a}_n, \mathbf{b}_n + \delta_n)) \leq \mu((\mathbf{a}_n, \mathbf{b}_n + \delta_n]) \leq \mu((\mathbf{a}_n, \mathbf{b}_n]) + \frac{\varepsilon}{2^n}. \tag{6.40}$$

Außerdem gibt es dann auch ein $\delta > 0$, sodass

$$\mu((\mathbf{a}, \mathbf{b}]) \geq \mu([\mathbf{a} + \delta, \mathbf{b}]) \geq \mu((\mathbf{a} + \delta, \mathbf{b}]) \geq \mu((\mathbf{a}, \mathbf{b}]) - \varepsilon. \tag{6.41}$$

Nun gilt $[\mathbf{a} + \delta, \mathbf{b}] \subseteq \bigcup_n (\mathbf{a}_n, \mathbf{b}_n + \delta_n)$ und wegen des Satzes von Heine-Borel (Satz A.32) gibt es ein $N \in \mathbb{N}$, sodass

$$(\mathbf{a} + \delta, \mathbf{b}] \subseteq [\mathbf{a} + \delta, \mathbf{b}] \subseteq \bigcup_{n=1}^{N} (\mathbf{a}_n, \mathbf{b}_n + \delta_n) \subseteq \bigcup_{n=1}^{N} (\mathbf{a}_n, \mathbf{b}_n + \delta_n].$$

Daraus folgt unter Berücksichtigung von (6.40) und (6.41)

$$\mu((\mathbf{a}, \mathbf{b}]) - \varepsilon \leq \mu([\mathbf{a} + \delta, \mathbf{b}]) \leq \sum_{n=1}^{N} \mu((\mathbf{a}_n, \mathbf{b}_n + \delta_n]) \leq \sum_{n \in \mathbb{N}} \mu((\mathbf{a}_n, \mathbf{b}_n]) + \varepsilon.$$

Deshalb gilt $\mu((\mathbf{a}, \mathbf{b}]) \leq \sum_{n \in \mathbb{N}} \mu((\mathbf{a}_n, \mathbf{b}_n])$. Damit ist die σ-Additivität von μ gezeigt, da nach Lemma 3.19 auch $\mu((\mathbf{a}, \mathbf{b}]) \geq \sum_{n \in \mathbb{N}} \mu((\mathbf{a}_n, \mathbf{b}_n])$ gilt.

Bemerkung 6.57.

1. Sind F_i, $i = 1, \ldots, k$ Verteilungsfunktionen auf $\mathbb{R}$, so ist ihr Produkt
$$F(\mathbf{x}) := \prod_{i=1}^{k} F_i(x_i), \quad \mathbf{x} \in \mathbb{R}^k \text{ eine Verteilungsfunktionen auf } \mathbb{R}^k, \text{ denn kla-}$$
rerweise ist F rechtsstetig, und es gilt

$$\triangle_{\mathbf{a}}^{\mathbf{b}} F = \prod_{i=1}^{k} (F_i(b_i) - F_i(a_i)) \geq 0 \quad \forall\, \mathbf{a} \leq \mathbf{b}.$$

2. $F(x_1, x_2) = x_1 x_2$ *erzeugt das 2-dimensionale Lebesgue-Maß* λ_2 *auf* $(\mathbb{R}^2, \mathfrak{B}_2)$.
   Man beachte, dass F *für* $x_2 < 0$ *in* x_1 *monoton fällt und umgekehrt.*
3. *Das Lebesgue-Maß* λ_2 *auf* $([0,1]^2, \mathfrak{B}_2 \cap [0,1]^2)$ *kann man erzeugen durch*

$$F(x_1, x_2) = \begin{cases} 0, & x_1 < 0 \vee x_2 < 0 \\ x_1 x_2, & 0 \le x_i \le 1 \\ x_1, & 0 \le x_1 \le 1, x_2 > 1 \\ x_2, & x_1 > 1, 0 \le x_2 \le 1 \\ 1, & x_1 > 1, x_2 > 1. \end{cases}$$

Aber gemäß Folgerung 6.44 ist auch $G(x_1, x_2) = F(x_1, x_2) - x_1 - x_2$ *eine Verteilungsfunktion von* λ_2 *und* G *ist auf* $[0,1]^2$ *in jeder Variablen monoton fallend. Dementsprechend müssen mehrdimensionale Verteilungsfunktionen in keiner Koordinate monoton wachsend sein.*

6.7 Wahrscheinlichkeitsverteilungen auf $(\mathbb{R}^k, \mathfrak{B}_k)$

Der Zusammenhang zwischen k-dimensionalen Wahrscheinlichkeitsmaßen und ihren Verteilungsfunktionen wird im untenstehenden Satz beschrieben.

Satz 6.58. *Ist* P *eine Wahrscheinlichkeitsverteilung auf* $(\mathbb{R}^k, \mathfrak{B}_k)$, *so ist die Funktion* $F_P(\mathbf{x}) := P((-\infty, \mathbf{x}])$ *eine Verteilungsfunktion von* P, *für die gilt*

1. $\lim\limits_{\min\limits_i x_i \to -\infty} F_P(x_1, \ldots, x_k) = 0$,

2. $\lim\limits_{\min\limits_i x_i \to \infty} F_P(x_1, \ldots, x_k) = 1$,

3. F_P *ist monoton wachsend, d.h.* $\mathbf{x} \le \mathbf{y} \;\Rightarrow\; F(\mathbf{x}) \le F(\mathbf{y})$.

F_P ist die einzige Verteilungsfunktion von P *mit Eigenschaft 1.*
Ist umgekehrt F *eine Verteilungsfunktion mit den Eigenschaften 1. und 2., so definiert* $P((-\infty, \mathbf{x}]) := F(\mathbf{x})$ *ein Wahrscheinlichkeitsmaß auf* $(\mathbb{R}^k, \mathfrak{B}_k)$.

Beweis. Die Punkte 1. und 2. ergeben sich unmittelbar aus den Sätzen 3.21 und 3.20 (Stetigkeit von oben bzw. von unten), da aus $\min\limits_i x_i \to -\infty$ folgt $\lim(-\infty, \mathbf{x}] = \emptyset$, und $\min\limits_i x_i \to \infty$ andererseits $\lim(-\infty, \mathbf{x}] = \mathbb{R}^k$ impliziert.
Punkt 3. ist auf die Monotonie von P zurückzuführen, und die Rechtsstetigkeit von F_P folgt aus Satz 3.21, da gilt $\mathbf{y}_n \searrow \mathbf{x} \;\Rightarrow\; (-\infty, \mathbf{y}_n] \searrow (-\infty, \mathbf{x}]$.

$\tilde{F}(\mathbf{x}) := \prod\limits_{i=1}^{k} \operatorname{sgn}(x_i)\, P(\,(\mathbf{0} \wedge \mathbf{x}, \mathbf{0} \vee \mathbf{x}]\,)$ ist bekanntlich eine Verteilungsfunktion von P, und aus (6.34) zusammen mit (6.33) folgt

$$F_P(\mathbf{x}) = \lim_{n \to \infty} P((-\mathbf{n}, \mathbf{x}]) = \lim_{n \to \infty} \triangle_{-\mathbf{n}}^{\mathbf{x}} \tilde{F}$$

$$= \tilde{F}(\mathbf{x}) + \lim_{n \to \infty} \underbrace{\sum_{\boldsymbol{\beta} \in \{0,1\}^k : \sum \beta_i \ge 1} (-1)^{\sum \beta_i} \tilde{F}(-\boldsymbol{\beta}\,\mathbf{n} + (1 - \boldsymbol{\beta})\,\mathbf{x})}_{S} \quad (6.42)$$

Wegen $\sum\limits_i \beta_i \geq 1$ ist kein Summand in S von allen Koordinaten x_i abhängig und daher liefert Folgerung 6.44 $\quad \triangle_\mathbf{a}^\mathbf{b} F_P = \triangle_\mathbf{a}^\mathbf{b} \widetilde{F} \geq 0 \quad \forall\, \mathbf{a} \leq \mathbf{b}$. Somit ist F eine Verteilungsfunktion von P.

Ist F umgekehrt eine Verteilungsfunktion von P, so gilt für alle $\mathbf{x} \in \mathbb{R}^k$

$$P((-\infty, \mathbf{x}]) = \lim_{n\to\infty} P((-\mathbf{n}, \mathbf{x}]) = \lim_{n\to\infty} \triangle_{-\mathbf{n}}^\mathbf{x} F$$

$$= F(\mathbf{x}) + \lim_{n\to\infty} \underbrace{\sum_{\beta \in \{0,1\}^k:\, \sum \beta_i \geq 1} (-1)^{\sum \beta_i} F(-\beta\,\mathbf{n} + (1-\beta)\,\mathbf{x})}_{S}\,. \quad (6.43)$$

Erfüllt F Bedingung 1., so konvergieren sämtliche Summanden in S gegen 0, da mindestens eine Koordinate gegen $-\infty$ strebt. Daher folgt aus (6.43) $F(\mathbf{x}) = P((-\infty, \mathbf{x}]) \quad \forall\, \mathbf{x} \in \mathbb{R}^k$, und damit ist dieses F die einzige Verteilungsfunktion von P, die Bedingung 1. erfüllt.

Ist F eine beliebige Verteilungsfunktion, so gibt es bekanntlich ein zu F gehöriges Lebesgue-Stieltjes-Maß P. Wenn nun F der Bedingung 1. genügt, so gilt, wie wir oben gesehen haben, $F(\mathbf{x}) = P((-\infty, \mathbf{x}]) \quad \forall\, \mathbf{x} \in \mathbb{R}^k$. Daraus folgt $P(\mathbb{R}^k) = \lim\limits_{n\to\infty} P((-\infty, \mathbf{n}]) = \lim\limits_{n\to\infty} F(\mathbf{n})$, d.h. P ist ein Wahrscheinlichkeitsmaß, wenn F auch noch Bedingung 2. erfüllt.

Lemma 6.59. *Eine monoton steigende Funktion $F : \mathbb{R}^k \to \mathbb{R}$ ist genau dann rechtsstetig, wenn F in jeder Variablen rechtsstetig ist.*

Beweis. Rechtsstetige Funktionen sind auch in jeder Variablen rechtsstetig.

Ist andererseits F in jeder Variablen rechtsstetig und $\mathbf{a} \in \mathbb{R}^k$, so gibt es wegen der Rechtsstetigkeit von F in x_1 zu $\varepsilon > 0$ ein $\tilde\delta_1 > 0$, sodass

$$\left| F(\mathbf{a}) - F((a_1 + \tilde\delta_1, \mathbf{a}_2^k)) \right| < \frac{\varepsilon}{k}\,.$$

Da F auch in x_2 rechtsstetig ist, gibt es auch ein $\tilde\delta_2 > 0$, sodass

$$\left| F((a_1 + \tilde\delta_1, \mathbf{a}_2^k)) - F((a_1 + \tilde\delta_1, a_2 + \tilde\delta_2, \mathbf{a}_3^k)) \right| < \frac{\varepsilon}{k}\,.$$

Setzt man dieses Verfahren fort, erhält man schließlich ein $\tilde\delta_k > 0$, sodass

$$\left| F((\mathbf{a}_1^{k-1} + \tilde{\boldsymbol{\delta}}_1^{k-1}, a_k)) - F((\mathbf{a}_1^k + \tilde{\boldsymbol{\delta}}_1^k)) \right| < \frac{\varepsilon}{k}\,.$$

Aus der Dreiecksungleichung zusammen mit den obigen Ungleichungen folgt

$$\left| F((\mathbf{a} + \tilde{\boldsymbol{\delta}}_1^k)) - F(\mathbf{a}) \right| \leq \sum_{i=1}^k \left| F((\mathbf{a}_1^i + \tilde{\boldsymbol{\delta}}_1^i, \mathbf{a}_{i+1}^k)) - F((\mathbf{a}_1^{i-1} + \tilde{\boldsymbol{\delta}}_1^{i-1}, \mathbf{a}_i^k)) \right| < \varepsilon\,.$$

Auf Grund der Monotonie von F gilt damit auch

$$|F((\mathbf{a} + \mathbf{y})) - F(\mathbf{a})| < \varepsilon \quad \forall\, \mathbf{y} \text{ mit } 0 \leq y_i \leq \delta := \min_{1 \leq j \leq k} \tilde\delta_j \quad \forall\, i = 1, \ldots, k\,.$$

Lemma 6.60. *Eine Funktion* $F : \mathbb{R}^k \to \mathbb{R}$, *für die gilt*

1. $\mathbf{a} \leq \mathbf{b} \Rightarrow \triangle_{\mathbf{a}}^{\mathbf{b}} F \geq 0$,
2. *F ist in jeder Variablen rechtsstetig,*
3. $\lim\limits_{\min\limits_i x_i \to -\infty} F(x_1, \dots, x_k) = 0$,

ist eine Verteilungsfunktion auf $\mathbb{R}^k$.

Beweis. Aus (6.33) und Punkt 3. folgt für alle $\mathbf{x} \in \mathbb{R}^k$

$$\lim_{n \to \infty} \triangle_{-\mathbf{n}}^{\mathbf{x}} F$$

$$= F(\mathbf{x}) + \lim_{n \to \infty} \underbrace{\sum_{\boldsymbol{\beta} \in \{0,1\}^k : \sum \beta_i \geq 1} (-1)^{\sum \beta_i} F(-\boldsymbol{\beta} \mathbf{n} + (1 - \boldsymbol{\beta}) \mathbf{x})}_{S} = F(\mathbf{x}), (6.44)$$

da in jedem Summanden von S mindestens eine Koordinate gegen $-\infty$ strebt.

Durch $\mu((\mathbf{a}, \mathbf{b}]) := \triangle_{\mathbf{a}}^{\mathbf{b}} F \quad \forall \, \mathbf{a} \leq \mathbf{b}$ wird, wie in Satz 6.56 gezeigt, ein Inhalt auf $\mathfrak{J}_k$ definiert. Da μ gemäß Lemma 3.13, monoton ist, folgt aus $\mathbf{x} \leq \mathbf{y}$ auch $\triangle_{-\mathbf{n}}^{\mathbf{x}} F = \mu((-\mathbf{n}, \mathbf{x}]) \leq \mu((-\mathbf{n}, \mathbf{y}]) = \triangle_{-\mathbf{n}}^{\mathbf{y}} F \quad \forall \, n \in \mathbb{N}$ mit $-\mathbf{n} \leq \mathbf{x}$. Daraus folgt unter Berücksichtigung von (6.44) weiters

$$F(\mathbf{x}) = \lim_{n \to \infty} \triangle_{-\mathbf{n}}^{\mathbf{x}} F \leq \lim_{n \to \infty} \triangle_{-\mathbf{n}}^{\mathbf{y}} F = F(\mathbf{y}) \quad \forall \, \mathbf{x} \leq \mathbf{y}. \tag{6.45}$$

Demnach ist F monoton, und, da es auch Bedingung 2. erfüllt, ist es nach Lemma 6.59 rechtsstetig. Somit ist F eine Verteilungsfunktion.

Wegen des obigen Lemmas definiert man in der Wahrscheinlichkeitstheorie Verteilungsfunktionen meistens folgendermaßen.

Definition 6.61. *Eine Funktion $F : \mathbb{R}^k \to \mathbb{R}$ wird als Verteilungsfunktion im engeren Sinn (i.e.S.) oder als wahrscheinlichkeitstheoretische Verteilungsfunktion bezeichnet, wenn gilt*

1. $\mathbf{a} \leq \mathbf{b} \Rightarrow \triangle_{\mathbf{a}}^{\mathbf{b}} F \geq 0$,
2. *F ist in jeder Variablen rechtsstetig,*
3. $\lim\limits_{\min\limits_i x_i \to -\infty} F(x_1, \dots, x_k) = 0$,
4. $\lim\limits_{\min\limits_i x_i \to \infty} F(x_1, \dots, x_k) = 1$.

Bemerkung 6.62.

1. *Nach Satz 6.58 besteht eine bijektive Beziehung zwischen den Verteilungs-funktionen i.e.S. auf $\mathbb{R}^k$ und den Wahrscheinlichkeitsmaßen auf $(\mathbb{R}^k, \mathfrak{B}_k)$.*
2. *Man kann $\triangle_{\mathbf{a}}^{\mathbf{b}} F \geq 0$, $\mathbf{a} \leq \mathbf{b}$ für $F_P(\mathbf{x}) := P((-\infty, \mathbf{x}])$ auch mit dem verallgemeinerten Additionstheorem beweisen, denn mit $B := (-\infty, \mathbf{b}]$ und*

$$A_i := (-\infty, a_i] \times \prod_{j \neq i} (-\infty, b_j] \text{ gilt } (\mathbf{a}, \mathbf{b}] = B \setminus \bigcup_{i=1}^{k} A_i. \text{ Daraus folgt}$$

$$0 \le P((\mathbf{a}, \mathbf{b}]) = P(B) - \sum_{j=1}^{k}(-1)^{j-1} \sum_{1 \le i_1 < \ldots < i_j \le k} P\left(\bigcap_{h=1}^{j} A_{i_h}\right). \quad (6.46)$$

Wegen $P(B) = F(\mathbf{b})$ *und* $P\left(\bigcap_{h=1}^{j} A_{i_h}\right) = F(\boldsymbol{\beta}\,\mathbf{a} + (1-\boldsymbol{\beta})\,\mathbf{b})$ *mit den*

$\boldsymbol{\beta}$-*Koordinaten* $\beta_g := \mathbb{1}_{\{i_1,\ldots,i_j\}}(g)$ *steht rechts in (6.46) gerade* $\triangle_{\mathbf{a}}^{\mathbf{b}} F$.

Satz 6.63. *Sind* P_i, $1 \le i \le k$ *Wahrscheinlichkeitsverteilungen auf* $(\mathbb{R}, \mathfrak{B})$, *mit den Verteilungsfunktionen* F_i, *so wird durch* $F(\mathbf{x}) := \prod_{i=1}^{k} F_i(x_i)$ *eine Verteilungsfunktion i.e.S. auf* $\mathbb{R}^k$ *definiert. Die zugehörige Wahrscheinlichkeitsverteilung* $\bigotimes_{i=1}^{k} P_i$ *auf* $(\mathbb{R}^k, \mathfrak{B}_k)$ *heißt Produktverteilung der* P_i. *Für sie gilt*

$$\bigotimes_{i=1}^{k} P_i \left(\prod_{i=1}^{k} B_i\right) = \prod_{i=1}^{k} P_i(B_i) \quad \forall\, B_1, \ldots, B_k \in \mathfrak{B}.$$

Auf $(\mathbb{R}^k, \mathfrak{B}_k, \bigotimes_{i=1}^{k} P_i)$ *sind die Sigmaalgebren* $\mathfrak{B}_{(i)} := \left\{ B \times \prod_{j \ne i} \mathbb{R} : B \in \mathfrak{B} \right\}$ *unabhängig voneinander.*

Beweis. $F(\mathbf{x}) := \prod_{i=1}^{k} F_i(x_i)$ ist natürlich eine Verteilungsfunktion i.e.S. auf $\mathbb{R}^k$.

Für die zugehörige Wahrscheinlichkeitsverteilung $P := \bigotimes_{i=1}^{k} P_i$ gilt

$$P\left((a_i, b_i] \times \prod_{j \ne i} \mathbb{R}\right) = (F_i(b_i) - F_i(a_i)) = P_i((a_i, b_i]), \ i = 1, \ldots, k. \quad (6.47)$$

$\mathfrak{J}_{(i)} := \left\{ (a_i, b_i] \times \prod_{j \ne i} \mathbb{R} : a_i \le b_i \right\}$ ist ein Semiring auf $\mathbb{R}^k$, der die σ-Algebra

$\mathfrak{B}_{(i)} := \left\{ B \times \prod_{j \ne i} \mathbb{R} : B \in \mathfrak{B} \right\}$ erzeugt, welche nach Satz 2.76 mit dem von

$\mathfrak{J}_{(i)}$ erzeugten Dynkin-System $\mathfrak{D}(\mathfrak{J}_{(i)})$ übereinstimmt.

$\mathfrak{D}_i := \left\{ B \times \prod_{j \ne i} \mathbb{R} : P\left(B \times \prod_{j \ne i} \mathbb{R}\right) = P_i(B) \right\}$ ist ein Dynkin-System, denn

es gilt $\mathbb{R}^k \in \mathfrak{D}_i$, aus $C = B \times \prod_{j \ne i} \mathbb{R} \in \mathfrak{D}_i$ folgt $C^c = B^c \times \prod_{j \ne i} \mathbb{R} \in \mathfrak{D}_i$ und sind

$C_n = B_n \times \prod_{j \neq i} \mathbb{R}$ disjunkte Mengen aus $\mathfrak{D}_i$, so liegt auch ihre Vereinigung

$$\bigcup_n C_n = \left(\bigcup_n B_n \right) \times \prod_{j \neq i} \mathbb{R} \text{ in } \mathfrak{D}_i . \; \mathfrak{D}_i \text{ enthält wegen (6.47) } \mathfrak{J}_{(i)}, \text{ und daher gilt}$$

$\mathfrak{B}_{(i)} \subseteq \mathfrak{D}_i$. Das impliziert $P\left(B \times \prod_{j \neq i} \mathbb{R} \right) = P_i(B) \quad \forall\, B \in \mathfrak{B}, \; i = 1, \dots, k$.

Die $\mathfrak{J}_{(i)}$ sind unabhängige Mengensysteme auf $(\mathbb{R}^k, \mathfrak{B}_k, P)$, denn es gilt

$$P\left(\bigcap_{j=1}^{h} \left((a_{i_j}, b_{i_j}] \times \mathbb{R}^{k-1} \right) \right) = P\left(\prod_{j=1}^{h} (a_{i_j}, b_{i_j}] \times \mathbb{R}^{k-h} \right)$$

$$= \prod_{j=1}^{h} \left(F_{i_j}(b_{i_j}) - F_{i_j}(a_{i_j}) \right) = \prod_{j=1}^{h} P_{i_j}((a_{i_j}, b_{i_j}]) = \prod_{j=1}^{h} P\left((a_{i_j}, b_{i_j}] \times \mathbb{R}^{k-1} \right).$$

Nach Satz 5.8 sind damit auch die $\mathfrak{B}_{(i)}$, $i = 1, \dots, k$ unabhängig, also gilt

$$P\left(\prod_{i=1}^{k} B_i \right) = P\left(\bigcap_{i=1}^{k} (B_i \times \mathbb{R}^{k-1}) \right) = \prod_{i=1}^{k} P(B_i \times \mathbb{R}^{k-1}) = \prod_{i=1}^{k} P_i(B_i).$$

Bemerkung 6.64. *Auf $(\mathbb{R}^k, \mathfrak{B}_k, \bigotimes_{i=1}^{k} P_i)$ hat wegen der Unabhängigkeit der $\mathfrak{B}_{(i)}$ keine Komponente des Versuchsausgangs Einfluss auf die anderen Komponenten.*

Bemerkung 6.65. *Wie im eindimensionalen Fall, sind auch auf $(\mathbb{R}^k, \mathfrak{B}_k)$ Verteilungen sehr wichtig, die eine stetige Dichte besitzen, für die also eine stetige Funktion $f : \mathbb{R}^k \to [0, \infty)$ existiert, sodass*

$$\int_{-\infty}^{\infty} \dots \int_{-\infty}^{\infty} f(t_1, \dots, t_k)\, dt_1 \dots dt_k = 1.$$

$F(x_1, \dots, x_k) := \int_{-\infty}^{x_k} \dots \int_{-\infty}^{x_1} f(t_1, \dots, t_k)\, dt_1 \dots dt_k$ *ist, wie aus der Analysis bekannt, stetig und erfüllt die Punkte 1. und 2. von Satz 6.58. Zudem folgt aus*

$$\triangle_i^{\,b_i}{}_{a_i} F = \int_{-\infty}^{x_k} \dots \int_{-\infty}^{x_{i+1}} \int_{a_i}^{b_i} \int_{-\infty}^{x_{i-1}} \dots \int_{-\infty}^{x_1} f(t_1, \dots, t_i, \dots, t_k)\, dt_1 \dots dt_i \dots dt_k$$

für alle $i = 1, \dots, k$ auch $\triangle_{\mathbf{a}}^{\mathbf{b}} F = \int_{a_k}^{b_k} \dots \int_{a_1}^{b_1} f(t_1, \dots, t_k)\, dt_1 \dots dt_k \geq 0$, $\mathbf{a} \leq \mathbf{b}$.

Somit ist F tatsächlich eine Verteilungsfunktion i.e.S.

6.8 Das k-dimensionale Lebesgue-Maß

Definition 6.66. *Das durch* $F(x_1, \ldots, x_k) := \prod_{i=1}^{k} x_i$ *erzeugte Maß auf* $(\mathbb{R}^k, \mathfrak{B}_k)$ *heißt k-dimensionales Lebesgue-Maß und wird üblicherweise mit λ_k bezeichnet.*

Satz 6.67. *Für* $T(\mathbf{x}) = \mathbf{x} + \mathbf{b}$ *mit* $\mathbf{x}, \mathbf{b} \in \mathbb{R}^k$ *gilt*

1. $T(B) = \{\mathbf{y} = \mathbf{x} + \mathbf{b} : \mathbf{x} \in B\} \in \mathfrak{B}_k \Leftrightarrow B \in \mathfrak{B}_k$,
2. $T(B) \in \mathfrak{L}_k \Leftrightarrow B \in \mathfrak{L}_k$,
3. $\lambda_k(T(B)) = \lambda_k(B) \quad \forall\, B \in \mathfrak{L}_k$.

Beweis. Der Beweis folgt wörtlich dem von Satz 6.14 mit $\alpha = 1$, wenn man die Intervalle durch Zellen $(\mathbf{a}, \mathbf{b}] \in \mathfrak{J}_k$ und $\mathfrak{B}$ bzw. $\mathfrak{L}$ durch $\mathfrak{B}_k$ bzw. $\mathfrak{L}_k$ ersetzt.

λ_k ist also translationsinvariant, aber darüber hinaus gilt der folgende Satz.

Satz 6.68. *Ist A eine nichtsinguläre $k \times k$-Matrix und $\mathbf{b}$ ein beliebiger Vektor aus* $\mathbb{R}^k$ *, so gilt für* $T(\mathbf{x}) := \mathbf{x}\,A + \mathbf{b}$

1. $T(B) \in \mathfrak{B}_k \Leftrightarrow B \in \mathfrak{B}_k$,
2. $T(B) \in \mathfrak{L}_k \Leftrightarrow B \in \mathfrak{L}_k$,
3. $\lambda_k(T(B)) = |\det(A)|\,\lambda_k(B) \quad \forall\, B \in \mathfrak{L}_k$.

Beweis. T ist stetig und, da A nichtsingulär ist, existiert die Umkehrabbildung T^{-1} , die ebenfalls stetig ist. Daher folgt der Beweis von Punkt 1. wörtlich dem Beweis des Punktes 1. von Satz 6.14, wenn man dort nur $\mathfrak{B}$ durch $\mathfrak{B}_k$ und $\mathfrak{O}$ durch $\mathfrak{O}_k$ das System der offenen Mengen auf $\mathbb{R}^k$ ersetzt.

Auch die Punkte 2. und 3. ergeben sich genauso, wie die entsprechenden Punkte von Satz 6.14, wenn man zeigen kann, dass gilt

$$\lambda_k(T(B)) = |\det(A)|\,\lambda_k(B) \quad \forall\, B \in \mathfrak{B}_k . \tag{6.48}$$

Wir wollen daher (6.48) beweisen, und können dabei auf Grund von Satz 6.67 $\mathbf{b} = \mathbf{0}$ annehmen, sodass T linear ist.

Es genügt (6.48) für Quader der Form $(\mathbf{0}, \mathbf{c}]$, $\mathbf{c} \geq \mathbf{0}$ zu zeigen, denn dann folgt aus der Linearität von T und Satz 6.67 für alle $\mathbf{c} \leq \mathbf{d}$

$$\lambda_k(T((\mathbf{c}, \mathbf{d}])) = \lambda_k(T((\mathbf{0}, \mathbf{d} - \mathbf{c}]) + T(\mathbf{c})) = \lambda_k(T((\mathbf{0}, \mathbf{d} - \mathbf{c}]))$$
$$= |\det(A)|\lambda_k((\mathbf{0}, \mathbf{d} - \mathbf{c}]) = |\det(A)|\lambda_k((\mathbf{0}, \mathbf{d} - \mathbf{c}] + \mathbf{c}) = |\det(A)|\lambda_k((\mathbf{c}, \mathbf{d}]).$$

Weil aber jede nichtsinguläre, lineare Transformation durch das Hintereinanderausführen der elementaren Zeilen– und Spaltenoperationen

a. Vertauschung von Zeilen oder Spalten,
b. Multiplikation einer Zeile oder Spalte mit $\alpha \neq 0$,
c. Addition von 2 Zeilen oder Spalten

aus der Einheitsmatrix $E := (\delta_{i,j})$ ($\delta_{i,j}$ ist das in Definition 2.16 eingeführte Kronecker-Symbol) hervorgeht, braucht man (6.48) nur für diese elementaren Transformationen zu zeigen.

ad a.   Der Transformation, die die Zeilen i und j in E vertauscht, also

$$T((x_1, \ldots, x_i, \ldots, x_j, \ldots, x_k)) := (x_1, \ldots, x_j, \ldots, x_i, \ldots, x_k),$$

entspricht die Matrix $A := (a_{n,m})$ mit $a_{i,j} = a_{j,i} = 1$, $a_{i,i} = a_{j,j} = 0$ und $a_{n,m} = \delta_{n,m}$ ansonst. Diese Matrix hat in jeder Zeile und Spalte genau einen nichtverschwindenden Eintrag 1, und daher gilt $|\det(A)| = 1$. Aus $T((\mathbf{0}, \mathbf{c}]) = (\mathbf{0}, (c_1, \ldots, c_j, \ldots, c_i, \ldots, c_k)]$, $\mathbf{c} \geq \mathbf{0}$ folgt

$$\lambda_k(T((\mathbf{0}, \mathbf{c}])) = \prod_{h=1}^{k} c_h = |\det(A)| \, \lambda_k((\mathbf{0}, \mathbf{c}]).$$

ad b.   Der Zeilen- oder Spaltenmultiplikation mit $\alpha \neq 0$ gegeben durch

$$T((x_1, \ldots, x_i, \ldots, x_k)) := (x_1, \ldots, \alpha\, x_i, \ldots, x_k), \; \alpha \neq 0$$

entspricht die Matrix $A := (a_{n,m})$ mit $a_{n,m} = \delta_{n,m}$ $\forall \, (n,m) \neq (i,i)$ und $a_{i,i} = \alpha$. Daher gilt $|\det(A)| = |\alpha|$.
Aus $T((\mathbf{0}, \mathbf{c}]) = (\, 0 \wedge (\alpha\, c_i)\, ,\, 0 \vee (\alpha\, c_i)\,] \times \prod_{j \neq i}(0, c_j]$ folgt

$$\lambda_k(T((\mathbf{0}, \mathbf{c}])) = |\alpha|\, c_i \prod_{j \neq i} c_j = |\alpha|\, \lambda_k((\mathbf{0}, \mathbf{c}]) = |\det(A)|\, \lambda_k((\mathbf{0}, \mathbf{c}]).$$

ad c.   Nimmt man o.E.d.A. an, dass Spalte 2 zu Spalte 1 addiert wird, also

$$T(\mathbf{x}) := (x_1 + x_2, x_2, \ldots, x_k),$$

so entspricht dem die Matrix $A := (a_{n,m})$ mit $a_{2,1} = 1$ und $a_{i,j} = \delta_{i,j}$ sonst. Daher gilt $|\det(A)| = 1$. In diesem Fall wird $(\mathbf{0}, \mathbf{c}]$ abgebildet auf $T((\mathbf{0}, \mathbf{c}]) = B \times (\mathbf{0}_3^k, \mathbf{c}_3^k]$, wobei B ein Parallelogramm mit den Eckpunkten $\mathbf{e}_1 := (0,0)$, $\mathbf{e}_2 := (c_1, 0)$, $\mathbf{e}_3 := (c_1 + c_2, c_2)$ und $\mathbf{e}_4 := (c_2, c_2)$ ist.
Für die Mengen D_1, D_2 und D_3, definiert durch

$$D_1 := \{(x_1, x_2) : 0 < x_1 \leq c_2,\ x_1 \leq x_2 \leq c_2\} \times (\mathbf{0}_3^k, \mathbf{c}_3^k],$$
$$D_2 := \{(x_1, x_2) : 0 < x_1 \leq c_2,\ 0 < x_2 < x_1\} \times (\mathbf{0}_3^k, \mathbf{c}_3^k],$$
$$D_3 := \{(x_1, x_2) : c_1 < x_1 \leq c_1 + c_2,\ 0 < x_2 < x_1 - c_1\} \times (\mathbf{0}_3^k, \mathbf{c}_3^k],$$

gilt $D_1 \cap D_2 = \emptyset$, $D_1 \cup D_2 = (0, c_2]^2 \times (\mathbf{0}_3^k, \mathbf{c}_3^k]$, $D_3 = D_2 + (c_1, 0, \ldots, 0)$.

Daraus folgt

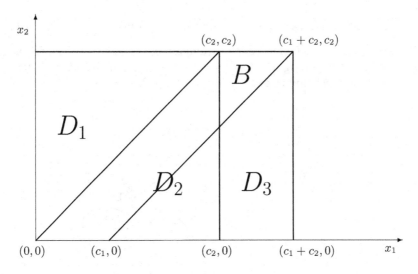

Abb. 6.1. Transformation durch Addition der Spalten

$$c_2^2 \prod_{j=3}^{k} c_j = \lambda_k \left((0, c_2]^2 \times (\mathbf{0}_3^k, \mathbf{c}_3^k] \right) = \lambda_k(D_1) + \lambda_k(D_2)$$

$$= \lambda_k(D_1) + \lambda_k(D_3) = \lambda_k(D_1 \cup D_3). \tag{6.49}$$

Wegen $B \times (\mathbf{0}_3^k, \mathbf{c}_3^k] = (0, c_1 + c_2] \times (0, c_2] \times (\mathbf{0}_3^k, \mathbf{c}_3^k] \setminus (D_1 \cup D_3)$ und Gleichung (6.49) erhält man nun mit $F := (\mathbf{0}_3^k, \mathbf{c}_3^k]$

$$\lambda_k(T((\mathbf{0}, \mathbf{c}])) = \lambda_k((0, c_1 + c_2] \times (0, c_2] \times F) - \lambda_k \left((0, c_2]^2 \times F \right)$$

$$= (c_1 + c_2) \prod_{j=2}^{k} c_j - c_2^2 \prod_{j=3}^{k} c_j = \prod_{j=1}^{k} c_j = \lambda_k((\mathbf{0}, \mathbf{c}]) = |\det A| \lambda_k((\mathbf{0}, \mathbf{c}]).$$

Daher gilt (6.48) auch in diesem Fall, und der Satz ist bewiesen.

Beispiel 6.69. Der Einheitskreis $K := \{(x_1, x_2): \; x_1^2 + x_2^2 \leq 1\}$ ist als abgeschlossene Menge natürlich Borel-messbar und daher kann man ihm ein Lebesgue-Maß $k := \lambda_2(K)$ zuordnen. Wir wollen zeigen, dass gilt $k = \pi$, wenn man, wie üblich den Umfang des Einheitskreises mit 2π bezeichnet.

Das Dreieck $D_n := \left\{ (x_1, x_2): \; 0 \leq x_1 \leq \cos\frac{2\pi}{n}, \, 0 < x_2 \leq \left(\frac{\sin\frac{2\pi}{n}}{\cos\frac{2\pi}{n}} \right) x_1 \right\}$ mit den Eckpunkten $\mathbf{0} := (0, 0)$, $\mathbf{a} := \left(\cos\frac{2\pi}{n}, 0 \right)$, $\mathbf{b} := \left(\cos\frac{2\pi}{n}, \sin\frac{2\pi}{n} \right)$ unterscheidet sich vom abgeschlossenen Dreieck $\overline{D_n}$ nur um Punkte auf der Abszissenachse, also um Punkte einer λ_2-Nullmenge und ist damit messbar.

Die Abbildung $T_s(\mathbf{x}) := \mathbf{x} A + (\cos \frac{2\pi}{n}, \sin \frac{2\pi}{n})$ mit $A := \begin{pmatrix} -1 & 0 \\ 0 & -1 \end{pmatrix}$ bildet
D_n in das Dreieck $T_s(D_n)$ mit den Eckpunkten $\mathbf{0}$, $\mathbf{b}$ und $\mathbf{c} := (0, \sin \frac{2\pi}{n})$ ab (T_s ist eine Punktspiegelung in $\frac{1}{2} (\cos \frac{2\pi}{n}, \sin \frac{2\pi}{n})$), und auf Grund von Satz 6.68 ist $T_s(D_n)$ messbar und es gilt $\lambda_2(D_n) = \lambda_2(T_s(D_n))$.

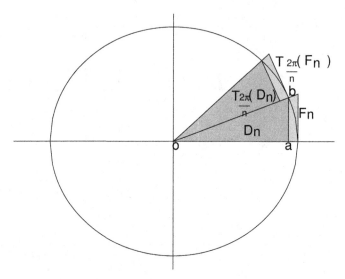

Abb. 6.2. λ_2-Maß des Einheitskreises

Wegen $D_n \cup T_s(D_n) = [0, \cos \frac{2\pi}{n}] \times (0, \sin \frac{2\pi}{n}]$ gilt

$$\cos \frac{2\pi}{n} \sin \frac{2\pi}{n} = \lambda_2(D_n \cup T_s(D_n)) = 2\lambda_2(D_n) - \lambda_2(D_n \cap T_s(D_n)).$$

$D_n \cap T_s(D_n)$ liegt in der Geraden, in welche die Abszissenachse durch die

Drehung $T_{\frac{2\pi}{n}}$ mit der Matrix $B := \begin{pmatrix} \cos \frac{2\pi}{n} & \sin \frac{2\pi}{n} \\ -\sin \frac{2\pi}{n} & \cos \frac{2\pi}{n} \end{pmatrix}$ abgebildet wird und

ist daher eine λ_2-Nullmenge. Somit gilt $\lambda_2(D_n) = \frac{1}{2} \cos \frac{2\pi}{n} \sin \frac{2\pi}{n}$. Wegen Satz 6.68 und $\det T_{\frac{2\pi}{n}} = 1$ gilt aber auch $\lambda_2(T_{\frac{2\pi}{n}}(D_n)) = \lambda_2(D_n)$, und vollständige Induktion liefert schließlich $\lambda_2(T_{\frac{2\pi}{n}}{}^m(D_n)) = \lambda_2(D_n) \quad \forall\, m \in \mathbb{N}$.

Drehungen bilden Punkte des Einheitskreises wieder in den Einheitskreis ab (vgl. Definition A.83), daher gilt

$$\bigcup_{m=0}^{n-1} T_{\frac{2\pi}{n}}{}^m(D_n) \subseteq K. \tag{6.50}$$

Mit $K_{\alpha,\beta,a,b} := \{(r\cos\varphi, r\sin\varphi): 0 \le \alpha < \varphi \le \beta \le 2\pi; 0 \le a < r \le b\}$ bezeichnen wir den Kreisringsektor, der durch die Winkel α und β und die

Radien a und b begrenzt wird. $K_{0,\frac{2\pi}{n},0,1}$ ist demnach der Kreissektor des Einheitskreises zwischen 0 und $\frac{2\pi}{n}$, und es gilt $D_n \subseteq K_{0,\frac{2\pi}{n},0,1}$.

Aus dem Additionssatz für die trigonometrischen Funktionen (siehe Satz A.55) folgt sofort $T_{\frac{2\pi}{n}}\left(K_{0,\frac{2\pi}{n},0,1}\right) = K_{\frac{2\pi}{n},2\frac{2\pi}{n},0,1}$ bzw. allgemeiner

$$T_{\frac{2\pi}{n}}{}^m\left(K_{0,\frac{2\pi}{n},0,1}\right) = K_{(m-1)\frac{2\pi}{n},m\frac{2\pi}{n},0,1}. \tag{6.51}$$

Die $T_{\frac{2\pi}{n}}{}^m(D_n)$ sind als Teilmengen der jeweiligen Sektoren $K_{(m-1)\frac{2\pi}{n},m\frac{2\pi}{n},0,1}$ für $0 \leq m \leq n-1$ disjunkt. Daher folgt aus (6.50)

$$k \geq \lambda_2\left(\bigcup_{m=0}^{n-1} T_{\frac{2\pi}{n}}{}^m(D_n)\right) = \frac{n}{2}\cos\frac{2\pi}{n}\sin\frac{2\pi}{n} = \pi\cos\frac{2\pi}{n}\frac{\sin\frac{2\pi}{n}}{\frac{2\pi}{n}} \quad \forall n \in \mathbb{N}.$$

Zusammen mit Satz A.56 und $\lim_{n}\cos\frac{2\pi}{n} = 1$ führt dies zu $k \geq \pi$.

Andererseits liegt K zur Gänze in $\bigcup_{m=0}^{n-1} T_{\frac{2\pi}{n}}{}^m(F_n)$, wobei F_n durch eine Streckung T_t aus D_n hervorgeht, die durch die mit $\frac{1}{\cos\frac{2\pi}{n}}$ multiplizierte Einheitsmatrix $C := \frac{1}{\cos\frac{2\pi}{n}}E$ beschrieben wird. Wegen $\det C = \left(\frac{1}{\cos\frac{2\pi}{n}}\right)^2$, gilt daher $\lambda_2(F_n) = \left(\frac{1}{\cos\frac{2\pi}{n}}\right)^2 \lambda_2(D_n)$, bzw. $k \leq \left(\frac{1}{\cos\frac{2\pi}{n}}\right)^2 n\,\lambda_2(D_n) \quad \forall n \in \mathbb{N}$.

Wir wissen aber bereits, dass gilt $\lim_{n} n\,\lambda_2(D_n) = \pi$ und $\lim_{n}\cos\frac{2\pi}{n} = 1$. Damit erhält man die obere Abschätzung $k \leq \pi$. Zusammen mit $k \geq \pi$ ergibt das

$$\lambda_2(K) = k = \pi. \tag{6.52}$$

Wegen $K = \bigcup_{m=1}^{n} K_{(m-1)\frac{2\pi}{n},m\frac{2\pi}{n},0,1}$ und (6.52) gilt auch

$$\lambda_2\left(K_{0,\frac{2\pi}{n},0,1}\right) = \frac{\pi}{n} \;\Rightarrow\; \lambda_2\left(K_{0,\frac{m}{n}2\pi,0,1}\right) = \frac{m}{n}\pi \quad \forall\, 0 \leq m < n \in \mathbb{N},$$

und daraus folgt $\lambda_2\left(K_{0,c\,2\pi,0,1}\right) = c\pi \quad \forall\, c \in [0,1]$. Setzt man $\alpha := c\,2\pi$, ergibt das $\lambda_2\left(K_{0,\alpha,0,1}\right) = \frac{\alpha}{2}$, $0 \leq \alpha \leq 2\pi$. Da $K_{\alpha,\beta,0,1}$ durch die Drehung T_α um den Winkel α aus $K_{0\,\beta-\alpha,0,1}$ hervorgeht, gilt allgemeiner $\lambda_2\left(K_{\alpha,\beta,0,1}\right) = \frac{\beta-\alpha}{2} \quad \forall\, 0 \leq \alpha \leq \beta \leq 2\pi$. Die Streckung T_r mit der Matrix $r\,E$, $r > 0$ liefert daraus $\lambda_2\left(K_{\alpha,\beta,0,r}\right) = \frac{\beta-\alpha}{2}r^2 \quad \forall\, 0 \leq \alpha \leq \beta \leq 2\pi$, und für den Kreisringsektor $K_{\alpha,\beta,r_1,r_2} = K_{\alpha,\beta,0,r_2} \setminus K_{\alpha,\beta,0,r_1}$ mit $0 \leq r_1 \leq r_2$ und $0 \leq \alpha \leq \beta \leq 2\pi$ bekommt man schließlich

$$\lambda_2\left(K_{\alpha,\beta,r_1,r_2}\right) = \frac{(\beta-\alpha)(r_2^2 - r_1^2)}{2}. \tag{6.53}$$

Es sei noch erwähnt, dass die Kreisringsektoren einen Semiring i.e.S. $\mathfrak{K}$ auf $\mathbb{R}^2$ bilden, denn $\emptyset = K_{\alpha,\beta,r,r}$, der Durchschnitt zweier Kreisringsektoren ist

ein Kreisringsektor und für $K_{\alpha,\beta,r_1,r_2} \subseteq K_{\gamma,\delta,R_1,R_2}$ mit $\gamma \leq \alpha \leq \beta \leq \delta$
und $R_1 \leq r_1 \leq r_2 \leq R_2$ bilden $C_1 := K_{\gamma,\alpha,r_1,r_2}$, $C_2 := K_{\beta,\delta,r_1,r_2}$ und
$C_3 := K_{\gamma,\delta,R_1,r_1}$, $C_4 := K_{\gamma,\delta,r_2,R_2}$ eine „Leiter", sodass für $1 \leq m \leq 4$ gilt

$$K_{\alpha,\beta,r_1,r_2} \cup \bigcup_{i=1}^{m} C_i \in \mathfrak{K} \wedge K_{\alpha,\beta,r_1,r_2} \cup \bigcup_{i=1}^{4} C_i = K_{\gamma,\delta,R_1,R_2}.$$

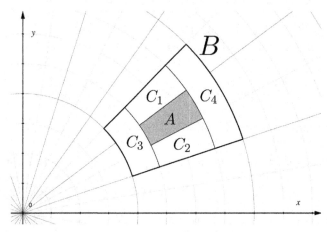

Abb. 6.3. Semiring der Kreisringsektoren: $B \backslash A = \bigcup_{i=1}^{4} C_i$

7

Messbare Funktionen - Zufallsvariable

7.1 Definition und Eigenschaften

Bei der Durchführung eines Versuches interessieren uns oft nicht alle Einzelheiten des Ausgangs, stattdessen will man häufig nur ein bestimmtes Merkmal betrachten. So wird beispielsweise bei „6 aus 45" den Spieler weniger sein konkreter Tipp, als vielmehr die Anzahl X der richtigen Zahlen auf seinem Tipp interessieren. Bei einer Gesundenuntersuchung könnten wieder Größe und Gewicht der untersuchten Personen von Bedeutung sein.

Ist der Wahrscheinlichkeitsraum $(\Omega, \mathfrak{S}, P)$ ein Modell für unseren Versuch, so kann man das wesentliche Merkmal durch eine Funktion X von Ω in einen Bildraum Ω' beschreiben. Dabei ist Ω' meist eine Teilmenge von $\mathbb{R}$ oder $\mathbb{R}^k$. Natürlich wird man einer Aussage der Art „X liegt zwischen a und b ", der die Menge $\{\omega : X(\omega) \in (a, b)\} = X^{-1}((a, b))$ entspricht, eine Wahrscheinlichkeit zuordnen wollen. Das setzt aber voraus, dass das Urbild $X^{-1}((a, b))$ des Intervalls (a, b) in $\mathfrak{S}$ liegt für alle $a \le b$. Wegen Lemma 2.57 und Satz 2.62 liegt dann das Urbild $X^{-1}(B)$ jeder Borelmenge B in $\mathfrak{S}$. Man definiert daher:

Definition 7.1. *Sind* $(\Omega_i, \mathfrak{S}_i)$ $i = 1, 2$ *zwei Messräume, so nennt man die Funktion* $f : \Omega_1 \to \Omega_2$ $\mathfrak{S}_1|\mathfrak{S}_2$*-messbar, wenn* $f^{-1}(A) \in \mathfrak{S}_1$ $\forall A \in \mathfrak{S}_2$. *Ist klar welche σ-Algebren gemeint sind, so bezeichnet man f kurz als messbar. Um auszudrücken, dass eine Funktion* $f : \Omega_1 \to \Omega_2$ $\mathfrak{S}_1|\mathfrak{S}_2$*-messbar ist, werden wir auch die Notation* $f : (\Omega_1, \mathfrak{S}_1) \to (\Omega_2, \mathfrak{S}_2)$ *verwenden.*

Eine wesentliche Voraussetzung für die von Lebesgue stammende Verallgemeinerung des Riemann-Integrals einer Funktion f ist, wie wir in einem späteren Kapitel sehen werden, dass das Lebesgue-Maß der Urbilder von beliebigen Intervallen (oder Zellen – im mehrdimensionalen Fall) gebildet werden kann. Dies veranlasst uns zu folgender Definition.

Definition 7.2. *Eine Funktion* $f : \Omega \to \mathbb{R}^{k_2}$, $\Omega \in \mathfrak{L}_{k_1}$ *wird Lebesgue-messbar genannt, falls sie* $\mathfrak{L}_{k_1} \cap \Omega|\mathfrak{B}_{k_2}$*-messbar ist. Die Funktion heißt Borel-messbar, wenn sie* $\mathfrak{B}_{k_1} \cap \Omega|\mathfrak{B}_{k_2}$*-messbar ist.*

Bemerkung 7.3. *Da es, wie oben erwähnt, für die Verallgemeinerung des Integralbegriffs ausreicht, den Urbildern der Intervalle und damit den Urbildern der Borelmengen ein Lebesgue-Maß zuzuordnen, verwendet man, sowohl bei der Definition Lebesgue-messbarer Funktionen als auch bei der von Borel-messbaren Funktionen, auf dem Bildraum immer die σ-Algebra $\mathfrak{B}_{k_2}$ der Borelmengen.*

Definition 7.4. *Ist $(\Omega, \mathfrak{S}, P)$ ein Wahrscheinlichkeitsraum, so nennt man $X : (\Omega, \mathfrak{S}) \to (\mathbb{R}^k, \mathfrak{B}_k)$ eine k-dimensionale Zufallsvariable oder auch einen k-dimensionalen Zufallsvektor. Bei $k = 1$ spricht man von einer Zufallsvariablen.*

Bemerkung 7.5. *Dem allgemeinen Gebrauch folgend werden wir messbare Funktionen i.A. mit Kleinbuchstaben $f, g, h, \dots$ bezeichnen und Zufallsvariable mit Großbuchstaben $X, Y, \dots$.*
Weiters schreiben wir $[f \in B]$ für $f^{-1}(B)$, $[f \leq x]$ für $f^{-1}((-\infty, x])$, etc., und $\mu([f \in B])$ wird oft durch die abgekürzte Form $\mu(f \in B)$ ersetzt.

Lemma 7.6. *Ist $(\Omega, \mathfrak{S})$ ein Messraum, so ist $\mathbb{1}_A$, der Indikator einer Menge A $\mathfrak{S}|\mathfrak{B}$-messbar genau dann, wenn $A \in \mathfrak{S}$.*

Beweis. Für jedes $B \in \mathfrak{B}$ gilt

$$
\mathbb{1}_A^{-1}(B) := \begin{cases} \Omega, & \{0,1\} \subseteq B \\ A, & 1 \in B \wedge 0 \notin B \\ A^c, & 0 \in B \wedge 1 \notin B \\ \emptyset, & 1 \notin B \wedge 0 \notin B. \end{cases}
$$

Beim Nachweis der Messbarkeit einer Funktion hilft oft der folgende Satz.

Satz 7.7. *Sind $(\Omega_i, \mathfrak{S}_i)$ zwei Messräume und wird $\mathfrak{S}_2$ durch ein Mengensystem $\mathfrak{C}$ aus Ω_2 erzeugt, also $\mathfrak{S}_2 = \mathfrak{A}_\sigma(\mathfrak{C})$, so gilt*

$$
f : (\Omega_1, \mathfrak{S}_1) \to (\Omega_2, \mathfrak{S}_2) \iff f^{-1}(\mathfrak{C}) \subseteq \mathfrak{S}_1.
$$

Beweis. Die eine Richtung ist klar.
Wegen Satz 2.62 gilt aber auch $\mathfrak{A}_\sigma(f^{-1}(\mathfrak{C})) = f^{-1}(\mathfrak{A}_\sigma(\mathfrak{C})) = f^{-1}(\mathfrak{S}_2)$ und damit folgt aus $f^{-1}(\mathfrak{C}) \subseteq \mathfrak{S}_1$ sofort $f^{-1}(\mathfrak{S}_2) \subseteq \mathfrak{S}_1$.

Folgerung 7.8. *Ist $(\Omega, \mathfrak{S})$ ein Messraum, so ist $\mathbf{f} : \Omega \to \mathbb{R}^k$ $\mathfrak{S}|\mathfrak{B}_k$-messbar genau dann, wenn eine der folgenden Bedingungen erfüllt ist*

1. $[\mathbf{f} \leq \mathbf{c}] \in \mathfrak{S}$ $\forall \mathbf{c} \in \mathbb{R}^k$,
2. $[\mathbf{f} < \mathbf{c}] \in \mathfrak{S}$ $\forall \mathbf{c} \in \mathbb{R}^k$,
3. $[\mathbf{f} \geq \mathbf{c}] \in \mathfrak{S}$ $\forall \mathbf{c} \in \mathbb{R}^k$,
4. $[\mathbf{f} > \mathbf{c}] \in \mathfrak{S}$ $\forall \mathbf{c} \in \mathbb{R}^k$.

Beweis. Jede der obigen Bedingungen folgt natürlich aus der $\mathfrak{S}|\mathfrak{B}_k$-Messbarkeit von $\mathbf{f}$. Umgekehrt erzeugt jedes der Mengensysteme $\{(-\infty, \mathbf{c}] : \mathbf{c} \in \mathbb{R}^k\}$, $\{(-\infty, \mathbf{c}) : \mathbf{c} \in \mathbb{R}^k\}$, $\{[\mathbf{c}, \infty) : \mathbf{c} \in \mathbb{R}^k\}$, $\{(\mathbf{c}, \infty) : \mathbf{c} \in \mathbb{R}^k\}$, die σ-Algebra $\mathfrak{B}_k$. Wegen Satz 7.7 folgt daher auch aus jeder der obigen Bedingungen die $\mathfrak{S}|\mathfrak{B}_k$-Messbarkeit von $\mathbf{f}$.

Folgerung 7.9. *Ist* $f : \mathbb{R}^{k_1} \to \mathbb{R}^{k_2}$ *stetig, so ist* f *Borel-messbar, d.h.*

$$f : (\mathbb{R}^{k_1}, \mathfrak{B}_{k_1}) \to (\mathbb{R}^{k_2}, \mathfrak{B}_{k_2}).$$

Beweis. Gemäß Lemma 2.58 erzeugen die offenen Mengen $\mathfrak{B}_{k_2}$ und da f stetig ist, ist das Urbild $f^{-1}(U)$ jeder offenen Menge U selbst wieder offen und damit ein Element von $\mathfrak{B}_{k_1}$, was wegen Satz 7.7 die Folgerung impliziert.

Folgerung 7.10. *Ist* $f : \mathbb{R} \to \mathbb{R}$ *monoton, so ist* f *Borel-messbar.*

Beweis. Ist f monoton steigend, so ist das Urbild $[f \leq c]$ entweder $(-\infty, a]$ oder $(-\infty, a)$ mit $a := \sup\{\omega : f(\omega) \leq c\}$, und liegt daher in jedem Fall in $\mathfrak{B}$. Wegen Folgerung 7.8 reicht dies zum Nachweis der Borel-Messbarkeit von f. Ähnlich verläuft der Beweis für monoton fallendes f.

Satz 7.11. $\mathbf{f} := (f_1, \ldots, f_k) : (\Omega, \mathfrak{S}) \to (\mathbb{R}^k, \mathfrak{B}_k)$ *gilt genau dann, wenn* $f_i : (\Omega, \mathfrak{S}) \to (\mathbb{R}, \mathfrak{B}) \quad \forall\, i = 1, \ldots, k$.

Beweis. Wir verwenden für beide Richtungen Bedingung 1. aus Folgerung 7.8.

$$\Rightarrow: \ \mathbf{f} : (\Omega, \mathfrak{S}) \to (\mathbb{R}^k, \mathfrak{B}_k) \ \Rightarrow \ [f_i \leq a_i] = \mathbf{f}^{-1}\left([-\infty, a_i] \times \prod_{j \neq i} \mathbb{R}\right) \in \mathfrak{S}.$$

$$\Leftarrow: \ f_i : (\Omega, \mathfrak{S}) \to (\mathbb{R}, \mathfrak{B}) \quad \forall\, i = 1, \ldots, k \ \Rightarrow \ [\mathbf{f} \leq \mathbf{a}] = \bigcap_{i=1}^{k} [f_i \leq a_i] \in \mathfrak{S}.$$

Die Zusammensetzung messbarer Funktionen ist wieder messbar.

Satz 7.12. *Sind* $(\Omega_i, \mathfrak{S}_i)$, $i = 1, 2, 3$ *drei Messräume, so folgt aus* $f : (\Omega_1, \mathfrak{S}_1) \to (\Omega_2, \mathfrak{S}_2)$ *und* $g : (\Omega_2, \mathfrak{S}_2) \to (\Omega_3, \mathfrak{S}_3)$ *die* $\mathfrak{S}_1|\mathfrak{S}_3$-*Messbarkeit von* $g \circ f$, *d.h.* $g \circ f : (\Omega_1, \mathfrak{S}_1) \to (\Omega_3, \mathfrak{S}_3)$.

Beweis. $B \in \mathfrak{S}_3 \ \Rightarrow \ g^{-1}(B) \in \mathfrak{S}_2 \ \Rightarrow \ f^{-1}\left(g^{-1}(B)\right) \in \mathfrak{S}_1$.

Bemerkung 7.13. *Ist* $f : \mathbb{R}^{k_1} \to \mathbb{R}^{k_2}$ *Lebesgue-messbar und* $g : \mathbb{R}^{k_2} \to \mathbb{R}^{k_3}$ *Borel-messbar, so ist* $g \circ f$ *Lebesgue-messbar. Wenn aber* g *Lebesgue-messbar ist, so muss* $g \circ f$ *nicht einmal dann Lebesgue-messbar sein, wenn* f *stetig ist, da dann die Voraussetzungen des obigen Satzes nicht erfüllt sind, denn* f *ist in diesem Fall* $\mathfrak{B}_{k_1}|\mathfrak{B}_{k_2}$-*messbar und* g *ist* $\mathfrak{L}_{k_2}|\mathfrak{B}_{k_3}$-*messbar.*

Folgerung 7.14. *Aus* $f_i : (\Omega, \mathfrak{S}) \to (\mathbb{R}, \mathfrak{B})$, $\quad i = 1, 2 \quad$ *folgt*

1. $f_1 + f_2 : (\Omega, \mathfrak{S}) \to (\mathbb{R}, \mathfrak{B})$,
2. $f_1 f_2 : (\Omega, \mathfrak{S}) \to (\mathbb{R}, \mathfrak{B})$,
3. $f_1 \wedge f_2 : (\Omega, \mathfrak{S}) \to (\mathbb{R}, \mathfrak{B})$,
4. $f_1 \vee f_2 : (\Omega, \mathfrak{S}) \to (\mathbb{R}, \mathfrak{B})$.

Beweis. Nach Satz 7.11 gilt $(f_1, f_2) : (\Omega, \mathfrak{S}) \to (\mathbb{R}^2, \mathfrak{B}_2)$. Die Funktionen $s(x_1, x_2) := x_1 + x_2$, $p(x_1, x_2) := x_1 x_2$, $\min(x_1, x_2) := x_1 \wedge x_2$ und $\max(x_1, x_2) := x_1 \vee x_2$ sind stetig von $\mathbb{R}^2 \to \mathbb{R}$ und daher Borel-messbar. Daraus zusammen mit Satz 7.12 folgen die obigen Aussagen unmittelbar.

Definition 7.15. *Ist $f : \Omega \to \mathbb{R}$ eine beliebige Funktion, so wird $f^+ := f \vee 0$ als Positivteil von f bezeichnet. $f^- := -(f \wedge 0) = (-f) \vee 0$ heißt der Negativteil.*

Bemerkung 7.16. *Klarerweise gilt $f = f^+ - f^-$, und mit f sind auch f^+, f^-, $|f| := f^+ + f^-$, e^{tf}, $\ln(f)$ etc. $\mathfrak{S}|\mathfrak{B}$-messbar.*

7.2 Erweitert reellwertige Funktionen

Es ist oft zweckmäßig Funktionen f mit der erweiterten Zahlengeraden $\overline{\mathbb{R}} := \mathbb{R} \cup \{-\infty, \infty\}$ als Wertebereich zu betrachten, wobei für die Rechenoperationen auf $\overline{\mathbb{R}}$ folgende Vereinbarungen getroffen werden:

$$a + \infty = \infty, \quad a \in \mathbb{R} \cup \{\infty\}, \tag{7.1}$$

$$a - \infty = -\infty, \quad a \in \mathbb{R} \cup \{-\infty\}, \tag{7.2}$$

$$\infty - \infty = \text{undefiniert} \tag{7.3}$$

$$a \cdot (\pm\infty) = \begin{cases} \pm\infty, & a > 0, \\ 0 & a = 0, \\ \mp\infty & a < 0. \end{cases} \tag{7.4}$$

Lemma 7.17. $\overline{\mathfrak{B}} := \{B \cup C \ : \ B \in \mathfrak{B}, \ C \subseteq \{-\infty, \infty\}\}$ *ist eine σ-Algebra auf $\overline{\mathbb{R}}$, deren Spur auf $\mathbb{R}$ mit $\mathfrak{B}$ übereinstimmt, d.h. $\overline{\mathfrak{B}} \cap \mathbb{R} = \mathfrak{B}$.*

Beweis. Da offensichtlich gilt $\overline{\mathbb{R}} \in \overline{\mathfrak{B}}$, aus $B_n \cup C_n \in \overline{\mathfrak{B}} \ \ \forall \ n \in \mathbb{N}$ folgt $\left(\bigcup_n B_n\right) \cup \left(\bigcup_n C_n\right) \in \overline{\mathfrak{B}}$ und für $B \cup C \in \overline{\mathfrak{B}}$, $B \in \mathfrak{B}, C \subseteq \{-\infty, \infty\}$ gilt $(B \cup C)^c = (\mathbb{R} \setminus B) \cup (\{-\infty, \infty\} \setminus C) \in \overline{\mathfrak{B}}$, ist $\overline{\mathfrak{B}}$ eine σ-Algebra.
Aus der Definition von $\overline{\mathfrak{B}}$ folgt sofort $\overline{\mathfrak{B}} \cap \mathbb{R} \subseteq \mathfrak{B}$. Aus $\mathfrak{B} \subseteq \overline{\mathfrak{B}}$ folgt umgekehrt $\mathfrak{B} = \mathfrak{B} \cap \mathbb{R} \subseteq \overline{\mathfrak{B}} \cap \mathbb{R}$. Also gilt $\mathfrak{B} = \overline{\mathfrak{B}} \cap \mathbb{R}$.

Definition 7.18. $\overline{\mathfrak{B}} := \{B \cup C \ : \ B \in \mathfrak{B}, \ C \subseteq \{-\infty, \infty\}\}$ *wird als System der erweiterten Borelmengen bezeichnet.*

Folgerung 7.19. *Ist $(\Omega, \mathfrak{S})$ ein Messraum, so ist $f : \Omega \to \overline{\mathbb{R}}$ $\mathfrak{S}|\overline{\mathfrak{B}}$-messbar genau dann, wenn eine der folgenden Bedingungen erfüllt ist*

1. $[f \leq c] \in \mathfrak{S} \quad \forall c \in \mathbb{R}$,
2. $[f < c] \in \mathfrak{S} \quad \forall c \in \mathbb{R}$,
3. $[f \geq c] \in \mathfrak{S} \quad \forall c \in \mathbb{R}$,
4. $[f > c] \in \mathfrak{S} \quad \forall c \in \mathbb{R}$.

Beweis. Jede der obigen Bedingungen folgt sofort aus der Messbarkeit von f.
    Aus $\overline{\mathfrak{J}} := \{[-\infty, c] \ : \ c \in \mathbb{R}\} \subseteq \overline{\mathfrak{B}}$ folgt $\mathfrak{A}_\sigma(\overline{\mathfrak{J}}) \subseteq \overline{\mathfrak{B}}$. Umgekehrt folgt aus $(a, b] = [-\infty, b] \setminus [-\infty, a] \in \mathfrak{A}_\sigma(\overline{\mathfrak{J}}) \ \ \forall \ a, b$ aber $\mathfrak{B} \subseteq \mathfrak{A}_\sigma(\overline{\mathfrak{J}})$, und wegen $\{-\infty\} = \bigcap_n [-\infty, -n]$ bzw. $\{\infty\} = \bigcap_n [-\infty, n]^c$ liegen alle $C \subseteq \{-\infty, \infty\}$ ebenfalls in $\mathfrak{A}_\sigma(\overline{\mathfrak{J}})$, d.h. $\overline{\mathfrak{B}} \subseteq \mathfrak{A}_\sigma(\overline{\mathfrak{J}})$. Also gilt $\overline{\mathfrak{B}} = \mathfrak{A}_\sigma(\overline{\mathfrak{J}})$.

Analog zeigt man, dass auch $\{\,[-\infty,c) : c \in \mathbb{R}\,\}, \{\,[c,\infty] : c \in \mathbb{R}\,\}$ und $\{(c,\infty] : c \in \mathbb{R}\}$ $\mathfrak{B}$ erzeugen. Damit folgt andererseits nach Satz 7.7 aus jeder der obigen Bedingungen die Messbarkeit von f.

Satz 7.20. *Zu jeder Folge (f_n) messbarer Funktionen auf einem Messraum $(\Omega, \mathfrak{S})$ sind $\sup f_n$, $\inf f_n$, $\overline{\lim} f_n := \limsup f_n, \underline{\lim} f_n := \liminf f_n$ messbar.*

Beweis. Da für jedes $c \in \mathbb{R}$ gilt $[\sup f_n \leq c] = \bigcap_n [f_n \leq c] \in \mathfrak{S}$ und $[\inf f_n \geq c] = \bigcap_n [f_n \geq c] \in \mathfrak{S}$ sind $\sup f_n$ und $\inf f_n$ messbar. Damit sind auch

$$\liminf f_n = \sup_n \left(\inf_{k \geq n} f_k \right) \text{ und } \limsup f_n = \inf_n \left(\sup_{k \geq n} f_k \right) \text{ messbar.}$$

Folgerung 7.21. *Ist (f_n) eine Folge messbarer Funktionen auf $(\Omega, \mathfrak{S})$, so gilt $M := [\,\liminf f_n = \limsup f_n\,] \in \mathfrak{S}$.*

Beweis. $E := [-\infty < \underline{\lim} f_n < \infty] \cap [-\infty < \overline{\lim} f_n < \infty]$ liegt in $\mathfrak{S}$ und $\liminf f_n$ und $\limsup f_n$ sind auf E reellwertige, $\mathfrak{S} \cap E | \mathfrak{B}$-messbare Funktionen. Wegen Folgerung 7.14 ist auch $\limsup f_n - \liminf f_n$ $\mathfrak{S} \cap E | \mathfrak{B}$-messbar. Daher gilt $E' := [-\infty < \underline{\lim} f_n = \overline{\lim} f_n < \infty] = E \cap [\overline{\lim} f_n - \underline{\lim} f_n = 0] \in \mathfrak{S}$. $M_- := [\overline{\lim} f_n = -\infty]$, $M_+ := [\underline{\lim} f_n = \infty]$ liegen auch in $\mathfrak{S}$, und dies führt zu $M = M_- \cup M_+ \cup E' \in \mathfrak{S}$.

Definition 7.22. *Gilt für eine Folge (a_n) aus $\overline{\mathbb{R}}$ $\liminf a_n = \limsup a_n$, so bezeichnet man $\lim a_n := \liminf a_n = \limsup a_n$ als den Grenzwert der Folge und sagt in diesem Fall, dass der Grenzwert der Folge existiert.*

Bemerkung 7.23. $M := [\exists \lim f_n] := \{\omega : \liminf f_n(\omega) = \limsup f_n(\omega)\}$, *die Menge, auf der der Limes existiert, ist messbar, also $M \in \mathfrak{S}$, und die Grenzfunktion $\lim f_n$ ist auf $(M, \mathfrak{S} \cap M)$ messbar.*

Wir verallgemeinern Folgerung 7.14 auf erweitert reellwertige Funktionen.

Satz 7.24. *Aus $f_i : (\Omega, \mathfrak{S}) \to (\overline{\mathbb{R}}, \overline{\mathfrak{B}})$, $i = 1, 2$ folgt*

1. $f_1 \vee f_2 : (\Omega, \mathfrak{S}) \to (\overline{\mathbb{R}}, \overline{\mathfrak{B}})$,
2. $f_1 \wedge f_2 : (\Omega, \mathfrak{S}) \to (\overline{\mathbb{R}}, \overline{\mathfrak{B}})$,
3. $f_1 f_2 : (\Omega, \mathfrak{S}) \to (\overline{\mathbb{R}}, \overline{\mathfrak{B}})$,
4. $f_1 + f_2 : (\Omega', \mathfrak{S} \cap \Omega') \to (\overline{\mathbb{R}}, \overline{\mathfrak{B}})$ *mit* $\Omega' := [\exists f_1 + f_2] := \{\omega : (f_1(\omega) \wedge f_2(\omega) > -\infty) \vee (f_1(\omega) \vee f_2(\omega) < \infty)\} \in \mathfrak{S}$.

Beweis. 1. und 2. folgen aus Satz 7.20 mit $f_1 := f_1$, $f_n := f_2$, $\forall n \geq 2$. Damit sind auch die reellwertigen Funktionen $f_{i,n} := ((f_i \vee -n) \wedge n)$, $i = 1, 2$ messbar für alle $n \in \mathbb{N}$. Somit folgt aus 7.14 die Messbarkeit von $f_{1,n} f_{2,n}$ bzw. $f_{1,n} + f_{2,n}$ und dies impliziert wegen Satz 7.20 die Messbarkeit von $f_1 f_2 = \lim_n (f_{1,n} f_{2,n})$ bzw. von $f_1 + f_2 = \lim_n (f_{1,n} + f_{2,n})$, wobei die Summe natürlich nur auf Ω' sinnvoll ist. Somit sind auch 3. und 4. bewiesen.

7.3 Treppenfunktionen

Definition 7.25. *Ist Ω eine beliebige Menge, so nennt man eine Funktion $t : \Omega \to \mathbb{R}$ Treppenfunktion, wenn es eine endliche Zerlegung $A_1, \ldots, A_n$ von Ω und reelle Zahlen $\alpha_1, \ldots, \alpha_n$ gibt mit $t(\omega) = \sum\limits_{i=1}^{n} \alpha_i \, \mathbb{1}_{A_i}(\omega) \quad \forall \, \omega \in \Omega$.*

Lemma 7.26. *Ist Ω eine beliebige Menge, so ist eine Funktion $t : \Omega \to \mathbb{R}$ genau dann eine Treppenfunktion, wenn es Mengen $B_1, \ldots, B_m$ und reelle Zahlen $\beta_1, \ldots, \beta_m$ gibt, sodass $t = \sum\limits_{j=1}^{m} \beta_j \, \mathbb{1}_{B_j}$.*

Beweis. Die eine Richtung ist klar.

Ist umgekehrt $B_1, \ldots, B_m$ eine Familie von Mengen mit $t = \sum\limits_{j=1}^{m} \beta_j \mathbb{1}_{B_j}$, so kann man eine disjunkte Zerlegung von Ω bilden mit $D(\emptyset) := \bigcap\limits_{j=1}^{m} B_j^c$ und

$$D(j_1, \ldots, j_k) := \bigcap_{h=1}^{k} B_{j_h} \cap \bigcap_{g \in \{j_1, \ldots, j_k\}^c} B_g^c, \quad \{j_1, \ldots, j_k\} \subseteq \{1, \ldots, m\}.$$

Sind $D_1, \ldots, D_n$ die nichtleeren Elemente dieser Zerlegung, so gilt

$$\sum_{j=1}^{m} \beta_j \mathbb{1}_{B_j} = \sum_{j=1}^{m} \beta_j \sum_{i: \, D_i \subseteq B_j} \mathbb{1}_{D_i} = \sum_{i=1}^{n} \mathbb{1}_{D_i} \left(\sum_{j: \, D_i \subseteq B_j} \beta_j \right),$$

und mit $\alpha_i := \sum\limits_{j: \, D_i \subseteq B_j} \beta_j, \quad i = 1, \ldots, n$ erhält man die gewünschte Darstellung $t = \sum\limits_{i=1}^{n} \alpha_i \mathbb{1}_{D_i}$ durch eine endliche Zerlegung.

Sind die B_j messbar, so natürlich auch die Durchschnitte D_i.

Bemerkung 7.27. *Sind die Mengen A_i bzw. B_j alle messbar, so ist auch die damit gebildete Treppenfunktion messbar. Es ist aber durchaus möglich, dass man eine messbare Treppenfunktion mit Hilfe einer nichtmessbaren Zerlegung darstellen kann, bspw. $t \equiv 0 = 0\,\mathbb{1}_A + 0\,\mathbb{1}_{A^c}$ mit $A \notin \mathfrak{S}$. Ist aber $\{x_1, \ldots, x_k\}$ mit $x_i \neq x_j \quad \forall \, i \neq j$ der Wertebereich einer messbaren Treppenfunktion, so gilt klarerweise $t = \sum\limits_{i=1}^{k} x_i \mathbb{1}_{[t=x_i]}$ mit $A_i := [t = x_i] \in \mathfrak{S} \quad \forall \, 1 \leq i \leq k$ und $A_i \cap A_j = \emptyset \quad \forall \, i \neq j$, d.h. zu jeder messbaren Treppenfunktion t gibt es eine eindeutig bestimmte Darstellung der Form $t = \sum\limits_{i=1}^{k} x_i \mathbb{1}_{A_i}$ mit $x_i \neq x_j \quad \forall \, i \neq j$ und $A_i \in \mathfrak{S} \quad \forall \, i = 1, \ldots, k$; $A_i \cap A_j = \emptyset \quad \forall \, i \neq j$ und $\Omega = \bigcup\limits_{i=1}^{k} A_i$.*

Definition 7.28. *Ist $(\Omega, \mathfrak{S})$ ein Messraum und t eine messbare Treppenfunktion darauf mit dem Wertebereich $\{x_1, \ldots, x_k\}$, $x_i \neq x_j \ \forall \, i \neq j$, so nennt man $\sum_{i=1}^{k} x_i \, \mathbb{1}_{[t=x_i]}$ die kanonische Darstellung von t.*

Bemerkung 7.29. *Von nun an werden folgende Bezeichnungen verwendet, wobei $(\Omega, \mathfrak{S})$ immer ein Messraum ist. Dabei unterbleibt der Bezug auf $(\Omega, \mathfrak{S})$, wenn klar ist, um welchen Messraum es sich handelt*

$$\mathcal{M} := \mathcal{M}(\Omega, \mathfrak{S}) := \{f : (\Omega, \mathfrak{S}) \to (\overline{\mathbb{R}}, \overline{\mathfrak{B}})\},$$
$$\mathcal{M}^+ := \mathcal{M}^+(\Omega, \mathfrak{S}) := \{f \in \mathcal{M} : f \geq 0\},$$
$$\mathcal{T} := \mathcal{T}(\Omega, \mathfrak{S}) := \{t \in \mathcal{M} : t \text{ ist eine Treppenfunktion}\},$$
$$\mathcal{T}^+ := \mathcal{T}^+(\Omega, \mathfrak{S}) := \{t \in \mathcal{T} : t \geq 0\},$$
$$\mathcal{C} := \mathcal{C}(\mathbb{R}^k) := \{f : \mathbb{R}^k \to \mathbb{R} : f \text{ ist stetig}\},$$
$$\mathcal{C}^+ := \mathcal{C}^+(\mathbb{R}^k) := \{f \in \mathcal{C} : f \geq 0\},$$

Während man in der klassischen Differential- und Integralrechnung Funktionen so durch Treppenfunktionen approximiert, dass man die x-Achse, also den Definitionsbereich, in kleine Intervalle zerlegt und allen Punkten eines jeden dieser Teilintervalle einen konstanten Funktionswert zuordnet, wird bei der im folgenden Satz beschriebenen Approximation der messbaren Funktionen die y-Achse, also der Wertebereich, unterteilt, und es werden jeweils alle Punkte des Definitionsbereichs zu einer Menge zusammengefasst, deren Funktionswerte im selben Intervall der y-Achse liegen. Diese Urbilder können wesentlich komplexer als Intervalle sein. Darin liegt der Schlüssel für die Lebesgue'sche Verallgemeinerung des Integralbegriffs.

Satz 7.30. *Zu jedem $f \in \mathcal{M}^+(\Omega, \mathfrak{S})$ gibt es eine monoton steigende Folge (t_n) aus $\mathcal{T}^+(\Omega, \mathfrak{S})$, sodass $f(\omega) = \lim_n t_n(\omega) \ \forall \, \omega \in \Omega$.*
Zu jedem $f \in \mathcal{M}(\Omega, \mathfrak{S})$ gibt es eine Folge (t_n) aus $\mathcal{T}(\Omega, \mathfrak{S})$, sodass $f(\omega) = \lim_n t_n(\omega) \ \forall \, \omega \in \Omega$ und $|t_n| \leq |f| \ \forall \, n \in \mathbb{N}$.
Wenn f beschränkt ist, konvergiert (t_n) gleichmäßig gegen f.

Beweis. Ist $f \in \mathcal{M}^+$, so gilt für die Folge t_n, definiert durch

$$t_n(\omega) := \begin{cases} n, & f(\omega) \geq n \\ \frac{k-1}{2^n}, & \frac{k-1}{2^n} \leq f(\omega) < \frac{k}{2^n}, \quad k = 1, \ldots, n \, 2^n, \end{cases}$$

$t_n \leq t_{n+1} \ \forall \, n \in \mathbb{N}$ und $\lim_n t_n(\omega) = f(\omega) \ \forall \, \omega \in \Omega$.

Für $f \in \mathcal{M}$ kann man den ersten Teil des Satzes auf f^+ und f^- anwenden und erhält damit Folgen von Treppenfunktionen t_n^+ und t_n^- mit $t_n^+ \nearrow f^+$ und $t_n^- \nearrow f^-$. Daraus folgt $\lim_n (t_n^+ - t_n^-) = f^+ - f^- = f$. Wegen $t_n^+ \leq f^+$ und $t_n^- \leq f^- \ \forall \, n \in \mathbb{N}$ gilt auch $|t_n| = t_n^+ + t_n^- \leq f^+ + f^- = |f| \ \forall \, n \in \mathbb{N}$.

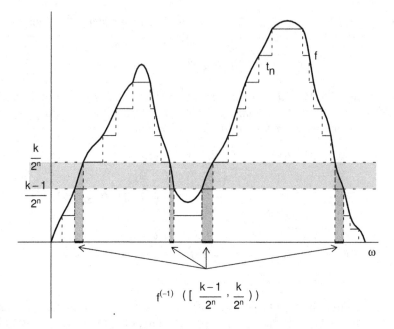

Abb. 7.1. Approximation einer Funktion durch Treppenfunktionen

Wenn f durch M beschränkt wird, so gilt $|f(\omega) - t_n(\omega)| \leq \frac{1}{2^n}$ $\forall\, \omega \in \Omega$ und $n \geq M$, d.h. t_n konvergiert dann gleichmäßig gegen f.

7.4 Baire-Funktionen

Die stetigen Funktionen $f : \mathbb{R} \to \mathbb{R}$ sind gemäß Folgerung 7.9 Borel-messbar. Hat eine Funktionenfolge $f_n : (\mathbb{R}, \mathfrak{B}) \to (\mathbb{R}, \mathfrak{B})$, $n \in \mathbb{N}$ in jedem Punkt einen Grenzwert $f(\omega) := \lim_{n} f_n(\omega) \in \mathbb{R}$ $\forall\, \omega \in \mathbb{R}$, so ist gemäß Bemerkung 7.23 die Grenzfunktion f messbar auf $(\mathbb{R}, \mathfrak{B})$. Das System der Borel-messbaren Funktionen ist also gegen punktweise Konvergenz abgeschlossen. Zudem enthält es die stetigen Funktionen.

Definition 7.31. *Das kleinste Funktionensytem $\mathcal{B}$ auf $\mathbb{R}$ mit $\mathcal{C} \subseteq \mathcal{B}$, das zu jeder punktweise konvergenten Funktionenfolge auch die Grenzfunktion enthält, wird als System der Baire-Funktionen bezeichnet.*

Satz 7.32. *Das System $\mathcal{B}$ der Baire-Funktionen stimmt mit dem System der Borel-messbaren Funktionen auf $\mathbb{R}$ überein.*

Beweis. Auf Grund der bisherigen Ausführungen ist klar, dass $\mathcal{B}$ im System der Borel-messbaren Funktionen enthalten ist.

Um die andere Richtung zu zeigen, definiert man zu jedem $f \in \mathcal{B}$ das System $\mathcal{B}_f := \{g \in \mathcal{B} : gf \in \mathcal{B}, g+f \in \mathcal{B}\}$, das wegen $g \equiv 0 \in \mathcal{B}_f \quad \forall f \in \mathcal{B}$ stets nichtleer ist.

Aus $f, g \in \mathcal{C} \Rightarrow fg, f+g \in \mathcal{C} \subseteq \mathcal{B}$ folgt zudem $\mathcal{C} \subseteq \mathcal{B}_f \quad \forall f \in \mathcal{C}$.

Ist nun (g_n) eine punktweise gegen eine Funktion g konvergierende Folge aus $\mathcal{B}_f$, so konvergieren die Folgen $(f g_n)$ und $(f+g_n)$ gegen $f g$ bzw. $f+g$. Daher liegen diese Funktionen in $\mathcal{B}$, und daraus folgt $g \in \mathcal{B}_f$. Somit ist $\mathcal{B}_f$ gegen punktweise Konvergenz abgeschlossen. Da $\mathcal{B}_f$ für stetiges f auch $\mathcal{C}$ enthält, gilt deshalb $\mathcal{B}_f = \mathcal{B} \quad \forall f \in \mathcal{C}$. Wegen $g \in \mathcal{B}_f \Leftrightarrow f \in \mathcal{B}_g$ impliziert dies aber $\mathcal{C} \subseteq \mathcal{B}_f \quad \forall f \in \mathcal{B}$, woraus wieder wegen der Abgeschlossenheit von $\mathcal{B}_f$ gegen punktweise Konvergenz folgt $\mathcal{B}_f = \mathcal{B} \quad \forall f \in \mathcal{B}$, oder anders gesagt, $f, g \in \mathcal{B} \Rightarrow fg \in \mathcal{B} \wedge f+g \in \mathcal{B}$. Wegen $h \equiv \alpha \in \mathcal{B} \quad \forall \alpha \in \mathbb{R}$ gilt sogar

$$f, g \in \mathcal{B} \Rightarrow \alpha f g + \beta f + \gamma g + \delta \in \mathcal{B} \quad \forall \alpha, \beta, \gamma, \delta \in \mathbb{R}. \tag{7.5}$$

Demnach ist $\mathfrak{S} := \{A : \mathbb{1}_A \in \mathcal{B}\}$ eine Algebra, denn aus (7.5) folgt

$$\mathbb{1}_{\mathbb{R}} \equiv 1 \in \mathcal{B} \text{ und } \mathbb{1}_A, \mathbb{1}_B \in \mathcal{B} \Rightarrow \mathbb{1}_{A^c} = 1 - \mathbb{1}_A \in \mathcal{B} \wedge \mathbb{1}_{A \cap B} = \mathbb{1}_A \mathbb{1}_B \in \mathcal{B},$$

und damit gilt auch $\mathbb{1}_{A \cup B} = \mathbb{1}_A + \mathbb{1}_B - \mathbb{1}_A \mathbb{1}_B \in \mathcal{B}$.

Für jede Folge (A_n) aus $\mathfrak{S}$ gilt daher $B_N := \bigcup_1^N A_n \in \mathfrak{S} \quad \forall N \in \mathbb{N}$, woraus wegen $\mathbb{1}_{\bigcup_n A_n} = \lim_N \mathbb{1}_{B_N}$ letztlich folgt $\bigcup_1^\infty A_n \in \mathfrak{S}$. Somit ist $\mathfrak{S}$ eine σ-Algebra.

Definiert man zu $a < b$ und alle $n > \frac{1}{b-a}$ eine stetige Funktion f_n durch

$$f_n(\omega) := \begin{cases} 0, & \omega \le a \vee \omega > b + \frac{1}{n} \\ n(\omega - a), & a < \omega \le a + \frac{1}{n} \\ 1, & a + \frac{1}{n} < \omega \le b \\ n(b + \frac{1}{n} - \omega) & b < \omega \le b + \frac{1}{n}, \end{cases}$$

so gilt $\lim_n f_n = \mathbb{1}_{(a,b]}$. Daraus folgt $\mathfrak{J} \subseteq \mathfrak{S}$ und damit auch $\mathfrak{B} \subseteq \mathfrak{S}$, d.h. $\mathbb{1}_A \in \mathcal{B} \quad \forall A \in \mathfrak{B}$. Zusammen mit (7.5) impliziert das $\mathfrak{T} \subseteq \mathcal{B}$. Damit ist der Satz bewiesen, denn gemäß Satz 7.30 gibt es zu jedem $f : (\mathbb{R}, \mathfrak{B}) \to (\mathbb{R}, \mathfrak{B})$ eine Folge (t_n) aus $\mathfrak{J}$ mit $\lim_n t_n = f$.

7.5 Subsigmaalgebren

Oft kann man den Ausgang eines Versuches nicht direkt beobachten und man muss aus den Werten einer Zufallsvariablen auf den Versuch zurückschließen. Beispielsweise wird ein Arzt versuchen aus verschiedenen Indikatoren, also Zufallsvariablen, wie etwa Körpertemperatur, Blutdruck etc. Rückschlüsse auf die Krankheit eines Patienten zu gewinnen.

Es liegt in der Natur der Sache, dass dies je nach Art der Zufallsvariablen zu mehr oder minder starken Informationsverlusten führt.

Beispiel 7.33. Der Wurf mit einem Würfel kann beschrieben werden durch $(\Omega, \mathfrak{S}, P)$ mit $\Omega = \{1, \ldots, 6\}$, $\mathfrak{S} = \mathfrak{P}(\Omega)$, $P(i) = \frac{1}{6}$. Angenommen man weiß nur, ob eine gerade oder ungerade Augenzahl gewürfelt wurde, also

$$X(\omega) := \begin{cases} 0, & \omega \in \{2, 4, 6\} \\ 1, & \omega \in \{1, 3, 5\}, \end{cases}$$

dann kann man aus der Kenntnis von X nicht zwischen $\{1, 3, 5\}$ und nicht zwischen $2, 4$ und 6 unterscheiden. Dies deshalb, weil aus dem Wert von X nur die entsprechende Urbildmenge ermittelt werden kann, aber nicht welcher Ausgang aus dieser Menge zum beobachteten Wert der Zufallsvariablen geführt hat. In unserem Beispiel kommen dafür nur die Mengen $\emptyset, \Omega, \{2, 4, 6\}, \{1, 3, 5\}$ in Betracht. Die Urbilder bilden eine σ-Algebra $\mathfrak{S}(X)$, die wesentlich gröber als $\mathfrak{S}$ ist.

Kennt man auch den Wert der Zufallsvariable Y mit

$$Y(\omega) := \begin{cases} 0, & \omega \leq 3 \\ 1, & \omega > 3, \end{cases}$$

so kann man etwa aus $X = 0$ und $Y = 0$ schließen, dass der Würfel die Augenzahl 2 gezeigt hat, aber bei $X = 1$ und $Y = 0$, kann man nicht zwischen 1 und 3 unterscheiden. Die „kleinsten Mengen" der σ-Algebra $\mathfrak{S}(X, Y)$ sind die Urbilder $[X = 0, Y = 0] = \{2\}$, $[X = 0, Y = 1] = \{4, 6\}$, sowie $[X = 1, Y = 0] = \{1, 3\}$ und $[X = 1, Y = 1] = \{5\}$. Alle anderen Elemente von $\mathfrak{S}(X, Y)$ sind Vereinigungen dieser Mengen. Daher gilt für jedes $A \in \mathfrak{S}(X, Y)$ beispielsweise $4 \in A \Leftrightarrow 6 \in A$ oder $1 \in A \Leftrightarrow 3 \in A$.

Definition 7.34. *Ist $\mathfrak{S}$ eine σ-Algebra auf Ω, so nennt man die σ-Algebra $\mathfrak{A}$ eine Sub- oder Teilsigmaalgebra von $\mathfrak{S}$, wenn gilt $\mathfrak{A} \subseteq \mathfrak{S}$.*

Definition 7.35. *Ist $\mathfrak{S}$ eine σ-Algebra auf Ω, so nennt man ω und ω' $\mathfrak{S}$-äquivalent, wenn $\omega \in A \Leftrightarrow \omega' \in A \;\; \forall A \in \mathfrak{S}$.*

Wie man leicht sieht, wird dadurch eine Äquivalenzrelation auf Ω definiert, und aus der $\mathfrak{S}$-Äquivalenz von ω und ω' folgt auch deren $\mathfrak{A}$-Äquivalenz für jede Subsigmaalgebra $\mathfrak{A}$ von $\mathfrak{S}$. Daher ist die zur $\mathfrak{S}$-Äquivalenz gehörige Klassenzerlegung offensichtlich feiner als jede Klassenzerlegung, die durch eine Subsigmaalgbra erzeugt wird.

Ist Ω_1 eine beliebige Menge, $(\Omega_2, \mathfrak{S}_2)$ ein Messraum und $f : \Omega_1 \to \Omega_2$, so ist die σ-Algebra $f^{-1}(\mathfrak{S}_2)$ in jeder σ-Algebra $\mathfrak{S}$ enthalten, bezüglich der f $\mathfrak{S}|\mathfrak{S}_2$-messbar ist, d.h. aus $f : (\Omega, \mathfrak{S}) \to (\Omega_2, \mathfrak{S}_2)$ folgt $f^{-1}(\mathfrak{S}_2) \subseteq \mathfrak{S}$.

Definition 7.36. *Ist Ω_1 eine Menge, $(\Omega_2, \mathfrak{S}_2)$ ein Messraum und $f : \Omega_1 \to \Omega_2$, so nennt man $\mathfrak{S}(f) := f^{-1}(\mathfrak{S}_2)$ die von f erzeugte σ-Algebra.*

Beispiel 7.33 hat veranschaulicht, dass eine Zufallsvariable X auf einem Messraum $(\Omega_1, \mathfrak{S}_1)$ umso weniger Information über $(\Omega_1, \mathfrak{S}_1)$ enthält, je „gröber" $\mathfrak{S}(X)$ im Vergleich zu $\mathfrak{S}_1$ ist.

Beispiel 7.37. Bei einem zweistufigen Versuch wird zunächst gewürfelt. Die Augenzahl X des Würfels bestimmt dann, wie oft eine Münze geworfen wird. Mit Y wird die Anzahl der „Adler" im Verlauf dieser Münzwürfe bezeichnet. Diesen Versuch kann man in geeigneter Weise beschreiben durch den Messraum $(\Omega, \mathfrak{P}(\Omega))$ mit $\Omega := \{(x, y) : x \in \{1, \ldots, 6\}, y \in \{0, \ldots, x\}\}$.

Ein Beobachter, der nur y kennt, kann nicht entscheiden, welcher Ausgang aus $[Y = y] = \{(y, y), \ldots, (6, y)\}$ zum Ergebnis y geführt hat.

Da $\mathfrak{S}(Y)$ aus den Vereinigungen der Ereignisse $[Y = y]$, $0 \leq y \leq 6$ besteht, sind diese gerade die Äquivalenzklassen der $\mathfrak{S}(Y)$-äquivalenten Ausgänge.

Das folgende Beispiel zeigt, wie sich der Informationsverlust, der entsteht, wenn man Messwerte einer Versuchsreihe der Größe nach ordnet, in der Struktur der entsprechenden Subsigmaalgebra widerspiegelt, wobei wir der Einfachheit halber annehmen, dass nur zwei Messwerte erhoben werden.

Beispiel 7.38. Auf $(\Omega, \mathfrak{S}) := (\mathbb{R}^2, \mathfrak{B}_2)$ ist die Funktion $f : (\mathbb{R}^2, \mathfrak{B}_2) \to (\mathbb{R}^2, \mathfrak{B}_2)$ definiert durch $f((\omega_1, \omega_2)) := (\omega_1 \wedge \omega_2, \omega_1 \vee \omega_2)$ $\forall \boldsymbol{\omega} := (\omega_1, \omega_2) \in \mathbb{R}^2$.

Ein Beobachter, der f kennt, kennt zwar die Werte der Koordinaten von $\boldsymbol{\omega} \in \mathbb{R}^2$, aber er weiß nicht in welcher Reihenfolge sie auftreten.

Bezeichnet man für eine Teilmenge $A \subseteq \mathbb{R}^2$ mit A^S die an der Geraden $\omega_2 = \omega_1$ gespiegelte Menge, also $A^S = \{(\omega_1, \omega_2) : (\omega_2, \omega_1) \in A\}$, so gilt $A^S = T(A)$, wobei der nichtsingulären Transformation T die Matrix $\begin{pmatrix} 0 & 1 \\ 1 & 0 \end{pmatrix}$ entspricht. Gemäß Satz 6.68 gilt daher $A^S \in \mathfrak{B}_2$ genau dann, wenn $A \in \mathfrak{B}_2$. Offensichtlich gilt $f((\omega_1, \omega_2)) \in B \Leftrightarrow f((\omega_2, \omega_1)) \in B \ \forall B \in \mathfrak{B}_2$, oder anders ausgedrückt $\boldsymbol{\omega} \in f^{-1}(B) \Leftrightarrow \boldsymbol{\omega} \in (f^{-1}(B))^S$. Dies ist gleichbedeutend zu $f^{-1}(B) = (f^{-1}(B))^S \ \forall B \in \mathfrak{B}_2 \Rightarrow \mathfrak{S}(f) \subseteq \mathfrak{C} := \{A \in \mathfrak{B}_2 : A = A^S\}$.

Ist $A \in \mathfrak{C}$ und definiert man H durch $H := \{(\omega_1, \omega_2) : \omega_1 \leq \omega_2\}$, so gilt $(A \cap H)^S = A^S \cap H^S = A \cap H^S \supseteq A \cap H^c$. Daraus folgt

$$A = A \cup A^S \supseteq (A \cap H) \cup (A \cap H)^S \supseteq (A \cap H) \cup (A \cap H^c) = A,$$

und dies impliziert $f^{-1}(A \cap H) = (A \cap H) \cup (A \cap H)^S = A \Rightarrow \mathfrak{C} \subseteq \mathfrak{S}(f)$. Somit ist $\mathfrak{S}(f)$ gerade die σ-Algebra $\mathfrak{C}$, der zur 45°-Geraden symmetrischen Borelmengen, und zwei Punkte sind $\mathfrak{S}(f)$-äquivalent, wenn sie durch Spiegelung an dieser Geraden ineinander übergehen

Definition 7.39. *Ist Ω eine Menge, $(\Omega_i, \mathfrak{S}_i)$, $i \in I$ eine Familie von Messräumen und $f_i : \Omega \to \Omega_i$, $i \in I$ eine Familie von Funktionen auf Ω, so heißt die kleinste σ-Algebra $\mathfrak{S}(f_i : i \in I)$, bezüglich der alle f_i $\mathfrak{S}(f_i : i \in I)|\mathfrak{S}_i$-messbar sind, die von $(f_i)_{i \in I}$ erzeugte σ-Algebra oder Initial-σ-Algebra.*

Bemerkung 7.40. *Offensichtlich gilt die folgende Beziehung*

$$\mathfrak{S}(f_i : i \in I) = \mathfrak{A}_\sigma \left(\bigcup_{i \in I} \mathfrak{S}(f_i) \right) = \mathfrak{A}_\sigma \left(\bigcup_{i \in I} f_i^{-1}(\mathfrak{S}_i) \right). \tag{7.6}$$

Man kann die σ-Algebren $\mathfrak{S}(f_i) = f_i^{-1}(\mathfrak{S}_i)$ in (7.6) durch die Urbilder $f_i^{-1}(\mathfrak{C}_i)$ von Erzeugendensystemen $\mathfrak{C}_i$ ersetzen, wie der folgende Satz zeigt.

Satz 7.41. *Sind $(f_i)_{i \in I}$ Abbildungen von Ω in Messräume $(\Omega_i, \mathfrak{S}_i)$, $i \in I$ und gilt für die Mengensysteme $\mathfrak{C}_i$, $i \in I$ jeweils $\mathfrak{S}_i = \mathfrak{A}_\sigma(\mathfrak{C}_i)$, dann gilt*

$$\mathfrak{S} := \mathfrak{S}(f_i : i \in I) = \mathfrak{A}_\sigma \left(\bigcup_{i \in I} f_i^{-1}(\mathfrak{C}_i) \right).$$

Beweis. Wegen $\bigcup_{i \in I} f_i^{-1}(\mathfrak{C}_i) \subseteq \bigcup_{i \in I} f_i^{-1}(\mathfrak{S}_i)$ gilt $\mathfrak{A}_\sigma \left(\bigcup_{i \in I} f_i^{-1}(\mathfrak{C}_i) \right) \subseteq \mathfrak{S}$.
Umgekehrt folgt aus Satz 2.62

$$f_j^{-1}(\mathfrak{S}_j) = f_j^{-1}(\mathfrak{A}_\sigma(\mathfrak{C}_j)) = \mathfrak{A}_\sigma \left(f_j^{-1}(\mathfrak{C}_j) \right) \subseteq \mathfrak{A}_\sigma \left(\bigcup_{i \in I} f_i^{-1}(\mathfrak{C}_i) \right) \quad \forall j \in I.$$

Deshalb gilt $\bigcup_{j \in I} f_j^{-1}(\mathfrak{S}_j) \subseteq \mathfrak{A}_\sigma \left(\bigcup_{i \in I} f_i^{-1}(\mathfrak{C}_i) \right)$. Daraus folgt unmittelbar

$$\mathfrak{S} = \mathfrak{A}_\sigma \left(\bigcup_{j \in I} f_j^{-1}(\mathfrak{S}_j) \right) \subseteq \mathfrak{A}_\sigma \left(\bigcup_{i \in I} f_i^{-1}(\mathfrak{C}_i) \right), \text{ womit der Satz bewiesen ist.}$$

Der nächste Satz zeigt, dass jede $\mathfrak{S}(f)$-messbare, reellwertige Abbildung eine Funktion von f ist und deshalb nicht mehr Information als f enthält.

Satz 7.42 (Faktorisierungslemma). *Sind $(\Omega_1, \mathfrak{S}_1)$ und $(\Omega_2, \mathfrak{S}_2)$ zwei Messräume so gilt für $f : (\Omega_1, \mathfrak{S}_1) \to (\Omega_2, \mathfrak{S}_2)$ und $g : \Omega_1 \to \mathbb{R}$*

$$g : (\Omega_1, f^{-1}(\mathfrak{S}_2)) \to (\mathbb{R}, \mathfrak{B}) \Leftrightarrow \exists h : (\Omega_2, \mathfrak{S}_2) \to (\mathbb{R}, \mathfrak{B}) : g = h \circ f.$$

Beweis. Dass die Zusammensetzung $g = h \circ f$ einer $\mathfrak{S}_2|\mathfrak{B}$-messbaren Funktion h mit f $f^{-1}(\mathfrak{S}_2)|\mathfrak{B}$-messbar ist, folgt unmittelbar aus Satz 7.12.

Ist hingegen g eine $f^{-1}(\mathfrak{S}_2)$-messbare Treppenfunktion mit der kanonischen Darstellung $g := \sum_{i=1}^{n} \alpha_i \mathbb{1}_{A_i}, A_i \in f^{-1}(\mathfrak{S}_2) \quad \forall 1 \leq i \leq n$, so gibt es zu jedem A_i ein $C_i \in \mathfrak{S}_2 : A_i = f^{-1}(C_i)$. Da aus $A_i \cap A_j = \emptyset$ für $i \neq j$ folgt

$$A_i \subseteq A_j^c = f^{-1}(C_j^c) \text{ gilt } A_i = f^{-1}(C_i) \cap \bigcap_{j \neq i} f^{-1}(C_j^c) = f^{-1} \left(C_i \setminus \bigcup_{j \neq i} C_j \right).$$

Aber die $D_i := C_i \setminus \bigcup_{j \neq i} C_j$ sind disjunkt, und für $h := \sum_{i=1}^{n} \alpha_i \mathbb{1}_{D_i}$ gilt

$$h(f(\omega)) = \sum_{i=1}^{n} \alpha_i \mathbb{1}_{D_i}(f(\omega)) = \sum_{i=1}^{n} \alpha_i \mathbb{1}_{f^{-1}(D_i)}(\omega) = \sum_{i=1}^{n} \alpha_i \mathbb{1}_{A_i}(\omega) = g(\omega).$$

Damit ist die andere Richtung für Treppenfunktionen gezeigt.

Zu jeder $f^{-1}(\mathfrak{S}_2)$-messbaren Funktion g gibt es eine Folge von Treppenfunktionen (t_n) aus $\mathfrak{T}(\Omega_1, f^{-1}(\mathfrak{S}_2))$ mit $g(\omega) = \lim_n t_n(\omega)$, und zu jedem t_n gibt es ein $h_n : (\Omega_2, \mathfrak{S}_2) \to (\mathbb{R}, \mathfrak{B})$ mit $t_n = h_n \circ f$. Dies bedeutet aber, dass gilt $g(\omega) = \lim_n t_n(\omega) = \lim_n h_n(f(\omega))$, d.h. für $\omega_2 := f(\omega)$ konvergiert $(h_n(\omega_2))$.

Daraus folgt $f(\Omega_1) \subseteq M := \left\{ \omega_2 \in \Omega_2 : \exists \lim_n h_n(\omega_2) \right\}$. Nach Folgerung 7.21 liegt M in $\mathfrak{S}_2$, und für $\hat{h} := \lim_n h_n$ gilt, wie in Bemerkung 7.23 festgestellt, $\hat{h} : (M, \mathfrak{S}_2 \cap M) \to (\mathbb{R}, \mathfrak{B})$. Somit ist $h(\omega_2) := \begin{cases} \hat{h}(\omega_2), & \omega_2 \in M \\ 0, & \omega_2 \notin M \end{cases}$

die gesuchte, auf ganz Ω_2 definierte, $\mathfrak{S}_2|\mathfrak{B}$-messbare Funktion, für die gilt $g(\omega) = \lim_n h_n(f(\omega)) = \hat{h}(f(\omega)) = h \circ f(\omega) \quad \forall\, \omega \in \Omega_1$.

7.6 Unabhängige Zufallsvariable

Die folgende Definition ist konsistent zu Definition 5.7.

Definition 7.43. *Eine Familie von Zufallsvektoren $(\mathbf{X}_i)_{i \in I}$ auf einem Wahrscheinlichkeitsraum $(\Omega, \mathfrak{S}, P)$ wird als unabhängig bezeichnet, wenn die Subsigmaalgebren $\mathfrak{S}(\mathbf{X}_i)$, $i \in I$ unabhängig sind.*

Bemerkung 7.44. *Die Koordinaten der $\mathbf{X}_i$ müssen nicht unabhängig sein.*

Satz 7.45. *Sind $\mathbf{X}_i : (\Omega, \mathfrak{S}) \to (\mathbb{R}^{k_i}, \mathfrak{B}_{k_i})$, $i \in I$ unabhängige Zufallsvektoren auf einem Wahrscheinlichkeitsraum $(\Omega, \mathfrak{S}, P)$ und sind die Funktionen $\mathbf{T}_i : (\mathbb{R}^{k_i}, \mathfrak{B}_{k_i}) \to (\mathbb{R}^{g_i}, \mathfrak{B}_{g_i}) \quad \forall\, i \in I$ messbar, so sind die zusammengesetzten Abbildungen $\mathbf{T}_i \circ \mathbf{X}_i$, $i \in I$ unabhängig.*

Beweis. Die obige Aussage folgt sofort aus $\mathfrak{S}(\mathbf{T}_i \circ \mathbf{X}_i) \subseteq \mathfrak{S}(\mathbf{X}_i) \quad \forall\, i \in I$.

Satz 7.46. *Ist $(\Omega, \mathfrak{S}, P)$ ein Wahrscheinlichkeitsraum, so ist die Familie der Zufallsvariablen $(X_i)_{i \in I}$ auf $(\Omega, \mathfrak{S}, P)$ unabhängig genau dann, wenn eine der untenstehenden Bedingungen für alle $\{i_1, \ldots, i_m\} \subseteq I$ erfüllt ist*

1. $P\left((X_{i_1}, \ldots, X_{i_m}) \in \prod_{j=1}^m B_j \right) = \prod_{j=1}^m P\left(X_{i_j} \in B_j \right) \quad \forall\, B_j \in \mathfrak{B}$,

2. $P\left((X_{i_1}, \ldots, X_{i_m}) \in \prod_{j=1}^m (a_j, b_j] \right) = \prod_{j=1}^m P\left(X_{i_j} \in (a_j, b_j] \right) \quad \forall\, a_j \leq b_j$,

3. $P\left(X_{i_1} \leq a_1, \ldots, X_{i_m} \leq a_m \right) = \prod_{j=1}^m P\left(X_{i_j} \leq a_j \right) \quad \forall\, a_j \in \mathbb{R}$.

Beweis. Wegen $\left[(X_{i_1}, \ldots, X_{i_m}) \in \prod\limits_{j=1}^{m} B_j \right] = \bigcap\limits_{j=1}^{m} [X_{i_j} \in B_j]$ entspricht Punkt 1.

gerade der Definition der Unabhängigkeit der $\mathfrak{S}(X_i)$.

Bedingung 2. folgt aus Bedingung 1. und Bedingung 3. aus Bedingung 2.

Schließlich folgt aus Punkt 3. nach Satz 5.8 die Unabhängigkeit der X_i, da die $\mathfrak{C}_i := \left\{ X_i^{-1}(-\infty, a] \right\}$ durchschnittsstabil sind und die $\mathfrak{S}(X_i)$ erzeugen.

Lemma 7.47. *Eine Folge von Zufallsvariablen X_n auf einem Wahrscheinlichkeitsraum $(\Omega, \mathfrak{S}, P)$ ist genau dann unabhängig, wenn $\mathbf{X}_1^{n-1}$ für alle $n \geq 2$ von X_n unabhängig ist.*

Beweis. Die Notwendigkeit der obigen Bedingung ist klar.

Um die umgekehrte Richtung zu beweisen, zeigen wir mit vollständiger Induktion, dass gilt

$$P\left(\left[\mathbf{X}_1^n \in \prod_{i=1}^{n} B_i \right] \right) = \prod_{i=1}^{n} P([X_i \in B_i]). \qquad (7.7)$$

Wegen $P((X_1, X_2) \in B_1 \times B_2) = P([X_1 \in B_1] \cap [X_2 \in B_2]) = \prod\limits_{i=1}^{2} P(X_i \in B_i)$ ist (7.7) für $n = 2$ richtig und, wenn (7.7) für $n - 1$ gilt, so folgt daraus

$$P\left(\mathbf{X}_1^n \in \prod_{i=1}^{n} B_i \right) = P\left(\left[\mathbf{X}_1^{n-1} \in \prod_{i=1}^{n-1} B_i \right] \cap [X_n \in B_n] \right) = \prod_{i=1}^{n} P(X_i \in B_i).$$

Damit ist die Gültigkeit von Gleichung (7.7) für alle $n \in \mathbb{N}$ gezeigt.

Ist nun $\{i_1, \ldots, i_m\}$ eine Teilmenge von $\mathbb{N}$, so wird aus (7.7) mit $n := \max\limits_{1 \leq j \leq m} i_j$ und $B_g := \mathbb{R}$ für alle Indizes aus $\{1, \ldots, n\} \setminus \{i_1, \ldots, i_m\}$ die Gleichung aus Punkt 1. des vorigen Satzes. Damit ist auch die andere Richtung bewiesen.

Definition 7.48. *Ein Zufallsvektor $\mathbf{X} : \Omega \to \mathbb{R}^k$ auf einem Wahrscheinlichkeitsraum $(\Omega, \mathfrak{S}, P)$ heißt diskret, wenn sein Wertebereich höchstens abzählbar ist.*

Lemma 7.49. *Ist $\mathbf{X}$ ein diskreter Zufallsvektor auf einem Wahrscheinlichkeitsraum $(\Omega, \mathfrak{S}, P)$, so gilt $\mathfrak{S}(\mathbf{X}) = \mathfrak{A}_\sigma(\{[\mathbf{X} = \mathbf{x}_n] : n \in \mathbb{N}\})$.*

Beweis. $[\mathbf{X} \in B] = \bigcup\limits_{\mathbf{x}_n \in B} [\mathbf{X} = \mathbf{x}_n] \quad \forall B \in \mathfrak{B}_k$.

Für Familien von diskreten Zufallsvariablen kann man Satz 7.46 durch ein einfacheres Unabhängigkeitskriterium ersetzen.

Satz 7.50. *Eine Familie $(X_i)_{i \in I}$ diskreter Zufallsvariabler auf einem Wahrscheinlichkeitsraum $(\Omega, \mathfrak{S}, P)$ ist genau dann unabhängig, wenn für alle endlichen Teilmengen $\{i_1, \ldots, i_m\} \subseteq I$ gilt*

$$P\left(X_{i_1} = x_1, \ldots, X_{i_m} = x_m \right) = \prod_{j=1}^{m} P\left(X_{i_j} = x_j \right) \quad \forall x_j \in \mathbb{R}.$$

Beweis. Diese Aussage folgt direkt aus Satz 5.8 und Lemma 7.49.

Lemma 7.51. *Eine Folge diskreter Zufallsvariabler X_n auf einem Wahrscheinlichkeitsraum $(\Omega, \mathfrak{S}, P)$ ist genau dann unabhängig, wenn*

$$P(X_1 = x_1, \ldots, X_n = x_n) = \prod_{j=1}^{n} P(X_i = x_i) \quad \forall\, x_i \in \mathbb{R}, \ n \in \mathbb{N}. \quad (7.8)$$

Beweis. Sind die X_n unabhängig, so gilt (7.8) gemäß Satz 7.50.
Aus (7.8) folgt andererseits die Unabhängigkeit von $\mathbf{X}_1^{n-1}$ und X_n $\forall\, n \geq 2$, und damit ist nach Lemma 7.47 auch die Folge (X_n) unabhängig.

Beispiel 7.52 (Unabhängigkeit der Ziffern einer gleichverteilten Zufallszahl). Für $b \in \mathbb{N}$, $b \geq 2$ und $x_i \in Z_b := \{0, \ldots, b-1\}$ $\forall\, i$ besteht das Intervall $\left[\sum_{i=1}^{n} \frac{x_i}{b^i}, \sum_{i=1}^{n} \frac{x_i}{b^i} + \frac{1}{b^n}\right)$ gerade aus den Zahlen $\omega \in [0,1)$, die in der Zahlendarstellung zur Basis b in den ersten n Nachkommastellen die Ziffern $x_1, \ldots, x_n$ besitzen. Dabei wird die endliche Entwicklung verwendet, wenn ω eine endliche und eine periodische Darstellung besitzt. Daher besteht die Vereinigung $\bigcup_{\mathbf{x}_1^{n-1} \in Z_b^{n-1}} \left[\sum_{i=1}^{n} \frac{x_i}{b^i}, \sum_{i=1}^{n} \frac{x_i}{b^i} + \frac{1}{b^n}\right)$ aus allen Zahlen, bei denen die Ziffer x_n an der n-ten Stelle, die wir mit X_n bezeichnen, steht.

Wegen $[X_n = x_n] = \bigcup_{\mathbf{x}_1^{n-1} \in Z_b^{n-1}} \left[\sum_{i=1}^{n} \frac{x_i}{b^i}, \sum_{i=1}^{n} \frac{x_i}{b^i} + \frac{1}{b^n}\right)$ $\forall\, x_n \in Z_b$ sind die X_n messbar auf $([0,1), \mathfrak{B} \cap [0,1))$ und damit Zufallsvariablen auf dem Wahrscheinlichkeitsraum $([0,1), \mathfrak{B} \cap [0,1), P = \lambda)$. Weiters gilt für alle $x_n \in Z_b$

$$P(X_n = x_n) = \sum_{\mathbf{x}_1^{n-1} \in Z_b^{n-1}} \lambda\left(\left[\sum_{i=1}^{n} \frac{x_i}{b^i}, \sum_{i=1}^{n} \frac{x_i}{b^i} + \frac{1}{b^n}\right)\right) = \frac{b^{n-1}}{b^n} = \frac{1}{b}.$$

Aus $[X_1 = x_1, \ldots, X_n = x_n] = \left[\sum_{i=1}^{n} \frac{x_i}{b^i}, \sum_{i=1}^{n} \frac{x_i}{b^i} + \frac{1}{b^n}\right)$ folgt

$$P(X_1 = x_1, \ldots, X_n = x_n) = \lambda\left(\left[\sum_{i=1}^{n} \frac{x_i}{b^i}, \sum_{i=1}^{n} \frac{x_i}{b^i} + \frac{1}{b^n}\right)\right) = \frac{1}{b^n},$$

und daher gilt $P(X_1 = x_1, \ldots, X_n = x_n) = \prod_{i=1}^{n} P(X_i = x_i)$ $\forall\, x_i \in Z_b$. Nach Lemma 7.51 impliziert dies die Unabhängigkeit der Folge (X_n).

Die Ziffern einer aus $[0,1)$ gleichverteilt ausgewählten Zahl, angeschrieben in einem Zahlensystem mit Basis $b \geq 2$, sind also voneinander unabhängig und nehmen alle möglichen Werte mit gleicher Wahrscheinlichkeit an.

Bemerkung 7.53. *Bereits in Kapitel 1.1 haben wir für $b = 6$ gezeigt, dass umgekehrt die Zahl, deren Ziffern aus einer Folge unabhängiger, auf $\{0, \ldots, b-1\}$*

gleichverteilter Zufallsvariabler gebildet werden, auf $[0, 1)$ gleichverteilt ist. Dass dies auch für jede andere Basis $b \geq 2$ gilt, sieht man, indem man der in 1.1 beschriebenen Vorgangsweise folgt und dort einfach 6 durch b ersetzt.

7.7 Verallgemeinertes Null-Eins-Gesetz von Kolmogoroff

Definition 7.54. *Eine einen Maßraum $(\Omega, \mathfrak{S}, \mu)$ betreffende Aussage A gilt μ-fast überall (i.Z. μ–fü), wenn sie bis auf eine μ-Nullmenge gilt.*
Ist P ein Wahrscheinlichkeitsmaß, so sagt man A gilt P-fast sicher (i.Z. P-fs).

Dies bedeutet, dass A jedenfalls auf dem Komplement N^c einer Menge $N \in \mathfrak{S}$ mit $\mu(N) = 0$ gilt, aber A kann auch für einzelne Punkte $\omega \in N$ gelten, sodass weder die Menge der Punkte, für die A gilt, noch die Menge der Punkte, für die A nicht gilt, messbar sein muss, wenn $\mathfrak{S}$ nicht μ-vollständig ist.

Wie bei Folgen unabhängiger Ereignisse kann man auch für Folgen unabhängiger Zufallsvariabler terminale Ereignisse definieren, für die eine verallgemeinerte Form des Kolmogoroff'schen 0-1-Gesetzes (Satz 5.13) gilt.

Definition 7.55. *Ist (X_n) eine Folge unabhängiger Zufallsvariabler auf einem Wahrscheinlichkeitsraum $(\Omega, \mathfrak{S}, P)$, so nennt man $\mathfrak{S}_\infty := \bigcap\limits_{n=1}^{\infty} \mathfrak{S}(X_n, X_{n+1}, \dots)$*
die σ-Algebra der terminalen Ereignisse (bzw. der asymptotischen Ereignisse).

Satz 7.56 (verallgemeinertes Null-Eins-Gesetz von Kolmogoroff). *Ist (X_n) eine Folge unabhängiger Zufallsvariabler auf einem Wahrscheinlichkeitsraum $(\Omega, \mathfrak{S}, P)$, so gilt $P(A) = 0 \vee P(A) = 1 \quad \forall A \in \mathfrak{S}_\infty$.*

Beweis. Aus $\mathfrak{S}(X_1, \dots, X_n) \subseteq \mathfrak{S} := \mathfrak{S}(X_1, X_2, \dots) \quad \forall n \in \mathbb{N}$ folgt

$$\bigcup_{n=1}^{\infty} \mathfrak{S}(X_1, \dots, X_n) \subseteq \mathfrak{S} \;\Rightarrow\; \widetilde{\mathfrak{S}} := \mathfrak{A}_\sigma \left(\bigcup_{n=1}^{\infty} \mathfrak{S}(X_1, \dots, X_n) \right) \subseteq \mathfrak{S} . \quad (7.9)$$

Umgekehrt gilt $\mathfrak{S}(X_n) \subseteq \mathfrak{S}(X_1, \dots, X_n) \quad \forall n \in \mathbb{N} \;\Rightarrow\; \bigcup\limits_{n} \mathfrak{S}(X_n) \subseteq \widetilde{\mathfrak{S}}$. Daraus folgt $\mathfrak{S} = \mathfrak{A}_\sigma \left(\bigcup\limits_{n=1}^{\infty} \mathfrak{S}(X_n) \right) \subseteq \widetilde{\mathfrak{S}}$, d.h. $\mathfrak{S} = \widetilde{\mathfrak{S}}$.

Da $\mathfrak{S}(X_1, \dots, X_n)$ und $\mathfrak{S}(X_{n+1}, X_{n+2} \dots)$ voneinander unabhängig sind, ist auch $\mathfrak{S}_\infty \subseteq \mathfrak{S}(X_{n+1}, X_{n+2} \dots)$ unabhängig von $\mathfrak{S}(X_1, \dots, X_n) \quad \forall n \in \mathbb{N}$. Somit ist $\bigcup\limits_{n=1}^{\infty} \mathfrak{S}(X_1, \dots, X_n)$ unabhängig von $\mathfrak{S}_\infty$. Da $\bigcup\limits_{n=1}^{\infty} \mathfrak{S}(X_1, \dots, X_n)$ durchschnittsstabil ist, folgt daraus nach Satz 5.8, die Unabhängigkeit von $\mathfrak{S}$ und $\mathfrak{S}_\infty$. Demnach ist $\mathfrak{S}_\infty \subseteq \mathfrak{S}$ zu sich selbst unabhängig, also gilt $P(A) = P(A \cap A) = P(A)^2 \;\Rightarrow\; P(A) = 0 \vee P(A) = 1 \quad \forall A \in \mathfrak{S}_\infty$.

Definition 7.57. *Ist $(\Omega, \mathfrak{S}, P)$ ein Wahrscheinlichkeitsraum, so nennt man eine σ-Algebra $\mathfrak{A} \subseteq \mathfrak{S}$ P-fs trivial, wenn $P(A) = 0 \vee P(A) = 1 \quad \forall A \in \mathfrak{A}$.*

Lemma 7.58. *Ist $(\Omega, \mathfrak{S}, P)$ ein Wahrscheinlichkeitsraum, so ist die σ-Algebra $\mathfrak{A} \subseteq \mathfrak{S}$ genau dann P-fs trivial, wenn alle $\mathfrak{A}$-messbaren Zufallsvariablen $X : (\Omega, \mathfrak{A}) \to (\mathbb{R}, \mathfrak{B})$ P-fs konstant sind.*

Beweis. Ist $\mathfrak{A}$ trivial und X $\mathfrak{A}$-messbar, so gilt $[X < a] \in \mathfrak{A}$ $\forall\, a \in \mathbb{R}$, d.h. $P(X < a) = 0 \vee P(X < a) = 1$.
Definiert man c durch $c := \sup \{a \in \mathbb{R} : P(X < a) = 0\}$, so ist $c = -\infty$ gleichbedeutend zu $X = -\infty$ P-fs und aus $c = \infty$ folgt $X = \infty$ P-fs.
Für $c := \sup \{a : P(X < a) = 0\} \in \mathbb{R}$ gilt schließlich

$$P(X < c + \tfrac{1}{n}) = 1 \wedge P(X < c - \tfrac{1}{n}) = 0 \quad \forall\, n \in \mathbb{N} \;\Rightarrow\; P(X = c) = 1.$$

Sind umgekehrt die $X : (\Omega, \mathfrak{A}) \to (\mathbb{R}, \mathfrak{B})$ P-fs konstant, so gilt für $A \in \mathfrak{A}$ $\mathbb{1}_A = 1$ P-fs, d.h. $P(A) = 1$, oder $\mathbb{1}_A = 0$ P-fs, d.h. $P(A) = 0$.

Folgerung 7.59. *Alle $\mathfrak{S}_\infty$-messbaren Zufallsvariablen X sind P-fs konstant.*

Beweis. Dies ergibt sich unmittelbar aus Satz 7.56 und Lemma 7.58.

Beispiel 7.60. Wir betrachten die Stichprobenmittelwerte $\overline{X}_n := \frac{1}{n} \sum\limits_{i=1}^{n} X_i$ einer Folge von unabhängigen Zufallsvariablen X_n.

Ist (a_n) eine Folge aus $\mathbb{R}$, so gilt $\lim\limits_n \frac{1}{n} \sum\limits_{i=1}^{m} a_i = 0$ $\forall\, m \in \mathbb{N}$. Daraus folgt

$$\limsup_n \overline{X}_n = \lim_n \frac{1}{n} \sum_{i=1}^{m} X_i + \limsup_n \frac{1}{n} \sum_{i=m+1}^{n} X_i = \limsup_n \frac{1}{n} \sum_{i=m+1}^{n} X_i.$$ Daher ist $\limsup\limits_n \overline{X}_n$ $\mathfrak{S}(X_m, X_{m+1}, \ldots)$-messbar für alle $m \in \mathbb{N}$, d.h. $\limsup\limits_n \overline{X}_n$ ist $\mathfrak{S}_\infty$-messbar. Ebenso zeigt man, dass auch $\liminf\limits_n \overline{X}_n$ terminal ist. Somit sind $\limsup\limits_n \overline{X}_n$ und $\liminf\limits_n \overline{X}_n$ P-fs konstant, und es gilt

$$P\left(\liminf_n \overline{X}_n = \limsup_n \overline{X}_n \right) = P\left(\exists \lim_n \overline{X}_n \right) = 0 \vee P\left(\exists \lim_n \overline{X}_n \right) = 1.$$

7.8 Cantor-Menge und nichtmessbare Mengen

In diesem Abschnitt betrachten wir den Raum $([0,1], \mathfrak{B} \cap [0,1], \lambda)$.

Die Vereinigung $C_n^c := \bigcup\limits_{\mathbf{x}_1^{n-1} \in \{0,1,2\}^{n-1}} \left(\sum\limits_{i=1}^{n-1} \frac{x_i}{3^i} + \frac{1}{3^n}, \sum\limits_{i=1}^{n-1} \frac{x_i}{3^i} + \frac{2}{3^n} \right)$ ist die Menge aller Zahlen aus $[0,1]$, deren n-te Ziffer in jeder triadischen Entwicklung 1 ist. So gehört bspw. $\frac{1}{3} = 0.1 = 0.0\dot{2}$ nicht zu C_1^c, da die periodische Form eine 0 als erste Ziffer besitzt. C_n^c stimmt bis auf die linken Randpunkte seiner Intervalle mit $[X_n = 1]$ aus Beispiel 7.52 überein. Daher unterscheiden sich auch die Durchschnitte $\bigcap\limits_{i=1}^{n} C_i^c$ und $\bigcap\limits_{i=1}^{n} [X_i = 1]$ nur in endlich vielen Punkten, und es gilt $\lambda(C_n^c) = \lambda(X_n = 1)$ bzw. $\lambda\left(\bigcap\limits_{i=1}^{n} C_i^c \right) = \lambda\left(\bigcap\limits_{i=1}^{n} [X_i = 1] \right)$.

Definition 7.61. *Die Menge* $C := \bigcap_n C_n$ *heißt Cantorsche Menge.*

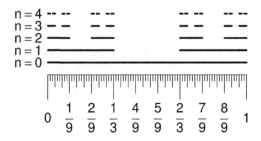

Abb. 7.2. Iterative Konstruktion der Cantorschen Menge

Die Cantorsche Menge ist also die Menge aller Zahlen aus $[0,1]$, die zumindest eine triadische Entwicklung ohne Ziffer 1 besitzen.

Satz 7.62. C *ist eine überabzählbare, abgeschlossene und nirgends dichte (siehe Definition A.20) Lebesgue-Nullmenge.*

Beweis. Da die C_n^c offen sind, ist C ein Durchschnitt abgeschlossener Mengen und deshalb selbst abgeschlossen.

Aus Satz 3.21 und der in Beispiel 7.52 gezeigten Unabhängigkeit der X_i folgt

$$\lambda(C) = \lim_n \lambda\left(\bigcap_{i=1}^{n} C_i\right) = \lim_n \lambda\left(\bigcap_{i=1}^{n}[X_i \neq 1]\right) = \lim_n \left(\frac{2}{3}\right)^n = 0\,.$$

C ist nirgends dicht, denn jedes Intervall (a,b) mit $b - a > 0$ enthält für $n > \frac{3}{b-a}$ ein Intervall $\left(\sum\limits_{i=1}^{n-1} \frac{x_i}{3^i} + \frac{1}{3^n},\ \sum\limits_{i=1}^{n-1} \frac{x_i}{3^i} + \frac{2}{3^n}\right)$, das in $C_n^c \subseteq C^c$ liegt.

Jedem $x := \sum\limits_{i=1}^{\infty} \frac{x_i}{3^i}$, $x_i \in \{0,2\}$ aus C wird durch $F_C(x) := \sum\limits_{i=1}^{\infty} \frac{x_i/2}{2^i}$ bijektiv eine Zahl aus $[0,1]$ zugeordnet. Daher ist C überabzählbar.

Man kann nun die Existenz nicht-messbarer Mengen zeigen.

Satz 7.63. *Das Auswahlaxiom vorausgesetzt gilt* $\mathfrak{B} \subset \mathfrak{L} \subset \mathfrak{P}(\mathbb{R})$.

Beweis. Bereits in Kapitel 1.1 wurde, das Auswahlaxiom vorausgesetzt, gezeigt, dass es eine Menge $A \subset [0,1]$ gibt, für die weder $\lambda(A) > 0$ noch $\lambda(A) = 0$ gelten kann. Daraus folgt $A \notin \mathfrak{L}$.

Ist $y := \sum\limits_{i=1}^{\infty} \frac{y_i}{2^i}$, $y_i \in \{0,1\}$ die Binärdarstellung von $y \in [0,1]$, so wird durch $F_C^{-1}(y) = \sum\limits_{i=1}^{\infty} \frac{2y_i}{3^i}$ die Umkehrfunktion von F_C gebildet. Wie man leicht sieht, sind F_C und F_C^{-1} monoton und damit nach Satz 7.10 Borel-messbar.

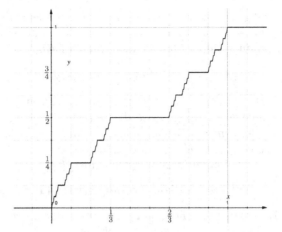

Abb. 7.3. Graph der Cantorschen Funktion F_C

Wegen $F_C^{-1} : [0,1] \to C$ gilt $F_C^{-1}(A) \subseteq C \;\Rightarrow\; \lambda(F_C^{-1}(A)) = 0$, d.h. $F_C^{-1}(A) \in \mathfrak{L}$. Aus $F_C^{-1}(A) \in \mathfrak{B}$ müsste auf Grund der Borel-Messbarkeit von F_C^{-1} folgen $\left(F_C^{-1}\right)^{-1}\left(F_C^{-1}(A)\right) = F_C\left(F_C^{-1}(A)\right) = A \in \mathfrak{B} \subseteq \mathfrak{L}$, was im Widerspruch zu $A \notin \mathfrak{L}$ steht.

7.9 Konvergenzarten

Auf einem Maßraum $(\Omega, \mathfrak{S}, \mu)$ spielt das Verhalten von Funktionen auf einer μ-Nullmenge i.A. keine Rolle. Deshalb werden in diesem Abschnitt die aus der Analysis bekannten Konvergenzarten in geeigneter Weise angepasst.

Bemerkung 7.64. *Unterscheidet man nicht zwischen Funktionen, die μ–fü gleich sind, so wird dadurch eine Äquivalenzrelation $f \sim g := f = g$ μ–fü auf $\mathrm{M}(\Omega, \mathfrak{S})$ festgelegt. $\mathrm{M}(\Omega, \mathfrak{S}, \mu)$ bezeichnet den Raum der damit gebildeten Äquivalenzklassen. Üblicherweise wird in der Notation nicht zwischen Funktionen und den sie enthaltenden Äquivalenzklassen differenziert, d.h. f steht sowohl für eine Funktion, als auch für ihre zugehörige Äquivalenzklasse.*

Bemerkung 7.65. *Manchmal wird auch der Begriff der μ-fast überall messbaren Funktion f verwendet, das ist entsprechend Definition 7.54 eine Funktion, die auf $(N^c, \mathfrak{S} \cap N^c)$ mit $\mu(N) = 0$ messbar ist. $\mathrm{M}(\Omega, \mathfrak{S}, \mu)$ bzw. M_μ, wenn der Bezug auf $(\Omega, \mathfrak{S})$ klar ist, bezeichnet die Menge der μ-fü messbaren Funktionen. Entsprechend definiert man $\mathrm{M}_\mu^+ := \mathrm{M}^+(\Omega, \mathfrak{S}, \mu) := \{f \in \mathrm{M}_\mu : f \geq 0 \quad \mu\text{–fü}\}$.*
Dieser Begriff ist jedoch ohne große praktische Bedeutung, da einerseits $\tilde{f} := f \, \mathbb{1}_{N^c}$ auf $(\Omega, \mathfrak{S}, \mu)$ messbar ist und μ-fast überall mit f übereinstimmt, und andererseits auf vollständigen Räumen jede μ–fü messbare Funktion auch messbar ist, sodass dort beide Begriffe zusammenfallen. Hinzu kommt, dass auf

den besonders wichtigen σ-endlichen Räumen die Voraussetzung der Vollständigkeit wegen Folgerung 4.22 keine wirkliche Einschränkung darstellt.

Der Begriff ist manchmal in Integralaussagen zu finden.

Als erstes betrachten wir die gleichmäßige Konvergenz.

Definition 7.66. *Ist $(\Omega, \mathfrak{S}, \mu)$ ein Maßraum, so konvergiert eine Folge (f_n) messbarer Funktionen gleichmäßig μ-fast überall (bzw. P–fs) gegen eine Funktion f, wenn es eine μ-Nullmenge N gibt, sodass (f_n) auf N^c gleichmäßig gegen f konvergiert. Die Folge (f_n) ist eine μ–fü gleichmäßig konvergente Cauchyfolge, wenn sie auf N^c eine gleichmäßig konvergente Cauchyfolge ist.*

Wichtig im Zusammenhang mit dieser Konvergenzart ist der folgende Begriff.

Definition 7.67. *Eine messbare Funktion f auf einem Maßraum $(\Omega, \mathfrak{S}, \mu)$ heißt μ-fast überall beschränkt, wenn es ein $c \in \mathbb{R}$ gibt mit $\mu(|f| > c) = 0$.*

$$\|f\|_\infty := \text{ess sup } f := \inf\{c \in \mathbb{R}: \ \mu(|f| > c) = 0\}$$

wird als das essentielle Supremum von f bezeichnet.
$\mathcal{L}_\infty := \mathcal{L}_\infty(\Omega, \mathfrak{S}, \mu) := \{f \in \mathcal{M}(\Omega, \mathfrak{S}, \mu): \|f\|_\infty < \infty\}$, $\mathbf{L}_\infty := \mathbf{L}_\infty(\Omega, \mathfrak{S}, \mu)$ ist der Raum der Äquivalenzklassen μ–fü gleicher Funktionen aus $\mathcal{L}_\infty$.

Bemerkung 7.68. *Klarerweise gilt $|f| \leq \|f\|_\infty$ μ-fü.*

Wir werden zeigen, dass $\| \ \|_\infty$, wie die Bezeichnungsweise schon vermuten lässt, eine Norm auf $\mathbf{L}_\infty$ darstellt und die gleichmäßige Konvergenz μ-fü gerade der Konvergenz bezüglich dieser Norm entspricht.

Satz 7.69. *Ist $(\Omega, \mathfrak{S}, \mu)$ ein Maßraum, so ist $\mathbf{L}_\infty(\Omega, \mathfrak{S}, \mu)$ ein Banachraum (siehe Definition A.69), d.h. auf $\mathbf{L}_\infty(\Omega, \mathfrak{S}, \mu)$ gelten folgende Aussagen*

1. *$\|f\|_\infty = 0 \Leftrightarrow f = 0 \ \mu - fü$,*
2. *$f \in \mathbf{L}_\infty$, $\alpha \in \mathbb{R} \Rightarrow \alpha f \in \mathbf{L}_\infty \wedge \|\alpha f\|_\infty = |\alpha| \|f\|_\infty$,*
3. *$f, g \in \mathbf{L}_\infty \Rightarrow f + g \in \mathbf{L}_\infty \wedge \|f + g\|_\infty \leq \|f\|_\infty + \|g\|_\infty$,*
4. *(f_n) konvergiert gleichmäßig μ-fü $\Leftrightarrow \lim\limits_{n,m\to\infty} \|f_n - f_m\|_\infty = 0$,*

   (f_n) konvergiert gleichmäßig μ–fü gegen $f \Leftrightarrow \lim\limits_{n\to\infty} \|f_n - f\|_\infty = 0$,
5. *$\lim\limits_{n,m\to\infty} \|f_n - f_m\|_\infty = 0 \Leftrightarrow \exists f \in \mathbf{L}_\infty: \lim\limits_{n\to\infty} \|f_n - f\|_\infty = 0$.*

   f ist μ–fü eindeutig bestimmt.

Beweis. ad 1.: Aus $f = 0$ μ-fü folgt $\mu(|f| > c) = 0$ $\forall c > 0 \Rightarrow \|f\|_\infty = 0$.
Aus $\|f\|_\infty = 0$. folgt andererseits $\mu\left([|f| > \frac{1}{k}]\right) = 0$ $\forall k \in \mathbb{N}$. Daher gilt

$$\mu([f \neq 0]) = \mu\left(\bigcup_k [|f| > \tfrac{1}{k}]\right) = 0, \text{ also } f = 0 \ \mu\text{-fü.}$$

ad 2.: Dieser Punkt ist offensichtlich.

ad 3.: Gemäß Bemerkung 7.68 gilt $|f + g| \leq |f| + |g| \leq \|f\|_\infty + \|g\|_\infty$ μ-fü .
Daraus folgt $f + g \in \mathbf{L}_\infty$ und $\|f + g\|_\infty \leq \|f\|_\infty + \|g\|_\infty$.

ad 4.: Konvergiert (f_n) gleichmäßig μ–fü, so gibt es eine μ-Nullmenge N und zu jedem $\varepsilon > 0$ ein n_ε, sodass für alle $\omega \in N^c$ und $n, m \geq n_\varepsilon$ gilt $|f_n(\omega) - f_m(\omega)| \leq \varepsilon \ \Rightarrow \ \|f_n - f_m\|_\infty \leq \varepsilon$. D.h. $\lim_{n,m \to \infty} \|f_n - f_m\|_\infty = 0$.

Umgekehrt folgt aus $\lim_{n,m \to \infty} \|f_n - f_m\|_\infty = 0$, dass es zu jedem $k \in \mathbb{N}$ ein n_k gibt, sodass gilt $\mu\left(|f_n - f_m| > \frac{1}{k}\right) = 0 \ \ \forall \, n, m \geq n_k$. Daher ist $N := \bigcup_{k} \bigcup_{n,m \geq n_k} \left[|f_n - f_m| > \frac{1}{k}\right]$ eine μ-Nullmenge. Aber auf N^c bilden die f_n offensichtlich eine gleichmäßig konvergente Cauchy-Folge.

Ersetzt man oben f_m durch f, so erhält man die 2-te Aussage des Punktes.

ad 5.: Gilt $\lim_{n,m \to \infty} \|f_n - f_m\|_\infty = 0$, so gibt es wegen 4. eine μ-Nullmenge N, sodass (f_n) auf N^c eine gleichmäßig konvergente Cauchyfolge ist. Daher existiert ein eindeutig bestimmter Grenzwert $\tilde{f}(\omega) := \lim_n f_n(\omega) \ \forall \, \omega \in N^c$.

Zu jedem $\varepsilon > 0$ gibt es ein n_ε mit $|f_n(\omega) - f_m(\omega)| < \varepsilon \ \ \forall \, \omega \in N^c$ für $n, m \geq n_\varepsilon$. Da der Betrag $|\ |$ stetig ist, folgt daraus für $n \geq n_\varepsilon$

$$\left|\tilde{f}(\omega) - f_n(\omega)\right| = \lim_m |f_m(\omega) - f_n(\omega)| \leq \varepsilon \ \forall \, \omega \in N^c,$$ d.h. (f_n) konvergiert auf N^c gleichmäßig gegen $\tilde{f}$. Damit konvergiert (f_n) aber auch gleichmäßig μ-fü gegen $f := \tilde{f} \, \mathbb{1}_{N^c}$. Wegen $|f(\omega)| = 0 \ \ \forall \, \omega \in N$ und $$|f(\omega)| = \left|\tilde{f}(\omega)\right| \leq \left|\tilde{f}(\omega) - f_n(\omega)\right| + |f_n(\omega)| \leq \varepsilon + \|f_n\|_\infty < \infty \ \ \forall \, \omega \in N^c$$ ist f μ–fü beschränkt, also $f \in \mathbf{L}_\infty$.

Der Beweis der umgekehrten Implikation ist trivial, denn, wenn es ein $f \in \mathbf{L}_\infty$ mit $\lim_n \|f_n - f\|_\infty = 0$ gibt, so gilt nach Punkt 3.

$$\|f_n - f_m\|_\infty = \|f_n - f + f - f_m\|_\infty \leq \|f_n - f\|_\infty + \|f - f_m\|_\infty \to 0.$$

Nicht mit der gleichmäßigen Konvergenz verwechseln darf man die μ-fast gleichmäßige Konvergenz, die im folgenden beschrieben wird.

Definition 7.70. *Eine Folge (f_n) messbarer Funktionen auf einem Maßraum $(\Omega, \mathfrak{S}, \mu)$ konvergiert μ-fast gleichmäßig, wenn es zu jedem $\delta > 0$ ein $N_\delta \in \mathfrak{S}$ gibt mit $\mu(N_\delta) \leq \delta$, sodass (f_n) auf N_δ^c gleichmäßig konvergiert.*

Beispiel 7.71. Auf $([0,1], \mathfrak{B} \cap [0,1], \lambda)$ konvergiert $f_n(\omega) := \omega^n$, $n \in \mathbb{N}$ nicht gleichmäßig gegen 0 λ-fü, aber die Folge konvergiert auf jedem Intervall $[0, 1 - \delta]$, $0 < \delta < 1$ gleichmäßig. Weil gilt $\lambda((1 - \delta, 1]) \leq \delta$, konvergiert sie somit λ-fast gleichmäßig gegen 0.

Die μ-fast gleichmäßige Konvergenz lässt sich wie folgt charakterisieren:

Satz 7.72. *Eine Folge (f_n) messbarer, reellwertiger Funktionen auf einem Maßraum $(\Omega, \mathfrak{S}, \mu)$ konvergiert genau dann μ-fast gleichmäßig, wenn gilt*

$$\lim_m \mu \left(\bigcup_{i,j \geq m} [|f_i - f_j| > \varepsilon] \right) = 0 \quad \forall \, \varepsilon > 0. \tag{7.10}$$

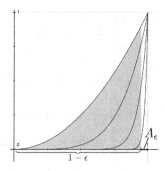

Abb. 7.4. Fast gleichmäßige Konvergenz von $f_n(\omega) = \omega^n$

Beweis. Konvergiert (f_n) fast gleichmäßig, so gibt es für alle $\delta > 0$ ein $N_\delta \in \mathfrak{S}$ mit $\mu(N_\delta) \leq \delta$, sodass zu jedem $\varepsilon > 0$ ein $m := m(\varepsilon, \delta)$ existiert, zu dem für alle $\omega \in N_\delta^c$ gilt $|f_i(\omega) - f_j(\omega)| \leq \varepsilon \; \forall \; i, j \geq m$, d.h. $N_\delta^c \subseteq \bigcap_{i,j \geq m} [\,|f_i - f_j| \leq \varepsilon\,]$. Das impliziert $N_\delta \supseteq \bigcup_{i,j \geq m} [\,|f_i - f_j| > \varepsilon\,]$. Also

gilt $\mu\left(\bigcup_{i,j \geq n} [\,|f_i - f_j| > \varepsilon\,]\right) \leq \delta \quad \forall\, n \geq m$. Das ist äquivalent zu (7.10).

Gilt umgekehrt (7.10), so gibt es für alle $\delta > 0$ und $k \in \mathbb{N}$ ein $m := m(k, \delta)$

mit $\mu\left(\bigcup_{i,j \geq m} \left[\,|f_i - f_j| > \tfrac{1}{k}\,\right]\right) < \tfrac{\delta}{2^k} \Rightarrow \mu\left(\bigcup_k \bigcup_{i,j \geq m} \left[\,|f_i - f_j| > \tfrac{1}{k}\,\right]\right) < \delta$.

Auf $N_\delta^c := \bigcap_k \bigcap_{i,j \geq m} \left[\,|f_i - f_j| \leq \tfrac{1}{k}\,\right]$ konvergiert (f_n) gleichmäßig, denn aus $i, j \geq m$ folgt $|f_i(\omega) - f_j(\omega)| \leq \tfrac{1}{k} \quad \forall\, \omega \in N_\delta^c$, und m hängt nicht von ω ab.

Bemerkung 7.73. *Es gilt natürlich* $\bigcup_{i,j \geq m} [\,|f_i - f_j| > \varepsilon\,] \supseteq \bigcup_{i > m} [\,|f_i - f_m| > \varepsilon\,]$. *Da aus* $[\,|f_i - f_j| > \varepsilon\,] \subseteq \left[\,|f_i - f_m| > \tfrac{\varepsilon}{2}\,\right] \cup \left[\,|f_m - f_j| > \tfrac{\varepsilon}{2}\,\right]$ *andererseits auch folgt* $\bigcup_{i,j \geq m} [\,|f_i - f_j| > \varepsilon\,] \subseteq \bigcup_{i > m} \left[\,|f_i - f_m| > \tfrac{\varepsilon}{2}\,\right]$, *ist Bedingung (7.10) und damit die μ-fast gleichmäßige Konvergenz der Folge (f_n) weiters äquivalent zu*

$$\lim_m \mu\left(\bigcup_{i > m} [\,|f_i - f_m| > \varepsilon\,]\right) = 0 \quad \forall\, \varepsilon > 0. \tag{7.11}$$

Satz 7.74. *Ist $(\Omega, \mathfrak{S}, \mu)$ ein Maßraum, so bilden die messbaren Funktionen f_n genau dann eine μ-fast gleichmäßig konvergente Cauchy-Folge, wenn es eine messbare Funktion f gibt, sodass (f_n) μ-fast gleichmäßig gegen f konvergiert. f ist μ–fü eindeutig bestimmt.*

Beweis. Falls (f_n) μ-fast gleichmäßig konvergiert, existiert zu jedem $k \in \mathbb{N}$ ein $A_k \in \mathfrak{S}$ mit $\mu(A_k^c) \leq \tfrac{1}{k}$, auf dem (f_n) gleichmäßig konvergiert. Daher folgt aus Satz 7.69 Punkt 4. und 5. angewandt auf $(A_k, \mathfrak{S} \cap A_k, \mu)$ die Existenz einer Funktion $\tilde{f}$, gegen die (f_n) auf A_k gleichmäßig konvergiert.

Da $\tilde{f}(\omega)$ für alle $\omega \in \bigcup_k A_k$ eindeutig bestimmt ist und gilt $\mu\left(\bigcap_k A_k^c\right) = 0$, erhält man mit $f := \tilde{f}\, \mathbb{1}_{\bigcup_k A_k}$ eine μ–fü eindeutig bestimmte, messbare Funktion, gegen die die f_n μ-fast gleichmäßig konvergieren.

Die umgekehrte Aussage folgt sofort aus $|f_n - f_m| \le |f_n - f| + |f - f_m|$.

Wie aus dem obigen Beweis hervorgeht, konvergiert eine μ-fast gleichmäßig konvergente Folge punktweise, abgesehen von einer Nullmenge $(\bigcap_k A_k^c)$.

Wir führen für diese Art der Konvergenz eine eigene Bezeichnung ein.

Definition 7.75. *Eine Folge (f_n) messbarer Funktionen auf einem Maßraum $(\Omega, \mathfrak{S}, \mu)$ ist eine Cauchy-Folge μ–fü (konvergiert μ–fü), wenn es ein $N^c \in \mathfrak{S}$ mit $\mu(N) = 0$ gibt, sodass die $(f_n(\omega))$ für alle $\omega \in N^c$ Cauchy-Folgen sind.*
Die Folge (f_n) konvergiert μ–fü gegen eine Funktion f, wenn für alle $\omega \in N^c$ gilt $\lim_n f_n(\omega) = f(\omega)$ (i.Z. $\lim_n f_n = f$ μ–fü bzw. $f_n \to f$ μ–fü).
Auf Wahrscheinlichkeitsräumen $(\Omega, \mathfrak{S}, P)$ sagt man stattdessen die Folge (X_n) ist eine Cauchy-Folge P–fs, konvergiert P–fs oder konvergiert P–fs gegen X (i.Z. $\lim_n X_n = X$ P–fs bzw. $X_n \to X$ P–fs).

Bemerkung 7.76. *Für erweitert reellwertige f_n ist $\lim_n f_n = f$ μ–fü so zu verstehen, dass es eine μ-Nullmenge N gibt und für alle $\varepsilon > 0$ und $\omega \in N^c$ ein $n_0(\varepsilon, \omega) \in \mathbb{N}$ existiert, sodass für alle $n \ge n_0(\varepsilon, \omega)$ gilt $f_n(\omega) < -\frac{1}{\varepsilon}$ falls $f(\omega) = -\infty$, $f_n(\omega) > \frac{1}{\varepsilon}$ falls $f(\omega) = \infty$ und $|f_n(\omega) - f(\omega)| < \varepsilon$ falls $f(\omega) \in \mathbb{R}$.*

Lemma 7.77. *Eine Folge (f_n) messbarer, reellwertiger Funktionen auf einem Maßraum $(\Omega, \mathfrak{S}, \mu)$ ist eine Cauchy-Folge μ–fü genau dann, wenn es ein $f \in \mathcal{M}$ gibt, sodass $\lim_n f_n = f$ μ–fü. f ist μ–fü eindeutig bestimmt.*

Beweis. Ist (f_n) eine Cauchy-Folge auf dem Komplement der μ-Nullmenge N, so gibt es nach dem Cauchyschen Konvergenzkriterium für alle $\omega \in N^c$ einen Grenzwert $\tilde{f}(\omega) := \lim_n f_n(\omega)$. Somit gilt $f := \tilde{f}\, \mathbb{1}_{N^c} = \lim_n f_n$ μ–fü mit $f \in \mathcal{M}$. Gibt es ein g und eine μ-Nullmenge N_1 mit $\lim_n f_n(\omega) = g(\omega)$ $\forall\, \omega \in N_1^c$, so gilt $f(\omega) = g(\omega)$ $\forall\, \omega \in N^c \cap N_1^c$, und $N \cup N_1$ ist ebenfalls eine μ-Nullmenge.

Die Umkehrung folgt wieder aus $|f_n - f_m| \le |f_n - f| + |f - f_m|$.

Für die μ–fü-Konvergenz gilt das folgende Kriterium:

Lemma 7.78. *Eine Folge (f_n) messbarer, reellwertiger Funktionen auf einem Maßraum $(\Omega, \mathfrak{S}, \mu)$ konvergiert genau dann μ–fü, wenn*

$$\mu\left(\bigcap_n \bigcup_{i,j \ge n} [\, |f_i - f_j| > \varepsilon \,]\right) = 0 \quad \forall\, \varepsilon > 0. \tag{7.12}$$

Beweis. Es gilt $N^c := \bigcap_k \bigcup_n \bigcap_{i,j\geq n} \left[\,|f_i - f_j| \leq \tfrac{1}{k}\,\right] = \left[\lim_{i,j\geq n} |f_i - f_j| = 0\right]$, denn

$\omega \in N^c \Leftrightarrow \forall k \ \exists n : |f_i(\omega) - f_j(\omega)| \leq \tfrac{1}{k} \ \forall i,j \geq n$. Daher konvergiert (f_n) genau dann μ–fü, wenn $\mu(N) = 0$. Aber $N = \bigcup_k \bigcap_n \bigcup_{i,j\geq n} \left[\,|f_i - f_j| > \tfrac{1}{k}\,\right]$

ist genau dann eine μ-Nullmenge, wenn die zu (7.12) äquivalente Bedingung

$$\mu\left(\bigcap_n \bigcup_{i,j\geq n} \left[\,|f_i - f_j| > \tfrac{1}{k}\,\right]\right) = 0 \quad \forall k \in \mathbb{N} \text{ gilt.}$$

Bemerkung 7.79. *Die in Bemerkung 7.73 gemachten Argumente zeigen, dass man (7.12) ersetzen kann durch*

$$\mu\left(\bigcap_n \bigcup_{i>n}[\,|f_i - f_n| > \varepsilon\,]\right) = 0 \quad \forall \varepsilon > 0. \tag{7.13}$$

Wir wollen nun die im Anschluss an Satz 7.74 getroffene Feststellung, dass fast gleichmäßige Konvergenz μ–fü punktweise Konvergenz impliziert, als Lemma formulieren.

Lemma 7.80. *Ist (f_n) eine μ-fast gleichmäßig konvergente Folge messbarer, reellwertiger Funktionen auf einem Maßraum $(\Omega, \mathfrak{S}, \mu)$, so gilt*

$$\lim_{i,j\geq n} |f_i - f_j| = 0 \quad \mu\text{–fü}. \tag{7.14}$$

Beweis. Dies ergibt sich einerseits unmittelbar aus dem Beweis von Satz 7.74, andererseits aber auch aus den beiden Kriterien Satz 7.72 und Lemma 7.78, denn nach Satz 3.21 (Stetigkeit von oben) folgt aus (7.10) sofort (7.12), d.h.

$$\lim_n \mu\left(\bigcup_{i,j\geq n}[\,|f_i - f_j| > \varepsilon\,]\right) = 0 \ \Rightarrow \ \mu\left(\bigcap_n \bigcup_{i,j\geq n}[\,|f_i - f_j| > \varepsilon\,]\right) = 0.$$

Aus (7.12) folgt (7.10) i.A. nicht. Tatsächlich gibt es μ–fü konvergente Folgen, die nicht fast gleichmäßig konvergieren, wie das nächste Beispiel zeigt.

Beispiel 7.81. Auf $(\mathbb{N}, \mathfrak{P}(\mathbb{N}), \zeta)$ mit $\zeta(A) = |A| \ \forall A \in \mathfrak{P}(\mathbb{N})$ konvergieren die Funktionen $f_n := \mathbb{1}_{\{1,\ldots,n\}}$ punktweise, und damit auch ζ-fü gegen $f \equiv 1$. Da aus $\zeta(A) < \varepsilon < 1$ folgt $A = \emptyset$, entspricht die ζ-fast gleichmäßige Konvergenz in diesem Beispiel der gleichmäßigen Konvergenz. Doch (f_n) konvergiert auf $\mathbb{N}$ zweifellos nicht gleichmäßig gegen $f \equiv 1$.

Doch unter einer zusätzlichen Voraussetzunng gilt auch die Umkehrung.

Satz 7.82 (Satz von Egoroff). *Auf einem endlichen Maßraum $(\Omega, \mathfrak{S}, \mu)$ konvergiert jede μ–fü-konvergente Funktionenfolge (f_n) auch μ-fast gleichmäßig.*

Beweis. Auf endlichen Räumen gilt $\lim_n \mu(A_n) = \mu(A)$ für jede monoton fallende Folge (A_n) aus $\mathfrak{S}$ (siehe Satz 3.21). Daher folgt in diesem Fall aus der zur Konvergenz μ–fü äquivalenten Bedingung (7.12) Bedingung (7.10), welche μ-fast gleichmäßige Konvergenz impliziert.

Schwächt man die Bedingung $\lim\limits_n \mu \left(\bigcup\limits_{i,j \geq n} [\,|f_i - f_j| > \varepsilon\,] \right) = 0 \quad \forall\, \varepsilon > 0$ etwas ab, so führt dies zu einem von F. Riesz eingeführten Konvergenzbegriff, der vor allem in der Wahrscheinlichkeitstheorie sehr wichtig ist.

Definition 7.83. *Eine Folge (f_n) messbarer, reellwertiger Funktionen auf einem Maßraum $(\Omega, \mathfrak{S}, \mu)$ konvergiert im Maß (bzw. in Wahrscheinlichkeit), wenn*

$$\lim_{n \to \infty} \sup_{i,j \geq n} \mu(\,|f_i - f_j| > \varepsilon\,) = 0 \quad \forall\, \varepsilon > 0. \tag{7.15}$$

Die Folge f_n konvergiert im Maß (bzw. in Wahrscheinlichkeit) gegen $f \in \mathfrak{M}$ (i.Z. $\mu - \lim\limits_n f_n = f$ bzw. $f_n \overset{\mu}{\to} f$), wenn gilt

$$\lim_{n \to \infty} \mu(\,|f_n - f| > \varepsilon\,) = 0 \quad \forall\, \varepsilon > 0. \tag{7.16}$$

Satz 7.84. *Konvergiert eine Folge (f_n) auf einem Maßraum $(\Omega, \mathfrak{S}, \mu)$ μ-fast gleichmäßig, so konvergiert sie auch im Maß.*

Beweis. Aus $[\,|f_i - f_j| > \varepsilon\,] \subseteq \bigcup\limits_{i,j \geq n} [\,|f_i - f_j| > \varepsilon\,] \quad \forall\, i,j \geq n$ folgt natürlich

$\sup\limits_{i,j \geq n} \mu([\,|f_i - f_j| > \varepsilon\,]) \leq \mu \left(\bigcup\limits_{i,j \geq n} [\,|f_i - f_j| > \varepsilon\,] \right)$, und daher impliziert die zur μ-fast gleichmäßigen Konvergenz äquivalente Bedingung (7.10) die Definitionsgleichung (7.15) für die Konvergenz im Maß.

Satz 7.85. *Konvergiert eine Folge (f_n) auf einem endlichen Maßraum $(\Omega, \mathfrak{S}, \mu)$ μ–fü, so konvergiert sie auch im Maß.*

Beweis. Dies folgt sofort aus dem Satz von Egoroff (Satz 7.82) und Satz 7.84.

Bemerkung 7.86. *Die Aussage des obigen Satzes ist für beliebige Maßräume i.A. nicht richtig, so konvergiert die Folge aus Beispiel 7.81 punktweise aber nicht gleichmäßig. Doch auf $(\mathbb{N}, \mathfrak{P}(\mathbb{N}), \zeta)$ mit $\zeta(A) = |A| \quad \forall\, A \in \mathfrak{P}(\mathbb{N})$ ist die Konvergenz im Maß äquivalent zur gleichmäßigen Konvergenz, da aus $\lim\limits_n \zeta(\,|f_n - f| > \varepsilon\,) = 0$ folgt $[\,|f_n - f| > \varepsilon\,] = \emptyset$ für hinreichend großes n.*

Aber auf endlichen Räumen ist die Konvergenz im Maß schwächer als die Konvergenz μ–fü, wie das folgende Beispiel zeigt.

Beispiel 7.87. Auf dem Raum $([0,1], \mathfrak{B} \cap [0,1], \lambda)$ konvergieren die Funktionen $\mathbb{1}_{\left[\frac{n-[\sqrt{n}]^2}{2[\sqrt{n}]+1}, \frac{n+1-[\sqrt{n}]^2}{2[\sqrt{n}]+1}\right]}$ im Maß, weil $\lambda \left(\left[\frac{n-[\sqrt{n}]^2}{2[\sqrt{n}]+1}, \frac{n+1-[\sqrt{n}]^2}{2[\sqrt{n}]+1} \right] \right) = \frac{1}{2[\sqrt{n}]+1} \to 0$.

Da die Trägerintervalle der obigen Indikatoren zwischen je 2 aufeinanderfolgenden Quadratzahlen m^2 und $(m+1)^2$ das Intervall $[0,1]$ von links nach rechts durchlaufen, gilt $f_{n(m)}(\omega) = 1 \quad \forall\, m \in \mathbb{N}$ mit $n(m) := m^2 + \frac{[\omega(2m+1)]}{2m+1}$. Daher konvergiert (f_n) in keinem einzigen Punkt von $[0,1]$.

Satz 7.88. *Ist* $(\Omega, \mathfrak{S}, \mu)$ *ein Maßraum, so bilden die messbaren,reellwertigen Funktionen* f_n *genau dann eine Cauchy-Folge im Maß, wenn es eine messbare Funktion* f *gibt, für die gilt* $\mu - \lim\limits_{n} f_n = f$. *$f$ ist μ–fü eindeutig bestimmt. Zudem enthält* (f_n) *eine Teilfolge, die μ-fast gleichmäßig gegen f konvergiert.*

Beweis. Die eine Richtung, dass jede Folge (f_n) eine Cauchy-Folge im Maß ist, wenn es ein $f \in \mathfrak{M}$ gibt, sodass gilt $\mu - \lim\limits_{n} f_n = f$, ergibt sich sofort aus

$$[|f_i - f_j| > \varepsilon] \subseteq \left[|f_i - f| > \tfrac{\varepsilon}{2}\right] \cup \left[|f - f_j| > \tfrac{\varepsilon}{2}\right] \quad \forall\, \varepsilon > 0\,.$$

Gilt $\mu - \lim\limits_{n} f_n = g$ für ein weiteres $g \in \mathfrak{M}$, so folgt ähnlich wie oben aus

$$[|f - g| > \varepsilon] \subseteq \left[|f - f_n| > \tfrac{\varepsilon}{2}\right] \cup \left[|f_n - g| > \tfrac{\varepsilon}{2}\right] \quad \forall\, \varepsilon > 0 \text{ sofort } f = g\ \mu\text{-fü}\,.$$

Damit ist auch die Eindeutigkeitsaussage bewiesen. Wir zeigen nun, dass jede Cauchy-Folge im Maß eine μ-fast gleichmäßige Teilfolge enthält, und werden daraus auf die Existenz einer Funktion f mit $\mu - \lim\limits_{n} f_n = f$ schließen.

Konvergiert (f_n) im Maß, so existiert zu jedem $k \in \mathbb{N}$ ein $n(k)$, sodass für alle $n \geq n(k)$ gilt $\sup\limits_{i,j \geq n} \mu(\,|f_i - f_j| > \tfrac{1}{2^k}\,) < \tfrac{1}{2^k}$. Mit den strikt monoton wachsenden Indices $n_1 := n(1)$, $n_k := n(k) \vee (n_{k-1} + 1)$ bildet man die Teilfolge (f_{n_k}), sowie die Mengen $N_m := \bigcup\limits_{k \geq m} \left[|f_{n_{k+1}} - f_{n_k}| > \tfrac{1}{2^k}\right]$, deren Maß man abschätzen kann durch $\mu(N_m) \leq \sum\limits_{k=m}^{\infty} \tfrac{1}{2^k} = \tfrac{1}{2^{m-1}} \quad \forall\, m \in \mathbb{N}$. Aber auf N_m^c konvergiert (f_{n_k}) gleichmäßig, denn für alle $h \in \mathbb{N}$ und $h \vee m \leq i < j$ gilt

$$\left|f_{n_j}(\omega) - f_{n_i}(\omega)\right| \leq \sum\limits_{k=i}^{j-1} \left|f_{n_{k+1}}(\omega) - f_{n_k}(\omega)\right| \leq \sum\limits_{k=h\vee m}^{\infty} \tfrac{1}{2^k} \leq \tfrac{1}{2^{h-1}} \quad \forall\, \omega \in N_m^c\,.$$

Somit ist (f_{n_k}) eine μ-fast gleichmäßig konvergente Cauchy-Folge, und nach Satz 7.74 gibt es ein $f \in \mathfrak{M}$ gegen das (f_{n_k}) μ-fast gleichmäßig konvergiert.

Nach Satz 7.84 gilt deshalb auch $\mu - \lim\limits_{k} f_{n_k} = f$, und schließlich folgt aus $[|f_n - f| > \varepsilon] \subseteq \left[|f - f_{n_k}| > \tfrac{\varepsilon}{2}\right] \cup \left[|f_{n_k} - f_n| > \tfrac{\varepsilon}{2}\right] \quad \forall\, \varepsilon > 0$, dass die gesamte Folge (f_n) im Maß gegen f konvergiert.

8

Die Verteilung einer Zufallsvariablen

8.1 Das induzierte Maß

Wir haben schon in Abschnitt 7.1 festgestellt, dass eine Zufallsvariable das wesentliche Merkmal eines Versuches beschreibt und so zu einer Datenreduktion führt. Wenn wir nur an Aussagen über dieses Merkmal interessiert sind, wird es sinnvoll sein, den messbaren Teilmengen des Bildraums (des „Merkmalraums") jene Wahrscheinlichkeiten zuzuordnen, mit denen die Zufallsvariable Werte aus der entsprechenden Menge annimmt. Dadurch wird der Bildraum selbst mit einer Wahrscheinlichkeitsverteilung ausgestattet und man kann sich in weiterer Folge mit diesem „einfacheren" Raum beschäftigen, ohne immer wieder auf den ursprünglichen Grundraum $(\Omega, \mathfrak{S}, P)$ zurückgreifen zu müssen. Das folgende Beispiel soll dies veranschaulichen.

Beispiel 8.1 (die maximale Augenzahl beim Würfeln). Ein fairer Würfel wird 5-mal geworfen. Der Spieler erhält einen Gewinn X in der Höhe der größten geworfenen Augenzahl. Man kann dieses Spiel durch die Menge der 5-Tupel $\Omega = \{ \boldsymbol{\omega} := (\omega_1, \ldots, \omega_5) : \omega_i \in \{1, \ldots, 6\}, 1 \leq i \leq 5 \}$ mit $\mathfrak{S} := \mathfrak{P}(\Omega)$ und der diskreten Gleichverteilung $P(\boldsymbol{\omega}) = \frac{1}{6^5}$ $\forall \boldsymbol{\omega} \in \Omega$, beschreiben. Der aus $6^5 = 7776$ Punkten bestehende Raum Ω wird durch X mit $X(\boldsymbol{\omega}) = \max_{1 \leq i \leq 5} \omega_i$ in den nur mehr 6 Werte umfassenden Bildraum $\Omega' = \{1, \ldots, 6\}$ abgebildet. In Hinblick auf den Gewinn kann sich der Spieler auf die Betrachtung des Bildraums beschränken, sobald er für jedes $A' \subseteq \Omega'$ die Wahrscheinlichkeit berechnet hat, dass der Gewinn in A' liegt. Anders gesagt, er muss die Wahrscheinlichkeiten der Urbilder $[X \in A']$ bestimmen. Im Beispiel sind die Urbilder der einpunktigen Mengen $\{x\}$, $1 \leq x \leq 6$ nicht auf den ersten Blick zu erkennen. Aber die Urbilder der Mengen $A_x := \{1, \ldots, x\}$ sind gegeben durch $X^{-1}(A_x) = [X \leq x] = \{\omega \in \Omega : \omega_i \in \{1, \ldots, x\} \ \forall 1 \leq i \leq 5\}$. Daher gilt $P'(A_x) = P(X \leq x) = \frac{x^5}{6^5}$, $1 \leq x \leq 6$. Daraus folgt mit $A_0 := \emptyset$

$$P'(\{x\}) = P'(A_x \setminus A_{x-1}) = P'(A_x) - P'(A_{x-1}) = \frac{x^5 - (x-1)^5}{6^5}, \ 1 \leq x \leq 6,$$ da

gilt $A_{x-1} \subseteq A_x \ \forall 1 \leq x \leq 6$. Damit ist P' festgelegt.

Die obige Vorgangsweise kann man auf beliebige Räume verallgemeinern.

Satz 8.2. *Ist T eine $\mathfrak{S}|\mathfrak{S}'$-messbare Abbildung von einem Maßraum $(\Omega, \mathfrak{S}, \mu)$ in einen Messraum $(\Omega', \mathfrak{S}')$, so wird durch*

$$\mu T^{-1}(A') := \mu(T^{-1}(A')) \quad \forall\, A' \in \mathfrak{S}' \tag{8.1}$$

ein Maß μT^{-1} auf $(\Omega', \mathfrak{S}')$ definiert. μT^{-1} ist endlich, wenn μ endlich ist, und μT^{-1} ist eine Wahrscheinlichkeitsverteilung, wenn μ eine ist.

Beweis. μT^{-1} ist natürlich nichtnegativ, und aus Lemma 2.3 folgt sofort $\mu T^{-1}(\emptyset)) = \mu(\emptyset) = 0$ und $\mu T^{-1}(\Omega')) = \mu(\Omega)$. Daher ist μT^{-1} endlich, wenn μ endlich ist und $\mu T^{-1}(\Omega')) = 1$, wenn $\mu(\Omega) = 1$.
Sind die $A'_n \in \mathfrak{S}'$ disjunkt, so sind nach Lemma 2.3 auch die $T^{-1}(A'_n)$ disjunkt, sodass wieder aus Lemma 2.3 die σ-Additivität von μT^{-1} folgt.

$$\mu T^{-1}\left(\bigcup_n A'_n\right) = \mu\left(T^{-1}\left(\bigcup_n A'_n\right)\right) = \mu\left(\bigcup_n T^{-1}(A'_n)\right)$$
$$= \sum_n \mu(T^{-1}(A'_n)) = \sum_n \mu T^{-1}(A'_n).$$

Definition 8.3. *Ist $(\Omega, \mathfrak{S}, \mu)$ ein Maßraum, $(\Omega', \mathfrak{S}')$ ein Messraum und $T : (\Omega, \mathfrak{S}) \to (\Omega', \mathfrak{S}')$, so nennt man das durch (8.1) auf $(\Omega', \mathfrak{S}')$ definierte Maß μT^{-1} das (durch T) induzierte Maß (die induzierte Wahrscheinlichkeitsverteilung) oder einfach das Maß (die Wahrscheinlichkeitsverteilung) von T.*

Bemerkung 8.4. *Wenn μ σ-endlich ist, muss μT^{-1} nicht σ-endlich sein.*
Ist etwa $(\Omega, \mathfrak{S}, \mu) := (\mathbb{R}, \mathfrak{B}, \lambda)$, $(\Omega', \mathfrak{S}') := (\mathbb{R}, \{\emptyset, \mathbb{R}\})$, so induziert jede Funktion $T : (\Omega, \mathfrak{S}) \to (\Omega', \mathfrak{S}')$ das Maß $\lambda T^{-1}(\emptyset) = 0$, $\lambda T^{-1}(\mathbb{R}) = \infty$, das nicht σ-endlich sein kann, weil $\mathfrak{S}'$ keine anderen Mengen enthält.

8.2 Gemeinsame Verteilung und Randverteilungen

Definition 8.5. *Ist $\mathbf{X} := (X_1, \ldots, X_k)$ ein k-dimensionaler Zufallsvektor auf einem Wahrscheinlichkeitsraum $(\Omega, \mathfrak{S}, P)$, so bezeichnet man $P\mathbf{X}^{-1}$ als die gemeinsame Verteilung von $X_1, \ldots, X_k$. Die zugehörige Verteilungsfunktion $F_{\mathbf{X}} : \mathbb{R}^k \to [0, 1]$ ist die gemeinsame Verteilungsfunktion von $X_1, \ldots, X_k$.*

Bemerkung 8.6. *Ein Zufallsvektor wird immer nach seiner induzierten Verteilung benannt, unabhängig vom Wahrscheinlichkeitsraum $(\Omega, \mathfrak{S}, P)$, auf dem er definiert ist, so spricht man etwa von einer Weibull-verteilten Zufallsvariablen X, wenn X auf $(\mathbb{R}, \mathfrak{B})$ eine Weibull-Verteilung induziert. Für die Aussage: „X ist verteilt nach ..." werden wir die Schreibweise $X \sim$ gefolgt vom Symbol der entsprechenden Verteilung verwenden, so bedeutet etwa $X \sim B_{n,p}$, dass X binomialverteilt mit den Parametern n und p ist.*
Wir werden etwas später sehen, dass es zu jeder Verteilungsfunktion i.e.S. eine Zufallsvariable auf $([0,1], \mathfrak{B} \cap [0,1], \lambda)$ gibt, die gerade die zu dieser Verteilungsfunktion gehörige Verteilung induziert.

Ist $\mathbf{X} := (X_1, \ldots, X_k)$ ein Zufallsvektor, so sind nach Satz 7.11 sowohl die einzelnen Komponenten X_j Zufallsvariable, als auch für alle Teilmengen $I := \{i_1, \ldots, i_m\} \subseteq \{1, \ldots, k\}$ die Vektoren $\mathbf{X}_I := \mathbf{X}_{i_1,\ldots,i_m} := (X_{i_1}, \ldots, X_{i_m})$ messbar, also $\mathbf{X}_I : (\Omega, \mathfrak{S}) \to (\mathbb{R}^m, \mathfrak{B}_m)$.

Definition 8.7. *Ist $(\Omega, \mathfrak{S}, P)$ ein Wahrscheinlichkeitsraum, $\mathbf{X} := (X_1, \ldots, X_k)$ ein Zufallsvektor auf diesem Raum und $I := \{i_1, \ldots, i_m\} \subseteq \{1, \ldots, k\}$, so wird die durch $\mathbf{X}_I := \mathbf{X}_{i_1,\ldots,i_m} = (X_{i_1} \ldots X_{i_m})$ auf $(\mathbb{R}^m, \mathfrak{B}_m)$ induzierte Verteilung $P\mathbf{X}_I^{-1} = P\mathbf{X}_{i_1,\ldots,i_m}^{-1}$ Randverteilung von $X_{i_1}, \ldots, X_{i_m}$ genannt.*

Beispiel 8.8 (multivariate hypergeometrische Verteilung $H_{A_1,\ldots,A_k,n}$). Eine Grundgesamtheit von N Elementen besteht aus k einander ausschließenden Kategorien, wobei je A_i Elemente zur Kategorie i gehören, und jedes Element der Grundgesamtheit einer Kategorie zugeordnet ist, d.h $N = \sum_{i=1}^{k} A_i$.

Werden n Elemente aus der Grundgesamtheit durch Ziehungen ohne Zurücklegen ausgewählt und bezeichnet man mit X_i die Anzahl der Elemente der Kategorie i in der Stichprobe, so gilt $[X_1 = x_1, \ldots, X_k = x_k]$, $\sum_{i=1}^{k} x_i = n$ gerade dann, wenn je x_i Elemente aus den A_i Elementen der Kategorie i ausgewählt wurden. Daher gilt für die Verteilung von $\mathbf{X} := (X_1, \ldots, X_k)$

$$P\mathbf{X}^{-1}(x_1, \ldots, x_k) = \frac{\prod_{i=1}^{k} \binom{A_i}{x_i}}{\binom{N}{n}}, \quad 0 \le x_i \le n, \quad \sum_{i=1}^{k} x_i = n. \qquad (8.2)$$

Da die k-te Koordinate X_k bereits durch $(X_1, \ldots, X_{k-1})$ festgelegt ist, kann man (8.2) mit $A := \sum_{i=1}^{k-1} A_i$ und $x := \sum_{i=1}^{k-1} x_i$ umformen zu

$$P(X_1, \ldots, X_{k-1})^{-1}(x_1, \ldots, x_{k-1}) = \frac{\binom{N-A}{n-x} \prod_{i=1}^{k-1} \binom{A_i}{x_i}}{\binom{N}{n}}. \qquad (8.3)$$

Bei der hypergeometrischen Verteilung, also bei $k = 2$, vewendet man üblicherweise diese Form.

Die Randverteilung von $(X_{i_1} \ldots X_{i_m})$, $\{i_1, \ldots, i_m\} \subset \{1, \ldots, k\}$ erhält man, indem man die $N - \sum_{j=1}^{m} A_{i_j}$ Elemente, die nicht zu den Kategorien $i_1, \ldots, i_m$ gehören, zu einer Klasse zusammenfasst. Das ergibt

$$P(X_{i_1}, \ldots, X_{i_m})^{-1}(x_{i_1}, \ldots, x_{i_m}) = \frac{\binom{N-\sum_{j=1}^{m} A_{i_j}}{n-\sum_{j=1}^{m} x_{i_j}} \prod_{j=1}^{m} \binom{A_{i_j}}{x_{i_j}}}{\binom{N}{n}}. \qquad (8.4)$$

Wir zeigen nun, dass man mit Hilfe der gemeinsamen Verteilung $P\mathbf{X}^{-1}$ die Randverteilungen bestimmen kann, ohne den Grundraum zu kennen.

Lemma 8.9. *Ist* $\mathbf{X} = (X_1, \ldots, X_k)$ *ein Zufallsvektor auf einem Wahrscheinlichkeitsraum* $(\Omega, \mathfrak{S}, P)$ *und* $I := \{i_1, \ldots, i_m\} \subseteq \{1, \ldots, k\}$, *so gilt*

$$P\mathbf{X}_I^{-1}(B_m) = P\mathbf{X}^{-1}(B) \ \text{mit} \ B := B_m \times \prod_{j \notin I} \mathbb{R} \quad \forall \, B_m \in \mathfrak{B}_m, \quad (8.5)$$

$$F_{\mathbf{X}_I}(x_{i_1}, \ldots, x_{i_m}) = F_{\mathbf{X}}(y_1, \ldots, y_k) \ \text{mit} \ y_j = \begin{cases} x_j, & j \in I \\ \infty, & \text{sonst}. \end{cases} \quad (8.6)$$

Beweis. (8.5) folgt sofort aus $\mathbf{X}_I^{-1}(B_m) = \mathbf{X}^{-1}\left(B_m \times \prod_{j \notin I} \mathbb{R}\right)$, und (8.6) ist

nur der Spezialfall von (8.5) . für $B_m = \prod_{j=1}^{m} (-\infty, x_{i_j}]$.

Die Umkehrung gilt i.A. nicht, wie das folgende Beispiel zeigt.

Beispiel 8.10. $([0,1]^2, \mathfrak{B}_2 \cap [0,1]^2, \lambda_2)$ wird durch die Projektionen $X_i := \mathrm{pr}_i$, $i = 1, 2$ identisch auf sich abgebildet. Somit induzieren (X_1, X_2) die gemeinsame Verteilung $P(X_1, X_2)^{-1}(B) = \lambda_2(B \cap \Omega) \quad \forall \, B \in \mathfrak{B}_2$. Also gilt $F_{X_1,X_2}(x_1, x_2) = x_1 x_2 \, \mathbb{1}_{[0,1]^2} + x_1 \, \mathbb{1}_{(0,1] \times (1,\infty)} + x_2 \, \mathbb{1}_{(1,\infty) \times (0,1]} + \mathbb{1}_{(1,\infty) \times (1,\infty)}$. $F_{X_1}(x) = F_{X_2}(x) := x \, \mathbb{1}_{[0,1]} + \mathbb{1}_{(1,\infty)}$ sind die Randverteilungsfunktionen, und es gilt offensichtlich $F_{X_1,X_2} = F_{X_1} F_{X_2}$. Deshalb ist nach Satz 6.63 die σ-Algebra $\mathfrak{S}(X_1) = \{ B \times [0,1] : B \in \mathfrak{B} \cap [0,1] \}$ unabhängig von $\mathfrak{S}(X_2) = \{ [0,1] \times B : B \in \mathfrak{B} \cap [0,1] \}$, d.h. X_1 und X_2 sind unabhängig.

Nun besitzt $X_3 := X_1$ ebenfalls die Randverteilungsfunktion $F_{X_3} = F_{X_1}$. Aber aus $[X_1 \le x_1, X_3 \le x_2] = [X_1 \le x_1 \wedge x_2]$ folgt offensichtlich $F_{X_1,X_3}(x_1, x_2) = x_1 \wedge x_2 \, \mathbb{1}_{[0,1]^2} + x_1 \, \mathbb{1}_{(0,1] \times (1,\infty)} + x_2 \, \mathbb{1}_{(1,\infty) \times (0,1]} + \mathbb{1}_{(1,\infty) \times (1,\infty)}$.

Ob, bzw. wie Zufallsvariable voneinander abhängen, drückt sich also in ihrer gemeinsamen Verteilung aus. Die Randverteilungen reichen dazu nicht.

Auch die Unabhängigkeit von Zufallsvariablen kann man durch Bedingungen auf dem Bildraum, ohne Bezug zum Grundraum, charakterisieren.

Satz 8.11. *Die Familie der Zufallsvariablen* $(X_i)_{i \in I}$ *auf dem Wahrscheinlichkeitsraum* $(\Omega, \mathfrak{S}, P)$ *ist unabhängig genau dann, wenn eine der untenstehenden Bedingungen für alle* $\{i_1, \ldots, i_m\} \subseteq I$ *erfüllt ist*

1. $P(X_{i_1}, \ldots, X_{i_m})^{-1}\left(\prod_{j=1}^{m} B_j\right) = \prod_{j=1}^{m} PX_{i_j}^{-1}(B_j) \quad \forall \, B_j \in \mathfrak{B}$,

2. $P(X_{i_1}, \ldots, X_{i_m})^{-1}\left(\prod_{j=1}^{m} (a_j, b_j]\right) = \prod_{j=1}^{m} PX_{i_j}^{-1}((a_j, b_j]) \quad \forall \, a_j \le b_j$,

3. $F_{X_{i_1}, \ldots, X_{i_m}}(x_1, \ldots, x_m) = \prod_{j=1}^{m} F_{X_{i_j}}(x_j) \quad \forall \, x_j \in \mathbb{R}$.

Beweis. Der Beweis ergibt sich sofort aus Satz 7.46 und Definition8.3.

Satz 8.12. *Diskrete Zufallsvariable $(X_i)_{i \in I}$ auf einem Wahrscheinlichkeitsraum $(\Omega, \mathfrak{S}, P)$ sind genau dann unabhängig, wenn für alle $\{i_1, \dots, i_m\} \subseteq I$ gilt*

$$P(X_{i_1}, \dots, X_{i_m})^{-1}((x_1, \dots, x_m)) = \prod_{j=1}^{m} PX_{i_j}^{-1}(x_j) \quad \forall\, x_j \in \mathbb{R}.$$

Beweis. Dies folgt aus Satz 7.50 und Definition 8.3.

8.3 Die inverse Verteilungsfunktion

Die Verteilungsfunktion gibt an, mit welcher Wahrscheinlichkeit eine Zufalls-variable X eine gegebene Schranke x nicht überschreitet. Aber oft wird um-gekehrt eine bestimmte Wahrscheinlichkeit fixiert, und man möchte den Wert bestimmen, den die Zufallsvariable mit dieser Wahrscheinlichkeit nicht über-steigen soll, etwa, wenn eine Versicherung wissen möchte, wie hoch sie die für Schadensauszahlungen vorgesehenen Reserven ansetzen muss, sodass sie damit mit bspw. $99\,\%$-ger Sicherheit das Auslangen findet.

Definition 8.13. *Ist F eine Verteilungsfunktion i.e.S. auf $\mathbb{R}$, so heißt die durch*

$$F^{-1}(p) := \inf\{\, x \in \mathbb{R} : p \le F(x)\,\}, \ 0 < p \le 1$$

definierte Funktion F^{-1} die (verallgemeinerte) inverse Verteilungsfunktion. Den Funktionswert $x_p := F^{-1}(p)$ an der Stelle p bezeichnet man als p-Fraktil oder als p-Quantil. Das 0.5-Fraktil nennt man Median.

Bemerkung 8.14.

1. *Manche Autoren definieren das p-Fraktil als $1 - p$-Quantil. Da diese Unter-scheidung nicht allgemein üblich ist, verwenden wir beide Begriffe synonym.*
2. *Wegen der Rechtsstetigkeit von F kann man das Infimum in der obigen De-finition durch das Minimum ersetzen, also $F^{-1}(p) := \min\{\, x : p \le F(x)\,\}$.*
3. *Die verallgemeinerte Inverse existiert immer, selbst dann, wenn F, wie etwa bei diskreten Verteilungen, keine Inverse im üblichen Sinn besitzt. Falls es zu F eine Inverse gibt, stimmt diese, wie weiter unten gezeigt wird, mit der verallgemeinerten Inversen überein. Dies rechtfertigt Namen und Notation.*
4. *Aus $F(x) < p \ \forall\, x < x_p$ folgt $F_-(x_p) = P(X < x_p) \le p$. Demnach gilt $P(X < x_p) \le p \le P(X \le x_p)$, und das ergibt umgeformt*

$$P(X < x_p) \le p \ \wedge \ P(X > x_p) \le 1 - p. \tag{8.7}$$

Dies bedeutet, dass die Werte von X höchstens mit Wahrscheinlichkeit p klei-ner als x_p sind, dass sie aber auch höchstens mit Wahrscheinlichkeit $1 - p$ größer als x_p sind. Häufig werden die beiden Ungleichungen in (8.7) zur Definition des Fraktils verwendet. Man beachte aber, dass das Fraktil dann, im Unterschied zu Definition 8.13, nicht eindeutig bestimmt sein muss.

Im nächsten Satz werden die wichtigsten Eigenschaften von F^{-1} beschrieben und einige Zusammenhänge zwischen F und F^{-1} aufgelistet.

Satz 8.15. *Ist F eine Verteilungsfunktion auf $\mathbb{R}$ und F^{-1} die verallgemeinerte Inverse, so gelten die folgenden Aussagen:*

1. $p \le F(x) \Leftrightarrow F^{-1}(p) \le x$.
2. $\left(F^{-1}\right)^{-1}((-\infty, x]) = (0, F(x)]$.
3. $0 < p \le q \le 1 \Rightarrow F^{-1}(p) \le F^{-1}(q)$.
4. $p \le F\left(F^{-1}(p)\right) \quad \forall\, p \in (0,1] \land F^{-1}(F(x)) \le x \quad \forall\, x \in \mathbb{R}$.
5. F^{-1} *ist linksstetig.*
6. *Gibt es zu $p \in (0,1]$ ein $x \in \mathbb{R}$ mit $p = F(x)$, so gilt $F\left(F^{-1}(p)\right) = p$.*
7. *Ist F strikt monoton in x, so gilt $F^{-1}(F(x)) = x$,*
   d.h. F^{-1} ist die Inverse zu F, falls F auf $\mathbb{R}$ streng monoton wächst.

Beweis. ad 1.   Dies folgt aus Definition 8.13 und Bemerkung 8.14 Punkt 2.
ad 2.   Aus Punkt 1. folgt

$$\left(F^{-1}\right)^{-1}((-\infty, x]) = \{p:\ F^{-1}(p) \le x\} = \{p:\ p \le F(x)\} = (0, F(x)].$$

ad 3.   Die Monotonie ergibt sich unmittelbar aus Definition 8.13.
ad 4.   Ist $p \in (0,1]$ gegeben, so gilt für $x := F^{-1}(p)$ klarerweise $F^{-1}(p) \le x$,
   woraus wegen Punkt 1. folgt $p \le F(x) = F\left(F^{-1}(p)\right)$.
   Für gegebenes x und $p := F(x)$ gilt, ähnlich wie oben, $p \le F(x)$, und dies
   ist gemäß Punkt 1. gleichbedeutend mit $x \ge F^{-1}(p) = F^{-1}(F(x))$.
ad 5.   Für $x := F^{-1}(p)$ und $\varepsilon > 0$ gilt $F(x - \varepsilon) < p$. Daher gibt es zu jeder
   Folge (p_n) aus $(0,1]$ mit $p_n \nearrow p$ ein $n_\varepsilon \in \mathbb{N}$, sodass für alle $n \ge n_\varepsilon$ gilt
   $F(x - \varepsilon) < p_n \le p$. Nach Punkt 1. und Punkt 3. folgt daraus für $n \ge n_\varepsilon$

$$F^{-1}(p) - \varepsilon = x - \varepsilon \le F^{-1}(p_n) \le F^{-1}(p) \ \Rightarrow\ \lim_n F^{-1}(p_n) = F^{-1}(p).$$

ad 6.   Aus $F(x) = p$ folgt $F^{-1}(p) \le x$. Zusammen mit den Punkten 3. und 4.
   ergibt das $F\left(F^{-1}(p)\right) \le F(x) = p \le F\left(F^{-1}(p)\right) \Rightarrow F\left(F^{-1}(p)\right) = p$.
ad 7.   Da F in x strikt monoton ist, gilt $p := F(x) > F(x - \frac{1}{n}) \quad \forall\, n \in \mathbb{N}$,
   woraus nach Punkt 1. und unter Berücksichtigung von Punkt 4. folgt
   $x - \frac{1}{n} \le F^{-1}(p) = F^{-1}(F(x)) \le x \quad \forall\, n \in \mathbb{N} \ \Rightarrow\ x = F^{-1}(F(x))$.

Satz 8.16. *Ist F eine Verteilungsfunktion i.e.S. auf $\mathbb{R}$, so wird auf dem Wahrscheinlichkeitsraum $((0,1], \mathfrak{B} \cap (0,1], \lambda)$ durch $X(\omega) := F^{-1}(\omega) \quad \forall\, \omega \in (0,1]$ eine Zufallsvariable mit der Verteilungsfunktion $F_X = F$ definiert.*

Beweis. Nach Satz 8.15 Punkt 1. gilt $\{\omega:\ F^{-1}(\omega) \le x\} = \{\omega:\ \omega \le F(x)\}$,
d.h. $[X \le x] = \{\omega:\ \omega \le F(x)\} = (0, F(x)]$. Daraus folgt nun offensichtlich
$F_X(x) = \lambda(X \le x) = \lambda((0, F(x)]) = F(x)$.

Bemerkung 8.17. *$((0,1], \mathfrak{B} \cap (0,1], \lambda)$ kann als Bildraum einer auf einem beliebigen Wahrscheinlichkeitsraum $(\Omega, \mathfrak{S}, P)$ definierten Zufallsvariablen U angesehen werden, die auf $(0,1]$ stetig gleichverteilt ist, und daher kann man die Aussage von Satz 8.16 auch so formulieren:*

Ist F eine Verteilungsfunktion auf $\mathbb{R}$ mit der verallgemeinerten Inversen F^{-1} und $U \sim U_{0,1}$, so gilt $X := F^{-1} \circ U \sim F$.

Folgerung 8.18. *Zu jeder Folge (F_n) von Verteilungsfunktionen i.e.S. auf $\mathbb{R}$ gibt es unabhängige Zufallsvariable X_n auf $((0,1], \mathfrak{B} \cap (0,1], \lambda)$ mit $X_n \sim F_n \; \forall \, n$.*

Beweis. Beispiel 7.52 zufolge sind die Ziffern Z_n von $\omega \in (0,1]$ im binären Zahlensystem unabhängige, $B_{\frac{1}{2}}$- verteilte Zufallsvariable. Mit Hilfe des Diagonalisierungsverfahrens (Satz A.1) ordnet man jedem n bijektiv ein $(i,j) \in \mathbb{N}^2$ zu und erhält so unabhängige Folgen $(Z_{1,j})$, $(Z_{2,j}), \ldots$. Wie in Bemerkung 7.53 ausgeführt, kann man aus jeder dieser Folgen je eine auf $(0,1]$ gleichverteilte Zufallsvariable $U_i := \sum\limits_{j=1}^{\infty} \frac{Z_{i,j}}{2^j}$ generieren. Nach Folgerung 7.14 Punkt 1. sind die $\sum\limits_{j=1}^{n} \frac{Z_{i,j}}{2^j}$ $\mathfrak{S}(Z_{i,1}, Z_{i,2}, \ldots)$-messbar und damit auch die U_i (Satz 7.20). Da die $\mathfrak{S}(Z_{i,1}, Z_{i,2}, \ldots)$ unabhängig sind, sind die U_i ebenfalls unabhängig. Die $X_n := F_n^{-1} \circ U_n$ bilden nun die gesuchte Folge.

Bemerkung 8.19. *In vielen Programmpaketen hat man Prozeduren, die Pseudozufallszahlen erzeugen, welche man als auf $(0,1]$ gleichverteilt ansehen kann. Hat man damit Zufallszahlen $u_1, \ldots, u_n$ generiert und transformiert man diese mit Hilfe einer verallgemeinerten Inversen F^{-1} zu $x_i := F^{-1}(u_i)$, $i = 1, \ldots, n$, so sind die x_i gemäß F verteilt. Dieses Verfahren nennt man Inversenmethode.*

Beispiel 8.20 (Exponentialverteilung Ex_τ, $\tau > 0$). Die Dichte und Verteilungsfunktion der Exponentialverteilung Ex_τ sind gegeben durch

$$f(x) = \tau \, e^{-\tau x} \, \mathbb{1}_{(0,\infty)}(x), \quad F(x) = \left(1 - e^{-\tau x}\right) \mathbb{1}_{(0,\infty)}(x).$$

F wächst auf $\mathbb{R}^+$ strikt und hat die Umkehrfunktion $F^{-1}(p) = x = -\frac{\ln(1-p)}{\tau}$. Ist $U \sim U_{0,1}$, so gilt deshalb $X := -\frac{\ln(1-U)}{\tau} \sim Ex_\tau$. Es gilt aber auch $Y := -\frac{\ln(U)}{\tau} \sim Ex_\tau$, da $U \sim U_{0,1} \Leftrightarrow 1 - U \sim U_{0,1}$.

Ist $X \sim Ex_\tau$, so gilt wegen $[X > x + y] \subseteq [X > x]$ für alle $x, y > 0$

$$P(X > x + y \mid X > x) = \frac{P(X > x + y)}{P(X > x)} = \frac{e^{-\tau(x+y)}}{e^{-\tau x}} = P(X > y). \quad (8.8)$$

Fasst man X als Wartezeit bis zum Ausfall eines Systems auf, so bedeutet die obige Gleichung, dass ein System, das im Zeitpunkt x noch funktioniert, genau so wahrscheinlich eine weitere Zeitspanne y übersteht, wie ein System, das gerade zu arbeiten begonnen hat. Die vergangene Zeitspanne hat also keinen Einfluss auf die zukünftige Funktionsdauer. Man spricht in diesem Zusammenhang von der „Gedächtnislosigkeit" der Exponentialverteilung.

Die Gedächtnislosigkeit charakterisiert die Exponentialverteilung, denn, gilt für die Zufallsvariable $X > 0$ mit der stetigen Verteilungsfunktion F_X (8.8) für alle $x, y > 0$, so folgt daraus wegen der Multiplikationsregel 5.2

$$P(X > x + y) = P(X > x)\, P(X > x + y \,|\, X > x) = P(X > x)\, P(X > y)\,.$$

Die Funktion $G(x) := P(X > x) = 1 - F_X(x)$ erfüllt demnach die Funktionalgleichung (A.7) aus Satz A.39 und ist stetig, da F_X stetig ist. Daher existiert nach Satz A.39 ein $\gamma \in \mathbb{R}$, sodass $F_X(x) = 1 - e^{\gamma x}$. Wegen $0 \le F_X \wedge \lim\limits_{x \to \infty} F_X(x) = 1$ ist $\gamma < 0$. Somit gilt $X \sim Ex_\tau$ mit $\tau := -\gamma > 0$.

Bemerkung 8.21. *Ist $X \sim G_p$, $0 < p < 1$ (siehe Beispiel 6.34), so gilt*

$$G(n) := P(X \ge n) = \sum_{i=n}^{\infty} p\,(1-p)^i = (1-p)^n\,. \; \text{Daraus folgt}$$

$$P(X \ge n + m \,|\, X \ge m) = \frac{G(n+m)}{G(m)} = (1-p)^n = G(n) = P(X \ge n)\,. \quad (8.9)$$

Erfüllt eine Zufallsvariable X mit Werten in $\mathbb{N}_0$ Gleichung (8.9), so folgt daraus $G(n+m) = G(n)\,G(m)$ $\forall\, n, m \in \mathbb{N}_0$, und nach Satz A.40 führt das zu $G(n) = G(1)^n \Rightarrow P(X = n) = G(n) - G(n+1) = G(1)^n\,(1 - G(1))$ $\forall\, n$, d.h. $X \sim G_p$ mit $p := 1 - G(1)$. Die geometrische Verteilung ist somit die einzige gedächtnislose Verteilung auf $(\mathbb{N}_0, \mathfrak{P}(\mathbb{N}_0))$, also das diskrete Gegenstück zur Exponentialverteilung.

Beispiel 8.22 (Cauchyverteilung t_1).   Die Dichte und Verteilungsfunktion der Cauchyverteilung sind gegeben durch

$$f(x) = \frac{1}{\pi(1+x^2)}\,, \quad F(x) = \frac{1}{2} + \frac{1}{\pi}\arctan(x)\,, \quad x \in \mathbb{R}\,.$$

Die inverse Verteilungsfunktion ist $F^{-1}(p) = \tan\left(\left(p - \frac{1}{2}\right)\pi\right)$. Daher ist $X := \tan\left(\left(U - \frac{1}{2}\right)\pi\right)$ cauchyverteilt, wenn $U \sim U_{0,1}$.

Die Cauchyverteilung gehört zur Familie der t-Verteilungen, auf die wir hier nicht näher eingehen werden.

Beispiel 8.23 (Paretoverteilung).   Die in den Wirtschaftswissenschaften verwendete Paretoverteilung hat als Dichte und Verteilungsfunktion

$$f(x) = \beta\frac{\alpha^\beta}{x^{\beta+1}}\,, \quad F(x) = 1 - \left(\frac{\alpha}{x}\right)^\beta\,, \quad \alpha > 0,\, \beta > 0,\, x > \alpha\,.$$

F besitzt die Inverse $F^{-1}(p) = \alpha\,(1-p)^{-\frac{1}{\beta}}$. Daher ist $X := \alpha\,(1-U)^{-\frac{1}{\beta}}$ mit $U \sim U_{0,1}$ Pareto-verteilt aber auch $Y := \alpha\,U^{-\frac{1}{\beta}}$, da $U \sim U_{0,1} \Leftrightarrow 1 - U \sim U_{0,1}$.

Im nächsten Beispiel wird eine diskrete Zufallsvariable generiert

Beispiel 8.24. Die Verteilungsfunktion und die verallgemeinerte Inverse der $B_{2,\frac{1}{2}}$ sind gegeben durch $F(x) = \frac{1}{4}\mathbb{1}_{[0,1)}(x) + \frac{3}{4}\mathbb{1}_{[1,2)}(x) + \mathbb{1}_{[2,\infty)}(x)$ bzw. $F^{-1}(p) = \mathbb{1}_{(0.25,0.75]}(p) + 2\,\mathbb{1}_{(0.75,1]}(p)$, $0 < p \le 1$.
Nimmt also $U \sim U_{0,1}$ einen Wert aus $(0, 0.25]$ an, so setzt man $X := 0$, bei $U \in (0.25, 0.75]$ setzt man $X := 1$ und bei $U \in (0.75, 1]$ setzt man $X := 2$, und erhält so eine $B_{2,\frac{1}{2}}$ verteilte Zufallsvariable.

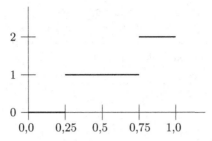

Abb. 8.1. verallgemeinerte Inverse

8.4 Maßtreue Abbildungen

Definition 8.25. *Sind* $(\Omega_i, \mathfrak{S}_i, \mu_i)$ *zwei Maßräume, so nennt man eine Abbildung* $T : (\Omega_1, \mathfrak{S}_1) \to (\Omega_2, \mathfrak{S}_2)$ *maßtreu, wenn*

$$\mu_1(T^{-1}(A_2)) = \mu_2(A_2) \quad \forall A_2 \in \mathfrak{S}_2 .$$

Die Abbildung T ist also immer dann maßtreu, wenn das Maß auf dem Bildraum mit dem von T induzierten Maß übereinstimmt.

Definition 8.26. *Ist* $(\Omega, \mathfrak{S}, P)$ *ein Wahrscheinlichkeitsraum, so nennt man eine Folge* (X_n) *von Zufallsvariablen auf* $(\Omega, \mathfrak{S})$ *einen (stark) stationären stochastischen Prozess, wenn gilt* $P(X_1, \ldots, X_n)^{-1} = P(X_2, \ldots, X_{n+1})^{-1} \quad \forall n \in \mathbb{N}.$

Lemma 8.27. (X_n) *ist genau dann ein stationärer Prozess auf dem Wahrscheinlichkeitsraum* $(\Omega, \mathfrak{S}, P)$, *wenn gilt*

$$P(X_1, \ldots, X_n)^{-1} = P(X_{1+k}, \ldots, X_{n+k})^{-1} \quad \forall n, k \in \mathbb{N}. \tag{8.10}$$

Beweis. Gilt (8.10), so bilden die (X_n) klarerweise einen stationären Prozess.

Aus Definition 8.26 folgt umgekehrt die Gültigkeit von (8.10) für $k = 1$. Gilt Gleichung (8.10) für ein $k \in \mathbb{N}$ und alle $n \in \mathbb{N}$, so folgt daraus

$$P(X_{1+(k+1)}, \ldots, X_{n+(k+1)})^{-1}(B) = P(X_{1+k}, \ldots, X_{n+1+k})^{-1}(\mathbb{R} \times B)$$
$$= P(X_1, \ldots, X_{n+1})^{-1}(\mathbb{R} \times B) = P(X_2, \ldots, X_{n+1})^{-1}(B)$$
$$= P(X_1, \ldots, X_n)^{-1}(B) \quad \forall B \in \mathfrak{B}_n .$$

Damit ist die umgekehrte Richtung durch vollständige Induktion bewiesen.

Satz 8.28. *Ist* $(\Omega, \mathfrak{S}, P)$ *ein Wahrscheinlichkeitsraum,* $T : (\Omega, \mathfrak{S}) \to (\Omega, \mathfrak{S})$ *eine maßtreue Transformation,* $X : (\Omega, \mathfrak{S}) \to (\mathbb{R}, \mathfrak{B})$ *eine Zufallsvariable, und setzt man* $T^0(\omega) := \mathrm{id}(\omega) := \omega$, *so bilden die zusammengesetzten Abbildungen* $X_n(\omega) := X(T^n(\omega))$, $n \in \mathbb{N}_0$ *einen stationären stochastischen Prozess.*

Beweis. Tatsächlich gilt $P(X_1, \ldots, X_{n+1})^{-1} = P(X_0, \ldots, X_n)^{-1}$, denn

$$P((X_1, \ldots, X_{n+1}) \in B) = P(\{\omega : (X(T(\omega)), \ldots, X(T^n(T(\omega)))) \in B\})$$
$$= P(\{\omega : T(\omega) \in [(X_0, \ldots, X_n) \in B]\}) = P(T^{-1}([(X_0, \ldots, X_n) \in B]))$$
$$= PT^{-1}((X_0, \ldots, X_n) \in B) = P((X_0, \ldots, X_n) \in B) \quad \forall B \in \mathfrak{B}_{n+1} .$$

Bemerkung 8.29. *Wir werden später sehen, dass jeder stark stationäre sto-chastische Prozess mit Hilfe einer maßtreuen Abbildung auf dem Folgenraum* $\mathbb{R}^\infty := \{(x_1, x_2, \ldots) : x_i \in \mathbb{R}\}$ *in der im obigen Satz beschriebenen Art darge-stellt werden kann. Insoferne sind die beiden Konzepte äquivalent.*

Beispiel 8.30. Auf $(\Omega, \mathfrak{S}, P) = ([0,1), \mathfrak{B} \cap [0,1), \lambda)$ gilt für die Transformation
$T(\omega) := (\omega + \frac{1}{2}) \bmod 1 = (\omega + \frac{1}{2})\, \mathbb{1}_{[0,\frac{1}{2})}(\omega) + (\omega - \frac{1}{2})\, \mathbb{1}_{[\frac{1}{2},1)}(\omega)$

$$T^{-1}((a,b]) = \begin{cases} (a - \frac{1}{2}, b - \frac{1}{2}], & \frac{1}{2} \le a \le b < 1 \\ (a + \frac{1}{2}, b + \frac{1}{2}], & 0 \le a \le b < \frac{1}{2} \quad \forall\, (a,b] \subseteq \Omega \\ [0, b - \frac{1}{2}] \cup (a + \frac{1}{2}, 1), & a \le \frac{1}{2} \le b. \end{cases}$$

Daraus folgt $\mu((a,b]) := \lambda(T^{-1}(a,b]) = \lambda((a,b]) \quad \forall\, (a,b]$. Damit gilt nach Satz 4.13 (Eindeutigkeitssatz) $\mu(B) = \lambda(T^{-1}(B)) = \lambda(B) \quad \forall\, B \in \mathfrak{B} \cap [0,1)$. T ist also maßtreu.

Schreibt man $\omega = \sum\limits_{i=1}^{\infty} \frac{\omega_i}{2^i}$, $\omega_i \in \{0,1\}$ als Binärzahl, so erhält man

$T(\omega) = 1 - \omega_1 + \sum\limits_{i=2}^{\infty} \frac{\omega_i}{2^i}$. Daher muss für die mittels $X(\omega) := \mathbb{1}_{[\frac{1}{2},1)}(\omega)$ gebildete Folge $X_n := X \circ T^{n-1}$ gelten $X_{2k} = \omega_1 \wedge X_{2k+1} = 1 - \omega_1 \quad \forall\, k \in \mathbb{N}_0$. Die $X_n, n \ge 1$ sind somit durch X_0 deterministisch festgelegt.

Beispiel 8.31. Betrachtet man auf $(\Omega, \mathfrak{S}, P) = ([0,1), \mathfrak{B} \cap [0,1), \lambda)$ die Trans-formation $T(\omega) := 2\omega \bmod 1 = 2\omega\, \mathbb{1}_{[0,\frac{1}{2})}(\omega) + (2\omega - 1)\, \mathbb{1}_{[\frac{1}{2},1)}(\omega)$, so gilt

$$T^{-1}((a,b]) = \left(\frac{a}{2}, \frac{b}{2}\right] \cup \left(\frac{a+1}{2}, \frac{b+1}{2}\right] \quad \forall\, 0 \le a \le b < 1,$$

wobei die beiden Intervalle in der Vereinigung wegen $\frac{b}{2} < \frac{1}{2} \le \frac{a+1}{2}$ disjunkt sind. Daher gilt wieder $\mu((a,b]) := \lambda(T^{-1}(a,b]) = \lambda((a,b]) \quad \forall\, (a,b] \subseteq \Omega$, und wie im obigen Beispiel folgt daraus die Maßtreue von T.

Für $\omega = \sum\limits_{i=1}^{\infty} \frac{\omega_i}{2^i}$, $\omega_i \in \{0,1\}$ gilt nun $T^n(\omega) = \sum\limits_{i=1}^{\infty} \frac{\omega_{i+n}}{2^i}$. Mit $X := \mathbb{1}_{[\frac{1}{2},1)}$ wird die Folge $X_n(\omega) := X \circ T^{n-1}(\omega) = \omega_n \quad \forall\, n \in \mathbb{N}$ gebildet. Die X_n sind also die Ziffern von ω im binären Zahlensystem und bilden demnach eine unabhängige Folge von $B_{\frac{1}{2}}$- verteilten Zufallsvariablen (siehe Beispiel 7.52).

Eine wichtige Anwendung maßtreuer Abbildungen ist die Modellierung dynamischer Systeme, wobei $T^n(\omega)$ die Lage (den Zustand) eines Teilchens in verschiedenen (diskreten) Zeitpunkten darstellt. Dabei stellt sich die Fra-ge, ob die Analyse der Zeitreihe $T^n(\omega)$ für ein einzelnes ω Rückschlüsse auf das gesamte System erlaubt. Intuitiv wird man annehmen, dass das nur dann geht, wenn T den Grundraum hinreichend „gut" durchmischt. Die in Bei-spiel 8.31 betrachtete Transformation macht das offensichtlich deutlich besser als die Abbildung aus Beispiel 8.30. Wesentlich ist in diesem Zusammenhang der Begriff der invarianten Menge.

Definition 8.32. *Ist* $T : (\Omega, \mathfrak{S}) \to (\Omega, \mathfrak{S})$ *eine maßtreue Abbildung auf dem Wahrscheinlichkeitsraum* $(\Omega, \mathfrak{S}, P)$, *so nennt man eine Menge* $A \in \mathfrak{S}$ *invariant, wenn gilt* $T^{-1}(A) = A$. *A heißt P-fs invariant, wenn* $P(T^{-1}(A) \vartriangle A) = 0$.

Beispiel 8.33. In Beispiel 8.30 ist $[0, \frac{1}{4}) \cup [\frac{1}{2}, \frac{3}{4})$ eine invariante Menge.

Lemma 8.34. *Ist* $(\Omega, \mathfrak{S}, P)$ *ein Wahrscheinlichkeitsraum, so gilt für jede maßtreue Abbildung* $T : (\Omega, \mathfrak{S}) \to (\Omega, \mathfrak{S})$

$$P(A \vartriangle T^{-1}(A)) = 2\, P(A \setminus T^{-1}(A)) = 2\, P(T^{-1}(A) \setminus A) \quad \forall A \in \mathfrak{S}. \quad (8.11)$$

Beweis. Da T maßtreu ist, gilt $P(A) = P(T^{-1}(A))$, und daraus folgt

$$P(A \setminus T^{-1}(A)) = P(A \setminus (A \cap T^{-1}(A))) = P(A) - P(A \cap T^{-1}(A))$$
$$= P(T^{-1}(A)) - P(A \cap T^{-1}(A)) = P(T^{-1}(A) \setminus A).$$

Damit ist klarerweise auch die linke Gleichung in (8.11) bewiesen.

Lemma 8.35. *Ist* $T : \Omega \to \Omega$ *eine maßtreue Abbildung auf* $(\Omega, \mathfrak{S}, P)$ *und A eine P-fs invariante Menge, so gilt* $P(T^{-n}(A) \vartriangle T^{-m}(A)) = 0 \quad \forall\, m < n \in \mathbb{N}_0$.

Beweis. Aus einer wiederholten Anwendung von Lemma 2.6 Punkt 11. folgt

$$T^{-k}(A) \vartriangle A \subseteq \bigcup_{i=1}^{k} (T^{-i}(A) \vartriangle T^{-(i-1)}(A)) \quad \forall\, k \in \mathbb{N}.$$ Weil T maßtreu ist, erhält man unter Berücksichtigung dieser Inklusion mit $k := n - m$

$$P(T^{-n}(A) \vartriangle T^{-m}(A)) = P(T^{-m}(T^{-k}(A) \vartriangle A)) = P(T^{-k}(A) \vartriangle A)$$
$$\leq \sum_{i=1}^{k} P\left(T^{-i}(A) \vartriangle T^{-(i-1)}(A)\right) = k\, P(T^{-1}(A) \vartriangle A) = 0.$$

Lemma 8.36. *Ist* $T : \Omega \to \Omega$ *eine maßtreue Abbildung auf einem Wahrscheinlichkeitsraum* $(\Omega, \mathfrak{S}, P)$, *so bilden die invarianten Mengen eine* σ-*Algebra* $\mathfrak{I}$, *und auch das System* $\overline{\mathfrak{I}}$ *der P-fs invarianten Mengen ist eine* σ-*Algebra.*

Beweis. Die erste Aussage des Lemmas ist trivial. Sie folgt unmittelbar aus Definition 8.32 und der Operationstreue des Urbilds (Lemma 2.3).

Betrachtet man nun $\overline{\mathfrak{I}}$, so gilt wegen $\mathfrak{I} \subseteq \overline{\mathfrak{I}}$ klarerweise $\emptyset \in \overline{\mathfrak{I}}$ und $\Omega \in \overline{\mathfrak{I}}$. Aus $A \in \overline{\mathfrak{I}}$ folgt $A^c \in \overline{\mathfrak{I}}$, denn wegen Lemma 2.6 Punkt 4. und Lemma 2.3 gilt

$$P(T^{-1}(A^c) \vartriangle A^c) = P(T^{-1}(A)^c \vartriangle A^c) = P(T^{-1}(A) \vartriangle A) = 0.$$

Nach Lemma 2.3 und Lemma 2.7 gilt für jede Folge (A_n) aus $\overline{\mathfrak{I}}$

$$P\left(T^{-1}\left(\bigcup_n A_n\right) \vartriangle \left(\bigcup_m A_m\right)\right) = P\left(\left(\bigcup_n T^{-1}(A_n)\right) \vartriangle \left(\bigcup_m A_m\right)\right)$$
$$\leq P\left(\bigcup_n (T^{-1}(A_n) \vartriangle A_n)\right) \leq \sum_n P(T^{-1}(A_n) \vartriangle A_n) = 0.$$

d.h. $A_n \in \overline{\mathfrak{I}} \quad \forall\, n \in \mathbb{N} \implies \bigcup_n A_n \in \overline{\mathfrak{I}}$. Somit ist $\overline{\mathfrak{I}}$ eine σ-Algebra.

Der nächste Satz zeigt, dass es genügt invariante Mengen zu betrachten.

Satz 8.37. *Ist* $(\Omega, \mathfrak{S}, P)$ *ein Wahrscheinlichkeitsraum und* $T : \Omega \to \Omega$ *eine maßtreue Abbildung, so gibt es zu jedem* $A \in \overline{\mathfrak{I}}$ *ein* $B \in \mathfrak{I}$ *mit* $P(A \, \triangle \, B) = 0$.

Beweis. Ist $A \in \overline{\mathfrak{I}}$, so ist $B := \liminf_{n \in \mathbb{N}_0} T^{-n}(A)$ invariant, denn es gilt

$$T^{-1}(B) = \bigcup_{n \in \mathbb{N}} \bigcap_{k \geq n} T^{-k}(A) = \bigcup_{n \in \mathbb{N}_0} \bigcap_{k \geq n} T^{-k}(A) = B.$$

Weiters gilt $B \setminus A = \left(\bigcup_{n \in \mathbb{N}_0} \bigcap_{k \geq n} T^{-k}(A) \right) \cap A^c \subseteq \bigcup_{n \in \mathbb{N}_0} (T^{-n}(A) \cap A^c)$ und

$A \setminus B = A \cap \left(\bigcap_{n \in \mathbb{N}_0} \bigcup_{k \geq n} T^{-k}(A)^c \right) \subseteq \bigcup_{k \geq 0} (A \cap T^{-k}(A)^c)$. Da die Vereinigungen auf den rechten Seiten dieser Beziehungen gemäß Lemma 8.35 aus P-Nullmengen bestehen, gilt $P(A \, \triangle \, B) = 0$.

Definition 8.38. *Ist* $T : (\Omega, \mathfrak{S}) \to (\Omega, \mathfrak{S})$ *eine maßtreue Abbildung auf einem Wahrscheinlichkeitsraum* $(\Omega, \mathfrak{S}, P)$, *so bezeichnet man die* $\mathfrak{I}$-*messbaren Zufallsvariablen* X *als invariant und die* $\overline{\mathfrak{I}}$-*messbaren als* P-*fs invariant.*

Lemma 8.39. *Ist* $T : (\Omega, \mathfrak{S}) \to (\Omega, \mathfrak{S})$ *eine maßtreue Abbildung auf dem Wahrscheinlichkeitsraum* $(\Omega, \mathfrak{S}, P)$, *so ist eine Zufallsvariable* X *genau dann invariant, wenn* $X = X \circ T$. *X ist genau dann* P-*fs invariant, wenn* $X = X \circ T$ P-*fs.*

Beweis. Ist X invariant, so gilt $X^{-1}(\{x\}) = T^{-1}\left(X^{-1}(\{x\})\right) \quad \forall \, x \in \mathbb{R}$, d.h. $\{\omega : X(\omega) = x\} = \{\omega : T(\omega) \in X^{-1}(\{x\})\} = \{\omega : X(T(\omega)) = x\}$. Das ist gleichbedeutend mit $X(\omega) = X(T(\omega)) \quad \forall \, \omega \in \Omega$.

Aus $X = X \circ T$ folgt umgekehrt $\{\omega : X(\omega) \in B\} = \{\omega : X(T(\omega)) \in B\}$, also $X^{-1}(B) = T^{-1}\left(X^{-1}(B)\right) \quad \forall \, B \in \mathfrak{B}$, d.h. X ist invariant.

Wie eben gezeigt, gilt $X^{-1}(B) \cap [X = X \circ T] = T^{-1}\left(X^{-1}(B) \cap [X = X \circ T]\right)$. Aus $X = X \circ T$ P-fs folgt also $X^{-1}(B) \in \overline{\mathfrak{I}}$, da dann gilt $P(X \neq X \circ T) = 0$.

Ist andererseits X P-fs invariant, d.h. $X^{-1}(B) \in \overline{\mathfrak{I}} \quad \forall \, B \in \mathfrak{B}$, so gilt $P([X < q < X \circ T] \cup [X > q > X \circ T]) = 0 \quad \forall \, q \in \mathbb{Q}$. Daraus folgt

$$P(X \neq X \circ T) = P \left(\bigcup_{q \in \mathbb{Q}} [X < q < X \circ T] \cup [X > q > X \circ T] \right) = 0.$$

Definition 8.40. *Eine maßtreue Transformation* T *auf einem Wahrscheinlichkeitsraum* $(\Omega, \mathfrak{S}, P)$ *heißt mischend, wenn für alle* $A, B \in \mathfrak{S}$ *gilt*

$$\lim_n P(A \cap T^{-n}(B)) = P(A) \, P(B). \tag{8.12}$$

Wegen $P(B) = P(T^{-n}(B))$ ist die obige Gleichung (8.12) äquivalent zu $\lim_n P(A \,|\, T^{-n}(B)) = P(A)$. Man kann daher die Mischungseigenschaft so interpretieren, dass der Einfluss eines vergangenen Ereignisses B auf die Gegenwart mit zunehmender Zeitdauer immer geringer wird.

Definition 8.41. *Eine maßtreue Transformation T auf einem Wahrscheinlichkeitsraum $(\Omega, \mathfrak{S}, P)$ heißt ergodisch, wenn gilt $P(A) = P(A)^2 \quad \forall\, A \in \mathfrak{J}$.*

Bemerkung 8.42. *Auf Grund von Satz 8.37 ist T genau dann ergodisch, wenn für jede P-fs invariante Menge gilt $P(A) = 0 \;\vee\; P(A) = 1$.*

Satz 8.43. *Ist T eine mischende Abbildung auf dem Wahrscheinlichkeitsraum $(\Omega, \mathfrak{S}, P)$, so ist T ergodisch.*

Beweis. Für $A \in \mathfrak{J}$ gilt $A = T^{-n}(A)$ und daher folgt aus (8.12) mit $B := A$

$$P(A) = P(A \cap A) = P(A \cap T^{-n}(A)) = \lim_n P(A \cap T^{-n}(A)) = P(A)^2 \,.$$

Satz 8.44. *Eine maßtreue Transformation $T : (\Omega, \mathfrak{S}) \to (\Omega, \mathfrak{S})$ auf einem Wahrscheinlichkeitsraum $(\Omega, \mathfrak{S}, P)$ ist mischend, wenn Gleichung (8.12) für alle Mengen A, B aus einem Semiring $\mathfrak{T}$, der $\mathfrak{S}$ erzeugt, gilt.*

Beweis. Gilt Gleichung (8.12) auf $\mathfrak{T}$, so gilt sie auch auf $\mathfrak{R} := \mathfrak{R}(\mathfrak{T})$, da $\mathfrak{R}$ nach Satz 2.59 aus endlichen Vereinigungen disjunkter Mengen aus $\mathfrak{T}$ besteht.

Zu allen $A, B \in \mathfrak{S}$ und $\varepsilon > 0$ gibt es laut Approximationssatz (Satz 4.24) Mengen $A_\varepsilon, B_\varepsilon \in \mathfrak{R}$ mit $P(A \,\triangle\, A_\varepsilon) < \varepsilon$ und $P(B \,\triangle\, B_\varepsilon) < \varepsilon$. Damit gilt

$$
\begin{aligned}
\left| P(A \cap T^{-n}(B)) - P(A)\,P(B) \right| &\le \left| P(A \cap T^{-n}(B)) - P(A_\varepsilon \cap T^{-n}(B_\varepsilon)) \right| \\
&+ \left| P(A_\varepsilon \cap T^{-n}(B_\varepsilon)) - P(A_\varepsilon)\,P(B_\varepsilon) \right| + \left| P(A_\varepsilon)\,P(B_\varepsilon) - P(A)\,P(B_\varepsilon) \right| \\
&+ \left| P(A)\,P(B_\varepsilon) - P(A)\,P(B) \right| \,.
\end{aligned}
\tag{8.13}
$$

Wegen Folgerung 3.14 und Lemma 2.6 Punkt 12. kann man den ersten Term auf der rechten Seite der obigen Ungleichung für alle $n \in \mathbb{N}$ abschätzen durch

$$
\begin{aligned}
\left| P(A \cap T^{-n}(B)) \right. &\left. - P(A_\varepsilon \cap T^{-n}(B_\varepsilon)) \right| \\
&\le P\big((A \cap T^{-n}(B)) \,\triangle\, (A_\varepsilon \cap T^{-n}(B_\varepsilon)) \big) \\
&\le P(A \,\triangle\, A_\varepsilon) + P(T^{-n}(B) \,\triangle\, T^{-n}(B_\varepsilon)) \\
&= P(A \,\triangle\, A_\varepsilon) + P(B \,\triangle\, B_\varepsilon) \le 2\varepsilon \,.
\end{aligned}
$$

Wegen $A_\varepsilon, B_\varepsilon \in \mathfrak{R}$ gilt $\lim_n \left| P(A_\varepsilon \cap T^{-n}(B_\varepsilon)) - P(A_\varepsilon)\,P(B_\varepsilon) \right| = 0$.

Nach Folgerung 3.14 kann man die letzten beiden Terme abschätzen durch $\left| P(A_\varepsilon)\,P(B_\varepsilon) - P(A)\,P(B_\varepsilon) \right| \le P(B_\varepsilon)\,\left| P(A_\varepsilon) - P(A) \right| \le P(A_\varepsilon \,\triangle\, A) \le \varepsilon$ und $\left| P(A)\,P(B_\varepsilon) - P(A)\,P(B) \right| \le P(A)\,\left| P(B_\varepsilon) - P(B) \right| \le P(B_\varepsilon \,\triangle\, B) \le \varepsilon$.

Also gilt $\lim_n P(A \cap T^{-n}(B)) = P(A)\,P(B)$, womit der Satz bewiesen ist.

Satz 8.45. *Ist $(\Omega, \mathfrak{S}, P)$ ein Wahrscheinlichkeitsraum und $T : (\Omega, \mathfrak{S}) \to (\Omega, \mathfrak{S})$ eine maßtreue Transformation, so sind die folgenden Bedingungen äquivalent:*

1. *T ist ergodisch.*
2. *Jede P-fs invariante Zufallsvariable ist P-fs konstant.*
3. *Jede invariante Zufallsvariable ist P-fs konstant.*

Beweis. Die Bedingungen 1. und 3. sind laut Lemma 7.58 äquivalent. Nach Bemerkung 8.42 ist aber auch Bedingung 2. äquivalent zu Bedingung 1.

Beispiel 8.46. Auf $(\{0,1,2\}, \mathfrak{P}(\{0,1,2\}, P)$ mit $P(i) := \frac{1}{3}$, $i = 0,1,2$ ist $T_1(\omega) := (\omega + 1) \bmod 3$ offensichtlich ergodisch, aber nicht mischend.

$T_2(\omega) := (2\omega) \bmod 3$ ist maßtreu, aber nicht ergodisch, da $\{0\}$ bzw. $\{1,2\}$ nichttriviale invariante Mengen sind.

Auch die Abbildung aus Beispiel 8.30 ist nicht ergodisch, da es dafür, wie in Beispiel 8.33 gezeigt, nichttriviale invariante Mengen gibt.

Beispiel 8.47. Die Transformation aus Beispiel 8.31 ist mischend, denn, wie wir nun zeigen, gilt (8.12) für den Semiring der dyadischen Intervalle. Das genügt nach Satz 8.44 zum Nachweis der Mischungseigenschaft

Sind $A := \left[\sum_{i=1}^{k} \frac{a_i}{2^i}, \sum_{i=1}^{k} \frac{a_i}{2^i} + \frac{1}{2^k} \right)$ und $B := \left[\sum_{i=1}^{g} \frac{b_i}{2^i}, \sum_{i=1}^{g} \frac{b_i}{2^i} + \frac{1}{2^g} \right)$ mit $a_i, b_i \in \{0,1\}$, zwei derartige Intervalle, so gilt für $n \geq k$

$$A \cap T^{-n}(B) = \bigcup_{(c_{k+1}, \ldots, c_n) \in \{0,1\}^{n-k}} \left[\sum_{i=1}^{n+g} \frac{c_i}{2^i}, \sum_{i=1}^{n+g} \frac{c_i}{2^i} + \frac{1}{2^{n+g}} \right).$$

mit $c_1 = a_1, \ldots, c_k = a_k$; $c_{n+1} = b_1, \ldots, c_{n+g} = b_g$. Daher gilt

$$P\left(A \cap T^{-n}(B)\right) = \frac{2^{n-k}}{2^{n+g}} = \frac{1}{2^{k+g}} = P(A)\,P(B) \quad \forall\, n \geq k.$$

9

Das Integral - Der Erwartungswert

9.1 Definition des Integrals

Wir werden das Integral in 4 Schritten einführen:

1. für nichtnegative, messbare Treppenfunktionen,
2. für nichtnegative, messbare Funktionen,
3. für beliebige messbare Funktionen,
4. für μ-fü messbare Funktionen.

Doch zunächst möge ein Beispiel die Bedeutung des Begriffs illustrieren.

Beispiel 9.1 (Fortsetzung Bsp. 8.1). Wenn ein Glücksspielbetreiber das in Beispiel 8.1 beschriebene Spiel anbietet, dann wird er sich fragen, welchen Einsatz er verlangen muss, um nicht auf lange Sicht mit Verlust zu arbeiten.

Spielt der Spieler n-mal und bezeichnet H_i, $i = 1, \dots, 6$ die Häufigkeit mit der der Gewinn X im Verlauf der n Spiele den Wert i annimmt, so beläuft sich der Gesamtgewinn auf $\sum_{i=1}^{6} i\, H_i$. Der durchschnittliche Gewinn pro Spiel beträgt daher $\sum_{i=1}^{6} i\, \frac{H_i}{n}$ und man wird davon ausgehen, dass für großes n die relativen Häufigkeiten $\frac{H_i}{n}$ nahe bei $P(X = i)$ liegen werden, sodass ein Gewinn von ca. $\sum_{i=1}^{6} i\, P(X = i)$ pro Spiel erwartet werden kann. Daher muss der Einsatz wenigstens in dieser Höhe liegen, um zumindest die Gewinnausschüttung abdecken zu können.

Definition 9.2. *Ist $(\Omega, \mathfrak{S}, P)$ ein Wahrscheinlichkeitsraum und $T \in \mathcal{T}^+(\Omega, \mathfrak{S})$ eine nichtnegative, messbare Treppenfunktion auf $(\Omega, \mathfrak{S})$ mit der kanonischen Darstellung $T = \sum_{i=1}^{k} x_i\, \mathbb{1}_{[T=x_i]}$, so ist der Erwartungswert von T definiert durch*

$$\mathbb{E}\, T := \mathbb{E}_P\, T := \sum_{i=1}^{k} x_i\, P(T = x_i).$$

Die obige Definition ist sinnvoll, da die kanonische Darstellung von T eindeutig ist (siehe Bemerkung 7.27).

Beispiel 9.3. $X \sim B_{n,p}$ nimmt die Werte $0, \ldots, n$ mit den Wahrscheinlichkeiten $P(X = x) = \binom{n}{x} p^x (1 - p)^{n-x}$ an. Daher gilt

$$
\mathbb{E}X = \sum_{x=0}^{n} x \binom{n}{x} p^x (1 - p)^{n-x} = np \sum_{x=1}^{n} \binom{n-1}{x-1} p^{x-1}(1 - p)^{n-1-(x-1)}
$$

$$
= np \sum_{y=0}^{n-1} \binom{n-1}{y} p^y (1 - p)^{n-1-y} = np \, [p + (1 - p)]^{n-1} = np \, . \quad (9.1)
$$

Ist X bernoulliverteilt, so hat X demnach den Erwartungswert $\mathbb{E}X = p$.

Aber auch für Treppenfunktionen auf beliebigen Maßräumen $(\Omega, \mathfrak{S}, \mu)$ ist es oft sinnvoll die gewichteten Durchschnitte $\sum_{i=1}^{k} x_i \, \mu(t = x_i)$ zu betrachten.

Definition 9.4. *Ist $(\Omega, \mathfrak{S}, \mu)$ ein Maßraum und hat $t \in \mathcal{T}^+(\Omega, \mathfrak{S})$ die kanonische Darstellung $t = \sum_{i=1}^{k} x_i \, \mathbb{1}_{[t=x_i]}$, so ist das μ-Integral von t (das Integral von t bezüglich μ) gegeben durch*

$$
\int t \, d\mu := \sum_{i=1}^{k} x_i \, \mu(t = x_i) \, . \quad (9.2)
$$

Bemerkung 9.5. *Ist t eine nichtnegative, messbare Treppenfunktion auf $(\mathbb{R}, \mathfrak{B})$ und sind die Urbilder $[t = x_i]$ sehr „ einfach" strukturierte Mengen, etwa Intervalle, so ist das Integral $\int t \, d\lambda$ von t in Bezug auf das Lebesgue-Maß λ die Fläche zwischen der x-Achse und t und stimmt mit dem Riemann-Integral von t überein. Aber, da die Urbilder auch sehr komplizierte messbare Mengen sein können, geht die obige Definition weit über das Riemann-Integral hinaus. So gilt etwa gemäß (9.2) $\int \mathbb{1}_{\mathbb{Q}} \, d\lambda = 0$, während das Riemann-Integral von $\mathbb{1}_{\mathbb{Q}}$ nicht existiert.*

Um das Integral einer Treppenfunktion t zu berechnen ist es nicht nötig auf die kanonische Darstellung zurückzugreifen, wie das folgende Lemma zeigt.

Lemma 9.6. *Ist $t = \sum_{j=1}^{m} \beta_j \, \mathbb{1}_{B_j}$ eine nichtnegative, messbare Treppenfunktion auf einem Maßraum $(\Omega, \mathfrak{S}, \mu)$ mit $B_j \in \mathfrak{S}$, $j = 1, \ldots, m$, so gilt*

$$
\int t \, d\mu = \sum_{j=1}^{m} \beta_j \, \mu(B_j) \, . \quad (9.3)
$$

Beweis. Wie im Beweis von Lemma 7.26 gezeigt, gibt es eine messbare Zerlegung $D_1, \ldots, D_n$, sodass $B_j = \bigcup\limits_{i:\, D_i \subseteq B_j} D_i$, und mit $\alpha_i := \sum\limits_{j:\, D_i \subseteq B_j} \beta_j$ gilt

$$\sum_{j=1}^{m} \beta_j \mu(B_j) = \sum_{j=1}^{m} \beta_j \sum_{i:\, D_i \subseteq B_j} \mu(D_i) = \sum_{i=1}^{n} \mu(D_i) \sum_{j:\, D_i \subseteq B_j} \beta_j = \sum_{i=1}^{n} \alpha_i \mu(D_i). \tag{9.4}$$

Sind $x_1, \ldots, x_k$ die verschiedenen Werte, die die Koeffizienten α_i annehmen, so gilt $[t = x_j] = \bigcup\limits_{i:\, \alpha_i = x_j} D_i$. Deshalb kann man die rechte Seite von (9.4)

umformen zu $\sum\limits_{i=1}^{n} \alpha_i \mu(D_i) = \sum\limits_{j=1}^{k} x_j \sum\limits_{i:\, \alpha_i = x_j} \mu(D_i) = \sum\limits_{j=1}^{k} x_j \, \mu(t = x_j)$, und

erhält so $\sum\limits_{j=1}^{m} \beta_j \, \mu(B_j) = \sum\limits_{i=1}^{n} \alpha_i \, \mu(D_i) = \sum\limits_{j=1}^{k} x_j \, \mu(t = x_j) = \int t \, d\mu$.

Das Integral von Treppenfunktionen hat folgende Eigenschaften

Lemma 9.7. *Ist* $(\Omega, \mathfrak{S}, \mu)$ *ein Maßraum, so gilt für* $s, t \in \mathcal{T}^+(\Omega, \mathfrak{S})$

1. $s \leq t \Rightarrow \int s \, d\mu \leq \int t \, d\mu$ *(Monotonie),*

2. $\alpha \geq 0 \Rightarrow \int \alpha s \, d\mu = \alpha \int s \, d\mu$ *(Homogenität),*

3. $\int s + t \, d\mu = \int s \, d\mu + \int t \, d\mu$ *(Additivität).*

Beweis.

ad 1. Sind $s = \sum\limits_{i=1}^{k} x_i \mathbb{1}_{[s=x_i]}$ und $t = \sum\limits_{j=1}^{g} y_j \mathbb{1}_{[t=y_j]}$ die kanonischen Darstellungen von s und t, so bilden die $D_{i,j} := [s = x_i] \cap [t = y_j]$, $1 \leq i \leq k$, $1 \leq j \leq g$ eine messbare Zerlegung von Ω mit

$$s = \sum_{i=1}^{k} \sum_{j=1}^{g} x_i \mathbb{1}_{D_{i,j}} \quad \wedge \quad t = \sum_{j=1}^{g} \sum_{i=1}^{k} y_j \mathbb{1}_{D_{i,j}}. \tag{9.5}$$

Gemäß Lemma 9.6 gilt daher

$$\int s \, d\mu = \sum_{i=1}^{k} \sum_{j=1}^{g} x_i \, \mu(D_{i,j}) \quad \wedge \quad \int t \, d\mu = \sum_{i=1}^{k} \sum_{j=1}^{g} y_j \, \mu(D_{i,j}). \tag{9.6}$$

Daraus folgt $\int s \, d\mu \leq \int t \, d\mu$, da wegen $s \leq t$ auf den $D_{i,j} \neq \emptyset$ gilt $x_i \leq y_j$.

ad 2. Diese Aussage ist trivial.

ad 3. Nach (9.5) gilt $s + t = \sum\limits_{i=1}^{k} \sum\limits_{j=1}^{g} (x_i + y_j) \mathbb{1}_{D_{i,j}}$. Daraus und aus (9.6) folgt

$$\int s + t \, d\mu = \sum_{i=1}^{k} \sum_{j=1}^{g} (x_i + y_j) \, \mu(D_{i,j})$$

$$= \sum_{i=1}^{k} \sum_{j=1}^{g} x_i \, \mu(D_{i,j}) + \sum_{i=1}^{k} \sum_{j=1}^{g} y_j \, \mu(D_{i,j}) = \int s \, d\mu + \int t \, d\mu.$$

Die untenstehende Folgerung aus Punkt 1. des obigen Lemmas wird für die Definition des Integrals von nichtnegativen, messbaren Funktionen benötigt.

Folgerung 9.8. *Ist* $(\Omega, \mathfrak{S}, \mu)$ *ein Maßraum, so gilt für jedes* $t \in \mathcal{T}^+(\Omega, \mathfrak{S})$

$$\int t \, d\mu = \sup \left\{ \int s \, d\mu \; : \; s \in \mathcal{T}^+ \wedge s \leq t \right\}. \tag{9.7}$$

Beweis. Aus $t \in \{s \in \mathcal{T}^+ \wedge s \leq t\}$ folgt $\int t \, d\mu \leq \sup \{\int s \, d\mu : s \in \mathcal{T}^+ \wedge s \leq t\}$. Umgekehrt gilt für alle $\hat{s} \in \{s \in \mathcal{T}^+ \wedge s \leq t\}$ nach Lemma 9.7 Punkt 1. $\int \hat{s} \, d\mu \leq \int t \, d\mu$. Daher gilt auch $\sup\{\int s \, d\mu \; : \; s \in \mathcal{T}^+ \wedge s \leq t\} \leq \int t \, d\mu$.

Als nächstes wird das Integral nichtnegativer, messbarer Funktionen definiert.

Definition 9.9. *Ist* $(\Omega, \mathfrak{S}, \mu)$ *ein Maßraum, so wird das Integral der Funktion* $f \in \mathcal{M}^+(\Omega, \mathfrak{S})$ *bezüglich* μ *(oder* μ*-Integral) definiert durch*

$$\int f \, d\mu := \sup \left\{ \int t \, d\mu : t \in \mathcal{T}^+ \wedge t \leq f \right\}. \tag{9.8}$$

Definition 9.9 ist, wie in Folgerung 9.8 gezeigt, konsistent zu Definition 9.4.

Das Integral $\int f \, d\mu$ ist, wie aus der obigen Definition ersichtlich, für alle $f \in \mathcal{M}^+$ definiert, aber es kann auch den Wert ∞ annehmen.

Lemma 9.10. *Ist* $(\Omega, \mathfrak{S}, \mu)$ *ein Maßraum,* $f \in \mathcal{M}^+(\Omega, \mathfrak{S})$ *und* $\mathcal{T}_f^+$ *die Menge aller* $t \in \mathcal{T}^+$, *zu denen es eine endliche messbare Zerlegung* $A_1, \ldots, A_k$ *von* Ω *gibt, sodass* t *darstellbar ist in der Form* $t = \sum_{i=1}^{k} \inf_{\omega \in A_i} f(\omega) \, \mathbb{1}_{A_i}$, *dann gilt*

$$\int f \, d\mu = \sup \left\{ \int t \, d\mu : t \in \mathcal{T}_f^+ \right\}. \tag{9.9}$$

Beweis. Aus $\mathcal{T}_f^+ \subseteq \{t \in \mathcal{T}^+ : t \leq f\}$ folgt $\sup\left\{\int t \, d\mu \; : \; t \in \mathcal{T}_f^+\right\} \leq \int f \, d\mu$.

Andererseits gilt für jedes $s \in \mathcal{T}^+$, $s \leq f$ mit der kanonischen Darstellung $s = \sum_{i=1}^{k} s_i \, \mathbb{1}_{[s=s_i]}$ auch $s \leq \bar{s} := \sum_{i=1}^{k} \inf_{\omega \in [s=s_i]} f(\omega) \, \mathbb{1}_{[s=s_i]} \in \mathcal{T}_f^+$. Daraus folgt $\int s \, d\mu \leq \int \bar{s} \, d\mu \leq \sup\left\{\int t \, d\mu \; : \; t \in \mathcal{T}_f^+\right\}$ für alle $s \in \mathcal{T}^+$ mit $s \leq f$. Daher gilt auch die umgekehrte Ungleichung $\int f \, d\mu \leq \sup\left\{\int t \, d\mu \; : \; t \in \mathcal{T}_f^+\right\}$.

Definition 9.11. *Ist f eine messbare Funktion f auf einem Maßraum $(\Omega, \mathfrak{S}, \mu)$ mit Positivteil f^+ und Negativteil f^-, für die gilt* $\min \{ \int f^+ \, d\mu, \int f^- \, d\mu \} < \infty$, *so wird das Integral von f bezüglich μ (μ-Integral von f) definiert durch*

$$\int f \, d\mu := \int f^+ \, d\mu - \int f^- \, d\mu. \tag{9.10}$$

Das Integral von f existiert nicht, wenn $\min \{ \int f^+ \, d\mu, \int f^- \, d\mu \} = \infty$.

Bemerkung 9.12. *Der Bezug auf μ unterbleibt meistens, wenn klar ist, um welches Maß es sich handelt.*

Unter dem Lebesgue-Integral einer Funktion $f \in \mathcal{M}(\mathbb{R}^k, \mathfrak{L}_k)$ versteht man das Integral in Bezug auf das Lebesgue-Maß λ_k.

Für Zufallsvariable auf Wahrscheinlichkeitsräumen wird das Integral, wenn es existiert, wie bei nichtnegativen Treppenfunktionen, Erwartungswert genannt und die Bezeichnung $\mathbb{E} \, X$ bzw. $\mathbb{E}_P \, X$ verwendet.

Definition 9.13. *Eine messbare Funktion f auf einem Maßraum $(\Omega, \mathfrak{S}, \mu)$ heißt integrierbar (bezüglich μ), wenn* $\max \{ \int f^+ \, d\mu, \int f^- \, d\mu \} < \infty$.

Mit $\mathcal{L}_1 := \mathcal{L}_1(\Omega, \mathfrak{S}, \mu)$ bezeichnet man die Menge der integrierbaren Funktionen auf $(\Omega, \mathfrak{S}, \mu)$ und mit $\mathbf{L}_1 := \mathbf{L}_1(\Omega, \mathfrak{S}, \mu)$ die Menge der Äquivalenzklassen μ–fü gleicher Funktionen aus $\mathcal{L}_1(\Omega, \mathfrak{S}, \mu)$.

Definition 9.14. *Existiert auf einem Maßraum $(\Omega, \mathfrak{S}, \mu)$ für $f \in \mathcal{M}$ und $A \in \mathfrak{S}$ $\int f \mathbb{1}_A \, d\mu$, so bezeichnet man $\int_A f \, d\mu := \int f \mathbb{1}_A \, d\mu$ als das Integral von f über A.*

Betrachtet man statt $(\Omega, \mathfrak{S}, \mu)$ den Teilraum $(A, \mathfrak{S} \cap A, \mu_A)$, wobei $\mu_A := \mu|_{\mathfrak{S} \cap A}$ die Restriktion von μ auf $\mathfrak{S} \cap A$ ist, so sollte die obige Definition des Integrals von f über A mit $\int f|_A \, d\mu_A$ übereinstimmen.

Lemma 9.15. *Ist $(\Omega, \mathfrak{S}, \mu)$ ein Maßraum $A \in \mathfrak{S}$ und $f : \Omega \to \mathbb{R}$, so ist $f \mathbb{1}_A$ genau dann $\mathfrak{S}|\mathfrak{B}$-messbar, wenn $f|_A$ $\mathfrak{S} \cap A|\mathfrak{B}$-messbar ist und, wenn eines der beiden Integrale $\int_A f \, d\mu$ oder $\int f|_A \, d\mu_A$ existiert, so existiert auch das andere und dann gilt $\int_A f \, d\mu = \int f|_A \, d\mu_A$.*

Beweis. Da gilt $(f|_A)^{-1}(B) = (f \mathbb{1}_A)^{-1}(B) \cap A \;\; \forall \; B \in \mathfrak{B}$, impliziert $f \mathbb{1}_A : (\Omega, \mathfrak{S}) \to (\mathbb{R}, \mathfrak{B})$ natürlich $f|_A : (A, \mathfrak{S} \cap A) \to (\mathbb{R}, \mathfrak{B})$. Die umgekehrte Richtung folgt aus $(f \mathbb{1}_A)^{-1}(B) = \begin{cases} (f|_A)^{-1}(B), & 0 \notin B \\ (f|_A)^{-1}(B) \cup A^c, & 0 \in B. \end{cases}$

Offensichtlich gilt $\int_A t \, d\mu = \int t|_A \, d\mu_A$ für alle $t \in \mathcal{T}^+$.

Für $f \in \mathcal{M}^+$ folgt aus $f \mathbb{1}_A \in \mathcal{M}^+(\Omega, \mathfrak{S}) \;\Leftrightarrow\; f|_A \in \mathcal{M}^+(A, \mathfrak{S} \cap A)$ und $(t \in \mathcal{T}^+(\Omega, \mathfrak{S}) \wedge t \leq f \mathbb{1}_A) \Leftrightarrow (t|_A \in \mathcal{T}^+(A, \mathfrak{S} \cap A) \wedge t|_A \leq f|_A)$ sofort

$$\int_A f \, d\mu = \sup \left\{ \int t \, d\mu : t \in \mathcal{T}^+(\Omega, \mathfrak{S}), \; t \leq f \mathbb{1}_A \right\}$$

$$= \sup \left\{ \int s \, d\mu_A : s \in \mathcal{T}^+(A, \mathfrak{S} \cap A), \; s \leq f|_A \right\} = \int f|_A \, d\mu_A.$$

Ist $f\,\mathbb{1}_A$ messbar, so zerlegt man in $(f\,\mathbb{1}_A)^+$ und $(f\,\mathbb{1}_A)^-$.

Die Werte von f auf einer Nullmenge sind für das Integral unerheblich.

Lemma 9.16. *Ist $(\Omega, \mathfrak{S}, \mu)$ ein Maßraum, $f \in \mathcal{M}$ und N eine μ-Nullmenge, so existiert $\int f\,d\mu$ genau dann, wenn $\int_{N^c} f\,d\mu$ existiert. Dann gilt $\int f\,d\mu = \int_{N^c} f\,d\mu$.*

Beweis. Die Aussage ist für $t \in \mathcal{T}^+$ trivial, und daher gilt auch für $f \in \mathcal{M}^+$

$$\int f\,d\mu = \sup\left\{ \int t\,d\mu : t \in \mathcal{T}^+,\, t \leq f \right\}$$

$$= \sup\left\{ \int t\,\mathbb{1}_{N^c}\,d\mu : t\,\mathbb{1}_{N^c} \in \mathcal{T}^+,\, t\,\mathbb{1}_{N^c} \leq f\,\mathbb{1}_{N^c} \right\} = \int_{N^c} f\,d\mu .$$

Für $f \in \mathcal{M}$ folgt aus $\int f^+\,d\mu = \int_{N^c} f^+\,d\mu$ und $\int f^-\,d\mu = \int_{N^c} f^-\,d\mu$, dass entweder beide Integrale existieren und gleich sind oder dass keines existiert.

Folgerung 9.17. *Sind $f, g \in \mathcal{M}$ μ-fü gleich, so existiert das Integral $\int f\,d\mu$ gerade dann, wenn $\int g\,d\mu$ existiert, und dann gilt $\int f\,d\mu = \int g\,d\mu$.*

Beweis. Ist $N \in \mathfrak{S}, \mu(N) = 0$ und $f = g$ auf N^c, so folgt aus $f\,\mathbb{1}_{N^c} = g\,\mathbb{1}_{N^c}$ und Lemma 9.16 $\int f^+\,d\mu = \int_{N^c} f^+\,d\mu = \int_{N^c} g^+\,d\mu = \int g^+\,d\mu$, aber auch $\int f^-\,d\mu = \int_{N^c} f^-\,d\mu = \int_{N^c} g^-\,d\mu = \int g^-\,d\mu$.

Ist f eine μ-fü messbare Funktion und $N \in \mathfrak{S}$ eine Nullmenge, auf deren Komplement f messbar ist, so ist $\tilde{f} := f\,\mathbb{1}_{N^c}$ messbar. Für jede weitere messbare Funktion g, die μ-fü mit f übereinstimmt, gilt $\tilde{f} = g$ μ-fü. Gemäß obiger Folgerung besitzen daher alle messbaren Funktionen, die zu f μ-fü gleich sind, dasselbe Integral, oder es existiert für keine dieser Funktionen, und daher macht die folgende Erweiterung der Integraldefinition Sinn.

Definition 9.18. *Ist $(\Omega, \mathfrak{S}, \mu)$ ein Maßraum, ist $f \in \mathcal{M}_\mu$ und existiert das Integral von $f\,\mathbb{1}_{N^c}$ für das Komplement N^c einer μ-Nullmenge, auf der f messbar ist, so bezeichnet man*

$$\int f\,d\mu := \int_{N^c} f\,d\mu$$

als das Integral von f . Ansonsten existiert das Integral von f nicht.

Satz 9.19. *Ist $(\Omega, \mathfrak{S}, \mu)$ ein Maßraum, so gilt, wenn die Integrale existieren*

1. $f \leq g$ μ-fü $\Rightarrow$ $\displaystyle\int f\,d\mu \leq \int g\,d\mu$ *für $f, g \in \mathcal{M}_\mu$*   (Monotonie),

2. $f = 0$ μ-fü $\Leftrightarrow$ $\displaystyle\int f\,d\mu = 0$ *für $f \in \mathcal{M}_\mu^+$,*

3. $c \in \overline{\mathbb{R}} \Rightarrow \int c f \, d\mu = c \int f \, d\mu$ für $f \in \mathcal{M}_\mu$ (Homogenität).

Beweis.

ad 1. Für $f, g \in \mathcal{T}^+$ wurde Punkt 1. bereits in Lemma 9.7 Punkt 1. bewiesen. Statt $f, g \in \mathcal{M}_\mu^+$ kann man $f, g \in \mathcal{M}^+$ und $f(\omega) \leq g(\omega)$ $\forall \omega \in \Omega$ annehmen, da das Verhalten der Funktionen auf einer Nullmenge nach Lemma 9.16 für die Integrale bedeutungslos ist. Aus diesen Annahmen folgt $\mathcal{T}_f := \{t \in \mathcal{T}^+ : t \leq f\} \subseteq \mathcal{T}_g := \{t \in \mathcal{T}^+ : t \leq g\}$, und deshalb gilt

$$\int f \, d\mu = \sup_{t \in T_f} \int t \, d\mu \leq \sup_{s \in T_g} \int s \, d\mu = \int g \, d\mu \, .$$

Für $f, g \in \mathcal{M}_\mu$ folgt aus $f \leq g$ μ–fü $f^+ \leq g^+$ μ–fü und $g^- \leq f^-$ μ–fü . Daher gilt $\int f^+ \, d\mu \leq \int g^+ \, d\mu$ und $\int g^- \, d\mu \leq \int f^- \, d\mu$. Wenn die Integrale existieren, folgt daraus

$$\int f \, d\mu = \int f^+ \, d\mu - \int f^- \, d\mu \leq \int g^+ \, d\mu - \int g^- \, d\mu = \int g \, d\mu \, .$$

ad 2. Die eine Richtung ergibt sich aus Folgerung 9.17 mit $g := 0$.
Umgekehrt folgt aus $\int f \, d\mu = 0$ und $\frac{1}{n} \mathbb{1}_{[f > \frac{1}{n}]} \leq f$ $\forall n \in \mathbb{N}$ nach Punkt 1.

$$0 = \int f \, d\mu \geq \int \frac{1}{n} \mathbb{1}_{[f > \frac{1}{n}]} \, d\mu = \frac{1}{n} \mu \left(f > \frac{1}{n} \right) \geq 0 \quad \forall n \in \mathbb{N} \, .$$

Daher gilt $\mu \left(f > \frac{1}{n} \right) = 0$ $\forall n \in \mathbb{N} \Rightarrow \mu(f > 0) = \mu \left(\bigcup_n [f > \frac{1}{n}] \right) = 0$.

ad 3. Wir nehmen zunächst an, dass f und c nichtnegativ sind.
Für $c = 0$ gilt $c f = 0 \Rightarrow \int c f \, d\mu = 0$. Dann gilt aber wegen $0 \infty = 0$ auch $c \int f \, d\mu = 0$, sogar dann, wenn $\int f d\mu = \infty$.
Ist $0 < c < \infty$, so ist für jedes $s \in \mathcal{T}_f := \{t \in \mathcal{T}^+, t \leq f\}$ die Funktion $c s$ ein Element von $\mathcal{T}_{cf} := \{t \in \mathcal{T}^+, t \leq cf\}$. Andererseits gilt $s \in \mathcal{T}_{cf} \Rightarrow \frac{s}{c} \in \mathcal{T}_f$. Daraus und aus Lemma 9.7 Punkt 2. folgt

$$c \int f \, d\mu = c \sup_{t \in \mathcal{T}_f} \int t \, d\mu = \sup_{t \in \mathcal{T}_f} \int c t \, d\mu = \sup_{s \in \mathcal{T}_{cf}} \int s \, d\mu = \int c f \, d\mu \, .$$

Ist $c = \infty$ und $\int f \, d\mu = 0$, so ist $f = 0$ μ–fü . Aus Rechenregel (7.4) folgt daher $c \int f \, d\mu = 0$ und $c f = 0$ μ–fü . Damit gilt aber auch $\int c f \, d\mu = 0$.
Für $c = \infty$ und $\int f \, d\mu > 0$ gilt $c \int f \, d\mu = \infty$. Nach Punkt 2. muss es ein n geben mit $\mu \left(f > \frac{1}{n} \right) > 0$. Aus $c f \geq k \mathbb{1}_{[f > \frac{1}{n}]}$ $\forall k \in \mathbb{N}$ folgt nun $\int c f \, d\mu \geq \int k \mathbb{1}_{[f > \frac{1}{n}]} \, d\mu = k \mu \left(f > \frac{1}{n} \right)$ $\forall k \in \mathbb{N} \Rightarrow \int c f \, d\mu = \infty$.
Ist $f \in \mathcal{M}_\mu$ und $c \geq 0$, so gilt, wie eben gezeigt, $c \int f^+ \, d\mu = \int c f^+ \, d\mu$ und $c \int f^- \, d\mu = \int c f^- \, d\mu$. Daher sind beide Ausdrücke $\int c f^+ \, d\mu - \int c f^- \, d\mu$ und $c \left(\int f^+ \, d\mu - \int f^- \, d\mu \right)$ sinnvoll und dann auch gleich oder keiner.
Aus $-f = f^- - f^+$ folgt $\int (-f) \, d\mu = \int f^- \, d\mu - \int f^+ \, d\mu = - \int f \, d\mu$, sodass für $c < 0$ gilt $c \int f \, d\mu = (-c) \int (-f) \, d\mu = \int (-c) (-f) \, d\mu = \int c f \, d\mu$.

9.2 Konvergenzsätze

Definition 9.9 ist zur praktischen Berechnung des Integrals einer nichtnegativen, messbaren Funktion f ungeeignet. Stattdessen approximiert man f gemäß Satz 7.30 durch messbare Treppenfunktionen. Eine Schlüsselrolle spielt dabei der folgende auf B. Levi zurückgehende Satz.

Satz 9.20 (Satz von Levi – Konvergenz durch Monotonie). *Ist $(\Omega, \mathfrak{S}, \mu)$ ein Maßraum und (f_n) eine μ-fü monoton wachsende Folge aus $\mathcal{M}_\mu^+$, dann gilt*

$$\int \lim_n f_n \, d\mu = \lim_n \int f_n \, d\mu \, .$$

Beweis. Wegen Lemma 9.16 kann man o.E.d.A. annehmen, dass die f_n messbar sind und die Folge auf ganz Ω monoton wächst. Dann existiert der Grenzwert $f(\omega) := \lim_n f_n(\omega) \quad \forall \, \omega \in \Omega$, wobei auch der Wert ∞ auftreten kann.

Nach Satz 9.19 Punkt 1. bilden auch die Integrale $\int f_n \, d\mu$ eine monoton wachsende Folge, für die gilt $\int f_n \, d\mu \leq \int f \, d\mu \quad \forall \, n \in \mathbb{N}$. Daraus folgt

$$\lim_n \int f_n \, d\mu \leq \int f \, d\mu \, . \tag{9.11}$$

Für jedes $t = \sum\limits_{i=1}^k \beta_i \, \mathbb{1}_{B_i}$, $B_i \in \mathfrak{S}$ und jede Folge von Mengen $A_m \in \mathfrak{S}$ mit $A_m \nearrow \Omega$ gilt nach Satz 3.20 (Stetigkeit von unten)

$$\lim_m \int\limits_{A_m} t \, d\mu = \lim_m \sum_{i=1}^k \beta_i \, \mu(B_i \cap A_m) = \sum_{i=1}^k \beta_i \, \mu(B_i) = \int t \, d\mu \, .$$

Aus $t \in \mathcal{T}^+$, $t \leq f$ und $0 < \alpha < 1$ folgt daher wegen $C_m := [f_m \geq \alpha \, t] \nearrow \Omega$

$$\lim_m \int\limits_{C_m} t \, d\mu = \int t \, d\mu \, . \tag{9.12}$$

Nun gilt $\alpha \int\limits_{C_m} t \, d\mu \leq \int\limits_{C_m} f_m \, d\mu \leq \int f_m \, d\mu \leq \int f_n \, d\mu \quad \forall \, n \geq m$. Daraus folgt $\alpha \int\limits_{C_m} t \, d\mu \leq \lim_n \int f_n \, d\mu \quad \forall \, m \in \mathbb{N}$. Damit erhält man unter Berücksichtigung von (9.12) $\alpha \int t \, d\mu = \alpha \lim_m \int\limits_{C_m} t \, d\mu \leq \lim_n \int f_n \, d\mu$. Weil aber $\alpha \in (0,1)$ beliebig gewählt werden kann, gilt auch $\int t \, d\mu \leq \lim_n \int f_n \, d\mu \quad \forall \, t \in \mathcal{T}^+$, $t \leq f$. Da das der Umkehrung von (9.11) $\int f \, d\mu \leq \lim_n \int f_n \, d\mu$ entspricht, ist der Satz somit bewiesen.

Folgerung 9.21. *Ist $(\Omega, \mathfrak{S}, \mu)$ ein Maßraum, so existiert zu jedem $f \in \mathcal{M}_\mu^+$ eine monoton wachsende Folge (t_n) aus $\mathcal{T}^+$ mit $\lim\limits_n t_n = f$ μ-fü, und für jede monoton wachsende Folge (s_n) aus $\mathcal{T}^+$ mit $\lim\limits_n s_n = f$ μ-fü gilt*

$$\int f \, d\mu = \lim_n \int s_n \, d\mu. \qquad (9.13)$$

Beweis. Ist f auf $N^c \in \mathfrak{S}$ mit $\mu(N) = 0$ messbar, so ist $f\,\mathbb{1}_{N^c}$ messbar und nach Satz 7.30 gibt es eine Folge (t_n) aus $\mathcal{T}^+$ mit $t_n \nearrow f\,\mathbb{1}_{N^c}$. Daher gilt $\lim\limits_n t_n = f$ μ-fü, womit die erste Aussage der Folgerung bewiesen ist.

Ist (s_n) eine Folge aus $\mathcal{T}^+$ mit $s_n \nearrow f$ μ-fü, so folgt (9.13) sofort aus dem oben bewiesenen Satz von B. Levi über die Konvergenz durch Monotonie.

Bemerkung 9.22. *Da der Grenzwert $\int f \, d\mu$ in (9.13) nicht von der gegen f konvergenten Folge (s_n) abhängt, kann man auch (9.13) zur Definition des Integrals von $f \in \mathcal{M}^+$ verwenden. Diese Vorgangsweise hat den Vorteil einen Weg zur näherungsweisen Berechnung des Integrals aufzuzeigen.*

Lemma 9.23. *Ist $(\Omega, \mathfrak{S}, \mu)$ ein Maßraum und hat $f \in \mathcal{M}$ einen höchstens abzählbaren Wertebereich $f(\Omega) = \{\, x_i : i \in I \subseteq \mathbb{N} \,\}$, so gilt*

$$\int f \, d\mu = \sum_{x_i \geq 0} x_i \, \mu(\, f = x_i\,) + \sum_{x_i < 0} x_i \, \mu(\, f = x_i\,), \qquad (9.14)$$

wenn mindestens eine Summe in der obigen Gleichung endlich ist.

Beweis. $t_n^+ := \sum\limits_{i \leq n : x_i \geq 0} x_i \, \mathbb{1}_{[\,f = x_i\,]} \nearrow f^+ \wedge t_n^- := \sum\limits_{i \leq n : x_i < 0} (-x_i) \, \mathbb{1}_{[\,f = x_i\,]} \nearrow f^-$.

Aus Folgerung 9.21 kann man die Additivität des Integrals für nichtnegative, μ-fü messbare Funktionen leicht herleiten.

Lemma 9.24. *Ist $(\Omega, \mathfrak{S}, \mu)$ ein Maßraum und sind $f, g \in \mathcal{M}_\mu^+$, so gilt*

$$\int f + g \, d\mu = \int f \, d\mu + \int g \, d\mu. \qquad (9.15)$$

Beweis. Für $f, g \in \mathcal{T}^+$ wurde (9.15) schon in Lemma 9.7 Punkt 3. gezeigt. Zu $f, g \in \mathcal{M}_\mu^+$ gibt es Folgen (t_n) und (s_n) aus $\mathcal{T}^+$ mit $t_n \nearrow f$ μ-fü und $s_n \nearrow g$ μ-fü $\Rightarrow t_n + s_n \nearrow f + g$ μ-fü. Daher folgt aus Satz 9.20

$$\int f + g \, d\mu = \lim_n \int t_n + s_n \, d\mu = \lim_n \int t_n \, d\mu + \lim_n \int s_n \, d\mu = \int f \, d\mu + \int g \, d\mu.$$

Folgerung 9.25. *Ist $(\Omega, \mathfrak{S}, \mu)$ ein Maßraum, so gilt $f \in \mathcal{L}_1 \Leftrightarrow |f| \in \mathcal{L}_1$.*

Beweis. Aus Lemma 9.24 und $|f| = f^+ + f^-$ folgt $\int |f| d\mu = \int f^+ d\mu + \int f^- d\mu$. Demnach gilt $\int |f| \, d\mu < \infty \Leftrightarrow \max\{\int f^+ d\mu, \int f^- d\mu\} < \infty$.

Lemma 9.26. *Aus* $f \in \mathcal{L}_1(\Omega, \mathfrak{S}, \mu)$ *folgt* $\mu([|f| = \infty]) = 0$.

Beweis. Aus $n \mathbb{1}_{[|f|=\infty]} \leq |f| \quad \forall \; n \in \mathbb{N}$ folgt nach Satz 9.19 Punkt 1.
$n \mu(|f| = \infty) = \int n \mathbb{1}_{[|f|=\infty]} \, d\mu \leq \int |f| \, d\mu < \infty \quad \forall \; n \in \mathbb{N}$. Daher gilt
$\mu(|f| = \infty) \leq \frac{1}{n} \int |f| \, d\mu \quad \forall \, n \in \mathbb{N} \; \Rightarrow \; \mu(|f| = \infty) = 0$.

Lemma 9.27. *Ist* $(\Omega, \mathfrak{S}, \mu)$ *ein Maßraum, so gilt für jede μ–fü messbare Funktion f, deren Integral existiert* $\left| \int f \, d\mu \right| \leq \int |f| \, d\mu$.

Beweis. $\left| \int f \, d\mu \right| = \left| \int f^+ \, d\mu - \int f^- \, d\mu \right| \leq \int f^+ \, d\mu + \int f^- \, d\mu = \int |f| \, d\mu$.

Lemma 9.28. *Existiert das Integral einer auf einem Maßraum $(\Omega, \mathfrak{S}, \mu)$ μ–fü messbaren Funktion f, so existieren auch die Integrale $\int_A f \, d\mu$ für alle $A \in \mathfrak{S}$. Ist f integrierbar, so sind alle diese Integrale endlich.*

Beweis. Dies folgt aus $(f \mathbb{1}_A)^+ = f^+ \mathbb{1}_A \leq f^+$ und $(f \mathbb{1}_A)^- = f^- \mathbb{1}_A \leq f^-$.

Vor dem Beweis der Additivität des Integrals in allgemeiner Form zeigen wir noch ein einfaches Lemma, das uns als Hilfsmittel dient.

Lemma 9.29. *Für $\alpha, \beta \in \overline{\mathbb{R}}$ mit $\min\{\alpha, \beta\} > -\infty$ oder $\max\{\alpha, \beta\} < \infty$ gilt*

$$(\alpha + \beta)^+ \leq \alpha^+ + \beta^+ \; \wedge \; (\alpha + \beta)^- \leq \alpha^- + \beta^-. \tag{9.16}$$

Beweis. Für $\alpha \geq 0 \wedge \beta \geq 0$ und $\alpha < 0 \wedge \beta < 0$ ist (9.16) klar. Die rechte Ungleichung folgt aus der linken, indem man α, β durch $-\alpha, -\beta$ ersetzt und $\alpha < 0 \wedge \beta \geq 0$ ist symmetrisch zu $\alpha \geq 0 \wedge \beta < 0$. Für $\alpha \geq 0 \wedge \beta < 0$ gilt aber
$(\alpha + \beta)^+ = (\alpha + \beta) \vee 0 \leq \alpha \vee 0 \leq (\alpha \vee 0) + (\beta \vee 0) = \alpha^+ + \beta^+$.

Satz 9.30 (Additivität des Integrals). *Sind f, g μ–fü messbare Funktionen auf einem Maßraum $(\Omega, \mathfrak{S}, \mu)$, deren Integrale $\int f \, d\mu$ und $\int g \, d\mu$ existieren und ist $\int f \, d\mu + \int g \, d\mu$ wohldefiniert, so existiert das Integral von $f + g$ und es gilt*

$$\int f + g \, d\mu = \int f \, d\mu + \int g \, d\mu. \tag{9.17}$$

Beweis. Auf Grund der Voraussetzungen müssen entweder beide Positivteile f^+ und g^+ oder beide Negativteile f^-, g^- integrierbar sein, denn gilt etwa $\int f^+ \, d\mu = \infty$, so folgt daraus $\int f^- \, d\mu < \infty$. Dann muss aber auch gelten $\int g \, d\mu > -\infty$, d.h. $\int g^- \, d\mu < \infty$, damit $\int f \, d\mu + \int g \, d\mu$ sinnvoll ist.
Wir nehmen o.E.d.A. $\max \left\{ \int f^- \, d\mu, \int g^- \, d\mu \right\} < \infty$ an. Aus Lemma 9.26 folgt dann $f^- < \infty$ μ-fü. bzw. $g^- < \infty$ μ-fü, und deshalb muss wegen Lemma 9.29 auch gelten $(f + g)^- \leq f^- + g^- < \infty$ μ-fü. Darum dürfen in $(f + g)^+ - (f + g)^- = f + g = f^+ - f^- + g^+ - g^-$ die Ausdrücke $(f + g)^-$, f^- und g^- auf die jeweils andere Seite gebracht werden und man erhält $(f+g)^+ + f^- + g^- = (f+g)^- + f^+ + g^+$. Daraus folgt nach Lemma 9.24

$$\int (f + g)^+ \, d\mu + \int f^- \, d\mu + \int g^- \, d\mu = \int (f + g)^- \, d\mu + \int f^+ \, d\mu + \int g^+ \, d\mu.$$

Die Integrale $\int f^- \, d\mu$, $\int g^- \, d\mu$ und $\int (f+g)^- \, d\mu$ sind endlich (letzteres wegen $(f+g)^- \le f^- + g^-$). Bringt man sie auf die andere Seite, ergibt das

$$\int f + g \, d\mu = \int (f+g)^+ \, d\mu - \int (f+g)^- \, d\mu$$

$$= \int f^+ \, d\mu - \int f^- \, d\mu + \int g^+ \, d\mu - \int g^- \, d\mu = \int f \, d\mu + \int g \, d\mu .$$

Es gibt eine nützliche Verallgemeinerung des Satzes von B. Levi.

Satz 9.31 (Verallgemeinerung des Satzes von B. Levi). *Gibt es zu einer monoton steigenden Folge μ–fü messbarer Funktionen f_n auf einem Maßraum $(\Omega, \mathfrak{S}, \mu)$ ein $g \in \mathfrak{M}_\mu$ mit $f_n \ge g$ μ–fü $\ \forall \, n \in \mathbb{N}$ und $\int g^- \, d\mu < \infty$, so gilt*

$$\int \lim_n f_n \, d\mu = \lim_n \int f_n \, d\mu . \tag{9.18}$$

Ist (f_n) monoton fallend, so gilt Gleichung (9.18), wenn ein $g \in \mathfrak{M}_\mu$ existiert, für das gilt $f_n \le g$ μ–fü $\ \forall \, n \in \mathbb{N}$ und $\int g^+ \, d\mu < \infty$.

Beweis. Aus $f := \lim\limits_n f_n \ge f_m \ge g \ge -g^-$ $\ \forall \, m \in \mathbb{N}$ folgt $f^- \le f_m^- \le g^-$. Wegen $\int g^- \, d\mu < \infty$ existieren deshalb die Integrale $\int f \, d\mu$ und $\int f_m \, d\mu$. Aus $\int g^- \, d\mu < \infty$ folgt nach Lemma 9.26 auch $0 \le g^- < \infty$ μ–fü, und darum gilt für die nichtnegativen Funktionen $h_n := f_n + g^-$ und $h := f + g^-$ $\int h_n \, d\mu = \int f_n \, d\mu + \int g^- \, d\mu$ und $\int h \, d\mu = \int f \, d\mu + \int g^- \, d\mu$. Da die nichtnegativen Funktionen h_n monoton gegen h steigen, gilt nach Satz 9.20

$$\lim_n \int f_n \, d\mu + \int g^- \, d\mu = \lim_n \int h_n \, d\mu = \int h \, d\mu = \int f \, d\mu + \int g^- \, d\mu .$$

Subtrahiert man $\int g^- \, d\mu$ von beiden Seiten, so ergibt das (9.18).

Die 2-te Aussage folgt aus der 1-ten, indem man diese auf $-f_n$ anwendet.

Folgerung 9.32 (Lemma von Fatou). *Existiert zur Folge (f_n) aus $\mathfrak{M}(\Omega, \mathfrak{S}, \mu)$ ein $g \in \mathfrak{M}_\mu$ mit $f_n \ge g$ μ–fü $\ \forall \, n \in \mathbb{N} \wedge \int g^- \, d\mu < \infty$, dann gilt*

$$\int \liminf_n f_n \, d\mu \le \liminf_n \int f_n \, d\mu . \tag{9.19}$$

Gibt es jedoch ein $g \in \mathfrak{M}_\mu$ mit $f_n \le g$ μ–fü $\ \forall \, n \in \mathbb{N} \wedge \int g^+ \, d\mu < \infty$, so gilt

$$\limsup_n \int f_n \, d\mu \le \int \limsup_n f_n \, d\mu . \tag{9.20}$$

Beweis. Die Folge $h_n := \inf\limits_{k \ge n} f_k$ wächst monoton, und unter den Voraussetzungen von (9.19) gilt $g \le h_n$ $\ \forall \, n$. Deshalb folgt aus Satz 9.31 und $h_n \le f_n$

$$\int \liminf_n f_n \, d\mu = \int \lim_n h_n \, d\mu = \lim_n \int h_n \, d\mu \leq \liminf_n \int f_n \, d\mu.$$

Aus den Voraussetzungen von (9.20) folgt, dass $(-f_n)$ die Bedingungen für (9.19) erfüllt. Mit $\overline{\lim} f_n := \limsup_n f_n$ und $\underline{\lim} f_n := \liminf_n f_n$ gilt daher

$$\int \overline{\lim} f_n \, d\mu = -\int \underline{\lim}(-f_n) \, d\mu \geq -\underline{\lim} \int -f_n \, d\mu = \overline{\lim} \int f_n \, d\mu.$$

Einer der wichtigsten Konvergenzsätze ist der nun folgende Satz von Lebesgue über die Konvergenz durch Majorisierung.

Satz 9.33 (Satz von Lebesgue – Konvergenz durch Majorisierung). *Gibt es zu einer μ–fü konvergenten Folge (f_n) aus $\mathfrak{M}(\Omega, \mathfrak{S}, \mu)$ ein $g \in \mathcal{L}_1$ mit $|f_n| \leq g$, so sind die f_n und $f := \lim_n f_n$ integrierbar, und es gelten die Beziehungen*

$$\lim_n \int |f_n - f| \, d\mu = 0 \wedge \lim_n \int f_n \, d\mu = \int f \, d\mu. \tag{9.21}$$

Beweis. Aus $\lim_n f_n = f$ μ–fü folgt $\lim_n |f_n - f| = 0$ μ–fü. Außerdem gilt $0 \leq |f_n - f| \leq |f_n| + |f| \leq 2\,g$ μ–fü. Demnach erfüllt die Folge $|f_n - f|$ die Voraussetzungen für (9.19) und (9.20) im Lemma von Fatou. Daraus folgt

$$0 = \int \liminf_n |f_n - f| \, d\mu \leq \liminf_n \int |f_n - f| \, d\mu$$

$$\leq \limsup_n \int |f_n - f| \, d\mu \leq \int \limsup_n |f_n - f| \, d\mu = 0.$$

Wegen $|f| \leq g$ ist f integrierbar, und die rechte Gleichung in (9.21) folgt unmittelbar aus der linken, denn nach Lemma 9.27 gilt

$$\left| \int f_n \, d\mu - \int f \, d\mu \right| = \left| \int f_n - f \, d\mu \right| \leq \int |f_n - f| \, d\mu.$$

Als Anwendungsbeispiele für den Satz von der Konvergenz durch Majorisierung bringen wir unten hinreichende Bedingungen über die Vertauschbarkeit von Limes- und Integralzeichen bzw. Differential- und Integraloperator, die bekannte Ergebnisse aus der klassischen Analysis verallgemeinern.

Satz 9.34. *Ist $\{f_\alpha : \alpha \in (a,b)\}$ eine Familie messbarer Funktionen auf einem Maßraum $(\Omega, \mathfrak{S}, \mu)$, die im Punkt $\alpha_0 \in (a,b)$ stetig gegen eine messbare Funktion f_{α_0} μ–fü konvergieren, d.h. $\lim_{\alpha \to \alpha_0} f_\alpha = f_{\alpha_0}$ μ–fü, und zu denen ein $g \in \mathcal{L}_1(\Omega, \mathfrak{S}, \mu)$ und ein $\varepsilon > 0$ existieren mit $|f_\alpha| \leq g$ μ–fü $\forall\, \alpha \in (\alpha_0 - \varepsilon, \alpha_0 + \varepsilon)$, dann gilt*

$$\lim_{\alpha \to \alpha_0} \int f_\alpha \, d\mu = \int f_{\alpha_0} \, d\mu. \tag{9.22}$$

Beweis. Gleichung (9.22) gilt gerade dann, wenn sie für jede gegen α_0 konvergierende Folge aus $(\alpha_0 - \varepsilon, \alpha_0 + \varepsilon)$ gilt. Ist (α_n) eine derartige Folge, so gilt auf Grund des obigen Satzes über die Konvergenz durch Majorisierung

$$\lim_{\alpha_n} \int f_{\alpha_n} \, d\mu = \int f_{\alpha_0} \, d\mu \, .$$

Bemerkung 9.35. *Man beachte, dass für eine beliebige Familie* $\{f_\alpha : \alpha \in A\}$ *messbarer Funktionen, anders als bei Funktionenfolgen,* $\left[\lim_{\alpha \to \alpha_0} f_\alpha = f_{\alpha_0}\right]$ *i.A. nicht messbar sein muss. Im obigen Satz wird daher die Existenz einer μ-Nullmenge $N \in \mathfrak{S}$ vorausgesetzt, sodass auf N^c gilt* $\lim_{\alpha \to \alpha_0} f_\alpha = f_{\alpha_0}$.

Satz 9.36. *Ist* $\{f_\alpha : \alpha \in (a, b)\}$ *eine Familie aus* $\mathcal{L}_1(\Omega, \mathfrak{S}, \mu)$ *, bei der die partiellen Ableitungen $\frac{\partial f}{\partial \alpha}(\omega, \alpha) \; \forall \, \omega \in \Omega$ existieren und als Funktionen von ω messbar sind und zu der es ein $g \in \mathcal{L}_1$ gibt mit $\left|\frac{f(\omega, \alpha) - f(\omega, \alpha_0)}{\alpha - \alpha_0}\right| \leq g(\omega)$ μ-fü für alle $\alpha \neq \alpha_0$ aus einem Intervall $(\alpha_0 - \varepsilon, \alpha_0 + \varepsilon)$, $\varepsilon > 0$, dann gilt*

$$\left(\frac{\partial}{\partial \alpha} \int f(\omega, \alpha) \, d\mu\right)\bigg|_{\alpha = \alpha_0} = \int \frac{\partial f}{\partial \alpha}(\omega, \alpha_0) \, d\mu \, . \tag{9.23}$$

Beweis. Ist (α_n) eine Folge aus $(\alpha_0 - \varepsilon, \alpha_0 + \varepsilon)$ mit $\lim_n \alpha_n = \alpha_0$, so kann auf Grund der Voraussetzungen der Satz von Lebesgue über die Konvergenz durch Majorisierung angewendet werden, und man erhält

$$\lim_{\alpha_n \to \alpha_0} \left(\frac{\int f(\omega, \alpha_n) \, d\mu - \int f(\omega, \alpha_0) \, d\mu}{\alpha_n - \alpha_0}\right) = \lim_{\alpha_n \to \alpha_0} \int \frac{f(\omega, \alpha_n) - f(\omega, \alpha_0)}{\alpha_n - \alpha_0} \, d\mu$$

$$= \int \lim_{\alpha_n \to \alpha_0} \left(\frac{f(\omega, \alpha_n) - f(\omega, \alpha_0)}{\alpha_n - \alpha_0}\right) d\mu = \int \frac{\partial f}{\partial \alpha}(\omega, \alpha_0) \, d\mu \, .$$

Korollar 9.37. *Ist* $\{f_\alpha : \alpha \in (a, b)\}$ *eine Familie aus* $\mathcal{L}_1(\Omega, \mathfrak{S}, \mu)$ *, deren partielle Ableitungen $\frac{\partial f}{\partial \alpha}(\omega, \alpha) \; \forall \, \omega \in \Omega$ existieren und als Funktionen von ω messbar sind und zu der es ein $g \in \mathcal{L}_1$ gibt mit $\left|\frac{\partial f}{\partial \alpha}(\omega, \alpha)\right| \leq g(\omega) \; \forall \, \alpha \in (a, b)$, $\omega \in \Omega$, dann gilt auf (a, b)*

$$\frac{\partial}{\partial \alpha} \int f(\omega, \alpha) \, d\mu = \int \frac{\partial f}{\partial \alpha}(\omega, \alpha) \, d\mu \, . \tag{9.24}$$

Beweis. Aus dem Mittelwertsatz (siehe Satz A.42) folgt, dass es zu jedem $\alpha \neq \alpha_0$ ein α' zwischen α und α_0 gibt mit

$$\left|\frac{f(\omega, \alpha) - f(\omega, \alpha_0)}{\alpha - \alpha_0}\right| = \left|\frac{\partial f}{\partial \alpha}(\omega, \alpha')\right| \leq g(\omega) \, .$$

Der Rest ergibt sich wieder aus Satz 9.33.

Bemerkung 9.38. *Sind* f, g *integrierbare Funktionen auf* $(\Omega, \mathfrak{S}, \mu)$ *und ist* $\alpha \in \mathbb{R}$, *so gilt wegen Satz 9.19 Punkt 3. und Satz 9.30, dass* $\alpha f \in \mathcal{L}_1$ *und* $f + g \in \mathcal{L}_1$, *d.h.* $\mathcal{L}_1$ *ist ein linearer Raum. Für* $\|f\|_1 := \int |f| \, d\mu$ *folgt aus* $f = 0$ μ-*fü* $\|f\|_1 = 0$, *aus* $\alpha \in \mathbb{R}, f \in \mathcal{L}_1$ *folgt* $\|\alpha f\|_1 = |\alpha| \, \|f\|_1$, *und für* $f, g \in \mathcal{L}_1$ *gilt* $\|f + g\|_1 = \int |f + g| \, d\mu \le \int |f| \, d\mu + \int |g| \, d\mu = \|f\|_1 + \|g\|_1$, *d.h.* $\| \ \|_1$ *ist eine Seminorm. Auf* $\mathbf{L}_1$ *ist* $\| \ \|_1$ *sogar eine Norm, die sogenannte* L_1-*Norm. bezüglich der, wie wir später sehen werden,* $\mathbf{L}_1$ *vollständig ist.*

9.3 Das unbestimmte Integral

In der Differential– und Integralrechnung berechnet man das bestimmte Integral über irgendeinem Intervall $[a, b]$, indem man die Integrationsgrenzen in das unbestimmte Integral (die Stammfunktion) einsetzt, das demnach als Mengenfuktion auf dem System der Intervalle interpretiert werden kann.

Definition 9.39. *Ist* $(\Omega, \mathfrak{S}, \mu)$ *ein Maßraum und existiert das Integral von* $f \in \mathcal{M}$, *so nennt man die durch* $\nu(A) := \int_A f \, d\mu \quad \forall \ A \in \mathfrak{S}$ *definierte Mengenfunktion* $\nu : \mathfrak{S} \to \overline{\mathbb{R}}$ *das unbestimmte Integral von* f.

Offensichtlich gilt $\nu(\emptyset) = \int_\emptyset f \, d\mu = 0$, sowie $\nu : \mathfrak{S} \to (-\infty, \infty]$ oder $\nu : \mathfrak{S} \to [-\infty, \infty)$, je nachdem, ob $\int f^- \, d\mu < \infty$ oder $\int f^+ \, d\mu < \infty$. Die folgenden Resultate werden zeigen, dass ν auch σ-additiv ist.

Lemma 9.40. *Ist* (f_n) *eine Folge aus* $\mathcal{M}^+(\Omega, \mathfrak{S}, \mu)$, *dann gilt*

$$\sum_n \int f_n \, d\mu = \int \sum_n f_n \, d\mu. \tag{9.25}$$

Beweis. Da die Summen $s_N := \sum_{n=1}^{N} f_n$ mit N μ-fü monoton wachsen, folgt aus dem Satz von Levi (Satz 9.20) und Satz 9.30 (Additivität des Integrals)

$$\sum_{n \in \mathbb{N}} \int f_n \, d\mu = \lim_N \sum_{n=1}^{N} \int f_n \, d\mu = \lim_N \int s_N \, d\mu = \int \lim_N s_N \, d\mu = \int \sum_{n \in \mathbb{N}} f_n \, d\mu.$$

Lemma 9.41. *Ist* ν *ein unbestimmtes Integral auf einem Maßraum* $(\Omega, \mathfrak{S}, \mu)$, *so ist* ν σ-*additiv, d.h. für jede Folge disjunkter Mengen* A_n *aus* $\mathfrak{S}$ *gilt*

$$\nu \left(\bigcup_{n=1}^{\infty} A_n \right) = \sum_{n=1}^{\infty} \nu(A_n). \tag{9.26}$$

Beweis. Ist ν das unbestimmte Integral von $f \in \mathcal{M}$ und bezeichnet man mit ν^+ das unbestimmte Integral von f^+, sowie mit ν^- jenes von f^-, so folgt aus Lemma 9.40, angewendet auf die Folgen $(f^+ \mathbb{1}_{A_n})$ und $(f^- \mathbb{1}_{A_n})$

$$\sum_n \nu^+(A_n) = \sum_n \int_{A_n} f^+ \, d\mu = \int \sum_n \mathbb{1}_{A_n} f^+ \, d\mu = \int_{\bigcup_n A_n} f^+ \, d\mu = \nu^+ \left(\bigcup_n A_n \right),$$

$$\sum_n \nu^-(A_n) = \sum_n \int_{A_n} f^- \, d\mu = \int \sum_n \mathbb{1}_{A_n} f^- \, d\mu = \int_{\bigcup_n A_n} f^- \, d\mu = \nu^- \left(\bigcup_n A_n \right).$$

Gilt o.E.d.A. $\int f^- \, d\mu < \infty$, so sind beide Seiten der unteren Gleichung endlich. Daher darf man sie von der jeweils entsprechenden Seite der oberen Gleichung subtrahieren und erhält so (9.26).

Das unbestimmte Integral gehört zu folgender Klasse von Mengenfunktionen.

Definition 9.42. *Eine Mengenfunktion ν auf einem Messraum $(\Omega, \mathfrak{S})$ wird als ein signiertes Maß bezeichnet, wenn gilt*

1. *$\nu : \mathfrak{S} \to (-\infty, \infty]$ oder $\nu : \mathfrak{S} \to [-\infty, \infty)$,*
2. *$\nu(\emptyset) = 0$,*
3. *$\nu \left(\bigcup_{n=1}^{\infty} A_n \right) = \sum_{n=1}^{\infty} \nu(A_n)$ für alle Folgen disjunkter Mengen A_n aus $\mathfrak{S}$.*

Das Tripel $(\Omega, \mathfrak{S}, \nu)$ nennt man dann einen signierten Maßraum.

Falls $f \in \mathcal{M}_{\mu}^+$, so ist das unbestimmte Integral natürlich ein Maß. Wie der Beweis von Lemma 9.41 gezeigt hat, ist das unbestimmte Integral von f die Differenz der beiden zu f^+ bzw. f^- gehörigen Maße ν^+ und ν^-. Für diese Maße gilt $\nu^+ \, (f < 0) = 0$ und $\nu^- \, (f \geq 0) = 0$.

Definition 9.43. *Zwei Maße μ und ν auf einem Messraum $(\Omega, \mathfrak{S})$ heißen singulär zueinander (i.Z. $\nu \perp \mu$), wenn es ein $A \in \mathfrak{S}$ gibt mit $\mu(A) = 0 \, \wedge \, \nu(A^c) = 0$.*

Gilt $\mu(A) = 0$, so ist $f \, \mathbb{1}_A = 0$ μ–fü. Daraus folgt $\nu(A) = \int_A f \, d\mu = 0$.

Definition 9.44. *Ist $(\Omega, \mathfrak{S}, \mu)$ ein Maßraum, so heißt ein signiertes Maß ν auf $(\Omega, \mathfrak{S})$ absolut stetig bezüglich μ (i.Z. $\nu \ll \mu$), wenn gilt*

$$\mu(A) = 0 \, \Rightarrow \, \nu(A) = 0 \quad \forall \, A \in \mathfrak{S}.$$

Wir werden später zeigen, dass jedes signierte Maß die Differenz zweier zueinander singulärer Maße ist und, dass jedes bezüglich μ absolut stetige Maß als Integral bezüglich μ dargestellt werden kann.

Unbestimmte Integrale mehrerer Funktionen können übereinstimmen.

Beispiel 9.45. Auf $(\Omega \neq \emptyset, \mathfrak{S} := \{\emptyset, \Omega\}, \mu)$ mit $\mu(\emptyset) := 0$, $\mu(\Omega) := \infty$ gilt etwa $\mu(A) = \int_A f \, d\mu$, $\forall \, A \in \mathfrak{S}$ für jedes $f \equiv c > 0$.

Aber unter gewissen Voraussetzungen ist die Darstellung eindeutig.

Satz 9.46. *Ist $(\Omega, \mathfrak{S}, \mu)$ ein Maßraum, so gilt für Funktionen f und g aus $\mathcal{L}_1$*

$$\int_A f \, d\mu \leq \int_A g \, d\mu \quad \forall A \in \mathfrak{S} \Rightarrow f \leq g \quad \mu\text{-fü}. \tag{9.27}$$

(9.27) gilt auch, wenn μ σ-endlich ist und die Integrale von f und g existieren.

Beweis. Sind $f, g \in \mathcal{L}_1$ und $A_n := [f > g + \frac{1}{n}]$, so gilt $[f > g] = \bigcup_n A_n$ und

$$\int_{A_n} g \, d\mu \geq \int_{A_n} f \, d\mu \geq \int_{A_n} \left(g + \frac{1}{n}\right) d\mu = \int_{A_n} g \, d\mu + \frac{1}{n} \mu(A_n). \tag{9.28}$$

Wegen $\left| \int_{A_n} g \, d\mu \right| < \infty$ folgt daraus $\mu(A_n) = 0 \quad \forall n \in \mathbb{N} \Rightarrow \mu(f > g) = 0$.

Gilt $\Omega = \bigcup_n E_n$, $E_n \in \mathfrak{S}$ mit $\mu(E_n) < \infty$, so reicht es die 2-te Aussage für die E_n zu beweisen. Man kann daher o.E.d.A. annehmen, dass μ endlich ist. Dann gilt (9.28) auch für die Mengen $A_n := [f \geq g + \frac{1}{n} \wedge |g| \leq n]$, und wegen $\left| \int_{A_n} g \, d\mu \right| \leq \int_{A_n} |g| \, d\mu \leq n \, \mu(A_n) < \infty$ folgt daraus, wie oben, $\mu(A_n) = 0 \quad \forall n \in \mathbb{N}$. Da die A_n monoton gegen $[f > g \wedge |g| < \infty]$ wachsen, impliziert das seinerseits $\mu(f > g, |g| < \infty) = 0$.

Auf $[g = \infty]$ gilt natürlich $f \leq g$, also $\mu(f > g, g = \infty) = 0$.

Auf $[g = -\infty]$ gilt $B_n := [g = -\infty, f \geq -n] \nearrow [g = -\infty, f > g]$, und aus $-\infty \, \mu(B_n) = \int_{B_n} g \, d\mu \geq \int_{B_n} f \, d\mu \geq -n \, \mu(B_n)$ folgt $\mu(B_n) = 0 \quad \forall n \in \mathbb{N}$. Das ergibt schließlich $\mu(f > g, g = -\infty) = 0$.

Folgerung 9.47. *Ist $(\Omega, \mathfrak{S}, \mu)$ ein Maßraum und sind für μ und $f, g \in \mathcal{M}_\mu$ die Voraussetzungen von Satz 9.46 erfüllt, so gilt*

$$\int_A f \, d\mu = \int_A g \, d\mu \quad \forall A \in \mathfrak{S} \Rightarrow f = g \quad \mu\text{-fü}.$$

Beweis. Klar.

Auf σ-endlichen Maßräumen ist also das zu einem unbestimmten Integral gehörige f μ-fü eindeutig bestimmt. Daher ist die folgende Definition sinnvoll.

Definition 9.48. *Ist $(\Omega, \mathfrak{S}, \mu)$ ein σ-endlicher Maßraum und ν ein signiertes Maß auf $(\Omega, \mathfrak{S})$, so nennt man $f \in \mathcal{M}_\mu$ die Radon-Nikodym-Dichte oder Ableitung von ν in Bezug auf μ (i.Z. $f = \frac{d\nu}{d\mu}$), wenn $\nu(A) = \int_A f \, d\mu \quad \forall A \in \mathfrak{S}$.*

Satz 9.49. *Ist $(\Omega, \mathfrak{S}, \mu)$ ein Maßraum, $f \in \mathcal{M}_\mu^+$ und ν das unbestimmte Integral von f bezüglich μ, d.h. $\nu(A) = \int_A f \, d\mu \quad \forall A \in \mathfrak{S}$, so existiert zu $g \in \mathcal{M}_\mu$ das Integral $\int g \, d\nu$ genau dann, wenn $\int g f \, d\mu$ existiert, und in diesem Fall gilt*

$$\int_B g \, d\nu = \int_B g f \, d\mu \quad \forall B \in \mathfrak{S}. \tag{9.29}$$

Weiters gilt $g \in \mathcal{L}_1(\Omega, \mathfrak{S}, \nu) \Leftrightarrow g f \in \mathcal{L}_1(\Omega, \mathfrak{S}, \mu)$.

Beweis. Für $g = \mathbb{1}_A$, $A \in \mathfrak{S}$ gilt $\int \mathbb{1}_A \, d\nu = \nu(A) = \int_A f \, d\mu = \int \mathbb{1}_A f \, d\mu$.

Auf Grund der Linearität des Integrals gilt (9.29) demnach für alle $g \in \mathcal{T}^+$.

Zu $g \in \mathcal{M}_\mu^+$ gibt es nach Satz 7.30 eine Folge (t_n) aus $\mathcal{T}^+$ mit $t_n \nearrow g$ μ–fü.

Da somit auch $t_n f \, \mathbb{1}_B \nearrow g f \, \mathbb{1}_B$ μ–fü gilt, folgt aus dem Satz von Levi

$$\int_B g \, d\nu = \lim_n \int_B t_n \, d\nu = \lim_n \int_B t_n f \, d\mu = \int_B g f \, d\mu.$$

Ist $g \in \mathcal{M}_\mu$, so gilt (9.29) für f^+ und f^-. Damit ist der Satz bewiesen.

Folgerung 9.50 (Kettenregel). *Sind $f, g \in \mathcal{M}_\mu^+$ reellwertige Funktionen auf einem σ-endlichen Maßraum $(\Omega, \mathfrak{S}, \mu)$, ist ν das unbestimmte Integral von f bezüglich μ und ρ das unbestimmte Integral von g bezüglich ν, so ist ρ das unbestimmte Integral von $f g$ bezüglich μ. Mit $f = \frac{d\nu}{d\mu}$ und $g = \frac{d\rho}{d\nu}$ kann man dies ausdrücken durch*

$$\frac{d\rho}{d\mu} = \frac{d\rho}{d\nu} \frac{d\nu}{d\mu} \quad \mu\text{-fü}. \tag{9.30}$$

Beweis. Weil μ σ-endlich ist, gibt es messbare Mengen E_n mit $E_n \nearrow \Omega$ und $\mu(E_n) < \infty$ $\forall n \in \mathbb{N}$, und wegen $f : \Omega \to \mathbb{R}^+$ gilt auch $[f \leq n] \nearrow \Omega$. Daraus folgt aber $\widetilde{E}_n := E_n \cap [f \leq n] \nearrow \Omega$. Da überdies auch noch gilt $\nu(\widetilde{E}_n) = \int_{\widetilde{E}_n} f \, d\mu \leq n \, \mu(E_n) < \infty$ $\forall n \in \mathbb{N}$, ist ν σ-endlich.

Mit dem gleichen Argument zeigt man die σ-Endlichkeit von ρ.

Nun gilt nach (9.29) $\rho(A) = \int_A g \, d\nu = \int_A g f \, d\mu$ $\forall A \in \mathfrak{S}$, und, da es wegen der σ-Endlichkeit von μ nur eine μ-fü eindeutig bestimmte Funktion $h = \frac{d\rho}{d\mu}$ mit $\rho(A) = \int_A h \, d\mu$ $\forall A \in \mathfrak{S}$ geben kann, muss gelten $h = g f$ μ–fü.

9.4 Zusammenhang zwischen Riemann- und Lebesgues-Integral

In Bemerkung 9.5 wurde bereits das Beispiel einer Lebesgue-integrierbaren Funktion gebracht, die nicht Riemann- integrierbar ist.

In diesem Abschnitt wird gezeigt, dass Riemann-integrierbare Funktionen auch Lebesgue-integrierbar sind, und dass für derartige Funktionen die beiden Integrale übereinstimmen, dass also das Lebesgue-Integral eine echte Verallgemeinerung des Riemann-Integrals ist.

Zunächst wiederholen wir die Definition des (eigentlichen) Riemann-Integrals und ein paar Begriffe, die damit zusammenhängen.

Definition 9.51. *Ist $A \subseteq \mathbb{R}^k$, so nennt man $d(A) := \sup\{\|\mathbf{x} - \mathbf{y}\| : \mathbf{x}, \mathbf{y} \in A\}$ den Durchmesser von A, wobei $\|\mathbf{x}\|$ die in Beispiel A.79 festgelegte Norm (die Euklidische Norm) bezeichnet.*

Definition 9.52. *Eine Partition P von $[\mathbf{a}, \mathbf{b}] \subseteq \mathbb{R}^k$ ist eine Zerlegung $I_1, \ldots, I_n$ von $[\mathbf{a}, \mathbf{b}] \subseteq \mathbb{R}^k$ in achsenparallele Quader I_j mit $\lambda_k(I_j) > 0 \quad \forall\, j = 1, \ldots, n$.*

$d(P) := \max\limits_{1 \leq j \leq n} d(I_j)$ bezeichnet den Maximaldurchmesser der Partition.

Eine Partition P_2 heißt feiner als eine andere Partition P_1, wenn jeder Quader von P_1 eine Vereinigung von Quadern aus P_2 ist.

Definition 9.53. *Ist $f : [\mathbf{a}, \mathbf{b}] \to \mathbb{R}$ und $P := \{I_1, \ldots, I_n\}$ eine Partition von $[\mathbf{a}, \mathbf{b}]$, so nennt man $l(P) := \sum\limits_{j=1}^{n} \inf\limits_{\mathbf{x} \in I_j} f(\mathbf{x})\, \lambda_k(I_j)$ eine Riemannsche Untersumme und $u(P) := \sum\limits_{j=1}^{n} \sup\limits_{\mathbf{x} \in I_j} f(\mathbf{x})\, \lambda_k(I_j)$ wird Riemannsche Obersumme genannt. Wenn gilt $-\infty < \sup\limits_{P} l(P) = \inf\limits_{P} u(P) < \infty$, so nennt man f Riemann-integrierbar (im eigentlichen Sinn) und $\int_{\mathbf{a}}^{\mathbf{b}} f(\mathbf{x})\, d\mathbf{x} := \sup\limits_{P} l(P) = \inf\limits_{P} u(P)$ heißt dann das (eigentliche) Riemann-Integral von f.*

Satz 9.54 (Lebesgues Kriterium der Riemann-Integrierbarkeit). *Eine beschränkte, reellwertige Funktion f auf $[\mathbf{a}, \mathbf{b}] \subset \mathbb{R}^k$ ist genau dann Riemann-integrierbar, wenn sie $\lambda-$ fü stetig ist. f ist dann auch Lebesgue-integrierbar und die beiden Integrale stimmen überein.*

Beweis. Da f beschränkt ist, gilt $A := \sup\limits_{P} l(P) \in \mathbb{R} \,\wedge\, B := \inf\limits_{P} u(P) \in \mathbb{R}$.

Ist $(\widetilde{P}_n)$ eine Partitionenfolge mit $A - \frac{1}{n} \leq l(\widetilde{P}_n) \quad \forall\, n \in \mathbb{N}$ und $(\hat{P}_n)$ eine Folge mit $B + \frac{1}{n} \geq u(\hat{P}_n) \quad \forall\, n \in \mathbb{N}$, so gilt für die Partitionen P'_n, die jeweils aus den nichtleeren Durchschnitten der Quader von $\widetilde{P}_n$ und $\hat{P}_n$ gebildet werden, erst recht $A - \frac{1}{n} \leq l(P'_n) \,\wedge\, u(P'_n) \leq B + \frac{1}{n} \quad \forall\, n \in \mathbb{N}$, und diese Beziehung bleibt gültig, wenn man die Quader von P'_n solange teilt bis $d(P'_n) \leq \frac{1}{n}$. Es ändert sich auch dann nichts an der obigen Beziehung, wenn man P'_2 ersetzt durch die Partition P_2, die aus den nichtleeren Durchschnitten von $P_1 := P'_1$ und P'_2 besteht, und dann rekursiv die Partitionen P_n aus den nichtleeren Durchschnitten von P_{n-1} und P'_n bildet. Dadurch erhält man eine Folge (P_n) von immer feiner werdenden Partitionen, für die gilt

$$A - \frac{1}{n} \leq l(P_n) \,\wedge\, u(P_n) \leq B + \frac{1}{n} \,\wedge\, d(P_n) \leq \frac{1}{n} \quad \forall\, n \in \mathbb{N}. \tag{9.31}$$

Besteht P_n aus den Quadern $I_1, \ldots, I_{m_n}$, so sind $l_n := \sum\limits_{j=1}^{m_n} \inf\limits_{\mathbf{x} \in I_j} f(\mathbf{x})\, \mathbb{1}_{I_j}$ und $u_n := \sum\limits_{j=1}^{m_n} \sup\limits_{\mathbf{x} \in I_j} f(\mathbf{x})\, \mathbb{1}_{I_j}$ messbare Treppenfunktionen mit $l_n \leq f \leq u_n$ und $\int l_n \, d\lambda_k = l(P_n) \,\wedge\, \int u_n \, d\lambda_k = u(P_n)$. Da die l_n monoton steigen, die u_n monoton fallen und gilt $l_n \leq f \leq u_n \quad \forall\, n \in \mathbb{N}$, existieren auch messbare Grenzfunktionen $l := \lim\limits_{n} l_n$ und $u := \lim\limits_{n} u_n$ mit $l \leq f \leq u$. Weil f beschränkt ist, treffen die Voraussetzungen von Satz 9.33 auf (l_n) und (u_n) zu. Daher gilt

$$A = \lim_n l(P_n) = \lim_n \int l_n \, d\lambda_k = \int l \, d\lambda_k$$

$$\leq \int u \, d\lambda_k = \lim_n \int u_n \, d\lambda_k = \lim_n u(P_n) = B \,. \tag{9.32}$$

Somit ist f genau dann Riemann-integrierbar, d.h. $A = B = \int_a^b f(\mathbf{x}) \, d\mathbf{x}$, wenn $\int l \, d\lambda_k = \int u \, d\lambda_k$. Wegen $u - l \geq 0$ ist das aber nach Satz 9.19 Punkt 2. äquivalent zu $l = u$ λ_k–fü. Daraus folgt $f = u = l$ ist λ_k–fü messbar, Lebesgue-integrierbar und $\int\limits_{[a,\,b]} f \, d\lambda_k = \int u \, d\lambda_k = \int l \, d\lambda_k = \int_a^b f(\mathbf{x}) \, d\mathbf{x}$.

Die Menge G aller Punkte, die in irgendeiner Partition P_n am Rand eines Quaders der Partition liegen, ist als abzählbare Vereinigung von λ_k-Nullmengen selbst eine λ_k-Nullmenge und für D, die Menge der Unstetigkeitsstellen von f, gilt $[l < u] \subseteq D \subseteq [l < u] \cup G$. Daraus folgt $l = u$ λ_k–fü $\Leftrightarrow$ $\lambda_k(D) = 0$, d.h. f ist genau dann λ_k–fü stetig, wenn $l = u$ λ_k–fü, und dies ist, wie bereits gezeigt, äquivalent zur Riemann-Integrierbarkeit von f.

Bemerkung 9.55. *Bei uneigentlichen Riemann-Integralen, also Integralen der Form $\int_a^b f(\mathbf{x}) \, d\mathbf{x} := \lim\limits_{a_n \to a,\, b_n \to b} \int_{a_n}^{b_n} f(\mathbf{x}) \, d\mathbf{x}$, bei denen entweder der Quader $(\mathbf{a}, \mathbf{b})$ selbst oder die Funktion f unbeschränkt ist, ist die Situation komplizierter. Ist f im uneigentlichen Sinn Riemann-integrierbar, so existieren die Riemann-Integrale von f auf den beschränkten Zellen $[\mathbf{a}_n, \mathbf{b}_n]$. Daher ist f dort beschränkt und nach dem vorigen Satz λ-fü stetig. Umgekehrt ist aber $f := \sum\limits_{i=1}^\infty (-1)^i \mathbb{1}_{[i-1,\,i)}$ auf $\mathbb{R}$ λ-fü stetig, obwohl das uneigentliche Riemann-Integral von f nicht existiert. Wie das folgende Beispiel zeigt, gibt es auch stetige Funktionen, deren uneigentliches Riemann-Integral existiert, die aber kein Lebesgue-Integral besitzen.*

Beispiel 9.56. Die Funktion $f(x) := \frac{\sin x}{x}$ ist beschränkt mit $|f| \leq 1$. Definiert man $f(0) := \lim\limits_{x \to 0} \frac{\sin x}{x} = 1$ (siehe Satz A.56), so ist f stetig auf ganz $\mathbb{R}$.

Die Integrale $I_n := \int_0^{n\pi} \frac{\sin x}{x} \, dx = \sum\limits_{k=0}^{n-1} \int_{k\pi}^{(k+1)\pi} \frac{\sin x}{x} \, dx$ konvergieren, da die Summe rechts eine alternierende Reihe bildet, die die Voraussetzungen von Satz A.6 wegen $\left| \int_{k\pi}^{(k+1)\pi} \frac{\sin x}{x} \, dx \right| \leq \int_{k\pi}^{(k+1)\pi} \frac{1}{k\pi} \, dx = \frac{1}{k} \searrow 0$ erfüllt. Daher existiert das uneigentliche Riemann-Integral $\int_0^\infty \frac{\sin x}{x} \, dx$. Andererseits gilt $\int_{\mathbb{R}^+} \left(\frac{\sin x}{x} \right)^+ d\lambda \geq \sum\limits_{k=0}^\infty \int_{2k\pi}^{(2k+1)\pi} \frac{\sin x}{(2k+2)\pi} \, d\lambda = \frac{1}{\pi} \sum\limits_{k=0}^\infty \frac{1}{k+1} = \infty$. Ebenso gilt $\int_{\mathbb{R}^+} \left(\frac{\sin x}{x} \right)^- d\lambda = \infty$, d.h. das Lebesgue-Integral $\int_{\mathbb{R}^+} \frac{\sin x}{x} \, d\lambda$ existiert nicht.

Aber unter gewissen - vor allem für die Wahrscheinlichkeitstheorie wichtigen - Voraussetzungen stimmt das uneigentliche Riemann-Integral mit dem Lebesgue-Integral überein.

Satz 9.57. *Ist* $f \geq 0$ *auf* $(\mathbf{a}, \mathbf{b}) \subseteq \mathbb{R}^k$, $-\infty \leq \mathbf{a} < \mathbf{b} \leq \infty$ *uneigentlich Riemann-integrierbar, so ist* f *dort auch Lebesgue -integrierbar und die Integrale stimmen überein.*

Beweis. Ist $\mathbf{a} < \mathbf{a}_n < \mathbf{b}_n < \mathbf{b}$, so ist f, wie oben erwähnt, auf $[\mathbf{a}_n, \mathbf{b}_n]$ Riemann-integrierbar und beschränkt. Nach Satz 9.54 ist $f \, \mathbb{1}_{[\mathbf{a}_n, \mathbf{b}_n]}$ daher λ_k–fü messbar und Lebesgue-integrierbar mit $\int_{\mathbf{a}_n}^{\mathbf{b}_n} f(\mathbf{x}) \, d\mathbf{x} = \int_{[\mathbf{a}_n, \mathbf{b}_n]} f \, d\lambda_k$. Wegen $f \, \mathbb{1}_{[\mathbf{a}_n, \mathbf{b}_n]} \nearrow f$ ist auch f λ_k–fü messbar, und aus Satz 9.20 folgt

$$\int_{\mathbf{a}}^{\mathbf{b}} f(\mathbf{x}) \, d\mathbf{x} = \lim_n \int_{\mathbf{a}_n}^{\mathbf{b}_n} f(\mathbf{x}) \, d\mathbf{x} = \lim_n \int_{[\mathbf{a}_n, \mathbf{b}_n]} f \, d\lambda_k = \int_{(\mathbf{a}, \mathbf{b})} f \, d\lambda_k \, .$$

Bemerkung 9.58. *Ist* $f \geq 0$ *auf* $\mathbb{R}$ *Riemann-integrierbar im uneigentlichen Sinn, so ist* f *nach Satz 9.57 Lebesgue-integrierbar. Daher ist* $\mu_f(A) := \int_A f \, d\lambda$ *das unbestimmte Integral von* f *bezüglich* λ, *ein endliches, bezüglich* λ *absolut stetiges Maß, für das gilt* $\int_{-\infty}^{x} f(t) \, dt = \int_{(-\infty, x]} f \, d\lambda = \mu_f((-\infty, x]) \; \forall \, x \in \mathbb{R}$, *und* $F(x) := \int_{-\infty}^{x} f(t) \, dt$ *ist eine Verteilungsfunktion von* μ_f. *Somit sind die Wahrscheinlichkeitsmaße aus Abschnitt 6.5, deren Verteilungsfunktionen sich als Riemann-Integrale stetiger Dichten darstellen lassen, absolut stetig bezüglich* λ.

Für $g \in \mathcal{L}_1(\Omega, \mathfrak{B}, \mu_f)$ *folgt aus Satz 9.49* $\int g \, d\mu_f = \int g \, f \, d\lambda$, *und, wenn* g *Riemann-integrierbar ist, dann gilt sogar* $\int g \, d\mu_f = \int g(t) \, f(t) \, dt$.

Beispiel 9.59. Ist etwa $f(t) := \tau \, e^{-\tau t} \, \mathbb{1}_{(0,\infty)}(t)$, $\tau > 0$, so existiert das uneigentliche Riemann-Integral $\int_0^{\infty} \tau \, e^{-\tau t} \, dt = -e^{-\tau t} \big|_0^{\infty} = 1$, und μ_f ist die Exponentialverteilung Ex_τ mit Parameter τ. Für $g(t) := t$ erhält man mittels partieller Integration $\int g \, d\mu_f = \int g \, f \, d\lambda = \int_0^{\infty} t \, \tau \, e^{-\tau t} \, dt = -\frac{1}{\tau} e^{-\tau t} \big|_0^{\infty} = \frac{1}{\tau}$.

Beispiel 9.60 (Betaverteilung $B(a, b)$, $a, b > 0$). Für $a, b \geq 1$ ist die Funktion $\tilde{f}(t) := t^{a-1} (1-t)^{b-1}$, $0 \leq t \leq 1$ stetig und beschränkt und damit klarerweise Riemann-integrierbar. Für $0 < a < 1$ und/oder $0 < b < 1$ strebt sie bei 0 und/oder 1 gegen ∞.

Aber $\tilde{f}$ wird durch $h(t) := t^{a-1} (\frac{1}{2})^{b-1} \mathbb{1}_{(0,\frac{1}{2}]} + (\frac{1}{2})^{a-1} (1-t)^{b-1} \mathbb{1}_{(\frac{1}{2},1)}$ majorisiert und h ist offensichtlich uneigentlich Riemann-integrierbar mit $\int_0^1 h(t) \, dt = (\frac{1}{2})^{b-1} \frac{t^a}{a} \big|_0^{\frac{1}{2}} - (\frac{1}{2})^{a-1} \frac{(1-t)^b}{b} \big|_{\frac{1}{2}}^{1} < \infty$. Demnach existiert das uneigentliche Riemann-Integral $B(a, b) := \int_0^1 t^{a-1} (1-t)^{b-1} \, dt$ von $\tilde{f}$, die aus der Analysis bekannte Betafunktion. $f(t) := \frac{\tilde{f}(t)}{B(a,b)}$, $0 < t < 1$ ist die Dichte einer bezüglich λ absolut stetigen Verteilung, der Betaverteilung mit den Parametern a und b, die bei Ordnungsstatistiken eine wichtige Rolle spielt.

Beispiel 9.61 (Gammaverteilung $\Gamma(a, 1)$, $a > 0$). Die auf $\mathbb{R}^+$ definierte Funktion $f(t) := t^{a-1} e^{-t} > 0$, $a > 0$ wird offensichtlich durch $h(t) := t^{a-1} \mathbb{1}_{(0,1]}(t) + C \, e^{-\frac{t}{2}} \mathbb{1}_{(1,\infty)}(t)$ mit geeigneter Konstante $C > 0$ majorisiert. Das uneigentliche Riemann-Integral von h ist leicht zu bestimmen: $\int_0^{\infty} h(t) \, dt = \frac{t^a}{a} \big|_0^1 - 2C \, e^{-\frac{t}{2}} \big|_1^{\infty} = \frac{1}{a} + 2C \, e^{-\frac{1}{2}} < \infty$. Daher ist auch f auf

$(0, \infty)$ uneigentlich Riemann-integrierbar, obwohl f etwa für $0 < a < 1$ bei 0 unbeschränkt ist. Das Integral ist die Gammafunktion $\Gamma(a) = \int_0^\infty t^{a-1} e^{-t}\, dt$, und $F(x) := \int_0^x \frac{t^{a-1} e^{-t}}{\Gamma(a)}\, dt = \int_{(0,x]} \frac{t^{a-1} e^{-t}}{\Gamma(a)}\, d\lambda \quad \forall\, x \in \mathbb{R}^+$ ist eine Verteilungsfunktion i.e.S. Die zugehörige Wahrscheinlichkeitsverteilung wird Gammaverteilung mit den Parametern a und 1 genannt (i.Z. $\Gamma(a,1)$).

Wir werden uns später nochmals mit dieser Verteilungsfamilie in einem etwas allgemeineren Rahmen beschäftigen.

9.5 Das Integral transformierter Funktionen

Wenn wir Integrale auf verschiedenen Maßräumen $(\Omega, \mathfrak{S}, \mu)$, $(\Omega', \mathfrak{S}', \mu')$ etc. betrachten, werden wir die Integrale oft mit der jeweiligen Integrationsvariablen anschreiben, also die Notation $\int f(\omega)\, d\mu(\omega)$, oder $\int f(\omega)\, \mu(d\omega)$ statt $\int f\, d\mu$ verwenden, um zu verdeutlichen, auf welchem Raum integriert wird.

Satz 9.62 (allgemeiner Transformationssatz). *Ist $(\Omega, \mathfrak{S}, \mu)$ ein Maßraum, $(\Omega', \mathfrak{S}')$ ein Messraum, $G : (\Omega, \mathfrak{S}) \to (\Omega', \mathfrak{S}')$ und $f \in \mathcal{M}(\Omega', \mathfrak{S}')$, so existiert das Integral von f bezüglich μG^{-1} genau dann, wenn das Integral von $f \circ G$ bezüglich μ existiert, und dann gilt*

$$\int_{G^{-1}(A')} f \circ G\, d\mu = \int_{A'} f\, d\mu G^{-1} \ \forall\, A' \in \mathfrak{S}'. \tag{9.33}$$

Weiters gilt $f \in \mathcal{L}_1(\Omega', \mathfrak{S}', \mu G^{-1}) \ \Leftrightarrow\ f \circ G \in \mathcal{L}_1(\Omega, \mathfrak{S}, \mu)$.

Beweis. Für Indikatoren $f := \mathbb{1}_{A'}, A' \in \mathfrak{S}'$ gilt

$$\int f \circ G\, d\mu = \int \mathbb{1}_{A'} \circ G\, d\mu = \int \mathbb{1}_{A'}(G(\omega))\, d\mu(\omega) = \int \mathbb{1}_{G^{-1}(A')}(\omega)\, d\mu(\omega)$$

$$= \mu(G^{-1}(A')) = \mu G^{-1}(A') = \int \mathbb{1}_{A'}(\omega')\, d\mu G^{-1}(\omega') = \int f\, d\mu G^{-1}.$$

Damit gilt die Beziehung $\int f \circ G\, d\mu = \int f\, d\mu G^{-1}$ auch für $f \in \mathcal{T}^+(\Omega', \mathfrak{S}')$. Für $f \in \mathcal{M}^+(\Omega', \mathfrak{S}')$ existiert eine Folge (t_n) aus $\mathcal{T}^+(\Omega', \mathfrak{S}')$ mit $t_n \nearrow f$. Damit gilt auch $t_n \circ G \nearrow f \circ G$, und aus dem Satz von B. Levi folgt

$$\int f \circ G\, d\mu = \lim_n \int t_n \circ G\, d\mu = \lim_n \int t_n\, d\mu G^{-1} = \int f\, d\mu G^{-1}.$$

Für $f \in \mathcal{M}(\Omega', \mathfrak{S}')$ gilt, wie eben gezeigt, $\int f^+ \circ G\, d\mu = \int f^+\, d\mu G^{-1}$ und $\int f^- \circ G\, d\mu = \int f^-\, d\mu G^{-1}$. Daher existiert $\int f\, d\mu G^{-1}$ genau dann, wenn $\int f \circ G\, d\mu$ existiert, und es gilt dann allgemein

$$\int f \circ G\, d\mu = \int f\, d\mu G^{-1}. \tag{9.34}$$

Daraus folgt natürlich $f \in \mathcal{L}_1(\Omega', \mathfrak{S}', \mu G^{-1}) \Leftrightarrow f \circ G \in \mathcal{L}_1(\Omega, \mathfrak{S}, \mu)$.

Ersetzt man f in (9.34) durch $f \, \mathbb{1}_{A'}$, so ergibt das (9.33).

Bemerkung 9.63. *Demnach gilt für jeden k-dimensionalen Zufallsvektor $\mathbf{X}$ auf einem Wahrscheinlichkeitsraum $(\Omega, \mathfrak{S}, P)$ und $g : (\mathbb{R}^k, \mathfrak{B}_k) \to (\mathbb{R}, \mathfrak{B})$*

$$\mathbb{E}_P \, g \circ \mathbf{X} = \int g \circ \mathbf{X} \, dP = \int g(\mathbf{x}) \, dP\mathbf{X}^{-1}(\mathbf{x}) = \mathbb{E}_{P\mathbf{X}^{-1}} \, g \,, \qquad (9.35)$$

wenn die Integrale existieren. Man benötigt daher den ursprünglichen Raum $(\Omega, \mathfrak{S}, P)$ nicht zur Berechnung des Erwartungswerts von $g \circ \mathbf{X}$.

Für diskretes $\mathbf{X}$ mit $\mathbf{X}(\Omega) = \{\mathbf{x}_n : n \in I \subseteq \mathbb{N}\}$ und $p_n := P\mathbf{X}^{-1}(\mathbf{x}_n)$, $n \in I$ wird Gleichung (9.35), die Existenz des Erwartungswerts vorausgesetzt, zu

$$\mathbb{E} \, g \circ \mathbf{X} = \sum_{n \in I} g(\mathbf{x}_n) \, p_n = \sum_{g(\mathbf{x}_n) \geq 0} g(\mathbf{x}_n) \, p_n + \sum_{g(\mathbf{x}_n) < 0} g(\mathbf{x}_n) \, p_n \,.$$

Insbesondere erhält man für $k = 1$ und $g(x) := \mathrm{id}(x) = x$

$$\mathbb{E} X = \sum_{n \in I} x_n \, p_n = \sum_{x_n \geq 0} x_n \, p_n + \sum_{x_n < 0} x_n \, p_n \,.$$

Ist $P\mathbf{X}^{-1}$ das unbestimmte λ_k-Integral von $f \in \mathcal{M}_{\lambda_k}^+$, so wird (9.35) zu

$$\mathbb{E} \, g \circ \mathbf{X} = \int g \, f \, d\lambda_k = \int_{[g \geq 0]} g \, f \, d\lambda_k + \int_{[g < 0]} g \, f \, d\lambda_k \,.$$

Für $k = 1$ und $g = \mathrm{id}$ ergibt das

$$\mathbb{E} X = \int x \, f(x) \, d\lambda(x) = \int_{[x \geq 0]} x \, f(x) \, d\lambda(x) + \int_{[x < 0]} x \, f(x) \, d\lambda(x) \,.$$

Bemerkung 9.64. *Für $g(x_1, \ldots, x_k) := x_1 + \cdots + x_k$ wird (9.35) zu*

$$\mathbb{E}(X_1 + \cdots + X_k) = \int x_1 + \cdots + x_k \, dP(X_1, \ldots, X_k)^{-1}(x_1, \ldots, x_k) \,.$$

Um den Erwartungswert der Summe nach dieser Formel berechnen zu können, muss man die gemeinsame Verteilung der $X_1, \ldots, X_k$ kennen. Aber nach Satz 9.30 gilt $\mathbb{E}(X_1 + \cdots + X_k) = \sum_{i=1}^{k} \mathbb{E} X_i = \sum_{i=1}^{k} \int x_i \, PX_i^{-1}(dx_i)$, und zur Berechnung der rechten Seite dieser Gleichung benötigt man nur die Randverteilungen der X_i, die i. A. wesentlich leichter zu bestimmen sind als die gemeinsame Verteilung. Die folgenden Beispiele sollen das illustrieren.

Beispiel 9.65 (Erwartungswert von $H_{A,N-A,n}$).
Ist $X \sim H_{A,N-A,n}$, so kann X interpretiert werden als die Anzahl der „Einsen" bei n Ziehungen ohne Zurücklegen aus einer Urne mit A „Einsen" und $N - A$ „Nullen" (siehe Beispiel 6.33). Bezeichnet man das Ergebnis der i-ten Ziehung mit X_i, $i = 1, \ldots, n$, so gilt $X_i \sim B_{\frac{A}{N}}$ $\forall\, i$ und $X = \sum_{i=1}^{n} X_i$. Daraus folgt, obwohl die X_i voneinander abhängen, $\mathbb{E}X = \sum_{i=1}^{n} \mathbb{E}X_i = n\,\frac{A}{N}$. Dies ist sicher einfacher zu berechnen als $\mathbb{E}X = \sum_{x=0\vee(n-N+A)}^{n\wedge A} \frac{x\binom{A}{x}\binom{N-A}{n-x}}{\binom{N}{n}}$.

Beispiel 9.66 (Erwartungswert von $B_{n,p}$).
Auch $X \sim B_{n,p}$ kann man als Ergebnis von n Ziehungen X_i aus einer mit „Nullen" und „Einsen" gefüllten Urne ansehen (siehe Beispiel 6.31), sodass auch in diesem Fall gilt $X = \sum_{i=1}^{n} X_i$. Wegen $X_i \sim B_p$, $i = 1, \ldots, n$ folgt daraus $\mathbb{E}X = \sum_{i=1}^{n} \mathbb{E}X_i = n\,p$, und, dass nunmehr die Summanden X_i unabhängig sind, ist für die Berechnung des Erwartungswerts genauso unerheblich, wie im vorigen Beispiel deren Abhängigkeit.

Beispiel 9.67 (Mittlere Anzahl der „runs" in einer Folge von Bits).
Ist $x_1, \ldots, x_n$ eine Folge von „Nullen" und „Einsen", so nennt man eine Teilfolge $x_k, \ldots, x_{k+\ell}$ einen „run", wenn gilt $x_k = \ldots = x_{k+\ell}$ und wenn $(k = 1 \vee x_{k-1} \neq x_k)$ und wenn außerdem $(k + \ell = n \vee x_{k+\ell+1} \neq x_{k+\ell})$.
Die Anzahl der „runs" wird oft zur Überprüfung der „Zufälligkeit" der Folge $x_1, \ldots, x_n$ verwendet, genauer gesagt dazu um zu testen, ob die Folge das Ergebnis von n unabhängigen $B_{\frac{1}{2}}$-verteilten Zufallsvariablen sein kann. Daher ist es wichtig den Erwartungswert der Anzahl R der „runs" zu kennen, wenn $X_1, \ldots, X_n$ unabhängig, $B_{\frac{1}{2}}$-verteilte Zufallsvariable sind.
In diesem Fall sind die Zufallsvariablen $Y_i := \begin{cases} 1, & X_{i-1} \neq X_i \\ 0, & \text{sonst,} \end{cases}$ $i = 2, \ldots, n$

ebenfalls $B_{\frac{1}{2}}$-verteilt und für R gilt $R = 1 + \sum_{i=2}^{n} Y_i$. Ohne die Verteilung von R herleiten zu müssen folgt daraus sofort $\mathbb{E}R = 1 + \sum_{i=2}^{n} \mathbb{E}Y_i = 1 + \frac{n-1}{2} = \frac{n+1}{2}$.

Satz 9.68. *Ist ν ein Wahrscheinlichkeitsmaß auf $(\mathbb{R}, \mathfrak{B})$ mit stetiger Verteilungsfunktion F, so induziert F auf $([0,1], \mathfrak{B} \cap [0,1])$ das Maß $\nu F^{-1} = \lambda|_{[0,1]}$.*

Beweis. Da $F : (\mathbb{R}, \mathfrak{B}) \to ([0,1], \mathfrak{B} \cap [0,1])$ stetig ist (d.h. $F = F^-$), gilt

$$\nu F^{-1}([p,1]) = \nu(\{x : F(x) \geq p\}) = \nu\left(\{x : F^{-1}(p) \leq x\}\right)$$
$$= \nu\left([F^{-1}(p), \infty)\right) = 1 - F^-(F^{-1}(p)) = 1 - p \quad \forall\, p \in (0,1].$$

Bemerkung 9.69. *Ist* $(\Omega, \mathfrak{S}, P)$ *ein Wahrscheinlichkeitsraum und* X *eine Zufallsvariable, deren (auf* $(\mathbb{R}, \mathfrak{B})$*) induzierte Verteilung* PX^{-1} *eine stetige Verteilungsfunktion* F *besitzt, so gilt nach Satz 9.68* $Y = F \circ X \sim U_{0,1}$. *Die Transformation* $F \circ X$ *führt demnach zu einer Umkehrung der Inversenmethode.*

Satz 9.70. *Ist* $G : (a, b) \to G((a, b))$ *streng monoton wachsend oder fallend, stetig differenzierbar mit* $G' = g$, *und ist* ν *das durch* $\nu(A) := \int_A |g|\, d\lambda$ *definierte Maß auf* $((a, b), \mathfrak{B} \cap (a, b))$, *so gilt* $\nu G^{-1} = \lambda|_{G((a,b))}$.

Beweis. Da g stetig ist, gilt nach dem Hauptsatz der Differential- und Integralrechnung $\nu((c,d)) = \int\limits_{(c,d)} |g|\, d\lambda = \int\limits_c^d |g|\, dx = |G(d) - G(c)| \quad \forall\, (c,d) \subseteq (a,b)$.

Für $(c', d') \subseteq G((a, b))$ folgt daraus

$$\nu G^{-1}((c', d')) = \nu\left(G^{-1}((c', d'))\right) = \int\limits_{G^{-1}((c',d'))} |g|\, d\lambda = \int\limits_{G^{-1}(c') \wedge G^{-1}(d')}^{G^{-1}(c') \vee G^{-1}(d')} |g|\, dx$$

$$= \left|G(G^{-1}(c') \vee G^{-1}(d')) - G(G^{-1}(c') \wedge G^{-1}(d'))\right| = d' - c' = \lambda((c', d')).$$

Damit gilt $\nu G^{-1}(A') = \lambda(A') \quad \forall\, A' \in \mathfrak{B} \cap G((a, b))$.

Bemerkung 9.71. *Die Voraussetzung, dass* G *stetig differenzierbar ist, wird nur für die Gültigkeit der Beziehung* $\int\limits_{(c,d)} |g|\, d\lambda = |G(d) - G(c)|$ *benötigt. Wir werden später sehen (siehe Satz 12.30), dass dies auch unter allgemeineren Voraussetzungen gilt, doch ist die im obigen Satz angegebene Bedingung in den meisten praktisch relevanten Fällen erfüllt.*

Beispiel 9.72. $G(x) := \tan x = \frac{\sin x}{\cos x}$ bildet $(-\frac{\pi}{2}, \frac{\pi}{2})$ ab in $\mathbb{R}$, wächst streng monoton und es gilt $g(x) := G'(x) = \frac{\cos^2 x + \sin^2 x}{\cos^2 x} = 1 + G(x)^2$. Ist ν gegeben durch $\nu(A) := \int_A g\, d\lambda$, so gilt $\nu G^{-1} = \lambda$, und man erhält für $f(y) := \frac{1}{1+y^2}$

$$\int_{-\infty}^{\infty} \frac{1}{1+y^2}\, dy = \int\limits_{(-\infty, \infty)} f\, d\lambda = \int\limits_{(-\infty, \infty)} f\, d\nu G^{-1} = \int\limits_{(-\frac{\pi}{2}, \frac{\pi}{2})} f \circ G\, d\nu$$

$$= \int\limits_{(-\frac{\pi}{2}, \frac{\pi}{2})} f \circ G\, g\, d\lambda = \int\limits_{(-\frac{\pi}{2}, \frac{\pi}{2})} \frac{1}{1 + G^2}\, (1 + G^2)\, d\lambda = \int_{-\frac{\pi}{2}}^{\frac{\pi}{2}} 1\, d\lambda = \pi.$$

Mit Hilfe von Satz 9.70 kann man unter gewissen Voraussetzungen die Dichte einer transformierten Zufallsvariablen berechnen.

Satz 9.73. *Ist* X *eine Zufallsvariable, deren Verteilungsfunktion* F_X *das Integral einer stetigen Dichte* $f_X \geq 0$ *ist,* $Y := T \circ X$, *wobei es zur Transformation* T *disjunkte Intervalle* $I_j := (a_j, b_j)$, $1 \leq j \leq k$ *mit* $\mathbb{R} \subseteq \bigcup\limits_{j=1}^{k} [a_j, b_j]$ *gibt, auf denen* *die Restriktionen* $T_j := T|_{I_j}$ *streng monoton sind und stetig differenzierbare Umkehrabbildungen* $G_j = T_j^{-1}$ *besitzen, dann hat* Y *die Dichte*

$$f_Y(y) = \sum_{j=1}^{k} f(G_j(y)) \, |G'_j(y)| \, .$$

Beweis. Für $a < b$ unterscheiden sich $[Y \in (a,b]] = [X \in T^{-1}((a,b])]$ und $\bigcup_{j=1}^{k} [X \in G_j((a,b])]$ höchstens auf der Nullmenge $[X \in \{a_j, b_j, \, 1 \le j \le k\}]$.

Daraus folgt $P(Y \in (a,b]) = \sum_{j=1}^{k} P(X \in G_j((a,b])) = \sum_{j=1}^{k} \int_{G_j((a,b])} f \, d\lambda$. Für $\nu_j(A) := \int_A |G'_j| \, d\lambda$ gilt nach Satz 9.70 $\lambda = \nu_j G_j^{-1}$, Somit folgt aus Satz 9.62

$$P(Y \in (a,b]) = \sum_{j=1}^{k} \int_{G_j((a,b])} f \, d\lambda = \sum_{j=1}^{k} \int_{G_j((a,b])} f \, d\nu_j G_j^{-1}$$

$$= \sum_{j=1}^{k} \int_{G_j^{-1}(G_j((a,b]))} f(G_j(y)) \, |G'_j(y)| \, d\lambda(y) = \int_a^b \sum_{j=1}^{k} f(G_j(y)) \, |G'_j(y)| \, dy \, ,$$

und deshalb ist $f_Y(y) := \sum_{j=1}^{k} f(G_j(y)) \, |G'_j(y)|$ die Dichte von Y.

Beispiel 9.74 (Rayleigh-Verteilung). $X \sim U_{0,1}$, $Y := T(X) := \sqrt{-2 \ln X}$, $T : (0,1] \to \mathbb{R}^+$, $G(y) = e^{-\frac{y^2}{2}}$, $y > 0$, $|G'(y)| = y \, e^{-\frac{y^2}{2}}$, $y > 0$.

  Wegen $f_X(x) = \mathbb{1}_{(0,1)}(x)$ gilt $f(G(y)) = 1 \Rightarrow f_Y(y) = y \, e^{-\frac{y^2}{2}}$, $y > 0$. Verteilungen mit der Dichte

$$f(t) = \frac{t \, e^{-\frac{t^2}{2\sigma^2}}}{\sigma^2}, \quad t > 0, \quad \sigma^2 > 0$$

werden Rayleigh-Verteilungen mit dem Parameter σ^2 genannt. Sie sind eine Unterfamilie der Weibull-Verteilungen mit $a = 2$ und $b = \frac{1}{2\sigma^2}$.

Satz 9.75. *Ist* $G : \mathbb{R}^k \to \mathbb{R}^k$ *eine lineare Transformation mit der Determinante* $\det G \ne 0$ *und existiert das Integral von* $f : \mathbb{R}^k \to \mathbb{R}$ *oder von* $f \circ G$, *so gilt*

$$\int_{G^{-1}(A)} f \circ G \, |\det G| \, d\lambda_k = \int_A f \, d\lambda_k \quad \forall A \in \mathfrak{B}_k \, . \tag{9.36}$$

Beweis. Nach Satz 6.68 gilt $\lambda_k(G^{-1}(A)) = |\det G^{-1}| \, \lambda_k(A) = \frac{\lambda_k(A)}{|\det G|} \, \forall A \in \mathfrak{B}_k$, d.h. $|\det G| \, \lambda_k G^{-1} = \lambda_k$. Daher folgt aus Satz 9.62 (Transformationssatz)

$$\int\limits_{G^{-1}(A)} |\det G|\, f \circ G\, d\lambda_k = \int\limits_A |\det G|\, f\, d\lambda_k G^{-1} = \int\limits_A f\, d\lambda_k.$$

Folgerung 9.76. *Hat der Zufallsvektor* $\mathbf{X} : (\Omega, \mathfrak{S}) \to (\mathbb{R}^k, \mathfrak{B}_k)$ *die induzierte Verteilung* $P\mathbf{X}^{-1}(A) = \int_A f\, d\lambda_k$ *mit* $f \in \mathcal{M}^+_{\lambda_k}$ *und ist* T *eine lineare nicht-singuläre Transformation, so ist die Verteilung von* $\mathbf{Y} = T \circ \mathbf{X}$ *gegeben durch*

$$P\mathbf{Y}^{-1}(A) = \int\limits_A f \circ T^{-1} \left|\det T^{-1}\right| d\lambda_k \quad \forall\, A \in \mathfrak{B}_k .$$

Beweis. Aus Satz 9.75, angewandt auf $G := T^{-1}$ folgt

$$P(\mathbf{Y} \in A) = P(\mathbf{X} \in T^{-1}(A)) = P(\mathbf{X} \in G(A)) = \int\limits_{G(A)} f\, d\lambda_k$$

$$= \int\limits_{G^{-1}(G(A))} f \circ G\, |\det G|\, d\lambda_k = \int\limits_A f \circ T^{-1}\, \left|\det T^{-1}\right| d\lambda_k \quad \forall\, A \in \mathfrak{B}_k .$$

Satz 9.77. *Ist das Maß* ν *auf* $(\mathbb{R}^+ \times (0, 2\pi], \mathfrak{B}_2 \cap (\mathbb{R}^+ \times (0, 2\pi]))$ *gegeben durch* $\nu(A) = \int\limits_A r\, d\lambda_2$, *so induziert die Transformation* $G(r, \varphi) := (r \cos\varphi, r \sin\varphi)$ *auf* $(\mathbb{R}^2, \mathfrak{B}_2)$ *das Maß* $\nu G^{-1} = \lambda_2$. *Daher gilt für jedes* $f \in \mathcal{L}_1(\mathbb{R}^2, \mathfrak{B}_2, \lambda_2)$

$$\int\limits_{G^{-1}(A)} f(r \cos\varphi, r \sin\varphi)\, r\, d\lambda_2 = \int\limits_A f(x, y)\, d\lambda_2(x, y) \quad \forall\, A \in \mathfrak{B}_2 . \tag{9.37}$$

Beweis. G ordnet den Polarkoordinaten (r, φ) die kartesischen Koordinaten $x := r \cos\varphi$ und $y := r \sin\varphi$ zu, und bildet so jedes Rechteck $(r_1, r_2] \times (\alpha, \beta]$ aus $\mathbb{R}^+ \times (0, 2\pi]$ bijektiv ab in einen der in Beispiel 6.69 definierten Kreisringsektoren $K_{\alpha, \beta, r_1, r_2}$. Daher gilt $G^{-1}(K_{\alpha, \beta, r_1, r_2}) = (r_1, r_2] \times (\alpha, \beta]$ und

$$\lambda_2(K_{\alpha, \beta, r_1, r_2}) = \frac{(\beta - \alpha)(r_2^2 - r_1^2)}{2} = \int\limits_{r_1}^{r_2} \int\limits_{\alpha}^{\beta} r\, dr\, d\varphi = \int\limits_{(r_1, r_2] \times (\alpha, \beta]} r\, d\lambda_2$$

$$= \nu((r_1, r_2] \times (\alpha, \beta]) = \nu(G^{-1}(K_{\alpha, \beta, r_1, r_2})) = \nu G^{-1}(K_{\alpha, \beta, r_1, r_2}) .$$

Da die Kreisringsektoren einen Semiring bilden, der $\mathfrak{B}_2$ erzeugt, gilt damit auch $\lambda_2(A) = \nu G^{-1}(A) \quad \forall\, A \in \mathfrak{B}_2$, d.h. $\lambda_2 = \nu G^{-1}$, und aus Satz 9.62 folgt

$$\int\limits_{G^{-1}(A)} f(r \cos\varphi, r \sin\varphi)\, r\, d\lambda_2 = \int\limits_{G^{-1}(A)} f(r \cos\varphi, r \sin\varphi)\, d\nu$$

$$= \int\limits_A f(x, y)\, d\nu G^{-1}(x, y) = \int\limits_A f(x, y)\, d\lambda_2(x, y) \quad \forall\, A \in \mathfrak{B}_2 .$$

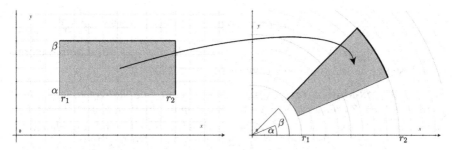

Abb. 9.1. Bijektive Zuordnung der Rechtecke auf die Kreisringsektoren

Beispiel 9.78 (2 dimensionale Standardnormalverteilung $N(0, 0, 1, 1, 0)$).

Gleichung (9.37) ergibt mit $f(x, y) = \dfrac{e^{-\frac{x^2+y^2}{2}}}{2\pi}$, $(x, y) \in \mathbb{R}^2$

$$\int\limits_A \frac{1}{2\pi} e^{-\frac{x^2+y^2}{2}} \, d\lambda_2 = \int\limits_{G^{-1}(A)} \frac{1}{2\pi} e^{-\frac{r^2 \cos^2\varphi + r^2 \sin^2\varphi}{2}} \, r \, d\lambda_2 = \int\limits_{G^{-1}(A)} \frac{r}{2\pi} e^{-\frac{r^2}{2}} \, d\lambda_2 \, .$$

$$(9.38)$$

Mit $A = \mathbb{R}^2$ und $G^{-1}(\mathbb{R}^2) = \mathbb{R}^+ \times (0, 2\pi]$ folgt daraus

$$\int\limits_{\mathbb{R}^2} \frac{e^{-\frac{x^2+y^2}{2}}}{2\pi} \, d\lambda_2 = \int\limits_{\mathbb{R}^+ \times (0,2\pi]} \frac{r \, e^{-\frac{r^2}{2}}}{2\pi} \, d\lambda_2 = \int\limits_0^\infty \int\limits_0^{2\pi} \frac{r \, e^{-\frac{r^2}{2}}}{2\pi} \, d\varphi \, dr = -e^{-\frac{r^2}{2}} \Big|_0^\infty = 1 \, .$$

Daher wird durch $P(A) := \int_A \frac{1}{2\pi} e^{-\frac{x^2+y^2}{2}} \, d\lambda_2$ auf $(\mathbb{R}^2, \mathfrak{B}_2)$ eine Wahrscheinlichkeitsverteilung, die 2-dimensionale Standardnormalverteilung, definiert.

Weil die Funktionen $f(u, v) = \dfrac{e^{-\frac{u^2+v^2}{2}}}{2\pi}$, $f_1(u) = \dfrac{e^{-\frac{u^2}{2}}}{\sqrt{2\pi}}$ und $f_2(v) = \dfrac{e^{-\frac{v^2}{2}}}{\sqrt{2\pi}}$ nichtnegativ und uneigentlich Riemann-integrierbar sind, gilt

$$\int\limits_{(-\infty,x] \times (-\infty,y]} \frac{e^{-\frac{u^2+v^2}{2}}}{2\pi} \, d\lambda_2 = \int\limits_{-\infty}^x \int\limits_{-\infty}^y \frac{e^{-\frac{u^2}{2}} e^{-\frac{v^2}{2}}}{2\pi} \, du \, dv$$

$$= \int\limits_{-\infty}^x \frac{e^{-\frac{u^2}{2}}}{\sqrt{2\pi}} \, du \int\limits_{-\infty}^y \frac{e^{-\frac{v^2}{2}}}{\sqrt{2\pi}} \, dv = \int\limits_{(-\infty,x]} \frac{e^{-\frac{u^2}{2}}}{\sqrt{2\pi}} \, d\lambda \int\limits_{(-\infty,y]} \frac{e^{-\frac{v^2}{2}}}{\sqrt{2\pi}} \, d\lambda \, . \quad (9.39)$$

Für $x = y = \infty$ hat das Integral auf der linken Seite von (9.39) den Wert 1.
Daher muss auch gelten $\int_{\mathbb{R}} \frac{e^{-\frac{u^2}{2}}}{\sqrt{2\pi}} \, d\lambda = \int_{\mathbb{R}} \frac{e^{-\frac{v^2}{2}}}{\sqrt{2\pi}} \, d\lambda = 1$. Demnach ist f_1 (und natürlich auch f_2) die Dichte einer Wahrscheinlichkeitsverteilung, der (eindimensionalen) Standardnormalverteilung (i.Z. $N(0, 1)$).

Ist $(X, Y) \sim N(0, 0, 1, 1, 0)$, so sind X und Y unabhängig, $N(0, 1)$-verteilt, denn aus (9.39) folgt $F_X(x) = \int_{(-\infty,x]} \frac{e^{-\frac{u^2}{2}}}{\sqrt{2\pi}} \, d\lambda$ und $F_Y(y) = \int_{(-\infty,y]} \frac{e^{-\frac{v^2}{2}}}{\sqrt{2\pi}} \, d\lambda$ aber auch $F_{X,Y}(x, y) = F_X(x) \, F_Y(y) \quad \forall \, (x, y) \in \mathbb{R}^2 \, .$

Für $g(x) := \frac{x\,e^{-\frac{x^2}{2}}}{\sqrt{2\pi}}$, $x \geq 0$ gilt $g \geq 0$ und $\int_0^\infty \frac{x\,e^{-\frac{x^2}{2}}}{\sqrt{2\pi}}\,dx = \frac{e^{-\frac{x^2}{2}}}{\sqrt{2\pi}}\Big|_0^\infty = \frac{1}{\sqrt{2\pi}}$.

Daraus folgt $\int_{\mathbb{R}^+} g\,d\lambda = \frac{1}{\sqrt{2\pi}}$ bzw. $\int_{\mathbb{R}^-} \frac{x\,e^{-\frac{x^2}{2}}}{\sqrt{2\pi}}\,d\lambda = -\frac{1}{\sqrt{2\pi}}$, und dementsprechend besitzt $X \sim N(0,1)$ den Erwartungswert $\mathbb{E}\,X = 0$.

Satz 9.79 (Box-Muller Verfahren). *Aus je zwei unabhängigen, auf $(0,1)$ gleichverteilten Zufallsvariablen U, V erhält man durch die Transformation $X := \sqrt{-2\ln U}\,\cos(2\pi V)$ und $Y := \sqrt{-2\ln U}\,\sin(2\pi V)$ zwei unabhängige, $N(0,1)$-verteilte Zufallsvariable X, Y, d.h. $(X,Y) \sim N(0,0,1,1,0)$.*

Beweis. Wie in Beispiel 9.74 gezeigt, ist $R := \sqrt{-2\ln U}$ verteilt mit der Dichte $f_R(r) = r\,e^{-\frac{r^2}{2}}$, $r > 0$; aus Satz 9.73 ist leicht herleitbar, dass $\Phi := 2\pi V$ die Dichte $f_\Phi(\varphi) = \frac{1}{2\pi}$, $0 < \varphi < 2\pi$ besitzt. R, Φ sind unabhängig. Daher gilt

$$P(R,\Phi)^{-1}((r_1,r_2] \times (\alpha,\beta]) = PR^{-1}((r_1,r_2])\,P\Phi^{-1}((\alpha,\beta])$$

$$= \int_{r_1}^{r_2} r\,e^{-\frac{r^2}{2}}\,dr \int_\alpha^\beta \frac{1}{2\pi}\,d\varphi = \int_{r_1}^{r_2}\int_\alpha^\beta \frac{r}{2\pi}\,e^{-\frac{r^2}{2}}\,dr\,d\varphi = \int_{(r_1,r_2]\times(\alpha,\beta]} \frac{r}{2\pi}\,e^{-\frac{r^2}{2}}\,d\lambda_2.$$

Das impliziert $P(R,\Phi)^{-1}(A) = \int_A \frac{r}{2\pi}\,e^{-\frac{r^2}{2}}\,d\lambda_2 \quad \forall\, A \in \mathfrak{B}_2 \cap (\mathbb{R}^+ \times (0,2\pi])$.
Für $(X,Y) := G(R,\Phi) := (R\cos\Phi, R\sin\Phi)$ folgt daraus und aus (9.38)

$$P((X,Y) \in A) = P((R,\Phi) \in G^{-1}(A)) = \int_{G^{-1}(A)} \frac{r\,e^{-\frac{r^2}{2}}}{2\pi}\,d\lambda_2 = \int_A \frac{e^{-\frac{x^2+y^2}{2}}}{2\pi}\,d\lambda_2.$$

Beispiel 9.80 (allgemeine Normalverteilung $N(\mu,\sigma^2)$).
Für $X \sim N(0,1)$ hat $Y := \sigma X + \mu$, $\sigma > 0$, $\mu \in \mathbb{R}$, nach Satz 9.73 die Dichte

$$f_Y(y) = \frac{1}{\sqrt{2\pi}\,\sigma}\,e^{-\frac{(y-\mu)^2}{2\sigma^2}}, \quad y \in \mathbb{R}.$$

Derartige Zufallsvariable heißen normalverteilt mit den Parametern μ und σ^2, wobei μ wegen $\mathbb{E}\,Y = \sigma\mathbb{E}\,X + \mu = \mu$ der Erwartungswert von Y ist.

Beispiel 9.81 (2-dimensionale Normalverteilung $N(\mu_1,\mu_2,\sigma_1^2,\sigma_2^2,\rho)$).
$\mu_1, \mu_2 \in \mathbb{R}$, $\sigma_1^2, \sigma_2^2 > 0$, $-1 < \rho < 1$.
Die Transformation $Y_1 = \sqrt{1-\rho^2}\,X_1 + \rho X_2$, $Y_2 = X_2$, $-1 < \rho < 1$ ist linear und nichtsingulär. Die Umkehrabbildung G mit $X_1 = \frac{Y_1 - \rho Y_2}{\sqrt{1-\rho^2}}$ und $X_2 = Y_2$

hat die Matrix $\begin{pmatrix} \frac{1}{\sqrt{1-\rho^2}}, & 0 \\ \frac{-\rho}{\sqrt{1-\rho^2}}, & 1 \end{pmatrix}$ und die Determinante $\det G = \frac{1}{\sqrt{1-\rho^2}}$. Ist

$(X_1,X_2) \sim N(0,0,1,1,0)$. so folgt daher aus Satz 9.75 für alle $(y_1,y_2) \in \mathbb{R}^2$

$$f_{Y_1,Y_2}(y_1,y_2) = |\det G|\,f(G(y_1,y_2))$$

$$= \frac{1}{2\pi\sqrt{1-\rho^2}}\,e^{-\frac{(y_1-\rho y_2)^2 + (1-\rho^2)y_2^2}{2(1-\rho^2)}} = \frac{1}{2\pi\sqrt{1-\rho^2}}\,e^{-\frac{y_1^2 - 2\rho y_1 y_2 + y_2^2}{2(1-\rho^2)}}.$$

$Z_1 = \sigma_1 Y_1 + \mu_1$, $Z_2 = \sigma_2 Y_2 + \mu_2$, $\sigma_1, \sigma_2 > 0$, $\mu_1, \mu_2 \in \mathbb{R}$ hat dann die Dichte

$$f_{Z_1,Z_2}(z_1,z_2) = \frac{1}{2\pi\sigma_1\sigma_2\sqrt{1-\rho^2}} \, e^{-\frac{\left(\frac{z_1-\mu_1}{\sigma_1}\right)^2 - 2\rho\frac{(z_1-\mu_1)(z_2-\mu_2)}{\sigma_1\sigma_2} + \left(\frac{z_2-\mu_2}{\sigma_2}\right)^2}{2(1-\rho^2)}}.$$

Das ist die Dichte der 2-dimensionalen Normalverteilung $N(\mu_1, \mu_2, \sigma_1^2, \sigma_2^2, \rho)$.

Beispiel 9.82 (Gammaverteilung $\Gamma(a,b)$, $a,b > 0$).
Ist $X \sim \Gamma(a,1)$ (Bsp. 9.61), so hat $Y = bX$, $b > 0$ nach Satz 9.73 die Dichte

$$f_Y(y) = f_X(G(y)) \left| G'(y) \right| = \frac{y^{a-1}\, e^{-\frac{y}{b}}}{b^a \Gamma(a)}, \quad y > 0.$$

Das ist die Dichte der Gammaverteilung mit den Parametern $a, b > 0$.

$$\mathbb{E}Y = \int_0^\infty \frac{y^a\, e^{-\frac{y}{b}}}{b^a\, \Gamma(a)}\, dy = a\,b \int_0^\infty \frac{y^{a+1-1}\, e^{-\frac{y}{b}}}{b^{a+1}\, \Gamma(a+1)}\, dy = a\,b. \qquad (9.40)$$

Die letzte Gleichung in der obigen Beziehung gilt, da im rechten Integral die Dichte einer $\Gamma(a+1,b)$-Verteilung steht. $\Gamma(a,b)$-Verteilungen mit $a := n \in \mathbb{N}$ werden Erlangverteilt mit den Parametern n und $\tau := \frac{1}{b}$ genannt (i.Z. $Er_{n,\tau}$). Ist $Y \sim Er_{n,\tau}$, so gilt nach (9.40) $\mathbb{E}Y = \frac{n}{\tau}$. Für $n = 1$ erhält man die Exponentialverteilung Ex_τ.

Die Teilfamilie mit den Parametern $a = \frac{n}{2}$, $n \in \mathbb{N}$, $b = 2$ ist die Familie der Chiquadratverteilungen (i.Z. χ_n^2). Der Parameter n wird hier als Freiheitsgrad der Verteilung bezeichnet. Der Erwartungswert einer χ_n^2-verteilten Zufallsvariablen ergibt sich zu $\mathbb{E}X = \frac{n}{2}2 = n$.

Wir zeigen als nächstes, dass die Chiquadratverteilung die Verteilung des Quadrats einer standardnormalverteilten Zufallsvariablen ist, d.h. dass gilt $X \sim N(0,1) \Rightarrow Y = X^2 \sim \chi_1^2$.
Auf $I_1 := (-\infty, 0)$ und $I_2 := [0, \infty)$ hat die Transformation $y = T(x) = x^2$ die Inversen $G_1(y) = -\sqrt{y}$ und $G_2(y) = \sqrt{y}$ und es gilt $|G_i'(y)| = \frac{1}{2\sqrt{y}}$, $y > 0$.
Aus Satz 9.73 folgt daher, dass Y die Dichte

$$f_Y(y) = \frac{e^{-\frac{y}{2}}}{2\sqrt{2\pi y}} + \frac{e^{-\frac{y}{2}}}{2\sqrt{2\pi y}} = \frac{e^{-\frac{y}{2}}}{\sqrt{2y}\sqrt{\pi}} = \frac{y^{\frac{1}{2}-1}\, e^{-\frac{y}{2}}}{2^{\frac{1}{2}}\sqrt{\pi}}, \quad y > 0$$

besitzt. f_Y stimmt bis auf den Faktor $\frac{1}{\sqrt{\pi}}$ mit $f_{\chi_1^2}(x) = \frac{x^{\frac{1}{2}-1} e^{-\frac{x}{2}}}{2^{\frac{1}{2}}\Gamma(\frac{1}{2})}$, $x > 0$, der Dichte der χ_1^2-Verteilung überein. Aus $\int_{\mathbb{R}^+} f_Y(y)\, dy = 1 = \int_{\mathbb{R}^+} f_{\chi_1^2}(x)\, dx$ folgt aber $\sqrt{\pi} = \Gamma(\frac{1}{2})$, eine aus der Analysis bekannte Beziehung. Also gilt $Y \sim \chi_1^2$.

Mit Hilfe von Satz 9.75 kann man auch die Dichte der Summe von 2 unabhängigen Zufallsvariablen X, Y mit stetigen Dichten f_X, f_Y berechnen.

Lemma 9.83. *Sind X_1, X_2 unabhängige Zufallsvariable mit den stetigen Dichten f_{X_1} und f_{X_2}, so hat die Summe $X_1 + X_2$ die Dichte*

$$f_{X_1+X_2}(s) = \int f_{X_1}(s-x_2)\, f_{X_2}(x_2)\, dx_2 = \int f_{X_2}(s-x_1)\, f_{X_1}(x_1)\, dx_1.$$

Beweis. Die lineare, nichtsinguläre Transformation $Z := X_1 + X_2$, $Y := X_2$ hat die Umkehrabbildung $(X_1, X_2) := G(Z, Y) = (Z - Y, Y)$ mit $|\det G| = 1$. Da X_1, X_2 unabhängig sind, gilt $P(X_1, X_2)^{-1}(A) = \int_A f_{X_1} f_{X_2} \, d\lambda_2$. Betrachtet man nun $A = (-\infty, s] \times \mathbb{R}$, so folgt aus Satz 9.75

$$P(Z \leq s) = P((Z, Y) \in A) = P((X_1, X_2) \in G(A)) = \int_{G(A)} f_{X_1}(x_1) f_{X_2}(x_2) d\lambda_2$$

$$= \int_{G^{-1}(G(A))} f_{X_1}(z - y) f_{X_2}(y) \, d\lambda_2 = \int_A f_{X_1}(z - y) f_{X_2}(y) \, dz \, dy$$

$$= \int_{-\infty}^{s} \int_{-\infty}^{\infty} f_{X_1}(z - y) f_{X_2}(y) \, dy \, dz = \int_{-\infty}^{s} f_{X_1 + X_2}(z) \, dz.$$

Die Verteilung von $X_1 + X_2$ ist also das unbestimmte Integral von $f_{X_1 + X_2}$, der sogenannten Faltungsdichte.

Beispiel 9.84. Gesucht ist die Dichte von $X_1 + X_2$, wobei $X_1, X_2 \sim U_{0,1}$ unabhängig sind.

$$\text{Wegen } f_{X_1}(z - y) \, f_{X_2}(y) = \begin{cases} 1, & 0 < y < 1 \wedge z - 1 < y < z \\ 0, & \text{sonst} \end{cases}$$

$$\text{folgt aus dem obigen Lemma } \quad f_{X_1 + X_2}(z) = \begin{cases} \int_0^z 1 \, dy = z, & 0 < z \leq 1, \\ \int_{z-1}^1 1 \, dy = 2 - z, & 1 < z \leq 2. \end{cases}$$

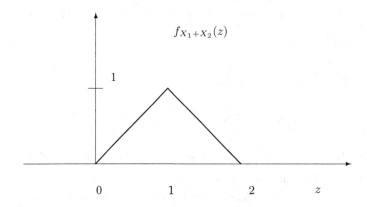

Abb. 9.2. Faltungsdichte von $f_{X_1 + X_2}$

10

Produkträume

10.1 Die Produktsigmaalgebra

In der Wahrscheinlichkeitstheorie hat man oft Produkträume und Verteilungen auf diesen Räumen zu betrachten, etwa wenn der Zusammenhang zwischen mehreren Zufallsvariablen, wie etwa dem Körpergewicht und der Körpergröße, untersucht werden soll. Um aber Verteilungen auf einem Produktraum definieren zu können, benötigt man eine geeignete $\sigma-$Algebra darauf.

Definition 10.1. *Ist* $(\Omega_i, \mathfrak{S}_i)$, $i \in I$ *eine Familie von Messräumen, so heißt die durch die Projektionen auf* $\prod\limits_{i \in I} \Omega_i$ *erzeugte* σ-Algebra $\bigotimes\limits_{i \in I} \mathfrak{S}_i := \mathfrak{S}(\mathrm{pr}_i : i \in I)$ *die Produktsigmaalgebra der* $\mathfrak{S}_i$.

Die σ-Algebra $\bigotimes\limits_{i \in I} \mathfrak{B}$ *auf* $\mathbb{R}^I$ *wird System der Borelmengen genannt.*

Bemerkung 10.2. *Statt* $\bigotimes\limits_{i \in \{1,2\}} \mathfrak{S}_i$ *schreibt man* $\mathfrak{S}_1 \otimes \mathfrak{S}_2$, *und an Stelle von* $\bigotimes\limits_{i \in \{1,\dots,n\}} \mathfrak{S}_i$ *ist auch die Bezeichnung* $\bigotimes\limits_{i=1}^{n} \mathfrak{S}_i$ *gebräuchlich. Außerdem werden wir die Kurzbezeichnungen* $\Omega_J := \prod\limits_{j \in J} \Omega_j$ *und* $\mathfrak{S}_J := \bigotimes\limits_{j \in J} \mathfrak{S}_j$, $J \subseteq I$ *verwenden.*

Satz 10.3. *Ist* $(\Omega_i, \mathfrak{S}_i)$, $i \in I := \bigcup\limits_{k \in K} J_k$ *eine Familie von Messräumen, so gilt*

$$\mathfrak{S}_I := \bigotimes\limits_{i \in I} \mathfrak{S}_i = \bigotimes\limits_{k \in K} \mathfrak{S}_{J_k} = \bigotimes\limits_{k \in K} \left(\bigotimes\limits_{j \in J_k} \mathfrak{S}_j \right). \tag{10.1}$$

Beweis. Aus Bemerkung 7.40, Satz 7.41, der Operationstreue des Urbilds (Lemma 2.3) und $\mathrm{pr}_j = \mathrm{pr}_{J_k,j} \circ \mathrm{pr}_{I,J_k}$ $\quad \forall \, j \in J_k$ folgt mit $\mathfrak{H} := \bigotimes\limits_{k \in K} \mathfrak{S}_{J_k}$

$$\mathfrak{H} = \mathfrak{A}_\sigma \left(\bigcup_{k \in K} \mathrm{pr}_{I,J_k}^{-1}(\mathfrak{S}_{J_k}) \right) = \mathfrak{A}_\sigma \left(\bigcup_{k \in K} \mathrm{pr}_{I,J_k}^{-1} \left(\mathfrak{A}_\sigma \left(\bigcup_{j \in J_k} \mathrm{pr}_{J_k,j}^{-1}(\mathfrak{S}_j) \right) \right) \right)$$

$$= \mathfrak{A}_\sigma \left(\bigcup_{k \in K} \mathrm{pr}_{I,J_k}^{-1} \left(\bigcup_{j \in J_k} \mathrm{pr}_{J_k,j}^{-1}(\mathfrak{S}_j) \right) \right) = \mathfrak{A}_\sigma \left(\bigcup_{j \in I} \mathrm{pr}_j^{-1}(\mathfrak{S}_j) \right) = \mathfrak{S}_I .$$

Folgerung 10.4. *Ist* $(\Omega_i, \mathfrak{S}_i)$, $i \in I$ *eine Familie von Messräumen, so gilt*

$$\mathrm{pr}_J : (\Omega_I, \mathfrak{S}_I) \to (\Omega_J, \mathfrak{S}_J) \quad \forall \emptyset \neq J \subseteq I .$$

Beweis. $C_J \in \mathfrak{S}_J \Rightarrow \mathrm{pr}_J^{-1}(C_J) = C_J \times \Omega_{J^c} \in \mathfrak{S}_J \otimes \mathfrak{S}_{J^c} = \mathfrak{S}_I .$

Bei der Betrachtung von Produkträumen spielen die Schnitte von Mengen und Funktionen eine große Rolle. Wegen $(\Omega_I, \mathfrak{S}_I) = (\Omega_J \times \Omega_{J^c}, \mathfrak{S}_J \otimes \mathfrak{S}_{J^c})$ kann man sich dabei auf 2-dimensionale Räume $(\Omega_1 \times \Omega_2, \mathfrak{S}_1 \otimes \mathfrak{S}_2)$ mit $(\Omega_1, \mathfrak{S}_1) := (\Omega_J, \mathfrak{S}_J)$ und $(\Omega_2, \mathfrak{S}_2) := (\Omega_{J^c}, \mathfrak{S}_{J^c})$ beschränken.

Definition 10.5. *Ist* C *eine Teilmenge von* $\Omega_1 \times \Omega_2$, $\omega_1 \in \Omega_1, \omega_2 \in \Omega_2$, *so nennt man die Menge* $C_{\omega_1} := \{ \omega_2 \in \Omega_2 : (\omega_1, \omega_2) \in C \}$ *den Schnitt von* C *in* ω_1 *und* $C_{\omega_2} := \{ \omega_1 \in \Omega_1 : (\omega_1, \omega_2) \in C \}$ *den Schnitt von* C *in* ω_2 .

Definition 10.6. *Ist* $f : \Omega_1 \times \Omega_2 \to \Omega$, *so heißt* $f_{\omega_1}(\omega_2) := f(\omega_1, \omega_2)$ *der Schnitt von* f *in* $\omega_1 \in \Omega_1$ *und* $f_{\omega_2}(\omega_1) := f(\omega_1, \omega_2)$ *der Schnitt von* f *in* $\omega_2 \in \Omega_2$.

Klarerweise gilt $f_{\omega_1} : \Omega_2 \to \Omega$ bzw. $f_{\omega_2} : \Omega_1 \to \Omega$.
Die Schnitte sind operationstreu.

Lemma 10.7. *Für* C, C_n, $n \in \mathbb{N}$ *aus* $\Omega_1 \times \Omega_2$ *und* $A \subseteq \Omega_1$, $B \subseteq \Omega_2$ *gilt*

1. $\mathbb{1}_{C_{\omega_i}} = (\mathbb{1}_C)_{\omega_i}$,
2. $(C_{\omega_i})^c = (C^c)_{\omega_i}$,

3. $\left(\bigcup_n C_n \right)_{\omega_i} = \bigcup_n (C_n)_{\omega_i} \land \left(\bigcap_n C_n \right)_{\omega_i} = \bigcap_n (C_n)_{\omega_i}$,

4. $(A \times B)_{\omega_1} = \begin{cases} B, & \omega_1 \in A \\ \emptyset, & \omega_1 \notin A \end{cases} \land (A \times B)_{\omega_2} = \begin{cases} A, & \omega_2 \in B \\ \emptyset, & \omega_2 \notin B . \end{cases}$

Beweis. Definiert man $S_{\omega_1} : \Omega_2 \to \Omega_1 \times \Omega_2, \omega_1 \in \Omega_1$ durch $S_{\omega_1}(\omega_2) := (\omega_1, \omega_2)$ und $S_{\omega_2} : \Omega_1 \to \Omega_1 \times \Omega_2$, $\omega_2 \in \Omega_2$ durch $S_{\omega_2}(\omega_1) := (\omega_1, \omega_2)$, so gilt $S_{\omega_1}^{-1}(C) = C_{\omega_1}, S_{\omega_2}^{-1}(C) = C_{\omega_2} \ \forall C \subseteq \Omega_1 \times \Omega_2$, und die Punkte 1. - 3. folgen sofort aus Lemma 2.3. Dass für $A \times B$ Punkt 4. gilt, ist klar.

Lemma 10.8. *Sind* $(\Omega_i, \mathfrak{S}_i)$ *zwei Messräume, so gilt für jedes* $C \in \mathfrak{S}_1 \otimes \mathfrak{S}_2$

$$C_{\omega_1} \in \mathfrak{S}_2 \quad \forall \omega_1 \in \Omega_1 \land C_{\omega_2} \in \mathfrak{S}_1 \quad \forall \omega_2 \in \Omega_2 .$$

Beweis. Aus Lemma 10.7 Punkt 4. folgt, dass für die Abbildungen S_{ω_i} aus dem Beweis dieses Lemmas und jedes $A_1 \times A_2$, $A_i \in \mathfrak{S}_i$ gilt $S_{\omega_i}^{-1}(A_1 \times A_2) \in \mathfrak{S}_j$ mit $j := (i \bmod 2) + 1$. Wegen $\mathfrak{S}_1 \otimes \mathfrak{S}_2 = \mathfrak{A}_\sigma(\{A_1 \times A_2 : A_i \in \mathfrak{S}_i\})$ folgt aus Satz 7.7 $S_{\omega_i} : (\Omega_j, \mathfrak{S}_j) \to (\Omega_1 \times \Omega_2, \mathfrak{S}_1 \otimes \mathfrak{S}_2)$, d.h. $S_{\omega_i}^{-1}(C) = C_{\omega_i} \in \mathfrak{S}_j$.

Lemma 10.9. *Für jedes $f : (\Omega_1 \times \Omega_2, \mathfrak{S}_1 \otimes \mathfrak{S}_2) \to (\Omega, \mathfrak{S})$ gilt*

$$f_{\omega_1} : (\Omega_2, \mathfrak{S}_2) \to (\Omega, \mathfrak{S}) \quad \forall\, \omega_1 \in \Omega_1 \ \wedge\ f_{\omega_2} : (\Omega_1, \mathfrak{S}_1) \to (\Omega, \mathfrak{S}) \quad \forall\, \omega_2 \in \Omega_2 \,.$$

Beweis. Da die Abbildungen S_{ω_i} aus dem Beweis von Lemma 10.7, wie oben gezeigt, mit $j := (i \bmod 2) + 1$ $\mathfrak{S}_j|\mathfrak{S}_1 \otimes \mathfrak{S}_2$-messbar sind und gilt $f_{\omega_i} = f \circ S_{\omega_i}$ folgt aus Lemma 10.7 sofort $f_{\omega_i} : (\Omega_j, \mathfrak{S}_j) \to (\Omega, \mathfrak{S}) \quad \forall\, \omega_i \in \Omega_i$.

Definition 10.10. *Ist $(\Omega_i, \mathfrak{S}_i)$, $i \in I$ eine Familie von Messräumen, so heißt $Z \subseteq \Omega_I$ ein Zylinder, wenn es eine endliche Teilmenge $J \neq \emptyset$ von I und ein $C \subseteq \Omega_J$ gibt, sodass $Z = \mathrm{pr}_J^{-1}(C) = C \times \Omega_{J^c}$. C ist die Basis des Zylinders. Man nennt Z einen Pfeiler und die Basis C ein Rechteck, wenn $C = \prod\limits_{j \in J} A_j$.*

Bemerkung 10.11. *Nach Lemma 10.8 sind Rechtecke $\prod\limits_{j \in J} A_j$ genau dann messbar, wenn die A_j messbar sind, und zusammen mit Folgerung 10.4 impliziert das Lemma, dass Zylinder gerade dann messbar sind, wenn ihre Basen messbar sind.*

Das System der messbaren Pfeiler mit 1-dimensionaler Basis bezeichnen wir mit $\mathfrak{P}_{I,1}$, d.h. $\mathfrak{P}_{I,1} = \bigcup\limits_{i \in I} \mathrm{pr}_i^{-1}(\mathfrak{S}_i)$, das System der messbaren Pfeiler mit $\mathfrak{P}_I$, und $\mathfrak{Z}_I := \bigcup\limits_{J \subseteq I \wedge |J| < \infty} \mathrm{pr}_J^{-1}(\mathfrak{S}_J)$ ist das System der messbaren Zylinder.

Folgerung 10.12. *Sind $(\Omega_i, \mathfrak{S}_i)$, $i \in I$ Messräume, so gilt mit den Bezeichnungen aus Bemerkung 10.11 $\quad \mathfrak{S}_I = \mathfrak{A}_\sigma(\mathfrak{P}_{I,1}) = \mathfrak{A}_\sigma(\mathfrak{P}_I) = \mathfrak{A}_\sigma(\mathfrak{Z}_I)$.*

Beweis. Die linke Gleichung $\mathfrak{S}_I = \mathfrak{A}_\sigma(\mathfrak{P}_{I,1})$ ist nur die Definition von $\mathfrak{S}_I$,

$$\mathfrak{S}_I = \mathfrak{A}_\sigma\left(\bigcup\limits_{J \subseteq I \wedge |J| < \infty} \mathrm{pr}_J^{-1}(\mathfrak{S}_J)\right) = \mathfrak{A}_\sigma(\mathfrak{Z}_I) \text{ folgt aus Satz 10.3, wenn man}$$

$K := \{J : J \subseteq I \wedge |J| < \infty\}$ setzt, und wegen $\mathfrak{P}_{I,1} \subseteq \mathfrak{P}_I \subseteq \mathfrak{Z}_I$ gilt auch $\mathfrak{S}_I \subseteq \mathfrak{A}_\sigma(\mathfrak{P}_I) \subseteq \mathfrak{A}_\sigma(\mathfrak{Z}_I) = \mathfrak{S}_I$.

Bemerkung 10.13. *Wegen $\mathrm{pr}_{I,J} = \mathrm{pr}_{K,J} \circ \mathrm{pr}_{I,K}$ für $\emptyset \neq J \subseteq K \subseteq I$ gilt*

$$\mathrm{pr}_{I,J}^{-1}(C) = \mathrm{pr}_{I,K}^{-1}\left(\mathrm{pr}_{K,J}^{-1}(C)\right) = \mathrm{pr}_{I,K}^{-1}\left(C \times \prod\limits_{k \in K \setminus J} \Omega_k\right) \ \forall\, C \subseteq \Omega_J. \tag{10.2}$$

Zylinder C_i, $i = 1, \dots, n$ mit Basen in Ω_{J_i}, $|J_i| < \infty$ sind daher auch Zylinder mit Basen in Ω_J für $J := \bigcup\limits_{i=1}^{n} J_i$, $|J| < \infty$. Man kann daher annehmen, dass endlich viele Zylinder ihre Basen immer in einem gemeinsamen Raum Ω_J haben.

Lemma 10.14. *Sind $(\Omega_i, \mathfrak{S}_i)$, $i \in I$ Messräume, so bilden die messbaren Pfeiler eine Semialgebra und die messbaren Zylinder eine Algebra auf Ω_I.*

Beweis. Klarerweise gilt $\emptyset$, $\Omega_I \in \mathfrak{P}_I \subseteq \mathfrak{Z}_I$.

Sind A und B zwei messbare Pfeiler, so gibt es nach Bemerkung 10.13 ein $J \subseteq I$ mit $|J| < \infty$ und zwei messbare Rechtecke A_J und B_J, sodass $A = \mathrm{pr}_J^{-1}(A_J)$ bzw. $B = \mathrm{pr}_J^{-1}(B_J)$. Da die $\mathfrak{S}_j$ als σ-Algebren auch Semialgebren sind, bilden die messbaren Rechtecke auf Ω_J nach Folgerung 2.37 eine Semialgebra $\mathfrak{H}_J$, und wegen Lemma 2.3 ist auch $\mathrm{pr}_J^{-1}(\mathfrak{H}_J)$ eine Semialgebra. Somit ist $A \cap B$ ein messbarer Pfeiler und zu $A \subseteq B$ gibt es $C_1, \ldots, C_k$ aus $\mathrm{pr}_J^{-1}(\mathfrak{H}_J)$ sodass $B \setminus A = \bigcup_{h=1}^{k} C_h \wedge A \cup \bigcup_{h=1}^{g} C_h \in \mathrm{pr}_J^{-1}(\mathfrak{H}_J) \quad \forall \, 1 \le g \le k$.

Folglich ist $\mathfrak{P}_I$ eine Semialgebra.

Ebenso gibt es zu $A, B \in \mathfrak{Z}_I$ ein endliches J und Basen A_J, B_J aus $\mathfrak{S}_J$. Wegen $A_J^c \in \mathfrak{S}_J$ bzw. $A_J \cup B_J \in \mathfrak{S}_J$ folgt daraus $A^c = \mathrm{pr}_J^{-1}(A_J^c) \in \mathfrak{Z}_I$ bzw. $A \cup B = \mathrm{pr}_J^{-1}(A_J \cup B_J) \in \mathfrak{Z}_I$. Somit ist $\mathfrak{Z}_I$ eine Algebra.

Satz 10.15. *Ist $(\Omega_i, \mathfrak{S}_i)$, $i \in I$ eine Familie von Messräumen, so gilt*

$$\mathfrak{S}_I = \mathfrak{Z}_{I, \aleph_0} := \bigcup_{J \subseteq I \wedge |J| \le \aleph_0} \mathrm{pr}_J^{-1}(\mathfrak{S}_J). \tag{10.3}$$

Beweis. $\emptyset$, $\Omega_I \in \mathfrak{Z}_I \subseteq \mathfrak{Z}_{I, \aleph_0}$, und aus $A = \mathrm{pr}_J^{-1}(A_J)$, $A_J \in \mathfrak{S}_J$, $|J| \le \aleph_0$ folgt $A^c = \mathrm{pr}_J^{-1}(A_J^c) \in \mathfrak{Z}_{I, \aleph_0}$. Ist (A_n) eine Folge aus $\mathfrak{Z}_{I, \aleph_0}$ mit Basen $A_{n, J_n} \in \mathfrak{S}_{J_n}$, $|J_n| \le \aleph_0$, so sind auch die $A_{n, J} := \mathrm{pr}_{J, J_n}^{-1}(A_{n, J_n}) \in \mathfrak{S}_J$ mit $J := \bigcup_{n \in \mathbb{N}} J_n$ Basen der A_n. Aus $|J| \le \aleph_0$ und $\bigcup_{n \in \mathbb{N}} A_{n, J} \in \mathfrak{S}_J$ folgt aber $\bigcup_{n \in \mathbb{N}} A_n = \mathrm{pr}_J^{-1}\left(\bigcup_{n \in \mathbb{N}} A_{n, J} \right) \in \mathfrak{Z}_{I, \aleph_0}$. Somit ist $\mathfrak{Z}_{I, \aleph_0}$ eine σ-Algebra, und daher gilt $\mathfrak{Z}_{I, \aleph_0} = \mathfrak{A}_\sigma(\mathfrak{Z}_{I, \aleph_0})$. Aber aus Satz 10.3 mit $K := \{J : J \subseteq I, |J| \le \aleph_0\}$ folgt $\mathfrak{S}_I = \mathfrak{A}_\sigma\left(\bigcup_{J \subseteq I \wedge |J| \le \aleph_0} \mathrm{pr}_J^{-1}(\mathfrak{S}_J) \right) = \mathfrak{A}_\sigma(\mathfrak{Z}_{I, \aleph_0})$.

Bemerkung 10.16. *Aus dem obigen Satz folgt, dass Mengen aus der Produkt-sigmaalgebra durch höchstens abzählbar viele Koordinaten bestimmt werden. Daher sind etwa einpunktige Mengen nicht messbar, wenn I überabzählbar ist. Ein anderes Beispiel einer nicht messbaren Menge sind die stetigen Funktionen aus $\mathbb{R}^{\mathbb{R}}$, denn wäre die Menge der stetigen Funktionen messbar, so müsste es eine abzählbare Menge $J \subset \mathbb{R}$ geben, sodass an Hand der Funktionswerte $f(j)$, $j \in J$ entschieden werden könnte, ob die Funktion f stetig ist oder nicht; Änderungen in den Werten $f(i)$, $i \in \mathbb{R} \setminus J$ dürften darauf keinen Einfluss haben. Aber jede stetige Funktion kann durch Änderung eines einzigen Funktionswertes unstetig gemacht werden.*

Wir werden uns jedoch in diesem Buch nicht weiter mit der Problematik überabzählbar dimensionaler Produkträume befassen.

10.2 Der Satz von Fubini

Wir wollen uns in diesem Abschnitt mit Maßen auf Produkträumen beschäftigen und beginnen mit einem Beispiel.

Beispiel 10.17. Ein Modell für die Verteilung der Wartezeit T_1 bis zum ersten Unfall an einer bestimmten Straßenstelle ist die Exponentialverteilung Ex_τ mit einem üblicherweise aus empirischen Daten geschätzten Parameter $\tau > 0$.

Man betrachtet also den Raum $(\mathbb{R}, \mathfrak{B}, PT_1^{-1})$ mit $PT_1^{-1} \sim Ex_\tau$, sodass $F_{T_1}(x) = (1 - \mathrm{e}^{-\tau x})\, \mathbb{1}_{[0,\infty)}(x)$ die zu PT_1^{-1} gehörige Verteilungsfunktion ist.

Ist der 1-te Unfall zum Zeitpunkt $T_1 = s$ passiert, so kann T_2 die Wartezeit ab Beginn der Beobachtungsperiode bis zum 2-ten Unfall nur Werte größer als s annehmen, und $T_2 - s$ wird so verteilt sein wie T_1, falls an der betreffenden Straßenstelle keine Änderungen durchgeführt wurden. Man wird daher die zu $T_1 = s$ gehörige Verteilung $PT_2^{-1}(\,.\,|s)$ beschreiben durch die Verteilungsfunktion $F_{T_2|s}(t) := 1 - \mathrm{e}^{-\tau\,(t-s)}$, $t > s$ (wir werden später sehen, dass $PT_2^{-1}(\,.\,|s)$ die durch $[T_1 = s]$ bedingte Verteilung von T_2 ist).

Um aber Aussagen über die Wahrscheinlichkeit von Ereignissen, die sowohl von T_1 als auch von T_2 abhängen, machen zu können, benötigt man ein Wahrscheinlichkeitsmaß auf dem durch T_1 und T_2 bestimmten Produktraum.

Im obigen Beispiel hat man einen Maßraum $(\Omega_1, \mathfrak{S}_1, \mu_1)$ und einen Messraum $(\Omega_2, \mathfrak{S}_2)$, auf dem für jedes $\omega_1 \in \Omega_1$ ein Maß $\mu_2(\omega_1, .)$ definiert ist. Intuitiv liegt es nahe der Menge $A \times B$, $A \in \mathfrak{S}_1$, $B \in \mathfrak{S}_2$ in Verallgemeinerung des Satzes von der vollständigen Wahrscheinlichkeit das Maß $\mu(A \times B) = \int_A \mu_2(\omega_1, B)\, d\mu_1(\omega_1)$ zuzuordnen. Das wird nun formalisiert.

Definition 10.18. *Eine Familie von Maßen μ_i, $i \in I$ auf einem Messraum $(\Omega, \mathfrak{S})$ heißt gleichmäßig σ-endlich, wenn es eine messbare Zerlegung E_n, $n \in \mathbb{N}$ von Ω gibt, sodass $\displaystyle\sup_{i \in I} \mu_i(E_n) < \infty \quad \forall\, n \in \mathbb{N}$.*

Satz 10.19. *Ist $(\Omega_1, \mathfrak{S}_1, \mu_1)$ ein σ-endlicher Maßraum, $(\Omega_2, \mathfrak{S}_2)$ ein Messraum, auf dem es eine gleichmäßig σ-endliche Familie $\{\mu_2(\omega_1,.) : \omega_1 \in \Omega_1\}$ von Maßen (die man als die durch die ω_1 bedingten Maße interpretieren kann) gibt, für die gilt $\mu_2(\,.\,, B) : (\Omega_1, \mathfrak{S}_1) \to (\mathbb{R}, \mathfrak{B}) \ \ \forall\, B \in \mathfrak{S}_2$, dann wird durch*

$$\mu(C) := \int \mu_2(\omega_1, C_{\omega_1})\, d\mu_1(\omega_1) \tag{10.4}$$

auf $\mathfrak{S}_1 \otimes \mathfrak{S}_2$ ein σ-endliches Maß μ definiert, das folgende Bedingung erfüllt

$$\mu(A_1 \times A_2) = \int_{A_1} \mu_2(\omega_1, A_2)\, d\mu_1(\omega_1) \quad \forall\, A_1 \times A_2,\ A_i \in \mathfrak{S}_i. \tag{10.5}$$

μ ist durch (10.5) auf $\mathfrak{S}_1 \otimes \mathfrak{S}_2$ eindeutig bestimmt.

Beweis. Wir nehmen zunächst an, dass $\sup\limits_{\omega_1 \in \Omega_1} \mu_2(\omega_1, \Omega_2) < \infty$.

Ist $\mathfrak{C} := \{C \in \mathfrak{S}_1 \otimes \mathfrak{S}_2 : f_C(\omega_1) := \mu_2(\omega_1, C_{\omega_1})$ ist $\mathfrak{S}_1|\mathfrak{B}$ − messbar$\}$, so gilt für $C = A_1 \times A_2$, $A_i \in \mathfrak{S}_i$ wegen Lemma 10.7 Punkt 4.

$$f_{A_1 \times A_2}(\omega_1) = \mu_2\left(\omega_1, (A_1 \times A_2)_{\omega_1}\right) = \mu_2\left(\omega_1, A_2\right) \mathbb{1}_{A_1}(\omega_1). \tag{10.6}$$

$f_{A_1 \times A_2}$ ist also $\mathfrak{S}_1|\mathfrak{B}$-messbar und daher gilt $\{A_1 \times A_2 : A_i \in \mathfrak{S}_i\} \subseteq \mathfrak{C}$.

Sind $C_1, \ldots, C_n$ disjunkte Mengen aus $\mathfrak{C}$, so ist auch $\bigcup\limits_{i=1}^{n} C_i$ in $\mathfrak{C}$ enthalten, denn aus Lemma 10.7 Punkt 3. folgt

$$\mu_2\left(\omega_1, \left(\bigcup_{i=1}^{n} C_i\right)_{\omega_1}\right) = \mu_2\left(\omega_1, \bigcup_{i=1}^{n}(C_i)_{\omega_1}\right) = \sum_{i=1}^{n} \mu_2\left(\omega_1, (C_i)_{\omega_1}\right).$$

Da die von der Semialgebra der messbaren Rechtecke erzeugte Algebra $\mathfrak{A}$ gemäß Satz 2.59 aus den endlichen Vereinigungen disjunkter Mengen der Semialgebra besteht, enthält $\mathfrak{C}$ demnach auch diese Algebra.

Ist (C_n) eine Folge aus $\mathfrak{C}$ mit $C_n \nearrow C := \bigcup\limits_{n} C_n$, so gilt $(C_n)_{\omega_1} \nearrow C_{\omega_1}$ und aus Satz 3.20 folgt $\lim\limits_{n} \mu_2\left(\omega_1, (C_n)_{\omega_1}\right) = \mu_2\left(\omega_1, C_{\omega_1}\right)$ $\forall\, \omega_1 \in \Omega_1$. Daher ist f_C als Grenzwert messbarer Funktionen messbar, also $C \in \mathfrak{C}$.

Ist (C_n) eine monoton gegen $C := \bigcap\limits_{n} C_n$ fallende Folge aus $\mathfrak{C}$, so gilt $(C_n)_{\omega_1} \searrow C_{\omega_1}$, und wegen $\infty > \sup\limits_{\omega_1 \in \Omega_1} \mu_2(\omega_1, \Omega_2) \geq \mu_2(\omega_1, (C_n)_{\omega_1}) \,\forall\, n \in \mathbb{N}$ ergibt sich aus Satz 3.21 $\lim\limits_{n} \mu_2(\omega_1, (C_n)_{\omega_1}) = \mu_2(\omega_1, C_{\omega_1})$. Demnach ist auch in diesem Fall f_C ein Limes messbarer Funktionen und somit $C \in \mathfrak{C}$.

$\mathfrak{C}$ ist also ein monotones System und enthält deshalb das von $\mathfrak{A}$ erzeugte monotone System, das aber nach Satz 2.72 mit der von $\mathfrak{A}$ erzeugten σ-Algebra $\mathfrak{S}_1 \otimes \mathfrak{S}_2$ übereinstimmt. Daher gilt $\mathfrak{C} = \mathfrak{S}_1 \otimes \mathfrak{S}_2$, d.h. $f_C \in \mathcal{M}^+(\Omega_1, \mathfrak{S}_1)$ $\forall\, C \in \mathfrak{S}_1 \otimes \mathfrak{S}_2$. Somit existiert für alle $C \in \mathfrak{S}_1 \otimes \mathfrak{S}_2$ das Integral $\mu(C) := \int f_C(\omega_1)\, d\mu_1(\omega_1) = \int \mu_2(\omega_1, C_{\omega_1})\, d\mu_1(\omega_1)$, und aus (10.6) folgt $\mu(A_1 \times A_2) = \int_{A_1} \mu_2(\omega_1, A_2)\, d\mu_1(\omega_1)$ $\forall\, A_1 \times A_2$, $A_i \in \mathfrak{S}_i$.

Natürlich gilt $\mu(\emptyset) = 0$ und $\mu(C) \geq 0$ $\forall\, C \in \mathfrak{C}$, und für jede disjunkte Folge (C_n) aus $\mathfrak{S}_1 \otimes \mathfrak{S}_2$ erhält man mit Hilfe der Sätze 3.20 (Stetigkeit von unten) und 9.20 (Konvergenz durch Monotonie)

$$\mu\left(\bigcup_{n=1}^{\infty} C_n\right) = \int \mu_2\left(\omega_1, \bigcup_{n=1}^{\infty}(C_n)_{\omega_1}\right) d\mu_1(\omega_1)$$

$$= \int \lim_N \mu_2\left(\omega_1, \bigcup_{n=1}^{N}(C_n)_{\omega_1}\right) d\mu_1(\omega_1) = \int \lim_N \sum_{n=1}^{N} \mu_2\left(\omega_1, (C_n)_{\omega_1}\right) d\mu_1(\omega_1)$$

$$= \lim_N \int \sum_{n=1}^{N} \mu_2\left(\omega_1, (C_n)_{\omega_1}\right) d\mu_1(\omega_1) = \lim_N \sum_{n=1}^{N} \int \mu_2\left(\omega_1, (C_n)_{\omega_1}\right) d\mu_1(\omega_1)$$

$$= \sum_{n=1}^{\infty} \int \mu_2\left(\omega_1, (C_n)_{\omega_1}\right) d\mu_1(\omega_1) = \sum_{n=1}^{\infty} \mu(C_n) \,.$$

Damit ist μ auch σ-additiv und daher ein Maß.

Ist die Familie der Maße $\mu_2(\omega_1, .)$ gleichmäßig σ-endlich, sodass für eine Folge disjunkter Mengen $F_n \in \mathfrak{S}_2$ gilt $s_n := \sup_{\omega_1 \in \Omega_1} \mu_2(\omega_1, F_n) < \infty \quad \forall\, n \in \mathbb{N}$, so definiert man Maße $\mu_{(n)}$, wie oben dargestellt, auf den einzelnen Teilräumen $(\Omega_1 \times F_n, \mathfrak{S}_1 \otimes (\mathfrak{S}_2 \cap F_n))$ und bildet damit $\mu := \sum_{n \in \mathbb{N}} \mu_{(n)}$.

Da μ_1 voraussetzungsgemäß σ-endlich ist, gibt es eine messbare Zerlegung $\{E_n : n \in \mathbb{N}\}$ von Ω_1 mit $\mu_1(E_n) < \infty \quad \forall\, n \in \mathbb{N}$, und die $E_n \times F_m$ $n, m \in \mathbb{N}$ bilden eine messbare Zerlegung von $\Omega_1 \times \Omega_2$, für die gilt

$$\mu(E_n \times F_m) = \int_{E_n} \mu_2(\omega_1, F_m) \, d\mu_1(\omega_1) \leq s_m \, \mu_1(E_n) < \infty \,\forall\, n, m \in \mathbb{N} \,.$$

μ ist also auf der von den messbaren Rechtecken erzeugten Algebra σ-endlich, und damit nach dem Eindeutigkeitssatz 4.13 auf $\mathfrak{S}_1 \otimes \mathfrak{S}_2$ eindeutig bestimmt.

Beispiel 10.20 (Fortsetzung Beispiel 10.17).
In Beispiel 10.17 ist μ_1 auf dem Raum $(\Omega_1, \mathfrak{S}_1) = (\mathbb{R}, \mathfrak{B})$ gegeben durch $\mu_1(B) = \int_B \tau e^{-\tau s} \mathbb{1}_{[0,\infty)}(s) \, d\lambda(s) \quad \forall\, B \in \mathfrak{B}$.
Definiert man auf $(\Omega_2, \mathfrak{S}_2) = (\mathbb{R}, \mathfrak{B})$ die Familie von Maßen $\mu_2(s, .)$ durch $\mu_2(s, B) := \int_B f_s(t) \, d\lambda(t)$, $B \in \mathfrak{B}$, mit $f_s(t) := \mathbb{1}_{[s,\infty)}(t) \tau e^{-\tau(t-s)}$, so gilt für die zugehörigen Verteilungsfunktionen $F_s(y) = \int_{[0,y]} f_s(t) \, d\lambda(t)$ klarerweise $F_s(y) = 0$, wenn $y \leq s$. Für $y \geq s$ erhält man hingegen

$$F_s(y) = \int_{[0,y]} f_s(t) \, d\lambda(t) = \int_s^y \tau e^{-\tau(t-s)} \, dt = 1 - e^{-\tau(y-s)} \,.$$

Die Verteilungsfunktionen F_s entsprechen somit den $F_{T_2|s}$ aus Beispiel 10.17 und natürlich gilt $\mu_2(s, \mathbb{R}) = F_s(\infty) = 1 \,\forall\, s \geq 0$, d.h. die $\mu_2(s, .)$ sind Wahrscheinlichkeitsmaße und damit gleichmäßig σ-endlich.
$s_n \to s_0$ impliziert $\lim_n f_{s_n} = f_{s_0}$ λ-fü, und es gilt für jedes $\varepsilon > 0$ und für alle s_n mit $|s_n - s_0| < \varepsilon$ $\quad f_{s_n} \mathbb{1}_B \leq \mathbb{1}_{[s_0-\varepsilon, s_0+\varepsilon]} + f_{s_0+\varepsilon} \in \mathcal{L}_1(\mathbb{R}, \mathfrak{B}, \lambda) \quad \forall\, B \in \mathfrak{B}$.

Daraus folgt dann nach dem Satz über die Konvergenz durch Majorisierung $\lim\limits_{s_n \to s_0} \mu_2(s_n, B) = \mu_2(s_0, B) \; \forall \, B \in \mathfrak{B}$. Die $\mu_2(.,B)$ sind somit als Funktionen von s stetig und deshalb messbar. Auf $(\Omega_1 \times \Omega_2, \, \mathfrak{S}_1 \otimes \mathfrak{S}_2) = (\mathbb{R}^2, \mathfrak{B}_2)$ gibt es daher nach Satz 10.19 ein Maß μ, definiert durch

$$\mu(C) = \int\limits_{\mathbb{R}+} \mu_2(s, C_s) \, d\mu_1(s) = \int\limits_{\mathbb{R}+} \left[\int\limits_{C_s} 1\!\!1_{[s,\infty)}(t) \, \tau \, e^{-\tau(t-s)} \, d\lambda(t) \right] \tau \, e^{-\tau s} \, d\lambda(s)$$

$$= \int\limits_{\mathbb{R}+} \left[\int\limits_{C_s} 1\!\!1_{[s,\infty)}(t) \, \tau^2 \, e^{-\tau t} \, d\lambda(t) \right] d\lambda(s) \, . \tag{10.7}$$

Für $C = [0, x] \times [0, y]$ ergibt das

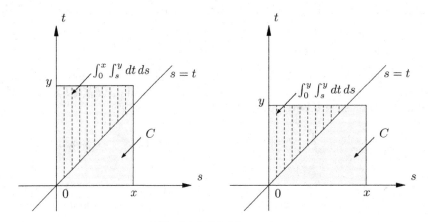

Abb. 10.1. Die Menge C

$$\mu([0,x] \times [0,y]) = \int\limits_{[0,x \wedge y]} \left[\int\limits_{[s,y]} \tau^2 \, e^{-\tau t} \, d\lambda(t) \right] d\lambda(s) = \int\limits_{0}^{x \wedge y} \left[\int\limits_{s}^{y} \tau^2 \, e^{-\tau t} \, dt \right] ds$$

$$= \int\limits_{0}^{x \wedge y} \left(\tau \, e^{-\tau s} - \tau \, e^{-\tau y} \right) ds = 1 - e^{-\tau (x \wedge y)} - \tau \, (x \wedge y) \, e^{-\tau y} \, .$$

Somit induzieren die beiden Zufallsvariablen T_1 und T_2 aus Beispiel 10.17 auf $(\mathbb{R}^2, \mathfrak{B}_2)$ ein Wahrscheinlichkeitsmaß $\mu = P(T_1, T_2)^{-1}$ mit der Verteilungsfunktion $F_\mu(x, y) := \left(1 - e^{-\tau (x \wedge y)} - \tau \, (x \wedge y) \, e^{-\tau y} \right) 1\!\!1_{[0,\infty)^2}(x, y) \, .$

In Abschnitt 9.5 haben wir mehrdimensionale Integrale mit Hilfe eines Umwegs über Riemann-Integrale auf iterierte einfache Riemann-Integrale zurückgeführt, wobei wir die Berechnung mehrfacher Riemann-Integrale durch iterierte Integrale stillschweigend als bekannt vorausgesetzt haben. Danach wurden die eindimensionalen Riemann-Integrale wieder durch Lebesgue-Integrale ersetzt. Diese Vorgangsweise ist natürlich unbefriedigend, und auch nur unter sehr einschränkenden Voraussetzungen möglich. Deshalb sollen in diesem Kapitel Integrale auf Produkträumen in systematischer Weise behandelt werden. Von entscheidender Bedeutung ist dabei der Satz von Fubini.

Satz 10.21 (Verallgemeinerter Satz von Fubini). *Ist $(\Omega_1, \mathfrak{S}_1, \mu_1)$ ein σ-endlicher Maßraum, $(\Omega_2, \mathfrak{S}_2)$ ein Messraum mit einer gleichmäßig σ-endlichen Familie von Maßen $\mu_2(\omega_1, \, . \,)$, $\omega_1 \in \Omega_1$, die als Funktionen von ω_1 für jedes $B \in \mathfrak{S}_2$ messbar sind, d.h. $\mu_2(\, . \, , B) : (\Omega_1, \mathfrak{S}_1) \to (\mathbb{R}, \mathfrak{B})$, und ist μ auf $\mathfrak{S}_1 \otimes \mathfrak{S}_2$ gegeben durch $\mu(C) := \int \mu_2(\omega_1, C_{\omega_1}) \, d\mu_1(\omega_1)$, $C \in \mathfrak{S}_1 \otimes \mathfrak{S}_2$, so gilt*

1. *für $f \in \mathcal{M}^+(\Omega_1 \times \Omega_2, \mathfrak{S}_1 \otimes \mathfrak{S}_2)$ ist $I_2 f(\omega_1) := \int_{\Omega_2} f(\omega_1, \omega_2) \, \mu_2(\omega_1, d\omega_2)$ eine Funktion aus $\mathcal{M}^+(\Omega_1, \mathfrak{S}_1)$ und erfüllt die Gleichung*

$$\int f \, d\mu = \int\limits_{\Omega_1} I_2 f(\omega_1) \, \mu_1(d\omega_1) = \int\limits_{\Omega_1} \left[\int\limits_{\Omega_2} f(\omega_1, \omega_2) \, \mu_2(\omega_1, d\omega_2) \right] \mu_1(d\omega_1),$$

$$(10.8)$$

2. *existiert das Integral $\int f \, d\mu$ für $f \in \mathcal{M}(\Omega_1 \times \Omega_2, \mathfrak{S}_1 \otimes \mathfrak{S}_2)$, so ist $I_2 f$ eine μ_1–fü definierte Funktion aus $\mathcal{M}_{\mu_1}(\Omega_1, \mathfrak{S}_1)$, und es gilt Gleichung (10.8),*
3. *eine Funktion $f \in \mathcal{M}(\Omega_1 \times \Omega_2, \mathfrak{S}_1 \otimes \mathfrak{S}_2)$ ist genau dann μ-integrierbar, wenn $I_2 |f| \in \mathcal{L}_1(\Omega_1, \mathfrak{S}_1, \mu_1)$, wobei f auch in diesem Fall (10.8) erfüllt.*

Beweis.

ad 1: Für Indikatoren $f := \mathbb{1}_C$, $C \in \mathfrak{S}_1 \otimes \mathfrak{S}_2$ stimmt (10.8) mit der in Satz 10.19 bewiesenen Gleichung (10.4) überein, und wegen der Linearität des Integrals gilt Aussage 1. damit auch für $f \in \mathcal{T}^+(\Omega_1 \times \Omega_2, \mathfrak{S}_1 \otimes \mathfrak{S}_2)$. Zu $f \in \mathcal{M}^+(\Omega_1 \times \Omega_2, \mathfrak{S}_1 \otimes \mathfrak{S}_2)$ gibt es nach Satz 7.30 eine Folge t_n aus $\mathcal{T}^+(\Omega_1 \times \Omega_2, \mathfrak{S}_1 \otimes \mathfrak{S}_2)$ mit $t_n \nearrow f$, und aus Satz 9.20 (B. Levi) folgt

$$I_2 f(\omega_1) = \int\limits_{\Omega_2} f(\omega_1, \omega_2) \, \mu_2(\omega_1, d\omega_2)$$

$$= \lim_n \int\limits_{\Omega_2} t_n(\omega_1, \omega_2) \, \mu_2(\omega_1, d\omega_2) = \lim_n I_2 t_n(\omega_1).$$

$I_2 f$ ist als Grenzfunktion $\mathfrak{S}_1 | \mathfrak{B}$-messbarer Funktionen $\mathfrak{S}_1 | \mathfrak{B}$-messbar. Zudem gilt $I_2 t_n \geq 0$ mit $I_2 t_n \nearrow I_2 f$, sodass wieder aus Satz 9.20 folgt

$$\int f d\mu = \lim_n \int t_n d\mu = \lim_n \int\limits_{\Omega_1} I_2 t_n(\omega_1) \, \mu_1(d\omega_1) = \int\limits_{\Omega_1} \lim_n I_2 t_n(\omega_1) \, \mu_1(d\omega_1)$$

$$= \int\limits_{\Omega_1} I_2 f(\omega_1) \, \mu_1(d\omega_1) = \int\limits_{\Omega_1} \left[\int\limits_{\Omega_2} f(\omega_1, \omega_2) \, \mu_2(\omega_1, d\omega_2) \right] \mu_1(d\omega_1).$$

ad 2: Existiert $\int f \, d\mu$, so gilt $\int f^+ \, d\mu < \infty \ \vee \ \int f^- \, d\mu < \infty$. Nimmt man o.E.d.A $\int f^- \, d\mu < \infty$ an, so folgt daraus $\int I_2 f^- \, d\mu_1 = \int f^- \, d\mu < \infty$. Daher gilt $I_2 f^- < \infty$ μ_1-fü, weshalb $I_2 f = I_2 f^+ - I_2 f^-$ μ_1-fü existiert, und aus der bereits bewiesenen Aussage 1. des Satzes folgt

$$\int f \, d\mu = \int f^+ \, d\mu - \int f^- \, d\mu = \int I_2 f^+ \, d\mu_1 - \int I_2 f^- \, d\mu_1 = \int I_2 f \, d\mu_1.$$

ad 3: Die eine Richtung folgt unmittelbar aus Punkt 1. angewandt auf $|f|$. Gilt umgekehrt $I_2 |f| \in \mathcal{L}_1(\Omega_1, \mathfrak{S}_1, \mu_1)$, so folgt aus $f^+ \leq |f|, f^- \leq |f|$ zunächst $I_2(f^+), I_2(f^-) \leq I_2 |f|$ und daraus dann in einem weiteren Schritt $\max\{\int I_2(f^+) \, d\mu_1, \int I_2(f^-) \, d\mu_1\} \leq \int I_2 |f| \, d\mu_1 < \infty$. Wegen $\int f^+ \, d\mu = \int I_2 f^+ \, d\mu_1$ und $\int f^- \, d\mu = \int I_2 f^- \, d\mu_1$ ist auch (10.8) erfüllt.

Bemerkung 10.22. *Für die Verallgemeinerung der Sätze 10.19 und 10.21 auf das Produkt endlich vieler Räume werden, zusätzlich zu den in Abschnitt 6.6 und in diesem Kapitel eingeführten Abkürzungen folgende Bezeichnungen verwendet:*

$$\Omega_m^n := \prod_{i=m}^{n} \Omega_i, \mathfrak{S}_m^n := \bigotimes_{i=m}^{n} \mathfrak{S}_i, \mathbb{N}_{m,n} := \{m, \ldots, n\} \text{ und } \mathbb{N}_n := \mathbb{N}_{1,n}, \ m \leq n,$$
$$\boldsymbol{\omega}_J := (\omega_{j_1}, \ldots, \omega_{j_m}) \quad \text{für } J := \{j_1, \ldots, j_m\}.$$

Satz 10.23. *Ist $(\Omega_1, \mathfrak{S}_1, \mu_1)$ ein σ-endlicher Maßraum, sind $(\Omega_i, \mathfrak{S}_i), i \in \mathbb{N}_{2,n}$ Messräume, auf denen es jeweils eine gleichmäßig σ-endliche Familie von Maßen $\mu_i(\boldsymbol{\omega}_1^{i-1}, \, . \,), \ \boldsymbol{\omega}_1^{i-1} \in \Omega_1^{i-1}$ gibt mit $\mu_i(\, . \, , A) : (\Omega_1^{i-1}, \mathfrak{S}_1^{i-1}) \to (\mathbb{R}, \mathfrak{B})$ für alle $A \in \mathfrak{S}_i$, dann gibt es auf $(\Omega_1^m, \mathfrak{S}_1^m), \ m \leq n$ eindeutig bestimmte σ-endliche Maße μ_1^m, sodass für die Rechtecke $D := \prod_{i=1}^{m} D_i, \ D_i \in \mathfrak{S}_i \ \forall \, i \in \mathbb{N}_m$ gilt*

$$\mu_1^m(D) = \int \left[\int \cdots \left[\int \mathbb{1}_D(\boldsymbol{\omega}_1^m) \, \mu_m(\boldsymbol{\omega}_1^{m-1}, d\omega_m) \right] \cdots \mu_2(\omega_1, d\omega_2) \right] \mu_1(d\omega_1)$$

$$= \int_{D_1} \left[\int_{D_2} \cdots \left[\int_{D_m} \mu_m(\boldsymbol{\omega}_1^{m-1}, d\omega_m) \right] \cdots \mu_2(\omega_1, d\omega_2) \right] \mu_1(d\omega_1). \tag{10.9}$$

Weiters gelten die folgenden Aussagen :

1. Ist $f \in \mathcal{M}^+(\Omega_1^n, \mathfrak{S}_1^n)$, so sind die Funktionen $I_n^m f : \Omega_1^{m-1} \to \mathbb{R}$, definiert durch $I_n^m f(\boldsymbol{\omega}_1^{m-1}) := \int [\cdots [\int f(\boldsymbol{\omega}_1^n) \, \mu_n(\boldsymbol{\omega}_1^{n-1}, d\omega_n)] \cdots] \mu_m(\boldsymbol{\omega}_1^{m-1}, d\omega_m)$ nichtnegativ, $\mathfrak{S}_1^{m-1}|\mathfrak{B}$-messbar, und sie erfüllen die Gleichungen

$$\int f \, d\mu_1^n = \int I_n^2 f \, d\mu_1 = \int \int I_n^3 f(\boldsymbol{\omega}_1^2) \, \mu_2(\omega_1, d\omega_2) \, \mu_1(d\omega_1) = \int I_n^3 f \, d\mu_1^2 \ldots$$

$$= \int \cdots \int I_n^m f(\boldsymbol{\omega}_1^{m-1}) \mu_{m-1}(\boldsymbol{\omega}_1^{m-2}, d\omega_{m-1}) \cdots \mu_1(d\omega_1) = \int I_n^m f \, d\mu_1^{m-1}$$

$$\cdots = \int \int \cdots \int f(\boldsymbol{\omega}_1^n) \, \mu_n(\boldsymbol{\omega}_1^{n-1}, d\omega_n) \cdots \mu_2(\omega_1, d\omega_2) \, \mu_1(d\omega_1). \tag{10.10}$$

Insbesondere gilt für messbare Indikatoren $f := \mathbb{1}_C$, $C \in \mathfrak{S}_1^n$

$$\mu_1^n(C) = \int \left[\int \cdots \left[\int \mathbb{1}_C(\omega_1^n) \, \mu_n(\omega_1^{n-1}, d\omega_n) \right] \cdots \mu_2(\omega_1, d\omega_2) \right] \mu_1(d\omega_1),$$
(10.11)

2. *Existiert das Integral $\int f \, d\mu_1^n$ von $f \in \mathcal{M}(\Omega_1^n, \mathfrak{S}_1^n)$, so sind die Funktionen $I_n^m f$ μ_1^{m-1}-fü definiert, μ_1^{m-1}-fü messbar, und es gilt Gleichung (10.10).*
3. *Ist f eine Funktion in $\mathcal{M}(\Omega_1^n, \mathfrak{S}_1^n)$, so folgt aus $f \in \mathcal{L}(\Omega_1^n, \mathfrak{S}_1^n, \mu_1^n)$ einerseits $I_n^m |f| \in \mathcal{L}(\Omega_1^{m-1}, \mathfrak{S}_1^{m-1}, \mu_1^{m-1})$ $\forall\, m \in \mathbb{N}_{2,n}$, und andererseits ist f μ_1^n-integrierbar, wenn $\exists\, m \in \mathbb{N}_{2,n} : I_n^m |f| \in \mathcal{L}(\Omega_1^{m-1}, \mathfrak{S}_1^{m-1}, \mu_1^{m-1})$, wobei auch in diesem Fall Gleichung (10.10) erfüllt ist.*

Beweis. Für $n = 2$ folgt der Satz unmittelbar aus den Sätzen 10.19 und 10.21.

Falls der Satz für $n - 1$, $n > 2$ gilt, so gibt es ein σ-endliches Maß μ_1^{n-1} auf $(\Omega_1^{n-1}, \mathfrak{S}_1^{n-1})$, sodass für $\tilde{f} \in \mathcal{M}^+(\Omega_1^{n-1}, \mathfrak{S}_1^{n-1})$ und $2 \leq m \leq n-1$ gilt

$$\int \tilde{f} \, d\mu_1^{n-1} = \int I_{n-1}^m \tilde{f} \, d\mu_1^{m-1}$$

$$= \int \left[\cdots \left[\int \tilde{f}(\omega_1^{n-1}) \, \mu_{n-1}(\omega_1^{n-2}, d\omega_{n-1}) \right] \cdots \right] \mu_1(d\omega_1). \quad (10.12)$$

Gemäß den Sätzen 10.19 und 10.21, angewendet auf $(\Omega_1^{n-1}, \mathfrak{S}_1^{n-1}, \mu_1^{n-1})$ und $(\Omega_n, \mathfrak{S}_n)$ mit der Familie von Maßen $\mu_n(\omega_1^{n-1}, \,.\,)$ existiert dann ein σ-endliches Maß μ_1^n auf $(\Omega_1^{n-1} \times \Omega_n, \mathfrak{S}_1^{n-1} \otimes \mathfrak{S}_n) = (\Omega_1^n, \mathfrak{S}_1^n)$, sodass für jedes $f \in \mathcal{M}^+(\Omega_1^n, \mathfrak{S}_1^n)$ auch $I_n^n f(\omega_1^{n-1}) := \int f(\omega_1^n) \, \mu_n(\omega_1^{n-1}, d\omega_n)$ nichtnegativ und $\mathfrak{S}_1^{n-1}|\mathfrak{B}$-messbar ist und gilt $\int f d\mu_1^n = \int I_n^n f(\omega_1^{n-1}) \, d\mu_1^{n-1}(\omega_1^{n-1})$. Die rechte Seite dieser Gleichung, gemäß (10.12) umgeformt, ergibt dann

$$\int f \, d\mu_1^n = \int I_n^n f \, d\mu_1^{n-1} = \int I_{n-1}^m (I_n^n f) \, d\mu_1^{m-1} = \int I_n^m f \, d\mu_1^{m-1}$$

$$= \int \left[\cdots \left[\int I_n^n f(\omega_1^{n-1}) \, \mu_{n-1}(\omega_1^{n-2}, d\omega_{n-1}) \right] \cdots \right] \mu_1(d\omega_1)$$

$$= \int \left[\cdots \left[\int f(\omega_1^n) \, \mu_n(\omega_1^{n-1}, d\omega_n) \right] \cdots \right] \mu_1(d\omega_1).$$

Damit sind (10.10) und Punkt 1. des Satzes durch Induktion bewiesen, denn (10.9) und (10.11) sind nur Sonderfälle von (10.10). Zudem wird μ_1^m durch (10.9) für jedes $1 \leq m \leq n$ eindeutig festgelegt, denn die Semialgebra der messbaren Rechtecke $\prod_{i=1}^m D_i$ erzeugt bekanntlich $\mathfrak{S}_1^m$.

Für $f \in \mathcal{M}(\Omega_1^n, \mathfrak{S}_1^n)$ gilt wegen (10.10) $\int f^+ \, d\mu_1^n = \int I_n^m f^+ \, d\mu_1^{m-1}$ und $\int f^- \, d\mu_1^n = \int I_n^m f^- \, d\mu_1^{m-1}$. Existiert $\int f \, d\mu_1^n$, so gilt $\int f^+ \, d\mu_1^n < \infty$ oder $\int f^- \, d\mu_1^n < \infty$. Nimmt man o.E.d.A $\int f^- \, d\mu_1^n < \infty$ an, so folgt daraus $\int I_n^m f^- \, d\mu_1^{m-1} = \int f^- \, d\mu_1^n < \infty \Rightarrow I_n^m f^- < \infty$ μ_1^{m-1}-fü. Deshalb ist $I_n^m f = I_n^m f^+ - I_n^m f^-$ μ_1^{m-1}-fü definiert. Daraus folgt sofort, dass $I_n^m f$ μ_1^{m-1}-fü messbar ist und für f (10.10) gilt. Damit ist Punkt 2. gezeigt.

f ist genau dann μ_1^n-integrierbar, wenn $|f|$ μ_1^n-integrierbar ist, sodass nach Punkt 1. aus $f \in \mathcal{L}_1(\Omega_1^n, \mathfrak{S}_1^n, \mu_1^n)$ folgt $I_n^m |f| \in \mathcal{L}_1(\Omega_1^{m-1}, \mathfrak{S}_1^{m-1}, \mu_1^{m-1})$. Die Umkehrung ergibt sich, wie in Satz 10.21, aus $f^+, f^- \le |f|$.

Satz 10.24 (Satz von Fubini für endlich-dimensionale Produkträume).
Sind $(\Omega_i, \mathfrak{S}_i, \mu_i)$, $i = 1, \ldots, n$ σ-endliche Maßräume, so gibt es auf jedem Produktraum $(\Omega_J, \mathfrak{S}_J)$, $\emptyset \ne J := \{j_1, \ldots, j_m\} \subseteq \mathbb{N}_n$ ein eindeutig bestimmtes σ-endliches Maß $\bigotimes_{j \in J} \mu_j$, das auf den Mengen $\prod_{j \in J} A_j$, $A_j \in \mathfrak{S}_j$ gegeben ist durch

$$\bigotimes_{j \in J} \mu_j \left(\prod_{j \in J} A_j \right) = \prod_{j \in J} \mu_j(A_j) \quad \forall\, A_j \in \mathfrak{S}_j,\ j \in J. \tag{10.13}$$

Überdies gelten die folgenden Aussagen:

1. *Für $f \in \mathfrak{M}^+(\Omega_1^n, \mathfrak{S}_1^n)$ und jede Teilmenge $\emptyset \ne J := \{j_1, \ldots, j_m\} \subset \mathbb{N}_n$ ist $I_J f(\boldsymbol{\omega}_{J^c}) := \int_{\Omega_{j_1}} \left[\cdots \left[\int_{\Omega_{j_m}} f(\boldsymbol{\omega})\, d\mu_{j_m}(\omega_{j_m}) \right] \cdots \right] d\mu_{j_1}(\omega_{j_1})$ eine Funktion in $\mathfrak{M}^+(\Omega_{J^c}, \mathfrak{S}_{J^c})$, und für jede Permutation $\pi_1, \ldots, \pi_n$ von $1, \ldots, n$ gilt*

$$\int_{\Omega_1^n} f(\boldsymbol{\omega}_1^n)\, d\bigotimes_{i \in \mathbb{N}_n} \mu_i(\boldsymbol{\omega}_1^n) = \int_{\Omega_{J^c}} I_J f(\boldsymbol{\omega}_{J^c})\, d\bigotimes_{i \in J^c} \mu_i(\boldsymbol{\omega}_{J^c})$$

$$= \int_{\Omega_1} \left[\cdots \left[\int_{\Omega_n} f(\omega_1, \ldots, \omega_n)\, d\mu_n(\omega_n) \right] \cdots \right] d\mu_1(\omega_1)$$

$$= \int_{\Omega_{\pi_1}} \left[\cdots \left[\int_{\Omega_{\pi_n}} f(\omega_1, \ldots, \omega_n)\, d\mu_{\pi_n}(\omega_{\pi_n}) \right] \cdots \right] d\mu_{\pi_1}(\omega_{\pi_1}). \tag{10.14}$$

2. *Existiert das Integral $\int f\, d\bigotimes_{i \in \mathbb{N}_n} \mu_i$ von $f \in \mathfrak{M}(\Omega_1^n, \mathfrak{S}_1^n)$, so ist $I_J f$ eine Funktion aus $\mathfrak{M}\left(\Omega_{J^c}, \mathfrak{S}_{J^c}, \bigotimes_{i \in J^c} \mu_i \right)$, und es gilt Gleichung (10.14).*

3. *$f \in \mathcal{L}_1\left(\Omega_I, \mathfrak{S}_I, \bigotimes_{i \in I} \mu_i \right) \Rightarrow I_J |f| \in \mathcal{L}_1\left(\Omega_{J^c}, \mathfrak{S}_{J^c}, \bigotimes_{i \in J^c} \mu_i \right) \quad \forall \emptyset \ne J$.
Gibt es zu $f \in \mathfrak{M}(\Omega_1^n, \mathfrak{S}_1^n)$ ein $J \ne \emptyset$ mit $I_J |f| \in \mathcal{L}_1\left(\Omega_{J^c}, \mathfrak{S}_{J^c}, \bigotimes_{i \in J^c} \mu_i \right)$, so ist f andererseits $\bigotimes_{i \in \mathbb{N}_n} \mu_i$-integrierbar. Auch in diesem Fall gilt (10.14).*

Beweis. Die Räume $(\Omega_i, \mathfrak{S}_i, \mu_i)$, $i = 1, \ldots, n$, erfüllen die Voraussetzungen von Satz 10.23, denn für alle $A \in \mathfrak{S}_i$, $i > 1$ ist $\mu_i(\boldsymbol{\omega}_1^{i-1}, A) := \mu_i(A)$ eine konstante und daher messbare Funktion in $\boldsymbol{\omega}_1^{i-1}$, und die Familie der Maße $\{\mu(\boldsymbol{\omega}_1^{i-1}, \cdot\,) : \boldsymbol{\omega}_1^{i-1} \in \Omega_1^{i-1}\}$ besteht nur aus dem σ-endlichen Maß μ_i und ist deshalb gleichmäßig σ-endlich. Daher existiert ein eindeutig bestimmtes,

σ-endliches Maß $\mu_1^n := \bigotimes\limits_{i \in \mathbb{N}_n} \mu_i$ auf $(\Omega_1^n, \mathfrak{S}_1^n)$, sodass für alle $\prod\limits_{i=1}^{n} A_i$, $A_i \in \mathfrak{S}_i$

gilt $\mu_1^n \left(\prod\limits_{i=1}^{n} A_i \right) = \prod\limits_{i=1}^{n} \mu_i(A_i)$.

Ist $\pi := \pi_1, \dots, \pi_n$ eine Permutation von $1, \dots, n$, so folgt aus Satz 10.23 angewandt auf $(\Omega_{\pi_i}, \mathfrak{S}_{\pi_i}, \mu_{\pi_i})$, $i = 1, \dots, n$ die Existenz eines eindeutig bestimmten, σ-endlichen Maßes $\mu_{\pi_1}^{\pi_n}$ auf $\left(\prod\limits_{\pi_i \in \mathbb{N}_n} \Omega_{\pi_i}, \bigotimes\limits_{\pi_i \in \mathbb{N}_n} \mathfrak{S}_{\pi_i} \right)$, sodass gilt

$$\mu_{\pi_1}^{\pi_n} \left(\prod_{i=1}^{n} A_{\pi_i} \right) = \prod_{i=1}^{n} \mu_{\pi_i}(A_{\pi_i}) = \prod_{i=1}^{n} \mu_i(A_i) \; \forall \; \prod_{i=1}^{n} A_{\pi_i}, \; A_{\pi_i} \in \mathfrak{S}_{\pi_i}. \quad (10.15)$$

Aber aus Definition 2.4 folgt $\prod\limits_{\pi_i \in \mathbb{N}_n} A_{\pi_i} = \prod\limits_{i=1}^{n} A_i$ bzw. $\prod\limits_{\pi_i \in \mathbb{N}_n} \Omega_{\pi_i} = \Omega_1^n$, und Definition 10.1 impliziert $\bigotimes\limits_{\pi_i \in \mathbb{N}_n} \mathfrak{S}_{\pi_i} = \mathfrak{S}_1^n$. Somit sind μ_1^n und $\mu_{\pi_1}^{\pi_n}$ auf dem gleichen Raum $(\Omega_1^n, \mathfrak{S}_1^n)$ definiert und stimmen auf der Semialgebra der messbaren Rechtecke überein. Also gilt $\mu_1^n(C) = \mu_{\pi_1}^{\pi_n}(C) \quad \forall \, C \in \mathfrak{S}_1^n$. Daraus folgt $\int f \, d\mu_{\pi_1}^{\pi_n} = \int f \, d\mu_1^n \quad \forall \, f \in \mathcal{M}^+(\Omega_1^n, \mathfrak{S}_1^n)$, sodass (10.10) einmal angewandt auf $\int f \, d\mu_1^n$ und einmal auf $\int f \, d\mu_{\pi_1}^{\pi_n}$ Gleichung (10.14) ergibt.

Damit ist der Satz bewiesen, denn seine restlichen Aussagen sind nur Sonderfälle der entsprechenden Punkte von Satz 10.23.

Definition 10.25. *Das in Satz 10.24 auf dem Produktraum definierte Maß* $\bigotimes\limits_{i=1}^{n} \mu_i := \bigotimes\limits_{i \in \mathbb{N}_n} \mu_i$ *heißt Produktmaß der* μ_i. *Ist* $n = 2$ *schreibt man dafür* $\mu_1 \otimes \mu_2$.

Die Maße $\bigotimes\limits_{j \in J} \mu_j$, $\emptyset \neq J \subset \mathbb{N}_n$ *heißen Rand- oder Marginalmaße von* $\bigotimes\limits_{i=1}^{n} \mu_i$.

Bemerkung 10.26. *Mit* $n = 2$ *erhält man aus Satz 10.24 den klassischen Satz von Fubini, wobei sich insbesondere Beziehung (10.14) vereinfacht zu*

$$\int f \, d\mu_1 \otimes \mu_2 = \int\limits_{\Omega_1} \left[\int\limits_{\Omega_2} f(\omega_1, \omega_2) \, d\mu_2(\omega_2) \right] d\mu_1(\omega_1)$$

$$= \int\limits_{\Omega_2} \left[\int\limits_{\Omega_1} f(\omega_1, \omega_2) \, d\mu_1(\omega_1) \right] d\mu_2(\omega_2). \quad (10.16)$$

Mit $f := \mathbb{1}_C$, $C \in \mathfrak{S}_1 \otimes \mathfrak{S}_2$ *ergibt das den folgenden Sonderfall von (10.4)*

$$\mu_1 \otimes \mu_2(C) = \int \mu_2(C_{\omega_1}) \, d\mu_1(\omega_1) = \int \mu_1(C_{\omega_2}) \, d\mu_2(\omega_2). \quad (10.17)$$

Bemerkung 10.27. *Unter Verwendung von Definition 10.25 sind Zufallsvariable* $X_1, \dots, X_k$ *nach Satz 8.11 genau dann unabhängig, wenn ihre gemeinsame Verteilung* $P(X_1, \dots, X_k)^{-1}$ *das Produktmaß der Randverteilungen* PX_i^{-1} *ist.*

Beispiel 10.28. Wir betrachten die Räume $(\Omega_1, \mathfrak{S}_1, \mu_1) := ([0, c], \mathfrak{B} \cap [0, c], \lambda)$ und $(\Omega_2, \mathfrak{S}_2, \mu_2) := (\mathbb{R}^+, \mathfrak{B} \cap \mathbb{R}^+, \lambda)$. Das Produktmaß $\lambda \otimes \lambda$ ist dann klarerweise λ_2. Für die Funktion $f(x, t) := e^{-tx} \sin x$ auf $[0, c] \times \mathbb{R}^+$, gilt

$$I_2 |f| (x) = \int_{[0, \infty)} e^{-tx} |\sin x| \, d\lambda(t) = |\sin x| \left(-\frac{e^{-tx}}{x} \right) \Big|_0^\infty = \frac{|\sin x|}{x}. \ I_2 |f|$$

ist auf $([0, c], \mathfrak{B} \cap [0, c], \lambda)$ integrierbar, denn es gilt $\frac{|\sin x|}{x} \leq 1$ (siehe Beispiel 9.56). Daher kann man Satz 10.24 anwenden und erhält

$$\int_{[0, c]} \frac{\sin x}{x} \, d\lambda(x) = \int_{[0, c] \times \mathbb{R}^+} e^{-tx} \sin x \, \lambda_2(dx, dt) = \int_{\mathbb{R}^+} \left[\int_0^c e^{-tx} \sin x \, dx \right] \lambda(dt).$$

Das innere Integral auf der rechten Seite der obigen Gleichung ist aber elementar lösbar, denn $\frac{\partial}{\partial x} \left(\frac{e^{-tx}}{1+t^2} (-t \sin x - \cos x) \right) = e^{-tx} \sin x$. Daher gilt $\int_0^c e^{-tx} \sin x \, dx = \frac{1}{1+t^2} [1 - e^{-tc} (t \sin c + \cos c)]$, und daraus folgt

$$\int_{[0, c]} \frac{\sin x}{x} \, d\lambda(x) = \int_{\mathbb{R}^+} \frac{1}{1+t^2} \, d\lambda(t) - \int_{\mathbb{R}^+} \frac{e^{-tc}}{1+t^2} (t \sin c + \cos c) \, d\lambda(t).$$

Das erste Integral rechts hat den Wert $\frac{\pi}{2}$ (siehe Beispiel 9.72), der Absolutbetrag des zweiten Integrals auf der rechten Seite kann wegen $\left| \frac{t \sin c + \cos c}{1+t^2} \right| \leq 2$ von oben abgeschätzt werden durch $\int_0^\infty 2 e^{-tc} \, dt = \frac{2}{c}$. Daher gilt

$$\lim_{c \to \infty} \int_{[0, c]} \frac{\sin x}{x} \, d\lambda(x) = \frac{\pi}{2}. \tag{10.18}$$

Man beachte, dass dieser Grenzwert, den wir später im Zusammenhang mit charakteristischen Funktionen benötigen, nicht dem Lebesgue-Integral $\int_{\mathbb{R}^+} \frac{\sin x}{x} \, d\lambda(x)$ entspricht, das, wie in Beispiel 9.56 gezeigt, gar nicht existiert.

Bemerkung 10.29. *Aus der Vollständigkeit der σ-Algebren $\mathfrak{S}_i$, $i = 1, 2$ bezüglich der zugehörigen Marginalmaße μ_i folgt i.A. nicht die Vollständigkeit von $\mathfrak{S}_1 \otimes \mathfrak{S}_2$ bezüglich des Produktmaßes $\mu_1 \otimes \mu_2$, wie das folgende Beispiel zeigt.*

Beispiel 10.30 (Gegenbeispiel zur Vollständigkeit des Produktmaßes).
Auf $(\mathbb{R}^2, \mathcal{L}_2, \lambda_2)$ gilt $\lambda_2(\mathbb{R} \times \{0\}) = 0 \ \Rightarrow \ A \times \{0\} \in \mathcal{L}_2 \ \forall A \subseteq \mathbb{R}$. Aus $A \times \{0\} \in \mathcal{L} \otimes \mathcal{L}$ mit $A \notin \mathcal{L}$ müsste nach Lemma 10.8 im Widerspruch zur Annahme folgen $(A \times \{0\})_0 = A \in \mathcal{L}$. Somit gilt $\mathcal{L} \otimes \mathcal{L} \neq \mathcal{L}_2$, $\mathcal{L} \otimes \mathcal{L} \subset \mathcal{L}_2$.

Ist eines der Maße μ_i nicht σ-endlich, so gilt der Satz von Fubini i. A. nicht.

Beispiel 10.31. $(\Omega_i, \mathfrak{S}_i) := ([0, 1], \mathfrak{B} \cap [0, 1])$, $i = 1, 2$, $\mu_1 = \lambda$, $\mu_2 = |A|$. Für $f := \mathbb{1}_D$ mit $D := \{(\omega_1, \omega_2) : \omega_1 = \omega_2\} \in \mathfrak{B}_2 \cap [0, 1]^2$ gilt

$$\int \left[\int \mathbb{1}_D \, d\mu_2 \right] d\lambda = \int_{[0, 1]} 1 \, d\lambda = 1, \quad \int \left[\int \mathbb{1}_D \, d\lambda \right] d\mu_2 = \int_{[0, 1]} 0 \, d\mu_2 = 0.$$

Der Satz gilt i. A. auch dann nicht, wenn die an f gestellten Bedingungen verletzt sind, wie das nächste auf Cauchy zurückgehende Beispiel zeigt.

Beispiel 10.32. $(\Omega_i, \mathfrak{S}_i, \mu_i) := ([0,1], \mathfrak{B} \cap [0,1], \lambda)$, $i = 1, 2$,

$$f(x,y) := \begin{cases} 0, & x = y = 0, \\ \frac{x^2 - y^2}{(x^2 + y^2)^2}, & \text{sonst}. \end{cases}$$

Aus $\int_0^1 \frac{x^2 - y^2}{(x^2 + y^2)^2} \, dy = \frac{y}{x^2 + y^2} \Big|_0^1 = \frac{1}{1 + x^2}$ und $\frac{d \arctan x}{dx} = \frac{1}{1 + x^2}$ folgt

$$\int_{[0,1]} \left[\int_{[0,1]} \frac{x^2 - y^2}{(x^2 + y^2)^2} \lambda(dy) \right] \lambda(dx) = \int_0^1 \left[\int_0^1 \frac{x^2 - y^2}{(x^2 + y^2)^2} \, dy \right] dx$$

$$= \int_0^1 \frac{1}{1 + x^2} \, dx = \arctan x \Big|_0^1 = \frac{\pi}{4}.$$

Aus $\int_0^1 \frac{x^2 - y^2}{(x^2 + y^2)^2} \, dx = -\frac{x}{x^2 + y^2} \Big|_0^1 = -\frac{1}{1 + y^2}$ folgt aber

$$\int_{[0,1]} \left[\int_{[0,1]} \frac{x^2 - y^2}{(x^2 + y^2)^2} \lambda(dx) \right] \lambda(dy) = \int_0^1 \left[\int_0^1 \frac{x^2 - y^2}{(x^2 + y^2)^2} \, dx \right] dy$$

$$= \int_0^1 -\frac{1}{1 + y^2} \, dy = -\arctan y \Big|_0^1 = -\frac{\pi}{4}.$$

Der nächste Satz behandelt das Integral von Produkten von Funktionen.

Satz 10.33. *Sind* $(\Omega_1, \mathfrak{S}_1, \mu_1)$ *und* $(\Omega_2, \mathfrak{S}_2, \mu_2)$ *zwei σ-endliche Maßräume, so gilt für Funktionen* $f_i \in \mathcal{M}^+(\Omega_i, \mathfrak{S}_i)$ *oder* $f_i \in \mathcal{L}_1(\Omega_i, \mathfrak{S}_i, \mu_i)$, $i = 1, 2$

$$\int f_1 \, f_2 \, d\mu_1 \otimes \mu_2 = \int f_1 \, d\mu_1 \int f_2 \, d\mu_2, \tag{10.19}$$

woraus für integrierbare f_i zusätzlich folgt $f_1 \, f_2 \in \mathcal{L}_1(\Omega_1 \times \Omega_2, \mathfrak{S}_1 \otimes \mathfrak{S}_2, \mu_1 \otimes \mu_2)$.

Beweis. Es gilt $I_1^1(f_1 \, f_2)(\omega_2) = f_2(\omega_2) \int f_1(\omega_1) \, \mu_1(d\omega_1)$ $\forall \, \omega_2 \in \Omega_2$ sowie $I_2^2(f_1 \, f_2)(\omega_1) = f_1(\omega_1) \int f_2(\omega_2) \, \mu_2(d\omega_2) \, \forall \, \omega_1 \in \Omega_1$. Für $f_i \geq 0$ folgt daraus

$$\int f_1 \, f_2 \, d\mu_1 \otimes \mu_2 = \int I_1^1(f_1 \, f_2) \, d\mu_2 = \int I_2^2(f_1 \, f_2) \, d\mu_1 = \int f_2 \, d\mu_2 \int f_1 \, d\mu_1.$$

Wendet man die obige Gleichung auf $|f_1|$ und $|f_2|$ an, so sieht man, dass aus $f_i \in \mathcal{L}_1(\Omega_i, \mathfrak{S}_i, \mu_i)$, $i = 1, 2$ folgt $f_1 \, f_2 \in \mathcal{L}_1(\Omega_1 \times \Omega_2, \mathfrak{S}_1 \otimes \mathfrak{S}_2, \mu_1 \otimes \mu_2)$. Daher gilt (10.19) auch unter der zweiten Voraussetzung.

Folgerung 10.34. *Sind* $\mathbf{X} : \Omega \to \mathbb{R}^m$, $\mathbf{Y} : \Omega \to \mathbb{R}^n$ *unabhängige Zufallsvekto-ren auf einem Wahrscheinlichkeitsraum* $(\Omega, \mathfrak{S}, P)$, *ist* $f \in \mathcal{L}_1(\mathbb{R}^m, \mathfrak{B}_m, P\mathbf{X}^{-1})$ *und* $g \in \mathcal{L}_1(\mathbb{R}^n, \mathfrak{B}_n, P\mathbf{Y}^{-1})$, *so gilt*

$$\mathbb{E}\, f(\mathbf{X})\, g(\mathbf{Y}) = \mathbb{E}\, f(\mathbf{X})\, \mathbb{E}\, g(\mathbf{Y}) \,. \tag{10.20}$$

Insbesondere gilt für unabhängige, integrierbare Zufallsvariable X, Y

$$\mathbb{E}\, X\, Y = \mathbb{E}\, X\, \mathbb{E}\, Y \,. \tag{10.21}$$

Beweis. (10.20). folgt aus $\mathbb{E} f(\mathbf{X})\, g(\mathbf{Y}) = \int f\, g\, dP(\mathbf{X}, \mathbf{Y})^{-1}$ und Satz 10.33, da wegen der Unabhängigkeit von $\mathbf{X}, \mathbf{Y}$ gilt $P(\mathbf{X}, \mathbf{Y})^{-1} = P\mathbf{X}^{-1} \otimes P\mathbf{Y}^{-1}$. Gleichung (10.21) ist der Sonderfall von (10.20) für $f(x) := x$ und $g(y) = y$.

Der Satz von Fubini besitzt eine Reihe interessanter Folgerungen, bspw. kann man daraus leicht die Formel für die partielle Integration herleiten.

Satz 10.35. *Sind* F *und* G *Verteilungsfunktionen endlicher Lebesgue-Stieltjes-Maße* μ_F *und* μ_G *auf* $\mathbb{R}$, *so gilt mit* $G_-(x) := \lim\limits_{x_n \nearrow x} G(x_n) \quad \forall\, x \in \mathbb{R}$

$$\int\limits_{(a,b]} F\, d\mu_G + \int\limits_{(a,b]} G_-\, d\mu_F = F(b)\, G(b) - F(a)\, G(a) \quad \forall\, a \le b \,.$$

Beweis. $A := \{(x,y) : a < y \le b,\ x \le y\}$ hat die Schnitte $A_x = (a,b]$ für $x \le a$, $A_x = [x,b]$ für $a < x \le b$ und $A_x = \emptyset$ für $x > b$, bzw. $A_y = (-\infty, y]$ für $a < y \le b$ und $A_y = \emptyset$ sonst. Daher folgt aus dem Satz von Fubini

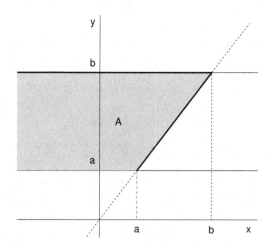

Abb. 10.2. Die Menge A

$$\int\limits_{(a,b]} F(y)\,d\mu_G(y) = \int\limits_{(a,b]}\ \int\limits_{(-\infty,y]} 1\,d\mu_F(x)\,d\mu_G(y)$$

$$= \int \left(\int 1_{A_y}\,d\mu_F(x) \right) d\mu_G(y) = \int 1_A\,d\mu_F \otimes \mu_G = \int\int 1_{A_x}\,d\mu_G(y)\,d\mu_F(x)$$

$$= \int\limits_{(-\infty,a]}\ \int\limits_{(a,b]} d\mu_G(y)\,d\mu_F(x) + \int\limits_{(a,b]}\ \int\limits_{[x,b]} d\mu_G(y)\,d\mu_F(x)$$

$$= [G(b) - G(a)]\,F(a) + \int\limits_{(a,b]} [G(b) - G_-(x)]\,d\mu_F(x)$$

$$= F(a)\,G(b) - F(a)\,G(a) + F(b)\,G(b) - F(a)\,G(b) - \int\limits_{(a,b]} G_-(x)\,d\mu_F\,.$$

Korollar 10.36. *Haben die Verteilungsfunktionen F und G aus Satz 10.35 keine gemeinsamen Unstetigkeitsstellen, so gilt*

$$\int\limits_{(a,b]} F\,d\mu_G + \int\limits_{(a,b]} G\,d\mu_F = F(b)\,G(b) - F(a)\,G(a)\,. \tag{10.22}$$

Beweis. Da die Unstetigkeitsstellen von G unter der obigen Voraussetzung eine μ_F-Nullmenge bilden, gilt $G = G_-\ \mu_F$-fü .

Bemerkung 10.37. *Sind F und G stetig differenzierbar, so reduziert sich die obige Gleichung auf die klassische Formel für die partielle Integration*

$$\int\limits_a^b F\,G'\,dx + \int\limits_a^b G\,F'\,dx = F(b)\,G(b) - F(a)\,G(a)\,.$$

10.3 Maße auf unendlich-dimensionalen Produkträumen

Wir betrachten zuerst Folgenräume, also Räume mit der Indexmenge $I := \mathbb{N}$.

Lemma 10.38. *Ist $f : \Omega \to \Omega'$ surjektiv, so gilt $f^{-1}(A) = f^{-1}(B) \Rightarrow A = B$.*

Beweis. Ist $a \in A$, so gibt es ein $\omega \in f^{-1}(A) = f^{-1}(B) : f(\omega) = a \Rightarrow a \in B$. Analog folgt aus $b \in B$, dass $b \in A$.

Satz 10.39 (Satz von Ionescu-Tulcea). *Ist $(\Omega_1, \mathfrak{S}_1, P_1)$ ein Wahrscheinlichkeitsraum, sind $(\Omega_i, \mathfrak{S}_i), i \geq 2$ Messräume, auf denen es jeweils eine Familie von Wahrscheinlichkeitsmaßen $P_i(\omega_1^{i-1}, \,.\,)$, $\omega_1^{i-1} \in \Omega_1^{i-1}$ gibt mit $P_i(\,.\,, A) :$ $(\Omega_1^{i-1}, \mathfrak{S}_1^{i-1}) \to (\mathbb{R}, \mathfrak{B})\ \ \forall A \in \mathfrak{S}_i$, und sind P_1^n die gemäß Satz 10.23 auf den endlich-dimensionalen Produkträumen $(\Omega_1^n, \mathfrak{S}_1^n)$ definierten Wahrscheinlichkeitsverteilungen, dann gibt es auf $(\Omega_{\mathbb{N}}, \mathfrak{S}_{\mathbb{N}})$ ein eindeutig bestimmtes Wahrscheinlichkeitsmaß $P_{\mathbb{N}}$, sodass für jeden messbaren Zylinder $C := \mathrm{pr}_{\mathbb{N}_n}^{-1}(C_{\mathbb{N}_n})$ mit $C_{\mathbb{N}_n} \in \mathfrak{S}_1^n$ gilt $P_{\mathbb{N}}(C) = P_1^n(C_{\mathbb{N}_n})$.*

Beweis. Aus $C = \mathrm{pr}_{\mathbb{N}_m}^{-1}(C_{\mathbb{N}_m})$, $C_{\mathbb{N}_m} \in \mathfrak{S}_1^m$ und $C = \mathrm{pr}_{\mathbb{N}_n}^{-1}(C_{\mathbb{N}_n})$, $C_{\mathbb{N}_n} \in \mathfrak{S}_1^n$, $m < n$ folgt nach Bemerkung 10.13 $\mathrm{pr}_{\mathbb{N}_m}^{-1}(C_{\mathbb{N}_m}) = \mathrm{pr}_{\mathbb{N}_n}^{-1}(\mathrm{pr}_{\mathbb{N}_n,\mathbb{N}_m}^{-1}(C_{\mathbb{N}_m}))$, und das obige Lemma impliziert $C_{\mathbb{N}_n} = \mathrm{pr}_{\mathbb{N}_n,\mathbb{N}_m}^{-1}(C_{\mathbb{N}_m}) = C_{\mathbb{N}_m} \times \prod_{i=m+1}^{n} \Omega_i$ bzw. $\mathbb{1}_{C_{\mathbb{N}_n}} = \mathbb{1}_{C_{\mathbb{N}_m}} \mathbb{1}_{\Omega_{m+1}^n}$. Somit gilt mit den Bezeichnungen aus Satz 10.23

$$I_n^{m+1}\mathbb{1}_{C_{\mathbb{N}_n}}(\boldsymbol{\omega}_1^m) = \int\limits_{\Omega_{m+1}} \cdots \int\limits_{\Omega_n} \mathbb{1}_{C_{\mathbb{N}_m}}(\boldsymbol{\omega}_1^m)\, P_n(\boldsymbol{\omega}_1^{n-1}, d\omega_n) \cdots P_{m+1}(\boldsymbol{\omega}_1^m, d\omega_{m+1})$$

$$= \mathbb{1}_{C_{\mathbb{N}_m}}(\boldsymbol{\omega}_1^m) \int\limits_{\Omega_{m+1}} \cdots \int\limits_{\Omega_n} P_n(\boldsymbol{\omega}_1^{n-1}, d\omega_n) \cdots P_{m+1}(\boldsymbol{\omega}_1^m, d\omega_{m+1}) = \mathbb{1}_{C_{\mathbb{N}_m}}(\boldsymbol{\omega}_1^m),$$

und damit ergibt sich aus eben diesem Satz

$$P_1^n(C_{\mathbb{N}_n}) = \int \mathbb{1}_{C_{\mathbb{N}_n}}\, dP_1^n = \int I_n^{m+1}\mathbb{1}_{C_{\mathbb{N}_n}}\, dP_1^m = \int \mathbb{1}_{C_{\mathbb{N}_m}}\, dP_1^m = P_1^m(C_{\mathbb{N}_m}).$$

Die durch $P_{\mathbb{N}}(C) := P_1^n(C_{\mathbb{N}_n})$ auf dem System $\mathfrak{Z}_{\mathbb{N}}$ der messbaren Zylinder definierte Mengenfunktion ist also von der Wahl der Basis $C_{\mathbb{N}_n}$ des jeweiligen Zylinders C unabhängig und daher wohldefiniert. Klarerweise gilt $P_{\mathbb{N}}(\emptyset) = 0$, $P_{\mathbb{N}}(\Omega_{\mathbb{N}}) = 1$ und $P_{\mathbb{N}}(C) \geq 0 \ \ \forall\, C \in \mathfrak{Z}_{\mathbb{N}}$. Sind $C = \mathrm{pr}_{\mathbb{N}_m}^{-1}(C_{\mathbb{N}_m})$ und $D = \mathrm{pr}_{\mathbb{N}_n}^{-1}(D_{\mathbb{N}_n})$ aus $\mathfrak{Z}_{\mathbb{N}}$ disjunkt, so gilt $C = \mathrm{pr}_{\mathbb{N}_{m\vee n}}^{-1}(\mathrm{pr}_{\mathbb{N}_{m\vee n},\mathbb{N}_m}^{-1}(C_{\mathbb{N}_m}))$ bzw. $D = \mathrm{pr}_{\mathbb{N}_{m\vee n}}^{-1}(\mathrm{pr}_{\mathbb{N}_{m\vee n},\mathbb{N}_n}^{-1}(D_{\mathbb{N}_n}))$ und die Basen $C_{\mathbb{N}_{m\vee n}} := \mathrm{pr}_{\mathbb{N}_{m\vee n},\mathbb{N}_m}^{-1}(C_{\mathbb{N}_m})$ und $D_{\mathbb{N}_{m\vee n}} := \mathrm{pr}_{\mathbb{N}_{m\vee n},\mathbb{N}_n}^{-1}(D_{\mathbb{N}_n})$ sind ebenfalls disjunkt. Daraus folgt

$$P_{\mathbb{N}}(C \cup D) = P_1^{m\vee n}(C_{\mathbb{N}_{m\vee n}} \cup D_{\mathbb{N}_{m\vee n}})$$
$$= P_1^{m\vee n}(C_{\mathbb{N}_{m\vee n}}) + P_1^{m\vee n}(D_{\mathbb{N}_{m\vee n}}) = P_{\mathbb{N}}(C) + P_{\mathbb{N}}(D),$$

d.h. $P_{\mathbb{N}}$ ist additiv und daher ein Inhalt auf $\mathfrak{Z}_{\mathbb{N}}$.

Wir beweisen nun, dass $P_{\mathbb{N}}$ bei $\emptyset$ stetig von oben und damit σ-additiv ist, indem wir zeigen, dass der Durchschnitt jeder monoton fallenden Folge (C_n) aus $\mathfrak{Z}_{\mathbb{N}}$, für die es ein $\varepsilon > 0$ gibt mit $P_{\mathbb{N}}(C_n) > \varepsilon \ \forall\, n \in \mathbb{N}$, nichtleer sein muss.

Sind $C_n = \mathrm{pr}_{\mathbb{N}_{m_n}}^{-1}(C_{n,\mathbb{N}_{m_n}})$ solche Zylinder mit den Basen $C_{n,\mathbb{N}_{m_n}} \in \mathfrak{S}_1^{m_n}$, so kann o.E.d.A. $m_n < m_{n+1} \ \ \forall\, n \in \mathbb{N}$ angenommen werden. Fügt man den Zylinder $\Omega_{\mathbb{N}} \ (m_1 - 1)$-mal vor C_1 in die Folge ein, und schiebt man zwischen C_k und $C_{k+1} \ \ m_{k+1} - m_k - 1$ Wiederholungen von C_k, so erhält man eine neue, ebenfalls monoton fallende Folge mit demselben Durchschnitt wie (C_n), für die $m_n = n \ \forall\, n \in \mathbb{N}$ gesetzt werden kann. Wir nehmen daher an, dass gilt $C_n = \mathrm{pr}_{\mathbb{N}_n}^{-1}(C_{n,\mathbb{N}_n})$, $C_{n,\mathbb{N}_n} \in \mathfrak{S}_1^n \ \ \forall\, n \in \mathbb{N}$.

Nun gilt $\varepsilon < P_{\mathbb{N}}(C_n) = P_1^n(C_{n,\mathbb{N}_n}) = \begin{cases} \int \mathbb{1}_{C_{1,\mathbb{N}_1}}(\omega_1)\, P_1(d\omega_1), & n = 1 \\ \int I_n^2 \mathbb{1}_{C_{n,\mathbb{N}_n}}(\omega_1)\, P_1(d\omega_1), & n > 1. \end{cases}$

$C_n \supseteq C_{n+1} \ \Rightarrow \ C_{n,\mathbb{N}_n} \times \Omega_{n+1} \supseteq C_{n+1,\mathbb{N}_{n+1}}$, d.h. $\mathbb{1}_{C_{n,\mathbb{N}_n}} \mathbb{1}_{\Omega_{n+1}} \geq \mathbb{1}_{C_{n+1,\mathbb{N}_{n+1}}}$. Daraus folgt $I_n^k \mathbb{1}_{C_{n,\mathbb{N}_n}} = I_{n+1}^k(\mathbb{1}_{C_{n,\mathbb{N}_n}} \mathbb{1}_{\Omega_{n+1}}) \geq I_{n+1}^k \mathbb{1}_{C_{n+1,\mathbb{N}_{n+1}}}$ für alle $k \geq 2$ und $n \geq k$. Da die $I_n^2 \mathbb{1}_{C_{n,\mathbb{N}_n}}$ nichtnegativ sind und eine monoton fallende

Folge bilden, gibt es eine Grenzfunktion $f_1 := \lim_n I_n^2 \mathbb{1}_{C_{n,\mathbb{N}_n}}$ aus $\mathfrak{M}^+(\Omega_1, \mathfrak{S}_1)$, und aus dem Satz über die Konvergenz durch Majorisierung (Satz 9.33) folgt $\varepsilon \leq \lim_{n \geq 2} \int I_n^2 \mathbb{1}_{C_{n,\mathbb{N}_n}}\, dP_1 = \int f_1\, dP_1$. Daher gibt es ein $\widetilde{\omega}_1$ mit $\varepsilon \leq f_1(\widetilde{\omega}_1)$, das wegen $\varepsilon \leq f_1(\widetilde{\omega}_1) \leq I_n^2 \mathbb{1}_{C_{n,\mathbb{N}_n}}(\widetilde{\omega}_1) \leq \mathbb{1}_{C_{1,\mathbb{N}_1}}(\widetilde{\omega}_1)$ in $C_{1,\mathbb{N}_1}$ liegt.

Aber es gilt bekanntlich auch $I_2^2 \mathbb{1}_{C_{2,\mathbb{N}_2}}(\widetilde{\omega}_1) = \int \mathbb{1}_{C_{2,\mathbb{N}_2}}(\widetilde{\omega}_1, \omega_2)\, P_2(\widetilde{\omega}_1, d\omega_2)$ und $I_n^2 \mathbb{1}_{C_{n,\mathbb{N}_n}}(\widetilde{\omega}_1) = \int I_n^3 \mathbb{1}_{C_{n,\mathbb{N}_n}}(\widetilde{\omega}_1, \omega_2)\, P_2((\widetilde{\omega}_1, d\omega_2)$ für $n > 2$. Da die Integranden in diesen Integralen, wie oben gezeigt, ebenfalls eine monoton fallende Folge aus $\mathfrak{M}^+(\Omega_2, \mathfrak{S}_2)$ bilden, existiert $f_2(\widetilde{\omega}_1, \,.\,) := \lim_{n \geq 3} I_n^3 \mathbb{1}_{C_{n,\mathbb{N}_n}}(\widetilde{\omega}_1, \,.\,)$. Aus dem Satz über die Konvergenz durch Majorisierung folgt nun wieder $\varepsilon \leq \int f_2(\widetilde{\omega}_1, \omega_2)\, P_2(\widetilde{\omega}_1, d\omega_2)$. Deshalb gibt es auch einen Punkt $\widetilde{\omega}_2 \in \Omega_2$ mit $\varepsilon \leq f_2(\widetilde{\omega}_2) \leq I_n^3 \mathbb{1}_{C_{n,\mathbb{N}_n}}(\widetilde{\omega}_1, \widetilde{\omega}_2) \leq \mathbb{1}_{C_{2,\mathbb{N}_2}}(\widetilde{\omega}_1, \widetilde{\omega}_2) \;\Rightarrow\; (\widetilde{\omega}_1, \widetilde{\omega}_2) \in C_{2,\mathbb{N}_2}$.

Wir nehmen nun an, dass es einen Vektor $\widetilde{\omega}_1^{k-1} := (\widetilde{\omega}_1, \ldots, \widetilde{\omega}_{k-1})$ aus $C_{k-1,\mathbb{N}_{k-1}}$ gibt mit $\varepsilon \leq I_n^k \mathbb{1}_{C_{n,\mathbb{N}_n}}(\widetilde{\omega}_1^{k-1}) \leq \mathbb{1}_{C_{k-1,\mathbb{N}_{k-1}}}(\widetilde{\omega}_1^{k-1})\ \forall\, n \geq k$. Wie wir wissen, gilt $I_k^k \mathbb{1}_{C_{k,\mathbb{N}_k}}(\widetilde{\omega}_1^{k-1}) = \int \mathbb{1}_{C_{k,\mathbb{N}_k}}(\widetilde{\omega}_1^{k-1}, \omega_k)\, P_k(\widetilde{\omega}_1^{k-1}, d\omega_k)$ bzw. $I_n^k \mathbb{1}_{C_{n,\mathbb{N}_n}}(\widetilde{\omega}_1^{k-1}) = \int I_n^{k+1} \mathbb{1}_{C_{n,\mathbb{N}_n}}(\widetilde{\omega}_1^{k-1}, \omega_k)\, P_k((\widetilde{\omega}_1^{k-1}, d\omega_k)$ für $n > k$. Die Integranden bilden eine monoton fallende Folge nichtnegativer Funktionen, also existiert $f_k(\widetilde{\omega}_1^{k-1}, \,.\,) := \lim_{n \geq k+1} I_n^{k+1} \mathbb{1}_{C_{n,\mathbb{N}_n}}(\widetilde{\omega}_1^{k-1}, \,.\,) \in \mathfrak{M}^+(\Omega_k, \mathfrak{S}_k)$. Wie zuvor folgt aus dem Satz über die Konvergenz durch Majorisierung, dass $\varepsilon \leq \int f_k(\widetilde{\omega}_1^{k-1}, \omega_k)\, P_k(\widetilde{\omega}_1^{k-1}, d\omega_k)$. Daher gibt es einen Punkt $\widetilde{\omega}_k$ mit $\varepsilon \leq f_k(\widetilde{\omega}_1^{k-1}, \widetilde{\omega}_k) \leq I_n^{k+1} \mathbb{1}_{C_{n,\mathbb{N}_n}}(\widetilde{\omega}_1^k) \leq \mathbb{1}_{C_{k,\mathbb{N}_k}}(\widetilde{\omega}_1^k)\ \forall\, n \geq k+1$. Daher gilt $\widetilde{\omega}_1^k \in C_{k,\mathbb{N}_k}$. Somit kann man rekursiv eine Folge $\widetilde{\omega} := (\omega_1, \omega_2, \ldots)$ mit $(\omega_1, \ldots, \omega_k) \in C_{k,\mathbb{N}_k}\ \forall\, k \in \mathbb{N}$ bilden. Aus $\widetilde{\omega} \in C_k\quad \forall\, k \in \mathbb{N}$ folgt $\bigcap_k C_k \neq \emptyset$.

$P_\mathbb{N}$ ist schließlich nach Satz 4.13 eindeutig bestimmt, da $\mathfrak{S}_\mathbb{N}$ bekanntlich durch die Algebra der messbaren Zylinder erzeugt wird.

Ist $(\Omega_i, \mathfrak{S}_i)$, $i \in I$ eine Familie von Messräumen und existiert eine Wahrscheinlichkeitsverteilung P auf dem Produktraum $(\Omega_I, \mathfrak{S}_I)$, so werden durch die Projektionen pr_J, $J \subseteq I$, die ja gemäß Folgerung 10.4 $\mathfrak{S}_I | \mathfrak{S}_J$-messbar sind, Verteilungen $P_J := P\,\mathrm{pr}_J^{-1}$ auf den Teilräumen $(\Omega_J, \mathfrak{S}_J)$ induziert.

Definition 10.40. *Ist* $(\Omega_i, \mathfrak{S}_i)$, *$i \in I$ eine Familie von Messräumen und P eine Wahrscheinlichkeitsverteilung auf dem Produktraum* $(\Omega_I, \mathfrak{S}_I)$, *so nennt man die auf den Teilräumen* $(\Omega_J, \mathfrak{S}_J)$, *$J \subseteq I$ induzierten Verteilungen $P_J := P\,\mathrm{pr}_J^{-1}$ die Randverteilungen von P.*

Zwischen den Randverteilungen von P besteht folgender Zusammenhang.

Lemma 10.41. *Ist* $(\Omega_i, \mathfrak{S}_i)$, *$i \in I$ eine Familie von Messräumen und P ein Wahrscheinlichkeitsmaß auf dem Produktraum* $(\Omega_I, \mathfrak{S}_I)$, *so gilt für $A_K \in \mathfrak{S}_K$ und $A_J \in \mathfrak{S}_J$, $K, J \subseteq I$*

$$\mathrm{pr}_J^{-1}(A_J) = \mathrm{pr}_K^{-1}(A_K) \;\Rightarrow\; P_J(A_J) = P_K(A_K). \tag{10.23}$$

Beweis. Das gilt, da $P_J(A_J) = P\left(\mathrm{pr}_J^{-1}(A_J)\right)$ und $P\left(\mathrm{pr}_K^{-1}(A_K)\right) = P_K(A_K)$.

(10.23) ist also eine notwendige Konsistenzbedingung dafür, dass zu einer Familie $\{P_J,\ J \subseteq I, |J| < \infty\}$ von Wahrscheinlichkeitsmaßen eine Produktverteilung existiert, deren endlich-dimensionale Randverteilungen die P_J sind.

Lemma 10.42. *Ist* $(\Omega_i, \mathfrak{S}_i)$, $i \in I$ *eine Familie von Messräumen und sind* P_J *Verteilungen auf den Räumen* $(\Omega_J, \mathfrak{S}_J)$, $J \subseteq I$, $|J| < \infty$, *so erfüllen die* P_J *Beziehung 10.23 genau dann, wenn* $J \subset K \Rightarrow P_J = P_K \,\mathrm{pr}_{K,J}^{-1}$.

Beweis.

$\Rightarrow$: Für $A = \mathrm{pr}_J^{-1}(A_J)$, $A_J \in \mathfrak{S}_J$, $J \subseteq I$, $|J| < \infty$ aus $\mathfrak{Z}_\mathbb{N}$ gilt gemäß (10.2) $A = \mathrm{pr}_K^{-1}(\mathrm{pr}_{K,J}^{-1}(A_J))$ $\forall\, K \supset J$, und aus (10.23) folgt daher

$$P_J(A_J) = P_K\left(\mathrm{pr}_{K,J}^{-1}(A_J)\right) \quad \forall\, A_J \in \mathfrak{S}_J, \text{d.h. } P_J = P_K \,\mathrm{pr}_{K,J}^{-1} .$$

$\Leftarrow$: Aus $A = \mathrm{pr}_J^{-1}(A_J) = \mathrm{pr}_K^{-1}(A_K), A_J \in \mathfrak{S}_J$, $A_K \in \mathfrak{S}_K$, $|J|, |K| < \infty$ folgt $\mathrm{pr}_{J \cup K}^{-1}\left(\mathrm{pr}_{J \cup K, J}^{-1}(A_J)\right) = A = \mathrm{pr}_{J \cup K}^{-1}\left(\mathrm{pr}_{J \cup K, K}^{-1}(A_K)\right)$. Daraus folgt nach Lemma 10.38 $\mathrm{pr}_{J \cup K, J}^{-1}(A_J) = \mathrm{pr}_{J \cup K, K}^{-1}(A_K)$. Weil voraussetzungsgemäß gilt $P_J = P_{J \cup K} \,\mathrm{pr}_{J \cup K, J}^{-1}$ und $P_K = P_{J \cup K} \,\mathrm{pr}_{J \cup K, K}^{-1}$ impliziert dies

$$P_J(A_J) = P_{J \cup K}\left(\mathrm{pr}_{J \cup K, J}^{-1}(A_J)\right) = P_{J \cup K}\left(\mathrm{pr}_{J \cup K, K}^{-1}(A_K)\right) = P_K(A_K).$$

Man definiert daher:

Definition 10.43. *Ist* $(\Omega_i, \mathfrak{S}_i)$, $i \in I$ *eine Familie von Messräumen und sind* P_J *Verteilungen auf den Räumen* $(\Omega_J, \mathfrak{S}_J)$, $J \subseteq I$, $|J| < \infty$, *so nennt man die* P_J *konsistent, wenn* $P_J = P_K \,\mathrm{pr}_{K,J}^{-1}$ $\forall\, J \subset K \subseteq I$, $|J|, |K| < \infty$.

Der nächste Satz zeigt, dass aus der Konsistenz der endlich-dimensionalen Verteilungen P_J zumindest für den Fall $\Omega_i = \mathbb{R} \,\forall\, i \in I$, die Existenz einer entsprechenden Produktverteilung auf $(\mathbb{R}^I, \mathfrak{B}_I)$ folgt.

Satz 10.44 (Existenzsatz von Kolmogoroff). *Ist* $I \neq \emptyset$ *eine beliebige Indexmenge, gibt es zu jedem* $J \subseteq I$, $|J| < \infty$ *eine Wahrscheinlichkeitsverteilung* P_J *auf* $(\mathbb{R}^J, \mathfrak{B}_J)$ *und sind diese Verteilungen konsistent, dann gibt es ein eindeutig bestimmtes Wahrscheinlichkeitsmaß* P *auf* $(\mathbb{R}^I, \mathfrak{B}_I)$, *dessen endlich-dimensionale Randverteilungen die* P_J *sind.*

Beweis. Auf den Zylindern $C = \mathrm{pr}_J^{-1}(C_J), C_J \in \mathfrak{B}_J$, $J \subseteq I$, $|J| < \infty$ wird durch $P(C) := P_J(C_J)$ eine nichtnegative Mengenfunktion P festgelegt, die nach den obigen Lemmata wegen der Konsistenz der P_J unabhängig von der Wahl der Basis und daher auch wohldefiniert ist.

Klarerweise gilt $P(\emptyset) = 0$ und $P(\mathbb{R}^I) = 1$.

Sind $C = \mathrm{pr}_J^{-1}(C_J), C_J \in \mathfrak{B}_J$ und $D = \mathrm{pr}_K^{-1}(D_K), D_K \in \mathfrak{B}_K$, zwei disjunkte Zylinder, so kann bekanntlich o.E.d.A. $J = K$ angenommen werden. Da die Basen C_J und D_J ebenfalls disjunkt sein müssen, ergibt sich daraus $P(C \cup D) = P_J(C_J \cup D_J) = P_J(C_J) + P_J(D_J) = P(C) + P(D)$.

Wie im Beweis von Satz 10.39 zeigen wir schließlich, dass P bei $\emptyset$ stetig von oben und damit σ-additiv ist. Dazu beweisen wir, dass für jede monoton fallende Folge messbarer Zylinder $C_n = \mathrm{pr}_{J_n}^{-1}(C_{n,J_n})$, $C_{n,J_n} \in \mathfrak{B}_{J_n}$, für die ein $\varepsilon > 0$ mit $P(C_n) > \varepsilon \quad \forall\, n \in \mathbb{N}$ existiert, gilt $\bigcap_n C_n \neq \emptyset$.

Da nur die Indices aus $\bigcup_n J_n$ mit $|\bigcup_n J_n| \leq \aleph_0$ für den weiteren Beweisverlauf relevant sind, kann nun o.E.d.A. $I = \mathbb{N}$ angenommen werden, und aus den bereits im Beweis von Satz 10.39 angeführten Gründen können die Indexmengen J_n nicht nur als monoton wachsend vorausgesetzt werden, sondern man kann sogar $J_n = \mathbb{N}_n \quad \forall\, n \in \mathbb{N}$ setzen.

Laut Folgerung 6.5 gibt es zu jeder Basis $C_{n,\mathbb{N}_n}$ eine kompakte Menge $K_{n,\mathbb{N}_n} \subseteq C_{n,\mathbb{N}_n}$ mit $P_{\mathbb{N}_n}(C_{n,\mathbb{N}_n} \setminus K_{n,\mathbb{N}_n}) < \frac{\varepsilon}{2^{n+1}}$. Bildet man damit die Durchschnitte $K_n := \bigcap_{i \leq n} \mathrm{pr}_{\mathbb{N}_i}^{-1}(K_{i,\mathbb{N}_i})$, so erhält man eine monoton fallende Mengenfolge aus $\mathfrak{B}_I$, für die gilt $K_n \subseteq C_n \ \forall\, n \in \mathbb{N}$. Weiters gilt

$$P(C_n \setminus K_n) = P\left(\mathrm{pr}_{\mathbb{N}_n}^{-1}(C_{n,\mathbb{N}_n}) \cap \bigcup_{i \leq n} \mathrm{pr}_{\mathbb{N}_i}^{-1}(K_{i,\mathbb{N}_i})^c\right)$$

$$\leq P\left(\bigcup_{i \leq n} \mathrm{pr}_{\mathbb{N}_i}^{-1}(C_{i,\mathbb{N}_i} \setminus K_{i,\mathbb{N}_i})\right) \leq \sum_{i \leq n} P_{\mathbb{N}_i}(C_{i,\mathbb{N}_i} \setminus K_{i,\mathbb{N}_i}) \leq \frac{\varepsilon}{2}.$$

Daraus folgt $P(K_n) \geq \frac{\varepsilon}{2} \ \forall\, n \in \mathbb{N}$, und deshalb existiert für alle $n \in \mathbb{N}$ ein Punkt $\mathbf{x}^{(n)} := (x_1^{(n)}, x_2^{(n)}, \ldots) \in K_n$. Wegen $K_n \searrow$ gilt $\mathbf{x}^{(n)} \in K_1$ oder anders ausgedrückt $x_1^{(n)} \in K_{1,\mathbb{N}_1} \ \forall\, n \in \mathbb{N}$. Da $K_{1,\mathbb{N}_1}$ eine kompakte Teilmenge von $\mathbb{R}$ ist, existiert eine konvergente Teilfolge $\left(x_1^{(n_1,m)}\right)$ von $\left(x_1^{(n)}\right)$, für die gilt $x_1 := \lim_m x_1^{(n_1,m)} \in K_{1,\mathbb{N}_1}$.

Weiters gilt $\mathbf{x}^{(n_1,m)} \in K_2$, $m \geq 2 \ \Rightarrow \ \left(x_1^{(n_1,m)}, x_2^{(n_1,m)}\right) \in K_{2,\mathbb{N}_2}$, $m \geq 2$. Also gibt es in $\left(x_1^{(n_1,m)}, x_2^{(n_1,m)}\right)$ eine konvergente Subfolge $\left(x_1^{(n_2,m)}, x_2^{(n_2,m)}\right)$, für die gilt $(\hat{x}_1, x_2) := \lim_m \left(x_1^{(n_2,m)}, x_2^{(n_2,m)}\right) \in K_{2,\mathbb{N}_2}$. $\left(x_1^{(n_2,m)}\right)$ ist aber eine Teilfolge von $\left(x_1^{(n_1,m)}\right) \ \Rightarrow \ \hat{x}_1 = x_1 \ \Rightarrow \ (x_1, x_2) \in K_{2,\mathbb{N}_2}$.

Hat man nun Teilfolgen $n_{j,m}$, $j \leq k-1$, sodass $(n_{j,m})$ immer eine Teilfolge von $(n_{j-1,m})$ ist und die j-Tupel $\left(x_1^{(n_j,m)}, \ldots, x_j^{(n_j,m)}\right) \in K_{j,\mathbb{N}_j}$ konvergieren mit $(x_1, \ldots, x_j) := \lim_m \left(x_1^{(n_j,m)}, \ldots, x_j^{(n_j,m)}\right) \in K_{j,\mathbb{N}_j} \ \forall\, j \leq k-1$, so gilt $\mathbf{x}^{(n_{k-1,m})} \in K_k \ \Rightarrow \ \left(x_1^{(n_{k-1,m})}, \ldots, x_k^{(n_{k-1,m})}\right) \in K_{k,\mathbb{N}_k}$, $m \geq k$. Da $K_{k,\mathbb{N}_k}$ kompakt ist, existiert eine konvergente Teilfolge $\left(x_1^{(n_k,m)}, \ldots, x_k^{(n_k,m)}\right)$ von $\left(x_1^{(n_{k-1,m})}, \ldots, x_k^{(n_{k-1,m})}\right)$ mit $(x_1, \ldots, x_{k-1}, x_k) = \lim_m \left(x_1^{(n_k,m)}, \ldots, x_k^{(n_k,m)}\right)$, weil auch $\left(x_1^{(n_k,m)}, \ldots, x_{k-1}^{(n_k,m)}\right)$ Teilfolge von $\left(x_1^{(n_{k-1,m})}, \ldots, x_{k-1}^{(n_{k-1,m})}\right)$ ist.

Für jedes $k \in \mathbb{N}$ bilden die „Diagonalindices " $n_j := n_{j,j}$ mit $j \geq k$ eine Teilfolge von $(n_{k,m})$, und deshalb gilt für die Teilfolge $\left(\mathbf{x}^{(n_j)}\right)$ der Punkte $\mathbf{x}^{(n)}$

$$\lim_j \left(x_1^{(n_j)}, \ldots, x_k^{(n_j)} \right) = (x_1, \ldots, x_k) \in K_{k,\mathbb{N}_k} \subseteq C_{k,\mathbb{N}_k} \quad \forall\, k \in \mathbb{N}.$$

Dies aber bedeutet, dass der Vektor $\mathbf{x} := (x_1, x_2, \ldots)$ der Grenzwerte in jedem C_k , $k \in \mathbb{N}$ liegt, oder anders ausgedrückt: $\mathbf{x} \in \bigcap_k C_k \neq \emptyset$.

Die Eindeutigkeit von P ergibt sich wieder aus Satz 4.13.

Definition 10.45. *Ein stochastischer Prozess auf einem Wahrscheinlichkeits-raum $(\Omega, \mathfrak{S}, P)$ ist eine Familie $\{X_i, i \in I\}$ von Zufallsvariablen auf $(\Omega, \mathfrak{S}, P)$.*

Bemerkung 10.46. *Die Projektionen $Y_i := \mathrm{pr}_i$, $i \in I$ bilden auf $(\mathbb{R}^I, \mathfrak{B}_I, P)$ einen stochastischen Prozess, der diesen Raum identisch auf sich selbst abbildet, deshalb ist die durch die Projektionen induzierte Verteilung einfach P selbst.*

Ist umgekehrt $\{X_i, i \in I\}$ ein stochastischer Prozess auf einem beliebigen Raum $(\Omega, \mathfrak{S}, P)$, so wird für jedes $\omega \in \Omega$ durch $\mathbf{X}(\omega)(i) := X_i(\omega) \quad \forall\, i \in I$ eine Funktion $\mathbf{X}(\omega)$ aus $\mathbb{R}^I$ definiert, d.h. $\mathbf{X} : \Omega \to \mathbb{R}^I$. Aus der Definition von $\mathbf{X}$ folgt $\mathrm{pr}_i \circ \mathbf{X} = X_i \quad \forall\, i \in I \Rightarrow \mathbf{X}^{-1}\left(\mathrm{pr}_i^{-1}(B)\right) = X_i^{-1}(B) \,\forall\, i \in I \quad \forall B \in \mathfrak{B}$. Da die X_i $\mathfrak{S}|\mathfrak{B}$-messbar sind, gilt demnach $\mathbf{X}^{-1}(C) \in \mathfrak{S} \,\forall\, C \in \bigcup_{i \in I} \mathrm{pr}_i^{-1}(\mathfrak{B})$.

$\bigcup_{i \in I} \mathrm{pr}_i^{-1}(\mathfrak{B})$ *ist aber ein Erzeuger von $\mathfrak{B}_I$, d.h. $\mathbf{X}$ ist $\mathfrak{S}|\mathfrak{B}_I$-messbar.*

Ist $J := \{j_1, \ldots, j_n\} \subseteq I$ und $A := \mathrm{pr}_J^{-1}\left(\prod_{k=1}^{n} A_{j_k} \right) = \bigcap_{k=1}^{n} \mathrm{pr}_{j_k}^{-1}(A_{j_k})$ ein messbarer Pfeiler mit $A_{j_k} \in \mathfrak{B} \quad \forall\, j_k \in J$, so gilt

$$\mathbf{X}^{-1}(A) = \bigcap_{k=1}^{n} \mathbf{X}^{-1}\left(\mathrm{pr}_{j_k}^{-1}(A_{j_k})\right) = \bigcap_{k=1}^{n} X_{j_k}^{-1}(A_{j_k}) = \bigcap_{k=1}^{n} [X_{j_k} \in A_{j_k}] \,,$$

und dies ergibt für die durch $\mathbf{X}$ auf $(\mathbb{R}^I, \mathfrak{B}_I)$ induzierte Verteilung $P\mathbf{X}^{-1}$

$$P\mathbf{X}^{-1}\left(\mathrm{pr}_J^{-1}\left(\prod_{k=1}^{n} A_{j_k} \right) \right) = P\left(X_{j_1} \in A_{j_1}, \ldots, X_{j_n} \in A_{j_n} \right),$$

d.h. die endlich-dimensionalen Randverteilungen $P\mathbf{X}_J^{-1}$ von $P\mathbf{X}^{-1}$ stimmen mit den endlich-dimensionalen Randverteilungen des Prozesses überein, oder anders ausgedrückt: die Projektionen $Y_i := \mathrm{pr}_i$, $i \in I$ bilden einen stochastischen Prozess auf $(\mathbb{R}^I, \mathfrak{B}_I, P\mathbf{X}^{-1})$, dessen endlich-dimensionale Randverteilungen mit denen des ursprünglichen Prozesses übereinstimmen. Deshalb kann man $(\mathbb{R}^I, \mathfrak{B}_I, P\mathbf{X}^{-1})$ als „kanonischen Raum" von $\{X_i, i \in I\}$ betrachten.

Bemerkung 10.47. *Ist $J := \{j_1, \ldots, j_n\}$ eine endliche Teilmenge von I und $\pi := \pi_1, \ldots, \pi_n$ eine Permutation von $1, \ldots, n$, so kann man den Bildraum $\mathbb{R}^J = \{f : J \to \mathbb{R}\}$ der Projektion pr_J durch $G_\pi(f) := (f(j_{\pi_1}), \ldots, f(j_{\pi_n}))$ bijektiv auf $\mathbb{R}^n$ abbilden. Je nachdem, welche Permutation man wählt, werden* *dadurch unterschiedliche Verteilungen auf* $(\mathbb{R}^n, \mathfrak{B}_n)$ *induziert, die aber folgendermaßen zusammenhängen:*

Bezeichnet man mit G *die zur identischen Permutation gehörige Abbildung und ist* $\Pi : \mathbb{R}^n \to \mathbb{R}^n$ *definiert durch* $\Pi((x_1,\ldots,x_n)) := (x_{\pi_1},\ldots,x_{\pi_n})$, *so gilt* $G_\pi = \Pi \circ G$, *und daraus folgt*

$$PG_\pi^{-1}(A) = PG^{-1}\left(\Pi^{-1}(A)\right) \quad \forall\, A \in \mathfrak{B}_n\,. \tag{10.24}$$

Ist $A := A_1 \times \cdots \times A_n$, $A_i \in \mathfrak{B}$ *und* π^{-1} *die zu* π *inverse Permutation, so ist wegen* $\pi_i = k \Leftrightarrow i = \pi_k^{-1}$, *die Aussage* $f(j_{\pi_i}) \in A_i\, \forall\, 1 \leq i \leq n$ *äquivalent zu* $f(j_k) \in A_{\pi_k^{-1}}\, \forall\, 1 \leq k \leq n$, *und deshalb wird Gleichung (10.24) zu*

$$PG_\pi^{-1}\left(\prod_{i=1}^n A_i\right) = PG^{-1}\left(\prod_{k=1}^n A_{\pi_k^{-1}}\right) \quad \forall\, A_i \in \mathfrak{B}\,. \tag{10.25}$$

Der Existenzsatz von Kolmogoroff kann daher auch so formuliert werden:

Satz 10.48 (Existenzsatz von Kolmogoroff - 2.-te Fassung). *Gibt es zu jedem* $n \in \mathbb{N}$ *und jedem* n*-Tupel* $(i_1,\ldots,i_n)$ *verschiedener Indices aus* I *eine Verteilung* $P_{i_1,\ldots,i_n}$ *auf* $(\mathbb{R}^n, \mathfrak{B}_n)$, *sodass die Konsistenzbedingungen*

$$P_{i_1,\ldots,i_n,i_{n+1}}(A \times \mathbb{R}) = P_{i_1,\ldots,i_n}(A) \quad \forall\, n \in \mathbb{N},\, A \in \mathfrak{B}_n\,, \tag{10.26}$$

gelten, und, sodass für jede Permutation $\pi := \pi_1,\ldots,\pi_n$ *mit der oben definierten Funktion* Π *die zusätzlichen Konsistenzbedingungen*

$$P_{i_{\pi_1},\ldots,i_{\pi_n}}(A) = P_{i_1,\ldots,i_n}\left(\Pi^{-1}(A)\right) \quad \forall\, n \in \mathbb{N},\, A \in \mathfrak{B}_n\,, \tag{10.27}$$

erfüllt sind, dann existiert ein Wahrscheinlichkeitsraum $(\Omega, \mathfrak{S}, P)$ *und ein stochastischer Prozess* $\{X_i : i \in I\}$ *auf diesem Raum, sodass gilt*

$$P_{i_1,\ldots,i_n}(A) = P(X_{i_1},\ldots,X_{i_n})^{-1}(A)\, \forall\, n \in \mathbb{N},\, A \in \mathfrak{B}_n\,. \tag{10.28}$$

Beweis. Für jedes $J := \{j_1,\ldots,j_n\} \subseteq I$ und alle $A_k \in \mathfrak{B}$, $k = 1,\ldots,n$ ist

$P_J(\{f :\ f(j_k) \in A_k,\ 1 \leq k \leq n\}) := P_{j_1,\ldots,j_n}\left(\prod_{k=1}^n A_k\right)$ eine sinnvolle Definition, denn $f(j_k) \in A_k\, \forall\, k \Leftrightarrow f(j_{\pi_k}) \in A_{\pi_k}\, \forall\, k, \pi$ und wegen (10.27) gilt $P_{j_1,\ldots,j_n}\left(\prod_{k=1}^n A_k\right) = P_{j_{\pi_1},\ldots,j_{\pi_n}}\left(\prod_{k=1}^n A_{\pi_k}\right)$. Damit sind auf $(\mathbb{R}^{|J|}, \mathfrak{B}_{|J|})$, $|J| < \infty$, $J \subseteq I$ Verteilungen P_J definiert, die die Voraussetzungen von Satz 10.44 erfüllen.

10.4 Null-Eins-Gesetz von Hewitt- Savage

Betrachtet man eine Folge (X_n) von unabhängigen Zufallsvariablen, so ist das Ereignis $A := \left[\sum_{i=1}^\infty X_i \leq c\right]$ nicht terminal, da es für jedes $n \in \mathbb{N}$ offensichtlich auch von den ersten n Gliedern $X_1,\ldots,X_n$ der Folge beeinflusst wird.

Aber eine Permutation der $X_1, \ldots, X_n$ ist bei einer identisch verteilten Folge für den Eintritt von A ohne Bedeutung. Derartige Ereignisse nennt man symmetrisch und das Null-Eins-Gesetz lässt sich für unabhängig identisch verteilte Zufallsvariable auf solche Ereignisse verallgemeinern.

Formal werden symmetrische Ereignisse als Urbilder bestimmter Teilmengen des Folgenraums $(\mathbb{R}^{\mathbb{N}}, \mathfrak{B}_{\mathbb{N}})$ definiert.

Lemma 10.49. *Ist $\Omega \neq \emptyset$ eine beliebige Menge und $\mathbf{f} := (f_1, f_2, \ldots)$ eine Folge von Funktionen $f_n : \Omega \to \mathbb{R}$, so gilt $\mathbf{f}^{-1}(\mathfrak{B}_{\mathbb{N}}) = \mathfrak{S}(\mathbf{f}) := \mathfrak{S}(f_1, f_2, \ldots)$.*

Beweis. Aus $\mathbf{f} : \Omega \to \mathbb{R}^{\mathbb{N}}$, $f_i = \mathrm{pr}_i \circ \mathbf{f} \quad \forall\, i \in \mathbb{N}$ und Satz 7.41 folgt

$$\mathbf{f}^{-1}(\mathfrak{B}_{\mathbb{N}}) = \mathbf{f}^{-1}\left(\mathfrak{A}_\sigma \left(\bigcup_{i \in \mathbb{N}} \mathrm{pr}_i^{-1}(\mathfrak{B}) \right) \right) = \mathfrak{A}_\sigma \left(\mathbf{f}^{-1}\left(\bigcup_{i \in \mathbb{N}} \mathrm{pr}_i^{-1}(\mathfrak{B}) \right) \right)$$

$$= \mathfrak{A}_\sigma \left(\bigcup_{i \in \mathbb{N}} \mathbf{f}^{-1}\left(\mathrm{pr}_i^{-1}(\mathfrak{B}) \right) \right) = \mathfrak{A}_\sigma \left(\bigcup_{i \in \mathbb{N}} f_i^{-1}(\mathfrak{B}) \right) = \mathfrak{S}(f_1, f_2, \ldots).$$

Definition 10.50. *Ist $\mathbf{f} := (f_1, f_2, \ldots)$ eine Folge reellwertiger Funktionen auf einer Menge $\Omega \neq \emptyset$, so nennt man $A \in \mathfrak{S}(\mathbf{f})$ symmetrisch, wenn es für jedes $n \in \mathbb{N}$ und jede Permutation $\pi_1, \ldots, \pi_n$ von $1, \ldots, n$ ein $B \in \mathfrak{B}_{\mathbb{N}}$ gibt, sodass $A = (f_1, f_2, \ldots)^{-1}(B) = (f_{\pi_1}, \ldots, f_{\pi_n}, f_{n+1}, \ldots)^{-1}(B)$.*

Bemerkung 10.51. *Terminale Ereignisse sind vom Verhalten endlich vieler Komponenten unabhängig und daher stets symmetrisch.*

Lemma 10.52. *Ist $\mathbf{X} := (X_1, X_2, \ldots)$ eine Folge unabhängig, identisch verteilter Zufallsvariabler auf einem Wahrscheinlichkeitsraum $(\Omega, \mathfrak{S}, P)$, so gilt für jedes $n \in \mathbb{N}$, jede Permutation $\pi_1, \ldots, \pi_n$ von $1, \ldots, n$ und jedes $B \in \mathfrak{B}_{\mathbb{N}}$*

$$P\left(\mathbf{X}^{-1}(B)\right) = P\left((X_{\pi_1}, \ldots, X_{\pi_n}, X_{n+1}, \ldots)^{-1}(B)\right). \tag{10.29}$$

Beweis. Mit der Bezeichnung $\mathbf{X}_\pi := (X_{\pi_1}, \ldots, X_{\pi_n}, X_{n+1}, \ldots)$ gilt für jeden messbaren Pfeiler $B = \prod_{i=1}^{n} B_i \times \prod_{i>n} \mathbb{R}$

$$P\left(\mathbf{X}^{-1}(B)\right) = P\left((X_1, \ldots, X_n)^{-1}\left(\prod_{i=1}^{n} B_i\right)\right) = \prod_{i=1}^{n} P X_i^{-1}(B_i)$$

$$= \prod_{i=1}^{n} P\left(X_1^{-1}(B_i)\right) = \prod_{i=1}^{n} P\left(X_{\pi_i}^{-1}(B_i)\right) = P\left(\mathbf{X}_\pi^{-1}(B)\right).$$

Wegen des Eindeutigkeitssatzes gilt (10.29) damit für alle $B \in \mathfrak{B}_{\mathbb{N}}$.

Satz 10.53 (Null-Eins-Gesetz von Hewitt- Savage). *Ist $\mathbf{X} := (X_1, X_2, \ldots)$ eine Folge unabhängig, identisch verteilter Zufallsvariabler auf einem Wahrscheinlichkeitsraum $(\Omega, \mathfrak{S}, P)$, so gilt für jedes symmetrische Ereignis $A \in \mathfrak{S}(\mathbf{X})$*

$$P(A) = 0 \;\vee\; P(A) = 1.$$

Beweis. Wir werden im Folgenden die Bezeichnung $\mathbf{X}_1^n := (X_1, \ldots, X_n)$ bzw. $\mathbf{X}_{1,\pi}^n := (X_{\pi_1}, \ldots, X_{\pi_n})$ und $\mathbf{X}_\pi := (X_{\pi_1}, \ldots, X_{\pi_n}, X_{n+1}, \ldots)$, wenn $\pi_1, \ldots, \pi_n$ eine Permutation von $1, \ldots, n$ ist, verwenden.

Ist $A \in \mathfrak{S}(\mathbf{X}) = \mathfrak{A}_\sigma \left(\bigcup_{n \in \mathbb{N}} \mathfrak{S}(\mathbf{X}_1^n) \right)$ symmetrisch und $\varepsilon > 0$, so gibt es nach Satz 4.24 ein $n \in \mathbb{N}$ und ein $A_\varepsilon \in \mathfrak{S}(\mathbf{X}_1^n)$, sodass gilt $P(A \,\triangle\, A_\varepsilon) \leq \varepsilon$. Zu $A_\varepsilon \in \mathfrak{S}(\mathbf{X}_1^n)$ existiert aber ein $B_{\varepsilon,n} \in \mathfrak{B}_n$ mit $A_\varepsilon = (\mathbf{X}_1^n)^{-1}(B_{\varepsilon,n})$ bzw. $A_\varepsilon = \mathbf{X}^{-1}(B_\varepsilon)$ für den zugehörigen Zylinder $B_\varepsilon := B_{\varepsilon,n} \times \prod_{i>n} \mathbb{R} = \mathrm{pr}_{\mathbb{N},n}^{-1}(B_{\varepsilon,n})$.

Da $\pi_i := \begin{cases} i+n, & 1 \leq i \leq n \\ i-n, & n < i \leq 2n \end{cases}$ eine Permutation π von $1, \ldots, 2n$ ist, gibt es ein $B \in \mathfrak{B}_{\mathbb{N}}$ mit $A = \mathbf{X}^{-1}(B) = \mathbf{X}_\pi^{-1}(B)$.

Aus Lemma 10.52 folgt $P(A_\varepsilon) = P(\mathbf{X}^{-1}(B_\varepsilon)) = P(\mathbf{X}_\pi^{-1}(B_\varepsilon))$. Aus diesem Lemma folgt unter Verwendung der Bezeichnung $A_\varepsilon^\pi := \mathbf{X}_\pi^{-1}(B_\varepsilon)$ auch $P(A \,\triangle\, A_\varepsilon^\pi) = P\left(\mathbf{X}_\pi^{-1}(B \,\triangle\, B_\varepsilon) \right) = P\left(\mathbf{X}^{-1}(B \,\triangle\, B_\varepsilon) \right) = P(A \,\triangle\, A_\varepsilon) \leq \varepsilon$. Aus dieser Beziehung erhält man mit Hilfe von Lemma 2.6 Punkt 12.

$$P(A \,\triangle\, (A_\varepsilon \cap A_\varepsilon^\pi)) = P((A \cap A) \,\triangle\, (A_\varepsilon \cap A_\varepsilon^\pi)) \leq P(A \,\triangle\, A_\varepsilon) + P(A \,\triangle\, A_\varepsilon^\pi) \leq 2\varepsilon.$$

Aus den obigen Ungleichungen erhält man unter Berücksichtigung von $|P(C) - P(D)| \leq P(C \,\triangle\, D) \quad \forall\, C, D$ (siehe Folgerung 3.14) die Beziehungen

$$|P(A) - P(A_\varepsilon)| \leq \varepsilon, \tag{10.30}$$

$$|P(A) - P(A_\varepsilon \cap A_\varepsilon^\pi)| \leq 2\varepsilon. \tag{10.31}$$

Da die X_i unabhängig sind, ist $A_\varepsilon^\pi = \mathbf{X}_\pi^{-1}(B_\varepsilon) = [(X_{n+1}, \ldots, X_{2n}) \in B_{\varepsilon,n}]$ unabhängig von $A_\varepsilon = [(X_1, \ldots, X_n) \in B_{\varepsilon,n}]$, und dies impliziert seinerseits $P(A_\varepsilon \cap A_\varepsilon^\pi) = P(A_\varepsilon)\, P(A_\varepsilon^\pi) = P(A_\varepsilon)^2$. Eingesetzt in (10.31) ergibt das

$$\left| P(A) - P(A_\varepsilon)^2 \right| \leq 2\varepsilon. \tag{10.32}$$

Aus (10.30), (10.32) und der Dreiecksungleichung folgt nun

$$\begin{aligned} &\left| P(A) - P(A)^2 \right| \\ &\leq \left| P(A) - P(A_\varepsilon)^2 \right| + \left| P(A_\varepsilon)^2 - P(A)\,P(A_\varepsilon) \right| + \left| P(A)\,P(A_\varepsilon) - P(A)^2 \right| \\ &\leq 2\varepsilon + P(A_\varepsilon)\, |P(A_\varepsilon) - P(A)| + P(A)\, |P(A_\varepsilon) - P(A)| \leq 4\varepsilon. \end{aligned}$$

Da $\varepsilon > 0$ beliebig ist, gilt somit $P(A) = P(A)^2 \;\Rightarrow\; P(A) = 0 \;\vee\; P(A) = 1$.

10.5 Stetige Zufallsvariable

Wir haben schon in den Abschnitten 6.5 und 6.6 erwähnt, dass Verteilungen sehr wichtig sind, deren Verteilungsfunktionen sich als Integrale nichtnegativer Funktionen f, die wir als Dichten bezeichnet haben, darstellen lassen (vgl. etwa Bemerkung 6.65). Dies soll nun präzisiert werden.

Definition 10.54. *Ein Zufallsvektor* $\mathbf{X} := (X_1, \ldots, X_k)$ *auf einem Wahrscheinlichkeitsraum* $(\Omega, \mathfrak{S}, P)$ *heißt stetig, wenn es ein* $f_{\mathbf{X}} \in \mathcal{M}^+(\mathbb{R}^k, \mathfrak{B}_k, \lambda_k)$ *gibt, sodass* $P\mathbf{X}^{-1}(B) = \int_B f_{\mathbf{X}} \, d\lambda_k \ \forall \, B \in \mathfrak{B}_k$, *wenn also die induzierte Verteilung* $P\mathbf{X}^{-1}$ *auf* $(\mathbb{R}^k, \mathfrak{B}_k)$ *als* λ_k-*Integral darstellbar ist.* $f_{\mathbf{X}}$ *nennt man dann die gemeinsame Dichte des Zufallsvektors (oder auch Dichte von* $P\mathbf{X}^{-1}$).

Bemerkung 10.55. *Diese Bezeichnungsweise ist sinnvoll, da Folgerung 9.47 besagt, dass die Dichte* λ_k-*fü eindeutig bestimmt ist.*

Lemma 10.56. *Ist* $\mathbf{X} := (X_1, \ldots, X_k)$ *ein stetiger Zufallsvektor mit der Dichte* $f_{\mathbf{X}}$ *und ist* $J := \{j_1, \ldots, j_h\}$ *eine Teilmenge von* $\mathbb{N}_k$ *mit* $J^c := \{i_1, \ldots, i_{k-h}\}$, *so ist der Zufallsvektor* $\mathbf{X}_J := (X_{j_1}, \ldots, X_{j_h})$ *ebenfalls stetig und besitzt die Dichte*

$$f_J(x_{j_1}, \ldots, x_{j_h}) := \int \cdots \int f_{\mathbf{X}}(x_1, \ldots, x_k) \, d\lambda(x_{i_1}) \cdots d\lambda(x_{i_{k-h}}). \qquad (10.33)$$

Beweis. Mit Hilfe von Satz 10.24 erhält man für jedes $B \in \mathfrak{B}_h$

$$P\mathbf{X}_J^{-1}(B) = P\mathbf{X}^{-1}(B \times \mathbb{R}^{k-h}) = \int\limits_{B \times \mathbb{R}^{k-h}} f_{\mathbf{X}}(\mathbf{x}) \, d\lambda_k(\mathbf{x})$$

$$= \int\limits_B \left[\int\limits_{\mathbb{R}} \cdots \int\limits_{\mathbb{R}} f_{\mathbf{X}}(\mathbf{x}) \, d\lambda(x_{i_1}) \cdots d\lambda(x_{i_{k-h}}) \right] d\lambda_h(x_{j_1}, \ldots, x_{j_h}).$$

Der Ausdruck in der eckigen Klammer ist gerade $f_J(x_{j_1}, \ldots, x_{j_h})$, und damit ist das Lemma bewiesen, da klarerweise auch gilt $\int_{\mathbb{R}^h} f_J \, d\lambda_h = 1$.

Definition 10.57. *Mit den Bezeichnungen und unter den Voraussetzungen von Lemma 10.56 werden die* f_J *Randdichten der Zufallsvektoren* $\mathbf{X}_J$ *genannt.*

Beispiel 10.58 (Fortsetzung von Beispiel 10.17 und 10.20).
Nach dem Satz von Fubini stimmt das iterierte Integral in Gleichung (10.7) aus Beispiel 10.20 überein mit $\mu(C) = \int_C \tau^2 \, e^{-\tau t} \, \mathbb{1}_{[s,\infty)}(t) \, d\lambda_2(s,t)$, $C \in \mathfrak{B}_2$. Die Zufallsvariablen T_1 und T_2 aus Beispiel 10.17 sind demnach stetig mit der gemeinsamen Dichte $f_{T_1,T_2}(s,t) = \mathbb{1}_{[s,\infty)}(t) \, \tau^2 \, e^{-\tau t} = \mathbb{1}_{[0,t]}(s) \, \tau^2 \, e^{-\tau t}$, und ihre Randdichten f_{T_1} und f_{T_2} ergeben sich gemäß Lemma 10.56 zu

$$f_{T_1}(s) = \int\limits_{\mathbb{R}} f(s,t) \, d\lambda(t) = \int\limits_{[s,\infty)} \tau^2 e^{-\tau t} \, d\lambda(t) = -\tau \, e^{-\tau t} \Big|_s^{\infty} = \tau \, e^{-\tau s}, \quad s > 0$$

und $f_{T_2}(t) = \int\limits_{\mathbb{R}} f_{T_1,T_2}(s,t) \, d\lambda(s) = \int_{[0,t]} \tau^2 \, e^{-\tau t} \, d\lambda(s) = \tau^2 \, t \, e^{-\tau t}$, $t > 0$.

T_2 ist also erlangverteilt mit den Parametern $n = 2$ und τ.

Da $\mu_1(f_{T_1} = 0) = 0$, ist $f_{T_2|T_1}(t|s) := \frac{f_{T_1,T_2}(s,t)}{f_{T_1}(s)}$ μ_1-fü definiert und man kann $P([T_1 \in A] \cap [T_2 \in B])$ für $A, B \in \mathfrak{B}$ anschreiben in der Form

$$P([T_1 \in A] \cap [T_2 \in B]) = \mu(A \times B) = \int\limits_A \int\limits_B f_{T_2|T_1}(t|s) \, d\lambda(t) \, f_{T_1}(s) \, d\lambda(s)$$

$$= \int\limits_A \left[\int\limits_B \mathbb{1}_{[s,\infty)}(t) \, \tau \, e^{-\tau (t-s)} \, d\lambda(t) \right] \mathbb{1}_{[0,\infty)}(s) \, \tau \, e^{-\tau s} \, d\lambda(s). \qquad (10.34)$$

Die Integrale in den eckigen Klammern von (10.34) entsprechen gerade den Wahrscheinlichkeitsmaßen $\mu_2(s,.)$ aus Beispiel 10.20 , von denen wir in Beispiel 10.17 angenommen haben, dass sie die Verteilungen von T_2 bei jeweils gegebenem $T_1 = s$ bilden sollten.

Definiert man $f_{T_1|T_2}(s|t) := \frac{f_{T_1,T_2}(s,t)}{f_{T_2}(t)} = \frac{\mathbb{1}_{[0,t]}(s)\,\tau^2\,e^{-\tau t}}{\mathbb{1}_{[0,\infty)}(t)\,\tau^2\,t\,e^{-\tau t}} = \frac{1}{t}\,\mathbb{1}_{[0,t]}(s)$, so gilt

$$P\left([T_1 \in A] \cap [T_2 \in B]\right) = \mu(A \times B) = \int\limits_B \left[\int\limits_A f_{T_1|T_2}(s|t)\,d\lambda(s) \right] f_{T_2}(t)\,d\lambda(t)$$

$$= \int\limits_B \left[\int\limits_A \frac{1}{t}\,\mathbb{1}_{[0,t]}(s)\,d\lambda(s) \right] \mathbb{1}_{[0,\infty)}(t)\,\tau^2\,t\,e^{-\tau t}\,d\lambda(t)\,, \tag{10.35}$$

Man gelangt also auch dann zur Verteilung μ auf dem Produktraum, wenn $T_2 \sim Er_{2,\tau}$ und, wenn T_1 bei gegebenem $T_2 = t$ auf $[0,t]$ gleichverteilt ist.

Allgemein wird das im Beispiel zuletzt beschriebene Konzept so formuliert:

Definition 10.59. *Ist* $(\mathbf{X},\mathbf{Y})$, $\mathbf{X} : \Omega \to \mathbb{R}^m$, $\mathbf{Y} : \Omega \to \mathbb{R}^n$, *ein stetiger Zufallsvektor auf einem Wahrscheinlichkeitsraum* $(\Omega, \mathfrak{S}, P)$ *mit der Dichte* $f_{\mathbf{X},\mathbf{Y}}$ *und den Randdichten* $f_{\mathbf{X}}$, $f_{\mathbf{Y}}$, *so nennt man die* $P\mathbf{X}^{-1}$-*fü definierte Funktion*

$$f_{\mathbf{Y}|\mathbf{X}}(\mathbf{y}|\mathbf{x}) := \frac{f_{\mathbf{X},\mathbf{Y}}(\mathbf{x},\mathbf{y})}{f_{\mathbf{X}}(\mathbf{x})}$$

die durch $\mathbf{X} = \mathbf{x}$ *bedingte Dichte von* $\mathbf{Y}$. *Die zugehörige Verteilung*

$$P\mathbf{Y}^{-1}(B|\mathbf{X} = \mathbf{x}) := \int\limits_B f_{\mathbf{Y}|\mathbf{X}}(\mathbf{y}|\mathbf{x})\,d\lambda_n(\mathbf{y})\,, \ B \in \mathfrak{B}_n$$

heißt die durch $\mathbf{X} = \mathbf{x}$ *bedingte Verteilung von* $\mathbf{Y}$.

Bemerkung 10.60.

1. $P\mathbf{Y}^{-1}(.\,|\mathbf{X} = \mathbf{x})$ *ist tatsächlich eine Wahrscheinlichkeitsverteilung, denn*

$$P\mathbf{Y}^{-1}(\mathbb{R}^n|\mathbf{X} = \mathbf{x}) = \int\limits_{\mathbb{R}^n} \frac{f_{\mathbf{X},\mathbf{Y}}(\mathbf{x},\mathbf{y})}{f_{\mathbf{X}}(\mathbf{x})}\,d\lambda_n(\mathbf{y}) = \frac{\int_{\mathbb{R}^n} f_{\mathbf{X},\mathbf{Y}}(\mathbf{x},\mathbf{y})\,d\lambda_n(\mathbf{y})}{\int_{\mathbb{R}^n} f_{\mathbf{X},\mathbf{Y}}(\mathbf{x},\mathbf{y})\,d\lambda_n(\mathbf{y})} = 1\,.$$

2. *Besitzt* X *eine stetige Dichte* f_X, *so gilt* $f_X(x) - \varepsilon \leq f_X(u) \leq f_X(x) + \varepsilon$ *für* $\varepsilon > 0$ *und* $u \in [x - \Delta, x]$, *wenn* Δ *hinreichend klein ist, und daraus folgt* $P(X \in [x - \Delta, x]) = \int_{x-\Delta}^x f_X(u)\,du \approx f_X(x)\,\Delta$. *Dies impliziert nun*

$$\lim_{\Delta \to 0} \frac{P(X \in [x - \Delta, x])}{\Delta} = f(x)\,.$$

Man kann daher die Dichte interpretieren als Grenzwert des Quotienten der Wahrscheinlichkeit, mit der X Werte in einem kleinen Intervall annimmt, und der Länge dieses Intervalls.

Sind die Dichten von X und Y und von (X, Y) wie in Beispiel 10.58 stetig, so gilt sowohl $f_{X,Y}(x, y) - \varepsilon \leq f_{X,Y}(u, v) \leq f_{X,Y}(x, y) + \varepsilon$, als auch $f_X(x) - \varepsilon \leq f_X(u) \leq f_X(x) + \varepsilon$ für $\varepsilon > 0$ und jeden Punkt (u, v) aus $[x - \Delta, x] \times [y - \Delta, y]$, wenn Δ hinreichend klein ist. Daraus folgt

$$P(Y \in [y - \Delta, y] | X \in [x - \Delta, x]) = \frac{P([X \in [x - \Delta, x] \cap [Y \in [y - \Delta, y])}{P(X \in [x - \Delta, x])}$$

$$= \frac{\int_{x-\Delta}^{x} \int_{y-\Delta}^{y} f_{X,Y}(s, t)\, ds\, dt}{\int_{x-\Delta}^{x} f_X(s)\, ds} \approx \frac{f_{X,Y}(x, y)\, \Delta^2}{f_X(x)\, \Delta}.$$

bzw.

$$\lim_{\Delta \searrow 0} \frac{P(Y \in [y - \Delta, y] | X \in [x - \Delta, x])}{\Delta} = \lim_{\Delta} \frac{f_{X,Y}(x, y)\Delta^2}{f_X(x)\, \Delta^2} = \frac{f_{X,Y}(x, y)}{f_X(x)}.$$

Man kann daher diesen Grenzwert unter den oben erwähnten Voraussetzungen als die durch $X = x$ bedingte Dichte von Y auffassen.

Der Ansatz bedingte Wahrscheinlichkeiten für Bedingungen mit Wahrscheinlichkeit 0 durch einen Grenzübergang, bei dem die Wahrscheinlichkeit der Bedingung gegen 0 geht, einzuführen erweist sich aber i. A. als nicht zielführend. Das Konzept, das sich für eine allgemeine Definition der bedingten Wahrscheinlichkeiten eignet, wird erst in einem späteren Kapitel behandelt.

Satz 10.61 (Multiplikationsregel). *Ist $(\mathbf{X}, \mathbf{Y})$ ein stetiger Zufallsvektor mit der gemeinsamen Dichte $f_{\mathbf{X},\mathbf{Y}}$ und den Randdichten $f_{\mathbf{X}}$ bzw. $f_{\mathbf{Y}}$, so gilt*

$$f_{\mathbf{X},\mathbf{Y}}(\mathbf{x}, \mathbf{y}) = f_{\mathbf{X}}(\mathbf{x})\, f_{\mathbf{Y}|\mathbf{X}}(\mathbf{y}|\mathbf{x}) = f_{\mathbf{Y}}(\mathbf{y})\, f_{\mathbf{X}|\mathbf{Y}}(\mathbf{x}|\mathbf{y}) \quad \forall\, \mathbf{x}, \mathbf{y}.$$

Beweis. Der Satz folgt unmittelbar aus Definition 10.59.

Zusätzlich zu den in den Sätzen 7.46 bzw. 8.11 formulierten Unabhängigkeitskriterien gilt für stetige Zufallsvektoren der folgende Satz.

Satz 10.62. *Sind $\mathbf{X} : \Omega \to \mathbb{R}^m$ und $\mathbf{Y} : \Omega \to \mathbb{R}^n$ unabhängige, stetige Zufallsvektoren auf einem Wahrscheinlichkeitsraum $(\Omega, \mathfrak{S}, P)$ mit den Dichten $f_{\mathbf{X}}$ bzw. $f_{\mathbf{Y}}$, so ist auch $(\mathbf{X}, \mathbf{Y})$ stetig mit der Dichte $f_{\mathbf{X},\mathbf{Y}} = f_{\mathbf{X}}\, f_{\mathbf{Y}}$ λ_{m+n}-fü.*
Gilt umgekehrt für einen stetigen Zufallsvektor $(\mathbf{X}, \mathbf{Y})$ $f_{\mathbf{X},\mathbf{Y}} = f_{\mathbf{X}}\, f_{\mathbf{Y}}$ λ_{m+n}-fü, dann sind $\mathbf{X}$ und $\mathbf{Y}$ unabhängig.

Beweis. Aus der Unabhängigkeit, dem Satz von Fubini und Satz 10.33 folgt

$$P(\mathbf{X}, \mathbf{Y})^{-1}(A \times B) = P([\mathbf{X} \in A] \cap [\mathbf{Y} \in B]) = P([\mathbf{X} \in A])\, P([\mathbf{Y} \in B])$$

$$= \int_A f_{\mathbf{X}}\, d\lambda_m \int_B f_{\mathbf{Y}}\, d\lambda_n = \int_{A \times B} f_{\mathbf{X}}\, f_{\mathbf{Y}}\, d\lambda_{n+m} \quad \forall\, A \in \mathfrak{B}_m, B \in \mathfrak{B}_n.$$

Damit gilt auch $P(\mathbf{X}, \mathbf{Y})^{-1}(C) = \int_C f_\mathbf{X} f_\mathbf{Y} \, d\lambda_{n+m}$ $\forall\, C \in \mathfrak{B}_{n+m}$, da die messbaren Rechtecke $\mathfrak{B}_{n+m}$ erzeugen. Somit ist $f_\mathbf{X} f_\mathbf{Y}$ die Dichte von $(\mathbf{X}, \mathbf{Y})$.

Ist umgekehrt $f_\mathbf{X} f_\mathbf{Y}$ die Dichte von $(\mathbf{X}, \mathbf{Y})$, so gilt wegen Satz 10.33

$$P(\mathbf{X}, \mathbf{Y})^{-1}(A \times B) = \int_{A \times B} f_\mathbf{X} f_\mathbf{Y} \, d\lambda_{n+m} = \int_A f_\mathbf{X} \, d\lambda_m \int_B f_\mathbf{Y} \, d\lambda_n$$
$$= P\mathbf{X}^{-1}(A)\, P\mathbf{Y}^{-1}(B) \quad \forall\, A \in \mathfrak{B}_m,\, B \in \mathfrak{B}_n,$$

d.h. $\mathbf{X}$ und $\mathbf{Y}$ sind unabhängig.

Bemerkung 10.63. *Aus dem obigen Satz folgt sofort, dass bei unabhängigen Zufallsvektoren die bedingten Dichten stets mit den jeweiligen Randdichten übereinstimmen, dass also gilt $f_{\mathbf{Y}|\mathbf{X}}(\mathbf{y}|\mathbf{x}) = f_\mathbf{Y}(\mathbf{y})$ bzw. $f_{\mathbf{X}|\mathbf{Y}}(\mathbf{x}|\mathbf{y}) = f_\mathbf{X}(\mathbf{x})$, $\forall\, \mathbf{x}, \mathbf{y}$. d.h. die bedingten Verteilungen sind ident mit den Randverteilungen und daher unbeeinflusst vom Wert des jeweils anderen Zufallsvektors.*

10.6 Die Faltung

Definition 10.64. *Die Faltung der σ-endlichen Maße μ_1 und μ_2 auf $(\mathbb{R}, \mathfrak{B})$ ist das durch die Addition $S(x,y) := x + y$ $\forall\, (x,y) \in \mathbb{R}^2$ vom Produktraum $(\mathbb{R}^2, \mathfrak{B}_2, \mu_1 \otimes \mu_2)$ auf $(\mathbb{R}, \mathfrak{B})$ induzierte Maß $\mu_1 * \mu_2 := \mu_1 \otimes \mu_2 S^{-1}$.*

Lemma 10.65. *Sind μ_1, μ_2 zwei σ-endliche Maße auf $(\mathbb{R}, \mathfrak{B})$, so gilt*

$$\mu_1 * \mu_2(A) = \int \mu_1(A - y)\, \mu_2(dy) = \int \mu_2(A - x)\, \mu_1(dx) \quad \forall\, A \in \mathfrak{B}. \quad (10.36)$$

Beweis. Die Schnitte von $S^{-1}(A) = \{(x,y) \in \mathbb{R}^2 : x + y \in A\}$, $A \in \mathfrak{B}$ sind gegeben durch $S^{-1}(A)_y = A - y := \{a - y : a \in A\}$ und $S^{-1}(A)_x = A - x$. Gemäß Gleichung (10.17) aus Bemerkung 10.26 gilt deshalb für alle $A \in \mathfrak{B}$

$$\mu_1 * \mu_2(A) = \mu_1 \otimes \mu_2 \left(S^{-1}(A)\right) = \int \mu_1(A - y)\, d\mu_2(y) = \int \mu_2(A - x)\, d\mu_1(x).$$

Satz 10.66. *Sind μ_1, μ_2, μ_3 σ-endliche Maße auf $(\mathbb{R}, \mathfrak{B})$, so gilt*

1. $\mu_1 * \mu_2 = \mu_2 * \mu_1$,
2. $(\mu_1 * \mu_2) * \mu_3 = \mu_1 * (\mu_2 * \mu_3)$,
3. $\mu_1(\mathbb{R}) = \mu_2(\mathbb{R}) = 1 \;\Rightarrow\; \mu_1 * \mu_2(\mathbb{R}) = 1$.

Beweis. ad 1. : Dies folgt sofort aus Lemma 10.65.
ad 2. : Mit Hilfe des Satzes von Fubini erhält man

$$(\mu_1 * \mu_2) * \mu_3(A)$$
$$= \int \mu_1 * \mu_2(A - z)\, d\mu_3(z) = \int \left[\int \mu_2(A - z - x)\, d\mu_1(x)\right] d\mu_3(z)$$
$$= \int \left[\int \mu_2(A - z - x)\, d\mu_3(z)\right] d\mu_1(x) = \int \mu_2 * \mu_3(A - x)\, d\mu_1(x)$$
$$= (\mu_2 * \mu_3) * \mu_1(A) = \mu_1 * (\mu_2 * \mu_3)(A).$$

ad 3. : Aus $\mathbb{R} - y = \mathbb{R}$ $\forall\, y \in \mathbb{R}$ und $\mu_1(\mathbb{R}) = \mu_2(\mathbb{R}) = 1$ folgt sofort

$$\mu_1 * \mu_2(\mathbb{R}) = \int \mu_1(\mathbb{R}-y)\,d\mu_2(y) = \int \mu_1(\mathbb{R})\,d\mu_2(y) = \int 1\,d\mu_2 = \mu_2(\mathbb{R}) = 1.$$

Bemerkung 10.67. *Punkt 3. im obigen Satz besagt, dass $\mu_1 * \mu_2$ ein Wahrscheinlichkeitsmaß ist, wenn die μ_i, $i = 1,2$ Wahrscheinlichkeitsverteilungen sind. Dies ist auch intuitiv klar, denn sind X_1 und X_2 unabhängige Zufallsvariable auf einem Wahrscheinlichkeitsraum $(\Omega, \mathfrak{S}, P)$ und sind die μ_i die zugehörigen induzierten Verteilungen PX_i^{-1}, so stimmt $\mu_1 \otimes \mu_2$ mit der gemeinsamen Verteilung $P(X_1, X_2)^{-1}$ von (X_1, X_2) überein, und $\mu_1 * \mu_2$ ist die durch $X_1 + X_2$ induzierte Verteilung $P(X_1 + X_2)^{-1}$ und daher ebenfalls ein Wahrscheinlichkeitsmaß.*

Gerade aus dieser Beziehung, dass die Faltung die Verteilung der Summe unabhängiger Zufallsvariabler ist, ergibt sich auch ihre besondere Bedeutung.

Satz 10.68. *Sind die beiden Maße μ_1, μ_2 unbestimmte Integrale bezüglich λ mit reellwertigen Dichten f, g, so gilt*

$$\mu_1 * \mu_2(A) = \int_A \left[\int_{\mathbb{R}} f(s-y)\,g(y)\,d\lambda(y) \right]\,d\lambda(s)$$

$$= \int_A \left[\int_{\mathbb{R}} g(s-x)\,f(x)\,d\lambda(x) \right]\,d\lambda(s)\,. \qquad (10.37)$$

Beweis. Für die Abbildungen $T_y(x) = x - y$, $y \in \mathbb{R}$ gilt wegen der Translationsinvarianz des Lebesgue-Maßes $\lambda T_y^{-1} = \lambda$. Zudem gilt $T_y^{-1}(A - y) = A$. Daher folgt aus Lemma 10.65, Satz 9.62 und dem Satz von Fubini

$$\mu_1 * \mu_2(A) = \int_{\mathbb{R}} \mu_1(A - y)\,d\mu_2(y) = \int_{\mathbb{R}} \left[\int_{A-y} f(x)\,\lambda(dx) \right]\, g(y)\,d\lambda(y)$$

$$= \int_{\mathbb{R}} \left[\int_{A-y} f(x)\,d\lambda T_y^{-1}(x) \right]\, g(y)\,d\lambda(y) = \int_{\mathbb{R}} \left[\int_{A} f \circ T_y(s)\,d\lambda(s) \right]\, g(y)\,d\lambda(y)$$

$$= \int_{\mathbb{R}} \left[\int_{A} f(s - y)\,d\lambda(s) \right]\, g(y)\,d\lambda(y) = \int_{A} \left[\int_{\mathbb{R}} f(s - y)\,g(y)\,d\lambda(y) \right]\, d\lambda(s)\,.$$

Die zweite Gleichung in (10.37) folgt aus Symmetriegründen.

Definition 10.69. *Sind $f, g \in \mathcal{M}^+(\mathbb{R}, \mathfrak{B})$ reellwertig, so nennt man*

$$f * g(s) = \int_{\mathbb{R}} f(s - y)\,g(y)\,d\lambda(y) = \int_{\mathbb{R}} g(s - x)\,f(x)\,d\lambda(x)$$

die Faltung oder Faltungsdichte von f und g.

Bemerkung 10.70. *Man beachte, dass die zugehörigen Maße $\mu_1(A) = \int_A f\,d\lambda$ und $\mu_2(A) = \int_A g\,d\lambda$ wegen der Reellwertigkeit von f, g σ-endlich sind (vgl. hiezu die Argumentation im Beweis der Kettenregel – Folgerung 9.50).*

Satz 10.71. *Sind μ_1 und μ_2 zwei diskrete Lebesgue-Stieltjes-Maße auf $(\mathbb{R}, \mathfrak{B})$ mit $\mu_i(D_i^c) = 0$, $|D_i| \leq \aleph_0$, $i = 1, 2$, so ist $\mu_1 * \mu_2$ ebenfalls diskret mit dem Träger $D_* = \{x + y : x \in D_1, y \in D_2\}$, d.h. $\mu_1 * \mu_2(D_*^c) = 0$, und es gilt*

$$\mu_1 * \mu_2(\{s\}) = \sum_{y \in D_2} \mu_1(\{s - y\})\,\mu_2(\{y\}) = \sum_{x \in D_1} \mu_2(\{s - x\})\,\mu_1(\{x\}) \; \forall\, s \in \mathbb{R}.$$

Beweis. $\mu_1 * \mu_2(A) = \int\limits_{D_2} \mu_1(A - y)\,d\mu_2(y) = \sum\limits_{y \in D_2} \mu_1(A - y)\,\mu_2(\{y\})$. Da gilt $D_*^c - y \subseteq D_1^c \; \forall\, y \in D_2$, und D_1^c eine μ_1- Nullmenge ist, folgt daraus $\mu_1 * \mu_2(D_*^c) = \sum\limits_{y \in D_2} \mu_1(D_*^c - y)\,\mu_2(\{y\}) = 0$.

Für $A = \{s\}$ erhält man $\mu_1 * \mu_2(\{s\}) = \sum\limits_{y \in D_2} \mu_1(\{s - y\})\,\mu_2(\{y\})$, und aus Symmetriegründen gilt auch $\mu_1 * \mu_2(\{s\}) = \sum\limits_{x \in D_1} \mu_2(\{s - x\})\,\mu_1(\{x\})$.

Im Folgenden wird die Faltung einiger spezieller Verteilungen untersucht. Dabei verwenden wir bei diskreten Verteilungen die Bezeichnung $P(x)$ statt $P(\{x\})$, wobei P durch das Symbol der jeweiligen Verteilung ersetzt wird, etwa durch $B_{n,p}$, wenn eine Binomialverteilung betrachtet wird.

Beispiel 10.72 (Faltung von Binomialverteilungen).
$B_{n,p} * B_{m,p} = B_{n+m,p}$, d.h. sind $X \sim B_{n,p}$, $Y \sim B_{m,p}$ unabhängig, dann folgt daraus $X + Y \sim B_{n+m,p}$.

Für $\mu_1 := B_{n,p}$ und $\mu_2 := B_p$ gilt $D_1 = \{0, \ldots, n\}$ und $D_2 = \{0, 1\}$. Daraus folgt $D_* = \{0, \ldots, n+1\}$, und Satz 10.71 angewendet auf $B_{n,p}$ und B_p ergibt

$$B_{n,p} * B_p(k) = B_p(0)\,B_{n,p}(k) + B_p(1)\,B_{n,p}(k - 1)$$

$$= (1 - p)\binom{n}{k} p^k (1 - p)^{n-k} + p\binom{n}{k - 1} p^{k-1} (1 - p)^{n-k+1}$$

$$= \underbrace{\left[\binom{n}{k} + \binom{n}{k - 1}\right]}_{\binom{n+1}{k}} p^k (1 - p)^{n+1-k} = B_{n+1,p}(k).$$

Insbesondere gilt $B_{2,p} = B_p * B_p$ und vollständige Induktion führt schließlich zu $B_{n,p} = \underbrace{B_p * B_p * \ldots * B_p}_{\text{n-mal}}$, d.h. ist X $B_{n,p}$- verteilt, so ist X darstellbar als Summe $X = \sum\limits_{1=1}^{n} X_i$ unabhängiger Zufallsvariabler X_i mit $X_i \sim B_p \; \forall\, i$.

Aus $B_{n,p} * B_p = B_{n+1,p}$ und der Annahme $B_{n,p} * B_{m-1,p} = B_{n+m-1,p}$ folgt aber auch $B_{n,p} * B_{m,p} = B_{n,p} * B_{m-1,p} * B_p = B_{n+m-1,p} * B_p = B_{n+m,p}$, womit diese Beziehung ebenfalls durch vollständige Induktion bewiesen ist.

Beispiel 10.73 (Faltung von negativen Binomialverteilungen).
Es gilt $_{neg}B_{n,p} *_{neg} B_{m,p} =_{neg} B_{n+m,p}$.
   Im ersten Schritt zeigen wir, dass $_{neg}B_{n,p} * G_p =_{neg} B_{n+1,p}$.

$$_{neg}B_{n,p} * G_p(k) = \sum_{i=0}^{k} \binom{n+i-1}{n-1} p^n (1-p)^i p(1-p)^{k-i}$$

$$= p^{n+1}(1-p)^k \left[\binom{n-1}{n-1} + \binom{n}{n-1} + \ldots + \binom{n+k-2}{n-1} + \binom{n+k-1}{n-1} \right]$$

$$= p^{n+1}(1-p)^k \left[\binom{n}{n} + \binom{n}{n-1} + \binom{n+1}{n-1} + \ldots + \binom{n+k-1}{n-1} \right]$$

$$= p^{n+1}(1-p)^k \left[\binom{n+1}{n} + \binom{n+1}{n-1} + \binom{n+2}{n-1} + \ldots + \binom{n+k-1}{n-1} \right]$$

$$= p^{n+1}(1-p)^k \left[\binom{n+2}{n} + \binom{n+2}{n-1} + \binom{n+3}{n-1} + \ldots + \binom{n+k-1}{n-1} \right]$$

$$\vdots$$

$$= p^{n+1}(1-p)^k \binom{n+k}{n} = {}_{neg}B_{n+1,p}(k).$$

Der Rest verläuft völlig analog zu Beispiel (10.72) mit der geometrischen Verteilung in der Rolle der Bernoulliverteilung. Somit ist $X \sim {}_{neg}B_{n,p}$ darstellbar als Summe $X = \sum_{i=1}^{n} X_i$ von unabhängigen, G_p- verteilten Zufallsvariablen X_i.

Beispiel 10.74 (Faltung von Poissonverteilungen).
$P_\tau * P_\rho = P_{\tau+\rho}$, d.h. $X \sim P_\tau$, $Y \sim P_\rho$, X,Y unabhängig $\Rightarrow X+Y \sim P_{\tau+\rho}$.

$$P_\tau * P_\rho(k) = \sum_{i=0}^{k} \frac{\tau^i e^{-\tau}}{i!} \frac{\rho^{k-i} e^{-\rho}}{(k-i)!} = \frac{e^{-(\tau+\rho)}}{k!} \sum_{i=0}^{k} \frac{k!}{i!(k-i)!} \tau^i \rho^{k-i}$$

$$= \frac{(\tau+\rho)^k e^{-(\tau+\rho)}}{k!} = P_{\tau+\rho}(k).$$

Beispiel 10.75 (Faltung von Gammaverteilungen).
Es gilt $\Gamma(a_1,b) * \Gamma(a_2,b) = \Gamma(a_1+a_2,b)$.
   Da die Dichte $f(x)$ einer Gammaverteilung für negative x verschwindet, kann das Produkt $f_1(x) f_2(s-x)$ der Dichten f_1, f_2 der Gammaverteilungen $\Gamma(a_1,b)$, $\Gamma(a_2,b)$ nur für $0 \le x \le s$ von Null verschieden sein. Daher gilt

$$f_1 * f_2(s) = \int\limits_0^s \frac{x^{a_1-1}\,\mathrm{e}^{-\frac{x}{b}}}{b^{a_1}\,\Gamma(a_1)} \, \frac{(s-x)^{a_2-1}\,\mathrm{e}^{-\frac{s-x}{b}}}{b^{a_2}\,\Gamma(a_2)} \, dx$$

$$= \frac{\mathrm{e}^{-\frac{s}{b}}}{b^{a_1+a_2}\,\Gamma(a_1)\,\Gamma(a_2)} \int\limits_0^s x^{a_1-1}\,(s-x)^{a_2-1}\,dx\,.$$

Die Substitution $y = \frac{x}{s}$ führt das über in

$$f_1 * f_2(s) = \frac{s^{a_1+a_2-1}\,\mathrm{e}^{-\frac{s}{b}}}{b^{a_1+a_2}\,\Gamma(a_1)\Gamma(a_2)} \int\limits_0^1 y^{a_1-1}(1-y)^{a_2-1}dy = \frac{s^{a_1+a_2-1}\mathrm{e}^{-\frac{s}{b}}\,\mathrm{B}(a_1,a_2)}{b^{a_1+a_2}\,\Gamma(a_1)\,\Gamma(a_2)}\,.$$

Dies stimmt bis auf den konstanten Faktor $\frac{\mathrm{B}(a_1,a_2)}{\Gamma(a_1)\,\Gamma(a_2)}$ mit der Dichte f einer $\Gamma(a_1 + a_2, b)$-Verteilung überein. Da aber gilt $\int f_1 * f_2(s)\,ds = 1 = \int f(s)\,ds$, müssen damit auch die konstanten Faktoren von f und $f_1 * f_2$ gleich sein. Somit ist $\Gamma(a_1, b) * \Gamma(a_2, b) = \Gamma(a_1 + a_2, b)$ gezeigt, und als Nebenprodukt wurde die folgende, aus der Analysis bekannte Gleichung bewiesen

$$\mathrm{B}(a_1, a_2) = \frac{\Gamma(a_1)\,\Gamma(a_2)}{\Gamma(a_1 + a_2)}\,. \tag{10.38}$$

Die Summe von 2 unabhängig $\Gamma(a_1, b)$, bzw. $\Gamma(a_2, b)$ verteilten Zufallsvariablen ist also $\Gamma(a_1 + a_2, b)$ verteilt.

Daraus folgt natürlich sofort, dass die Summe einer χ_n^2-verteilten Zufallsvariablen und einer davon unabhängigen χ_m^2-verteilten Zufallsvariablen χ_{n+m}^2 verteilt ist. Unter Berücksichtigung der Tatsache, dass das Quadrat einer $N(0,1)$-verteilten Zufallsvariablen χ_1^2-verteilt ist (siehe Beispiel 9.82), kann man demnach χ_n^2-verteilte Zufallsvariable immer als Summe der Quadrate von n unabhängigen $N(0,1)$-verteilten Zufallsvariablen interpretieren.

Ebenso ist die Summe von unabhängigen $Er_{n,\tau}$- und $Er_{m,\tau}$-verteilten Zufallsvariablen $Er_{n+m,\tau}$ verteilt und eine $Er_{n,\tau}$-verteilte Zufallsvariable als Summe von n unabhängigen exponentialverteilten Summanden darstellbar.

Beispiel 10.76 (Faltung von Normalverteilungen).
$N(\mu_1, \sigma_1^2) * N(\mu_2, \sigma_2^2) = N(\mu_1 + \mu_2, \sigma_1^2 + \sigma_2^2)$.
  Wir beweisen zunächst $N(0,1) * N(0, \sigma^2) = N(0, 1 + \sigma^2)$.
Sind f_1, f_2 die Dichten dieser beiden Normalverteilungen, so gilt

$$f_1 * f_2(s) = \int\limits_{-\infty}^\infty \frac{1}{2\pi\,\sigma}\,\mathrm{e}^{-\frac{(s-x)^2}{2\sigma^2}-\frac{x^2}{2}}\,dx = \int\limits_{-\infty}^\infty \frac{1}{2\pi\,\sigma}\,\mathrm{e}^{-\frac{(s-x)^2+x^2\,\sigma^2}{2\sigma^2}}\,dx\,.$$

Formt man den Exponenten im obigen Integral um zu

$$-\frac{1}{2\sigma^2}\left(x^2\,(\sigma^2+1) - 2x\,\sqrt{\sigma^2+1}\,\frac{s}{\sqrt{\sigma^2+1}} + \frac{s^2}{\sigma^2+1}\right) - \frac{s^2}{2(\sigma^2+1)}\,,$$

so ergibt das

$$f_1 * f_2(s) = \frac{e^{-\frac{s^2}{2(\sigma^2+1)}}}{\sqrt{2\pi}\sqrt{\sigma^2+1}} \int\limits_{-\infty}^{\infty} \frac{e^{-\frac{1}{2\sigma^2}\left(x\sqrt{\sigma^2+1}-\frac{s}{\sqrt{\sigma^2+1}}\right)^2}}{\sqrt{2\pi}\,\sigma} \sqrt{\sigma^2+1}\ dx,$$

und die Substitution $y = x\sqrt{\sigma^2+1}$ führt zu

$$f_1 * f_2(s) = \frac{e^{-\frac{s^2}{2(\sigma^2+1)}}}{\sqrt{2\pi}\sqrt{\sigma^2+1}} \int\limits_{-\infty}^{\infty} \frac{e^{-\frac{\left(y-\frac{s}{\sqrt{\sigma^2+1}}\right)^2}{2\sigma^2}}}{\sqrt{2\pi}\,\sigma}\ dy = \frac{e^{-\frac{s^2}{2(\sigma^2+1)}}}{\sqrt{2\pi}\sqrt{\sigma^2+1}}.$$

$$\tag{10.39}$$

Das rechte Gleichheitszeichen in (10.39) gilt, da im Integral die Dichte einer $N(\frac{s}{\sqrt{\sigma^2+1}}, \sigma^2)$-Verteilung steht, weshalb das Integral den Wert 1 annimmt. Sind also $X \sim N(0,1)$, $Y \sim N(0,\sigma^2)$ unabhängig, so ist $X+Y \sim N(0,1+\sigma^2)$. Gilt nun $X \sim N(\mu_1, \sigma_1^2)$, $Y \sim N(\mu_2, \sigma_2^2)$, X, Y unabhängig, so sind auch $\frac{X-\mu_1}{\sigma_1} \sim N(0,1)$ und $\frac{Y-\mu_2}{\sigma_1} \sim N\left(0, \frac{\sigma_2^2}{\sigma_1^2}\right)$ unabhängig, und daraus folgt

$$\frac{X - \mu_1 + Y - \mu_2}{\sigma_1} \sim N\left(0, 1 + \frac{\sigma_2^2}{\sigma_1^2}\right) \ \Rightarrow\ X+Y \sim N(\mu_1+\mu_2, \sigma_1^2+\sigma_2^2).$$

11

Zerlegungssätze und Integraldarstellung

11.1 Die Hahn-Jordan-Zerlegung

Ist ν das unbestimmte Integral einer Funktion f bezüglich μ, so gilt klarerweise $\nu(B) \geq 0 \quad \forall\, B \subseteq [f \geq 0] \quad \wedge \quad \nu(B) \leq 0 \quad \forall\, B \subseteq [f < 0]$. Wir zeigen in diesem Abschnitt, dass es zu jedem signierten Maß ν eine Menge $P \in \mathfrak{S}$ gibt mit $\nu(B) \geq 0 \quad \forall\, B \subseteq P$, $B \in \mathfrak{S} \quad \wedge \quad \nu(B) \leq 0 \quad \forall\, B \subseteq N := P^c$, $B \in \mathfrak{S}$.

Definition 11.1. *Ist $(\Omega, \mathfrak{S}, \nu)$ ein signierter Maßraum, so nennt man $A \in \mathfrak{S}$ eine ν-positive Menge, wenn $\nu(B) \geq 0 \quad \forall\, B \subseteq A$, $B \in \mathfrak{S}$, man bezeichnet A als ν-negativ, wenn $\nu(B) \leq 0 \quad \forall\, B \subseteq A$, $B \in \mathfrak{S}$, und A ist eine ν-Nullmenge, wenn $\nu(B) = 0 \quad \forall\, B \subseteq A$, $B \in \mathfrak{S}$.*

Definition 11.2. *Ist $(\Omega, \mathfrak{S}, \nu)$ ein signierter Maßraum, so bilden $P \in \mathfrak{S}$ und P^c eine Hahn-Zerlegung $\{P, P^c\}$ von Ω, wenn P positiv ist und P^c negativ.*

Lemma 11.3. *Ist $(\Omega, \mathfrak{S}, \nu)$ ein signierter Maßraum und ist $B \in \mathfrak{S}$ von endlichem signierten Maß, so haben alle messbaren Teilmengen von B ebenfalls endliches signiertes Maß, d.h. $A, B \in \mathfrak{S} \wedge A \subseteq B \wedge |\nu(B)| < \infty \Rightarrow |\nu(A)| < \infty$.*

Beweis. Dies folgt sofort aus $\nu(B) = \nu(A) + \nu(B \setminus A)$ für $A \subseteq B$.

Als nächstes verallgemeinern wir die Sätze 3.20 und 3.21 auf signierte Maße.

Lemma 11.4. *Auf einem signierten Maßraum $(\Omega, \mathfrak{S}, \nu)$ gilt für jede monoton steigende Folge (A_n) aus $\mathfrak{S}$ $\nu\left(\bigcup_n A_n\right) = \lim_n \nu(A_n)$ (Stetigkeit von unten). Ist (A_n) monoton fallend und gibt es ein n_0 mit $|\nu(A_{n_0})| < \infty$, so gilt $\nu\left(\bigcap_n A_n\right) = \lim_n \nu(A_n)$ (Stetigkeit von oben).*

Beweis. Ist (A_n) eine monoton steigende Folge aus $\mathfrak{S}$, so gilt mit $A_0 := \emptyset$

$$\nu\left(\bigcup_n A_n\right) = \nu\left(\bigcup_n (A_n \setminus A_{n-1})\right) = \sum_{n \in \mathbb{N}} \nu(A_n \setminus A_{n-1})$$

$$= \lim_N \sum_{n=1}^N \nu(A_n \setminus A_{n-1}) = \lim_N \nu\left(\bigcup_{n=1}^N (A_n \setminus A_{n-1})\right) = \lim_N \nu(A_N).$$

Für $A_n \searrow$ und $|\nu(A_{n_0})| < \infty$ ist die Folge $B_n := A_{n_0} \setminus A_n$, $n \geq n_0$ monoton steigend, und es gilt $|\nu(B_n)| < \infty \quad \forall\, n \geq n_0$. Daraus folgt

$$\nu(A_{n_0}) - \nu\left(\bigcap_n A_n\right) = \nu\left(\bigcup_{n \geq n_0} B_n\right) = \lim_n \nu(B_n) = \nu(A_{n_0}) - \lim_n \nu(A_n),$$

Weil $\nu(A_{n_0})$ endlich ist, kann man dies umformen zu $\nu\left(\bigcap_n A_n\right) = \lim_n \nu(A_n)$.

Lemma 11.5. *Die negativen Mengen eines signierten Maßraums* $(\Omega, \mathfrak{S}, \nu)$ *bilden einen σ-Ring* $\mathfrak{S}^-$.

Beweis. Sind N_1, N_2 negativ, so sind $N_1 \cap N_2$ und $N_1 \bigtriangleup N_2$ ebenfalls negativ, da jedes $B \subseteq N_1 \cap N_2$ bzw. $B \subseteq N_1 \bigtriangleup N_2$ Teilmenge von N_1 oder N_2 ist, und deshalb für solche $B \in \mathfrak{S}$ gilt $\nu(B) \leq 0$. Da auch $\emptyset \in \mathfrak{S}^-$, ist $\mathfrak{S}^-$ ein Ring.

Für $N_i \in \mathfrak{S}^- \quad \forall\, i \in \mathbb{N}$ und $B \subseteq \bigcup_{i \in \mathbb{N}} N_i$, $B \in \mathfrak{S}$ gilt $B_n := B \cap \bigcup_{i=1}^n N_i \nearrow B$. Daraus folgt nach Lemma 11.4 $\nu(B) = \lim_n \nu(B_n) \leq 0$, d.h. $\bigcup_{i \in \mathbb{N}} N_i$ ist negativ.

Satz 11.6 (Zerlegungssatz von Hahn). *Zu jedem signierten Maß ν auf einem Messraum $(\Omega, \mathfrak{S})$ gibt es eine Hahn-Zerlegung.*

Beweis. Wir nehmen o.E.d.A. $\nu : \mathfrak{S} \to (-\infty, \infty]$, sonst betrachtet man $-\nu$.

Ist $\mathfrak{S}^-$ das System der negativen Mengen, $\gamma := \inf_{N \in \mathfrak{S}^-} \nu(N)$ und (γ_n) eine Folge mit $\gamma_n > \gamma \quad \forall\, n \in \mathbb{N}$ und $\gamma_n \searrow \gamma$, so gibt es zu jedem $n \in \mathbb{N}$ ein $N_n \in \mathfrak{S}^-$ mit $\nu(N_n) \leq \gamma_n$. Nach Lemma 11.5 ist $N := \bigcup_n N_n$ negativ. Daher gilt $\nu(N) \leq \gamma_n \quad \forall\, n \in \mathbb{N}$. Daraus folgt $\nu(N) = \gamma$. Somit gilt $\gamma > -\infty$.

$P := N^c$ kann keine negative Menge A mit $\nu(A) < 0$ enthalten, denn sonst stünde $\nu(A \cup N) = \nu(A) + \nu(N) < \gamma$ im Widerspruch zur Definition von γ.

Falls es ein $A \subseteq P$, $A \in \mathfrak{S}$ mit $\nu(A) < 0$ gibt, muss demnach gelten $\varepsilon_1 := \sup\{\nu(B) : B \in \mathfrak{S}, B \subseteq A\} > 0$. Ist $\varepsilon_1 < \infty$, so gibt es ein $B_1 \subseteq A$ mit $\nu(B_1) \geq \frac{\varepsilon_1}{2}$, ist hingegen $\varepsilon_1 = \infty$, so existiert ein $B_1 \subseteq A$ mit $\nu(B_1) \geq 1$. Daher gibt es jedenfalls ein $B_1 \subseteq A$ mit $\nu(B_1) \geq \delta_1 := \min\{\frac{\varepsilon_1}{2}, 1\} > 0$. Daraus folgt $\nu(A \setminus B_1) = \nu(A) - \nu(B_1) < \nu(A) < 0$, und wegen $A \setminus B_1 \notin \mathfrak{S}^-$ gilt $\varepsilon_2 := \sup\{\nu(B) : B \in \mathfrak{S}, B \subseteq A \setminus B_1\} > 0$. Somit existiert eine Menge $B_2 \subseteq A \setminus B_1$ mit $\nu(B_2) \geq \delta_2 := \min\{\frac{\varepsilon_2}{2}, 1\} > 0$. Klarerweise gilt auch $\nu(A \setminus B_1 \setminus B_2) = \nu(A \setminus B_1) - \nu(B_2) < \nu(A \setminus B_1) < \nu(A) < 0$.

Gibt es disjunkte Mengen $B_1, \ldots, B_{n-1}$, mit $\nu\left(A \setminus \bigcup\limits_{i=1}^{n-1} B_i\right) < 0$, so folgt

aus $A \setminus \bigcup\limits_{i=1}^{n-1} B_i \notin \mathfrak{S}^-$ wieder $\varepsilon_n := \sup\left\{\nu(B) : B \in \mathfrak{S}, B \subseteq A \setminus \bigcup\limits_{i=1}^{n-1} B_i\right\} > 0$.

Also existiert ein $B_n \subseteq A \setminus \bigcup\limits_{i=1}^{n-1} B_i$ mit $\nu(B_n) \geq \delta_n := \min\left\{\frac{\varepsilon_n}{2}, 1\right\} > 0$ und

$$\nu\left(A \setminus \bigcup_{i=1}^{n} B_i\right) = \nu\left(A \setminus \bigcup_{i=1}^{n-1} B_i\right) - \nu(B_n) < \nu\left(A \setminus \bigcup_{i=1}^{n-1} B_i\right) < 0.$$

Demnach muss es eine Folge (B_n) disjunkter, messbarer Teilmengen von A mit $\nu(B_n) \geq \delta_n > 0 \;\; \forall\, n \in \mathbb{N}$ geben. Mit $D := A \setminus \bigcup\limits_{n \in \mathbb{N}} B_n$ gilt $A = \bigcup\limits_{n \in \mathbb{N}} B_n \cup D$,

und aus $\nu(A) = \sum\limits_{n \in \mathbb{N}} \nu(B_n) + \nu(D)$ folgt sowohl $\nu(D) < \nu(A) < 0$ als auch

$\sum\limits_{n \in \mathbb{N}} \delta_n \leq \sum\limits_{n \in \mathbb{N}} \nu(B_n) < \infty$. Somit gilt $\lim\limits_n \delta_n = 0$, und daraus folgt $\lim\limits_n \varepsilon_n = 0$.

Aus $C \subseteq D \subseteq A \setminus \bigcup\limits_{i=1}^{n} B_i \;\; \forall\, n \in \mathbb{N}$ folgt $\nu(C) \leq \varepsilon_{n+1} \;\; \forall\, n \in \mathbb{N}$, d.h. $\nu(C) \leq 0$.

D ist also negativ mit $\nu(D) < 0$. Weil P aber keine derartigen Teilmengen enthalten kann, hat damit die Annahme, dass ein $A \subseteq P$, $A \in \mathfrak{S}$ mit $\nu(A) < 0$ existiert, zu einem Widerspruch geführt. Das bedeutet, dass P positiv ist.

Beispiel 11.7. $\Omega = \{-1, 0, 1\}$, $\mathfrak{S} = \mathfrak{P}(\Omega)$, $\nu(\{\omega\}) := \omega \;\; \forall\, \omega \in \Omega$. Sowohl $\{\{0, 1\}, \{-1\}\}$, also auch $\{\{1\}, \{-1, 0\}\}$ sind Hahn-Zerlegungen von Ω.

Die Hahn-Zerlegung ist also i.A. nicht eindeutig, aber es gilt der folgende Satz.

Satz 11.8. *Sind* $\{P_1, P_1^c\}, \{P_2, P_2^c\}$ *Hahn-Zerlegungen des signierten Maßraums* $(\Omega, \mathfrak{S}, \nu)$ *mit den positiven Mengen* P_1 *und* P_2*, so ist die symmetrische Differenz* $P_1 \triangle P_2 = P_1^c \triangle P_2^c$ *eine* ν*-Nullmenge.*

Beweis. Aus $A \subseteq P_1 \setminus P_2 = P_1 \cap P_2^c$, $A \in \mathfrak{S}$ folgt $\nu(A) \geq 0 \,\wedge\, \nu(A) \leq 0$. d.h. $\nu(A) = 0$. Für $A \subseteq P_2 \setminus P_1$ gilt die Behauptung aus Symmetriegründen.

Definition 11.9. *Unter einer Jordan-Zerlegung eines signierten Maßes* ν *auf* $(\Omega, \mathfrak{S})$*, versteht man ein Paar* ν^+, ν^- *von singulären Maßen mit* $\nu = \nu^+ - \nu^-$.

Die Maße einer Jordan-Zerlegung erfüllen folgende Minimalitätsbedingung.

Satz 11.10. *Ist* ν^+, ν^- *eine Jordan-Zerlegung eines signierten Maßes* ν *auf* $(\Omega, \mathfrak{S})$ *und sind* ν_1, ν_2 *zwei beliebige Maße mit* $\nu = \nu_1 - \nu_2$*, so gilt*

$$\nu^+(A) \leq \nu_1(A) \,\wedge\, \nu^-(A) \leq \nu_2(A) \;\; \forall\, A \in \mathfrak{S}.$$

Beweis. Da es zu $\nu^+ \perp \nu^-$ ein $C \in \mathfrak{S}$ mit $\nu^-(C) = \nu^+(C^c) = 0$ gibt, gilt $\nu^+(A) = \nu^+(A \cap C) - \nu^-(A \cap C) = \nu(A \cap C)$ und $\nu^-(A) = -\nu(A \cap C^c)$. Daraus folgt $\nu^+(A) = \nu(A \cap C) = \nu_1(A \cap C) - \nu_2(A \cap C) \leq \nu_1(A \cap C) \leq \nu_1(A)$ und $\nu^-(A) = -\nu(A \cap C^c) = \nu_2(A \cap C^c) - \nu_1(A \cap C^c) \leq \nu_2(A \cap C^c) \leq \nu_2(A)$.

Satz 11.11 (Zerlegungssatz von Jordan). *Jedes signierte Maß* ν *auf einem Messraum* $(\Omega, \mathfrak{S})$ *besitzt genau eine Jordan-Zerlegung* ν^+ *und* ν^-.

Beweis. Nach Satz 11.6 gibt es eine Hahn-Zerlegung $\{P, P^c\}$, und die Maße $\nu^+(A) := \nu(A \cap P)$ und $\nu^-(A) := -\nu(A \cap P^c)$ sind singulär mit $\nu = \nu^+ - \nu^-$. Damit ist die Existenz einer Jordan-Zerlegung gezeigt.

Bilden $\mu^+ \perp \mu^-$ eine weitere Jordan-Zerlegung von ν, so folgt aus Satz 11.10 sowohl $\nu^+ \leq \mu^+ \wedge \nu^- \leq \mu^-$ als auch $\mu^+ \leq \nu^+ \wedge \mu^- \leq \nu^-$. Also gilt $\nu^+ = \mu^+ \wedge \nu^- = \mu^-$, d.h. die Jordan Zerlegung ist eindeutig.

Bemerkung 11.12. *Man beachte, dass nur die Darstellung eines signierten Maßes als Differenz singulärer Maße eindeutig ist. Hat $\nu : \mathfrak{S} \to \mathbb{R}$ die Jordan-Zerlegung ν^+, ν^-, so gilt beispielsweise auch $\nu = 2\nu^+ - (\nu^+ + \nu^-)$.*

Definition 11.13. *Die Maße ν^+ und ν^- der Jordan-Zerlegung eines signierten Maßes ν bezeichnet man als seine obere bzw. untere Variation, und das Maß $|\nu| := \nu^+ + \nu^-$ wird Variation oder Totalvariation genannt.*

Lemma 11.14. *Für signierte Maßräume $(\Omega, \mathfrak{S}, \nu)$ gilt $|\nu(A)| \leq |\nu|(A) \, \forall \, A \in \mathfrak{S}$.*

Beweis. $|\nu(A)| = |\nu^+(A) - \nu^-(A)| \leq \nu^+(A) + \nu^-(A) = |\nu|(A)$.

Definition 11.15. *Ist $(\Omega, \mathfrak{S}, \mu)$ ein signierter Maßraum, so nennt man ein weiteres signiertes Maß ν absolut stetig bezüglich μ, wenn $|\nu| \ll |\mu|$, und μ und ν heißen singulär zueinander, wenn $|\nu| \perp |\mu|$.*

11.2 Die Lebesgue-Zerlegung

In diesem Abschnitt wird gezeigt, dass jedes σ-endliche Maß ν auf einem σ-endlichen Maßraum $(\Omega, \mathfrak{S}, \mu)$ in ein bezüglich μ absolut stetiges Maß ν_c und ein zu μ singuläres Maß ν_s zerlegt werden kann.

Definition 11.16. *Unter der Lebesgue-Zerlegung eines σ-endlichen Maßes ν auf einem σ-endlichen Maßraum $(\Omega, \mathfrak{S}, \mu)$ versteht man zwei Maße ν_c und ν_s, für die gilt $\nu_c \ll \mu$, $\nu_s \perp \mu$ und $\nu = \nu_c + \nu_s$.*

Satz 11.17 (Zerlegungssatz von Lebesgue). *Zu jedem σ-endlichen Maß ν auf einem σ-endlichen Maßraum $(\Omega, \mathfrak{S}, \mu)$ gibt es genau eine Lebesgue-Zerlegung.*

Beweis. Man darf o.E.d.A. μ und ν als endlich annehmen, da Ω in messbare Teilmengen zerlegt werden kann, auf denen beide Maße endlich sind.

Sind $\{\widetilde{P}_n, \widetilde{P}_n^c\}$ Hahn-Zerlegungen von $\nu - n\mu$, so ist die Menge $P_n := \bigcap\limits_{i=1}^{n} \widetilde{P}_i$ $(\nu - n\mu)$-positiv. Aber da aus $(\nu - i\mu)(A) \leq 0$ für $i \leq n$ folgt $(\nu - n\mu)(A) \leq 0$, sind alle $\widetilde{P}_i^c$ $(\nu - n\mu)$-negativ. Daher ist nach Lemma 11.5 das Komplement $P_n^c = \bigcup\limits_{i=1}^{n} \widetilde{P}_i^c$ $(\nu - n\mu)$-negativ. Somit bilden die $\{P_n, P_n^c\}$ Hahn-Zerlegungen der signierten Maße $\nu - n\mu$ mit $P_n \searrow P := \bigcap\limits_{n \in \mathbb{N}} P_n$ und $P_n^c \nearrow P^c = \bigcup\limits_{n \in \mathbb{N}} P_n^c$. Für die Maße $\nu_c(A) := \nu(A \cap P^c)$ und $\nu_s(A) := \nu(A \cap P)$ gilt $\nu = \nu_c + \nu_s$.

Aus $\mu(A) = 0$ folgt $\mu(A \cap P_n^c) = 0 \;\Rightarrow\; 0 = n\,\mu(A \cap P_n^c) \geq \nu(A \cap P_n^c) \quad \forall\, n \in \mathbb{N}$. Daher gilt auch $0 = \nu(A \cap P^c) = \nu_c(A)$. ν_c ist also absolut stetig bezüglich μ. Aber aus $\infty > \nu(\Omega) \geq \nu(P) \geq n\,\mu(P) \;\forall\, n \in \mathbb{N}$ folgt $\mu(P) = 0$, d.h. $\mu \perp \nu_s$.

Ist $\widetilde{\nu}_c \ll \mu, \widetilde{\nu}_s \perp \mu$ eine zweite Lebesgue-Zerlegung von ν, so folgt aus $\nu_c + \nu_s = \nu = \widetilde{\nu}_c + \widetilde{\nu}_s$ natürlich $\nu_s - \widetilde{\nu}_s = \widetilde{\nu}_c - \nu_c$. Zudem gibt es eine Menge $\widetilde{P} \in \mathfrak{S}$ mit $\mu(\widetilde{P}) = 0$ und $\widetilde{\nu}_s(\widetilde{P}^c) = 0$. Aus $\mu(P \cup \widetilde{P}) = 0$, und $\nu_c \ll \mu, \widetilde{\nu}_c \ll \mu$ folgt deshalb $\widetilde{\nu}_c(A) - \nu_c(A) = 0 \quad \forall\, A \subseteq P \cup \widetilde{P}, \; A \in \mathfrak{S}$. Da für jedes $A \subseteq P^c \cap \widetilde{P}^c, \; A \in \mathfrak{S}$ klarerweise $\nu_s(A) - \widetilde{\nu}_s(A) = 0$ gilt, ist damit $\nu_s(A) - \widetilde{\nu}_s(A) = \widetilde{\nu}_c(A) - \nu_c(A) = 0 \quad \forall\, A \in \mathfrak{S}$, also die Eindeutigkeit, gezeigt.

11.3 Der Satz von Radon-Nikodym

Jedes unbestimmte Integral $\nu(A) := \int_A f\,d\mu$ ist absolut stetig bezüglich μ. Daher ist die absolute Stetigkeit eine notwendige Bedingung für die Darstellung eines Maßes als Integral. Nun zeigen wir, dass sie auch hinreichend ist.

Ist f eine Funktion auf einem Raum Ω, so folgt aus $x < y$ natürlich $N_x := [f \leq x] \subseteq N_y := [f \leq y]$. Intuitiv kann man den Rand von N_x als Höhenschichtlinie interpretieren, die das Gebiet, in dem f unter der „Höhe " x liegt, abgrenzt von dem Gebiet, wo $f > x$ ist. So wie man aus den Höhenschichtlinien einer Landkarte Rückschlüsse auf das Landschaftsprofil ziehen kann, so lässt sich die Funktion f aus den N_x rekonstruieren.

Lemma 11.18. *Zu jeder Familie $\{N_q : q \in \mathbb{Q}\}$ messbarer Mengen auf einem Messraum $(\Omega, \mathfrak{S})$, für die gilt $N_{q_1} \subseteq N_{q_2} \;\forall\, q_1 < q_2$, gibt es eine Funktion $f \in \mathfrak{M}(\Omega, \mathfrak{S})$, sodass $f \leq q$ auf N_q und $f \geq q$ auf N_q^c.*

Beweis. Für $f(\omega) := \inf\{q : \omega \in N_q\}$ ($\inf \emptyset = \infty$) gilt $f(\omega) \leq q \;\forall\, \omega \in N_q$, und, weil aus $\omega \in N_q^c$ folgt $\omega \notin N_p \;\forall\, p \leq q$, gilt auch $f(\omega) \geq q \;\forall\, \omega \in N_q^c$.

Aus $\omega \in N_p$ mit $p < q$ folgt $f(\omega) < q$. Deshalb gilt $\bigcup_{p<q} N_p \subseteq [f < q]$. Umgekehrt gibt es zu jedem $\omega \in [f < q]$ ein $p \in \mathbb{Q}$ mit $f(\omega) < p < q$. Daraus folgt $\omega \in N_p$. Somit gilt auch $[f < q] \subseteq \bigcup_{p<q} N_p \;\Rightarrow\; [f < q] = \bigcup_{p<q} N_p \;\forall\, q \in \mathbb{Q}$. Damit aber ist die Messbarkeit von f bewiesen.

Wir kommen nun zum Hauptsatz dieses Abschnitts.

Satz 11.19 (Satz von Radon-Nikodym). *Auf einem σ-endlichen Maßraum $(\Omega, \mathfrak{S}, \mu)$ gibt es zu jedem bezüglich μ absolut stetigen Maß ν eine μ–fü eindeutig bestimmte Funktion f aus $\mathfrak{M}^+(\Omega, \mathfrak{S}, \mu)$, für die gilt $\nu(A) = \int_A f\,d\mu \;\forall\, A \in \mathfrak{S}$. f ist genau dann reellwertig μ–fü, wenn ν σ-endlich ist.*

Beweis. Man kann, wie üblich, o.E.d.A. annehmen, dass μ sogar endlich ist.

Unter dieser Annahme sind die $\nu - q\,\mu$, $q \in \mathbb{Q}^+$ signierte Maße, und man kann Ω für jedes $q \in \mathbb{Q}^+$ in eine $(\nu - q\,\mu)$-positive Menge $\widetilde{P}_q$ und eine $(\nu - q\,\mu)$-negative Menge $\widetilde{P}_q^c$ zerlegen. Klarerweise ist auch $P_q := \bigcap_{0 \leq p \leq q} \widetilde{P}_p$

eine $(\nu - q\,\mu)$-positive Menge, und, da für $p \le q$ aus $\nu(A) - p\,\mu(A) \le 0$ folgt $\nu(A) - q\,\mu(A) \le 0$ ist nach Lemma 11.5 $P_q^c = \bigcup\limits_{0 \le p \le q} \widetilde{P}_p^c$ $(\nu - q\,\mu)$-negativ. Aber zu den $N_q := P_q^c \nearrow N := \bigcup\limits_{q \in \mathbb{Q}^+} P_q^c$ existiert nach Lemma 11.18 ein messbares f mit $f \le q$ auf N_q und $f \ge q$ auf P_q, also auch $f \ge 0$ auf $P_0 = \Omega$.

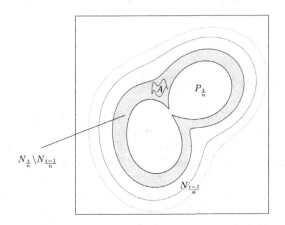

Abb. 11.1. Beweisskizze zum Satz von Radon-Nikodym

Ist $A \in \mathfrak{S}$ und $n \in \mathbb{N}$ fest, so kann man A zerlegen in die disjunkten Mengen $A_i := A \cap (N_{\frac{i}{n}} \setminus N_{\frac{i-1}{n}})$ und $A_\infty := A \setminus (\bigcup\limits_{i \in \mathbb{N}} N_{\frac{i}{n}}) = A \cap N^c$.

Aus $\mu(A_\infty) = 0$ folgt $\int_{A_\infty} f\, d\mu = 0$. Wegen $\nu \ll \mu$ gilt auch $\nu(A_\infty) = 0$, also

$$\nu(A_\infty) = \int\limits_{A_\infty} f\, d\mu = 0 \,. \tag{11.1}$$

Die Mengen $A_i \subseteq N_{\frac{i}{n}} \setminus N_{\frac{i-1}{n}}$, $i \in \mathbb{N}$ erfüllen die folgenden Ungleichungen

$$\frac{i-1}{n}\,\mu(A_i) \le \nu(A_i) \le \frac{i}{n}\,\mu(A_i) \quad \forall\, i \in \mathbb{N} \,. \tag{11.2}$$

Andererseits gilt auf $N_{\frac{i}{n}} \setminus N_{\frac{i-1}{n}}$ bekanntlich $\frac{i-1}{n} \le f \le \frac{i}{n}$. Das führt zu

$$\frac{i-1}{n}\,\mu(A_i) \le \int\limits_{A_i} f\, d\mu \le \frac{i}{n}\,\mu(A_i) \quad \forall\, i \in \mathbb{N} \,. \tag{11.3}$$

Somit gilt $\left| \nu(A_i) - \int_{A_i} f\, d\mu \right| \le \frac{1}{n}\,\mu(A_i)$ $\forall\, i$. Daraus und aus (11.1) folgt

$$\left| \nu(A) - \int_A f \, d\mu \right| \leq \sum_{i \in \mathbb{N}} \left| \nu(A_i) - \int_{A_i} f \, d\mu \right| \leq \frac{1}{n} \sum_{i \in \mathbb{N}} \mu(A_i) = \frac{1}{n} \mu(A).$$

Demnach ist die Gleichung $\nu(A) = \int_A f \, d\mu$ richtig, wenn $\mu(A_\infty) = 0$.
Aus $\mu(A_\infty) > 0$ folgt $\nu(A_\infty) = \infty$, denn es gilt $\nu(A_\infty) \geq q \, \mu(A_\infty) \quad \forall \, q \in \mathbb{Q}^+$.
Da auf N^c gilt $f = \infty$, folgt aus $\mu(A_\infty) > 0$ aber auch $\int_{A_\infty} f \, d\mu = \infty$. Deshalb gilt auch in diesem Fall $\nu(A) = \nu(A_\infty) = \infty = \int_{A_\infty} f \, d\mu = \int_A f \, d\mu$.

Dass f μ–fü eindeutig ist, ergibt sich aus Folgerung 9.47.

Ist ν σ-endlich, so kann man Ω in Teilräume zerlegen, auf denen μ und ν endlich sind. Auf diesen Räumen folgt aus $\infty > \nu(N^c) \geq q \mu(N^c) \quad \forall \, q \in \mathbb{Q}^+$,

dass gilt $\mu(N^c) = 0$. Aber auf $N = \left(\bigcup_{q \in \mathbb{Q}^+} N_q \right)$ ist f reellwertig.

Ist umgekehrt f reellwertig μ–fü, so ist N^c wegen $f(\omega) = \infty \quad \forall \, \omega \in N^c$ eine μ-Nullmenge, sodass aus $\nu \ll \mu$ folgt $\nu(N^c) = 0$. Nun gilt $\Omega = N^c \cup \bigcup_{q \in \mathbb{Q}^+} N_q$

mit $\nu(N^c) = 0$ und $\nu(N_q) \leq q \, \mu(N_q) < \infty \quad \forall \, q \in \mathbb{Q}^+$. Somit ist ν σ-endlich.

Bemerkung 11.20. *Ist $(\Omega, \mathfrak{S}, \mu)$ ein σ-endlicher Maßraum und ν ein signiertes Maß mit $\nu \ll \mu$, so sind auch die Maße ν^+ und ν^- der Jordan-Zerlegung von ν absolut stetig bezüglich μ. Daher gibt es messbare Funktionen f^+ und f^- mit $\nu^+(A) = \int_A f^+ \, d\mu$ und $\nu^-(A) = \int_A f^- \, d\mu \; \forall \, A \in \mathfrak{S}$. Also gilt für $f := f^+ - f^-$ offensichtlich $\nu(A) = \int_A f \, d\mu \; \forall \, A \in \mathfrak{S}$, und f ist dadurch gemäß Satz 9.46 eindeutig bestimmt. Wir haben f schon in Definition 9.48 als Radon-Nikodym-Dichte bezeichnet und dafür die Schreibweise $f = \frac{d\nu}{d\mu}$ eingeführt.*

Wenn μ nicht σ-endlich ist, muss eine Dichte nicht existieren, und andererseits kann es dann auch mehrere Dichten geben, wie das folgende Beispiel zeigt.

Beispiel 11.21. Auf $(\Omega, \{\emptyset, \Omega\}, \mu)$ mit $\Omega \neq \emptyset$, $\mu(\emptyset) = 0$ und $\mu(\Omega) = \infty$ gilt $\mu(A) = \int_A c \, d\mu \; \forall \, c \in \mathbb{R}$, $c > 0$, wie bereits in Bsp 9.45 gezeigt wurde.

Andererseits kann es auf diesem Raum zu $\nu(\emptyset) := 0$, $\nu(\Omega) := 1$ keine Funktion $f \geq 0$ μ–fü geben mit $\nu(\Omega) = \int_\Omega f \, d\mu$, obwohl $\nu \ll \mu$.

Die Differentiationsregel $\frac{dx}{dy} = \frac{1}{\frac{dy}{dx}}$ hat ein Analogon für Dichten.

Lemma 11.22. *Sind μ und ν zwei σ-endliche Maße auf einem Messraum $(\Omega, \mathfrak{S})$ mit $\nu \ll \mu$ und $\mu \ll \nu$, so gilt*

$$\frac{d\mu}{d\nu} = \left(\frac{d\nu}{d\mu} \right)^{-1} \qquad \mu\text{–fü}. \tag{11.4}$$

Beweis. Wegen $\mu(A) = \int_A 1 \, d\mu \; \forall \, A \in \mathfrak{S}$ gilt natürlich $\frac{d\mu}{d\mu} = 1$ μ–fü. Die Kettenregel angewendet auf $\rho := \mu \ll \nu \ll \mu$ liefert nun $1 = \frac{d\mu}{d\mu} = \frac{d\mu}{d\nu} \frac{d\nu}{d\mu}$ μ–fü.

Integral und Ableitung

Wie aus der Differential- und Integralrechnung bekannt, ist das unbestimmte Riemann-Integral $F(x) := c + \int\limits_a^x f(t)\, dt$ einer stetigen Funktion $f : [a, b] \to \mathbb{R}$ stetig differenzierbar mit $F'(x) = \frac{\partial}{\partial x} \int_a^x f(t)\, dt = f(x)$, d.h. F ist eine Stammfunktion von f.

Ist F umgekehrt auf $[a, b]$ stetig differenzierbar, so ist F das unbestimmte Integral seiner Ableitung, also $F(x) = F(a) + \int_a^x F'(t)\, dt$.

Das Lebesgue-Integral betreffend stellen sich nun folgende Fragen:

1. Unter welchen Voraussetzungen ist $F : [a, b] \to \mathbb{R}$ darstellbar als Lebesgue-Integral $F(x) = F(a) + \int\limits_{[a,x]} f\, d\lambda$ mit $f \in \mathcal{L}_1([a, b], \mathfrak{B} \cap [a, b], \lambda)$ und welcher Zusammenhang besteht zwischen der Ableitung F' von F und f?
2. Welche λ-fü differenzierbaren Funktionen F sind das Lebesgue-Integral ihrer Ableitung F'?

Die zur Beantwortung der obigen Fragen benötigten Begriffe stellen wir in den nächsten beiden Abschnitten vor.

12.1 Funktionen von beschränkter Variation

Definition 12.1. *$f : [a, b] \to \mathbb{R}$ ist eine Funktion von beschränkter Variation, wenn es eine endliche obere Schranke M gibt, sodass für jede endliche Partition $a = x_0 < x_1 < \cdots < x_n = b$, $n \in \mathbb{N}$ von $[a, b]$ gilt $\sum\limits_{i=1}^n |f(x_i) - f(x_{i-1})| \leq M$.*

$$V_a^b f := \sup \left\{ \sum_{i=1}^n |f(x_i) - f(x_{i-1})| : a = x_0 < x_1 < \cdots < x_n = b,\ n \in \mathbb{N} \right\}$$

heißt die Totalvariation (oder vollständige Variation) von f auf $[a, b]$.
Das System der Funktionen von beschränkter Variation bezeichnet man mit $\mathcal{BV}(a, b) := \{ f : [a, b] \to \mathbb{R} : V_a^b f < \infty \}$.

Lemma 12.2. *Ist* $f \in \mathcal{BV}(a,b)$, *so gilt* $V_a^b f = V_a^c f + V_c^b f \quad \forall\, c \in (a,b)$.

Beweis. Ist $a = x_0 < x_1 < \cdots < x_m = c$ eine Partition des Intervalls $[a,c]$ und ist $c = x_m < x_{m+1} < \cdots < x_{m+n} = b$ eine Partition des Intervalls $[c,b]$, so ist $a = x_0 < \cdots < x_{m+n} = b$ eine Partition von $[a,b]$ und es gilt

$$\sum_{i=1}^{m} |f(x_i) - f(x_{i-1})| + \sum_{j=m+1}^{m+n} |f(x_j) - f(x_{j-1})| \leq V_a^b f.$$

Da die obigen Partitionen von $[a,c]$ und $[c,b]$ beliebig sind, folgt daraus

$$V_a^c f + V_c^b f \leq V_a^b f. \tag{12.1}$$

Ist umgekehrt $a = x_0 < \cdots < x_n = b$ eine beliebige Partition von $[a,b]$ und $j := \min\{k : x_k \geq c\}$, so gilt mit $S_g^h := \sum_{k=g}^{h} |f(x_k) - f(x_{k-1})|$

$$\sum_{k=1}^{n} |f(x_k) - f(x_{k-1})| = S_1^{j-1} + |f(x_j) - f(x_{j-1})| + S_{j+1}^n$$

$$\leq \left(S_1^{j-1} + |f(c) - f(x_{j-1})| \right) + \left(|f(x_j) - f(c)| + S_{j+1}^n \right) \leq V_a^c f + V_c^b f.$$

Da die obige Ungleichung für jede Partition von $[a,b]$ gilt, folgt daraus

$$V_a^b f \leq V_a^c f + V_c^b f. \tag{12.2}$$

Zusammen mit (12.1) ergibt das schließlich $V_a^b f = V_a^c f + V_c^b f$.

Lemma 12.3. *Ist* $f \in \mathcal{BV}(a,b)$, *so sind die Funktionen* $v(x) := V_a^x f$ *und* $w(x) := v(x) - f(x)$ *monoton wachsend.*

Beweis. Aus Lemma 12.2 folgt sofort, dass v monoton wachsend ist.
Für $a < x < y < b$ gilt $f(y) - f(x) \leq |f(y) - f(x)| \leq V_x^y f = v(y) - v(x)$.
Daraus folgt $w(x) = v(x) - f(x) \leq v(y) - f(y) = w(y)$.

Der folgende Satz zeigt, dass eine Analogie zwischen den signierten Maßen und den Funktionen von beschränkter Variation besteht, denn er besagt, dass diese Funktionen Differenzen monotoner Funktionen sind.

Satz 12.4. *Die Funktion* $f : [a,b] \to \mathbb{R}$ *ist von beschränkter Variation genau dann, wenn es zwei monoton wachsende Funktionen* v, w *gibt mit* $f = v - w$.

Beweis. Die eine Richtung ergibt sich aus dem obigen Lemma.
Ist umgekehrt $f = v - w$, so gilt für jede Partition $a = x_0 < \cdots < x_n = b$

$$\sum_{i=1}^{n} |f(x_i) - f(x_{i-1})| \leq \sum_{i=1}^{n} (v(x_i) - v(x_{i-1})) + \sum_{i=1}^{n} (w(x_i) - w(x_{i-1}))$$

$$= v(b) - v(a) + w(b) - w(a) < \infty.$$

Lemma 12.5. *Ist* $f : [a, b] \to \mathbb{R}$ *monoton steigend, so existieren die beiden Grenzwerte* $f_+(x)$ *und* $f_-(x) \; \forall \; x \in (a, b)$*, wobei gilt* $f_-(x) \leq f(x) \leq f_+(x)$*. Zudem hat* f *höchstens abzählbar viele Unstetigkeitsstellen.*

Beweis. Für monoton wachsendes f, $x \in (a, b)$ und $h_n \searrow 0$ sind die Funktionswerte $f(x + h_n)$ monoton fallend und von unten durch $f(x)$ beschränkt. Daher existiert der Grenzwert $\lim_n f(x + h_n) \geq f(x)$. Die $f(x - h_n)$ wachsen monoton mit $f(x - h_n) \leq f(x)$, sodass auch $f_-(x) \leq f(x)$ existiert.

Da die Menge $D = \{x \in (a, b) : |f_+(x) - f_-(x)| > 0\}$ der Unstetigkeitsstellen darstellbar ist in der Form $D = \bigcup_n \{x \in (a, b) : |f_+(x) - f_-(x)| > \frac{1}{n}\}$ und jede Menge in der Vereinigung endlich ist, gilt $|D| \leq \aleph_0$.

Definition 12.6. *Eine Funktion* $f : \mathbb{R} \to \mathbb{R}$ *hat in* x *eine Unstetigkeit 1.ter Art, wenn* $f_+(x)$ *und* $f_-(x)$ *existieren, aber* $f_+(x) \neq f(x) \; \vee \; f_-(x) \neq f(x)$ *gilt.*

Folgerung 12.7. *Jede Funktion* f *von beschränkter Variation hat höchstens abzählbar viele Unstetigkeitsstellen 1.ter Art und ist daher stetig* λ*–fü.*

Beweis. Dies folgt unmittelbar aus Satz 12.4 zusammen mit Lemma 12.5.

Bemerkung 12.8.

1. *Ist* $f \in \mathcal{BV}(a, b)$ *mit* $f = F - G$*, wobei* F *und* G *monoton wachsend sind und ersetzt man in jeder Unstetigkeitsstelle von* F *bzw.* G *den Funktionswert durch den rechtsseitigen Grenzwert, so erhält man zwei Lebesgue-Stieltjes-Verteilungsfunktionen* F_+*,* G_+ *und* f *stimmt mit* $f_+ := F_+ - G_+$ λ*–fü überein.* f *ist also* λ*–fü die „Verteilungsfunktion" eines signierten Lebesgue-Stieltjes-Maßes. Dies bedeutet, dass der Begriff der Funktion von beschränkter Variation im Wesentlichen mit dem des signierten Maßes übereinstimmt.*
2. *Da man die Verteilungsfunktionen* F_+ *und* G_+ *darstellen kann als Summen* $F_+ = F_c + F_d$*,* $G_+ = G_c + G_d$ *stetiger und diskreter Verteilungsfunktionen* F_c, G_c *bzw.* F_d, G_d*, so ist auch* $f_+ = (F_c - G_c) + (F_d - G_d)$ *darstellbar als Summe einer stetigen und einer diskreten Funktion.*

12.2 Absolut stetige Funktionen

Definition 12.9. *Eine Funktion* $f : [a, b] \to \mathbb{R}$ *heißt absolut stetig, wenn zu jedem* $\varepsilon > 0$ *ein* $\delta > 0$ *existiert, sodass für jede endliche Familie von disjunkten Intervallen* (a_i, b_i)*,* $i = 1, \ldots, n$ *aus* $[a, b]$ *gilt*

$$\sum_{i=1}^{n} (b_i - a_i) < \delta \; \Rightarrow \; \sum_{i=1}^{n} |f(b_i) - f(a_i)| < \varepsilon. \tag{12.3}$$

Lemma 12.10. *Jede auf einem Intervall* $[a, b]$ *absolut stetige Funktion* f *ist gleichmäßig stetig und von beschränkter Variation.*

Beweis. Dass eine absolut stetige Funktion gleichmäßig stetig ist, ist klar.

Zu $\varepsilon > 0$ gibt es ein $\delta > 0$, sodass $\sum\limits_{i=1}^{n} (b_i - a_i) < \delta \;\Rightarrow\; \sum\limits_{i=1}^{n} |f(b_i) - f(a_i)| < \varepsilon$.

Für jede Partition $a = x_0 < \cdots < x_n = b$ mit $\max\limits_{1 \le i \le n} (x_i - x_{i-1}) < \delta$ gilt dann

$V_{x_{i-1}}^{x_i} f < \varepsilon$, und daraus folgt nach Lemma 12.2 $\; V_a^b f = \sum\limits_{i=1}^{n} V_{x_{i-1}}^{x_i} f \le n\varepsilon$.

Satz 12.11. *Ist $f : [a, b] \to \mathbb{R}$ absolut stetig, so ist $v(x) := V_a^x f$ absolut stetig.*

Beweis. Wählt man zu $\varepsilon > 0$ ein $\delta > 0$, sodass $\sum\limits_{i=1}^{n} |f(b_i) - f(a_i)| < \varepsilon$ für alle

disjunkten Intervalle (a_i, b_i), $i = 1, \ldots, n$ mit $\sum\limits_{i=1}^{n} (b_i - a_i) < \delta$ und zerlegt man

jedes (a_i, b_i) durch eine beliebige Partition $a_i = x_{i,0} < \cdots < x_{i,m_i} = b_i$, so gilt

$\sum\limits_{i=1}^{n} \sum\limits_{j=1}^{m_i} |f(x_{i,j}) - f(x_{i,j-1})| < \varepsilon$, da $\sum\limits_{i=1}^{n} \sum\limits_{j=1}^{m_i} (x_{i,j} - x_{i,j-1}) = \sum\limits_{i=1}^{n} (b_i - a_i) < \delta$.

Daraus folgt schließlich

$$\sum_{i=1}^{n} \sup \left\{ \sum_{j=1}^{m_i} |f(x_{i,j}) - f(x_{i,j-1})| : a_i \le x_{i,0} < \ldots < x_{i,m_i} = b_i \right\}$$

$$= \sum_{i=1}^{n} V_{a_i}^{b_i} f = \sum_{i=1}^{n} |v(b_i) - v(a_i)| < \varepsilon.$$

Folgerung 12.12. *Jede absolut stetige Funktion $f : [a, b] \to \mathbb{R}$ ist die Differenz zweier monoton wachsender Funktionen F und G, die beide absolut stetig sind.*

Beweis. Mit f und v ist auch $u := v - f$ absolut stetig.

Ist $(\Omega, \mathfrak{S}, \mu)$ ein Maßraum, ν ein weiteres Maß auf $(\Omega, \mathfrak{S})$, für das es zu jedem $\varepsilon > 0$ ein $\delta > 0$ gibt, sodass $\mu(A) < \delta \Rightarrow \nu(A) < \varepsilon \;\; \forall\, A \in \mathfrak{S}$, so ist ν natürlich absolut stetig bezüglich μ. Für endliches ν gilt auch die Umkehrung.

Satz 12.13. *Ein endliches Maß ν auf einem Maßraum $(\Omega, \mathfrak{S}, \mu)$ ist absolut stetig bezüglich μ genau dann, wenn es für alle $\varepsilon > 0$ ein $\delta > 0$ gibt, sodass aus $\mu(A) < \delta$ folgt $\nu(A) < \varepsilon$ für alle $A \in \mathfrak{S}$.*

Beweis. Wie oben erwähnt, ist die eine Richtung klar, es genügt daher zu zeigen, dass aus $\nu \ll \mu$ die ε, δ- Bedingung folgt.

Wir nehmen an, dass die Bedingung nicht gilt, obwohl $\nu \ll \mu$. Dann existiert ein $\varepsilon > 0$ und zu jedem $n \in \mathbb{N}$ ein $A_n \in \mathfrak{S}$ mit $\mu(A_n) < \frac{1}{2^n}$ und $\nu(A_n) > \varepsilon$. Für $A := \limsup\limits_{n} A_n = \bigcap\limits_{n} \bigcup\limits_{k \ge n} A_k$ gilt dann nach dem ersten Lemma von Borel-Cantelli (Satz 3.27) $\mu(A) = 0$. Aber aus Satz 3.21 (Stetigkeit von oben) folgt wegen $\nu \left(\bigcup\limits_{k \ge n} A_k \right) \ge \nu(A_n) > \varepsilon \; \forall\, n \in \mathbb{N}$, dass $\nu(A) \ge \varepsilon$ gelten muss. Dies steht im Widerspruch zu $\nu \ll \mu$.

Folgerung 12.14. *Ist F die Verteilungsfunktion eines Lebesgue-Stieltjes-Maßes μ auf $([a,b], \mathfrak{B} \cap [a,b])$, so ist F genau dann absolut stetig, wenn $\mu \ll \lambda$.*

Beweis. Da μ als Lebesgue-Stieltjes-Maß endlich auf $[a,b]$ ist, folgt auf Grund des obigen Satzes aus $\mu \ll \lambda$, dass es zu jedem $\varepsilon > 0$ ein $\delta > 0$ gibt, sodass $\lambda(A) < \delta \Rightarrow \mu(A) < \varepsilon$. Ist nun $A = \bigcup_{i=1}^{n} (a_i, b_i]$ eine Vereinigung disjunkter Intervalle $(a_i, b_i]$, $i = 1, \ldots, n$ mit $\lambda(A) = \sum_{i=1}^{n} (b_i - a_i) < \delta$, so gilt

$$\mu(A) = \sum_{i=1}^{n} (F(b_i) - F(a_i)) = \sum_{i=1}^{n} |F(b_i) - F(a_i)| < \varepsilon,$$ d.h. F ist absolut stetig.

Ist umgekehrt die Verteilungsfunktion F absolut stetig, so gibt es zu jedem $\varepsilon > 0$ ein $\delta > 0$, sodass für beliebige disjunkte Intervalle $(a_i, b_i]$, $i = 1, \ldots, n$ aus $\sum_{i=1}^{n} (b_i - a_i) < \delta$ folgt $\sum_{i=1}^{n} (F(b_i) - F(a_i)) < \varepsilon$. Da für alle $A \in \mathfrak{B} \cap [a,b]$ gilt

$$\lambda(A) = \inf \left\{ \sum_{i=1}^{\infty} (b_i - a_i) : A \subseteq \bigcup_{i \in \mathbb{N}} (a_i, b_i] \ (a_i, b_i] \cap (a_j, b_j] = \emptyset \ \forall \, i \neq j \right\},$$ gibt

es zu jeder λ-Nullmenge N disjunkte Intervalle $(a_i, b_i]$ mit $\sum_{i=1}^{\infty} (b_i - a_i) < \delta$ und $N \subseteq \bigcup_i (a_i, b_i]$. Damit gilt $\sum_{i=1}^{n} (F(b_i) - F(a_i)) < \varepsilon \quad \forall \, n \in \mathbb{N}$, und daraus folgt $\varepsilon \geq \sum_{i=1}^{\infty} (F(b_i) - F(a_i)) = \mu \left(\bigcup_{i=1}^{\infty} (a_i, b_i] \right) \geq \mu(N)$. Also gilt $\mu(N) = 0$. Aus $\lambda(N) = 0$ folgt demnach $\mu(N) = 0$, d.h. μ ist absolut stetig bezüglich λ.

Wir können nun die erste Frage beantworten.

Satz 12.15. *Eine Funktion $F : [a,b] \to \mathbb{R}$ ist genau dann das Lebesgue-Integral einer Funktion $f \in \mathcal{L}_1([a,b], \mathfrak{B} \cap [a,b], \lambda)$, wenn F absolut stetig ist.*

Beweis. Ist F absolut stetig, so gibt es monoton steigende, absolut stetige Funktionen G und H mit $F = G - H$. Da für die zu G und H gehörigen Lebesgue-Stieltjes-Maße μ_G, μ_H gilt $\mu_F \ll \lambda$, $\mu_G \ll \lambda$, gibt es Radon-Nikodym-Dichten $g := \frac{d\mu_G}{d\lambda}$ und $h := \frac{d\mu_H}{d\lambda}$, sodass $\mu_G(A) = \int_A g \, d\lambda$ und $\mu_H(A) = \int_A h \, d\lambda \quad \forall \, A \in \mathfrak{B} \cap [a,b]$. Daraus folgt $F(x) - F(a) = \int_{(a,x]} g - h \, d\lambda$.

Ist umgekehrt f eine Lebesgue-integrierbare Funktion, so werden durch $\mu^+(A) := \int_A f^+ \, d\lambda$ und $\mu^-(A) := \int_A f^- \, d\lambda$ zwei bezüglich λ absolut stetige Maße μ^+, μ^- definiert, deren Verteilungsfunktionen wir mit G und H bezeichnen. Nach Folgerung 12.14 sind G und H absolut stetig und daher ist auch $F(x) := G(x) - H(x) - G(a) + H(a) = \int_{(a,x]} f \, d\lambda$ absolut stetig.

Definition 12.16. *Ist $(\Omega, \mathfrak{S}, \mu)$ ein Maßraum, so heißt $A \in \mathfrak{S}$ ein μ-Atom, wenn $\mu(A) > 0$ und wenn für jedes $B \in \mathfrak{S}$, $B \subseteq A$ gilt $\mu(B) = 0 \vee \mu(A \setminus B) = 0$.*

Gibt es keine μ-Atome in $\mathfrak{S}$, so nennt man μ atomlos. Ist μ σ-endlich und *existiert eine Folge von Atomen A_n, $n \in \mathbb{N}$, die auch leer oder endlich sein darf,*

mit $\mu \left(\left(\bigcup_n A_n \right)^c \right) = 0$*, so wird μ als rein atomar bezeichnet.*

Satz 12.17. *Ein Lebesgue-Stieltjes-Maß auf $(\mathbb{R}, \mathfrak{B})$ ist genau dann atomlos, wenn seine Verteilungsfunktion F stetig ist.*

Beweis. Ist F in x nicht stetig, so gilt $\mu(\{x\}) = F(x) - F_-(x) > 0$, aber $\{x\}$ hat nur $\emptyset$ und $\{x\}$ als Teilmengen und muss daher ein Atom sein.

Ist umgekehrt A ein Atom von μ, so gilt $A_n := A \cap (-n, n) \nearrow A$ mit $n \to \infty$, $n \in \mathbb{N}$. Da μ stetig von unten ist, folgt daraus $\lim_n \mu(A_n) = \mu(A) > 0$. Deshalb gibt es ein $N \in \mathbb{N}$ mit $0 < \mu(A_N) \leq \mu([-N, N]) < \infty$. Für jedes $B \in \mathfrak{B}$, $B \subseteq A_N \subseteq A$ gilt $\mu(B) = 0$ oder $0 = \mu(A \setminus B) \geq \mu(A_N \setminus B) \geq 0$, d.h. A_N ist ebenfalls ein Atom. Ist $c := \inf\{x : \mu(A_N \cap (-\infty, x]) = \mu(A_N)\}$, so gilt $\mu\left(A_N \cap \left(-\infty, c - \frac{1}{n}\right)\right) = 0$ aber auch $\mu\left(A_N \cap \left(c + \frac{1}{n}, \infty\right)\right) = 0$ für alle $n \in \mathbb{N}$. Daraus folgt $\mu(A_N \cap [(-\infty, c) \cup (c, \infty)]) = 0$. Damit aber gilt $0 < \mu(A_N) = \mu(A_N \cap \{c\}) = \mu(\{c\}) = F(c) - F_-(c)$, also ist F in c unstetig.

Bemerkung 12.18. *Gemäß Satz 6.25 kann man jede Verteilungsfunktion F darstellen als Summe einer diskreten und einer stetigen Verteilungsfunktion F_d und F_s, sodass für das durch F definierte Maß μ gilt $\mu = \mu_d + \mu_s$, wobei μ_d das durch F_d bestimmte Maß diskret ist während das zu F_s gehörige Maß μ_s atomlos ist. μ_s kann weiter zerlegt werden in $\mu_{ss} \perp \lambda$ und $\mu_{sc} \ll \lambda$. So erhält man schließlich $\mu = \mu_d + \mu_{ss} + \mu_{sc}$ bzw. $F = F_d + F_{ss} + F_{sc}$, wobei F_{ss} die Verteilungsfunktion von μ_{ss} ist und F_{sc} die zu μ_{sc} gehörige Verteilungsfunktion. F_{sc} ist absolut stetig, während F_{ss} zwar stetig ist, aber nicht absolut stetig sein kann. Man kann also jede Verteilungsfunktion darstellen als Summe einer Sprungfunktion, einer stetigen Verteilungsfunktion, die nicht absolut stetig ist, und einer absolut stetigen Verteilungsfunktion.*

Die Verteilungsfunktion F eines endlichen , atomlosen Maßes auf $(\mathbb{R}, \mathfrak{B})$ ist, wie oben gezeigt, stetig. Da F natürlich monoton ist, ist es surjektiv von $\mathbb{R}$ auf $[0, \mu(\mathbb{R})]$. Daher ist auch $\mu : \mathfrak{B} \to [0, \mu(\mathbb{R})]$ surjektiv. Der nächste Satz zeigt, dass dies für atomlose Maße auf beliebigen Messräumen $(\Omega, \mathfrak{S})$ gilt.

Satz 12.19. *Ist μ ein endliches, atomloses Maß auf einem Messraum $(\Omega, \mathfrak{S})$, so ist $\mu : \mathfrak{S} \to [0, \mu(\Omega)]$ surjektiv.*

Beweis. Wir beweisen zunächst, dass für jedes $A \in \mathfrak{S}$ mit $\mu(A) > 0$ gilt

$$0 < r < \mu(A) \Rightarrow \exists B \in \mathfrak{S} : B \subset A \wedge 0 < \mu(B) \leq r. \tag{12.4}$$

Würde das nicht stimmen, so müsste für jedes $B \subset A$ mit $\mu(B) > 0$ gelten $\mu(B) > r$. Da A kein Atom ist, müsste es eine Menge $B_1 \subset A$ geben mit $0 < \mu(B_1) < \mu(A) \Rightarrow r < \mu(B_1) < \mu(A) \Rightarrow \mu(A \setminus B_1) > 0$. Da auch $A \setminus B_1$ kein Atom ist, müsste ein $B_2 \subset A \setminus B_1$ existieren mit $0 < \mu(B_2) < \mu(A \setminus B_1)$. Aber wegen $B_2 \subset A$ müsste dann sogar gelten $r < \mu(B_2) < \mu(A \setminus B_1)$. Daraus folgt $\mu(A \setminus (B_1 \cup B_2)) > 0$, und, da auch $A \setminus (B_1 \cup B_2)$ kein Atom sein kann, müsste ein $B_3 \subset A \setminus (B_1 \cup B_2)$ existieren mit $r < \mu(B_3) < \mu(A \setminus (B_1 \cup B_2))$. So könnte man rekursiv disjunkte Mengen $B_n \subset A$ konstruieren mit $r < \mu(B_n)$ $\forall\, n \in \mathbb{N} \;\Rightarrow\; \mu(A) = \infty$. Da dies $\mu(\Omega) < \infty$ widerspricht, ist (12.4) bewiesen.

Wir zeigen nun, dass zu jedem $a \in (0, \mu(\Omega))$ ein $A \in \mathfrak{S}$ existiert mit $\mu(A) = a$ (für $a = 0$ und $a = \mu(\Omega)$ gilt das trivialerweise).
Wegen (12.4) gilt $0 < \gamma_1 := \sup\{\mu(A) : A \in \mathfrak{S} \;\wedge\; \mu(A) \le a\}$. Daher muss es ein $A_1 \in \mathfrak{S}$ geben, sodass $a \ge \mu(A_1) \ge \frac{\gamma_1}{2}$. Falls $a = \mu(A_1)$, ist man fertig, ansonsten gilt $0 < d_1 := a - \mu(A_1)$. Also gibt es nach (12.4) ein $A \subset \Omega \setminus A_1$ mit $0 < \mu(A) \le d_1$, d.h. $0 < \gamma_2 := \sup\{\mu(A) : A \subseteq \Omega \setminus A_1 \;\wedge\; \mu(A) \le d_1\}$. Daher existiert ein $A_2 \subseteq \Omega \setminus A_1$ mit $d_1 \ge \mu(A_2) \ge \frac{\gamma_2}{2}$. Aus $d_1 = \mu(A_2)$ folgt $a = \mu(A_1) + \mu(A_2) = \mu(A_1 \cup A_2)$ und man ist fertig. Ansonsten gilt $0 < d_2 := a - \mu(A_1) - \mu(A_2) \;\Rightarrow\; \exists\, A \subseteq \Omega \setminus (A_1 \cup A_2) : 0 < \mu(A) \le d_2$.
Hat man derart die Existenz disjunkter Mengen $A_1, \ldots, A_{k-1}$ nachgewiesen, für die gilt $0 < d_{k-1} := a - \sum_{i=1}^{k-1} \mu(A_i) < \mu\left(\Omega \setminus \left(\bigcup_{i=1}^{k-1} A_i\right)\right)$, dann muss es

ein $A \subseteq \Omega \setminus \left(\bigcup_{i=1}^{k-1} A_i\right)$ geben, für das gilt $0 < \mu(A) \le d_{k-1}$. Daraus folgt aber

$0 < \gamma_k := \sup\left\{\mu(A) : A \subseteq \Omega \setminus \left(\bigcup_{i=1}^{k-1} A_i\right) \;\wedge\; \mu(A) \le d_{k-1}\right\}$. Daher gibt es

eine Menge $A_k \subseteq \Omega \setminus \left(\bigcup_{i=1}^{k-1} A_i\right)$ mit $d_{k-1} \ge \mu(A_k) \ge \frac{\gamma_k}{2}$. Aus $d_{k-1} = \mu(A_k)$

folgt $a = \mu\left(\bigcup_{i=1}^{k} A_i\right)$, und man ist fertig, oder es gilt $0 < d_k := a - \sum_{i=1}^{k} \mu(A_i)$.
Auf diese Art erhält man entweder endlich viele disjunkte Mengen $A_1, \ldots, A_n$ mit $\mu\left(\bigcup_{i=1}^{n} A_i\right) = a$, oder es gibt eine Folge disjunkter Mengen $A_k \in \mathfrak{S}$, sodass

$\sum_{k=1}^{n} \mu(A_k) < a \;\; \forall\, n \in \mathbb{N} \;\Rightarrow\; \mu\left(\bigcup_{k \in \mathbb{N}} A_k\right) = \sum_{k=1}^{\infty} \mu(A_k) \le a$. Für die Menge

$D := \Omega \setminus \left(\bigcup_{i=1}^{\infty} A_i\right)$ gilt daher $\mu(D) = \mu(\Omega) - \sum_{k=1}^{\infty} \mu(A_k) \ge \mu(\Omega) - a > 0$.
Wegen $\sum_k \frac{\gamma_k}{2} \le \sum_k \mu(A_k) \le \mu(\Omega) < \infty$ bilden die γ_k natürlich eine Nullfolge.

Ist nun B eine Teilmenge von D, so gilt auch $B \subseteq \Omega \setminus \left(\bigcup_{i=1}^{k-1} A_i\right) \;\; \forall\, k \ge 2$.
Daraus folgt entweder $\mu(B) \le \gamma_k \;\; \forall\, k \ge 2 \;\Rightarrow\; \mu(B) = 0$, oder es gibt

ein $k \in \mathbb{N}$ mit $\mu(B) > d_k \ge d := a - \sum_{k=1}^{\infty} \mu(A_k)$. Damit aber stünde $d > 0$ im

Widerspruch zu (12.4), also gilt $d = 0 \;\Rightarrow\; a = \sum_{k=1}^{\infty} \mu(A_k) = \mu\left(\bigcup_k A_k\right)$.

12.3 Der Hauptsatz der Differential- und Integralrechnung

Wir zeigen zunächst ein Lemma über die Ableitungen monotoner Funktionen.

Lemma 12.20. *Ist* $f : [a,b] \to \mathbb{R}$ *monoton, so sind die Dini-Ableitungen*

$$\partial^r f(x) := \lim_{n} \sup_{x<y<x+\frac{1}{n}} \frac{f(y)-f(x)}{y-x}, \quad \partial_r f(x) := \lim_{n} \inf_{x<y<x+\frac{1}{n}} \frac{f(y)-f(x)}{y-x} \quad und$$

$$\partial^l f(x) := \lim_{n} \sup_{x>y>x-\frac{1}{n}} \frac{f(y)-f(x)}{y-x}, \quad \partial_l f(x) := \lim_{n} \inf_{x>y>x-\frac{1}{n}} \frac{f(y)-f(x)}{y-x} \quad messbar.$$

Beweis. Es gilt $u_n^r(x) := \displaystyle\sup_{x<y<x+\frac{1}{n}} \frac{f(y)-f(x)}{y-x} \geq \hat{u}_n^r(x) := \displaystyle\sup_{q\in\mathbb{Q}\cap(x,x+\frac{1}{n})} \frac{f(q)-f(x)}{q-x}$.

Ist $f \nearrow$ und $y \in \left(x, x+\frac{1}{n}\right)$, so gibt es zu jedem $\varepsilon > 0$ ein $q \in \mathbb{Q} \cap \left(y, x+\frac{1}{n}\right)$,

sodass $\frac{f(y)-f(x)}{y-x} - \varepsilon \leq \frac{f(y)-f(x)}{q-x} \leq \frac{f(q)-f(x)}{q-x} \Rightarrow u_n^r(x) - \varepsilon \leq \hat{u}_n^r(x)$. Daraus

folgt $u_n^r(x) \leq \hat{u}_n^r(x)$. Also gilt $u_n^r(x) = \hat{u}_n^r(x)$, und damit ist nach Satz 7.20 $u_n^r(x)$ und in weiterer Folge auch $\partial^r f = \displaystyle\inf_{n} u_n^r$ messbar.

Weiters gilt $v_n^r(x) := \displaystyle\inf_{x<y<x+\frac{1}{n}} \frac{f(y)-f(x)}{y-x} \leq \hat{v}_n^r(x) := \displaystyle\inf_{q\in\mathbb{Q}\cap(x,x+\frac{1}{n})} \frac{f(q)-f(x)}{q-x}$,

und die umgekehrte Ungleichung zeigt man, indem man zu $y \in \left(x, x+\frac{1}{n}\right)$ und $\varepsilon > 0$ ein $q \in \mathbb{Q}\cap(x,y)$ wählt, sodass $\frac{f(y)-f(x)}{y-x} + \varepsilon \geq \frac{f(y)-f(x)}{q-x} \geq \frac{f(q)-f(x)}{q-x}$. Damit ist die Messbarkeit von $\partial^r f$ und $\partial_r f$ für monoton steigendes f gezeigt. Ist $f \searrow$, so folgt die Messbarkeit von $\partial^r f$ und $\partial_r f$ aus den obigen Ergebnissen und $\partial^r f = -\partial_r(-f)$ bzw. $\partial_r f = -\partial^r(-f)$. Mit der Messbarkeit von $\partial^r f$ und $\partial_r f$ für monotone Funktionen ist aber auch die Messbarkeit von $\partial^l f$ und $\partial_l f$ gezeigt, da mit $g(x) := f(a+b-x)$ gilt $\partial^l f = -\partial^r g$ bzw. $\partial_l f = -\partial_r g$.

Definition 12.21. *Hat* $f : [a,b] \to \mathbb{R}$ *nur Unstetigkeiten 1.Art, so heißt* $x \in (a,b)$ *unsichtbar von rechts (für* f*), wenn es ein* $y \in (x,b]$ *gibt, sodass*

$$\hat{f}(x) := \max\{f_-(x), f(x), f_+(x)\} < f(y). \tag{12.5}$$

Gilt (12.5) *für* $y \in [a,x)$*, so nennt man* x *unsichtbar von links.*

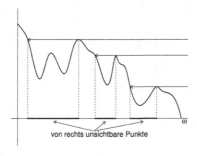

von rechts unsichtbare Punkte

Abb. 12.1. von rechts unsichtbare Punkte

Satz 12.22 (Riesz's Satz von der aufgehenden Sonne). *Hat $f : [a,b] \to \mathbb{R}$ nur Unstetigkeiten 1.Art, so sind die Mengen U_f^+ der von rechts unsichtbaren Punkte und U_f^- der von links unsichtbaren Punkte Vereinigungen von höchstens abzählbar vielen, disjunkten, offenen Intervallen (a_n, b_n), für die im 1-ten Fall gilt $f_+(a_n) \le \hat{f}(b_n)$ und im 2-ten Fall $\hat{f}(a_n) \ge f_-(b_n)$.*

Beweis. Zu jedem $x \in (a,b)$ und alle $\varepsilon > 0$ gibt es $\delta_1, \delta_2 > 0$, sodass aus $x < y < x + \delta_1$ folgt $|f_+(x) - f(y)| < \varepsilon$ während aus $x - \delta_2 < y < x$ folgt $|f_-(x) - f(y)| < \varepsilon$. Ist $x \in U_f^+$, $z > x$ mit $\hat{f}(x) < f(z)$, $\varepsilon < f(z) - \hat{f}(x)$ und $\delta := \delta_1 \wedge \delta_2$, so gilt demnach $f(y) < \hat{f}(x) + \varepsilon$ $\forall\, y \in (x - \delta, x + \delta)$. Daraus folgt $\hat{f}(y) \le \hat{f}(x) + \varepsilon < f(z)$ $\forall\, y \in (x - \delta, x + \delta)$, d.h. $(x - \delta, x + \delta) \subseteq U_f^+$. Somit ist U_f^+ offen, also $U_f^+ = \bigcup_n (a_n, b_n)$ mit disjunkten (a_n, b_n) (Satz A.30).

Ist $f_+(a_n) > \hat{f}(b_n)$, so gibt es ein $x_0 \in (a_n, b_n)$ mit $f(x_0) > \hat{f}(b_n)$. Für $x^* := \sup\{x \in (a_n, b_n] : f(x) \ge f(x_0)\}$ gilt $f(x^*) \ge f(x_0) \vee f_-(x^*) \ge f(x_0)$. Daraus folgt $x^* \ne b_n$, d.h. $x^* \in (a_n, b_n) \subseteq U_f^+$. Daher gibt es ein $z \in (x^*, b]$ mit $f(z) > \hat{f}(x^*) > \hat{f}(b_n)$. Da aus $z > b_n$ folgen würde $b_n \in U_f^+$, b_n aber definitionsgemäß sichtbar ist, muss gelten $z < b_n$. Wegen $f(z) > f(x_0)$ und $x^* < z < b_n$ widerspricht das aber der Definition von x^*. Daraus folgt notwendigerweise $f_+(a_n) \le \hat{f}(b_n)$.

Ersetzt man f durch $g(x) := f(a + b - x)$, so erhält man die 2-te Aussage über U_f^-, denn die Punkte aus U_f^-, sind von rechts unsichtbar für g.

Satz 12.23. *Die Verteilungsfunktion F eines Lebesgue-Stieltjes-Maßes μ ist auf jeder μ-Nullmenge N λ–fü differenzierbar mit $F'(x) = 0$ λ–fü.*

Beweis. Aus $\frac{F(y) - F(x)}{y - x} = \frac{\mu(x \wedge y, x \vee y]}{\lambda(x \wedge y, x \vee y]} \ge 0$ folgt $\partial F := \min\{\partial_l F, \partial_r F\} \ge 0$. Es genügt daher $\lambda\left(N \cap [\partial^r F > 0]\right) = \lambda\left(N \cap [\partial^l F > 0]\right) = 0$ zu zeigen. Nun gilt $[\partial^r F > 0] = \bigcup_{q \in \mathbb{Q}, q > 0} [\partial^r F > q]$ bzw. $[\partial^l F > 0] = \bigcup_{q \in \mathbb{Q}, q > 0} [\partial^l F > q]$, sodass es sogar reicht $\lambda(N \cap ([\partial^r F > q] \cup [\partial^l F > q])) = 0$ für $q > 0$ zu beweisen.

Wegen $\mu(N) = 0$ gibt es zu jedem $\varepsilon > 0$ disjunkte Intervalle $(a_n, b_n]$ mit $N \subseteq \bigcup_n (a_n, b_n]$ und $\sum_n \mu((a_n, b_n]) = \sum_n (F(b_n) - F(a_n)) < \varepsilon$.

Aus $\partial^r F(x) > q$ folgt, dass es in jeder offenen Umgebung um x ein $y > x$ mit $\frac{F(y) - F(x)}{y - x} > q$ gibt. Daher sind alle $x \in [a_n, b_n] \cap [\partial^r F > q]$ von rechts unsichtbar für $g(x) := F(x) - qx$. Daher gibt es nach Satz 12.22 disjunkte Intervalle $(a_{n,k}, b_{n,k}) \subseteq [a_n, b_n]$ mit $[a_n, b_n] \cap [\partial^r F > q] \subseteq \bigcup_k (a_{n,k}, b_{n,k})$ und $\hat{g}(b_{n,k}) = F(b_{n,k}) - q b_{n,k} \ge g_+(a_{n,k}) = F(a_{n,k}) - q a_{n,k}$ $\forall\, k$ Daraus folgt $\sum_k (b_{n,k} - a_{n,k}) \le \frac{1}{q} \sum_k (F(b_{n,k}) - F(a_{n,k})) \le \frac{F(b_n) - F(a_n)}{q}$, und man erhält

schließlich $\lambda\left(\bigcup_{n,k} (a_{n,k}, b_{n,k})\right) \le \frac{1}{q} \sum_n (F(b_n) - F(a_n)) \le \frac{1}{q}\varepsilon$ $\forall\, \varepsilon > 0$. Somit muss $N \cap [\partial^r F > q] \subseteq \bigcup_{n,k} (a_{n,k}, b_{n,k})$ für alle $q > 0$ eine λ-Nullmenge sein.

Die $x \in [a_n, b_n] \cap [\partial^l F > q]$ sind von links unsichtbar für $h(x) := q\,x - F(x)$. Daher gibt es disjunkte Intervalle $(c_{n,k}, d_{n,k}) \subseteq [a_n, b_n]$, die $[a_n, b_n] \cap [\partial^l F > q]$ überdecken, mit $\hat{h}(c_{n,k}) = q\,c_{n,k} - F_-(c_{n,k}) \geq h_-(d_{n,k}) = q\,d_{n,k} - F_-(d_{n,k})$. Daraus folgt $\sum_k (d_{n,k} - c_{n,k}) \leq \frac{1}{q} \sum_k (F_-(d_{n,k}) - F_-(c_{n,k})) \leq \frac{1}{q} (F(b_n) - F(a_n))$,

sodass $\lambda\left(\bigcup_{n,k} (c_{n,k}, d_{n,k}) \right) \leq \frac{1}{q} \sum_n (F(b_n) - F(a_n)) \leq \frac{1}{q}\varepsilon$. Deshalb ist auch $N \cap [\partial^l F > q]$ für alle $q > 0$ eine λ-Nullmenge. Damit ist der Satz bewiesen.

Folgerung 12.24. *Die Verteilungsfunktion F eines zu λ singulären Lebesgue-Stieltjes-Maßes μ ist λ–fü differenzierbar, wobei gilt $F' = 0$ λ–fü.*

Beweis. Da $\mu \perp \lambda$, gibt es ein $N \in \mathfrak{B}$ mit $\mu(N) = 0$ und $\lambda(N^c) = 0$. Gemäß Satz 12.23 gilt $F' = 0$ λ–fü auf N. Aber wegen $\lambda(N^c) = 0$ ist das äquivalent zu $F' = 0$ λ–fü.

Beispiel 12.25. Wir verwenden die Bezeichnungen aus Abschnitt 7.8, d.h C ist die Cantormenge und ihr Komplement auf $[0, 1]$ ist gegeben durch

$$[0,1] \setminus C = \bigcup_{n \in \mathbb{N}} \bigcup_{x_1^{n-1} \in \{0,1,2\}^{n-1}} \left(\sum_{i=1}^{n-1} \frac{x_i}{3^i} + \frac{1}{3^n}, \sum_{i=1}^{n-1} \frac{x_i}{3^i} + \frac{2}{3^n} \right).$$

Die Funktion $F_C : C \to [0, 1]$ aus Satz 7.62, definiert durch

$$F_C \left(\sum_{i=1}^{\infty} \frac{x_i}{3^i} \right) := \sum_{i=1}^{\infty} \frac{x_i/2}{2^i}, \quad x_i \in \{0, 2\} \quad \forall\, i \in \mathbb{N}$$

ist bekanntlich monoton und surjektiv. Die Funktion $\widetilde{F_C}$, definiert durch

$$\widetilde{F_C}(x) := \begin{cases} 0, & x \leq 0 \\ F_C(x), & x \in C \\ \sup\{F_C(y) : y \in C,\, y \leq x\}, & x \notin C, \end{cases}$$

setzt F_C zu einer Funktion auf $\mathbb{R}$ fort, die ebenfalls monoton und surjektiv ist. Daher ist $\widetilde{F_C}$ stetig und damit Verteilungsfunktion einer Maßfunktion μ mit $\mu(\mathbb{R}) = 1$. Weil $\widetilde{F_C}$ aber auf jedem Intervall von $[0, 1] \setminus C$, auf $(-\infty, 0]$ und $[1, \infty)$ konstant ist, ist jedes dieser Intervalle eine μ-Nullmenge, und deshalb gilt auch $\mu(C^c) = 0$. Andererseits gilt $\lambda(C) = 0$ und daraus folgt $\mu \perp \lambda$, sowie $\widetilde{F_C}$ ist λ–fü differenzierbar mit $\widetilde{F_C}' = 0$ λ–fü. Offensichtlich gilt

$$1 = \widetilde{F_C}(1) - \widetilde{F_C}(0) > \int_{[0,1]} \widetilde{F_C}'\, d\lambda = 0.$$

$\widetilde{F_C}$ wird Cantor-Funktion genannt.

Satz 12.26. *Ist μ oder $-\mu$ ein bezüglich λ absolut stetiges Lebesgue-Stieltjes-Maß, so ist seine Verteilungsfunktion F λ–fü differenzierbar mit $F' = \frac{d\mu}{d\lambda}$ λ–fü.*

Beweis. Wir zeigen zunächst, dass gilt $\lambda\left(\overline{\partial F} := \partial^r F \vee \partial^l F > \frac{d\mu}{d\lambda}\right) = 0$, und

wegen $\left[\overline{\partial F} > \frac{d\mu}{d\lambda}\right] = \bigcup_{q \in \mathbb{Q}} \left[\overline{\partial F} > q > \frac{d\mu}{d\lambda}\right]$ genügt es $\lambda\left(\overline{\partial F} > q > \frac{d\mu}{d\lambda}\right) = 0$ für

alle $q \in \mathbb{Q}$ zu beweisen.

Durch $\nu(A) := \int\limits_{A \cap \left[\frac{d\mu}{d\lambda} \geq q\right]} \left(\frac{d\mu}{d\lambda} - q\right) d\lambda \quad \forall\, A \in \mathfrak{B}$ wird ein Lebesgue-Stieltjes-

Maß auf $\mathbb{R}$ definiert, für das gilt $\nu\left(\frac{d\mu}{d\lambda} < q\right) = 0$. Daher folgt aus Satz 12.23,

dass für die Verteilungsfunktion F_ν von ν gilt $F'_\nu = 0$ λ–fü- auf $\left[\frac{d\mu}{d\lambda} < q\right]$.

Nun gilt $\mu(A) - q\,\lambda(A) = \int\limits_A \left(\frac{d\mu}{d\lambda} - q\right) d\lambda \leq \int\limits_{A \cap \left[\frac{d\mu}{d\lambda} \geq q\right]} \left(\frac{d\mu}{d\lambda} - q\right) d\lambda = \nu(A)$ für

alle beschränkten $A \in \mathfrak{B}$ (beschränkt, damit $(\mu - q\,\lambda)(A)$ wohldefiniert ist).

Daraus folgt $\frac{(\mu - q\lambda)((x \wedge y, x \vee y])}{\lambda((x \wedge y, x \vee y])} = \frac{F(y) - F(x)}{y - x} - q \leq \frac{F_\nu(y) - F_\nu(x)}{y - x} \quad \forall\, x, y \in \mathbb{R}$.

Daher gilt $\overline{\partial F} - q \leq F'_\nu = 0$ λ–fü bzw. $\overline{\partial F} \leq q$ λ–fü auf $\left[\frac{d\mu}{d\lambda} < q\right]$. Das ist

aber gleichbedeutend mit $\lambda\left(\frac{d\mu}{d\lambda} < q < \overline{\partial F}\right) = 0$.

Das obige Ergebnis angewendet auf $-\mu$ liefert $\lambda\left(\overline{\partial(-F)} > -\frac{d\mu}{d\lambda}\right) = 0$. Da

$-\overline{\partial(-F)} = \underline{\partial F}$, folgt daraus $\lambda\left(\underline{\partial F} < \frac{d\mu}{d\lambda}\right) = 0$. Somit gilt $F' = \frac{d\mu}{d\lambda}$ λ–fü. $\blacksquare$

Folgerung 12.27. *Die Verteilungsfunktion F eines Lebesgue-Stieltjes-Maßes μ ist λ–fü differenzierbar mit $F' = F'_c = \frac{d\mu_c}{d\lambda}$ λ–fü, wobei μ_c das bezüglich λ absolut stetige Mass der Lebesgue-Zerlegung von μ bezeichnet und F_c die zugehörige Verteilungsfunktion.*

Beweis. Sind F_c und F_s die Verteilungsfunktionen der Maße $\mu_c \ll \lambda$, $\mu_s \perp \lambda$ der Lebesgue-Zerlegung von μ, so gilt $F = F_c + F_s$. Nach Satz 12.26, und Folgerung 12.24 gilt weiters $F'_c = \frac{d\mu_c}{d\lambda}$ λ–fü und $F'_s = 0$ λ–fü,. Demnach ist F λ–fü differenzierbar mit $F' = F'_c + F'_s = F'_c = \frac{d\mu_c}{d\lambda}$ λ–fü. $\blacksquare$

Wir können nun Folgerung 12.24 umkehren und zeigen, dass ein zum Lebesgue-Maß singuläres Maß durch eine λ–fü verschwindende Ableitung ihrer Verteilungsfunktion charakterisiert wird.

Folgerung 12.28. *Ein Lebesgue-Stieltjes-Maß μ, für dessen Verteilungsfunktion F gilt $F' = 0$ λ–fü, ist zu λ singulär.*

Beweis. Nach Folgerung 12.27 gilt mit den dort verwendeten Bezeichnungen $0 = F' = \frac{d\mu_c}{d\lambda}$ λ–fü. Daraus folgt $\mu_c(A) = \int_A \frac{d\mu_c}{d\lambda}\, d\lambda = 0$ $\forall\, A \in \mathfrak{B}$, d.h. $\mu_c \equiv 0$. Somit gilt $\mu = \mu_s$, und damit ist μ singulär zu λ. $\blacksquare$

Folgerung 12.27 besagt im Wesentlichen, dass monotone Funktionen (bzw. ihre rechtsstetigen Versionen) λ–fü differenzierbar sind. Daraus lässt sich leicht der Satz von Lebesgue über die Differenzierbarkeit von Funktionen von beschränkter Variation herleiten.

Satz 12.29 (Satz von Lebesgue über die Differenzierbarkeit von Funktionen mit beschränkter Variation). *Ist* $F : [a, b] \to \mathbb{R}$ *von beschränkter Variation, so ist* F *λ–fü differenzierbar.*
Ist $F : [a, b] \to \mathbb{R}$ *monoton steigend, so ist* F *λ–fü differenzierbar, und es gilt*

$$F(b) - F(a) \geq \int\limits_{[a,b]} F' \, d\lambda \,. \tag{12.6}$$

Beweis. F ist als Funktion von beschränkter Variation die Differenz zweier monotoner Funktionen G, H und hat daher nur höchstens abzählbar viele Unstetigkeitsstellen. Die rechtsstetigen Versionen F_+, G_+, H_+ stimmen also λ–fü mit F, G, H überein. Da laut Folgerung 12.27 G_+, H_+ und damit auch F_+ λ–fü differenzierbar sind, sind daher auch F, G, H λ–fü differenzierbar. Ist F monoton steigend, so ist F_+ die Verteilungsfunktion eines Lebesgue-Stieltjes-Maßes μ, das eine Lebesgue-Zerlegung $\mu_c \ll \lambda$, $\mu_s \perp \lambda$ besitzt, und für das gilt $\int\limits_{[a,b]} F' \, d\lambda = \int\limits_{[a,b]} \frac{d\mu_c}{d\lambda} \, d\lambda = \mu_c((a, b]) \leq \mu((a, b]) = F(b) - F(a)$.

Der nächste Satz ist eine Verschärfung von Satz 12.15.

Satz 12.30 (Hauptsatz der Differential- und Integralrechnung für das Lebesgue-Integral). *Ist* $f : [a, b] \to \mathbb{R}$ *eine Lebesgue-integrierbare Funktion, so ist* $F(x) := \int\limits_{[a,x]} f \, d\lambda$ *absolut stetig und λ–fü differenzierbar mit* $F' = f$ *λ–fü.*
Ist $F : [a, b] \to \mathbb{R}$ *absolut stetig, so besitzt* F *λ–fü eine Ableitung* F'*, die Lebesgue-integrierbar ist und für die gilt*

$$F(x) - F(a) = \int\limits_{[a,x]} F'(t) \, d\lambda \quad \forall \, x \in [a, b] \,. \tag{12.7}$$

Beweis. Da man f in Positivteil f^+ und Negativteil f^- zerlegen kann und F als Differenz zweier monoton wachsender Funktionen darstellbar ist, darf o.E.d.A. angenommen werden, dass $f \geq 0$ gilt und F monoton wächst.

Wegen $\mu(A) := \int\limits_A f \, d\lambda \ll \lambda$ ist F als zugehörige Verteilungsfunktion absolut stetig und laut Folgerung 12.27 gilt $F' = \frac{d\mu}{d\lambda} = f$ λ–fü.

Ist F absolut stetig, so ist auch das zugehörige Maß μ absolut stetig, und Folgerung 12.27 besagt $F' = \frac{d\mu}{d\lambda}$ λ–fü $\Rightarrow$ $\int\limits_A F' \, d\lambda = \int\limits_A \frac{d\mu}{d\lambda} \, d\lambda = \mu(A)$ für alle $A \in \mathfrak{B}$. Mit $A := [a, x]$ ergibt das (12.7).

13

L_p- Räume

13.1 Integralungleichungen

Eine der wichtigsten Integralungleichungen ist die Jensen'sche Ungleichung über den Erwartungswert konvexer Transformationen (siehe Anhang A.5) von Zufallsvariablen.

Satz 13.1 (Ungleichung von Jensen). *Ist $(\Omega, \mathfrak{S}, P)$ ein Wahrscheinlichkeitsraum, $X : \Omega \to (a, b)$ eine P- integrierbare Zufallsvariable und $\varphi : (a, b) \to \mathbb{R}$ konvex, so existiert der Erwartungswert von $\varphi \circ X$ und es gilt*

$$\varphi(\mathbb{E}X) \leq \mathbb{E}(\varphi \circ X). \tag{13.1}$$

Beweis. Ist $a = -\infty$, so gilt $a = -\infty < \mathbb{E}X$, da X integrierbar ist; für $a \in \mathbb{R}$ gilt hingegen wegen $X(\Omega) \subseteq (a, b)$, dass $X - a > 0$ P-fs $\Rightarrow$ $\mathbb{E}X > a$. Analog zeigt man $\mathbb{E}X < b$, somit $\mathbb{E}X \in (a, b)$ $\Rightarrow$ $\varphi(\mathbb{E}X) \in \mathbb{R}$. Ungleichung (A.15) ergibt mit $y := X(\omega)$ und $x := \mathbb{E}X$

$$\varphi(X(\omega)) \geq \varphi(\mathbb{E}X) + \partial^r \varphi(\mathbb{E}X)(X(\omega) - \mathbb{E}X) \quad \forall \omega \in \Omega. \tag{13.2}$$

Da die rechte Seite von (13.2) integrierbar ist ($\varphi(\mathbb{E}X), \partial^r \varphi(\mathbb{E}X)$ und $\mathbb{E}X$ sind Konstante und $X \in \mathcal{L}_1(\Omega, \mathfrak{S}, P)$), existiert das Integral von $\varphi \circ X$ bezüglich P und Integration von (13.2) ergibt

$$\mathbb{E}(\varphi \circ X) = \int (\varphi \circ X) \, dP$$

$$\geq \int \varphi(\mathbb{E}X) \, dP + \partial^r \varphi(\mathbb{E}X) \left(\int X \, dP - \int \mathbb{E}X \, dP \right)$$

$$= \varphi(\mathbb{E}X) + \partial^r \varphi(\mathbb{E}X)(\mathbb{E}X - \mathbb{E}X) = \varphi(\mathbb{E}X).$$

Bemerkung 13.2. *Es ist klar, dass sich die Jensen'sche Ungleichung für konkave Funktionen umkehrt, dass also für konkaves φ gilt*

$$\varphi(\mathbb{E}X) \geq \mathbb{E}(\varphi \circ X). \tag{13.3}$$

Beispiel 13.3. Ein bekannter Spezialfall der Jensen'schen Ungleichung ist die Mittelungleichung

$$\frac{n}{\sum\limits_{i=1}^{n} \frac{1}{x_i}} \leq \sqrt[n]{\prod_{i=1}^{n} x_i} \leq \sum_{i=1}^{n} \frac{x_i}{n}, \qquad x_1, \ldots, x_n \in \mathbb{R}^+. \qquad (13.4)$$

$\varphi(x) := -\ln x$ ist nach Lemma A.52 auf $(0, \infty)$ konvex, da $\varphi''(x) = \frac{1}{x^2} > 0$. Mit $\Omega := \{x_1, \ldots, x_n\}$, $P(x_i) := \frac{1}{n}$, $i = 1, \ldots, n$ ergibt (13.1)

$$\frac{1}{n} \sum_{i=1}^{n} (-\ln x_i) \geq -\ln \left(\sum_{i=1}^{n} \frac{x_i}{n} \right) \Rightarrow \ln \left(\left(\prod_{i=1}^{n} x_i \right)^{\frac{1}{n}} \right) \leq \ln \left(\sum_{i=1}^{n} \frac{x_i}{n} \right).$$

Da $\ln x$ monoton steigt, folgt daraus die rechte Ungleichung in (13.4). Die linke Ungleichung aus (13.4) erhält man, indem man die rechte Ungleichung auf $y_i := \frac{1}{x_i} \in \mathbb{R}^+$, $i = 1, \ldots, n$ anwendet.

Auch die Hölder'sche Ungleichung lässt sich leicht aus Satz 13.1 herleiten.

Satz 13.4 (Ungleichung von Hölder). *Sind f, g messbare Funktionen auf einem Maßraum $(\Omega, \mathfrak{S}, \mu)$, so gilt für $1 < p, q < \infty$ und $\frac{1}{p} + \frac{1}{q} = 1$*

$$\int |f\,g|\,d\mu \leq \left(\int |f|^p\,d\mu \right)^{\frac{1}{p}} \left(\int |g|^q\,d\mu \right)^{\frac{1}{q}}. \qquad (13.5)$$

Beweis. Aus $\int |f|^p\,d\mu = 0 \vee \int |g|^q\,d\mu = 0$ folgt $f = 0$ bzw. $g = 0$ μ–fü, und dann ist (13.5) trivial, ebenso wie bei $\int |f|^p\,d\mu = \infty$ oder $\int |g|^q\,d\mu = \infty$. Ansonst ist $P(A) := \frac{\int_A |g|^q\,d\mu}{\int |g|^q\,d\mu}$ $\forall A \in \mathfrak{S}$ ein Wahrscheinlichkeitsmaß. Wegen

$$\int \frac{|f|^p}{|g|^q}\,dP = \int\limits_{[|g|>0]} \frac{|f|^p}{|g|^q}\,dP = \int \frac{|f|^p}{|g|^q} \frac{|g|^q}{(\int |g|^q\,d\mu)}\,d\mu = \frac{\int |f|^p\,d\mu}{\int |g|^q\,d\mu} < \infty$$

ist $\frac{|f|^p}{|g|^q}$ bezüglich P integrierbar. Da außerdem $\varphi := x^{\frac{1}{p}}$ konkav auf $(0, \infty)$ ist, folgt unter Berücksichtigung von (13.3) und $q - 1 = \frac{q}{p}$

$$\int \frac{|f|\,|g|}{(\int |g|^q\,d\mu)}\,d\mu = \int \frac{|f|\,|g|^q}{|g|^{q-1}\,(\int |g|^q\,d\mu)}\,d\mu = \int \frac{|f|^{\frac{p}{p}}}{|g|^{\frac{q}{p}}}\,dP$$

$$= \int \left(\frac{|f|^p}{|g|^q} \right)^{\frac{1}{p}}\,dP \leq \left(\int \frac{|f|^p}{|g|^q}\,dP \right)^{\frac{1}{p}} = \frac{(\int |f|^p\,d\mu)^{\frac{1}{p}}}{(\int |g|^q\,d\mu)^{\frac{1}{p}}}.$$

Daraus erhält man sofort

$$\int |f\,g|\,d\mu \leq \left(\int |f|^p\,d\mu \right)^{\frac{1}{p}} \left(\int |g|^q\,d\mu \right)^{1-\frac{1}{p}} = \left(\int |f|^p\,d\mu \right)^{\frac{1}{p}} \left(\int |g|^q\,d\mu \right)^{\frac{1}{q}}.$$

Bemerkung 13.5. *Der Spezialfall der Hölder'schen Ungleichung für $p = q = 2$*

$$\int |f|\, |g|\, d\mu \le \sqrt{\int |f|^2\, d\mu} \sqrt{\int |g|^2\, d\mu} \qquad (13.6)$$

ist als Cauchy- Schwarz'sche Ungleichung bekannt.

Definition 13.6. *Die Menge der Funktionen $f \in \mathcal{M}(\Omega, \mathfrak{S}, \mu)$, für die f^p, $p \ge 1$ integrierbar ist, wird mit $\mathcal{L}_p := \mathcal{L}_p(\mu) := \mathcal{L}_p(\Omega, \mathfrak{S}, \mu)$ bezeichnet. Derartige Funktionen werden L_p-integrierbar genannt, $\|f\|_p := \left(\int |f|^p\, d\mu \right)^{\frac{1}{p}}$ heißt L_p-Norm von f, und unter einem L_p-Raum $\mathbf{L}_p := \mathbf{L}_p(\mu) := \mathbf{L}_p(\Omega, \mathfrak{S}, \mu)$ versteht man das System der Äquivalenzklassen μ-fü gleicher Funktionen aus $\mathcal{L}_p$.*

Bemerkung 13.7. *Mit der obigen Bezeichnung kann man die Hölder'sche Ungleichung anschreiben als*

$$\|f\, g\|_1 \le \|f\|_p \|g\|_q, \qquad (13.7)$$

und in dieser Form gilt sie, wie man leicht sieht, auch für $p = 1$ und $q = \infty$.

Die nächste Ungleichung rechtfertigt die Bezeichnung L_p-Norm.

Satz 13.8 (Ungleichung von Minkowski). *Ist $(\Omega, \mathfrak{S}, \mu)$ ein Maßraum, so gilt für $1 \le p \le \infty$ und alle $f, g \in \mathcal{M}$, deren Summe $f + g$ μ-fü wohldefiniert ist,*

$$\|f + g\|_p \le \|f\|_p + \|g\|_p. \qquad (13.8)$$

Beweis. Gemäß Bemerkung 9.38 bzw. Satz 7.69 Punkt 3. gilt der Satz für $p = 1$ bzw. $p = \infty$, und für $\|f\|_p = \infty$ oder $\|g\|_p = \infty$ ist nichts zu beweisen.

Aus $f, g \in \mathcal{L}_p$ mit $1 < p < \infty$, folgt zunächst

$$|f + g|^p \le 2^p \, (|f| \vee |g|)^p = 2^p \, (|f|^p \vee |g|^p) \le 2^p \, (|f|^p + |g|^p). \qquad (13.9)$$

Daher ist $f+g$ L_p-integrierbar. Aber aus der Dreiecksungleichung folgt weiters

$$\int |f + g|^p\, d\mu \le \int |f + g|^{p-1}\, |f|\, d\mu + \int |f + g|^{p-1}\, |g|\, d\mu. \qquad (13.10)$$

Für $q := \frac{p}{p-1}$ ist $|f + g|^{p-1}$ wegen $\left(|f + g|^{p-1} \right)^q = |f + g|^p$ aus $\mathcal{L}_q$, und Satz 13.4 angewendet auf die Integrale der rechten Seite von (13.10) ergibt $\int |f + g|^p\, d\mu \le \left(\int |f + g|^p\, d\mu \right)^{\frac{1}{q}} \left(\|f\|_p + \|g\|_p \right)$. Daraus folgt sofort

$$\|f + g\|_p = \left(\int |f + g|^p\, d\mu \right)^{\frac{1}{p}} = \left(\int |f + g|^p\, d\mu \right)^{1-\frac{1}{q}} \le \|f\|_p + \|g\|_p.$$

Der obige Satz zeigt, dass die $\mathcal{L}_p(\Omega, \mathfrak{S}, \mu)$ lineare Räume mit einer Seminorm $\|.\|_p$ sind. Deshalb sind die L_p-Räume normiert mit der Norm $\|.\|_p$. Wir werden im nächsten Abschnitt sehen, dass sie sogar vollständig sind.

Die folgenden Ungleichungen spielen vor allem in der Wahrscheinlichkeitstheorie eine wichtige Rolle.

Satz 13.9 (Markoff'sche Ungleichung). *Ist $(\Omega, \mathfrak{S}, \mu)$ ein Maßraum, so gilt für jede Funktion f aus $\mathcal{M}^+$ und $C > 0$*

$$\mu(f \geq C) \leq \frac{\int_{[f \geq C]} f \, d\mu}{C} \leq \frac{\int f \, d\mu}{C}. \tag{13.11}$$

Beweis. $C \mathbb{1}_{[f \geq C]} \leq f \;\Rightarrow\; C\mu(f \geq C) = \int C \mathbb{1}_{[f \geq C]} \, d\mu \leq \int f \, d\mu$.

Folgerung 13.10 (Tschebyscheff'sche Ungleichung). *Ist $f \in \mathcal{M}(\Omega, \mathfrak{S}, \mu)$, $\varphi : [0, \infty) \to [0, \infty)$ monoton steigend, $\varphi(x) > 0 \quad \forall\, x > 0$ und $C > 0$, so gilt*

$$\mu(|f| \geq C) \leq \frac{\int_{[|f| \geq C]} \varphi \circ |f| \, d\mu}{\varphi(C)} \leq \frac{\int \varphi \circ |f| \, d\mu}{\varphi(C)}. \tag{13.12}$$

Beweis. Da φ monoton wächst, gilt $[|f| \geq C] = [\varphi \circ |f| \geq \varphi(C)]$. Somit folgt (13.12) aus Satz 13.9 angewendet auf $g := \varphi \circ |f|$.

Bemerkung 13.11. *Für $\varphi(x) = x^k$, $x \geq 0$, $k > 0$ erhält man die Ungleichung*

$$\mu(|f| \geq C) \leq \frac{\int_{[|f| \geq C]} |f|^k \, d\mu}{C^k} \leq \frac{\int |f|^k \, d\mu}{C^k}. \tag{13.13}$$

Ist $(\Omega, \mathfrak{S}, P)$ ein Wahrscheinlichkeitsraum und $X \in \mathcal{L}_2(\Omega, \mathfrak{S}, P)$, so gilt wegen der Cauchy-Schwarz'schen Ungleichung

$$\int |X| \, dP = \int |X| \, 1 \, dP \leq \sqrt{\int |X|^2 \, dP} \sqrt{\int 1^2 \, dP} = \sqrt{\mathbb{E}X^2} < \infty,$$

d.h. $X \in \mathcal{L}_1(\Omega, \mathfrak{S}, P)$, und aus (13.13) mit $f := (X - \mathbb{E}X)$ und $k = 2$ folgt

$$P(|X - \mathbb{E}X| \geq C) \leq \frac{\int_{[|X - \mathbb{E}X| \geq C]} (X - \mathbb{E}X)^2 \, dP}{C^2} \leq \frac{\mathbb{E}(X - \mathbb{E}X)^2}{C^2}. \tag{13.14}$$

Mit $\sigma^2 := \mathbb{E}(X - \mathbb{E}X)^2$ und $C := \gamma \sigma$ erhält man (13.14) in der Form

$$P(|X - \mathbb{E}X| \geq \gamma \sigma) \leq \frac{1}{\gamma^2}. \tag{13.15}$$

Bemerkung 13.12. *Die Namensgebung für die obigen Ungleichungen ist nicht einheitlich. So wird oft (13.13) als Markoff'sche Ungleichung bezeichnet, und mit Tschebyscheff'scher Ungleichung ist (13.14) bzw. (13.15) gemeint.*

13.2 Vollständigkeit der L_p-Räume

Definition 13.13. *Eine Folge (f_n) aus $\mathcal{L}_p(\Omega, \mathfrak{S}, \mu)$ ist eine Cauchyfolge im p-ten Mittel (konvergiert im p-ten Mittel), wenn*

$$\lim_{m,n\to\infty} \|f_n - f_m\|_p = 0, \tag{13.16}$$

sie konvergiert im p-ten Mittel gegen $f \in \mathcal{L}_p$ (i.Z. $L_p - \lim_n f_n = f$), wenn

$$\lim_n \|f_n - f\|_p = 0. \tag{13.17}$$

Bei $p = 1$ spricht man von Konvergenz im Mittel und bei $p = 2$ von quadratischer Konvergenz. Die Konvergenz im p-ten Mittel wird auch L_p-Konvergenz genannt.

Bemerkung 13.14. *Aus der Konvergenz im p-ten Mittel folgt i.A. keine Konvergenz μ-fü. Die Funktionen f_n aus Beispiel 7.87 konvergieren bekanntlich in keinem Punkt von $[0,1]$ gegen 0. Aber für $1 \leq p < \infty$ gilt*

$$\|f_n\|_p^p = \lambda\left(\left[\frac{n - \lfloor\sqrt{n}\rfloor^2}{2\lfloor\sqrt{n}\rfloor + 1}, \frac{n + 1 - \lfloor\sqrt{n}\rfloor^2}{2\lfloor\sqrt{n}\rfloor + 1}\right]\right) \to 0.$$

Daher konvergieren die f_n im p-ten Mittel gegen 0. Umgekehrt folgt nicht einmal aus gleichmäßiger Konvergenz, dass eine Folge im p-ten Mittel konvergiert. Die Folge $f_n(\omega) := \frac{1}{\sqrt[p]{n}}\mathbb{1}_{[0,n]}(\omega)$ konvergiert gleichmäßig gegen 0, aber es gilt

$$\|f_n\|_p = 1 \quad \forall\, n \in \mathbb{N} \;\Rightarrow\; \lim_n \|f_n - 0\|_p \neq 0.$$

Aber aus der Konvergenz im p-ten Mittel folgt Konvergenz im Maß.

Satz 13.15. *Auf jedem Maßraum $(\Omega, \mathfrak{S}, \mu)$ gelten für alle $p \in [1, \infty]$ und f, f_n aus $\mathcal{L}_p(\Omega, \mathfrak{S}, \mu)$ folgende Beziehungen*

$$\lim_{n,m\to\infty} \|f_n - f_m\|_p = 0 \;\Rightarrow\; \lim_{n,m\to\infty} \mu(|f_n - f_m| > \varepsilon) = 0 \quad \forall\, \varepsilon > 0$$

$$\lim_{n\to\infty} \|f_n - f\|_p = 0 \;\Rightarrow\; \lim_{n\to\infty} \mu(|f_n - f| > \varepsilon) = 0 \quad \forall\, \varepsilon > 0.$$

Beweis. $p = \infty$ ist trivial, sonst folgt aus (13.13) mit $C = \varepsilon > 0$ und $k = p$

$$\mu(|f_n - f_m| > \varepsilon) \leq \frac{\|f_n - f_m\|_p^p}{\varepsilon^p} \;\wedge\; \mu(|f_n - f| > \varepsilon) \leq \frac{\|f_n - f\|_p^p}{\varepsilon^p}.$$

Satz 13.16 (Satz von Riesz-Fischer). *Für alle $p \in [1, \infty]$ besitzt jede auf einem Maßraum $(\Omega, \mathfrak{S}, \mu)$ L_p-konvergente Folge (f_n) aus $\mathcal{L}_p$ eine Grenzfunktion f aus $\mathcal{L}_p$, sodass $\lim_n \|f_n - f\|_p = 0$, d.h. die $\mathbf{L}_p(\Omega, \mathfrak{S}, \mu)$ sind Banachräume.*

Beweis. Für $p = \infty$ wurde die Behauptung bereits in Satz 7.69 bewiesen.
Ist $1 \leq p < \infty$ und (f_n) eine Cauchyfolge im p-ten Mittel, so ist (f_n) nach
dem obigen Satz auch eine Cauchyfolge im Maß. Auf Grund von Satz 7.88
gibt es daher eine messbare Funktion f und eine Teilfolge (f_{n_k}), die μ-fast
gleichmäßig und daher auch μ-fü (siehe Satz 7.74) gegen f konvergiert.
Ist $\varepsilon > 0$, so gibt es ein $n_\varepsilon : \|f_n - f_m\|_p^p < \varepsilon \quad \forall\, n, m \geq n_\varepsilon$. Daher gilt für
festes $n \geq n_\varepsilon$ und alle $n_k \geq n_\varepsilon$ $\quad \|f_n - f_{n_k}\|_p^p < \varepsilon$, und aus dem Lemma von
Fatou (Folgerung 9.32) folgt

$$\int |f_n - f|^p \, d\mu = \int \liminf_k |f_n - f_{n_k}|^p \, d\mu \leq \liminf_k \int |f_n - f_{n_k}|^p \, d\mu \leq \varepsilon.$$

Daher gilt $\lim_n \|f_n - f\|_p = 0$. Aber aus der obigen Ungleichung und Satz 13.8
(Ungleichung von Minkowski) folgt auch $\|f\|_p \leq \|f_n\|_p + \|f - f_n\|_p < \infty$.

Bemerkung 13.17. *Auf $\mathbf{L}_2(\Omega, \mathfrak{S}, \mu)$ ist $\langle f, g \rangle := \int f\, g\, d\mu$ ein inneres Produkt,
und $\mathbf{L}_2(\Omega, \mathfrak{S}, \mu)$ ist daher ein Hilbert-Raum (siehe Definitionen A.74 und A.80).*

Bemerkung 13.18. *In der Literatur wird häufig folgende Aussage als Satz von
Riesz-Fischer bezeichnet:*

> *Ist $\{e_i\}_{i \in I}$ ein Orthonormalsystem (siehe Definition A.81) auf einem
> Hilbertraum H und $\{\alpha_i\}_{i \in I}$ eine Familie komplexer Zahlen, so existiert
> ein $h \in H$ mit den Fourier-Koeffizienten α_i, d.h. $\alpha_i = \langle h, e_i \rangle \quad \forall\, i \in I$,
> genau dann, wenn $\sum_{i \in I} \alpha_i^2 < \infty$.*

*Dies ist insofern irreführend, als dabei die Vollständigkeit des Raumes voraus-
gesetzt wird. Riesz hat aber beim Beweis seines entsprechenden Satzes über die
Fourier-Koeffizienten im $\mathbf{L}_2$ die Vollständigkeit des Raumes $\mathbf{L}_2$ erst nachgewiesen.*

Ist $1 \leq p < q$, so folgt aus $f \in \mathcal{L}_q$ i.A. nicht $f \in \mathcal{L}_p$ und aus $\|f_n - f\|_q \to 0$
folgt nicht $\|f_n - f\|_p \to 0$, wie die folgenden Beispiele zeigen.

Beispiel 13.19. Auf $\big([1, \infty), \mathfrak{B} \cap [1, \infty), \lambda\big)$ ist $f(x) := \frac{1}{x}, \quad x \geq 1$ quadratisch
integrierbar, denn es gilt $\int_{[1,\infty)} f^2 \, d\lambda = \int_1^\infty \frac{1}{x^2} \, dx = -\frac{1}{x} \big|_1^\infty = 1$, aber f ist
wegen $\int_{[1,\infty)} f \, d\lambda = \int_1^\infty \frac{1}{x} \, dx = \ln(x) \big|_1^\infty = \infty$ nicht integrierbar.

Beispiel 13.20. Auf $(\mathbb{R}, \mathfrak{B}, \lambda)$ gilt für $f_n := \frac{1}{n} \mathbb{1}_{[0,n]}, \quad n \in \mathbb{N}$

$$\lim_n \|f_n - 0\|_2 = \lim_n \frac{1}{\sqrt{n}} = 0, \text{ aber } \|f_n - 0\|_1 = 1 \quad \forall\, n \in \mathbb{N}.$$

Anders sieht die Situation auf endlichen Maßräumen, also insbesondere auf
Wahrscheinlichkeitsräumen aus, denn dann gilt der folgende Satz.

Satz 13.21. *Auf endlichen Maßräumen $(\Omega, \mathfrak{S}, \mu)$ gilt für $1 \leq p \leq q$ $\quad \mathcal{L}_q \subseteq \mathcal{L}_p$,
zudem konvergiert jede $\mathbf{L}_q$-konvergente Folge (f_n) aus $\mathcal{L}_q$ auch im p-ten Mittel,
und aus $\lim_n \|f_n - f\|_q = 0$ folgt $\lim_n \|f_n - f\|_p = 0$.*

Beweis. Der Fall $q = \infty$ ist trivial, und bei $q = p$ gibt es nichts zu beweisen. Für $1 \leq p < q$ ergibt die Hölder'sche Ungleichung mit $r := \frac{q}{p} > 1$ und $s := \frac{q}{q-p}$

$$\int |f|^p \, |1| \, d\mu \leq \left(\int (|f|^p)^r \, d\mu \right)^{\frac{1}{r}} \left(\int |1|^s \, d\mu \right)^{\frac{1}{s}} = \left(\int |f|^q \, d\mu \right)^{\frac{p}{q}} (\mu(\Omega))^{\frac{1}{s}} .$$

Für $f \in \mathcal{L}_q$ gilt daher $\|f\|_p \leq \|f\|_q \, \mu(\Omega)^{\frac{q-p}{pq}} < \infty$, d.h. $f \in \mathcal{L}_p$. Ersetzt man in dieser Ungleichung f durch $f_n - f_m$ bzw. durch $f_n - f$, so folgt daraus $0 \leq \limsup\limits_{n,m} \|f_n - f_m\|_p \leq \lim\limits_{n,m} \|f_n - f_m\|_q \, \mu(\Omega)^{\frac{q-p}{pq}}$ und

$0 \leq \limsup\limits_{n} \|f_n - f\|_p \leq \lim\limits_{n} \|f_n - f\|_q \, \mu(\Omega)^{\frac{q-p}{pq}}$, Damit ist der Satz bewiesen.

Für endliche Maßräume lässt sich auch folgende Aussage treffen.

Satz 13.22. *Ist* $(\Omega, \mathfrak{S}, \mu)$ *ein endlicher Maßraum, so gilt* $\lim\limits_{p \to \infty} \|f\|_p = \|f\|_\infty$.

Beweis. Bei $\mu(\Omega) = 0$ ist nichts zu beweisen, und für $\mu(\Omega) > 0$ folgt aus $\int |f|^p \, d\mu \leq \|f\|_\infty^p \, \mu(\Omega)$ die Ungleichung $\|f\|_p \leq \|f\|_\infty \mu(\Omega)^{\frac{1}{p}}$. Somit gilt

$$\limsup\limits_{p \to \infty} \|f\|_p \leq \|f\|_\infty \left(\lim\limits_{p \to \infty} \mu(\Omega)^{\frac{1}{p}} \right) = \|f\|_\infty .$$

Umgekehrt gilt nach der Ungleichung von Markoff $\int |f|^p \, d\mu \geq C^p \, \mu(|f| \geq C)$ für alle $C > 0$. Daraus folgt $\liminf\limits_{p \to \infty} \|f\|_p \geq C \lim\limits_{p \to \infty} \mu(|f| \geq C)^{\frac{1}{p}}$. Da für $0 < C < \|f\|_\infty$ gilt $\mu(|f| \geq C) > 0$, ergibt sich daraus $\liminf\limits_{p \to \infty} \|f\|_p \geq \|f\|_\infty$.

Man beachte, dass der obige Beweis und damit der Satz auch für $\|f\|_\infty = \infty$ gilt, aber die Endlichkeit von μ ist, wie das folgende Beispiel zeigt, wesentlich.

Beispiel 13.23. Auf $(\mathbb{R}, \mathfrak{B}, \lambda)$ gilt $\|\mathbb{1}_{\mathbb{R}}\|_\infty = 1 \wedge \|\mathbb{1}_{\mathbb{R}}\|_p = \infty \quad \forall \, 1 \leq p < \infty$.

13.3 Gleichmäßige Integrierbarkeit

In diesem Abschnitt werden Kriterien für die L_p-Konvergenz vorgestellt. Der ersten Charakterisierung, die wir betrachten werden, liegt folgendes auf Riesz zurückgehende Resultat zugrunde.

Satz 13.24. *Ist* $(\Omega, \mathfrak{S}, \mu)$ *ein Maßraum und* $1 \leq p < \infty$, *so gilt für jede* L_p *–integrierbare Folge* (f_n)

$$\lim\limits_{n} f_n = f \quad \mu\text{–fü} \wedge \lim\limits_{n} \|f_n\|_p = \|f\|_p < \infty \quad \Rightarrow \quad \lim\limits_{n} \|f - f_n\|_p = 0 .$$

Beweis. Da nach (13.9) gilt $2^p \left(|f|^p + |f_n|^p \right) - |f - f_n|^p \geq 0 \quad \forall \, n \in \mathbb{N}$, folgt aus dem Lemma von Fatou

$$2^p \left(\int |f|^p \, d\mu + \int |f|^p \, d\mu \right) = \int \liminf_n \left(2^p \left(|f|^p + |f_n|^p \right) - |f - f_n|^p \right) d\mu$$

$$\leq \liminf_n \left(2^p \int |f|^p \, d\mu + 2^p \int |f_n|^p \, d\mu - \int |f - f_n|^p \, d\mu \right)$$

$$= 2^p \int |f|^p \, d\mu + 2^p \lim_n \int |f_n|^p \, d\mu + \liminf_n \left(- \int |f - f_n|^p \, d\mu \right)$$

$$= 2^p \left(\int |f|^p \, d\mu + \int |f|^p \, d\mu \right) - \limsup_n \int |f - f_n|^p \, d\mu \, .$$

Subtrahiert man $2^p \left(\int |f|^p \, d\mu + \int |f|^p \, d\mu \right)$ von beiden Seiten, so ergibt das $0 \leq - \limsup_n \int |f - f_n|^p \, d\mu \leq 0$. Somit gilt $\lim_n \int |f - f_n|^p \, d\mu = 0$.

Satz 13.25. *Ist $(\Omega, \mathfrak{S}, \mu)$ ein Maßraum und $1 \leq p < \infty$, so konvergiert eine Folge (f_n) aus $\mathcal{L}_p$ genau dann im p-ten Mittel, wenn (f_n) im Maß gegen ein $f \in \mathcal{L}_p$ konvergiert und gilt $\lim_n \|f_n\|_p = \|f\|_p$.*

Beweis. Konvergiert (f_n) im p-ten Mittel, so gibt es nach Satz 13.16 ein $f \in \mathcal{L}_p$ mit $\lim_n \|f_n - f\|_p = 0$, und aus Satz 13.15 folgt $\mu - \lim_n f_n = f$.
Da aus $\|f\|_p \leq \|f - f_n\|_p + \|f_n\|_p$ und $\|f_n\|_p \leq \|f - f_n\|_p + \|f\|_p$ aber folgt $\big| \|f\|_p - \|f_n\|_p \big| \leq \|f - f_n\|_p$, gilt auch $\lim_n \|f_n\|_p = \|f\|_p$.

Konvergiert umgekehrt (f_n) im Maß gegen f, so existiert nach Satz 7.88 eine Teilfolge (f_{n_k}) mit $\lim_k f_{n_k} = f$ μ–fü. Da voraussetzungsgemäß gilt $f \in \mathcal{L}_p$ und $\lim_k \|f_{n_k}\|_p = \|f\|_p$, folgt aus Satz 13.24 $\lim_k \|f - f_{n_k}\|_p = 0$.
Würde (f_n) nicht im p-ten Mittel gegen f konvergieren, so müsste es ein $\varepsilon > 0$ und eine Teilfolge (f_{m_j}) mit $\big\| f - f_{m_j} \big\|_p \geq \varepsilon$ $\forall j$ geben. Aber wegen $\mu - \lim_j f_{m_j} = f$ müsste (f_{m_j}) eine Subfolge $\left(f_{m_{j_h}} \right)$ mit $\lim_h \big\| f - f_{m_{j_h}} \big\|_p = 0$ haben. Da das der Definition von (f_{m_j}) widerspricht, gilt $\lim_n \|f - f_n\|_p = 0$.

Auch das folgende Ergebnis, das einen Zusammenhang zwischen der Konvergenz von Verteilungen und der Konvergenz ihrer Dichten herstellt, hat Riesz mit Satz 13.24 in wesentlich allgemeinerer Form vorweggenommen.

Satz 13.26 (Satz von Scheffé). *Sind ν_n, ν Maße auf einem σ-endlichen Maßraum $(\Omega, \mathfrak{S}, \mu)$ mit $\nu_n, \nu \ll \mu$ und $\nu_n(\Omega) = \nu(\Omega) < \infty$ $\forall n \in \mathbb{N}$, so gilt*

$$\lim_n \frac{d\nu_n}{d\mu} = \frac{d\nu}{d\mu} \quad \mu\text{–fü} \quad \Rightarrow \quad \lim_n \sup_{A \in \mathfrak{S}} |\nu_n(A) - \nu(A)| = 0 \, . \tag{13.18}$$

Beweis. Wegen $\left| \int_A \frac{d\nu_n}{d\mu} \, d\mu - \int_A \frac{d\nu}{d\mu} \, d\mu \right| \leq \int_A \left| \frac{d\nu_n}{d\mu} - \frac{d\nu}{d\mu} \right| d\mu \leq \int \left| \frac{d\nu_n}{d\mu} - \frac{d\nu}{d\mu} \right| d\mu$ ist das nur ein Sonderfall von Satz 13.24 für $f_n, f \geq 0$ μ–fü und $p = 1$.

Beispiel 13.27 (Poisson-Approximation der Binomialverteilung).
Auf $(\mathbb{N}_0, \mathfrak{P}(\mathbb{N}_0), \zeta)$ mit $\zeta(A) := |A|$ sind die f_n, definiert durch

$$f_n(\omega) := \begin{cases} \binom{n}{\omega} p_n{}^\omega (1 - p_n)^{n-\omega}, & 0 \le \omega \le n \\ 0, & \text{sonst} \end{cases}$$

mit $0 < p_n < 1 \quad \forall\, n$ Dichten von Binomialverteilungen B_{n,p_n} bezüglich ζ.
Aus $\lim_n n\, p_n = \theta > 0$ (d.h. die Erwartungswerte $n\, p_n$ der B_{n,p_n} konvergieren
gegen eine Konstante θ) folgt $\lim_n p_n = 0$ und man erhält

$$\lim_n f_n(\omega) = \lim_n \binom{n}{\omega} p_n{}^\omega (1 - p_n)^{n-\omega} = \frac{1}{\omega!} \prod_{i=0}^{\omega-1} \lim_n [(n-i)\, p_n]\, \lim_n (1 - p_n)^{n-\omega}$$

$$= \frac{\theta^\omega}{\omega!}\, \lim_n e^{(n-\omega)\, \ln(1-p_n)} = \frac{\theta^\omega}{\omega!}\, e^{\lim_n [-p_n\, (n-\omega)]} = \frac{\theta^\omega}{\omega!}\, e^{-\theta} \quad \forall\, \omega \in \mathbb{N}_0.$$

Für $f(\omega) := \frac{\theta^\omega}{\omega!}\, e^{-\theta} \quad \forall\, \omega \in \mathbb{N}_0$ gilt somit $\lim_n f_n = f \quad \zeta$–fü.

Wegen $\int_{\mathbb{N}_0} f\, d\zeta = \sum_{\omega=0}^{\infty} \frac{\theta^\omega}{\omega!}\, e^{-\theta} = e^\theta\, e^{-\theta} = 1$ ist das unbestimmte Integral P_θ
von f ein Wahrscheinlichkeitsmaß, und daher folgt aus dem obigen Satz
$\sup_{A \subseteq \mathbb{N}_0} |B_{n,p_n}(A) - P_\theta(A)| \to 0$, wobei sich die Notation von selbst erklärt.
Die Grenzverteilung P_θ kennen wir bereits aus Beispiel 6.32, es ist die
Poissonverteilung mit dem Parameter $\theta > 0$.
Wegen $\lim_n n\, p_n = \theta$ sollte $X \sim P_\theta$ die Erwartung θ haben. Tatsächlich gilt

$$\mathbb{E}X = \sum_{x=0}^{\infty} x\, \frac{\theta^x}{x!}\, e^{-\theta} = \theta \sum_{x=1}^{\infty} \frac{\theta^{x-1}}{(x-1)!}\, e^{-\theta} = \theta\, e^{-\theta} \sum_{y=0}^{\infty} \frac{\theta^y}{y!} = \theta\, e^{-\theta}\, e^\theta = \theta.$$

Jedes unbestimmte Integral $\nu(A) := \int_A f\, d\mu$ auf einem Maßraum $(\Omega\, \mathfrak{S}, \mu)$
ist bekanntlich absolut stetig bezüglich μ. Ist f integrierbar lässt sich diese
Aussage folgendermaßen verschärfen.

Lemma 13.28. *Ist $(\Omega, \mathfrak{S}, \mu)$ ein Maßraum und $f \in \mathcal{L}_1(\Omega, \mathfrak{S}, \mu)$, so gibt es für
alle $\varepsilon > 0$ ein $c_\varepsilon > 0$ und ein $A_\varepsilon \in \mathfrak{S}$ mit $\mu(A_\varepsilon) < \infty$, sodass gilt*

$$\int_{[|f|>c_\varepsilon]} |f|\, d\mu < \varepsilon \quad \text{und} \quad \int_{A_\varepsilon^c} |f|\, d\mu < \varepsilon. \tag{13.19}$$

Beweis. Da f integrierbar ist, gilt $f\, \mathbb{1}_{[|f|=\infty]} = 0 \quad \mu$–fü. Daher folgt aus
$\lim_n |f|\, \mathbb{1}_{[|f|>n]} = f\, \mathbb{1}_{[|f|=\infty]} = 0$ und $|f|\, \mathbb{1}_{[|f|>n]} \le |f| \in \mathcal{L}_1 \quad \forall\, n \in \mathbb{N}$ nach
dem Konvergenzsatz von Lebesgue (Satz 9.33) $\quad \lim_n \int_{[|f|>n]} |f|\, d\mu = 0$.

Wegen $A_n := [|f| \ge \frac{1}{n}] \nearrow [|f| > 0]$ gilt $|f|\, \mathbb{1}_{A_n^c} \searrow |f|\, \mathbb{1}_{[|f|=0]}$. Da
$|f|\, \mathbb{1}_{A_n^c} \le |f| \in \mathcal{L}_1 \quad \forall\, n \in \mathbb{N}$ folgt daraus $\lim_n \int_{A_n^c} |f|\, d\mu = \int_{[|f|=0]} |f|\, d\mu = 0$.
Zudem gilt $\frac{1}{n}\, \mu(A_n) \le \int |f|\, d\mu < \infty \Rightarrow \mu(A_n) \le n \int |f|\, d\mu < \infty \quad \forall\, n \in \mathbb{N}$.

Wie wir sehen werden, folgt aus der L_p-Konvergenz, dass die beiden Ungleichungen in (13.19) gleichmäßig von allen Folgengliedern erfüllt werden. Dieses Konzept hat sich auch als äußerst nützlich in weiten Bereichen der Wahrscheinlichkeitstheorie erwiesen.

Definition 13.29. *Eine Familie $\{f_i, \ i \in I\}$ messbarer Funktionen auf einem Maßraum $(\Omega, \mathfrak{S}, \mu)$ heißt gleichmäßig integrierbar, wenn es zu jedem $\varepsilon > 0$ ein $c_\varepsilon > 0$ und ein $A_\varepsilon \in \mathfrak{S}$ mit $\mu(A_\varepsilon) < \infty$ gibt, sodass gilt*

$$\sup_i \int\limits_{[|f_i|>c_\varepsilon]} |f_i| \, d\mu < \varepsilon \quad \text{und} \quad \sup_i \int\limits_{A_\varepsilon^c} |f_i| \, d\mu < \varepsilon. \tag{13.20}$$

Bemerkung 13.30. *Für $\mu(\Omega) < \infty$ ist die rechte Ungleichung in (13.20) wegen $\int\limits_{\Omega^c = \emptyset} |f_i| \, d\mu = 0$ stets erfüllt, und es genügt die linke Beziehung nachzuweisen.*

Satz 13.31. *Eine Familie messbarer Funktionen $\{f_i, \ i \in I\}$ auf einem Maßraum $(\Omega, \mathfrak{S}, \mu)$ ist genau dann gleichmäßig integrierbar, wenn eine der untenstehenden Bedingungen gilt (dann gelten natürlich alle)*

1. $\forall \varepsilon > 0 \quad \exists g_\varepsilon \in \mathcal{L}_1^+ : \ \sup\limits_i \int_{[|f_i|>g_\varepsilon]} |f_i| \, d\mu < \varepsilon$,

2. $\forall \varepsilon > 0 \quad \exists g_\varepsilon \in \mathcal{L}_1^+ : \ \sup\limits_i \int (|f_i| - g_\varepsilon)^+ \, d\mu < \varepsilon$,

3. a) $C := \sup\limits_i \int |f_i| \, d\mu < \infty$

*   b) $\forall \varepsilon > 0 \quad \exists g_\varepsilon \in \mathcal{L}_1^+, \delta > 0 : \ \int_A g_\varepsilon \, d\mu \leq \delta \ \Rightarrow \ \sup\limits_i \int_A |f_i| \, d\mu < \varepsilon$.*

Beweis. Sind die f_i gleichmäßig integrierbar, $\varepsilon > 0, c_\varepsilon > 0$ und $A_\varepsilon \in \mathfrak{S}$ mit $\mu(A_\varepsilon) < \infty$ und $\sup_i \int_{[|f_i|>c_\varepsilon]} |f_i| \, d\mu < \varepsilon \ \wedge \ \sup_i \int_{A_\varepsilon^c} |f_i| \, d\mu < \varepsilon$, so ist $g_\varepsilon := c_\varepsilon \mathbb{1}_{A_\varepsilon}$ klarerweise integrierbar, und es gilt

$$\int\limits_{[|f_i|>g_\varepsilon]} |f_i| \, d\mu = \int\limits_{[|f_i|>g_\varepsilon]\cap A_\varepsilon} |f_i| \, d\mu + \int\limits_{[|f_i|>g_\varepsilon]\cap A_\varepsilon^c} |f_i| \, d\mu$$

$$\leq \int\limits_{[|f_i|>c_\varepsilon]\cap A_\varepsilon} |f_i| \, d\mu + \int\limits_{A_\varepsilon^c} |f_i| \, d\mu \leq \int\limits_{[|f_i|>c_\varepsilon]} |f_i| \, d\mu + \varepsilon \leq 2\varepsilon.$$

Somit folgt Punkt 1. aus der Definition. Punkt 2. folgt aus 1. in trivialer Weise, da gilt $|f_i| \, \mathbb{1}_{[|f_i|>g_\varepsilon]} \geq (|f_i| - g_\varepsilon)^+ \ \Rightarrow \ \int_{[|f_i|>g_\varepsilon]} |f_i| \, d\mu \geq \int (|f_i| - g_\varepsilon)^+ \, d\mu$.
Gilt nun gemäß Punkt 2. $\sup\limits_i \int (|f_i| - g_\varepsilon)^+ \, d\mu < \varepsilon$ für $g_\varepsilon \in \mathcal{L}_1^+$, so folgt daraus

$$\int |f_i| \, d\mu = \int\limits_{[|f_i|>g_\varepsilon]} (|f_i| - g_\varepsilon) \, d\mu + \int\limits_{[|f_i|>g_\varepsilon]} g_\varepsilon \, d\mu + \int\limits_{[|f_i|\leq g_\varepsilon]} |f_i|$$

$$\leq \int (|f_i| - g_\varepsilon)^+ \, d\mu + \int\limits_{[|f_i|>g_\varepsilon]} g_\varepsilon \, d\mu + \int\limits_{[|f_i|\leq g_\varepsilon]} g_\varepsilon \, d\mu \leq \varepsilon + \int g_\varepsilon \, d\mu < \infty \ \forall \, i,$$

d.h. es gilt $C = \sup_i \int |f_i|\, d\mu < \infty$. Zudem gilt für $A \in \mathfrak{S}$ mit $\int_A g_\varepsilon\, d\mu < \varepsilon$

$$\int_A |f_i|\, d\mu = \int_{A \cap [|f_i| > g_\varepsilon]} (|f_i| - g_\varepsilon)\, d\mu + \int_{A \cap [|f_i| > g_\varepsilon]} g_\varepsilon\, d\mu + \int_{A \cap [|f_i| \leq g_\varepsilon]} |f_i|\, d\mu$$

$$\leq \int (|f_i| - g_\varepsilon)^+\, d\mu + \int_{A \cap [|f_i| > g_\varepsilon]} g_\varepsilon\, d\mu + \int_{A \cap [|f_i| \leq g_\varepsilon]} g_\varepsilon\, d\mu \leq \varepsilon + \int_A g_\varepsilon\, d\mu < 2\varepsilon,$$

d.h. Punkt 2. impliziert Punkt 3.
Es bleibt nur noch zu zeigen, dass die Definition aus Bedingung 3. folgt. Aber mit den Bezeichnungen und unter den Annahmen von Punkt 3. gilt für $a > \frac{C}{\delta}$

$$a \int_{[|f_i| > a\, g_\varepsilon]} g_\varepsilon\, d\mu \leq \int_{[|f_i| > a\, g_\varepsilon]} |f_i|\, d\mu \leq \int |f_i|\, d\mu \leq C \quad \Rightarrow \quad \int_{[|f_i| > a\, g_\varepsilon]} g_\varepsilon\, d\mu \leq \delta.$$

Daraus folgt $\sup_i \int_{[|f_i| > a\, g_\varepsilon]} |f_i|\, d\mu \leq \varepsilon$, und damit Punkt 1, da $h := a\, g_\varepsilon \in \mathcal{L}_1^+$.
Zu h gibt es nach Lemma 13.28 ein $c_\varepsilon > 0$ und ein $A_\varepsilon \in \mathfrak{S}$ mit $\mu(A_\varepsilon) < \infty$, sodass $\int_{[h > c_\varepsilon]} h\, d\mu < \varepsilon$ und $\int_{A_\varepsilon^c} h\, d\mu < \varepsilon$. Damit gelten die Ungleichungen

$$\int_{[|f_i| > c_\varepsilon]} |f_i|\, d\mu = \int_{[h \geq |f_i| > c_\varepsilon]} |f_i|\, d\mu + \int_{[|f_i| > h \vee c_\varepsilon]} |f_i|\, d\mu$$

$$\leq \int_{[h \geq |f_i| > c_\varepsilon]} h\, d\mu + \int_{[|f_i| > h]} |f_i|\, d\mu \leq \int_{[h > c_\varepsilon]} h\, d\mu + \varepsilon \leq 2\varepsilon \quad \forall\, i \in I,$$

und

$$\int_{A_\varepsilon^c} |f_i|\, d\mu = \int_{[h \geq |f_i|] \cap A_\varepsilon^c} |f_i|\, d\mu + \int_{[|f_i| \leq h] \cap A_\varepsilon^c} |f_i|\, d\mu$$

$$\leq \int_{[h \geq |f_i|] \cap A_\varepsilon^c} h\, d\mu + \int_{[|f_i| > h]} |f_i|\, d\mu \leq \int_{A_\varepsilon^c} h\, d\mu + \varepsilon \leq 2\varepsilon \quad \forall\, i \in I,$$

womit die gleichmäßige Integrierbarkeit der f_i bewiesen ist.

Satz 13.32. *Auf einem endlichen Maßraum $(\Omega, \mathfrak{S}, \mu)$ ist eine Familie messbarer Funktionen $\{f_i, \ i \in I\}$ genau dann gleichmäßig integrierbar, wenn die untenstehenden Bedingungen 1. und 3. oder 2. und 3. gelten.*

1. $C := \sup_i \int |f_i|\, d\mu < \infty$.

2. $\lim_{c \to \infty} \sup_i \mu(|f_i| \geq c) = 0$.

3. $\forall\, \varepsilon > 0 \ \exists\, \delta > 0 : \ \mu(A) < \delta \quad \Rightarrow \quad \sup_i \int_A |f_i|\, d\mu < \varepsilon$, *d.h. die Maße*
   $\nu_i(A) := \int_A |f_i|\, d\mu$ *sind gleichmäßig absolut stetig bezüglich μ.*

Beweis. Dass für gleichmäßig integrierbare $(f_i)_{i \in I}$ Punkt 1. gilt wurde schon in Satz 13.31 Punkt 3a. gezeigt. Bedingung 1. impliziert aber Bedingung 2., da wegen Satz 13.9 (Markoff-Ungleichung) gilt

$$\mu(|f_i| \geq c) \leq \frac{1}{c} \int |f_i| \, d\mu \leq \frac{C}{c} \, \forall \, i \ \Rightarrow \ \lim_{c \to \infty} \sup_i \mu(|f_i| \geq c) \leq \lim_{c \to \infty} \frac{C}{c} = 0 \,.$$

Wählt man zu $\varepsilon > 0$ ein $c_\varepsilon > 0$ so, dass $\sup_i \int_{[|f_i| > c_\varepsilon]} |f_i| \, d\mu \leq \frac{\varepsilon}{2}$, dann folgt aus $\mu(A) \leq \delta := \frac{\varepsilon}{2 c_\varepsilon}$

$$\int_A |f_i| \, d\mu = \int_{A \cap [|f_i| \leq c_\varepsilon]} |f_i| \, d\mu + \int_{A \cap [|f_i| > c_\varepsilon]} |f_i| \, d\mu \leq c_\varepsilon \, \mu(A) + \frac{\varepsilon}{2} \leq \varepsilon$$

Die gleichmäßige Integrierbarkeit impliziert demnach auch Punkt 3.

Gelten umgekehrt die Punkte 2. und 3. und wählt man c so, dass nach Punkt 2. gilt $\mu(|f_i| \geq c) < \delta \quad \forall \, i \in I$, so muss gemäß Punkt 3. für jedes $i \in I$ gelten $\sup_j \int_{[|f_i| \geq c]} |f_j| \, d\mu < \varepsilon$. Daraus folgt $\int_{[|f_i| \geq c]} |f_i| \, d\mu < \varepsilon \quad \forall \, i \in I$, also die gleichmäßige Integrierbarkeit.

Klarerweise folgt die gleichmäßige Integrierbarkeit damit auch aus den Punkten 1. und 3., denn 2. ist schwächer als 1.

Bemerkung 13.33. *Nach Punkt 3a. von Satz 13.31 sind natürlich alle Funktionen einer gleichmäßig integrierbaren Familie $\{f_i \, , \ i \in I\}$ integrierbar.*

Das Lemma von Fatou und der Satz über die Konvergenz durch Majorisierung können für gleichmäßig integrierbare Folgen verallgemeinert werden.

Satz 13.34. *Ist (f_n) eine Folge gleichmäßig integrierbarer Funktionen auf einem Maßraum $(\Omega, \mathfrak{S}, \mu)$, so gilt*

1. $\int \liminf_n f_n \, d\mu \leq \liminf_n \int f_n \, d\mu \leq \limsup_n \int f_n \, d\mu \leq \int \limsup_n f_n \, d\mu \,,$

2. *aus* $f_n \xrightarrow{\mu} f$ *oder* $\lim_n f_n = f$ *μ–fü folgt* $f \in \mathcal{L}_1$, $\lim_n \int f_n \, d\mu = \int f \, d\mu$ *und* $\lim_n \|f_n - f\|_1 = 0$.

Beweis. Wählt man für $\varepsilon > 0$ ein $g \in \mathcal{L}_1^+$ mit $\sup_n \int_{[|f_n| > g]} |f_n| \, d\mu < \varepsilon$, so gilt

$$\int f_n \, d\mu = \int_{[f_n > -g]} f_n \, d\mu + \int_{[f_n \leq -g]} f_n \, d\mu \geq \int_{[f_n > -g]} f_n \, d\mu - \varepsilon \quad \forall \, n \in \mathbb{N} \,.$$

$$(13.21)$$

Aber für $\tilde{f}_n := f_n \mathbb{1}_{[f_n > -g]} \geq -g$ gilt nach Folgerung 9.32 (Lemma von Fatou)

$$\int \liminf_n \tilde{f}_n \, d\mu \leq \liminf_n \int \tilde{f}_n \, d\mu \leq C := \sup_n \int |f_n| \, d\mu < \infty \,. \quad (13.22)$$

Da $f_n \leq \tilde{f}_n$, gilt $\liminf_n f_n \leq \liminf_n \tilde{f}_n$, woraus mit (13.21) und (13.22) folgt

$$\int \liminf_n f_n \, d\mu \leq \int \liminf_n \tilde{f}_n \, d\mu \leq \liminf_n \int \tilde{f}_n \, d\mu \leq \liminf_n \int f_n \, d\mu + \varepsilon.$$

Da $\varepsilon > 0$ beliebig ist, impliziert das die linke Ungleichung in Punkt 1. Unter Berücksichtigung von $-\liminf_n(-f_n) = \limsup_n f_n$ ergibt sich daraus, angewendet auf $(-f_n)$ die rechte Ungleichung in Punkt 1.

Aus $\lim_n f_n = f$ μ–fü folgt $\lim_n |f_n| = |f|$ μ–fü, und Punkt 1. darauf angewendet ergibt $\|f\|_1 = \lim_n \|f_n\|_1 \leq C < \infty$ $\Rightarrow$ $f \in \mathcal{L}_1$. Das impliziert nach Satz 13.25 $\lim_n \|f_n - f\|_1 = 0$. Daraus folgt bekanntlich $\lim_n \int f_n \, d\mu = \int f \, d\mu$.

Konvergiert (f_n) hingegen im Maß gegen f, so gibt es nach Satz 7.88 eine Teilfolge (f_{n_k}) mit $\lim_k f_{n_k} = f$ μ–fü, woraus, wie eben gezeigt, folgt $\lim_k \|f_{n_k} - f\|_1 = 0$. Würde f_n nicht im Mittel gegen f konvergieren, so müsste es ein $\varepsilon > 0$ und eine Teilfolge (f_{m_j}) mit $\|f_{m_j} - f\|_1 > \varepsilon$ für alle $j \in \mathbb{N}$ geben. Da aber auch (f_{m_j}) im Maß gegen f konvergiert, müsste eine Subfolge $(f_{m_{j_h}})$ von (f_{m_j}) existieren mit $\lim_h \|f_{m_{j_h}} - f\|_1 = 0$. Das widerspricht der Definition von (f_{m_j}), also gilt $\lim_n \|f_n - f\|_1 = 0$.

Wir können nun Vitalis Kriterium für die L_p-Konvergenz formulieren.

Satz 13.35. *Auf einem Maßraum $(\Omega, \mathfrak{S}, \mu)$ konvergiert eine Folge (f_n) aus $\mathcal{L}_p, 1 \leq p < \infty$ genau dann im p-ten Mittel, wenn die $|f_n|^p$ gleichmäßig integrierbar sind und (f_n) im Maß konvergiert.*

Beweis. Konvergiert (f_n) im p-ten Mittel, so gibt es nach Satz 13.25 ein $f \in \mathcal{L}_p$, sodass $\lim_n \|f_n - f\|_p = 0$ und $\lim_n \|f_n\|_p = \|f\|_p < \infty$. Daraus folgt $\mu - \lim_n f_n = f$ und $C := \sup_n \int |f_n|^p \, d\mu < \infty$.

Zu $\varepsilon > 0$ existiert ein $n_\varepsilon \in \mathbb{N}$, sodass $\|f_n - f\|_p \leq \frac{\varepsilon^{\frac{1}{p}}}{2}$ $\forall \, n > n_\varepsilon$. Für $g := |f|^p + \sum_{i=1}^{n_\varepsilon} |f_i|^p \in \mathcal{L}_1^+$ gilt $\int_A g \, d\mu < \frac{\varepsilon^{\frac{1}{p}}}{2}$ $\Rightarrow$ $\int_A |f_n|^p \, d\mu < \varepsilon$ $\forall \, n \leq n_\varepsilon$.

Aus $\|f_n \mathbb{1}_A\|_p \leq \|(f_n - f)\mathbb{1}_A\|_p + \|f \mathbb{1}_A\|_p$ folgt für $n > n_\varepsilon$ aus $\int_A g \, d\mu < \frac{\varepsilon^{\frac{1}{p}}}{2}$ ebenfalls $\int_A |f_n|^p \, d\mu < \varepsilon$. Daher ist $(|f_n|^p)$ nach Satz 13.31 Punkt 3. gleichmäßig integrierbar.

Sind umgekehrt die $|f_n|^p$ gleichmäßig integrierbar und im Maß konvergent, so gibt es nach Satz 7.88 ein $f \in \mathcal{M}$ und eine Teilfolge (f_{n_k}) mit $\lim_k f_{n_k} = f$ μ–fü $\Rightarrow$ $\lim_k |f_{n_k}|^p = |f|^p$ μ–fü. Da die $(|f_{n_k}|^p)$ gleichmäßig integrierbar sind, folgt nach Satz 13.34 Punkt 2. $\lim_k \|f_{n_k}\|_p = \|f\|_p$ mit $\|f\|_p < \infty$. Nach Satz 13.24 gilt dann auch $\lim_k \|f_{n_k} - f\|_p = 0$.

Würde $\|f_n - f\|_p$ nicht gegen 0 konvergieren, so müsste es ein $\varepsilon > 0$ und eine Teilfolge (f_{m_j}) mit $\|f_{m_j} - f\|_p > \varepsilon \quad \forall \, j \in \mathbb{N}$ geben. Aber wegen $\mu - \lim\limits_j f_{m_j} = f$ müsste eine Subfolge $\left(f_{m_{j_h}}\right)$ von (f_{m_j}) existieren mit $\lim\limits_h \left\|f_{m_{j_h}} - f\right\|_p = 0$. Das ist ein Widerspruch, also gilt $\lim\limits_n \|f_n - f\|_p = 0$.

Bemerkung 13.36. *Konvergiert eine Folge L_p-integrierbarer Funktionen f_n auf einem endlichen Maßraum im Maß, so sind die $|f_n|^p$ auf Grund der Sätze 13.25 und 13.35 genau dann gleichmäßig integrierbar, wenn die Grenzfunktion f L_p-integrierbar ist und gilt $\lim\limits_n \|f_n\|_p = \|f\|_p < \infty$.*

13.4 Der Dualraum zu $L_p(\Omega, \mathfrak{S}, \mu)$

In diesem Abschnitt wird gezeigt, dass der Dualraum (siehe Definition A.73) zu $\mathbf{L}_p(\Omega, \mathfrak{S}, \mu)$, $\quad 1 \leq p < \infty$ gerade der Raum $\mathbf{L}_q(\Omega, \mathfrak{S}, \mu)$ mit $\frac{1}{p} + \frac{1}{q} = 1$ ist.

Für $1 < p < \infty$ gilt dies auf beliebigen Maßräumen und für $p = 1$, wenn das Maß σ-endlich ist. Wir beweisen zunächst ein paar Hilfssätze.

Lemma 13.37. *Ist $(\Omega, \mathfrak{S}, \mu)$ ein Maßraum, so gibt es zu $f \in \mathcal{L}_p$, $1 \leq p \leq \infty$ eine Folge (t_n) aus $\mathcal{T}(\Omega, \mathfrak{S})$ mit $\|t_n\|_p \leq \|f\|_p \quad \forall \, n \in \mathbb{N}$ und $\lim\limits_n \|f - t_n\|_p = 0$.*

Beweis. Für die im Beweis von Satz 7.30 konstruierte Folge (t_n) gilt offensichtlich $|t_n| \leq |f| \quad \forall \, n \in \mathbb{N}$ und $\lim\limits_n t_n = f$ μ-fü. Daraus folgt klarerweise $\|t_n\|_p \leq \|f\|_p$, $1 \leq p \leq \infty$ und $|f - t_n|^p \leq (2\,|f|)^p$ sowie $\lim\limits_n |f - t_n|^p = 0$ μ-fü für $1 \leq p < \infty$. Somit impliziert der Satz über die Konvergenz durch Majorisierung $\lim\limits_n \|f - t_n\|_p = 0$ für $1 \leq p < \infty$.

Ist $p = \infty$, so konvergieren die t_n bekanntlich gleichmäßig gegen f, sodass in diesem Fall $\lim\limits_n \|f - t_n\|_\infty = 0$ trivialerweise gilt.

Lemma 13.38. *Ist $(\Omega, \mathfrak{S}, \mu)$ ein Maßraum, $p \in (1, \infty)$ und $q := \frac{p}{p-1}$, d.h. $\frac{1}{p} + \frac{1}{q} = 1$, so wird zu jedem $g \in \mathbf{L}_q(\Omega, \mathfrak{S}, \mu)$ durch*

$$T_g(f) := \int f g \, d\mu, \quad f \in \mathbf{L}_p(\Omega, \mathfrak{S}, \mu) \tag{13.23}$$

ein beschränktes, lineares Funktional auf $\mathbf{L}_p(\Omega, \mathfrak{S}, \mu)$ mit $\|T_g\| = \|g\|_q$ definiert. Ist μ σ-endlich, so gilt die obige Aussage auch für $p = 1$ und $q = \infty$.

Beweis. Ist $p = 1, q = \infty$, $f \in \mathbf{L}_1$ und $g \in \mathbf{L}_\infty$, so gilt offensichtlich $|T_g(f)| \leq \int |f| \, |g| \, d\mu \leq \int |f| \, \|g\|_\infty \, d\mu \leq \|g\|_\infty \|f\|_1 \Rightarrow \|T_g\| \leq \|g\|_\infty$.
Um $\|T_g\| \geq \|g\|_\infty$ zu zeigen, nehmen wir zunächst $\mu(\Omega) < \infty$ an. Dann sind die Funktionen $g_M := (\operatorname{sgn} g) \, \mathbb{1}_{[\,|g| \geq M\,]}$, $M \geq 0$ wegen $|g_M| \leq 1$ integrierbar, und es gilt $|g_M| = \mathbb{1}_{[\,|g| \geq M\,]}$, sowie $\|g_M\|_1 = \mu(\,|g| \geq M\,)$. Daraus folgt

$$\left| \int g_M \, g \, d\mu \right| \leq \|T_g\| \, \|g_M\|_1 = \|T_g\| \, \mu(\, |g| \geq M\,). \tag{13.24}$$

Aber wegen $g_M \, g = |g| \, \mathbb{1}_{[\,|g|\geq M\,]} \geq 0$ und der Markoff'schen Ungleichung gilt

$$\left| \int g_M \, g \, d\mu \right| = \int g_M \, g \, d\mu = \int\limits_{[\,|g|\geq M\,]} |g| \, d\mu \geq M \, \mu(\, |g| \geq M\,). \tag{13.25}$$

Aus (13.24) und (13.25) folgt, dass $M > \|T_g\|$ nur dann gelten kann, wenn $\mu(\, |g| \geq M\,) = 0$. Somit ist g μ–fü beschränkt mit $\|g\|_\infty \leq \|T_g\|$.

Ist μ σ-endlich und bilden die E_n, $n \in \mathbb{N}$ eine messbare Zerlegung von Ω mit $\mu(E_n) < \infty$ $\forall\, n \in \mathbb{N}$, so muss $\|g\,\mathbb{1}_{E_n}\|_\infty \leq \|T_{g\,\mathbb{1}_{E_n}}\|$ $\forall\, n \in \mathbb{N}$ gelten. Aber aus $\|f\|_1 \leq 1$ folgt $\|f\,\mathbb{1}_{E_n}\|_1 \leq 1$ $\forall\, n \in \mathbb{N}$, und dies impliziert

$$\|T_{g\,\mathbb{1}_{E_n}}\| = \sup\left\{ \left| \int (f\,\mathbb{1}_{E_n})\, g \, d\mu \right| : \; \|f\|_1 \leq 1 \right\}$$

$$\leq \sup\left\{ \left| \int f\, g \, d\mu \right| : \; \|f\|_1 \leq 1 \right\} = \|T_g\| \quad \forall\, n \in \mathbb{N}.$$

Damit gilt $\|g\,\mathbb{1}_{E_n}\|_\infty \leq \|T_g\|$ $\forall\, n \in \mathbb{N}$ $\Rightarrow$ $\|g\|_\infty \leq \|T_g\|$.

Für $1 < p,\ q < \infty$ folgt aus der Hölder'schen Ungleichung

$$\left| \int f\, g \, d\mu \right| \leq \int |f\, g| \, d\mu \leq \|f\|_p \, \|g\|_q \;\Rightarrow\; \|T_g\| \leq \|g\|_q. \tag{13.26}$$

Mit $f := (\operatorname{sgn} g)\, |g|^{\frac{q}{p}}$ gilt $fg = |g|^{\frac{q}{p}} \, (\operatorname{sgn} g)\, g = |g|^{q-1}\, |g| = |g|^q \geq 0$, und daraus folgt $\left| \int f\, g\, d\mu \right| = \int f\, g\, d\mu = \|g\|_q^q$. Aber wegen $|f|^p = |g|^q$ gilt $f \in \mathcal{L}_p$ mit $\|f\|_p = \left(\int |g|^q \, d\mu \right)^{\frac{1}{p}} = \|g\|_q^{\frac{q}{p}} = \|g\|_q^{q-1}$, und man erhält schließlich

$$\|g\|_q^q = \left| \int f\, g\, d\mu \right| \leq \|T_g\| \, \|f\|_p = \|T_g\| \, \|g\|_q^{q-1} \;\Rightarrow\; \|g\|_q \leq \|T_g\|.$$

Bemerkung 13.39. *Aus $f,g \in \mathbf{L}_q$, $f \neq g$ folgt*

$$0 < \|f - g\|_q = \|T_{f-g}\| = \|T_f - T_g\| \;\Rightarrow\; T_f \neq T_g.$$

Daher ist die im obigen Lemma gemachte Zuordnung $g \to T_g$ injektiv. Dass sie auch surjektiv ist, zeigt der nächste Satz.

Satz 13.40 (Darstellungssatz von Riesz). *Ist $(\Omega, \mathfrak{S}, \mu)$ ein Maßraum und T ein beschränktes, lineares Funktional auf $\mathbf{L}_p(\Omega, \mathfrak{S}, \mu)$, $1 < p < \infty$, so gibt es zu $q := \frac{p}{p-1}$ ein eindeutig bestimmtes $g \in \mathbf{L}_q(\Omega, \mathfrak{S}, \mu)$, für das gilt*

$$T(f) = \int f\, g\, d\mu \quad \forall\, f \in \mathbf{L}_p \quad \text{und} \quad \|T\| = \|g\|_q. \tag{13.27}$$

Auf σ-endlichen Maßräumen gilt die obige Aussage auch für $p = 1$ mit $q = \infty$.

Beweis. Wir beweisen den Satz zunächst für $\mu(\Omega) < \infty$.

Ist T ein beschränktes, lineares Funktional auf $\mathbf{L}_p$, so kann man durch $\nu(A) := T(\mathbb{1}_A)$, $A \in \mathfrak{S}$ eine Mengenfunktion ν auf $\mathfrak{S}$ definieren.

Wegen $\mathbb{1}_\emptyset = 0$ gilt natürlich $\nu(\emptyset) := T(\mathbb{1}_\emptyset) = T(0) = 0$.

Für $A, B \in \mathfrak{S}$ disjunkt gilt $\mathbb{1}_{A \cup B} = \mathbb{1}_A + \mathbb{1}_B$. Da T linear ist, folgt daraus $\nu(A \cup B) = T(\mathbb{1}_A + \mathbb{1}_B) = T(\mathbb{1}_A) + T(\mathbb{1}_B) = \nu(A) + \nu(B)$, d.h. ν ist additiv.

Sind die $A_n \in \mathfrak{S}$, $n \in \mathbb{N}$ disjunkt, so gilt auf Grund der Beschränktheit von T

$$\left| \nu\left(\bigcup_{n=1}^{\infty} A_n \right) - \nu\left(\bigcup_{n=1}^{N} A_n \right) \right| = \left| T\left(\mathbb{1}_{\bigcup_{n=1}^{\infty} A_n} - \mathbb{1}_{\bigcup_{n=1}^{N} A_n} \right) \right|$$

$$= \left| T\left(\mathbb{1}_{\bigcup_{n=N+1}^{\infty} A_n} \right) \right| \le \|T\| \left\| \mathbb{1}_{\bigcup_{n=N+1}^{\infty} A_n} \right\|_p = \|T\| \left(\mu\left(\bigcup_{n=N+1}^{\infty} A_n \right) \right)^{\frac{1}{p}}.$$

Weil μ stetig von oben ist und $\bigcup_{n=N+1}^{\infty} A_n \searrow \emptyset$ mit $N \to \infty$, folgt daraus

$$\nu\left(\bigcup_{n=1}^{\infty} A_n \right) = \lim_N \nu\left(\bigcup_{n=1}^{N} A_n \right) = \lim_N \sum_{n=1}^{N} \nu(A_n) = \sum_{n=1}^{\infty} \nu(A_n).$$

Somit ist ν σ-additiv. ν ist aber auch endlich und absolut stetig bezüglich μ, da $|\nu(A)| = |T(\mathbb{1}_A)| \le \|T\| \|\mathbb{1}_A\|_p = \|T\| \mu(A)^{\frac{1}{p}} \le \|T\| \mu(\Omega)^{\frac{1}{p}} < \infty$. Nach dem Satz von Radon-Nikodym existiert daher ein eindeutig bestimmtes $g \in \mathbf{L}_1$ mit $T(\mathbb{1}_A) = \nu(A) = \int_A g\,d\mu = \int \mathbb{1}_A g\,d\mu \ \ \forall A \in \mathfrak{S}$. Da sowohl T, als auch das Integral linear sind, folgt daraus

$$T(t) = \int t\,g\,d\mu \quad \forall t \in \mathfrak{T}(\Omega, \mathfrak{S}). \tag{13.28}$$

Ist nun $p = 1$, so liegt jedes $t_A := (\operatorname{sgn} g)\,\mathbb{1}_A$, $A \in \mathfrak{S}$ in $\mathfrak{T}$, und es gilt

$$0 \le \int_A |g|\,d\mu = \int t_A g\,d\mu = \left| \int t_A g\,d\mu \right| \le \|T\| \|\mathbb{1}_A\|_1 = \|T\| \mu(A) = \int_A \|T\|\,d\mu.$$

Aber aus $\int_A |g|\,d\mu \le \int_A \|T\|\,d\mu \ \ \forall A \in \mathfrak{S}$ folgt $|g| \le \|T\|$ μ–fü. Dies bedeutet, dass in diesem Fall g in $\mathbf{L}_\infty$ liegt mit $\|g\|_\infty \le \|T\|$.

Ist $1 < p < \infty$ und $q := \frac{p}{p-1}$, so gibt es zu $|g|^q \in \mathcal{M}^+$ nach Satz 7.30 eine Folge (t_n) aus $\mathfrak{T}^+$ mit $t_n \nearrow |g|^q$. Klarerweise gilt dann $t_n^{\frac{1}{q}} \le |g|$ $\ \ \forall n \in \mathbb{N}$, und $s_n := (\operatorname{sgn} g)\,t_n^{\frac{1}{p}} \in \mathfrak{T}$ $\ \ \forall n \in \mathbb{N}$. Damit erhält man

$$0 \le \int t_n\,d\mu = \int t_n^{\frac{1}{p}} t_n^{\frac{1}{q}}\,d\mu \le \int t_n^{\frac{1}{p}} |g|\,d\mu = \int (\operatorname{sgn} g)\,t_n^{\frac{1}{p}} g\,d\mu$$

$$= \int s_n g\,d\mu = \left| \int s_n g\,d\mu \right| \le \|T\| \|s_n\|_p = \|T\| \left(\int t_n\,d\mu \right)^{\frac{1}{p}}.$$

Daraus folgt $0 \le \left(\int t_n \, d\mu \right)^{1-\frac{1}{p}} = \left(\int t_n \, d\mu \right)^{\frac{1}{q}} \le \|T\| \quad \forall \, n \in \mathbb{N}$, und damit gilt $\lim_n \int t_n \, d\mu \le \|T\|^q$. Wegen $0 \le t_n \nearrow |g|^q$ folgt aber aus dem Satz von Levi $\lim_n \int t_n \, d\mu = \int |g|^q \, d\mu$, sodass für $1 < p < \infty$ gilt $g \in \mathbf{L}_q$ und $\|g\|_q \le \|T\|$.

Wegen $g \in \mathbf{L}_q$ mit $\frac{1}{p} + \frac{1}{q} = 1$, ist $T_g(f) = \int f g \, d\mu$ nach Lemma 13.38 ein beschränktes lineares Funktional auf $\mathbf{L}_p$ mit $\|T_g\| = \|g\|_q$, und gemäß (13.28) gilt $T(t) = T_g(t) \quad \forall \, t \in \mathcal{T}$. Ist nun $f \in \mathbf{L}_p$, so gibt es laut Lemma 13.37 eine Folge (t_n) aus $\mathcal{T}$ mit $\|t_n\|_p \le \|f\|_p$ und $\lim_n \|f - t_n\|_p = 0$. Für jedes $\varepsilon > 0$ existiert daher ein n_ε, sodass $\|f - t_{n_\varepsilon}\|_p \le \varepsilon$. Daraus aber folgt

$$|T(f) - T_g(f)| \le |T(f) - T(t_{n_\varepsilon})| + |T_g(t_{n_\varepsilon}) - T_g(f)|$$
$$\le (\|T\| + \|T_g\|) \, \|f - t_{n_\varepsilon}\|_p \le (\|T\| + \|T_g\|) \varepsilon,$$

d.h. $T(f) = T_g(f) \quad \forall \, f \in \mathbf{L}_p \;\Rightarrow\; T = T_g \,\wedge\, \|T\| = \|T_g\| = \|g\|_q$.

Gilt für ein $g_1 \in \mathbf{L}_q$ ebenfalls $T(f) = \int f g_1 \, d\mu \quad \forall \, f \in \mathbf{L}_p$, so folgt daraus $\int_A g \, d\mu = T(\mathbb{1}_A) = \int_A g_1 \, d\mu \quad \forall \, A \in \mathfrak{S}$, und Folgerung 9.47 impliziert daher $g = g_1 \quad \mu$–fü. Damit ist der Satz für endliche Maßräume bewiesen.

Ist μ σ-endlich, so gibt es $E_n \in \mathfrak{S}$ mit $\mu(E_n) < \infty \quad \forall \, n \in \mathbb{N}$ und $E_n \nearrow \Omega$. Die Räume $\mathbf{L}_{p,n} := \mathbf{L}_p(E_n, \mathfrak{S} \cap E_n, \mu|_{E_n})$ bzw. $\mathbf{L}_{q,n} := \mathbf{L}_q(E_n, \mathfrak{S} \cap E_n, \mu|_{E_n})$ können gleichgesetzt werden mit den Teilräumen $\{f \mathbb{1}_{E_n} : f \in \mathbf{L}_p\} \subseteq \mathbf{L}_p$ bzw. $\{g \mathbb{1}_{E_n} : g \in \mathbf{L}_q\} \subseteq \mathbf{L}_q$. Ist nun T ein beschränktes, lineares Funktional auf $\mathbf{L}_p$, so gilt nach Bemerkung A.71 für die Einschränkungen $T_n := T|_{\mathbf{L}_{p,n}}$ von T auf die Räume $\mathbf{L}_{p,n}$ $\;\|T_n\| \le \|T\| \;\forall \, n \in \mathbb{N}$. Auf Grund der oben bewiesenen Aussage für endliche Maßräume existiert zu jedem $n \in \mathbb{N}$ ein $g_n \in \mathbf{L}_{q,n}$ mit $T(f \mathbb{1}_{E_n}) = T_n(f \mathbb{1}_{E_n}) = \int (f \mathbb{1}_{E_n}) \, g_n \, d\mu = \int (f \mathbb{1}_{E_n}) \, (g_n \mathbb{1}_{E_n}) \, d\mu \; \forall f \in \mathbf{L}_p$ und $\|g_n\|_q = \|T_n\| \le \|T\|$. Aber $\mathbf{L}_{p,n}$ ist ein Teilraum von $\mathbf{L}_{p,n+1}$, sodass auch gilt $T(f \mathbb{1}_{E_n}) = \int (f \mathbb{1}_{E_n}) \, g_{n+1} \, d\mu = \int (f \mathbb{1}_{E_n}) \, (g_{n+1} \mathbb{1}_{E_n}) \, d\mu \; \forall \, f \in \mathbf{L}_p$. Deshalb impliziert die Eindeutigkeitsaussage $g_n = g_{n+1} \mathbb{1}_{E_n} \quad \mu$–fü auf E_n. Für $g := g_1 \mathbb{1}_{E_1} + \sum_{n \ge 2} g_n \mathbb{1}_{E_n \setminus E_{n-1}}$ gilt daher $g \mathbb{1}_{E_n} = g_n \quad \forall \, n \in \mathbb{N}$.

Für $p = 1$ gilt $\|g_n\|_\infty \le \|T\| < \infty \quad \forall \, n \in \mathbb{N}$. Daraus folgt für alle $M > \|T\|$

$$\mu(|g| \ge M) = \mu\left(\bigcup_n [|g| \ge M] \cap E_n \right) \le \sum_n \mu(|g_n| \ge M) = 0.$$

In diesem Fall gilt deshalb $g \in \mathbf{L}_\infty$ und $\|g\|_\infty \le \|T\|$.

Ist $1 < p < \infty$, so gilt $|g \mathbb{1}_{E_n}|^q \nearrow |g|^q$, und aus dem Satz von Levi folgt $\int |g|^q \, d\mu = \lim_n \int |g \mathbb{1}_{E_n}|^q \, d\mu = \lim_n \|g_n\|_q^q \le \|T\|^q \;\Rightarrow\; g \in \mathbf{L}_q \,\wedge\, \|g\|_q \le \|T\|$. Für $f \in \mathbf{L}_p$ gilt $\lim_n |f - f \mathbb{1}_{E_n}|^p = 0 \quad \mu$–fü, $\; |f - f \mathbb{1}_{E_n}|^p \le 2^p |f|^p \; \forall \, n \in \mathbb{N}$ und $\int 2^p |f|^p \, d\mu < \infty$. Das führt nach dem Satz über die Konvergenz durch Majorisierung zu $\lim_n \|f - f \mathbb{1}_{E_n}\|_p = 0$. Da T beschränkt ist, folgt daraus

$$T(f) = \lim_n T(f \mathbb{1}_{E_n}) = \lim_n \int (f \mathbb{1}_{E_n}) \, g_n \, d\mu = \lim_n \int (f \mathbb{1}_{E_n}) \, g \, d\mu. \quad (13.29)$$

Da auch gilt $\lim\limits_{n} f\,\mathbb{1}_{E_n}\, g = f\,g$ μ–fü und $|f\,\mathbb{1}_{E_n}\, g| \leq |f\,g|$ $\forall\, n \in \mathbb{N}$ mit $\int |f\,g|\, d\mu \leq \|f\|_p\, \|g\|_q < \infty$, folgt aus dem Satz über die Konvergenz durch Majorisierung weiters $\int f\,g\, d\mu = \lim\limits_{n} \int (f\,\mathbb{1}_{E_n})\, g\, d\mu$. Eingesetzt in (13.29) ergibt das $T(f) = \int f\,g\, d\mu$, womit der Satz für σ-endliche Maße bewiesen ist.

Es bleibt nur noch zu zeigen, dass der Satz für $1 < p < \infty$ auf beliebigen Maßräumen gilt.

Für jedes $A \in \mathfrak{S}$ können die Räume $\mathbf{L}_{p,A} := \mathbf{L}_p(A, \mathfrak{S} \cap A, \mu|_A)$ bzw. $\mathbf{L}_{q,A} := \mathbf{L}_q(A, \mathfrak{S} \cap A, \mu|_A)$ gleichgesetzt werden mit $\{f\,\mathbb{1}_A : f \in \mathbf{L}_p\} \subseteq \mathbf{L}_p$ bzw. $\{g\,\mathbb{1}_A : g \in \mathbf{L}_q\} \subseteq \mathbf{L}_q$, und für die Einschränkungen $T_A := T|_{\mathbf{L}_{p,A}}$ gilt $\|T_A\| \leq \|T\|$ $\forall\, A \in \mathfrak{S}$ sowie $A \subseteq B$, $A, B \in \mathfrak{S}$ $\Rightarrow$ $\|T_A\| \leq \|T_B\|$.

Das System $\mathfrak{C}$ der σ-endlichen Mengen aus $\mathfrak{S}$ ist nichtleer ($\emptyset \in \mathfrak{C}$). Ist $A \in \mathfrak{C}$, so gibt es, wie oben gezeigt, ein eindeutig bestimmtes $g_A = g_A\,\mathbb{1}_A \in \mathbf{L}_{q,A}$ mit $\|g_A\|_q = \|T_A\| \leq \|T\|$. Daraus folgt $0 \leq \gamma := \sup\limits_{A \in \mathfrak{C}} \|g_A\|_q^q \leq \|T\|^q < \infty$. Nun gibt es eine Folge (C_n) aus $\mathfrak{C}$ mit $\lim\limits_{n} \|g_{C_n}\|_q^q = \gamma$, und es gilt $C := \bigcup\limits_{n} C_n \in \mathfrak{C}$.

Für $A \in \mathfrak{C}$ gilt zudem $T(f\,\mathbb{1}_A) = \int f\,\mathbb{1}_A\, g_A\, d\mu$ $\forall\, f \in \mathbf{L}_p$. Ist $A \subseteq B \in \mathfrak{C}$, so gilt auch $T(f\,\mathbb{1}_A) = \int f\,\mathbb{1}_A\, g_B\, d\mu = \int f\,\mathbb{1}_A\, g_B\,\mathbb{1}_A\, d\mu$ $\forall\, f \in \mathbf{L}_p$, und aus der Eindeutigkeit folgt $g_A = g_B\,\mathbb{1}_A$ μ–fü. Das impliziert $\|g_A\|_q \leq \|g_B\|_q$, und wegen $C_n \subseteq C$ $\forall\, n \in \mathbb{N}$ folgt daraus $\gamma = \|g_C\|_q^q$. Für $B \in \mathfrak{C}$ gilt $C \cup B \in \mathfrak{C}$ $\Rightarrow$ $\gamma = \|g_{C \cup B}\|_q^q = \|g_C\|_q^q + \|g_{B \setminus C}\|_q^q = \gamma + \|g_{B \setminus C}\|_q^q$. Daraus folgt $\int |g_{B \setminus C}|^q\, d\mu = 0$ $\Rightarrow$ $g_{B \setminus C} = 0$ μ–fü bzw. $g_{C \cup B} = g_C$ μ–fü.

Nun gilt für jedes $f \in \mathbf{L}_p$ nach der Markoff'schen Ungleichung (Satz 13.9) $\left(\frac{1}{n}\right)^p \mu\left(|f| \geq \frac{1}{n}\right) \leq \|f\|_p^p < \infty$ $\Rightarrow$ $\mu\left(|f| \geq \frac{1}{n}\right) < \infty$ $\forall\, n \in \mathbb{N}$, sodass $A_f := \{\omega : |f(\omega)| > 0\} = \bigcup\limits_{n} \left[|f| \geq \frac{1}{n}\right] \in \mathfrak{C}$. Wegen $f = f\,\mathbb{1}_{A_f \cup C}$ gilt deshalb

$$T(f) = T(f\,\mathbb{1}_{A_f \cup C}) = \int f\, g_{A_f \cup C}\, d\mu = \int f\, g_C\, d\mu, \qquad (13.30)$$

d.h. $T(f) = T_{g_C}(f) := \int f\, g_C\, d\mu$ $\forall\, f \in \mathbf{L}_p$ und $g_C \in \mathbf{L}_q$. Daraus und aus Lemma 13.38 folgt $\|T\| = \|T_{g_C}\| = \|g_C\|_q$. Somit ist der Satz auch auf beliebigen Maßräumen für $1 < p < \infty$ bewiesen.

14

Bedingte Erwartungen

14.1 Der Satz von der vollständigen Erwartung

Definition 14.1. *Ist X eine diskrete Zufallsvariable auf einem Wahrscheinlich-keitsraum $(\Omega, \mathfrak{S}, P)$ mit $P(X \in D) = 1$, $|D| \leq \aleph_0$, $P(X = x) > 0 \quad \forall\, x \in D$, so wird durch $P(A|X = x) := \frac{P(A \cap [X=x])}{P(X=x)}$, $A \in \mathfrak{S}$ für alle $x \in D$ eine Wahrscheinlichkeitsverteilung definiert, die durch $[X = x]$ bedingte Verteilung.*

Die obige Definition ist natürlich konsistent mit Definition 5.1.

Lemma 14.2. *Existiert unter den Voraussetzungen und mit den Bezeichnungen von Definition 14.1 der Erwartungswert einer Zufallsvariablen Y, so existieren auch die Integrale $\int Y(\omega)\, P(d\omega|X = x) \quad \forall\, x \in D$, und es gilt*

$$h_Y(x) := \mathbb{E}(Y|X = x) := \int Y(\omega)\, P(d\omega|X = x) = \frac{\int Y \mathbb{1}_{[X=x]}\, dP}{P(X = x)}. \quad (14.1)$$

Beweis. Für $Y := \mathbb{1}_A$, $A \in \mathfrak{S}$ stimmt (14.1) überein mit Definition 14.1. Wegen der Additivität des Integrals gilt (14.1) damit auch für jedes $t \in \mathcal{T}^+$. Ist $Y \in \mathcal{M}^+(\Omega, \mathfrak{S})$, so gibt es $t_n \in \mathcal{T}^+$ mit $t_n \nearrow Y$ und die Gültigkeit von (14.1) folgt aus dem Satz über die Konvergenz durch Monotonie. Ein beliebiges $Y \in \mathcal{L}_1$ braucht man nur in Y^+ und Y^- zerlegen.

Durch $h_Y(x) := c \quad \forall\, x \in D^c$, $c \in \mathbb{R}$ beliebig, wird h_Y auf $\mathbb{R}$ fortgesetzt. Da gilt $h_Y^{-1}(B) \subseteq D$ oder $h_Y^{-1}(B) = A \cup D^c$ mit $A \subseteq D \quad \forall\, B \in \mathfrak{B}$, ist h_Y messbar. Somit ist $\mathbb{E}(Y|X) := h_Y \circ X$ eine $\mathfrak{S}(X)$-messbare Zufallsvariable (siehe Satz 7.42), die wir als die durch X bedingte Erwartung von Y bezeichnen. Für $\mathbb{E}(Y|X)$ gilt folgende Verallgemeinerung des Satzes von der vollständigen Wahrscheinlichkeit (Satz 5.5).

Satz 14.3 (Satz von der vollständigen Erwartung). *Unter den Voraussetzungen und mit den Bezeichnungen von Definition 14.1 und Lemma 14.2 gilt*

$$\int\limits_{[X \in B]} Y\, dP = \sum\limits_{x \in B \cap D} \mathbb{E}(Y|X = x)\, P(X = x) = \int\limits_{[X \in B]} \mathbb{E}(Y|X)\, dP. \quad (14.2)$$

Beweis. Aus dem Transformationssatz (Satz 9.62), Gleichung (14.1) sowie $P(X \in D) = 1$ und $P(X = x) > 0 \quad \forall\, x \in D$ folgt

$$\int\limits_{[X \in B]} \mathbb{E}(Y|X)\, dP = \int\limits_{B} \mathbb{E}(Y|X = x)\, dP X^{-1}(x) = \sum_{x \in B \cap D} h_Y(x)\, P X^{-1}(x)$$

$$= \sum_{x \in B \cap D} P(X = x)\, \frac{\int_{[X = x]} Y\, dP}{P(X = x)} = \int\limits_{[X \in B]} Y\, dP.$$

Beispiel 14.4. Jeder von 2 Spielern S_1 und S_2 erhält 13 Karten aus einem Paket von 52 Karten zu 4 Farben. Die Anzahl X der „Piks" für Spieler S_1 ist daher eine $H_{13,39,13}$-verteilte Zufallsvariable auf einem fiktiven Wahrscheinlichkeitsraum $(\Omega, \mathfrak{S}, P)$, ebenso wie die Anzahl Y der „Piks" für Spieler S_2.

Weiß man nun, dass S_1 x „Piks" bekommen hat, so verbleiben noch $13 - x$ „Piks" im Restpaket von 39 Karten, und daher muss Y unter dieser Bedingung $H_{13-x,26+x,13}$-verteilt sein, d.h. es gilt für jedes $B \in \mathfrak{B}$

$$P(Y \in B|X = x) = \sum_{y \in B \cap \{0,\dots,13-x\}} \frac{\binom{13-x}{y}\binom{26+x}{13-y}}{\binom{39}{13}}.$$

Diese Formel kann natürlich auch aus Definition 5.1 hergeleitet werden, denn aus $(X, Y) \sim H_{13,13,26,13}$ (vgl. Beispiel 8.8) folgt klarerweise, dass gilt $P([X = x] \cap [Y = y]) = \frac{\binom{13}{x}\binom{13}{y}\binom{26}{13-x-y}}{\binom{52}{13}}$. Damit erhält man schließlich

$$P(Y = y\,|\,X = x) = \frac{\binom{13}{x}\binom{13}{y}\binom{26}{13-x-y}}{\binom{13}{x}\binom{39}{13-x}}$$

$$= \frac{13!\, 26!\,(13 - x)!\,(26 + x)!}{y!\,(13 - y)!\,(13 - x - y)!\,(13 + x + y)!\, 39!} = \frac{\binom{13-x}{y}\binom{26+x}{13-y}}{\binom{39}{13}}.$$

Da in unserem Beispiel $P(Y \in \ .\ |X = x)$ einer $H_{13-x,26+x,13}$-Verteilung entspricht und für $Y \sim H_{A,N-A,n}$ gilt $\mathbb{E}Y = n\frac{A}{N}$ (siehe Beispiel 9.65), erhält man $\mathbb{E}(Y|X = x) = 13\frac{13-x}{39} = \frac{13-x}{3}$ bzw. $\mathbb{E}(Y|X) = \frac{13-X}{3}$. Mittelt man über die Werte $\mathbb{E}(Y|X = x)$, $x = 0, \dots, 13$ gemäß der Verteilung von X, so ergibt das in Übereinstimmung mit Satz 14.3

$$\int \mathbb{E}(Y|X)\, dP = \sum_{x=0}^{13} \frac{13 - x}{3} \frac{\binom{13}{x}\binom{39}{13-x}}{\binom{52}{13}}$$

$$= \frac{13}{3} \sum_{x=0}^{13} \frac{\binom{13}{x}\binom{39}{13-x}}{\binom{52}{13}} - \frac{1}{3} \sum_{x=0}^{13} x\, \frac{\binom{13}{x}\binom{39}{13-x}}{\binom{52}{13}} = \frac{13}{3} - \frac{\mathbb{E}X}{3} = \frac{13}{4} = \int Y\, dP.$$

Aber nach Satz 14.3 muss sogar für jedes $B \in \mathfrak{B}$ gelten

$$\int\limits_{[X \in B]} \mathbb{E}(Y|X) \, dP = \sum_{x \in B \cap \{0,\dots,13\}} \frac{13-x}{3} \frac{\binom{13}{x}\binom{39}{13-x}}{\binom{52}{13}} = \int\limits_{[X \in B]} Y \, dP$$

$$= \int\limits_{[X \in B, Y \in \mathbb{R}]} Y \, dP = \int\limits_{B \times \mathbb{R}} y \, dP(X,Y)^{-1} = \sum_{x \in B \cap D} \sum_{y=0}^{13-x} y \frac{\binom{13}{x}\binom{13}{y}\binom{26}{13-x-y}}{\binom{52}{13}},$$

und die Summe in der 1-ten Zeile der obigen Gleichung wird meistens leichter zu berechnen sein, als die Doppelsumme unten.

Sind die Maße im verallgemeinerten Satz von Fubini (Satz 10.21) Wahrscheinlichkeitsverteilungen P_1 auf $(\Omega_1, \mathfrak{S}_1)$ bzw. $P_2(\omega_1, \,.\,)$, $\omega_1 \in \Omega_1$ auf $(\Omega_2, \mathfrak{S}_2)$, so kann man dies so interpretieren, dass in einem ersten Schritt ein Ausgang $\omega_1 \in \Omega_1$ ausgewählt wird und dann je nach Ausgang ein Versuch mit Ausgängen aus Ω_2 durchgeführt wird, dessen Verteilung $P_2(\omega_1, \,.\,)$ entspricht. Der Produktraum $(\Omega_1 \times \Omega_2, \mathfrak{S}_1 \otimes \mathfrak{S}_2, P)$ (P wird entsprechend Satz 10.19 gebildet) ist dann ein Modell für das zusammengesetzte Experiment. Entsprechend dieser Interpretation wird man $P(\omega_1, \,.\,)$ als die durch ω_1 bedingte Wahrscheinlichkeitsverteilung ansehen und man wird für eine Zufallsvariable $Y \in \mathcal{L}_1(\Omega_1 \times \Omega_2, \mathfrak{S}_1 \otimes \mathfrak{S}_2, P)$ den durch ω_1 bedingten Erwartungswert festlegen als $\mathbb{E}(Y|\omega_1) := \int Y(\omega_1, \omega_2) \, P_2(\omega_1, d\omega_2)$, selbst dann, wenn $P_1(\{\omega_1\}) = 0$ (dass $\mathbb{E}(Y|\,.\,)$ $\mathfrak{S}_1$-messbar und P_1-integrierbar ist wurde bereits in Satz 10.21 gezeigt). Man kann ω_1 auch als Wert der Projektion $\mathrm{pr}_1 : \Omega_1 \times \Omega_2 \to \Omega_1$ ansehen und $\mathbb{E}(Y|\mathrm{pr}_1 = \omega_1)$ statt $\mathbb{E}(Y|\omega_1)$ schreiben. Da pr_1 $\mathfrak{S}_1 \otimes \mathfrak{S}_2|\mathfrak{S}_1$-messbar ist, ist die zusammengesetzte Abbildung $\mathbb{E}(Y|\mathrm{pr}_1) := \mathbb{E}(Y|\mathrm{pr}_1 = \,.\,) \circ \mathrm{pr}_1$ eine $\mathrm{pr}_1^{-1}(\mathfrak{S}_1)$-messbare Zufallsvariable, für die wegen Satz 10.21 und dem Transformationssatz (Satz 9.62) gilt

$$\int\limits_{[\mathrm{pr}_1 \in A]} Y \, dP = \int\limits_{A \times \Omega_2} Y \, dP = \int\limits_{A} \left[\int Y(\omega_1, \omega_2) \, P_2(\omega_1, d\omega_2) \right] P_1(d\omega_1)$$

$$= \int\limits_{A} \mathbb{E}(Y|\mathrm{pr}_1 = \omega_1) \, P_1(d\omega_1) = \int\limits_{[\mathrm{pr}_1 \in A]} \mathbb{E}(Y|\mathrm{pr}_1) \, dP. \tag{14.3}$$

Es gilt also auch in diesem Fall eine zu (14.2) völlig analoge Beziehung zwischen den Integralen von Y und $\mathbb{E}(Y|\mathrm{pr}_1)$, und wieder ist $\mathbb{E}(Y|\mathrm{pr}_1)$ messbar bezüglich der durch die bedingende Funktion erzeugten Subsigmaalgebra.

Zufallsvariable X, Y mit einer gemeinsamen Dichte $f_{X,Y}$ induzieren auf $(\mathbb{R}^2, \mathfrak{B}_2)$ die Verteilung $P(X,Y)^{-1}(C) = \int_C f_{X,Y}(x,y) \lambda_2(dx, dy)$, $C \in \mathfrak{B}_2$. $PX^{-1}(B) = \int_B f_X(x) \lambda(dx)$, $B \in \mathfrak{B}$ ist die von X induzierte Verteilung, und auf $(\Omega_2, \mathfrak{S}_2) = (\mathbb{R}, \mathfrak{B})$ gibt es zu jedem $x \in \mathbb{R}$ eine „bedingte" Verteilung $PY^{-1}(B|X=x) = \int_B f_{Y|X}(y|x) \lambda(dy)$. Daher wird (14.3) in diesem Fall zu

$$\int y \, \mathbb{1}_B(x) \, f_{X,Y}(x,y) \, d\lambda_2(x,y) = \int\limits_B \left[\int y \, f_{Y|X}(y|x) \, \lambda(dy) \right] f_X(x) \, \lambda(dx)$$

$$= \int\limits_B \mathbb{E}(Y|X=x) \, f_X(x) \, \lambda(dx) \quad \forall \, B \in \mathfrak{B} \, . \tag{14.4}$$

Zur Illustration betrachten wir nochmals die beiden Zufallsvariablen T_1 und T_2 aus den Beispielen 10.17, 10.20 und 10.58.

Beispiel 14.5. Wir haben in den oben erwähnten Beispielen gesehen, dass die bedingte Verteilung von T_2 unter $T_1 = s$ sinnvollerweise durch die Dichte $f_{T_2|T_1}(t|s) = \tau \, e^{-\tau \, (t-s)} \, \mathbb{1}_{[s,\infty)}(t)$ bestimmt sein sollte. Daher sollte gelten $\mathbb{E}(T_2|T_1=s) = \int_s^\infty t \, \tau \, e^{-\tau \, (t-s)} \, dt = s + \frac{1}{\tau}$ bzw. $\mathbb{E}(T_2|T_1) = T_1 + \frac{1}{\tau}$. Aus (14.4) folgt dann $\mathbb{E}T_2 = \int_0^\infty (s + \frac{1}{\tau}) \, \tau \, e^{-\tau \, s} ds = \frac{2}{\tau}$, was mit der Tatsache, dass $T_2 \quad Er_{2,\tau}$-verteilt ist, übereinstimmt.

14.2 Die durch eine σ-Algebra bedingte Erwartung

Sind die Maße im verallgemeinerten Satz von Fubini Wahrscheinlichkeitsverteilungen, so geht aus der Beschreibung der Grundsituation hervor, dass man die $\mu_2(\omega_1, \, . \,)$ als bedingte Verteilungen interpretieren kann, und damit ist auch klar, wie die bedingten Erwartungswerte aussehen. Damit ist aber keineswegs das Problem gelöst, wie bedingte Erwartungen im Allgemeinen definiert werden können, wenn die Bedingungen Wahrscheinlichkeit 0 besitzen. Aber die Ausführungen des vorigen Abschnitts geben wichtige Hinweise, wie eine sinnvolle Definition beschaffen sein sollte.

Natürlich muss ein sinnvoller bedingter Erwartungswert vom Wert von X abhängen und damit variieren. Er muss also eine Funktion von X sein, oder was dazu äquivalent ist, er muss $\mathfrak{S}(X)$-messbar sein (siehe Satz 7.42).
Dann besagen Gleichung (14.2) im Satz von der vollständigen Erwartung bzw. Beziehung (14.3), dass dasselbe Ergebnis herauskommen sollte, wenn man einerseits Y über ein durch X beschriebenes Ereignis mittelt, und wenn man andererseits zuerst dieses Ereignis in „Elementarbedingungen" zerlegt, Y unter den Elementarbedingungen mittelt und dann die Mittelwerte - gewichtet entsprechend der Verteilung von X- wieder zusammensetzt.

Kurz zusammengefasst sollte also gelten: $\mathbb{E}(Y|X)$ ist $\mathfrak{S}(X)$-messbar und $\int_A Y \, dP = \int_A \mathbb{E}(Y|X) \, dP$ für alle $A = [X \in B]$, $B \in \mathfrak{B}$, d.h. für $A \in \mathfrak{S}(X)$. Aber damit ist $\mathbb{E}(Y|X)$ P–fs eindeutig bestimmt, wie der nächste Satz zeigt.

Satz 14.6. *Ist $(\Omega, \mathfrak{S}, P)$ ein Wahrscheinlichkeitsraum, Y eine Zufallsvariable, deren Erwartungswert existiert, und ist $\mathfrak{A}$ eine Subsigmaalgebra von $\mathfrak{S}$, so gibt es eine P–fs eindeutig bestimmte, $\mathfrak{A}$-messbare Funktion $\mathbb{E}(Y|\mathfrak{A})$, für die gilt*

$$\int\limits_A Y \, dP = \int\limits_A \mathbb{E}(Y|\mathfrak{A}) \, dP \quad \forall \, A \in \mathfrak{A} \, . \tag{14.5}$$

Beweis. Ist $P|_{\mathfrak{A}}$ die Restriktion von P auf $\mathfrak{A}$, so wird, da $\mathbb{E}\,Y$ existiert, durch $\nu(A) := \int_A Y\,dP|_{\mathfrak{A}}$, $A \in \mathfrak{A}$ ein signiertes Maß auf $\mathfrak{A}$ mit $\nu \ll P|_{\mathfrak{A}}$ definiert. Deshalb gibt es, wie in Bemerkung 11.20 (Radon-Nikodym) gezeigt, eine $P|_{\mathfrak{A}}$–fs eindeutig bestimmte, $\mathfrak{A}$-messbare Funktion $\mathbb{E}(Y|\mathfrak{A}) := \frac{d\nu}{dP|_{\mathfrak{A}}}$ mit $\nu(A) = \int_A \mathbb{E}(Y|\mathfrak{A})\,dP|_{\mathfrak{A}} \ \forall\, A \in \mathfrak{A}$.

Aus dem obigen Beweis ist klar ersichtlich, dass für zwei Zufallsvariable X_1 und X_2, die dieselbe σ-Algebra $\mathfrak{A} := \mathfrak{S}(X_i)$, $i = 1, 2$ erzeugen, gilt $\mathbb{E}(Y|X_1) = \frac{d\nu}{dP|_{\mathfrak{A}}} = \mathbb{E}(Y|X_2)$ P–fs. Die für $\mathbb{E}(Y|X_i)$ relevante Information wird also durch die erzeugte Subsigmaalgebra bereit gestellt, und nicht durch die Zufallsvariablen. Dies ist nicht weiter verwunderlich, denn nach Satz 7.42 ist X_2 eine Funktion von X_1 und umgekehrt.

Entsprechend der obigen Argumentation definiert man daher wie folgt

Definition 14.7. *Unter den Voraussetzungen und mit den Bezeichnungen von Satz 14.6 nennt man* $\mathbb{E}(Y|\mathfrak{A})$, *die durch* $\mathfrak{A}$ *bedingte Erwartung von* Y.
Ist $Y = \mathbb{1}_C$, $C \in \mathfrak{S}$, *so spricht man von der durch* $\mathfrak{A}$ *bedingten Wahrscheinlichkeit von* C *und schreibt* $P(C|\mathfrak{A})$ *statt* $\mathbb{E}(\mathbb{1}_C|\mathfrak{A})$.
Ist $(\Omega', \mathfrak{S}')$ *ein Messraum und* $X : (\Omega, \mathfrak{S}) \to (\Omega', \mathfrak{S}')$, *so schreibt man* $\mathbb{E}(Y|X)$ *statt* $\mathbb{E}(Y|X^{-1}(\mathfrak{S}'))$ *und nennt das die durch* X *bedingte Erwartung von* Y.

Wenn Y nicht $\mathfrak{A}$-messbar ist, stimmt $\mathbb{E}(Y|\mathfrak{A})$ natürlich nicht mit Y überein.

Satz 14.8. *Ist* $(\Omega, \mathfrak{S}, P)$ *ein Wahrscheinlichkeitsraum und sind* $\mathfrak{A}$ *und* $\mathfrak{C} \subseteq \mathfrak{S}$ σ-*Algebren, so gilt für Zufallsvariable* X, Y, *deren Erwartungswerte existieren:*

1. $\mathbb{E}(\mathbb{E}(Y|\mathfrak{A})) = \mathbb{E}\,Y$.
2. *Aus der* $\mathfrak{A}$-*Messbarkeit von* Y *folgt* $\mathbb{E}(Y|\mathfrak{A}) = Y$ P–fs.
   Damit gilt insbesondere $\mathbb{E}(Y|\mathfrak{S}) = Y$ *und* $\mathbb{E}(c|\mathfrak{A}) = c$ *für alle* $c \in \mathbb{R}$.
3. $\mathbb{E}(a\,X + b\,Y|\mathfrak{A}) = a\,\mathbb{E}(X|\mathfrak{A}) + b\,\mathbb{E}(Y|\mathfrak{A})$ $\ \forall\, a, b \in \mathbb{R}$, *wenn die Summen auf beiden Seiten sinnvoll sind. Somit gilt* $\mathbb{E}(Y|\mathfrak{A}) = \mathbb{E}(Y^+|\mathfrak{A}) - \mathbb{E}(Y^-|\mathfrak{A})$.
4. $X \le Y$ P–fs $\Rightarrow$ $\mathbb{E}(X|\mathfrak{A}) \le \mathbb{E}(Y|\mathfrak{A})$ P–fs. *Daraus folgt weiters* $|\mathbb{E}(Y|\mathfrak{A})| \le \mathbb{E}(|Y||\mathfrak{A})$ *und* $0 \le \mathbb{E}(Y|\mathfrak{A})$ P–fs *für* $Y \in \mathcal{M}^+$.
5. $\mathfrak{A} \subseteq \mathfrak{C}$ $\Rightarrow$ $\mathbb{E}(\mathbb{E}(Y|\mathfrak{A})|\mathfrak{C}) = \mathbb{E}(\mathbb{E}(Y|\mathfrak{C})|\mathfrak{A}) = \mathbb{E}(Y|\mathfrak{A})$ P–fs.

Beweis. ad 1.: Wegen $\Omega \in \mathfrak{A}$ folgt dies sofort aus Definition 14.7
ad 2.: Es gilt $\int_A Y\,dP = \int_A Y\,dP$ $\ \forall\, A \in \mathfrak{A}$ und Y ist $\mathfrak{A}$-messbar.
   Y ist $\mathfrak{S}$-messbar, und $Y \equiv c$ ist sogar $\{\emptyset, \Omega\}$-messbar also auch $\mathfrak{A}$-messbar.
ad 3.: $a\,\mathbb{E}(X|\mathfrak{A}) + b\,\mathbb{E}(Y|\mathfrak{A})$ ist $\mathfrak{A}$-messbar und es gilt

$$\int\limits_A (a\,\mathbb{E}(X|\mathfrak{A}) + b\,\mathbb{E}(Y|\mathfrak{A}))\,dP = a\int\limits_A \mathbb{E}(X|\mathfrak{A})\,dP + b\int\limits_A \mathbb{E}(Y|\mathfrak{A})\,dP$$

$$= a\int\limits_A X\,dP + b\int\limits_A Y\,dP = \int\limits_A (a\,X + b\,Y)\,dP = \int\limits_A \mathbb{E}(a\,X + b\,Y|\mathfrak{A})\,dP,$$

sodass Folgerung 9.47 zu $\mathbb{E}(a\,X + b\,Y|\mathfrak{A}) = a\,\mathbb{E}(X|\mathfrak{A}) + b\,\mathbb{E}(Y|\mathfrak{A})$ führt.

ad 4.: Folgt aus Satz 9.46 wegen

$$\int\limits_A \mathbb{E}(X|\mathfrak{A})\, dP = \int\limits_A X\, dP \le \int\limits_A Y\, dP = \int\limits_A \mathbb{E}(Y|\mathfrak{A})\, dP \quad \forall\, A \in \mathfrak{A}.$$

ad 5.: Da $\mathbb{E}(Y|\mathfrak{A})$ wegen $\mathfrak{A} \subseteq \mathfrak{C}$ auch $\mathfrak{C}$-messbar ist, folgt aus Punkt 2. sofort
$\mathbb{E}(\mathbb{E}(Y|\mathfrak{A})|\mathfrak{C}) = \mathbb{E}(Y|\mathfrak{A})$ P–fs. Andererseits gilt

$$\int\limits_A \mathbb{E}(\mathbb{E}(Y|\mathfrak{C})|\mathfrak{A})\, dP = \int\limits_A \mathbb{E}(Y|\mathfrak{C})\, dP = \int\limits_A Y\, dP = \int\limits_A \mathbb{E}(Y|\mathfrak{A})\, dP\ \forall\, A \in \mathfrak{A}.$$

Daraus folgt $\mathbb{E}(\mathbb{E}(Y|\mathfrak{C})|\mathfrak{A}) = \mathbb{E}(Y|\mathfrak{A})\, dP$ P–fs.

Satz 14.9 (Konvergenz durch Monotonie für bedingte Erwartungen). *Ist* (Y_n) *eine monoton steigende Folge von Zufallsvariablen auf einem Wahrschein-lichkeitsraum* $(\Omega, \mathfrak{S}, P)$, *zu der es ein* Z *mit* $Y_n \ge Z$ $\forall\, n \in \mathbb{N}$ *und* $\mathbb{E}Z^- < \infty$ *gibt, so gilt für* $Y := \lim\limits_n Y_n$ *und jede Subsigmaalgebra* $\mathfrak{A} \subseteq \mathfrak{S}$

$$\lim\limits_n \mathbb{E}(Y_n|\mathfrak{A}) = \mathbb{E}(Y|\mathfrak{A})\,. \tag{14.6}$$

(14.6) gilt auch, wenn $Y_n \searrow$ *und* $Y_n \le Z$ $\forall\, n \in \mathbb{N}$ *mit* $\mathbb{E}Z^+ < \infty$.

Beweis. Aus $-Z^- \le -Z^- \mathbb{1}_A \le Y_n \mathbb{1}_A \nearrow Y \mathbb{1}_A$, $n \in \mathbb{N}$, $A \in \mathfrak{A}$ und dem verallgemeinerten Satz von B. Levi (Satz 9.31) folgt

$$\int\limits_A Y\, dP = \lim\limits_n \int\limits_A Y_n\, dP = \lim\limits_n \int\limits_A \mathbb{E}(Y_n|\mathfrak{A})\, dP \quad \forall\, A \in \mathfrak{A}. \tag{14.7}$$

Da nach Satz 14.8 Punkt 1. gilt $\mathbb{E}(\mathbb{E}(Z^-|\mathfrak{A})) = \mathbb{E}Z^- < \infty$ und aus Punkt 4. folgt $\mathbb{E}(-Z^-|\mathfrak{A}) \le \mathbb{E}(Y_n|\mathfrak{A})$ P–fs $\forall\, n \in \mathbb{N}$ sowie $\mathbb{E}(Y_n|\mathfrak{A}) \nearrow$ P–fs, kann Satz 9.31 auch auf die Folge $(\mathbb{E}(Y_n|\mathfrak{A})\, \mathbb{1}_A)$ angewendet werden. Daher gilt $\int_A \lim\limits_n \mathbb{E}(Y_n|\mathfrak{A})\, dP = \lim\limits_n \int_A \mathbb{E}(Y_n|\mathfrak{A})\, dP$. Eingesetzt in (14.7) ergibt das $\int_A Y\, dP = \int_A \lim\limits_n \mathbb{E}(Y_n|\mathfrak{A})\, dP$ $\forall\, A \in \mathfrak{A}$. Da $\lim\limits_n \mathbb{E}(Y_n|\mathfrak{A})$ als Grenzwert $\mathfrak{A}$-messbarer Funktionen selbst $\mathfrak{A}$-messbar ist, folgt daraus (14.6).

Für $Y_n \searrow$ wendet man die eben bewiesene Aussage auf $-Y_n$ und $-Z$ an.

Satz 14.10 (Lemma von Fatou für bedingte Erwartungen). *Für Zufallsva-riable* Y_n, $n \in \mathbb{N}$ *auf einem Wahrscheinlichkeitsraum* $(\Omega, \mathfrak{S}, P)$, *zu denen es ein* Z *mit* $Y_n \ge Z$ $\forall\, n \in \mathbb{N}$ *und* $\mathbb{E}Z^- < \infty$ *gibt, und jede* σ-*Algebra* $\mathfrak{A} \subseteq \mathfrak{S}$ *gilt*

$$\mathbb{E}(\liminf\limits_n Y_n|\mathfrak{A}) \le \liminf\limits_n \mathbb{E}(Y_n|\mathfrak{A}) \quad P\text{–fs}\,. \tag{14.8}$$

Aus $Y_n \le Z$ $\forall\, n \in \mathbb{N}$ *mit* $\mathbb{E}Z^+ < \infty$ *folgt*

$$\limsup\limits_n \mathbb{E}(Y_n|\mathfrak{A}) \le \mathbb{E}(\limsup\limits_n Y_n|\mathfrak{A}) \quad P\text{–fs}\,. \tag{14.9}$$

Beweis. Aus $Y_n \geq Z \quad \forall\, n$ folgt $X_n := \inf_{k \geq n} Y_k \geq Z \quad \forall\, n$. Da X_n monoton wächst und gilt $X_n \leq Y_n \quad \forall\, n$, folgt aus Satz 14.9 und Satz 14.8 Punkt 4.

$$\mathbb{E}(\underline{\lim} Y_n | \mathfrak{A}) = \mathbb{E}(\lim_n X_n | \mathfrak{A}) = \lim_n \mathbb{E}(X_n | \mathfrak{A}) \leq \underline{\lim}\mathbb{E}(Y_n | \mathfrak{A}) \quad P\text{-fs}.$$

(14.8) mit $-Y_n, -Z$ ergibt $\mathbb{E}(\underline{\lim}\,(-Y_n) | \mathfrak{A}) \leq \underline{\lim}\,\mathbb{E}(-Y_n | \mathfrak{A})$. Daraus folgt $\overline{\lim}\,\mathbb{E}(Y_n | \mathfrak{A}) = -\underline{\lim}\,\mathbb{E}(-Y_n | \mathfrak{A}) \leq -\mathbb{E}(\underline{\lim}\,(-Y_n) | \mathfrak{A}) = \mathbb{E}(\overline{\lim}\, Y_n | \mathfrak{A})$.

Satz 14.11 (Majorisierte Konvergenz für bedingte Erwartungen). *Ist (Y_n) eine P-fs konvergente Folge auf einem Wahrscheinlichkeitsraum $(\Omega, \mathfrak{S}, P)$ mit $|Y_n| \leq Z \quad \forall\, n \in \mathbb{N}$, $Z \in \mathcal{L}_1(\Omega, \mathfrak{S}, P)$ und ist $\mathfrak{A} \subseteq \mathfrak{S}$ eine σ-Algebra, so gilt*

$$\mathbb{E}(\lim_n Y_n | \mathfrak{A}) = \lim_n \mathbb{E}(Y_n | \mathfrak{A}) \quad P\text{-fs}. \tag{14.10}$$

Beweis. Mit $Y := \lim_n Y_n$ folgt aus Satz 14.10 wegen $-Z \leq Y_n \leq Z$

$$\mathbb{E}(Y | \mathfrak{A}) = \mathbb{E}(\liminf_n Y_n | \mathfrak{A}) \leq \liminf_n \mathbb{E}(Y_n | \mathfrak{A}) \leq \limsup_n \mathbb{E}(Y_n | \mathfrak{A})$$

$$\leq \mathbb{E}(\limsup_n Y_n | \mathfrak{A}) = \mathbb{E}(Y | \mathfrak{A}) \quad \Rightarrow \quad \mathbb{E}(Y | \mathfrak{A}) = \lim_n \mathbb{E}(Y_n | \mathfrak{A}).$$

Das nächste Lemma schwächt die Definitionsgleichung (14.5) ein wenig ab.

Lemma 14.12. *Ist Y eine integrierbare Zufallsvariable auf einem Wahrscheinlichkeitsraum $(\Omega, \mathfrak{S}, P)$, $\mathfrak{T} \subseteq \mathfrak{S}$ eine Semialgebra, $\mathfrak{A} := \mathfrak{A}_\sigma(\mathfrak{T})$ und ist Z $\mathfrak{A}$-messbar mit $\int_C Y\, dP = \int_C Z\, dP \quad \forall\, C \in \mathfrak{T}$, so gilt $Z = \mathbb{E}(Y | \mathfrak{A}) \quad P\text{-fs}$.*

Beweis. Das System $\mathfrak{C} := \{ C \in \mathfrak{A} : \int_C Y\, dP = \int_C Z\, dP \}$ enthält $\mathfrak{T}$ und, wegen der Additivität des Erwartungswertes, mit endlich vielen disjunkten Mengen auch deren Vereinigung. Da $\mathfrak{R}(\mathfrak{T})$ aus den endlichen, disjunkten Vereinigungen von Mengen aus $\mathfrak{T}$ besteht (siehe Satz 2.59), gilt auch $\mathfrak{R}(\mathfrak{T}) \subseteq \mathfrak{C}$. Zudem folgt aus Satz 9.33 (Konvergenz durch Majorisierung), dass $\mathfrak{C}$ ein monotones System ist, weshalb gemäß Satz 2.72 gilt $\mathfrak{C} = \mathfrak{R}_\sigma(\mathfrak{R}(\mathfrak{T})) = \mathfrak{A}$.

Satz 14.13. *Ist Y eine Zufallsvariable mit existierendem Erwartungswert auf einem Wahrscheinlichkeitsraum $(\Omega, \mathfrak{S}, P)$, sind $\mathfrak{A}, \mathfrak{C}$ Subsigmaalgebren und ist $\mathfrak{A}_\sigma(\mathfrak{S}(Y) \cup \mathfrak{A})$ unabhängig von $\mathfrak{C}$, so gilt*

$$\mathbb{E}(Y | \mathfrak{A}_\sigma(\mathfrak{A} \cup \mathfrak{C})) = \mathbb{E}(Y | \mathfrak{A}) \quad P\text{-fs}. \tag{14.11}$$

Für $\mathfrak{A} := \{\emptyset, \Omega\}$ ergibt das $\mathbb{E}(Y | \mathfrak{C}) = \mathbb{E}Y \quad P\text{-fs}$.

Beweis. Wir beweisen (14.11) zunächst für integrierbare Zufallsvariable Y.

Da die Semialgebra $\mathfrak{D} := \{ A \cap C : A \in \mathfrak{A}, C \in \mathfrak{C} \}$ nach Lemma 2.61 $\mathfrak{A}_\sigma(\mathfrak{A} \cup \mathfrak{C})$ erzeugt und $\mathbb{E}(Y | \mathfrak{A})$ $\mathfrak{A}_\sigma(\mathfrak{A} \cup \mathfrak{C})$-messbar ist, genügt es gemäß Lemma 14.12 $\int_{A \cap C} Y\, dP = \int_{A \cap C} \mathbb{E}(Y | \mathfrak{A})\, dP \quad \forall\, A \in \mathfrak{A}, C \in \mathfrak{C}$ zu zeigen.

Weil $Y\, \mathbb{1}_A$ und $\mathbb{E}(Y | \mathfrak{A})\, \mathbb{1}_A$ unabhängig von $\mathbb{1}_C$, $C \in \mathfrak{C}$ sind, ergibt sich aus Folgerung 10.34 und der Definition der bedingten Erwartung $\mathbb{E}(Y | \mathfrak{A})$:

$$\int\limits_{A\cap C} Y\,dP = \int Y\,\mathbb{1}_A\,\mathbb{1}_C\,dP = \int Y\,\mathbb{1}_A\,dP \int \mathbb{1}_C\,dP$$

$$= \int \mathbb{E}\,(Y|\mathfrak{A})\,\mathbb{1}_A\,dP \int \mathbb{1}_C\,dP = \int \mathbb{E}\,(Y|\mathfrak{A})\mathbb{1}_A\,\mathbb{1}_C\,dP = \int\limits_{A\cap C} \mathbb{E}\,(Y|\mathfrak{A})\,dP\,.$$

Ist $Y \in \mathcal{M}^+$, so gilt $Y_n := Y\,\mathbb{1}_{[Y\leq n]} \in \mathcal{L}_1\ \ \forall\,n \in \mathbb{N}$. Also gilt auch $\mathbb{E}(Y_n|\mathfrak{A}_\sigma(\mathfrak{A}\cup\mathfrak{C})) = \mathbb{E}\,(Y_n|\mathfrak{A})\ P\text{–fs}\ \ \forall\,n$. Aus $Y_n \nearrow Y$ und Satz 14.9 folgt nun

$$\mathbb{E}(Y|\mathfrak{A}_\sigma(\mathfrak{A}\cup\mathfrak{C})) = \lim_n \mathbb{E}(Y_n|\mathfrak{A}_\sigma(\mathfrak{A}\cup\mathfrak{C})) = \lim_n \mathbb{E}\,(Y_n|\mathfrak{A}) = \mathbb{E}\,(Y|\mathfrak{A})\ P\text{–fs}\,.$$

Existiert $\mathbb{E}\,Y$, so wendet man das obige Ergebnis auf Y^+ und Y^- an.

$\mathfrak{A} := \{\emptyset\,,\Omega\}$ ist klarerweise unabhängig von $\mathfrak{C}$. Zudem gilt $\mathbb{E}\,Y = \mathbb{E}\,(Y|\mathfrak{A})$ und $\mathfrak{A}\cup\mathfrak{C} = \mathfrak{C}$. Daraus folgt $\mathbb{E}Y = \mathbb{E}(Y|\mathfrak{A}) = \mathbb{E}(Y|\mathfrak{A}_\sigma(\mathfrak{A}\cup\mathfrak{C})) = \mathbb{E}(Y|\mathfrak{C})\ P\text{–fs}\,.$

Die Anwendung der obigen Ergebnisse wird nun an einem Beispiel illustriert.

Beispiel 14.14. Wir wollen zeigen, dass für eine Folge (X_n) unabhängig, identisch verteilter Zufallsvariabler aus $\mathcal{L}_1$ mit $S_n := \sum_{i=1}^{n} X_i\ \ \forall\,n \in \mathbb{N}$ gilt

$$\mathbb{E}\,(X_i|S_n, S_{n+1}, \ldots) = \mathbb{E}\,(X_i|S_n) = \frac{S_n}{n}\quad P\text{–fs}\quad 1 \leq i \leq n\,. \tag{14.12}$$

Mit $S_n, S_{n+1}, \ldots$ kennt man $S_n, X_{n+1}, X_{n+2}, \ldots$ und umgekehrt. Daher gilt $\mathfrak{S}(S_n, S_{n+1}, \ldots) = \mathfrak{S}(S_n, X_{n+1}, X_{n+2}, \ldots)$, Daher folgt aus Satz 14.13 $\mathbb{E}\,(X_i|S_n, S_{n+1}, \ldots) = \mathbb{E}\,(X_i|S_n, X_{n+1}, \ldots) = \mathbb{E}\,(X_i|S_n)$, da die $X_1, \ldots, X_n$ zusammen mit S_n unabhängig sind von $(X_{n+1}, X_{n+2}, \ldots)$. Zudem gilt nach Satz 14.8 Punkt 2. und 3. $S_n = \mathbb{E}\,(S_n|S_n) = \sum_{i=1}^{n} \mathbb{E}\,(X_i|S_n)$. Zum Beweis von Gleichung (14.12) genügt es daher $\mathbb{E}\,(X_i|S_n) = \mathbb{E}\,(X_1|S_n)$, $i \leq n$ zu zeigen.

Aus $X_1 \sim X_i$, $\mathbf{Y}_1 := \mathbf{X}_2^n \sim \mathbf{Y}_i := (\mathbf{X}_1^{i-1}, \mathbf{X}_{i+1}^n)$ und der Unabhängigkeit von X_1 und $\mathbf{Y}_1$ sowie von X_i und $\mathbf{Y}_i$ folgt $(X_1, \mathbf{Y}_1) \sim (X_i, \mathbf{Y}_i)$. Für jedes messbare φ gilt daher $\varphi(X_1, \mathbf{Y}_1) \sim \varphi(X_i, \mathbf{Y}_i)$. Für φ definiert durch

$$\varphi(X_i, \mathbf{Y}_i) := \left(X_i, X_i + \sum_{j\neq i} X_j \right) = (X_i, S_n)\ \text{ergibt das}\ (X_1, S_n) \sim (X_i, S_n).$$

Nach dem Transformationssatz (Satz 9.62) gilt daher für alle $B \in \mathfrak{B}$

$$\int\limits_{[S_n\in B]} \mathbb{E}(X_1 \mid S_n)\,dP = \int X_1\,\mathbb{1}_B(S_n)\,dP = \int x\,\mathbb{1}_B(s)\,dP(X_1, S_n)^{-1}(x, s)$$

$$= \int x\,\mathbb{1}_B(s)\,dP(X_i, S_n)^{-1}(x, s) = \int X_i\,\mathbb{1}_B(S_n)\,dP = \int\limits_{[S_n\in B]} \mathbb{E}(X_i \mid S_n)\,dP\,.$$

Daraus folgt sofort $\mathbb{E}(X_1 \mid S_n) = \mathbb{E}(X_i \mid S_n)\ P\text{–fs}\,.$

Satz 14.15. *Sind X und Y Zufallsvariable auf einem Wahrscheinlichkeitsraum $(\Omega, \mathfrak{S}, P)$, für die die Erwartungswerte von Y und XY existieren, und ist $\mathfrak{A}$ eine Subsigmaalgebra von $\mathfrak{S}$, bezüglich der X messbar ist, so gilt*

$$\mathbb{E}(XY|\mathfrak{A}) = X\,\mathbb{E}(Y|\mathfrak{A}) \quad P\text{-fs}. \tag{14.13}$$

Beweis. Indikatoren $X = \mathbb{1}_A$, $A \in \mathfrak{A}$ sind $\mathfrak{A}$-messbar und es gilt

$$\int_C \mathbb{1}_A Y \, dP = \int_{A \cap C} Y \, dP = \int_{A \cap C} \mathbb{E}(Y|\mathfrak{A}) \, dP = \int_C \mathbb{1}_A \mathbb{E}(Y|\mathfrak{A}) \, dP \quad \forall\, C \in \mathfrak{A}.$$

Somit gilt (14.13) für $\mathfrak{A}$-messbare Indikatoren. Auf Grund von Satz 14.8 Punkt 3. gilt (14.13) damit auch für $\mathfrak{A}$-messbare Treppenfunktionen t.

Ist $X \geq 0$ $\mathfrak{A}$-messbar, so gibt es nach Satz 7.30 eine Folge von $\mathfrak{A}$-messbaren Treppenfunktionen t_n mit $t_n \nearrow X$. Für $Y \in \mathcal{M}^+$ folgt daraus $t_n Y \nearrow XY$ und $t_n \mathbb{E}(Y|\mathfrak{A}) \nearrow X \mathbb{E}(Y|\mathfrak{A})$. Damit impliziert Satz 14.9

$$\mathbb{E}(XY|\mathfrak{A}) = \lim_n \mathbb{E}(t_n Y|\mathfrak{A}) = \lim_n t_n \mathbb{E}(Y|\mathfrak{A}) = X\,\mathbb{E}(Y|\mathfrak{A}) \quad P\text{-fs}. \tag{14.14}$$

Wir betrachten nun den allgemeinen Fall für $\mathfrak{A}$-messbares X, beliebiges, messbares Y und existierenden Erwartungswerten $\mathbb{E}Y$ und $\mathbb{E}XY$.

Da $\mathbb{E}XY$ existiert, folgt aus der Additivität der bedingten Erwartung (Satz 14.8 Punkt 3.) $\mathbb{E}(XY|\mathfrak{A}) = \mathbb{E}((XY)^+|\mathfrak{A}) - \mathbb{E}((XY)^-|\mathfrak{A})$. Nun gilt $(XY)^+ = X^+ Y^+ + X^- Y^-$ und $(XY)^- = X^+ Y^- + X^- Y^+$, wobei sämtliche Terme nichtnegativ sind. Daher folgt aus Satz 14.8 Punkt 3. und (14.14)

$$\mathbb{E}((XY)^+|\mathfrak{A}) = \mathbb{E}(X^+ Y^+|\mathfrak{A}) + \mathbb{E}(X^- Y^-|\mathfrak{A}) = X^+ \mathbb{E}(Y^+|\mathfrak{A}) + X^- \mathbb{E}(Y^-|\mathfrak{A})$$

$$\mathbb{E}((XY)^-|\mathfrak{A}) = \mathbb{E}(X^+ Y^-|\mathfrak{A}) + \mathbb{E}(X^- Y^+|\mathfrak{A}) = X^+ \mathbb{E}(Y^-|\mathfrak{A}) + X^- \mathbb{E}(Y^+|\mathfrak{A}).$$

Fasst man diese Gleichungen zusammen, so erhält man unter Berücksichtigung der Existenz von $\mathbb{E}Y$ und nochmaliger Anwendung der Additivität

$$\begin{aligned}
\mathbb{E}(XY|\mathfrak{A}) &= (X^+ - X^-)\mathbb{E}(Y^+|\mathfrak{A}) - (X^+ - X^-)\mathbb{E}(Y^-|\mathfrak{A}) \\
&= X\left(\mathbb{E}(Y^+|\mathfrak{A}) - \mathbb{E}(Y^-|\mathfrak{A})\right) = X\,\mathbb{E}(Y|\mathfrak{A}).
\end{aligned}$$

Der nächste Satz besagt, dass $Y - \mathbb{E}(Y|\mathfrak{A})$ orthogonal (Definition A.81) zum Teilraum $\mathbf{L}_2(\Omega, \mathfrak{A}, P)$ ist, und $\mathbb{E}(Y|\mathfrak{A})$ daher die beste Approximation von Y unter allen $\mathfrak{A}$-messbaren Zufallsvariablen im Sinne der L_2-Norm liefert.

Satz 14.16. *Ist $(\Omega, \mathfrak{S}, P)$ ein Wahrscheinlichkeitsraum, $\mathfrak{A}$ eine Subsigmaalgebra von $\mathfrak{S}$, und $Y \in \mathbf{L}_2(\Omega, \mathfrak{S}, P)$, so gilt für alle $X \in \mathbf{L}_2(\Omega, \mathfrak{A}, P)$*

$$\mathbb{E}\left[X\left(Y - \mathbb{E}(Y|\mathfrak{A})\right)\right] = 0, \tag{14.15}$$

$$\mathbb{E}(Y - X)^2 = \mathbb{E}\left[Y - \mathbb{E}(Y|\mathfrak{A})\right]^2 + \mathbb{E}\left[\mathbb{E}(Y|\mathfrak{A}) - X\right]^2, \tag{14.16}$$

$$\mathbb{E}(Y - \mathbb{E}(Y|\mathfrak{A}))^2 \leq \mathbb{E}(Y - X)^2. \tag{14.17}$$

Beweis. Aus der Ungleichung von Hölder (Satz 13.4) folgt, dass die Zufalls-variable $X(Y - \mathbb{E}(Y|\mathfrak{A}))$ integrierbar ist, und aus Gleichung (14.13) folgt $\mathbb{E}\,X\,Y = \mathbb{E}\,\mathbb{E}\,(X\,Y|\mathfrak{A}) = \mathbb{E}\,(X\,\mathbb{E}\,(Y|\mathfrak{A}))$. Umgeformt ergibt das (14.15).

Da für $X \in \mathcal{L}_2(\Omega, \mathfrak{A}, P)$ auch gilt $(\mathbb{E}(Y|\mathfrak{A}) - X) \in \mathcal{L}_2(\Omega, \mathfrak{A}, P)$, folgt aus Gleichung (14.15) $\mathbb{E}\,[\,(\,\mathbb{E}(Y|\mathfrak{A}) - X)\,(Y - \mathbb{E}(Y|\mathfrak{A})\,)\,] = 0$, und man erhält

$$\mathbb{E}(Y - X)^2 = \mathbb{E}\,[\,(Y - \mathbb{E}(Y|\mathfrak{A})) + (\mathbb{E}(Y|\mathfrak{A}) - X)\,]^2$$
$$= \mathbb{E}(Y - \mathbb{E}(Y|\mathfrak{A}))^2 + \mathbb{E}(\mathbb{E}(Y|\mathfrak{A}) - X)^2 + 2\,\mathbb{E}\,[(\mathbb{E}(Y|\mathfrak{A}) - X)(Y - \mathbb{E}(Y|\mathfrak{A}))]$$
$$= \mathbb{E}(Y - \mathbb{E}(Y|\mathfrak{A}))^2 + \mathbb{E}(\mathbb{E}(Y|\mathfrak{A}) - X)^2\,.$$

Mit (14.16) gilt trivialerweise auch (14.17).

Satz 14.17 (Ungleichung von Jensen für bedingte Erwartungen).   *Ist* $(\Omega, \mathfrak{S}, P)$ *ein Wahrscheinlichkeitsraum,* $Y : \Omega \to (a, b)$ *eine P- integrierbare Zufallsvariable und* $\varphi : (a, b) \to \mathbb{R}$ *konvex, so gilt*

$$\varphi(\mathbb{E}(Y|\mathfrak{A})) \leq \mathbb{E}(\varphi \circ Y|\mathfrak{A})\quad P\text{–fs}\,. \tag{14.18}$$

Beweis. Im Beweis der Ungleichung von Jensen (Satz 13.1) wurde die Existenz von $\mathbb{E}\,\varphi \circ Y > -\infty$ bewiesen, sodass $\mathbb{E}(\varphi \circ Y|\mathfrak{A})$ sinnvoll ist. Vorausset-zungsgemäß gilt $a < Y < b$ P–fs. Daraus folgt

$$0 \geq \int\limits_{[\mathbb{E}(Y|\mathfrak{A}) \leq a]} (\mathbb{E}(Y|\mathfrak{A}) - a)\,dP = \int\limits_{[\mathbb{E}(Y|\mathfrak{A}) \leq a]} (Y - a)\,dP \geq 0 \text{ mit } Y - a > 0,$$

sodass $P(\mathbb{E}(Y|\mathfrak{A}) \leq a) = 0$ bzw. $\mathbb{E}(Y|\mathfrak{A}) > a$ P–fs gilt. Analog zeigt man $\mathbb{E}(Y|\mathfrak{A}) < b$ P–fs. Daher ist $\varphi(\mathbb{E}(Y|\mathfrak{A}))$ P–fs sinnvoll definiert.

Nach dem Tangentensatz (Satz A.51) gibt es reelle Zahlen c_n und d_n mit $\varphi(x) = \sup\limits_{n}\{c_n\,x + d_n\}\quad \forall\,a < x < b\quad \Rightarrow\quad \varphi(Y) \geq c_n\,Y + d_n\quad \forall\,n \in \mathbb{N}$. Daraus folgt nach Satz 14.8 Punkt 4. $\mathbb{E}(\varphi(Y)|\mathfrak{A})) \geq c_n\,\mathbb{E}(Y|\mathfrak{A}) + d_n\quad \forall\,n \in \mathbb{N}$. Somit gilt $\mathbb{E}(\varphi(Y)|\mathfrak{A}) \geq \sup\limits_{n}\{c_n\,\mathbb{E}(Y|\mathfrak{A}) + d_n\} = \varphi(\mathbb{E}(Y|\mathfrak{A}))$.

Wir betrachten nun $\mathbb{E}(X|\mathfrak{A}_i)$ für eine Familie von σ-Algebren $\mathfrak{A}_i \subseteq \mathfrak{S}$.

Satz 14.18. *Ist* X *eine integrierbare Zufallsvariable auf einem Wahrscheinlich-keitsraum* $(\Omega, \mathfrak{S}, P)$ *und ist* $\{\mathfrak{A}_i : i \in I\}$ *eine Familie von Subsigmaalgebren von* $\mathfrak{S}$*, so sind die* $X_i := \mathbb{E}(X|\mathfrak{A}_i)$ *gleichmäßig integrierbar.*

Beweis. Wegen der Markoff'schen Ungleichung (Satz 13.9) und der obi-gen Ungleichung von Jensen für bedingte Erwartungen gilt für alle $c \geq 0$ $c\,P(|X_i| \geq c) \leq \mathbb{E}\,|X_i| = \mathbb{E}\,|\mathbb{E}(X|\mathfrak{A}_i)| \leq \mathbb{E}\,\mathbb{E}(|X|\,|\mathfrak{A}_i) = \mathbb{E}\,|X| < \infty\quad \forall\,i \in I$. Für alle $\delta > 0$ und $c > \frac{\mathbb{E}|X|}{\delta}$ folgt daraus $\sup\limits_{i} P(|X_i| \geq c) \leq \delta$. Nun gibt es nach Lemma 13.28 zu jedem $\varepsilon > 0$ ein $\delta_\varepsilon > 0$, sodass aus $P(A) \leq \delta_\varepsilon$ folgt $\int_A |X|\,dP \leq \varepsilon$. Für $c > \frac{\mathbb{E}|X|}{\delta_\varepsilon}$, $A_i := [|X_i| \geq c] \in \mathfrak{A}_i$ und alle $i \in I$ gilt daher

$$\varepsilon \geq \int\limits_{A_i} |X|\,dP = \int\limits_{A_i} \mathbb{E}(|X|\,|\mathfrak{A}_i)\,dP \geq \int\limits_{A_i} |\mathbb{E}(X|\mathfrak{A}_i)|\,dP = \int\limits_{[|X_i| \geq c]} |X_i|\,dP\,.$$

Satz 14.19. *Ist* $(\Omega, \mathfrak{S}, P)$ *ein Wahrscheinlichkeitsraum,* $\mathfrak{A} \subseteq \mathfrak{S}$ *eine* σ-*Algebra und* Y *eine Zufallsvariable, für die* $\mathbb{E}Y$ *existiert, so gilt auf jedem Atom* $A \in \mathfrak{A}$

$$\mathbb{E}(Y|\mathfrak{A}) = \frac{\int_A Y \, dP}{P(A)} \,. \tag{14.19}$$

Ist $\mathfrak{A}$ *rein atomar mit den Atomen* A_i, $i \in I \subseteq \mathbb{N}$, *so gilt*

$$\mathbb{E}(Y|\mathfrak{A}) = \sum_i \frac{\int_{A_i} Y \, dP}{P(A_i)} \mathbb{1}_{A_i} \,. \tag{14.20}$$

Beweis. Ist A ein Atom, so ist die Spur $\mathfrak{A} \cap A$ natürlich trivial bezüglich $\widetilde{P}(C) := \frac{P(C)}{P(A)}$ $\forall\, C \in \mathfrak{A} \cap A$. Nach Lemma 7.58 ist daher $\mathbb{E}(Y|\mathfrak{A})$ $\widetilde{P}$–fs konstant auf A. Damit ist $\mathbb{E}(Y|\mathfrak{A})$ auch P–fs konstant auf A. Deshalb gilt $\int_A Y \, dP = \int_A \mathbb{E}(Y|\mathfrak{A}) \, dP = \mathbb{E}(Y|\mathfrak{A}) \, P(A)$, woraus (14.19) sofort folgt. Wendet man (14.19) auf die einzelnen A_i an, erhält man (14.20).

Bemerkung 14.20. *Im Grunde ist der obige Satz nur eine andere Formulierung von Satz 14.3, von dem unsere Überlegungen ihren Ausgang genommen haben.*

14.3 Reguläre, bedingte Wahrscheinlichkeiten

Mit Hilfe der bisher bewiesenen Sätze über bedingte Erwartungen lassen sich leicht die folgenden Eigenschaften bedingter Wahrscheinlichkeiten herleiten.

Satz 14.21. *Ist* $(\Omega, \mathfrak{S}, P)$ *ein Wahrscheinlichkeitsraum und* $\mathfrak{A}$ *eine Subsigma-algebra von* $\mathfrak{S}$, *so gilt:*

1. $P(\emptyset|\mathfrak{A}) = 0$ *P–fs*, $P(\Omega|\mathfrak{A}) = 1$ *P–fs*.
2. $0 \le P(A|\mathfrak{A}) \le 1$ *P–fs* $\forall\, A \in \mathfrak{S}$.
3. *Ist* (A_n) *eine disjunkte Folge aus* $\mathfrak{S}$, *so gilt*

$$P\left(\bigcup_n A_n \,\bigg|\, \mathfrak{A}\right) = \sum_n P(A_n|\mathfrak{A}) \quad P\text{–fs}\,. \tag{14.21}$$

Beweis.

ad 1.: Folgt aus Satz 14.8 Punkt 2. mit $\mathbb{1}_\emptyset = 0$ bzw. $\mathbb{1}_\Omega = 1$.

ad 2.: Folgt aus Satz 14.8 Punkt 4. wegen $0 \le \mathbb{1}_A \le 1$.

ad 3.: Folgt aus Satz 14.8 Punkt 3. und Satz 14.9 (Konvergenz durch Mono-
tonie für bedingte Erwartungen) mit $Y_n := \mathbb{1}_{\bigcup_{i=1}^n A_i} = \sum_{i=1}^n \mathbb{1}_{A_i}$.

Der obige Satz lässt vermuten, dass die bedingten Wahrscheinlichkeiten alle von den Maßen $\mu_2(\omega_1, A_2)$ im verallgemeinerten Satz von Fubini (Satz 10.21) geforderten Eigenschaften besitzen, dass also $P(A|\mathfrak{A})(\,.\,)$ für jedes $A \in \mathfrak{S}$ als

Funktion von ω $\mathfrak{A}$-messbar ist, und dass $P(\;.\;|\mathfrak{A})(\omega)$ für jedes $\omega \in \Omega$ eine Wahrscheinlichkeitsverteilung auf $(\Omega, \mathfrak{S})$ darstellt.

Die Nullmenge, auf der (14.21) nicht gilt, hängt aber von der Folge (A_n) ab. Da es i.A. überabzählbar viele disjunkte Folgen gibt, kann man nicht sagen, ob ihre Vereinigung Wahrscheinlichkeit 0 besitzt oder, ob sie überhaupt messbar ist. In der Tat lassen sich Gegenbeispiele konstruieren, in denen (14.21) auf einer Menge von positivem Maß nicht für jede disjunkte Folge gilt, sodass $P(\;.\;|\mathfrak{A})(\omega)$ für die ω aus dieser Menge kein Wahrscheinlichkeitsmaß ist.

Definition 14.22. *Sind* $\mathfrak{A}$*,* $\mathfrak{C}$ *Subsigmaalgebren auf einem Wahrscheinlichkeits-raum* $(\Omega, \mathfrak{S}, P)$*, so heißt* $\widetilde{P}(\;.\;|\mathfrak{A})(\;.\;) : \mathfrak{C} \times \Omega \to [0,1]$ *eine reguläre durch* $\mathfrak{A}$ *bedingte Wahrscheinlichkeitsverteilung auf* $\mathfrak{C}$*, wenn für jedes* $C \in \mathfrak{C}$ *gilt* $\widetilde{P}(C|\mathfrak{A})(\;.\;) = P(C|\mathfrak{A})$ P*-fs und, wenn* $\widetilde{P}(\;.\;|\mathfrak{A})(\omega)$ *für jedes* $\omega \in \Omega$ *eine Wahrscheinlichkeitsverteilung auf* $\mathfrak{C}$ *ist.*

Satz 14.23. *Unter den Voraussetzungen und mit den Bezeichnungen der obigen Definition gilt für jedes* $\mathfrak{C}$*-messbare* Y*, dessen Erwartungswert existiert,*

$$\mathbb{E}(Y|\mathfrak{A})(\omega) = \int Y(\omega')\,\widetilde{P}(d\omega'|\mathfrak{A})(\omega) \quad P\text{-fs}. \tag{14.22}$$

Beweis. Ist $Y = \mathbb{1}_C$, $C \in \mathfrak{C}$ ein messbarer Indikator, so gilt

$$\int \mathbb{1}_C(\omega')\,\widetilde{P}(d\omega'|\mathfrak{A})(\omega) = \widetilde{P}(C|\mathfrak{A})(\omega) = P(C|\mathfrak{A})(\omega) = \mathbb{E}(\mathbb{1}_C|\mathfrak{A})(\omega) \quad P\text{-fs}.$$

Auf Grund der Additivität des Integrals und der bedingten Erwartung gilt (14.22) aber auch für $Y \in \mathcal{T}^+(\Omega, \mathfrak{C})$.
Da es zu $Y \in \mathcal{M}^+(\Omega, \mathfrak{C})$ eine Folge (t_n) aus $\mathcal{T}^+(\Omega, \mathfrak{C})$ gibt mit $t_n \nearrow Y$, folgt aus den Sätzen über die Konvergenz durch Monotonie (Satz 9.20 und 14.9)

$$\int Y(\omega')\,\widetilde{P}(d\omega'|\mathfrak{A})(\omega) = \lim_n \int t_n(\omega')\,\widetilde{P}(d\omega'|\mathfrak{A})(\omega)$$
$$= \lim_n \mathbb{E}(t_n|\mathfrak{A})(\omega) = \mathbb{E}(Y|\mathfrak{A})(\omega) \quad P\text{-fs}.$$

Ist $Y \in \mathcal{M}(\Omega, \mathfrak{C})$ und existiert $\mathbb{E}Y$, so zerlegt man in Y^+ und Y^-.

Bemerkung 14.24. *Wir haben bereits in Abschnitt 14.1 die im verallgemeiner-ten Satz von Fubini beschriebenen Voraussetzungen als Modell eines zweistufigen Experiments interpretiert, wenn die entsprechenden Maße Wahrscheinlichkeits-verteilungen* P_1 *bzw.* $P_2(\omega_1, .)$ *sind. Der betrachtete Grundraum ist dort der Pro-duktraum* $(\Omega_1 \times \Omega_2, \mathfrak{S}_1 \otimes \mathfrak{S}_2, P)$*,* $\mathrm{pr}_1^{-1}(\mathfrak{S}_1) = \{A \times \Omega_2 : A_1 \in \mathfrak{S}_1\}$ *entspricht der* σ*-Algebra* $\mathfrak{A}$*.* $h_C(\omega_1) := \widetilde{P}(C|\mathrm{pr}_1 = \omega_1) := P_2(\omega_1, C_{\omega_1}), C \in \mathfrak{S}_1 \otimes \mathfrak{S}_2$ *ist als Funktion von* ω_1 $\mathfrak{S}_1$*-messbar und als Funktion von* C *eine Wahrschein-lichkeitsverteilung für jedes* $\omega_1 \in \Omega_1$*. Daher ist auch* $\widetilde{P}(C|\mathrm{pr}_1) := h_C \circ \mathrm{pr}_1$ *als Funktion von* C *eine Wahrscheinlichkeitsverteilung für jedes* $\omega := (\omega_1, \omega_2)$ *aus* $\Omega_1 \times \Omega_2$*. Für festes* C *ist* $\widetilde{P}(C|\mathrm{pr}_1)$ *als Zusammensetzung von* pr_1 *und* h_C *klarerweise* $\mathrm{pr}_1^{-1}(\mathfrak{S}_1)$*-messbar und es gilt nach Satz 10.21 und Satz 9.62*

$$\int\limits_{A_1 \times \Omega_2} \mathbb{1}_C \, dP = \int\limits_{A_1} \left(\int\limits_{\Omega_2} \mathbb{1}_{C_{\omega_1}} P_2(\omega_1, d\omega_2) \right) P_1(d\omega_1) = \int\limits_{A_1} P_2(\omega_1, C_{\omega_1}) P_1(d\omega_1)$$

$$= \int\limits_{A_1} h_C(\omega_1) \, P \operatorname{pr}_1^{-1}(d\omega_1) = \int\limits_{\operatorname{pr}_1^{-1}(A_1) = A_1 \times \Omega_2} \widetilde{P}(C | \operatorname{pr}_1)(\boldsymbol{\omega}) \, P(d\boldsymbol{\omega}) \,.$$

Somit ist $\widetilde{P}(\, . \, | pr_1)$ eine reguläre durch pr_1 bedingte Wahrscheinlichkeitsverteilung auf $\mathfrak{C} := \mathfrak{S}_1 \otimes \mathfrak{S}_2$.

$\widetilde{P}(C|pr_1)(\boldsymbol{\omega}) = P_2(\operatorname{pr}_1(\boldsymbol{\omega}), C_{\operatorname{pr}_1(\boldsymbol{\omega})}) = P_2(\omega_1, C_{\omega_1})$ ist mit $\boldsymbol{\omega}' := (\omega_1', \omega_2')$ für alle $C \in \mathfrak{S}_1 \otimes \mathfrak{S}_2$ äquivalent zu

$$\int \mathbb{1}_C(\boldsymbol{\omega}') \, \widetilde{P}(d\boldsymbol{\omega}'|pr_1)(\boldsymbol{\omega}) = \int \mathbb{1}_{C_{\operatorname{pr}_1(\boldsymbol{\omega})}}(\omega_2') \, P_2(\operatorname{pr}_1(\boldsymbol{\omega}), d\omega_2')$$

$$= \int \mathbb{1}_{C_{\omega_1}}(\omega_2') \, P_2(\omega_1, d\omega_2') = \int \mathbb{1}_C(\omega_1, \omega_2') \, P_2(\omega_1, d\omega_2') \,. \qquad (14.23)$$

Man beachte, dass $\boldsymbol{\omega}'$ und ω_2' in der obigen Gleichung Integrationsvariable sind, während ω_1 , ω_2 die Argumente der Funktion darstellen.
Da (14.23) für alle messbaren Indikatoren gilt, muss es wegen der Additivität auch für alle Treppenfunktionen $t \in \mathfrak{T}(\Omega_1 \times \Omega_2, \mathfrak{S}_1 \otimes \mathfrak{S}_2)$ gelten. Konvergenz durch Monotonie liefert die Gültigkeit von (14.23) für messbare $Y \geq 0$. Beliebige $Y \in \mathfrak{M}$ mit existierendem $\mathbb{E}Y$ zerlegt man in Y^+ und Y^- und erhält schließlich

$$\int Y(\boldsymbol{\omega}') \, \widetilde{P}(d\boldsymbol{\omega}'|pr_1)(\boldsymbol{\omega}) = \int Y(\omega_1, \omega_2') \, P_2(\omega_1, d\omega_2') \,.$$

Da die rechte Seite $h_Y(\operatorname{pr}_1(\boldsymbol{\omega})) = h_Y(\omega_1) := \int Y(\omega_1, \omega_2') \, P_2(\omega_1, d\omega_2')$ der obigen Gleichung nur von ω_1 abhängt und deshalb in Bezug auf ω_2 wie eine Konstante zu behandeln ist, ergibt Integration auf $A_1 \times \Omega_2$, $A_1 \in \mathfrak{S}_1$ und Anwendung des verallgemeinerten Satzes von Fubini

$$\int\limits_{A_1 \times \Omega_2} h_Y(\operatorname{pr}_1(\boldsymbol{\omega})) \, dP(\boldsymbol{\omega}) = \int\limits_{A_1} \left(\int\limits_{\Omega_2} h_Y(\omega_1) \, P_2(\omega_1, d\omega_2) \right) dP_1(\omega_1)$$

$$= \int\limits_{A_1} h_Y(\omega_1) \, P_2(\omega_1, \Omega_2) \, dP_1(\omega_1) = \int\limits_{A_1} h_Y(\omega_1) \, dP_1(\omega_1)$$

$$= \int\limits_{A_1} \left(\int Y(\omega_1, \omega_2') \, P_2(\omega_1, d\omega_2') \right) dP_1(\omega_1) = \int\limits_{A_1 \times \Omega_2} Y(\omega_1, \omega_2') \, dP(\omega_1, \omega_2') \,.$$

Damit ist $\left(\int Y(\boldsymbol{\omega}') \, d\widetilde{P}(\boldsymbol{\omega}'|pr_1) \right)$ tatsächlich eine Version von $\mathbb{E}(Y | \operatorname{pr}_1)$ und stimmt überein mit dem in Gleichung (14.3) intuitiv verwendeten Ausdruck für die bedingte Erwartung.

Für Zufallsvariable X, Y mit der gemeinsamen Dichte $f_{X,Y}$ erhält man als Spezialfall aus den obigen Ausführungen den in Gleichung (14.4) verwendeten Ausdruck $\mathbb{E}(Y|X = x) = \int y \, \frac{f_{X,Y}(x,y)}{f_X(x)} \, \lambda(dy) = \int y \, f_{Y|X}(y|x) \, \lambda(dy)$.

Definition 14.25. *Ist Y eine Zufallsvariable auf einem Wahrscheinlichkeitsraum $(\Omega, \mathfrak{S}, P)$ und $\mathfrak{A} \subseteq \mathfrak{S}$ eine σ-Algebra, so heißt $F(y|\mathfrak{A})(\omega) : \mathbb{R} \times \Omega \to [0,1]$ eine reguläre durch $\mathfrak{A}$ bedingte Verteilungsfunktion von Y, wenn für jedes $y \in \mathbb{R}$ gilt $F(y|\mathfrak{A})(\, . \,) = P(Y \leq y|\mathfrak{A})$ P-fs und wenn $F(\, . \, |\mathfrak{A})(\omega)$ eine Verteilungsfunktion auf $\mathbb{R}$ für alle $\omega \in \Omega$ ist.*

Satz 14.26. *Unter den Voraussetzungen und mit den Bezeichnungen der obigen Definition existiert eine reguläre durch $\mathfrak{A}$ bedingte Verteilungsfunktion von Y.*

Beweis. Wir definieren zunächst $F(q|\mathfrak{A}) := P(Y \leq q|\mathfrak{A})$ $\forall \, q \in \mathbb{Q}$.
Aus Satz 14.11 und $\mathbb{1}_{[Y \leq -n]} \searrow 0$, $\mathbb{1}_{[Y \leq n]} \nearrow 1$ folgt, dass die beiden Mengen $N_{-\infty} := \{\omega : \lim\limits_{n \to \infty} F(-n|\mathfrak{A})(\omega) \neq 0 \}$ und $N_\infty := \{\omega : \lim\limits_{n \to \infty} F(n|\mathfrak{A})(\omega) \neq 1 \}$ P-Nullmengen sind.
Aus Satz 14.11 und $\mathbb{1}_{[Y \leq q + \frac{1}{n}]} \searrow \mathbb{1}_{[Y \leq q]}$ folgt, dass auch für alle Mengen $N_q := \{\omega : \lim\limits_{n \to \infty} F(q + \frac{1}{n}|\mathfrak{A})(\omega) \neq F(q|\mathfrak{A})(\omega) \}$ mit $q \in \mathbb{Q}$ gilt $P(N_q) = 0$. Somit ist $N_R := \bigcup\limits_{q \in \mathbb{Q}} N_q$ ebenfalls eine P-Nullmenge.
Für $p < q$ haben schließlich die Mengen $N_{p,q} := \{\omega : F(q|\mathfrak{A})(\omega) < F(p|\mathfrak{A})(\omega)\}$ nach Satz 14.8 Punkt 4. P-Maß 0. Für $N_M := \bigcup\limits_{p < q} N_{p,q}$ gilt daher $P(N_M) = 0$.
Für $\omega \in N := N_R \cup N_M \cup N_\infty \cup N_{-\infty}$ setzt man nun $F(\, . \, |\mathfrak{A})(\omega)$ gleich mit einer beliebigen Verteilungsfunktion i.e.S., bspw. $\widetilde{F}(y|\mathfrak{A})(\omega) := \mathbb{1}_{[0,\infty)}(y)$ $\forall \, y \in \mathbb{R}$.
Für $\omega \in N^c$ definiert man $F(\, . \, |\mathfrak{A})(\omega)$ durch $\widetilde{F}(y|\mathfrak{A})(\omega) := \inf\limits_{q \geq y, q \in \mathbb{Q}} F(q|\mathfrak{A})(\omega)$.
Da $F(\, . \, |\mathfrak{A})(\omega)$ für $\omega \in N^c$ monoton ist, gilt $\widetilde{F}(q|\mathfrak{A})(\omega) = F(q|\mathfrak{A})(\omega)$ $\forall \, q \in \mathbb{Q}$. $\widetilde{F}(\, . \, |\mathfrak{A})(\omega)$ bildet also eine Fortsetzung von $F(\, . \, |\mathfrak{A})(\omega)$ auf $\mathbb{R}$. Zudem wächst $\widetilde{F}(y|\mathfrak{A})(\omega)$ seiner Definition gemäß monoton in y. Daraus aber folgt

$$0 = \lim\limits_{q \to -\infty} F(q|\mathfrak{A})(\omega) = \lim\limits_{z \to -\infty} \widetilde{F}(z|\mathfrak{A})(\omega) \leq \widetilde{F}(y|\mathfrak{A})(\omega)$$

$$\leq \lim\limits_{z \to \infty} \widetilde{F}(z|\mathfrak{A})(\omega) = \lim\limits_{q \to \infty} F(q|\mathfrak{A})(\omega) = 1 \quad \forall \, y \in \mathbb{R}. \qquad (14.24)$$

Aus der Monotonie von $\widetilde{F}(\, . \, |\mathfrak{A})(\omega)$ folgt auch, dass für jede Folge $y_n \searrow y$ gilt $\widetilde{F}(y|\mathfrak{A})(\omega) \leq \lim\limits_{n} \widetilde{F}(y_n|\mathfrak{A})(\omega)$. Andererseits gibt es zu jedem $\varepsilon > 0$ ein $q \in \mathbb{Q}$ mit $y < q$ und $F(q|\mathfrak{A})(\omega) \leq \widetilde{F}(y|\mathfrak{A})(\omega) + \varepsilon$. Für alle $y_n \leq q$ gilt daher $\widetilde{F}(y_n|\mathfrak{A})(\omega) \leq \widetilde{F}(y|\mathfrak{A})(\omega) + \varepsilon$. Daraus folgt $\lim\limits_{n} \widetilde{F}(y_n|\mathfrak{A})(\omega) \leq \widetilde{F}(y|\mathfrak{A})(\omega) + \varepsilon$.
Also gilt $\widetilde{F}(y|\mathfrak{A})(\omega) = \lim\limits_{y_n \searrow y} \widetilde{F}(y_n|\mathfrak{A})(\omega)$, d.h. $\widetilde{F}(\, . \, |\mathfrak{A})(\omega)$ ist rechtsstetig und erfüllt damit für $\omega \in N^c$ alle Eigenschaften einer Verteilungsfunktion i.e.S.
Für $q \in \mathbb{Q}$ gilt vereinbarungsgemäß $F(q|\mathfrak{A}) = P(Y \leq q|\mathfrak{A})$ P-fs. Ist $y \in \mathbb{R}$, so gibt es eine Folge (q_n) in $\mathbb{Q}$ mit $q_n \searrow y$, sodass $\mathbb{1}_{[Y \leq q_n]} \searrow \mathbb{1}_{[Y \leq y]}$. Daraus ergibt sich nach Satz 14.11 und der Rechtsstetigkeit von $\widetilde{F}(y|\mathfrak{A})(\omega)$

$$\widetilde{F}(y|\mathfrak{A}) = \lim_n F(q_n|\mathfrak{A}) = \lim_n P(Y \le q_n|\mathfrak{A}) = P(Y \le y|\mathfrak{A}) \quad P\text{-fs}\,.$$

Demnach ist $\widetilde{F}(y|\mathfrak{A})$ für jedes $y \in \mathbb{R}$ eine Version von $P(Y \le y|\mathfrak{A})$.

Die nächsten Sätze zeigen, dass reguläre Verteilungen zumindest für die in der Praxis wichtigsten Fälle existieren, nämlich dann, wenn die Verteilungen durch Zufallsvariable oder Zufallsvektoren induziert werden.

Satz 14.27. *Unter den Voraussetzungen und mit den Bezeichnungen von Definition 14.25 existiert eine reguläre durch $\mathfrak{A}$ bedingte Wahrscheinlichkeitsverteilung $\widetilde{P}(\,.\,|\mathfrak{A})$ auf $Y^{-1}(\mathfrak{B})$, d.h. $\widetilde{P}(Y \in B|\mathfrak{A}) = P(Y \in B|\mathfrak{A}) \quad P\text{-fs} \ \forall\, B \in \mathfrak{B}$ und für jedes $\omega \in \Omega$ ist $\widetilde{P}(\,.\,|\mathfrak{A})(\omega)$ eine Wahrscheinlichkeitsverteilung auf $Y^{-1}(\mathfrak{B})$. Man nennt $\widetilde{P}(Y \in \,.\,|\mathfrak{A})(\,.\,)$ die durch $\mathfrak{A}$ bedingte, reguläre Verteilung von Y.*

Beweis. Für jedes $\omega \in \Omega$ wird von der durch $\mathfrak{A}$ bedingten, regulären Verteilungsfunktion $\widetilde{F}(\,.\,|\mathfrak{A})(\omega)$ von Y aus dem vorigen Satz eine Wahrscheinlichkeitsverteilung $\widetilde{PY^{-1}}(\,.\,|\mathfrak{A})(\omega)$ auf $(\mathbb{R}, \mathfrak{B})$ bestimmt.

Nun sind in $\mathfrak{G} := \{B \in \mathfrak{B} : \ \widetilde{PY^{-1}}(B|\mathfrak{A}) = P(Y \in B|\mathfrak{A}) \quad P\text{-fs}\}$ auf Grund des vorigen Satzes die Intervalle $(-\infty, y]$, $y \in \mathbb{R}$ enthalten, und wegen Satz 14.8 Punkt 3. liegen damit auch alle Intervalle $(a, b]$, $a, b \in \mathbb{R}$ sowie alle Vereinigungen von endlich vielen, disjunkten Intervallen in $\mathfrak{G}$.

Da das System der endlichen Vereinigungen disjunkter Intervalle einen Ring bildet, und, da aus Satz 14.11 folgt, dass $\mathfrak{G}$ ein monotones System ist, ergibt sich aus Satz 2.72 und Bemerkung 2.56 $\mathfrak{G} = \mathfrak{B}$,

Damit ist $\widetilde{P}(Y \in B|\mathfrak{A})(\omega) := \widetilde{PY^{-1}}(B|\mathfrak{A})(\omega)$ einerseits für jedes $\omega \in \Omega$ eine Wahrscheinlichkeitsverteilung auf $Y^{-1}(\mathfrak{B})$ und stimmt andererseits für jedes $[Y \in B]$ aus $Y^{-1}(\mathfrak{B})$ mit $P(Y \in B|\mathfrak{A}) \quad P\text{-fs}$ überein. $\widetilde{P}(\,.\,|\mathfrak{A})(\,.\,)$ ist somit die gesuchte durch $\mathfrak{A}$ bedingte reguläre Verteilung von Y.

Definition 14.28. *Ein Messraum $(\Omega, \mathfrak{S})$ heißt Borel-Raum, wenn es ein $B \in \mathfrak{B}$ und eine bijektive Abbildung $\varphi : \Omega \to B$ gibt, sodass $\varphi : (\Omega, \mathfrak{S}) \to (B, \mathfrak{B} \cap B)$ und $\varphi^{-1} : (B, \mathfrak{B} \cap B) \to (\Omega, \mathfrak{S})$. Die Abbildung φ wird als Borel-Äquivalenz zwischen $(\Omega, \mathfrak{S})$ und $(B, \mathfrak{B} \cap B)$ bezeichnet.*

Satz 14.29. *Ist $(\Omega, \mathfrak{S}, P)$ ein Wahrscheinlichkeitsraum, $\mathfrak{A} \subseteq \mathfrak{S}$ eine Subsigmaalgebra, $(\Omega', \mathfrak{S}')$ ein Borel-Raum und $X : (\Omega, \mathfrak{S}) \to (\Omega', \mathfrak{S}')$, so existiert eine reguläre durch $\mathfrak{A}$ bedingte Wahrscheinlichkeitsverteilung $\widetilde{P}(\,.\,|\mathfrak{A})$ auf $X^{-1}(\mathfrak{S}')$, d.h. $\widetilde{P}(X \in C|\mathfrak{A}) = P(X \in C|\mathfrak{A}) \quad P\text{-fs} \ \forall\, C \in \mathfrak{S}'$ und für jedes $\omega \in \Omega$ ist $\widetilde{P}(\,.\,|\mathfrak{A})(\omega)$ eine Wahrscheinlichkeitsverteilung auf $X^{-1}(\mathfrak{S}')$.*

Beweis. Ist φ eine Borel-Äquivalenz auf $(\Omega', \mathfrak{S}')$, so gibt es zu jedem $C \in \mathfrak{S}'$ ein $B \in \mathfrak{B}$ mit $C = \varphi^{-1}(B)$ bzw. $B = (\varphi^{-1})^{-1}(C) = \varphi(C)$. Damit gilt $[X \in C] = [X \in \varphi^{-1}(B)] = [\varphi \circ X \in B]$. $Y := \varphi \circ X$ ist aber eine Zufallsvariable, und daher existiert eine reguläre durch $\mathfrak{A}$ bedingte Verteilung $\widetilde{P}(Y \in \,.\,|\mathfrak{A})(\,.\,)$ von Y, d.h. für jedes $C \in \mathfrak{S}'$ mit $B := \varphi(C)$ gilt

$\widetilde{P}(X \in C|\mathfrak{A}) := \widetilde{P}(Y \in B|\mathfrak{A}) = P(Y \in B|\mathfrak{A}) = P(X \in C|\mathfrak{A})$ P–fs , und
für jedes ω ist $\widetilde{P}(\,.\,|\mathfrak{A})(\omega)$ eine Wahrscheinlichkeitsverteilung auf den Mengen
$[Y = \varphi(C)] = [X \in C]$, die bekanntlich $X^{-1}(\mathfrak{S}')$ bilden.

Wir zeigen zum Abschluss noch, dass die Abbildung X aus dem obigen
Satz ein Zufallsvektor und sogar eine Folge von Zufallsvariablen sein kann.

Satz 14.30. $(\mathbb{R}^k, \mathfrak{B}_k)$, $k \in \mathbb{N}$ und $(\mathbb{R}^\infty, \mathfrak{B}_\infty)$ *sind Borel-Räume.*

Beweis. Durch die Funktion $F(x) := \frac{1}{2} e^x \mathbb{1}_{(-\infty,0]}(x) + (1 - \frac{1}{2} e^{-x}) \mathbb{1}_{(0,\infty)}(x)$
wird $\mathbb{R}$ auf $(0,1)$ abgebildet. Da F strikt monoton wachsend und stetig ist,
sind sowohl F als auch F^{-1} messbar. Daher genügt es zu zeigen, dass eine
Borel-Äquivalenz zwischen $(\,(0,1), \mathfrak{B} \cap (0,1)\,)$ und $(\,(0,1)^\infty, \mathfrak{B}_\infty \cap (0,1)^\infty\,)$
bzw. $(\,(0,1)^k, \mathfrak{B}_k \cap (0,1)^k\,)$ besteht.

Ist $\omega \in (0,1)$ und $X_n(\omega)$ die n-te Ziffer von ω in seiner Binärdarstellung,
so ist X_n messbar, wie in Beispiel 7.52 bewiesen wurde.
Im Beweis von Folgerung 8.18 wurde gezeigt, dass die Folge $(X_n(\omega))$ in
bijektiver Weise (mit Hilfe des Diagonalisierungsverfahrens) in Teilfolgen
$(X_{i,j}(\omega))_{j \in \mathbb{N}}$ aus $\{0,1\}^\infty$ aufgespalten werden kann, und entsprechend den
Ausführungen aus Bemerkung 10.46 sind mit den $X_{i,j}$ auch die Vektoren
$\mathbf{X}_i := (X_{i,1}, X_{i,2}, \ldots)$ messbar. Durch $Z(\mathbf{X}_i(\omega)) := \sum\limits_{j=1}^{\infty} \frac{X_{i,j}(\omega)}{2^j}$ wird jedem
$\mathbf{X}_i(\omega)$ in messbarer und eindeutiger Weise eine Zahl aus $(0,1)$ zugeordnet.
Damit bildet aber nach den Ausführungen aus Bemerkung 10.46 die Funktion
$\varphi(\omega) := (Z(\mathbf{X}_1(\omega)), Z(\mathbf{X}_2(\omega)), \ldots)$ das Intervall $(0,1)$ messbar auf $(0,1)^\infty$ ab.

Umgekehrt wird jede Folge $\mathbf{x} := (x_1, x_2, \ldots,)$ aus $(0,1)^\infty$ durch die Projektionen pr_i messbar auf Zahlen $x_i \in (0,1)$ abgebildet, denen wieder auf
messbare Art Binärfolgen $(b_j(\mathrm{pr}_i(\mathbf{x})))$ zugeordnet werden können. Diese Folgen werden wieder mit dem Diagonalisierungsverfahren zu einer einzigen
Folge $\mathbf{b}(\mathbf{x}) := (b_1(\mathbf{x}), b_2(\mathbf{x}), \ldots)$ zusammengefasst, und klarerweise ist auch
die Abbildung $\mathbf{b} : (0,1)^\infty \to \{0,1\}^\infty$ messbar. $Z(\mathbf{b}(\mathbf{x})) := \sum\limits_{n=1}^{\infty} \frac{b_n(\mathbf{x})}{2^n}$ ordnet
schließlich jeder Binärfolge messbar ein $\omega \in (0,1)$ zu.

Die Borel-Äquivalenz zwischen $(\,(0,1), \mathfrak{B} \cap (0,1)\,)$ und $(\,(0,1)^k, \mathfrak{B}_k \cap (0,1)^k\,)$
zeigt man ganz ähnlich, wobei es hier genügt die Ziffernfolge X_n in die k Teil-
folgen $\left(X_{i, \lfloor \frac{n-1}{k} \rfloor + 1}\right)$ mit $i \equiv n \bmod k$ aufzuspalten.

15

Gesetze der großen Zahlen

15.1 Die Varianz und andere Momente

Oft lassen sich Aussagen über bestimmte Ereignisse machen, wenn man gewisse Kenngrößen einer Zufallsvariablen bestimmen oder schätzen kann ohne die Verteilung der Zufallsvariablen selbst zu kennen. So liefert etwa Ungleichung (13.14) bzw. (13.15) eine obere Schranke für die Wahrscheinlichkeit der Abweichungen vom Mittelwert, wenn man den Erwartungswert $\mathbb{E}\,X$ und $\sigma_X^2 := \mathbb{E}(X - \mathbb{E}X)^2$ kennt. Ungleichung (13.15) besagt bspw. konkret, dass höchstens $\frac{1}{\gamma^2} * 100\%$ der Ausgänge eines Experiments einen größeren Abstand als $\gamma\,\sigma$ vom Erwartungswert haben.

Definition 15.1. *Ist $(\Omega, \mathfrak{S}, P)$ ein Wahrscheinlichkeitsraum und X eine Zufallsvariable aus $\mathcal{L}_2$, so nennt man $\sigma_X^2 := \operatorname{Var} X := \mathbb{E}\,(X - \mathbb{E}X)^2$ die Varianz von X. Als Streuung von X bezeichnet man $\sigma_X := \sqrt{\operatorname{Var} X} = \sqrt{\mathbb{E}(X - \mathbb{E}X)^2}$.*

Bemerkung 15.2. *Da die Varianz einer Zufallsvariablen, wie oben erwähnt, angibt, wie stark die Ausgänge eines Zufallsexperiments um den Mittelwert streuen, wird sie als Streuungsparameter bezeichnet. Kenngrößen, die die Lage der Werte einer Zufallsvariablen charakterisieren, nennt man hingegen Lageparameter. Dazu gehören Erwartungswert und Median.*

Der folgende Satz beinhaltet eine Minimalitätseigenschaft des Erwartungswerts und erleichtert oft die Berechnung der Varianz.

Satz 15.3. *Ist X eine quadratisch integrierbare Zufallsvariable auf einem Wahrscheinlichkeitsraum $(\Omega, \mathfrak{S}, P)$, so gilt*

$$\mathbb{E}(X - a)^2 = \mathbb{E}\,(X - \mathbb{E}X)^2 + (\mathbb{E}X - a)^2 \quad \forall\, a \in \mathbb{R}, \qquad (15.1)$$

woraus folgt $\mathbb{E}(\,X - \mathbb{E}X\,)^2 = \min_{a \in \mathbb{R}} \mathbb{E}(\,X - a\,)^2$ und $\operatorname{Var} X = \mathbb{E}X^2 - (\mathbb{E}X)^2$.

Beweis. Dieser Satz ist nichts anderes, als der Spezialfall von Satz 14.16 für $\mathfrak{A} := \{\emptyset, \Omega\}$. Mit $a = 0$ erhält man $\operatorname{Var} X = \mathbb{E}X^2 - (\mathbb{E}X)^2$.

Bemerkung 15.4. (15.1) *ist auch als Steiner'scher Verschiebungssatz bekannt.*

Man beachte aber $\mathbb{E}\,|X - \mathbb{E}X| \neq \min_{a \in \mathbb{R}} \mathbb{E}\,|X - a|$, wie der folgende Satz zeigt.

Satz 15.5 (Minimalitätseigenschaft des Medians). *Ist X eine integrierbare Zufallsvariable auf einem Wahrscheinlichkeitsraum $(\Omega, \mathfrak{S}, P)$ und m ein Median gemäß Bemerkung 8.14 Punkt 4, d.h. $P(X < m) \leq \frac{1}{2} \leq P(X \leq m)$, so gilt*

$$\mathbb{E}\,|X - m| = \min_{a \in \mathbb{R}} \mathbb{E}\,|X - a|\,. \tag{15.2}$$

Beweis. Ist $a \geq m$, so gilt

$$|X - a| - |X - m| = \begin{cases} m - a, & X > a \\ m + a - 2X, & m < X \leq a \\ a - m, & X \leq m, \end{cases}$$

d.h. $|X - a| - |X - m| \geq (a - m)\,\mathbb{1}_{[X \leq m]} + (m - a)\,\mathbb{1}_{[X > m]}$. Daraus folgt

$$\mathbb{E}(\,|X - a| - |X - m|\,) \geq \mathbb{E}\left[\,(a - m)\,\mathbb{1}_{[X \leq m]} + (m - a)\,\mathbb{1}_{[X > m]}\right]$$
$$= (a - m)\,(\,P(\,X \leq m\,) - P(\,X > m\,)\,) \geq (a - m)\,\left(\frac{1}{2} - \frac{1}{2}\right) \geq 0\,.$$

Für $a < m$ führt man den Beweis analog.

Erwartungswert und Median einer Zufallsvariablen aus $\mathcal{L}_2$ können höchstens um die Streuung differieren, wie der folgende Satz zeigt.

Satz 15.6. *Ist $(\Omega, \mathfrak{S}, P)$ ein Wahrscheinlichkeitsraum und $X \in \mathcal{L}_2(\Omega, \mathfrak{S}, P)$ eine Zufallsvariable mit dem Median m und der Streuung σ, so gilt*

$$|\,m - \mathbb{E}X\,| \leq \sigma. \tag{15.3}$$

Beweis. Aus der Jensen'schen Ungleichung (Satz 13.1), dem obigen Satz und der Cauchy-Schwarz'schen Ungleichung (13.6) folgt

$$|\,\mathbb{E}X - m\,| = |\,\mathbb{E}(X - m)\,| \leq \mathbb{E}\,|\,X - m\,| \leq \mathbb{E}\,|\,X - \mathbb{E}X\,|$$
$$= \mathbb{E}\,|\,X - \mathbb{E}X\,|\,|\,1\,| \leq \sqrt{\mathbb{E}(X - \mathbb{E}X)^2}\,\sqrt{\mathbb{E}\,1^2} = \sigma\,.$$

Definition 15.7. *Als Kovarianz der quadratisch integrierbaren Zufallsvariablen X, Y bezeichnet man den Ausdruck $\mathrm{Cov}(\,X\,,Y\,) := \mathbb{E}(X - \mathbb{E}X\,)\,(\,Y - \mathbb{E}Y\,)$, und $\rho := \rho(X\,,Y) := \frac{\mathrm{Cov}(X,Y)}{\sigma_X\,\sigma_Y}$ ist der Korrelationskoeffizient von X und Y. Man sagt $X\,,Y$ sind unkorreliert, wenn $\mathrm{Cov}(\,X\,,Y\,) = 0$.*

Der nächste Satz listet elementare Eigenschaften der Varianz auf.

Satz 15.8. *Sind $X\,,Y$ quadratisch integrierbare Zufallsvariable auf einem Wahrscheinlichkeitsraum $(\Omega, \mathfrak{S}, P)$, so gilt*

1. $\mathrm{Var}(a\,X) = a^2\,\mathrm{Var}\,X \quad \forall\, a \in \mathbb{R}$,
2. $\mathrm{Var}(X + a) = \mathrm{Var}\,X \quad \forall\, a \in \mathbb{R}$,
3. $\mathrm{Var}(X + Y) = \mathrm{Var}\,X + \mathrm{Var}\,Y + 2\,\mathrm{Cov}(X,Y)$,
4. $\mathrm{Var}(X + Y) = \mathrm{Var}\,X + \mathrm{Var}\,Y$ für X,Y unkorreliert.

Beweis. ad 1 : $\mathrm{Var}(a\,X) = \mathbb{E}(a\,X - a\,\mathbb{E}X)^2 = a^2\,\mathbb{E}(X - \mathbb{E}X)^2 = a^2\,\mathrm{Var}\,X$.
ad 2 : $\mathrm{Var}(X + a) = \mathbb{E}[\,X + a - \mathbb{E}(X + a)\,]^2 = \mathbb{E}(X - \mathbb{E}X)^2 = \mathrm{Var}\,X$.
ad 3 : $\mathrm{Var}(X + Y) = \mathbb{E}[\,(X - \mathbb{E}X) + (Y - \mathbb{E}Y)\,]^2$
$$= \mathrm{Var}\,X + \mathrm{Var}\,Y + 2\,\mathbb{E}(X - \mathbb{E}X)(Y - \mathbb{E}Y)\,.$$
ad 4 :   Dies folgt sofort aus Punkt 3.

Beispiel 15.9. In Beispiel 9.78 wurde gezeigt, dass $X \sim N(\mu, \sigma^2)$ den Erwartungswert $\mathbb{E}X = \mu$ besitzt. Für $X \sim N(0,1)$ gilt also $\mathbb{E}X = 0 \wedge \mathrm{Var}\,X = \mathbb{E}X^2$. Aus $X \sim N(0,1)$ folgt (Beispiel 9.82) $Y := X^2 \sim \chi_1^2 \;\Rightarrow\; \mathrm{Var}\,X = \mathbb{E}Y = 1$. $Z := \sigma X + \mu$ ist $N(\mu, \sigma^2)$- verteilt, und aus Satz 15.8 Punkt 1. und 2. folgt $\mathrm{Var}\,Z = \sigma^2$. Die Parameter μ und σ^2 sind also Erwartungswert und Varianz.

Lemma 15.10. *Sind X,Y quadratisch integrierbare Zufallsvariable auf einem Wahrscheinlichkeitsraum $(\Omega, \mathfrak{S}, P)$, so gilt*

$$\mathrm{Cov}(X,Y) = \mathbb{E}(XY) - \mathbb{E}X\,\mathbb{E}Y\,. \tag{15.4}$$

Beweis. $\mathrm{Cov}(X,Y) = \mathbb{E}(X - \mathbb{E}X)(Y - \mathbb{E}Y)$
$$= \mathbb{E}(XY) - 2\,\mathbb{E}X\,\mathbb{E}Y + \mathbb{E}X\,\mathbb{E}Y = \mathbb{E}(XY) - \mathbb{E}X\,\mathbb{E}Y\,.$$

Lemma 15.11. *Unabhängige, quadratisch integrierbare Zufallsvariable X,Y auf einem Wahrscheinlichkeitsraum $(\Omega, \mathfrak{S}, P)$ sind immer unkorreliert.*

Beweis. Nach Folgerung 10.34 gilt für unabhängige Zufallsvariable X,Y
$\mathbb{E}(X - \mathbb{E}X)(Y - \mathbb{E}Y) = \mathbb{E}(X - \mathbb{E}X)\,\mathbb{E}(Y - \mathbb{E}Y) = 0$.

Die Umkehrung gilt i.A. nicht, wie das folgende Beispiel zeigt.

Beispiel 15.12. Ist $X \sim B_{2,\frac{1}{2}}$, so ist $Y := (X - 1)^2 \sim B_{\frac{1}{2}}$ eine Funktion von X. Doch aus $XY = 2\,\mathbb{1}_{[X=2]}$ folgt $\mathbb{E}XY = \frac{2}{4} = \frac{1}{2} = \mathbb{E}X\,\mathbb{E}Y \;\Rightarrow\; \mathrm{Cov}(X,Y) = 0$.

Lemma 15.13. *Sind X,Y quadratisch integrierbare Zufallsvariable auf einem Wahrscheinlichkeitsraum $(\Omega, \mathfrak{S}, P)$, so gilt $-1 \le \rho(X,Y) \le 1$.*

Beweis. Unter Berücksichtigung der Cauchy-Schwarz'schen Ungleichung (Ungleichung (13.6)) gilt $|\mathrm{Cov}(X,Y)| \le \mathbb{E}[|X - \mathbb{E}X|\,|Y - \mathbb{E}Y|] \le \sigma_X\,\sigma_Y$.

Beispiel 15.14. Sind X_1, X_2 $N(0,1)$-verteilte, unabhängige Zufallsvariable, $Z_1 := \sigma_1\sqrt{1 - \rho^2}\,X_1 + \sigma_1\rho X_2 + \mu_1$ und $Z_2 := \sigma_2 X_2 + \mu_2$, so gilt, wie in Beispiel 9.80 gezeigt wurde, $(Z_1, Z_2) \sim N(\mu_1, \mu_2, \sigma_1^2, \sigma_2^2, \rho)$. Daraus folgt

$$\mathrm{Cov}(Z_1, Z_2) = \mathbb{E}\left[\left(\sigma_1\sqrt{1 - \rho^2}X_1 + \sigma_1\rho X_2\right)\sigma_2 X_2\right]$$
$$= \sigma_1\,\sigma_2\left[\sqrt{1 - \rho^2}\,\mathbb{E}X_1\,\mathbb{E}X_2 + \rho\,\mathbb{E}X_2^2\right] = \sigma_1\,\sigma_2\,\rho\,.$$

Somit ist ρ der Korrelationskoeffizient von Z_1, Z_2.

Beispiel 15.15 (Fortsetzung von Beispiel 10.17, 10.20 und 10.58). In Beispiel 10.58 wurde gezeigt, dass für die Zufallsvariablen T_1 und T_2 aus Beispiel 10.20 gilt $T_1 \sim Ex_\tau$, $T_2 \sim Er_{2,\tau}$ $\Rightarrow$ $\mathbb{E}T_1 = \frac{1}{\tau}$, $\mathbb{E}T_2 = \frac{2}{\tau}$.
$\mathbb{E}(T_1 T_2)$ kann man mit dem Satz von Fubini ausrechnen

$$\mathbb{E}(T_1 T_2) = \int\limits_0^\infty \left(\int\limits_x^\infty x\, y\, \tau^2 \, e^{-\tau y}\, dy \right) dx = \int\limits_0^\infty x \left(\int\limits_x^\infty y\, \tau \, (\tau\, e^{-\tau y})\, dy \right) dx$$

$$= \int\limits_0^\infty x \left(-\tau\, y\, e^{-\tau y} \Big|_x^\infty + \int\limits_x^\infty \tau\, e^{-\tau y}\, dy \right) dx = \int\limits_0^\infty x \left(\tau\, x\, e^{-\tau x} - e^{-\tau y}\Big|_x^\infty \right) dx$$

$$= \int\limits_0^\infty x \left(\tau x e^{-\tau x} + e^{-\tau x} \right) dx = \frac{2}{\tau^2} \int\limits_0^\infty \frac{\tau^3\, x^2\, e^{-\tau x}}{2}\, dx + \frac{1}{\tau^2} \int\limits_0^\infty \tau^2\, x\, e^{-\tau x}\, dx = \frac{3}{\tau^2}.$$

Die letzte Gleichung oben gilt, da im vorletzten Integral der obigen Gleichung die Dichte einer $Er_{3,\tau}$-Verteilung steht und im letzten Integral die Dichte einer $Er_{2,\tau}$-Verteilung, sodass beide Integrale den Wert 1 haben. Die Kovarianz von T_1 und T_2 ergibt sich nun zu $\mathrm{Cov}(T_1, T_2) = \mathbb{E}(T_1 T_2) - \mathbb{E}T_1\, \mathbb{E}T_2 = \frac{1}{\tau^2}$.

Definition 15.16. *Ist $(\Omega, \mathfrak{S}, P)$ ein Wahrscheinlichkeitsraum und X eine Zufallsvariable aus $\mathcal{L}_k(\Omega, \mathfrak{S}, P)$ mit $k \in \mathbb{N}$, so nennt man $\mathbb{E}X^k$ das k-te Moment von X, $\mathbb{E}|X|^k$ heißt k-tes absolutes Moment, $\mathbb{E}(X - \mathbb{E}X)^k$ ist das k-te zentrale Moment, und $\mathbb{E}|X - \mathbb{E}X|^k$ ist das k-te absolute, zentrale Moment.*

Gemäß obiger Definition ist der Erwartungswert $\mathbb{E}X$ das 1-te Moment einer Zufallsvariablen X, und die Varianz ist das 2-te zentrale Moment von X. Für das 1-te zentrale Moment gilt klarerweise immer $\mathbb{E}(X - \mathbb{E}X) = \mathbb{E}X - \mathbb{E}X = 0$.

Bemerkung 15.17.

1. *Obwohl $\mathbb{E}X^k$ für gerades k immer existiert, spricht man von der Existenz des k-ten Moments nur dann, wenn $\mathbb{E}X^k \in \mathbb{R}$. In diesem Sinn existiert das k-te Moment genau dann, wenn das k-te absolutes Moment existiert.*

2. *Aus der Existenz des k-ten Moments folgt nach Satz 13.21 die Existenz der Momente $\mathbb{E}X^g$ mit $1 \le g \le k$.*

3. *Wegen $(X - \mathbb{E}X)^k = \sum\limits_{i=0}^k \binom{k}{i} X^i\, (-1)^{k-i}\, (\mathbb{E}X)^{k-i}$ und Punkt 2. folgt aus der Existenz des k-ten Moments die Existenz des k-ten zentralen Moments.*

Definition 15.18. *Eine Zufallsvariable X auf einem Wahrscheinlichkeitsraum $(\Omega, \mathfrak{S}, P)$ heißt symmetrisch um a, wenn $X - a$ dieselbe Verteilung wie $a - X$ besitzt, wenn also gilt $P(X \le a - x) = P(X \ge a + x) \quad \forall\, x \in \mathbb{R}$. Ist F die zu X gehörige Verteilungsfunktion, so ist dies äquivalent zu $F(a - x) = 1 - F_-(a + x)$. Hat X eine Dichte f, so ist auch $f(a - x) = f(a + x)$ eine äquivalente Bedingung.*

Bemerkung 15.19. *Das Symmetriezentrum a einer symmetrischen Zufallsvariablen X ist ein Median von X gemäß Bemerkung 8.14 Punkt 4, denn mit $x = 0$ gilt $F(a) = 1 - F_-(a)$. Daraus folgt $2F(a) \geq F(a) + F_-(a) = 1$ und $1 = F(a) + F_-(a) \geq 2F_-(a)$, was umgeformt $F(a) \geq \frac{1}{2} \geq F_-(a)$ ergibt.*

Lemma 15.20. *Existiert für $n \geq 0$ das $2n + 1$-te Moment der um a symmetrischen Zufallsvariablen X, so gilt $\mathbb{E}(X - a)^{2n+1} = 0$.*

Beweis. Aus $(X - a)^{2n+1} \sim (a - X)^{2n+1} = -(X - a)^{2n+1}$ folgt unmittelbar $\mathbb{E}(X - a)^{2n+1} = -\mathbb{E}(X - a)^{2n+1} \Rightarrow \mathbb{E}(X - a)^{2n+1} = 0$.

Beispiel 15.21. $X \sim N(0,1)$ ist symmetrisch um 0. Außerdem müssen alle Momente existieren, denn für alle $n \in \mathbb{N}$ und $x \geq 2$ gilt $x^n e^{-\frac{x^2}{2}} \leq x^n e^{-x}$ mit $\int_0^\infty x^n e^{-x} \lambda)dx) = \Gamma(n+1) = n! < \infty$. Demnach gilt $\mathbb{E}X^{2n-1} = 0 \quad \forall n \in \mathbb{N}$.

In Beispiel 15.9 wurde bereits gezeigt, dass gilt $\mathbb{E}X^2 = 1$. Damit folgt aus der Induktionsannahme $\mathbb{E}X^{2n} = \prod_{i=1}^n (2i - 1)$ durch partielle Integration

$$\mathbb{E}X^{2(n+1)} = \int_{-\infty}^\infty (x^{2n+1}) \left(\frac{1}{\sqrt{2\pi}} x e^{-\frac{x^2}{2}}\right) dx$$

$$= (2n+1) \int_{-\infty}^\infty (x^{2n}) \left(\frac{1}{\sqrt{2\pi}} e^{-\frac{x^2}{2}}\right) dx = (2n+1)\mathbb{E}X^{2n} = \prod_{i=1}^{n+1}(2i-1).$$

Somit hat X die Momente $\mathbb{E}X^{2n} = \prod_{i=1}^n (2i-1) \wedge \mathbb{E}X^{2n-1} = 0 \quad \forall n \in \mathbb{N}$.

Der Vollständigkeit halber erwähnen wir noch 2 Kenngrößen, die über die Gestalt der Dichten stetiger Zufallsvariabler Auskunft geben und daher in der Statistik oft gebraucht werden. Man kann diese beiden Parameter aber für beliebige Zufallsvariable, deren 3-te bzw. 4-te Momente existieren, definieren.

Definition 15.22. *Ist X eine Zufallsvariable auf einem Wahrscheinlichkeitsraum $(\Omega, \mathfrak{S}, P)$, deren 3-tes Moment existiert, so nennt man $\frac{\mathbb{E}(X - \mathbb{E}X)^3}{\sigma_X^3}$ die Schiefe von X. Für $X \in \mathcal{L}_4(\Omega, \mathfrak{S}, P)$ heißt $\frac{\mathbb{E}(X - \mathbb{E}X)^4}{(\mathrm{Var}\,X)^2}$ Exzeß (Wölbung, Kurtosis).*

15.2 Schwache Gesetze der großen Zahlen

Definition 15.23. *Ist X eine integrierbare Zufallsvariable auf einem Wahrscheinlichkeitsraum $(\Omega, \mathfrak{S}, P)$, so heißt $Y := X - \mathbb{E}X$ die zugehörige zentrierte Zufallsvariable, und für $X \in \mathcal{L}_2$ bezeichnet man $Z := \frac{X - \mathbb{E}X}{\sigma_X}$ als standardisiert.*

Für zentrierte Zufallsvariable Y gilt natürlich immer $\mathbb{E}Y = 0$, und für standardisierte Zufallsvariable gilt $\mathbb{E}Z = 0 \wedge \mathrm{Var}\,Z = 1$.

Definition 15.24. *Ist* $\mathbf{X} = (X_1, \ldots, X_n)$ *ein Zufallsvektor auf einem Wahrscheinlichkeitsraum* $(\Omega, \mathfrak{S}, P)$, *so nennt man* $\overline{X}_n := \frac{1}{n} \sum\limits_{i=1}^{n} X_i$ *den Mittelwert der* X_i. *Sind die* X_i *unabhängig, identisch verteilt, so spricht man auch vom Stichprobenmittelwert der Stichprobe* $(X_1, \ldots, X_n)$.

Bemerkung 15.25. *Sind* $X_1, \ldots, X_n$ *unabhängig, identisch verteilte Zufallsvariable aus* $\mathcal{L}_2(\Omega, \mathfrak{S}, P)$ *mit der gemeinsamen Varianz* σ_X^2, *so folgt aus Satz 15.8 Punkt 1. und 4.* $\mathrm{Var}\,\overline{X}_n = \frac{1}{n^2} \sum\limits_{i=1}^{n} \mathrm{Var}\,X_i = \frac{n\sigma_X^2}{n^2} = \frac{\sigma_X^2}{n}$. *Dies deckt sich durchaus mit unserer Intuition, denn man wird erwarten, dass einzelne Messergebnisse stärker streuen, als die Mittelwerte mehrerer Versuchsreihen.*

Schwache Gesetze der großen Zahlen sind Aussagen darüber, unter welchen Voraussetzungen Mittelwerte in Wahrscheinlichkeit konvergieren, wie sie etwa in den nächsten Sätzen formuliert sind.

Im Folgenden werden wir auch die Abkürzungen GGZ für Gesetz der großen Zahlen und iid (independent, identically distributed) für unabhängig, identisch verteilt verwenden.

Satz 15.26 (Schwaches Gesetz der großen Zahlen). *Ist* (X_n) *eine Folge unkorrelierter Zufallsvariabler auf einem Wahrscheinlichkeitsraum* $(\Omega, \mathfrak{S}, P)$ *mit* $M := \sup\limits_{n \in \mathbb{N}} \mathrm{Var}\,X_n < \infty$, *so konvergieren die Mitelwerte* $\overline{Y}_n$ *der zentrierten Zufallsvariablen* $Y_i := X_i - \mathbb{E}X_i$ *in Wahrscheinlichkeit gegen Null, d.h. es gilt*

$$\lim_{n \to \infty} P\left(\left| \frac{1}{n} \sum_{i=1}^{n} (X_i - \mathbb{E}X_i) \right| > \varepsilon \right) = 0 \quad \forall\, \varepsilon > 0. \tag{15.5}$$

Für unabhängig, identisch verteilte X_n *aus* $\mathcal{L}_2(\Omega, \mathfrak{S}, P)$ *mit* $\mathbb{E}X := \mathbb{E}X_n$ *gilt*

$$\lim_{n \to \infty} P\left(\left| \frac{1}{n} \sum_{i=1}^{n} X_i - \mathbb{E}X \right| > \varepsilon \right) = 0 \quad \forall\, \varepsilon > 0. \tag{15.6}$$

Beweis. Es gilt $\mathbb{E}\overline{Y}_n = 0$ und $\mathrm{Var}\,\overline{Y}_n = \frac{1}{n^2} \sum\limits_{i=1}^{n} \mathrm{Var}\,Y_i = \frac{1}{n^2} \sum\limits_{i=1}^{n} \mathrm{Var}\,X_i \leq \frac{M}{n}$.
Die Tschebyscheff'sche Ungleichung (Ungleichung (13.14)), angewendet auf $\overline{Y}_n$ ergibt daher $P\left(|\overline{Y}_n| > \varepsilon \right) \leq \frac{M}{n\varepsilon^2} \quad \forall\, n \in \mathbb{N}$, woraus (15.5) sofort folgt. Ist (X_n) eine iid Folge aus $\mathcal{L}_2$, so gilt $\mathrm{Var}\,X_n = \sigma_X^2 < \infty \quad \forall\, n \in \mathbb{N}$. Zudem sind die X_n unkorreliert. Somit ist (15.6) nur ein Spezialfall von (15.5).

Bemerkung 15.27.

1. *Für die Praxis wichtig ist allerdings die spezielle Gestalt von Ungleichung (13.14), angewendet auf das Stichprobenmittel unabhängig, identisch verteilter Zufallsvariabler, die unter Berücksichtigung von Bemerkung 15.25 zu*

$$P\left(|\overline{X}_n - \mathbb{E}X| \geq \varepsilon \right) \leq \frac{\sigma_X^2}{n\varepsilon^2} \tag{15.7}$$

führt. Man kann damit bei vorgegebener Genauigkeit ε und vorgegebener oberer Schranke α für die Wahrscheinlichkeit größerer Abweichungen des Stichprobenmittels vom Erwartungswert (der Irrtumswahrscheinlichkeit) durch Auflösung der Gleichung $\frac{\sigma_X^2}{n\,\varepsilon^2} = \alpha$ nach n den für die Erfüllung dieser Vorgaben erforderlichen Stichprobenumfang n ermitteln. Umgekehrt kann man die Schranke für die Irrtumswahrscheinlichkeit bestimmen, wenn ε und n gegeben sind, oder man kann ε berechnen bei fixem n und α.

2. *Wir werden etwas später sehen, dass bei unabhängig, identisch verteilten Zufallsvariablen X_n die Integrierbarkeit der X_n für die Gültigkeit des schwachen Gesetzes der großen Zahlen ausreicht, aber man benötigt die Existenz der Varianz für die Abschätzung (15.7).*

3. *Wie aus (15.7) leicht ersichtlich, gibt es Nullfolgen (ε_n), bspw. die Folge $\varepsilon_n := n^{-(\frac{1}{2}-\delta)}$, $\delta > 0$, für die sogar gilt $\lim_{n\to\infty} P\left(\left|\overline{X}_n - \mathbb{E}\,X\right| > \varepsilon_n\right) = 0$.*

Mit Hilfe des Gesetzes der großen Zahlen lassen sich Integrale, wie im nächsten Beispiel gezeigt, auf einfache Weise numerisch berechnen.

Beispiel 15.28 (Numerische Integration). Ist $f : [a,b] \to \mathbb{R}$ eine integrierbare Funktion, von der man weiß, dass $I := \int_a^b |f|\,dx < \infty$, deren Integral $\int_a^b f\,dx$ aber nicht explizit bestimmt werden kann, so gibt es folgende Möglichkeit I numerisch zu approximieren.

Sind $U_1, U_2, \dots$ unabhängige Zufallsvariable mit $U_i \sim U_{a,b}$ $\forall\,i \in \mathbb{N}$, so haben die transformierten Zufallsvariablen $Y_i := f(U_i)$ bekanntlich den Erwartungswert $\mathbb{E}Y_i = \int_a^b f(x)\frac{1}{b-a}\,dx = \frac{I}{b-a}$. Deshalb konvergieren die mit $b - a$ multiplizierten Stichprobenmittel $\widetilde{Y}_n := \frac{b-a}{n}\sum_{i=1}^{n} Y_i$ in Wahrscheinlichkeit gegen I (wie später gezeigt wird, konvergieren sie sogar P–fs), und wegen

$$P\left(\left|\widetilde{Y}_n - I\right| \geq \varepsilon\right) = P\left(\left|\overline{Y}_n - \frac{I}{b-a}\right| \geq \frac{\varepsilon}{b-a}\right) \leq \frac{\sigma_Y^2\,(b-a)^2}{n\,\varepsilon^2} \leq \alpha$$

erhält man aus $n \geq \frac{\sigma_Y^2\,(b-a)^2}{\alpha\,\varepsilon^2}$ den notwendigen Stichprobenumfang (also die Mindestanzahl an zu erzeugenden Zufallszahlen), wenn das numerische Ergebnis mit einer Wahrscheinlichkeit von mindestens $1 - \alpha$ um nicht mehr als ε vom wahren Wert I abweichen darf.

Wenn I nicht explizit angegeben werden kann, ist es meist auch schwierig oder unmöglich σ_Y^2 auszurechnen. Aber in der Praxis genügt eine Schranke für die Varianz, wobei natürlich klar ist, dass n umso größer wird, je schlechter diese Schranke ist.

Wir wollen nun bestimmen, wieviele Zufallszahlen man zur Berechnung des Integrals $\int_{\frac{\pi}{4}}^{\frac{\pi}{2}} \frac{\cos x}{x}\,dx$ benötigt, damit das Ergebnis mit 90-prozentiger Sicherheit um nicht mehr als $\varepsilon = 0.01$ vom wahren Wert abweicht.

In die obige Formel eingesetzt erhält man $n \geq \frac{\pi^2 \sigma_Y^2}{16 \cdot 0.1 \cdot 0.01^2} = \frac{10^5 \pi^2 \sigma_Y^2}{16}$.
Schätzt man die Varianz σ_Y^2 etwa ab durch

$$\sigma_Y^2 = \mathrm{Var}\left(\frac{\cos U}{U}\right) \leq \mathbb{E}\left(\frac{\cos U}{U}\right)^2 = \int_{\frac{\pi}{4}}^{\frac{\pi}{2}} \frac{\cos^2 x}{x^2} \frac{4}{\pi} \, dx$$

$$\leq \frac{4}{\pi} \cos^2 \frac{\pi}{4} \int_{\frac{\pi}{4}}^{\frac{\pi}{2}} x^{-2} \, dx = \frac{4}{\pi} \cos^2 \frac{\pi}{4} \, x^{-1} \Big|_{\frac{\pi}{2}}^{\frac{\pi}{4}} = \frac{8}{\pi^2} \cos^2 \frac{\pi}{4},$$

so ergibt das $n \geq 30843$. Das mag auf den ersten Blick viel erscheinen, aber gleichverteilte Zufallszahlen kann man sehr schnell generieren. Außerdem lässt sich das Verfahren ohne zusätzlichen Programmieraufwand auf mehrdimensionale Integrale übertragen; der einzige Unterschied besteht darin, dass man statt der auf $[a, b]$ gleichverteilten Zufallsvariablen U_i Zufallsvektoren $\mathbf{U}_i$ nimmt, die auf mehrdimensionalen Quadern $[\mathbf{a}, \mathbf{b}]$ gleichverteilt sind.

15.3 Starke Gesetze der großen Zahlen

Natürlich interessiert auch die Frage unter welchen Voraussetzungen Mittelwerte P–fs konvergieren. Aussagen dieser Art werden als starke Gesetze der großen Zahlen bezeichnet.

Aus den Sätzen 7.72, 7.82 (Satz von Egoroff) und Lemma 7.80 folgt, dass eine Folge von Zufallsvariablen X_n gerade dann gegen ein X P–fs konvergiert, wenn $\lim_{n \to \infty} P\left(\bigcup_{m \geq n} [|X_m - X| > \varepsilon]\right) = 0 \quad \forall \, \varepsilon > 0$. Die im folgenden Satz vorgestellte Kolmogoroff'sche Ungleichung stellt eine in diese Richtung gehende Verschärfung der Tschebyscheff'schen Ungleichung dar.

Satz 15.29 (Ungleichung von Kolmogoroff). *Ist $(\Omega, \mathfrak{S}, P)$ ein Wahrscheinlichkeitsraum und sind $X_1, \ldots, X_n$ quadratisch integrierbare Zufallsvariable, für die die zentrierten Summen $S_k := \sum_{i=1}^{k} (X_i - \mathbb{E}X_i)$ die Bedingung*

$$\int_C S_i (S_n - S_i) \, dP = 0 \tag{15.8}$$

für alle $1 \leq i \leq n - 1$ und alle $C \in \mathfrak{S}(X_1, \ldots, X_i)$erfüllen, so gilt

$$P\left(\max_{1 \leq k \leq n} \left|\sum_{i=1}^{k} (X_i - \mathbb{E}X_i)\right| \geq \varepsilon\right) \leq \frac{1}{\varepsilon^2} \sum_{i=1}^{n} \mathrm{Var}\, X_i \quad \forall \, \varepsilon > 0. \tag{15.9}$$

Insbesondere gilt (15.9) für unabhängige Zufallsvariable $X_1, \ldots, X_n$ aus $\mathcal{L}_2$.

Beweis. Mit den Bezeichnungen $Y_i := X_i - \mathbb{E}X_i, A := \left[\max\limits_{1 \leq k \leq n} |S_k| \geq \varepsilon \right]$,

$S_0 := 0$ und $B_k := \left[|S_k| \geq \varepsilon > \max\limits_{0 \leq i \leq k-1} |S_i| \right]$, $1 \leq k \leq n$ gilt $A = \bigcup\limits_{k=1}^{n} B_k$.

Die Bedingung (15.8) impliziert mit $C := B_k$

$$\int\limits_{B_k} S_n^2\, dP = \int\limits_{B_k} [\,S_k + (S_n - S_k)\,]^2\, dP = \int\limits_{B_k} S_k^2\, dP + \int\limits_{B_k} (S_n - S_k)^2\, dP \geq \int\limits_{B_k} S_k^2\, dP.$$

Da die B_k disjunkt sind, folgt aus Satz 13.9 und der obigen Ungleichung

$$\varepsilon^2\, P(A) = \varepsilon^2 \sum_{k=1}^{n} P(B_k) \leq \sum_{k=1}^{n} \int\limits_{B_k} S_k^2\, dP \leq \sum_{k=1}^{n} \int\limits_{B_k} S_n^2\, dP = \mathbb{E}\, S_n^2. \qquad (15.10)$$

Mit $C = \Omega$ führt wiederholte Anwendung von (15.8) zu

$$\mathbb{E}\, S_n^2 = \mathbb{E}\left[(S_n - S_{n-1}) + S_{n-1} \right]^2 = \operatorname{Var} X_n + \mathbb{E}\, S_{n-1}^2 = \cdots = \sum_{i=1}^{n} \operatorname{Var} X_i.$$

Eingesetzt in (15.10) ergibt das $\varepsilon^2\, P(A) \leq \sum\limits_{i=1}^{n} \operatorname{Var} X_i$, was (15.9) entspricht.

Für unabhängige $X_1, \ldots, X_n$ und $1 \leq i < n$ impliziert Folgerung 10.34

$$\int\limits_{C} S_i\,(S_n - S_i)\, dP = \left(\int\limits_{C} S_i\, dP \right) \mathbb{E}\,(S_n - S_i) = \left(\int\limits_{C} S_i\, dP \right) \sum_{j=i+1}^{n} \mathbb{E}Y_j = 0,$$

d.h. (15.8) ist in diesem Fall immer erfüllt.

Mit der Kolmogoroff'schen Ungleichung lässt sich der folgende Satz beweisen.

Satz 15.30. *Ist (X_n) eine Folge unabhängiger, quadratisch integrierbarer Zufallsvariabler auf einem Wahrscheinlichkeitsraum $(\Omega, \mathfrak{S}, P)$, für die zusätzlich gilt $\sum\limits_{n=1}^{\infty} \operatorname{Var} X_n < \infty$, so konvergiert $\sum\limits_{n=1}^{\infty} (X_n - \mathbb{E}\, X_n)$ P–fs.*

Beweis. Mit $Y_n := X_n - \mathbb{E}\, X_n$ und $S_n := \sum\limits_{i=1}^{n} Y_i$ erhält man aus der Kolmogoroff'schen Ungleichung für beliebiges $\varepsilon > 0$ und festes $m \in \mathbb{N}$

$$P\left(\max_{1 \leq k \leq n} |S_{m+k} - S_m| \geq \varepsilon \right) = P\left(\max_{1 \leq k \leq n} \left| \sum_{i=1}^{k} Y_{m+i} \right| \geq \varepsilon \right)$$

$$\leq \sum_{j=m+1}^{m+n} \frac{\operatorname{Var} Y_j}{\varepsilon^2} = \sum_{j=m+1}^{m+n} \frac{\operatorname{Var} X_j}{\varepsilon^2} \leq \sum_{j=m+1}^{\infty} \frac{\operatorname{Var} X_j}{\varepsilon^2} \quad \forall\, n \in \mathbb{N}. \qquad (15.11)$$

Daher gilt $P\left(\sup_{k\in\mathbb{N}}|S_{m+k}-S_m|\geq\varepsilon\right)\leq\sum_{j=m+1}^{\infty}\frac{\operatorname{Var}X_j}{\varepsilon^2}$. Wegen $\sum_{j=1}^{\infty}\operatorname{Var}X_j<\infty$

folgt daraus $\lim_{m\to\infty}P\left(\sup_{k\in\mathbb{N}}|S_{m+k}-S_m|\geq\varepsilon\right)=0\quad\forall\,\varepsilon>0$, sodass die S_n

nach Satz 7.72 und Lemma 7.80 eine Cauchyfolge P–fs bilden. Gemäß Lemma 7.77 gibt es nun ein S mit $\lim_n S_n=S$ P–fs. Damit ist der Satz bewiesen.

Die folgenden Lemmata werden zum Beweis des starken GGZ benötigt.

Lemma 15.31. $\sum_{n=k}^{\infty}\frac{1}{n^2}\leq\frac{2}{k}\quad\forall\,k\in\mathbb{N}$.

Beweis. Für $k\geq 2$ und jedes $m\in\mathbb{N}$ gilt

$$\sum_{n=k}^{k+m}\frac{1}{n^2}\leq\sum_{n=k}^{k+m}\frac{1}{n\,(n-1)}=\sum_{n=k}^{k+m}\left(\frac{1}{n-1}-\frac{1}{n}\right)=\frac{1}{k-1}-\frac{1}{k+m}\leq\frac{1}{k-1}\leq\frac{2}{k},$$

d.h. $\sum_{n=k}^{\infty}\frac{1}{n^2}\leq\frac{2}{k}\,\forall\,k\geq 2$. Damit gilt auch $\sum_{n=1}^{\infty}\frac{1}{n^2}=1+\sum_{n=2}^{\infty}\frac{1}{n^2}\leq 1+\frac{2}{2}=\frac{2}{1}$.

Lemma 15.32. $\lim_n a_n=a\in\mathbb{R}\;\Rightarrow\;\lim_n\frac{1}{n}\sum_{i=1}^{n}a_i=a$.

Beweis. Ist $\varepsilon>0$ und $n_\varepsilon\in\mathbb{N}$, sodass $|a_n-a|\leq\varepsilon\,\forall\,n\geq n_\varepsilon$, so gilt für $n>n_\varepsilon$

$$\left|\frac{1}{n}\sum_{i=1}^{n}a_i-a\right|\leq\sum_{i=1}^{n_\varepsilon}\frac{|a_i-a|}{n}+\sum_{i=n_\varepsilon+1}^{n}\frac{|a_i-a|}{n}\leq\sum_{i=1}^{n_\varepsilon}\frac{|a_i-a|}{n}+\frac{n-n_\varepsilon}{n}\varepsilon.$$

Aus $\lim_n\frac{1}{n}\sum_{i=1}^{n_\varepsilon}a_i=0$ und $\lim_n\frac{n-n_\varepsilon}{n}=1$ folgt nun $\lim_n\frac{1}{n}\sum_{i=1}^{n}a_i=a$.

Lemma 15.33 (Kroneckers Lemma). *Für* $b_n>0\quad\forall\,n\in\mathbb{N}\wedge b_n\nearrow\infty$ *gilt*

$$\sum_{i=1}^{\infty}a_i\in\mathbb{R}\;\Rightarrow\;\lim_n\frac{1}{b_n}\sum_{i=1}^{n}a_i\,b_i=0.\tag{15.12}$$

Beweis. Wegen $\sum_{i=1}^{\infty}a_i\in\mathbb{R}$ bilden die Partialsummen $s_n:=\sum_{i=1}^{n}a_i$ eine Cauchy-folge, d.h. zu jedem $\varepsilon>0$ gibt es ein n_ε, sodass für alle $n_\varepsilon\leq j\leq n$ gilt $|s_n-s_{j-1}|=\left|\sum_{i=j}^{n}a_i\right|<\varepsilon$. Wegen $b_n\nearrow\infty$ gibt es zudem ein m_ε mit $\left|\frac{1}{b_n}\sum_{i=1}^{n_\varepsilon-1}a_i\,b_i\right|<\varepsilon\quad\forall\,n\geq m_\varepsilon$. Daher gilt für $n>m_\varepsilon\vee n_\varepsilon$

$$\left|\frac{1}{b_n}\sum_{i=1}^{n}a_i\,b_i\right|\leq\left|\frac{1}{b_n}\sum_{i=1}^{n_\varepsilon-1}a_i\,b_i\right|+\left|\frac{1}{b_n}\sum_{i=n_\varepsilon}^{n}a_i\,b_i\right|\leq\varepsilon+\left|\frac{1}{b_n}\sum_{i=n_\varepsilon}^{n}a_i\,b_i\right|.\tag{15.13}$$

Da mit $d_{n_\varepsilon} := b_{n_\varepsilon}$ und $d_j := b_j - b_{j-1} \ \forall \, j > n_\varepsilon$ gilt $b_i = \sum\limits_{j=n_\varepsilon}^{i} d_j \ \forall \, i \geq n_\varepsilon$, kann man den Term ganz rechts in (15.13) umformen zu

$$\left| \frac{1}{b_n} \sum_{i=n_\varepsilon}^{n} a_i \, b_i \right| = \left| \frac{1}{b_n} \sum_{i=n_\varepsilon}^{n} a_i \sum_{j=n_\varepsilon}^{i} d_j \right| = \left| \frac{1}{b_n} \sum_{j=n_\varepsilon}^{n} d_j \sum_{i=j}^{n} a_i \right|$$

$$\leq \frac{1}{b_n} \sum_{j=n_\varepsilon}^{n} d_j \left| \sum_{i=j}^{n} a_i \right| \leq \frac{\varepsilon}{b_n} \sum_{j=n_\varepsilon}^{n} d_j = \frac{\varepsilon}{b_n} b_n = \varepsilon.$$

Eingesetzt in (15.13) ergibt das $\left| \frac{1}{b_n} \sum\limits_{i=1}^{n} a_i \, b_i \right| \leq 2\varepsilon \ \ \forall \, n > m_\varepsilon \vee n_\varepsilon$. Demnach gilt $\lim\limits_{n} \frac{1}{b_n} \sum\limits_{i=1}^{n} a_i \, b_i = 0$, womit das Lemma bewiesen ist.

Satz 15.34 (Kolmogoroffs 1-tes Gesetz der großen Zahlen). *Ist* $(\Omega, \mathfrak{S}, P)$ *ein Wahrscheinlichkeitsraum und* (X_n) *eine Folge unabhängiger Zufallsvariabler aus* $\mathcal{L}_2(\Omega, \mathfrak{S}, P)$ *mit* $\sum\limits_{n=1}^{\infty} \frac{\operatorname{Var} X_n}{n^2} < \infty$, *so gilt*

$$\lim_{n \to \infty} \frac{1}{n} \sum_{i=1}^{n} (X_i - \mathbb{E}\, X_i) = 0 \quad P\text{-fs}. \tag{15.14}$$

Beweis. Für $Z_n := \frac{X_n - \mathbb{E}\, X_n}{n}$ gilt $\mathbb{E}\, Z_n = 0 \wedge \sum\limits_{n=1}^{\infty} \operatorname{Var} Z_n = \sum\limits_{n=1}^{\infty} \frac{\operatorname{Var} X_n}{n^2} < \infty$. Daher folgt aus Satz 15.30 $\exists\, S : \sum\limits_{i=1}^{\infty} Z_i = \lim\limits_{n \to \infty} \sum\limits_{i=1}^{n} Z_i = S \quad P\text{-fs}$. Nach Kroneckers Lemma, angewendet auf $a_i := Z_i$, $b_i := i$, $i \in \mathbb{N}$, gilt deshalb $\lim\limits_{n \to \infty} \frac{1}{n} \sum\limits_{i=1}^{n} (X_i - \mathbb{E}\, X_i) = \lim\limits_{n \to \infty} \frac{1}{n} \sum\limits_{i=1}^{n} i \, Z_i = 0 \quad P\text{-fs}$.

Für unabhängig, identisch verteilte Zufallsvariable gilt das Gesetz der großen Zahlen bereits, wenn der Erwartungswert existiert. Zum Beweis benötigen wir eine Aussage, die wir aus einem Lemma ableiten, mit dem man die Erwartung nichtnegativer Zufallsvariabler auf andere Art berechnen kann.

Lemma 15.35. *Ist* X *eine nichtnegative Zufallsvariable auf einem Wahrscheinlichkeitsraum* $(\Omega, \mathfrak{S}, P)$, *so gilt*

$$\mathbb{E}\, X = \int_{[0,\infty)} P(X \geq x)\, \lambda(dx) = \int_{[0,\infty)} P(X > x)\, \lambda(dx). \tag{15.15}$$

Beweis. $C := \{(\omega, x) : \ \omega \in \Omega, \ 0 \leq x \leq X(\omega)\} \subseteq \Omega \times \mathbb{R}^+$ hat die Schnitte $C_\omega = [0, X(\omega)], C_x = [X \geq x]$, sodass aus (10.17) in Bemerkung 10.26 folgt

$$\mathbb{E}\, X = \int X(\omega)\, P(d\omega) = \int \left[\int \mathbb{1}_{C_\omega}(x)\, \lambda(dx)\right] P(d\omega) = \int \mathbb{1}_C\, dP \otimes \lambda$$

$$= \int \left[\int \mathbb{1}_{C_x}(\omega)\, P(d\omega)\right] \lambda(dx) = \int P(X \geq x)\, \lambda(dx).$$

Aus $P(X \geq x) = P(X > x)$ λ–fü folgt die rechte Gleichung in (15.15).

Folgerung 15.36. *Für jede Zufallsvariable X auf $(\Omega, \mathfrak{S}, P)$ gilt*

$$\sum_{k=1}^{\infty} P(|X| > k) \leq \mathbb{E}\, |X| \leq 1 + \sum_{k=1}^{\infty} P(|X| > k), \qquad (15.16)$$

und daraus folgt

$$\mathbb{E}\, |X| < \infty \Leftrightarrow \sum_{k=1}^{\infty} P(|X| > k) < \infty. \qquad (15.17)$$

Beweis. Aus $[|X| > k] \subseteq [|X| > x] \subseteq [|X| > k-1]$ $\forall\, x \in [k-1, k)$ folgt
$\sum_{k=1}^{\infty} P(|X| > k)\, \mathbb{1}_{[k-1,k)}(x) \leq P(|X| > x) \leq \sum_{k=1}^{\infty} P(|X| > k-1)\, \mathbb{1}_{[k-1,k)}(x)$.
Daraus erhält man durch Integration unter Berücksichtigung von (15.15)

$$\sum_{k=1}^{\infty} P(|X| > k) \leq \mathbb{E}\, |X| \leq \sum_{k=1}^{\infty} P(|X| > k-1) \leq 1 + \sum_{k=1}^{\infty} P(|X| > k).$$

Satz 15.37 (Kolmogoroffs 2-tes Gesetz der großen Zahlen). *Besitzen die auf einem Wahrscheinlichkeitsraum $(\Omega, \mathfrak{S}, P)$ unabhängig, identisch verteilten Zufallsvariablen X_n, $n \in \mathbb{N}$ einen Erwartungswert $\mathbb{E}\, X := \mathbb{E}\, X_n, n \in \mathbb{N}$, so gilt*

$$\lim_{n \to \infty} \frac{1}{n} \sum_{i=1}^{n} X_i = \mathbb{E}\, X \quad P\text{–fs}. \qquad (15.18)$$

Beweis. Wir beweisen den Satz zunächst für integrierbare Zufallsvariable. Die gestutzten Zufallsvariablen $Y_n := X_n\, \mathbb{1}_{[|X_n| \leq n]}$ sind beschränkt. Deshalb sind sie natürlich quadratisch integrierbar. Für $\widetilde{Y}_n := X_1\, \mathbb{1}_{[|X_1| \leq n]}$ $\forall\, n \in \mathbb{N}$ gilt $\left|\widetilde{Y}_n\right| \leq |X_1| \in \mathcal{L}_1$ $\forall\, n \in \mathbb{N}$ und $\lim_{n \to \infty} \widetilde{Y}_n = X_1$ P–fs, sodass aus dem Satz über die Konvergenz durch Majorisierung folgt $\lim_n \mathbb{E}\, \widetilde{Y}_n = \mathbb{E}\, X$ P–fs. Nach Lemma 15.32 gilt daher $\lim_n \frac{1}{n} \sum_{i=1}^{n} \mathbb{E}\, \widetilde{Y}_i = \mathbb{E}\, X$ P–fs. Da aber die X_n identisch verteilt sind, haben Y_n und $\widetilde{Y}_n$ dieselbe Verteilung für jedes $n \in \mathbb{N}$, sodass mit der obigen Gleichung auch gilt

$$\lim_n \frac{1}{n} \sum_{i=1}^{n} \mathbb{E}\, Y_i = \mathbb{E}\, X \quad P\text{–fs}. \qquad (15.19)$$

Nun gilt unter Berücksichtigung von Lemma 15.31

$$\sum_{i=1}^{n} \frac{\operatorname{Var} Y_i}{i^2} = \sum_{i=1}^{n} \frac{\operatorname{Var} \widetilde{Y}_i}{i^2} \leq \sum_{i=1}^{n} \frac{\mathbb{E} \widetilde{Y}_i^2}{i^2} \leq \sum_{i=1}^{n} \frac{1}{i^2} \sum_{k=1}^{i} k^2 \, P(\, k-1 < |X_1| \leq k \,)$$

$$= \sum_{k=1}^{n} k^2 \, P(\, k-1 < |X_1| \leq k \,) \sum_{i=k}^{n} \frac{1}{i^2} \leq \sum_{k=1}^{n} k^2 \, P(\, k-1 < |X_1| \leq k \,) \frac{2}{k}$$

$$\leq \sum_{k=1}^{\infty} 2\,k\, P(\, k-1 < |X_1| \leq k \,) \leq 2\,\mathbb{E}(\, |X_1| + 1 \,) < \infty \, .$$

Damit erfüllen die Y_n die Voraussetzungen von Kolmogoroffs 1-tem Gesetz der großen Zahlen, und deshalb gilt $\lim\limits_n \frac{1}{n} \sum\limits_{i=1}^{n}(Y_i - \mathbb{E}\,Y_i) = 0$ P–fs. Zusammen mit (15.19) ergibt das

$$\lim_n \frac{1}{n} \sum_{i=1}^{n} Y_i = \lim_n \frac{1}{n} \sum_{i=1}^{n}(Y_i - \mathbb{E}\,Y_i) + \lim_n \frac{1}{n} \sum_{i=1}^{n} \mathbb{E}\,Y_i = \mathbb{E}\,X \quad P\text{–fs.} \quad (15.20)$$

Aus $\sum\limits_{n=1}^{\infty} P(Y_n \neq X_n) = \sum\limits_{n=1}^{\infty} P(\,|X_n| > n\,) = \sum\limits_{n=1}^{\infty} P(\,|X_1| > n\,) \leq \mathbb{E}\,|X_1| < \infty$

folgt nach dem 1-ten Lemma von Borel-Cantelli $P\left(\limsup\limits_n [Y_n \neq X_n]\right) = 0$

bzw. äquivalent dazu $P(\{\omega : X_n(\omega) = Y_n(\omega) \text{ für fast alle } n\}) = 1$. Daher gilt $\lim\limits_n \frac{1}{n} \sum\limits_{i=1}^{n} X_i = \lim\limits_n \frac{1}{n} \sum\limits_{i=1}^{n} Y_i$ P–fs, und zusammen mit (15.20) ergibt das

$$\lim_n \frac{1}{n} \sum_{i=1}^{n} X_i = \mathbb{E}\,X \quad P\text{–fs.} \quad (15.21)$$

Sind die X_n alle nichtnegativ mit $\mathbb{E}\,X = \infty$ und ist $N \in \mathbb{N}$ fest, so haben die Zufallsvariablen $X_{n,N} := X_n \, \mathbb{1}_{[X_n \leq N]}$ den gemeinsamen Erwartungswert $0 \leq \mathbb{E}\,X_{n,N} = \mathbb{E}\,X_{1,N} < \infty$. Nach dem im ersten Schritt Bewiesenen gilt daher $\lim\limits_n \frac{1}{n} \sum\limits_{i=1}^{n} X_{i,N} = \mathbb{E}\,X_{1,N}$ P–fs. Aus $X_{n,N} \leq X_n \ \forall\, n \in \mathbb{N}$ folgt aber $\liminf\limits_n \frac{1}{n} \sum\limits_{i=1}^{n} X_i \geq \lim\limits_n \frac{1}{n} \sum\limits_{i=1}^{n} X_{i,N}$. Da $N \in \mathbb{N}$ beliebig gewählt werden kann, ergibt sich daraus $\liminf\limits_n \frac{1}{n} \sum\limits_{i=1}^{n} X_i \geq \mathbb{E}\,X_{1,N}$ P–fs $\forall\, N \in \mathbb{N}$.
Aber die Folge $(X_{1,N})$, $N \in \mathbb{N}$ wächst monoton gegen X_1, sodass aus dem Satz über die Konvergenz durch Monotonie folgt $\lim\limits_N \mathbb{E}\,X_{1,N} = \mathbb{E}\,X_1 = \infty$.

Damit erhält man letztlich $\liminf\limits_n \frac{1}{n} \sum\limits_{i=1}^{n} X_i \geq \mathbb{E}\,X_1 = \infty$ P–fs.
Sind die X_n beliebige iid Zufallsvariable mit $\mathbb{E}\,X_n = \infty$, so konvergieren die Stichprobenmittel $\frac{1}{n} \sum\limits_{i=1}^{n} X_i^-$ der Negativteile gegen $\mathbb{E}\,X_1^- \in \mathbb{R}$, die Mittel

$\frac{1}{n} \sum_{i=1}^{n} X_i^+$ der Positivteile streben gegen ∞, und damit gilt $\lim_{n} \frac{1}{n} \sum_{i=1}^{n} X_i = \infty$.
Ist (X_n) eine iid Folge mit $\mathbb{E}X_n = -\infty$, so ergibt sich die Aussage des Satzes aus dem bisher Gezeigten, angewandt auf $(-X_n)$.

Zum obigen Satz existiert folgende Umkehrung.

Satz 15.38. *Ist (X_n) eine Folge unabhängiger, identisch verteilter Zufallsvariabler auf einem Wahrscheinlichkeitsraum $(\Omega, \mathfrak{S}, P)$, deren Stichprobenmittelwerte $\overline{X}_n := \frac{1}{n} \sum_{i=1}^{n} X_i$ gegen einen endlichen Grenzwert c konvergieren, so sind die X_n integrierbar mit $\mathbb{E}X_n = c \quad \forall \, n \in \mathbb{N}$.*

Beweis. Aus $\lim_{n} \overline{X}_n(\omega) = c$ folgt $\lim_{n} \frac{\overline{X}_n(\omega)}{n} = 0$, d.h. zu jedem $\varepsilon > 0$ gibt es ein m_ε, sodass $\left| \frac{\overline{X}_n(\omega)}{n} \right| < \varepsilon \; \forall \, n > m_\varepsilon$. Zudem bilden die $\overline{X}_n(\omega)$ eine Cauchyfolge. Daher existiert auch ein $n_\varepsilon \in \mathbb{N}$ mit $\left| \overline{X}_n(\omega) - \overline{X}_m(\omega) \right| < \varepsilon \; \forall \, n, m \geq n_\varepsilon$. Damit aber gilt für alle $n > n_\varepsilon \vee m_\varepsilon$

$$\left| \frac{X_n(\omega)}{n} \right| = \left| \frac{\sum_{i=1}^{n} X_i(\omega) - \sum_{i=1}^{n-1} X_i(\omega)}{n} \right| = \left| \frac{n-1}{n} \left(\overline{X}_n(\omega) - \overline{X}_{n-1}(\omega) \right) + \frac{\overline{X}_n(\omega)}{n} \right|$$

$$\leq \frac{n-1}{n} \left| \overline{X}_n(\omega) - \overline{X}_{n-1}(\omega) \right| + \left| \frac{\overline{X}_n(\omega)}{n} \right| \leq 2\varepsilon.$$

Aus $\lim_{n} \overline{X}_n = c \quad P$–fs folgt daher $P\left(\left[\lim_{n} \frac{X_n}{n} = 0 \right] \right) = 1$, und das impliziert $P\left(\limsup_{n} [\, |X_n| > n \,] \right) = 0$, denn $|X_n(\omega)| > n$ kann nur für endlich viele n gelten, wenn $\frac{X_n(\omega)}{n}$ gegen 0 konvergiert.

Wäre $\mathbb{E} |X_n| = \mathbb{E} |X_1| = \infty$, so müsste wegen Folgerung 15.36 auch gelten $\sum_{n=1}^{\infty} P(|X_1| > n) = \infty$. Da die X_n identisch verteilt sind, gilt jedoch $\sum_{n=1}^{\infty} P(|X_1| > n) = \sum_{n=1}^{\infty} P(|X_n| > n)$, sodass $\sum_{n=1}^{\infty} P(|X_n| > n) = \infty$ daraus folgen müsste. Wegen der Unabhängigkeit der Ereignisse $[\, |X_n| > n\,]$ würde dies aber nach dem 2-ten Lemma von Borel-Cantelli (Satz 5.11) zu $P\left(\limsup_{n} [\, |X_n| > n\,] \right) = 1$ und damit zu einem Widerspruch führen. Daher gilt $\mathbb{E} |X_1| = \mathbb{E} |X_n| < \infty$. Aus Satz 15.37 folgt nun $\mathbb{E}X_1 = \lim_{n} \frac{1}{n} \sum_{i=1}^{n} X_i = c$.

Zur Formulierung des nächten Satzes benötigen wir folgenden Begriff.

Definition 15.39. *Ist $X_1, X_2, \ldots$ eine iid Folge von Zufallsvariablen, so bezeichnet man $F_n(x) := \frac{1}{n} \sum_{i=1}^{n} \mathbb{1}_{(-\infty, x]}(X_i)$ als (n-te) empirische Verteilungsfunktion.*

Bemerkung 15.40. *Hat man n gleichartige Versuche unabhängig voneinander durchgeführt und die Beobachtungswerte $x_1, \ldots, x_n$ erhalten, so gibt $F_n(x)$ den relativen Anteil der Beobachtungswerte $\leq x$ an. Natürlich wird sich F_n als Funktion von $(X_1, \ldots, X_n)$ mit den Beobachtungswerten ändern, aber man wird intuitiv vermuten, dass $F_n(x)$ für großes n nahe bei $F(x) = P(X \leq x)$ liegen wird. Dies bestätigt der folgende Satz.*

Satz 15.41 (Satz von Glivenko-Cantelli - Fundamentalsatz der Statistik).
Ist (X_n) eine Folge von unabhängigen, identisch verteilten Zufallsvariablen mit Verteilungsfunktion F und empirischen Verteilungsfunktionen F_n, so gilt

$$P\left(\lim_{n\to\infty} \sup_{x\in\mathbb{R}} |F_n(x) - F(x)| = 0 \right) = 1,$$

d.h. die F_n konvergieren gleichmäßig gegen F P-fs.

Beweis. Die Zufallsvariablen $Y_i := \mathbb{1}_{(-\infty, x]}(X_i)$, $x \in \mathbb{R}$ sind bernoulli-verteilt mit $p = F(x)$ und als Funktionen der X_i unabhängig. Daher folgt aus Kolmogoroffs 2-tem Gesetz der großen Zahlen (Satz 15.37)

$$\lim_n F_n(x) = \lim_n \frac{1}{n} \sum_{i=1}^{n} Y_i = \mathbb{E}Y_1 = P(X_1 \leq x) = F(x) \quad P\text{-fs}. \qquad (15.22)$$

Die $Z_i := \mathbb{1}_{(-\infty, x)}(X_i) \sim B_{F_-(x)}$ sind ebenfalls unabhängig, sodass auch gilt

$$\lim_n F_{n-}(x) = \lim_n \frac{1}{n} \sum_{i=1}^{n} Z_i = P(X_1 < x) = F_-(x). \qquad (15.23)$$

Bildet man zu $N \in \mathbb{N}$ die Fraktile $x_{\frac{i}{N}} := F^{-1}(\frac{i}{N})$, $i = 0, 1, \ldots, N$, so gelten die Gleichungen (15.22) und (15.23) natürlich auch für diese Fraktile.
Für $x_{\frac{i-1}{N}} < x < x_{\frac{i}{N}}$ gilt $\frac{i-1}{N} \leq F\left(x_{\frac{i-1}{N}}\right) \leq F_-(x) \leq F(x) \leq F_-\left(x_{\frac{i}{N}}\right) \leq \frac{i}{N}$,
aber auch $F_n\left(x_{\frac{i-1}{N}}\right) \leq F_{n-}(x) \leq F_n(x) \leq F_{n-}\left(x_{\frac{i}{N}}\right)$.
Ist $F(x) \geq F_n(x)$, so folgt daraus

$$|F(x) - F_n(x)| \leq F_-\left(x_{\frac{i}{N}}\right) - F_n\left(x_{\frac{i-1}{N}}\right) = \left|F_-\left(x_{\frac{i}{N}}\right) - F_n\left(x_{\frac{i-1}{N}}\right)\right|$$

$$\leq \left|F_-\left(x_{\frac{i}{N}}\right) - F\left(x_{\frac{i-1}{N}}\right)\right| + \left|F\left(x_{\frac{i-1}{N}}\right) - F_n\left(x_{\frac{i-1}{N}}\right)\right|$$

$$\leq \frac{i}{N} - \frac{i-1}{N} + \left|F\left(x_{\frac{i-1}{N}}\right) - F_n\left(x_{\frac{i-1}{N}}\right)\right| = \frac{1}{N} + \left|F\left(x_{\frac{i-1}{N}}\right) - F_n\left(x_{\frac{i-1}{N}}\right)\right|.$$

Ist $F(x) < F_n(x)$, so folgt in ähnlicher Weise

$$|F(x) - F_n(x)| \leq F_{n-}\left(x_{\frac{i}{N}}\right) - F\left(x_{\frac{i-1}{N}}\right) = \left|F_{n-}\left(x_{\frac{i}{N}}\right) - F\left(x_{\frac{i-1}{N}}\right)\right|$$

$$\leq \left|F_{n-}\left(x_{\frac{i}{N}}\right) - F_-\left(x_{\frac{i}{N}}\right)\right| + \left|F_-\left(x_{\frac{i}{N}}\right) - F\left(x_{\frac{i-1}{N}}\right)\right|$$

$$\leq \left|F_{n-}\left(x_{\frac{i}{N}}\right) - F_-\left(x_{\frac{i}{N}}\right)\right| + \frac{i}{N} - \frac{i-1}{N} = \left|F_{n-}\left(x_{\frac{i}{N}}\right) - F_-\left(x_{\frac{i}{N}}\right)\right| + \frac{1}{N}.$$

Daher gilt für $D_n := \sup_{x \in \mathbb{R}} |F_n(x) - F(x)|$

$$D_n \leq \frac{1}{N} + \max_{0 \leq i \leq N} \left\{ \left| F_n\left(x_{\frac{i}{N}}\right) - F\left(x_{\frac{i}{N}}\right) \right|, \left| F_{n-}\left(x_{\frac{i}{N}}\right) - F_-\left(x_{\frac{i}{N}}\right) \right| \right\}.$$

Damit ist die gleichmäßige Konvergenz bewiesen.

Bemerkung 15.42. *Ist F stetig und hat man n konkrete Beobachtungswerte $x_1, \ldots, x_n$ gegeben, so kann der maximale Abstand $D_n = \sup_{x \in \mathbb{R}} |F_n(x) - F(x)|$ nur bei den Sprungstellen von F_n, also den Beobachtungswerten, auftreten. Daher reicht es $\max_{1 \leq i \leq n} \{ |F_n(x_i) - F(x_i)|, |F_{n-}(x_i) - F_-(x_i)| \}$ zu berechnen.*

Kolmogoroff und Smirnoff haben die asymptotische Verteilung von D_n bestimmt und damit die Grundlage für einen der wichtigsten statistischen Tests, den Kolmogoroff-Smirnoff-Test, geschaffen.

15.4 Ergodensätze

Wir haben in Abschnitt 8.4 gesehen, dass jede maßtreue Transformation T auf einem Wahrscheinlichkeitsraum $(\Omega, \mathfrak{S}, P)$, die diesen Raum in sich abbildet, zusammen mit einer Zufallsvariablen $X : (\Omega, \mathfrak{S}) \to (\mathbb{R}, \mathfrak{B})$ einen stationären Prozess $(X_n := X \circ T^n)_{n \in \mathbb{N}_0}$ bildet. Nun wird gezeigt, dass für $X \in \mathcal{L}_1$ die Mittelwerte $\overline{X}_n := \frac{1}{n} \sum_{i=0}^{n-1} X_i$ dieses Prozesses fast sicher konvergieren, und die Grenzfunktion mit dem Erwartungswert $\mathbb{E}X$ übereinstimmt, wenn die Transformation T ergodisch ist. Wir beginnen mit einem Lemma.

Lemma 15.43. *Ist X eine integrierbare Zufallsvariable auf einem Wahrscheinlichkeitsraum $(\Omega, \mathfrak{S}, P)$ und $T : (\Omega, \mathfrak{S}) \to (\Omega, \mathfrak{S})$ maßtreu, so gilt*

$$\mathbb{E}X = \mathbb{E}X \circ T^n \quad \forall\, n \in \mathbb{N}_0. \tag{15.24}$$

Beweis. Aus Satz 9.62 (Transformationssatz) und der Maßtreue von T folgt

$$\int X \circ T \, dP = \int X \, dPT^{-1} = \int X \, dP.$$

Für $n > 1$ ergibt sich das Lemma durch vollständige Induktion.

Die nächste Ungleichung spielt in der Ergodentheorie eine zentrale Rolle.

Satz 15.44 (Maximaler Ergodensatz). *Ist X eine integrierbare Zufallsvariable auf einem Wahrscheinlichkeitsraum $(\Omega, \mathfrak{S}, P)$ und ist $T : (\Omega, \mathfrak{S}) \to (\Omega, \mathfrak{S})$ eine maßtreue Transformation, so gilt*

$$\int_{\left[\sup_{k \in \mathbb{N}} \sum_{i=0}^{k-1} X \circ T^i > 0\right]} X \, dP \geq 0. \tag{15.25}$$

Beweis. Mit $S_k := \sum\limits_{i=0}^{k-1} X \circ T^i$, $U_m := \max\limits_{1 \le k \le m} S_k$ und $U := \sup\limits_{k \in \mathbb{N}} S_k$ gilt

$$- |X| \le X \le X \,\mathbb{1}_{[U_m > 0]}. \tag{15.26}$$

Die linke Ungleichung ist klar, die rechte gilt, da aus $\omega \notin [U_m > 0]$ folgt $X(\omega) = S_1(\omega) \le 0 = X(\omega)\,\mathbb{1}_{[U_m > 0]}(\omega)$.

Wir zeigen nun, dass für jedes $n \in \mathbb{N}$ und $R_n := \sum\limits_{i=0}^{n-1} X \,\mathbb{1}_{[U_m > 0]} \circ T^i$ gilt:

$$R_{n+m} \ge - \sum_{i=n}^{n+m-1} |X| \circ T^i. \tag{15.27}$$

Gilt $T^i(\omega) \notin [U_m > 0] \quad \forall\, 0 \le i \le n-1$, so ist $R_n(\omega) = 0$, sodass in diesem Fall (15.27) sofort aus (15.26) folgt.
Andernfalls existiert ein $i_1 := i_1(\omega) := \min\{i \le n-1 : T^i(\omega) \in [U_m > 0]\}$. Da $T^i(\omega)$ in $[U_m > 0]$ liegt, gibt es aber auch einen Index $m_1 := m_1(\omega) \le m$, für den gilt $S_{m_1}(T^{i_1}(\omega)) > 0$, und deshalb impliziert (15.26)

$$\sum_{i=i_1}^{i_1+m_1-1} X \,\mathbb{1}_{[U_m > 0]} \circ T^i(\omega) \ge S_{m_1}(T^{i_1}(\omega)) > 0. \tag{15.28}$$

Solange dies möglich ist, definiert man nun auf rekursive Weise Indices $i_j := i_j(\omega) := \min\{i_{j-1} + m_{j-1} \le i \le n-1 : T^i(\omega) \in [U_m > 0]\}$ sowie die zugehörigen Indices m_j. Sind $i_1 < \ldots < i_k$ diese Indices, so gilt definitionsgemäß $X \,\mathbb{1}_{[U_m > 0]} \circ T^i(\omega) = 0$ für alle $i < i_1, i_j + m_j \le i < i_{j+1}$ oder $i_k + m_k \le i < n$. Dies zusammen mit (15.28) und (15.26) impliziert

$$R_{n+m}(\omega) = \sum_{j=1}^{k} \sum_{i=i_j}^{i_j+m_j-1} X \,\mathbb{1}_{[U_m > 0]} \circ T^i(\omega) + \sum_{i=(i_k+m_k)\vee n}^{n+m-1} X \,\mathbb{1}_{[U_m > 0]} \circ T^i(\omega)$$

$$\ge \sum_{j=1}^{k} S_{m_j}(T^{i_j}(\omega)) - \sum_{i=(i_k+m_k)\vee n}^{n+m-1} |X| \circ T^i(\omega) \ge - \sum_{i=n}^{n+m-1} |X| \circ T^i(\omega).$$

Damit ist (15.27) für alle $\omega \in \Omega$ gezeigt. Integriert man beide Seiten von (15.27), so erhält man unter Berücksichtigung von (15.24) für jedes $n \in \mathbb{N}$

$$(n+m) \int\limits_{[U_m > 0]} X \, dP \ge -m\,\mathbb{E}\,|X| \quad \Rightarrow \quad \int\limits_{[U_m > 0]} X \, dP \ge - \lim_{n \to \infty} \frac{m\,\mathbb{E}\,|X|}{n+m} = 0.$$

Aus $[U_m > 0] \nearrow [U > 0]$ folgt $\lim\limits_m X \,\mathbb{1}_{[U_m > 0]} = X \,\mathbb{1}_{[U > 0]}$. Da zudem gilt $\left| X \,\mathbb{1}_{[U_m > 0]} \right| \le |X| \in \mathcal{L}_1 \quad \forall\, m \in \mathbb{N}$, impliziert der Satz über die Konvergenz durch Majorisierung $\int_{[U > 0]} X \, dP = \lim\limits_m \int_{[U_m > 0]} X \, dP \ge 0$.

Folgerung 15.45. *Unter den Voraussetzungen und mit den Bezeichnungen von Satz 15.44 gilt für alle invarianten, integrierbaren Y und alle invarianten $A \in \mathfrak{S}$*

$$\int_{A \cap \left[\sup_{k \in \mathbb{N}} \frac{1}{k} \sum_{i=0}^{k-1} X \circ T^i > Y \right]} X \, dP \;\geq\; \int_{A \cap \left[\sup_{k \in \mathbb{N}} \frac{1}{k} \sum_{i=0}^{k-1} X \circ T^i > Y \right]} Y \, dP. \tag{15.29}$$

Beweis. Wendet man den vorigen Satz 15.44 auf $\mathbb{1}_A (X - Y)$ an, so ergibt das

$$0 \leq \int_{\left[\sup_{k \in \mathbb{N}} \sum_{i=0}^{k-1} \mathbb{1}_A (X-Y) \circ T^i > 0 \right]} \mathbb{1}_A (X - Y) \, dP. \tag{15.30}$$

Aber wegen $Y \circ T^i = Y$ und $\mathbb{1}_A \circ T^i = \mathbb{1}_A \quad \forall\, i \in \mathbb{N}_0$ gilt

$$\left[\sup_{k \in \mathbb{N}} \sum_{i=0}^{k-1} \mathbb{1}_A (X - Y) \circ T^i > 0 \right] = \left[\mathbb{1}_A \sup_{k \in \mathbb{N}} \left(\sum_{i=0}^{k-1} X \circ T^i - kY \right) > 0 \right]$$

$$= A \cap \left[\sup_{k \in \mathbb{N}} \left(\sum_{i=0}^{k-1} X \circ T^i - kY \right) > 0 \right] = A \cap \left[\sup_{k \in \mathbb{N}} \frac{1}{k} \sum_{i=0}^{k-1} X \circ T^i > Y \right].$$

Setzt man dies in Ungleichung (15.30) ein, so erhält man

$$0 \leq \int_{A \cap \left[\sup_{k \in \mathbb{N}} \frac{1}{k} \sum_{i=0}^{k-1} X \circ T^i > Y \right]} (X - Y) \, dP.$$

Damit können wir nun den Ergodensatz beweisen.

Satz 15.46 (Ergodensatz von Birkhoff). *Ist X eine integrierbare Zufallsvariable auf einem Wahrscheinlichkeitsraum $(\Omega, \mathfrak{S}, P)$, $T : (\Omega, \mathfrak{S}) \to (\Omega, \mathfrak{S})$ maßtreu und ist $\mathfrak{I}$ die σ-Algebra der bezüglich T invarianten Mengen, so gilt*

$$\lim_k \frac{1}{k} \sum_{i=0}^{k-1} X \circ T^i = \mathbb{E}(X | \mathfrak{I}) \quad P\text{-fs}. \tag{15.31}$$

Ist T ergodisch, gilt sogar $\lim_k \frac{1}{k} \sum_{i=0}^{k-1} X \circ T^i = \mathbb{E}X \quad P\text{-fs}$.

Beweis. $\overline{L}(X) := \limsup_k \frac{1}{k} \sum_{i=0}^{k-1} X \circ T^i$ ist invariant, also $\mathfrak{I}$-messbar, da

$$\overline{L}(X) \circ T := \limsup_k \frac{1}{k} \sum_{i=1}^{k} X \circ T^i = \limsup_k \left(\frac{1}{k} \sum_{i=0}^{k} X \circ T^i - \frac{1}{k} X \right)$$

$$= \lim_k \frac{k+1}{k} \, \limsup_k \frac{1}{k+1} \sum_{i=0}^{k} X \circ T^i - \lim_k \frac{X}{k} = \overline{L}(X).$$

Da auch $\mathbb{E}(X|\mathfrak{I})$ $\mathfrak{I}$-messbar ist, gilt $A_n := \left[\overline{L}(X) > \mathbb{E}(X|\mathfrak{I}) + \frac{1}{n}\right] \in \mathfrak{I}$

für alle $n \in \mathbb{N}$. Weiters gilt $A_n \subseteq \left[\sup_k \frac{1}{k} \sum_{i=0}^{k-1} X \circ T^i > \mathbb{E}(X|\mathfrak{I}) + \frac{1}{n}\right]$, und

$Y := \mathbb{E}(X|\mathfrak{I}) + \frac{1}{n}$ ist integrierbar. Daher ergibt (15.29) mit Y und $A := A_n \in \mathfrak{I}$

$$\int_{A_n} X\, dP \geq \int_{A_n} \left(\mathbb{E}(X|\mathfrak{I}) + \frac{1}{n}\right) dP = \int_{A_n} X\, dP + \frac{1}{n} P(A_n),$$

woraus folgt $P(A_n) = 0$, also $\overline{L}(X) \leq \mathbb{E}(X|\mathfrak{I}) + \frac{1}{n}$ P–fs .Daher gilt

$$\limsup_k \frac{1}{k} \sum_{i=0}^{k-1} X \circ T^i \leq \mathbb{E}(X|\mathfrak{I}) \quad P\text{–fs} . \tag{15.32}$$

Ersetzt man in (15.32) X durch $-X$, so erhält man

$$\liminf_k \frac{1}{k} \sum_{i=0}^{k-1} X \circ T^i \geq \mathbb{E}(X|\mathfrak{I}) \quad P\text{–fs,} \tag{15.33}$$

womit Gleichung (15.31) bewiesen ist. Die 2-te Aussage des Satzes ist klar, da für ergodisches T gilt $\mathbb{E}(X|\mathfrak{I}) = \mathbb{E}X$.

Folgerung 15.47. *Ist $(\Omega, \mathfrak{S}, P)$ ein Wahrscheinlichkeitsraum, so ist eine maßtreue Abbildung $T : \Omega \to \Omega$ genau dann ergodisch, wenn*

$$\lim_k \frac{1}{k} \sum_{i=0}^{k-1} \mathbb{1}_A \circ T^i = P(A) \quad \forall A \in \mathfrak{S}. \tag{15.34}$$

Beweis. Wenn T ergodisch ist, dann folgt (15.34) unmittelbar aus dem vorigen Satz mit $X = \mathbb{1}_A$ und $\mathbb{E}\mathbb{1}_A = P(A)$.

Für jedes invariante A gilt $\mathbb{1}_A(T^i(\omega)) = \mathbb{1}_A(\omega)$ $\forall i \in \mathbb{N}_0$, und damit auch $\frac{1}{k} \sum_{i=0}^{k-1} \mathbb{1}_A(T^i(\omega)) = \mathbb{1}_A$. Aus (15.34) folgt deshalb umgekehrt, dass für jedes invariante A gilt $P(A) = 0$ oder $P(A) = 1$, d.h. dass T ergodisch ist.

Als nächstes soll gezeigt werden, dass die $\frac{1}{k} \sum_{i=0}^{k-1} X \circ T^i$ auch im p-ten Mittel gegen $\mathbb{E}(X|\mathfrak{I})$ konvergieren. Dazu beweisen wir folgendes Lemma.

Lemma 15.48. *Ist $(\Omega, \mathfrak{S}, P)$ ein Wahrscheinlichkeitsraum, $T : (\Omega, \mathfrak{S}) \to (\Omega, \mathfrak{S})$ maßtreu und $X \in \mathcal{L}_p$, $p \geq 1$ so ist $(|X|^p \circ T^i)_{i \in \mathbb{N}_0}$ gleichmäßig integrierbar, und $\left(\left|\frac{1}{k} \sum_{i=0}^{k-1} X \circ T^i \pm Y\right|^p\right)_{k \in \mathbb{N}}$ ist gleichmäßig integrierbar für jedes $Y \in \mathcal{L}_p$.*

Beweis. Nach Lemma 13.28 gibt es zu jedem $\varepsilon > 0$ ein $c_\varepsilon > 0$, für das gilt $\int_{[|X|^p > c_\varepsilon]} |X|^p \, dP \leq \varepsilon$. Da T maßtreu ist, folgt aus dem Transformationssatz

$$\int\limits_{[|X|^p \circ T^i > c_\varepsilon]} |X|^p \circ T^i \, dP = \int\limits_{[|X|^p > c_\varepsilon]} |X|^p \, dP(T^i)^{-1} = \int\limits_{[|X|^p > c_\varepsilon]} |X|^p \, dP \leq \varepsilon.$$

Gemäß Bemerkung 13.30 sind die $|X|^p \circ T^i$ damit gleichmäßig integrierbar.

Mit $\overline{X}_k := \frac{1}{k} \sum\limits_{i=0}^{k-1} X \circ T^i$ folgt aus der Ungleichung von Minkowski

$$\left\| \overline{X}_k \mathbb{1}_A \right\|_p \leq \frac{1}{k} \sum_{i=0}^{k-1} \left\| X \circ T^i \mathbb{1}_A \right\|_p \quad \forall \, A \in \mathfrak{S}. \tag{15.35}$$

Mit $A := \Omega$ folgt aus (15.35) $\int |\overline{X}_k|^p \, dP \leq C := \int |X|^p \, dP < \infty. \quad \forall \, k \in \mathbb{N}$. Nach Satz 13.32 Punkt 3. gibt es zu jedem $\varepsilon > 0$ ein $\delta > 0$, sodass für alle $A \in \mathfrak{S}$ aus $P(A) \leq \delta$ folgt $\int_A |X|^p \circ T^i \, dP < \varepsilon \quad \forall \, i \in \mathbb{N}_0$. Nach (15.35) gilt dann auch $\int_A |\overline{X}_k|^p \, dP < \varepsilon \quad \forall \, k \in \mathbb{N}$. Gemäß Satz 13.32 sind daher auch die $\overline{X}_k$ gleichmäßig integrierbar.

Aus $\left\| (\overline{X}_k \pm Y) \mathbb{1}_A \right\|_p \leq \left\| \overline{X}_k \mathbb{1}_A \right\|_p + \left\| Y \mathbb{1}_A \right\|_p$ folgt gemäß der obigen Argumentation auch die gleichmäßige Integrierbarkeit von $\left(|\overline{X}_k \pm Y|^p \right)_{k \in \mathbb{N}}$.

Satz 15.49 (von Neumanns Ergodensatz). *Ist X auf einem Wahrscheinlichkeitsraum $(\Omega, \mathfrak{S}, P)$ L_p-integrierbar mit $1 \leq p < \infty$, $T : (\Omega, \mathfrak{S}) \to (\Omega, \mathfrak{S})$ maßtreu und $\mathfrak{I}$ die σ-Algebra der bezüglich T invarianten Mengen, so gilt*

$$\lim_k \left\| \frac{1}{k} \sum_{i=0}^{k-1} X \circ T^i - \mathbb{E}(X | \mathfrak{I}) \right\|_p = 0. \tag{15.36}$$

Beweis. Nach Satz 15.46 gilt $\overline{X}_k := \frac{1}{k} \sum\limits_{i=0}^{k-1} X \circ T^i \to \mathbb{E}(X | \mathfrak{I})$ P–fs, also auch $\lim_k |\overline{X}_k - \mathbb{E}(X | \mathfrak{I})|^p = 0$ P–fs, und aus Lemma 15.48 und Satz 13.34 folgt

$$\lim_k \int |\overline{X}_k - \mathbb{E}(X | \mathfrak{I})|^p \, dP = \lim_k \left\| \overline{X}_k - \mathbb{E}(X | \mathfrak{I}) \right\|_p^p = 0.$$

Gemäß Bemerkung 10.46 kann jeder stochastische Prozess $(X_n)_{n \in \mathbb{N}_0}$ auf einem beliebigen Raum $(\Omega, \mathfrak{S}, P)$ ersetzt werden durch den Prozess der Projektionen pr_n, $n \in \mathbb{N}_0$ auf $(\mathbb{R}^{\mathbb{N}_0}, \mathfrak{B}_{\mathbb{N}_0}, P\mathbf{X}^{-1})$, wobei $\mathbf{X}$ die in Bemerkung 10.46 beschriebene Abbildung von Ω in $\mathbb{R}^{\mathbb{N}_0}$ ist und die endlich dimensionalen Randverteilungen von $(X_n)_{n \in \mathbb{N}_0}$ und von $(\mathrm{pr}_n)_{n \in \mathbb{N}_0}$ ident sind. Für jeden stationären Prozess $(X_n)_{n \in \mathbb{N}_0}$ und alle Zylinder $\mathrm{pr}_{\mathbb{N}_0^n}^{-1}(B)$ gilt daher

$$P\mathbf{X}^{-1} \left(\mathrm{pr}_{\mathbb{N}_0^n}^{-1}(B) \right) = P \left((\mathbf{X}_0^n)^{-1}(B) \right)$$
$$= P \left((\mathbf{X}_1^{n+1})^{-1}(B) \right) = P\mathbf{X}^{-1} \left(\mathrm{pr}_{\mathbb{N}_1^{n+1}}^{-1}(B) \right). \tag{15.37}$$

Definiert man auf $\mathbb{R}^{\mathbb{N}_0}$ einen Verschiebeoperator (oder Shift-Operator) sh durch $\mathrm{sh}((x_0, x_1, \ldots)) := (x_1, x_2, \ldots)$, so erhält man

$$\mathrm{sh}^{-1}\left(\mathrm{pr}_{\mathbb{N}_0^n}^{-1}(B)\right) = \left\{\mathbf{x}:\ \mathrm{sh}(\mathbf{x}) \in \mathrm{pr}_{\mathbb{N}_0^n}^{-1}(B)\right\} = \left\{\mathbf{x}:\ (x_1, x_2, \ldots) \in \mathrm{pr}_{\mathbb{N}_0^n}^{-1}(B)\right\}$$

$$= \{\mathbf{x}:\ (x_1, \ldots, x_{n+1}) \in B\} = \mathrm{pr}_{\mathbb{N}_1^{n+1}}^{-1}(B) \quad \forall\ \mathrm{pr}_{\mathbb{N}_0^n}^{-1}(B),\quad B \in \mathfrak{B}_{n+1}.$$

Da die $\mathrm{pr}_{\mathbb{N}_0^n}^{-1}(B)$, $B \in \mathfrak{B}_{n+1}$, $n \in \mathbb{N}$ eine Algebra bilden, die $\mathfrak{B}_{\mathbb{N}_0}$ erzeugt, folgt daraus sh : $\left(\mathbb{R}^{\mathbb{N}_0}, \mathfrak{B}_{\mathbb{N}_0}\right) \to \left(\mathbb{R}^{\mathbb{N}_0}, \mathfrak{B}_{\mathbb{N}_0}\right)$, und (15.37) wird zu $P\mathbf{X}^{-1}\left(\mathrm{pr}_{\mathbb{N}_0^n}^{-1}(B)\right) = P\mathbf{X}^{-1}\left(\mathrm{sh}^{-1}\left(\mathrm{pr}_{\mathbb{N}_0^n}^{-1}(B)\right)\right) \quad \forall\ \mathrm{pr}_{\mathbb{N}_0^n}^{-1}(B)$. Damit gilt aber auch $P\mathbf{X}^{-1}(C) = P\mathbf{X}^{-1}(\mathrm{sh}^{-1}(C)) \quad \forall\ C \in \mathfrak{B}_{\mathbb{N}_0}$. Für stationäre Prozesse ist sh demnach maßtreu auf $\left(\mathbb{R}^{\mathbb{N}_0}, \mathfrak{B}_{\mathbb{N}_0}, P\mathbf{X}^{-1}\right)$. Weiters gilt offensichtlich $\mathrm{pr}_n = \mathrm{pr}_0 \circ \mathrm{sh}^n$, $n \in \mathbb{N}_0$. Ist X_0 integrierbar, so ist auch pr_0 integrierbar, da gilt $\int X_0\, dP = \int \mathrm{pr}_0 \circ \mathbf{X}\, dP = \int \mathrm{pr}_0\, dP\mathbf{X}^{-1}$. Bezeichnet $\mathfrak{I}_{\mathbb{N}_0}$ die σ-Algebra der sh-invarianten Mengen in $(\mathbb{R}^{\mathbb{N}_0}, \mathfrak{B}_{\mathbb{N}_0}, P\mathbf{X}^{-1})$, so folgt demnach aus Satz 15.46

$$\mathbb{E}(\mathrm{pr}_0 | \mathfrak{I}_{\mathbb{N}_0}) = \lim_k \frac{1}{k} \sum_{i=0}^{k-1} \mathrm{pr}_i \quad P\mathbf{X}^{-1}\text{-fs, und das impliziert}$$

$$\mathbb{E}(\mathrm{pr}_0 | \mathfrak{I}_{\mathbb{N}_0}) \circ \mathbf{X} = \lim_k \frac{1}{k} \sum_{i=0}^{k-1} \mathrm{pr}_i \circ \mathbf{X} = \lim_k \frac{1}{k} \sum_{i=0}^{k-1} X_i \quad P\text{-fs}. \tag{15.38}$$

$\mathfrak{I} := \mathbf{X}^{-1}(\mathfrak{I}_{\mathbb{N}_0})$ ist wegen Lemma 2.3 (Operationstreue des Urbilds) eine σ-Algebra auf Ω. Man bezeichnet ihre Elemente als invariante Mengen.

Definition 15.50. *Ist* $(X_n)_{n \in \mathbb{N}_0}$ *ein stationärer stochastischer Prozess auf einem Wahrscheinlichkeitsraum* $(\Omega, \mathfrak{S}, P)$, *so nennt man eine Menge* $A \in \mathfrak{S}$ *invariant, wenn es ein shift-invariantes* $B \in \mathfrak{B}_{\mathbb{N}_0}$ *gibt mit* $A = \mathbf{X}^{-1}(B)$.

Für jedes $A = \mathbf{X}^{-1}(B)$ mit $B \in \mathfrak{I}_{\mathbb{N}_0}$ gilt auf Grund des Transformationssatzes

$$\int_A X_0\, dP = \int_B \mathrm{pr}_0\, dP\mathbf{X}^{-1} = \int_B \mathbb{E}(\mathrm{pr}_0 | \mathfrak{I}_{\mathbb{N}_0})\, dP\mathbf{X}^{-1} = \int_A \mathbb{E}(\mathrm{pr}_0 | \mathfrak{I}_{\mathbb{N}_0}) \circ \mathbf{X}\, dP.$$

Daraus folgt $\mathbb{E}(X_0 | \mathfrak{I}) = \mathbb{E}(\mathrm{pr}_0 | \mathfrak{I}_{\mathbb{N}_0}) \circ \mathbf{X}$ P-fs und (15.38) wird zu

$$\mathbb{E}(X_0 | \mathfrak{I}) = \lim_k \frac{1}{k} \sum_{i=0}^{k-1} X_i \quad P\text{-fs}. \tag{15.39}$$

Definition 15.51. *Einen stationären stochastischen Prozess* $(X_n)_{n \in \mathbb{N}_0}$ *auf einem Wahrscheinlichkeitsraum* $(\Omega, \mathfrak{S}, P)$ *nennt man ergodisch, wenn der Verschiebeoperator* sh *ergodisch auf* $\left(\mathbb{R}^{\mathbb{N}_0}, \mathfrak{B}_{\mathbb{N}_0}, P\mathbf{X}^{-1}\right)$ *ist.*

Bemerkung 15.52. *Klarerweise ist der Prozess* $(X_n)_{n \in \mathbb{N}_0}$ *genau dann ergodisch, wenn für jede invariante Menge* $A \in \mathfrak{S}$ *gilt* $P(A) = 0 \vee P(A) = 1$.

Wir können mit diesen Begriffen den Ergodensatz von Birkhoff für stationäre Prozesse formulieren ohne auf den Folgenraum Bezug nehmen zu müssen.

Satz 15.53. *Ist $(X_n)_{n \in \mathbb{N}_0}$ ein stationärer Prozess auf einem Wahrscheinlichkeitsraum $(\Omega, \mathfrak{S}, P)$ mit integrierbarem X_0 (d.h. $\mathbb{E}X_0 = \mathbb{E}X_n \in \mathbb{R} \quad \forall\, n$), so gilt*

$$\lim_k \frac{1}{k} \sum_{i=0}^{k-1} X_i = \mathbb{E}(X_0 | \mathfrak{I}) \quad P\text{–fs}, \tag{15.40}$$

wobei $\mathfrak{I}$ das System der invarianten Mengen ist. Ist der Prozess ergodisch, gilt

$$\lim_k \frac{1}{k} \sum_{i=0}^{k-1} X_i = \mathbb{E}X_0 \quad P\text{–fs}. \tag{15.41}$$

Der Mittel-Ergodensatz (Satz 15.49) lautet dementsprechend

Satz 15.54. *Ist $(X_n)_{n \in \mathbb{N}_0}$ ein stationärer Prozess auf einem Wahrscheinlichkeitsraum $(\Omega, \mathfrak{S}, P)$ und ist X_0 für ein $p \in [1, \infty)$ L_p-integrierbar, so gilt*

$$\lim_k \left\| \frac{1}{k} \sum_{i=0}^{k-1} X_i - \mathbb{E}(X_0 | \mathfrak{I}) \right\|_p = 0. \tag{15.42}$$

Bemerkung 15.55. *$A \in \mathfrak{S}$ ist definitionsgemäß gerade dann invariant, wenn ein $B \in \mathfrak{B}_{\mathbb{N}_0}$ existiert, sodass $B = \mathrm{sh}^{-n}(B) \quad \forall\, n \in \mathbb{N}_0$ und $A = \mathbf{X}^{-1}(B)$. Also gilt $A = \mathbf{X}^{-1}(B) = \mathbf{X}^{-1}\left(\mathrm{sh}^{-n}(B)\right) \quad \forall\, n \in \mathbb{N}_0$. Explizit angeschrieben ergibt das $A = (X_0, X_1, \ldots)^{-1}(B) = (X_n, X_{n+1}, \ldots)^{-1}(B) \quad \forall\, n \in \mathbb{N}_0$. Daraus folgt $A \in \bigcap_n \mathfrak{S}(X_n, X_{n+1}, \ldots) \quad \forall\, A \in \mathfrak{I}$. Somit ist jede invariante Menge terminal.*

Lemma 15.56. *Jede unabhängig, identisch verteilte Folge (X_n) von Zufallsvariablen auf einem Wahrscheinlichkeitsraum $(\Omega, \mathfrak{S}, P)$ ist ergodisch.*

Beweis. Dies folgt sofort aus Bemerkung 15.55 und dem verallgemeinerten 0-1-Gesetz von Kolmogoroff (Satz 7.56).

Bemerkung 15.57. *Auf Grund des obigen Lemmas ist Satz 15.53 eine Verallgemeinerung von Kolmogoroffs 2-tem Gesetz der großen Zahlen (Satz 15.37).*

16

Martingale

16.1 Definition und grundlegende Eigenschaften

Ist $X_1, X_2, \ldots$ eine Folge unabhängiger Zufallsvariabler mit $\mathbb{E}X_n = 0 \; \forall \, n \in \mathbb{N}$, so sind die akkumulierten Summen $S_n := \sum\limits_{i=1}^{n} X_i$ nicht mehr unabhängig.

Die X_n können etwa die Gewinne eines Spielers in einer Serie von fairen Spielen, die einander nicht beeinflussen, darstellen, und man wird intuitiv annehmen, dass der Spieler bei derartigen Spielen seinen Spielstand aus den vergangenen Spielen nach jedem neuen Spiel im Schnitt halten sollte, ohne, dass ihm die Information, die er aus dem bisherigen Spielverlauf erhalten hat, weiterhilft. Diese Information wird beschrieben durch die σ-Algebren $\mathfrak{S}(\mathbf{X}_1^n) := \mathfrak{S}(X_1, \ldots, X_n)$, $n \in \mathbb{N}$, die übereinstimmen mit den σ-Algebren $\mathfrak{S}(\mathbf{S}_1^n) := \mathfrak{S}(S_1, \ldots, S_n)$, da die Summen $S_1, \ldots, S_n$ durch die $X_1, \ldots, X_n$ festgelegt sind und umgekehrt.

Mathematisch kann man unsere intuitive Annahme so formulieren:

$$\mathbb{E}(S_{n+1}|\mathfrak{S}(\mathbf{X}_1^n)) = \mathbb{E}(S_{n+1}|\mathbf{X}_1^n) = S_n \quad P\text{--fs} \quad \forall \, n \in \mathbb{N}. \tag{16.1}$$

Tasächlich folgt aus Satz 14.13 und Satz 14.8 Punkt 2.

$$\mathbb{E}(S_{n+1}|\mathbf{S}_1^n) = \mathbb{E}(X_{n+1} + S_n|\mathbf{S}_1^n) = \mathbb{E}(X_{n+1}|\mathbf{S}_1^n) + \mathbb{E}(S_n|\mathbf{S}_1^n)$$
$$= \mathbb{E}(X_{n+1}|\mathbf{X}_1^n) + S_n = \mathbb{E}X_{n+1} + S_n = S_n \quad \forall \, n \in \mathbb{N}. \tag{16.2}$$

Die folgenden Begriffe dienen zur Formalisierung der obigen Überlegungen.

Definition 16.1. *Unter einer Filtration versteht man eine Familie monoton wachsender σ-Algebren $\mathfrak{A}_t \subseteq \mathfrak{S}$, $t \in T \subseteq \mathbb{R}$.*

Die Filtration beschreibt die im Spielverlauf steigende Information der Spieler.

Definition 16.2. *Ist $(\Omega, \mathfrak{S}, P)$ ein Wahrscheinlichkeitsraum mit einer Filtration $(\mathfrak{A}_t)_{t \in T}$, so heißt der stochastische Prozess $(S_t)_{t \in T}$ adaptiert an die Filtration (oder adaptiert an die $\mathfrak{A}_t$), wenn jedes S_t $\mathfrak{A}_t$-messbar ist.*

Adaptierte Zufallsvariable werden somit durch die Filtration bestimmt. Ist etwa der Spielverlauf bekannt, so weiß man auch über die Gewinne Bescheid.

Bemerkung 16.3. *Ist ein Prozess (S_t) an eine Filtration $(\mathfrak{A}_t)$ adaptiert, so gilt natürlich $\mathfrak{S}_{(t)} := \mathfrak{S}(S_s : s \leq t) \subseteq \mathfrak{A}_t \ \forall \ t$. Die $\mathfrak{S}_{(t)}$ bilden insofern die „kleinste" Filtration, an die die S_t adaptiert sind.*

Definition 16.4. *Ist (S_t) ein stochastischer Prozess auf einem Wahrscheinlichkeitsraum $(\Omega, \mathfrak{S}, P)$, so nennt man die Familie von σ-Algebren $\mathfrak{S}_{(t)}, t \in T$ die kanonische (oder natürliche) Filtration zu (S_t).*

Definition 16.5. *Eine Familie $(S_t, \mathfrak{A}_t)$ bestehend aus integrierbaren Zufallsvariablen S_t und den σ-Algebren $\mathfrak{A}_t$ einer Filtration heißt ein Martingal (in Bezug auf $(\mathfrak{A}_t)$), wenn die S_t an die $\mathfrak{A}_t$ adaptiert sind und, wenn gilt*

$$\mathbb{E}(S_t | \mathfrak{A}_s) = S_s \quad P\text{–fs} \quad \forall \ s \leq t. \tag{16.3}$$

$(S_t, \mathfrak{A}_t)$ ist ein Submartingal, wenn (16.3) ersetzt wird durch die Ungleichung

$$\mathbb{E}(S_t | \mathfrak{A}_s) \geq S_s \quad P\text{–fs} \quad \forall \ s \leq t, \tag{16.4}$$

und man nennt $(S_t, \mathfrak{A}_t)$ ein Supermartingal, wenn statt (16.3) gilt

$$\mathbb{E}(S_t | \mathfrak{A}_s) \leq S_s \quad P\text{–fs} \quad \forall \ s \leq t. \tag{16.5}$$

Für den Spieler sind Submartingale günstig und Supermartingale ungünstig.

Es genügt Submartingale zu betrachten, denn $(-S_t, \mathfrak{A}_t)$ ist ein Submartingal für jedes Supermartingal $(S_t, \mathfrak{A}_t)$.

Beispiel 16.6. Sind $X_1, X_2, \ldots$ unabhängige Zufallsvariable mit $\mathbb{E}X_n = 1 \ \forall n$, so bilden die $S_n := \prod_{i=1}^{n} X_i$ ein Martingal bezüglich $\mathfrak{S}(\mathbf{S}_1^n) := \mathfrak{S}(S_1, \ldots, S_n)$, denn aus Satz 14.15 und Satz 14.13 folgt

$$\mathbb{E}(S_{n+1} | \mathbf{S}_1^n) = \mathbb{E}(X_{n+1} S_n | \mathbf{S}_1^n) = S_n \, \mathbb{E}(X_{n+1} | \mathbf{S}_1^n) = S_n \, \mathbb{E}X_{n+1} = S_n \quad P\text{–fs}.$$

Bemerkung 16.7.

1. *Ist $(S_n, \mathfrak{A}_n)$ ein Martingal, so sind auch die Differenzen $X_n := S_n - S_{n-1}$ an die $\mathfrak{A}_n$ adaptiert und aus (16.3) und Satz 14.8 Punkt 2. folgt*

$$\mathbb{E}(X_{n+1} | \mathfrak{A}_n) = \mathbb{E}(S_{n+1} | \mathfrak{A}_n) - \mathbb{E}(S_n | \mathfrak{A}_n) = S_n - S_n = 0 \quad P\text{–fs}. \tag{16.6}$$

Erfüllen andererseits an die Filtration $(\mathfrak{A}_n)$ adaptierte X_n (16.6), so bilden die $S_n := \sum_{i=1}^{n} X_i$ mit den $\mathfrak{A}_n$ ein Martingal, denn jedes S_n ist klarerweise $\mathfrak{A}_n$-messbar und es gilt $\mathbb{E}(S_{n+1} | \mathfrak{A}_n) = \mathbb{E}(X_{n+1} | \mathfrak{A}_n) + \mathbb{E}(S_n | \mathfrak{A}_n) = S_n$.

Man kann also jedes Martingal entsprechend den einleitenden Ausführungen als Folge akkumulierter Gewinne in einer Serie fairer Spiele interpretieren.

2. *Aus der Definition der bedingten Erwartung folgt sofort, dass die Beziehungen (16.3), (16.4) bzw. (16.5) äquivalent sind zu*

$$\int_A S_t \, dP = \int_A S_s \, dP \quad \forall \, A \in \mathfrak{A}_s, \ s \leq t, \qquad (16.7)$$

$$\int_A S_t \, dP \geq \int_A S_s \, dP \quad \forall \, A \in \mathfrak{A}_s, \ s \leq t, \qquad (16.8)$$

$$\int_A S_t \, dP \leq \int_A S_s \, dP \quad \forall \, A \in \mathfrak{A}_s, \ s \leq t. \qquad (16.9)$$

Also gilt insbesondere $\mathbb{E}S_t = \mathbb{E}S_s \ \forall \ s, t$ *bei einem Martingal,* $\mathbb{E}S_t \nearrow$ *bei einem Submartingal und* $\mathbb{E}S_t \searrow$ *bei einem Supermartingal.*

Lemma 16.8. *Ist* $(S_t, \mathfrak{A}_t)$ *ein Submartingal, Supermartingal oder Martingal auf einem Wahrscheinlichkeitsraum* $(\Omega, \mathfrak{S}, P)$, *so ist auch* $(S_t, \mathfrak{S}_{(t)})$ *eines.*

Beweis. Da die $\mathfrak{S}_{(t)}$ eine Filtration mit $\mathfrak{S}_{(t)} \subseteq \mathfrak{A}_t \ \forall \, t$ bilden (siehe Bemerkung 16.3), gilt für Submartingale gemäß Satz 14.8 Punkt 5. und 2.

$$\mathbb{E}(S_t | \mathfrak{S}_{(s)}) = \mathbb{E}\left(\mathbb{E}(S_t | \mathfrak{A}_s) | \mathfrak{S}_{(s)}\right) \geq \mathbb{E}(S_s | \mathfrak{S}_{(s)}) = S_s \ P\text{-fs}.$$

Für Supermartingale gilt die Aussage, weil $(-S_t, \mathfrak{A}_t)$ ein Submartingal ist, und für Martingale, weil sie sowohl Sub- als auch Supermartingale sind.

Lemma 16.9. *Ist* $(S_n, \mathfrak{A}_n)_{n \in \mathbb{N}_0}$ *ein Martingal auf einem Wahrscheinlichkeitsraum* $(\Omega, \mathfrak{S}, P)$, *so kann man (16.3) ersetzen durch*

$$\mathbb{E}(S_{n+1} | \mathfrak{A}_n) = S_n \quad P\text{-fs} \quad \forall \, n \in \mathbb{N}_0. \qquad (16.10)$$

Bei einem Submartingal wird das Gleichheitszeichen in der obigen Beziehung durch $\geq$ *und bei einem Supermartingal durch* $\leq$ *ersetzt.*

Beweis. Aus Gleichung (16.3) folgt klarerweise (16.10).

Umgekehrt gilt nach (16.10) $\mathbb{E}(S_{n+k} | \mathfrak{A}_n) = S_n$ für $k = 1$, und unter der Induktionsannahme $\mathbb{E}(S_{n+k} | \mathfrak{A}_n) = S_n$ folgt aus Satz 14.8 Punkt 5. und (16.10) $\mathbb{E}(S_{n+k+1} | \mathfrak{A}_n) = \mathbb{E}\left(\mathbb{E}(S_{n+k+1} | \mathfrak{A}_{n+k}) | \mathfrak{A}_n\right) = \mathbb{E}(S_{n+k} | \mathfrak{A}_n) = S_n \ P\text{-fs}.$
Der Beweis für Sub- bzw. Supermartingale verläuft völlig analog.

Bemerkung 16.10. *Ist* $(S_n, \mathfrak{A}_n)_{n \in \mathbb{N}}$ *ein quadratisch integrierbares Martingal mit den Martingaldifferenzen* $X_1 := S_1$ *und* $X_n := S_n - S_{n-1}$ *für* $n > 1$, *so folgt aus (14.15)* $\int_{A_i} S_i (S_n - S_i) \, dP = \int (\mathbb{1}_{A_i} S_i)(S_n - \mathbb{E}(S_n \mid \mathfrak{A}_i)) \, dP = 0$, *d.h. die Differenzen* X_i *erfüllen die Bedingung (15.8) in der Ungleichung von Kolmogoroff. Daher gilt diese Ungleichung auch für Martingaldifferenzen. Damit gilt auch Satz 15.31 für die* X_i, *da der Beweis dieses Satzes nur auf der Kolmogoroff'schen Ungleichung beruht. Somit konvergiert das Martingal* $S_n = \sum_{i=1}^{n} X_i \ P\text{-fs, wenn}$

$\sum\limits_{i=1}^{\infty} \operatorname{Var} X_i^2 = \sup\limits_n \mathbb{E}\, S_n^2 < \infty$. *Mit den* X_i *erfüllen auch die* $Y_i := \frac{X_i}{i}$ *Gleichung (16.6) und sind deshalb ebenfalls Martingaldifferenzen. Daher folgt aus* $\sum\limits_{i=1}^{\infty} \frac{\operatorname{Var} X_i^2}{i^2} < \infty$, *dass das Martingal* $\tilde{S}_n := \sum\limits_{i=1}^{n} \frac{X_i}{i}$ P-*fs konvergiert, was zusammen mit dem Lemma von Kronecker* $\frac{1}{n}\sum\limits_{i=1}^{n} X_i \to 0$ P-*fs impliziert.*

Wir werden aber etwas später sehen, dass dieses Gesetz der großen Zahlen unmittelbar und viel einfacher aus dem Submartingalkonvergenzsatz folgt.

Definition 16.11. *Ein quadratisch integrierbarer Prozess* $(S_t)_{t\in T}$ *auf einem Wahrscheinlichkeitsraum* $(\Omega, \mathfrak{S}, P)$ *heißt schwach stationär, wenn gilt*

$$\mathbb{E}\, S_t = \mathbb{E}\, S_s \quad \wedge \quad \mathbb{E}\, S_{s+h}\, S_{t+h} = \mathbb{E}\, S_s\, S_t \quad \forall\, s, t, h\,.$$

Lemma 16.12. *Ein Prozess* $(S_t)_{t\geq 0}$ *besitzt genau dann unabhängige Zuwächse* $S_u - S_t, t \leq u$, *wenn die* $S_u - S_t$ *für alle* $t \leq u$ *unabhängig von* $\mathfrak{S}_{(t)}$ *sind.*

Beweis. Klarerweise folgt aus der obigen Bedingung die Unabhängigkeit der Zuwächse. Die andere Richtung ergibt sich aus Satz 5.8, da offensichtlich gilt

$$\mathfrak{S}_{(t)} = \mathfrak{S}(S_s : s \leq t) = \mathfrak{A}_\sigma \left(\bigcup_{0 \leq t_1 < \ldots < t_n \leq t;\ n\in\mathbb{N}} \mathfrak{S}(S_{t_i} - S_{t_{i-1}}, 2 \leq i \leq n) \right)\,.$$

Lemma 16.13. *Jeder schwach stationäre Prozess* $(S_t)_{t\geq 0}$ *mit unabhängigen Zuwächsen ist ein Martingal bezüglich* $\left(\mathfrak{S}_{(t)}\right)$.

Beweis. Unter Berücksichtigung von Lemma 16.12 gilt für alle $s \leq t$

$$\mathbb{E}(S_t \mid \mathfrak{S}_{(s)}) = \mathbb{E}(S_s + (S_t - S_s) \mid \mathfrak{S}_{(s)}) = S_s + \mathbb{E}(S_t - S_s) = S_s\,.$$

Definition 16.14. *Ist* $(\mathfrak{A}_n)$ *eine Filtration mit* $\mathfrak{A}_0 := \{\emptyset, \Omega\}$ *auf einem Wahrscheinlichkeitsraum* $(\Omega, \mathfrak{S}, P)$, *so nennt man eine Folge* $(Y_n)_{n\in\mathbb{N}}$ *von Zufallsvariablen vorhersagbar (bezüglich* $(\mathfrak{A}_n)$), *wenn jedes* Y_n $\mathfrak{A}_{n-1}$-*messbar ist.*

Bemerkung 16.15. *Sind die Zufallsvariablen eines Martingals* $(S_n, \mathfrak{A}_n)$ *bezüglich der Filtration vorhersagbar, so gilt nach Satz 14.8 Punkt 2.*

$$S_{n+1} = \mathbb{E}(S_{n+1}|\mathfrak{A}_n) = S_n = \cdots = S_1 \quad P\text{-fs}\,,$$

d.h. das Martingal ist insoferne entartet als es nur S_1 *wiederholt.*

Jedes Submartingal lässt sich in ein Martingal und einen vorhersagbaren monoton steigenden stochastischen Prozess zerlegen.

Satz 16.16 (Doob-Zerlegung). *Ist* $(X_n, \mathfrak{A}_n)_{n\in\mathbb{N}_0}$ *ein Submartingal auf einem Wahrscheinlichkeitsraum* $(\Omega, \mathfrak{S}, P)$, *so gibt es ein Martingal* $(S_n, \mathfrak{A}_n)$ *und eine vorhersagbare, monoton wachsende Folge von Zufallsvariablen* Y_n *mit* $Y_0 = 0$, *sodass* $X_n = S_n + Y_n$ P-*fs für alle* n. *Diese Zerlegung ist eindeutig.*

Beweis. Die Folge $Y_0 := 0$, $Y_n := \sum\limits_{i=1}^{n} \left(\mathbb{E}(X_i|\mathfrak{A}_{i-1}) - X_{i-1} \right)$, $n \geq 1$ ist vorhersagbar, monoton wachsend und es gilt $Y_{n+1} = \mathbb{E}(X_{n+1}|\mathfrak{A}_n) - X_n + Y_n$. Daraus folgt für $S_n := X_n - Y_n$, $n \geq 0$ nach Satz 14.8 Punkt 2. und Punkt 3.

$$\mathbb{E}(S_{n+1}|\mathfrak{A}_n) = \mathbb{E}(X_{n+1}|\mathfrak{A}_n) - \mathbb{E}(\mathbb{E}(X_{n+1}|\mathfrak{A}_n) - X_n + Y_n \mid \mathfrak{A}_n)$$
$$= \mathbb{E}(X_{n+1}|\mathfrak{A}_n) - \mathbb{E}(X_{n+1}|\mathfrak{A}_n) + X_n - Y_n = X_n - Y_n = S_n \ P\text{-fs},$$

d.h $(S_n, \mathfrak{A}_n)$ ist ein Martingal. Somit existiert eine Doob-Zerlegung.

Ist $(T_n, \mathfrak{A}_n)$ ein Martingal und (Z_n) eine Folge von Zufallsvariablen mit $Z_0 = 0$, $Z_n \nearrow$, Z_n $\mathfrak{A}_{n-1}$-messbar für alle $n \geq 1$ und $X_n = T_n + Z_n$ P-fs, so folgt aus $Z_0 = 0 = Y_0$ natürlich $T_0 = S_0$ P-fs bzw. $S_0 - T_0 = 0$ P-fs. Aus $X_n = S_n + Y_n = T_n + Z_n$ P-fs folgt aber $S_n - T_n = Z_n - Y_n$ P-fs $\forall n$. Deshalb ist $S_n - T_n$ $\mathfrak{A}_{n-1}$-messbar, d.h. das Martingal $(S_n - T_n, \mathfrak{A}_n)$ ist vorhersagbar, und nach Bemerkung 16.15 gilt $S_n - T_n = S_0 - T_0 = 0$ P-fs $\forall n \in \mathbb{N}$. Damit gilt aber auch $Y_n = Z_n$ P-fs, womit die Eindeutigkeit bewiesen ist.

Abschließend soll noch der Begriff des rückwärts gerichteten Martingals (Sub-, Supermartingals) vorgestellt werden.

Definition 16.17. *Ein rückwärts gerichtetes Martingal auf einem Wahrscheinlichkeitsraum $(\Omega, \mathfrak{S}, P)$ ist eine Familie $(X_t, \mathfrak{A}_t)$, bestehend aus monoton fallenden Subsigmaalgebren $\mathfrak{A}_t$ und $\mathfrak{A}_t$-messbaren Zufallsvariablen $X_t \in \mathcal{L}_1$ mit*

$$\mathbb{E}(X_s|\mathfrak{A}_t) = X_t \quad P\text{-fs} \quad \forall s \leq t. \tag{16.11}$$

Gilt $\mathbb{E}(X_s|\mathfrak{A}_t) \geq X_t$ P-fs $\forall s \leq t$, so spricht man von einem rückwärts gerichteten Submartingal, und man nennt $(X_t, \mathfrak{A}_t)$ ein rückwärts gerichtetes Supermartingal, wenn $\mathbb{E}(X_s|\mathfrak{A}_t) \leq X_t$ P-fs $\forall s \leq t$.

Bemerkung 16.18. *$(X_t, \mathfrak{A}_t)$ ist genau dann ein rückwärts gerichtetes Martingal (Submartingal, Supermartingal), wenn $(X_{-t}, \mathfrak{A}_{-t})$ ein Martingal (Submartingal, Supermartingal) ist, denn damit gilt $\mathfrak{A}_{-t} \subseteq \mathfrak{A}_{-s}$ und (16.11) wird zu $\mathbb{E}(X_{-s}|\mathfrak{A}_{-t}) = (\geq, \leq) X_{-t}$.*

16.2 Transformation von Submartingalen

Die Martingal- bzw. Submartingaleigenschaft bleibt, wie der folgende Satz zeigt, unter relativ allgemeinen Umformungen erhalten.

Satz 16.19. *Ist $(X_t, \mathfrak{A}_t)_{t \in T}$ ein Submartingal, $\varphi : \mathbb{R} \to \mathbb{R}$ monoton steigend und konvex mit $\varphi(X_t) \in \mathcal{L}_1$ $\forall t$, so ist auch $(\varphi(X_t), \mathfrak{A}_t)$ ein Submartingal.*
Ist $(X_t, \mathfrak{A}_t)$ ein Submartingal, so ist insbesondere $(X_t^+, \mathfrak{A}_t)$ ein Submartingal.

Ist $(X_t, \mathfrak{A}_t)_{t \in T}$ ein Martingal, so ist $(\varphi(X_t), \mathfrak{A}_t)$ ein Submartingal, wenn $\varphi : \mathbb{R} \to \mathbb{R}$ konvex ist und die Funktionen $\varphi(X_t)$ für alle t integrierbar sind.
Für jedes Martingal $(X_t, \mathfrak{A}_t)$ und $p \geq 1$ ist daher $(|X_t|^p, \mathfrak{A}_t)$ ein Submartingal, wenn $X_t \in \mathcal{L}_p$ $\forall t$ (für $p = 1$ gilt diese Bedingung voraussetzungsgemäß).

Beweis. Aus der Jensen'schen Ungleichung für bedingte Erwartungen (Satz 14.17), der Submartingaleigenschaft der X_t und der Monotonie von φ folgt

$$\mathbb{E}(\varphi(X_t)|\mathfrak{A}_s) \geq \varphi(\mathbb{E}(X_t|\mathfrak{A}_s)) \geq \varphi(X_s) \quad P\text{--fs} \quad \forall\, s \leq t.$$

Mit X_t ist X_t^+ integrierbar, und $\varphi(x) := x^+$ ist monoton steigend und konvex. Ist $s \leq t$, so gilt für Martingale $\mathbb{E}(X_t|\mathfrak{A}_s) = X_s \Rightarrow \varphi(\mathbb{E}(X_t|\mathfrak{A}_s)) = \varphi(X_s)$. Aus Satz 14.17 folgt daher $\mathbb{E}(\varphi(X_t)|\mathfrak{A}_s) \geq \varphi(\mathbb{E}(X_t|\mathfrak{A}_s)) = \varphi(X_s)$ P--fs für $s \leq t$. Die anderen Aussagen sind klar, da $\varphi(x) := |x|^p$ für $p \geq 1$ konvex ist.

Es stellt sich die Frage, ob Spieler ihre Situation verbessern können, wenn sie vor jedem Spiel auf Grund der früheren Ergebnisse (da sie keine hellseherischen Fähigkeiten besitzen) entscheiden, ob sie nur einen Teil des Einsatzes oder auch gar nicht setzen. Formal kann man dies beschreiben durch Funktionen $0 \leq B_n \leq 1$ die $\mathfrak{A}_{n-1}$-messbar, also vorhersagbar sind. Dabei werden statt der Gewinnsummen S_n die Summen $Y_n := \sum_{i=1}^{n} B_i (S_i - S_{i-1})$ angesammelt. Der nächste Satz zeigt, dass das nichts bringt. Ein Submartingal bleibt ein Submartingal und deshalb bleibt ein Supermartingal (also die Art von Spiel, die normalerweise angeboten wird) ein Supermartingal. Nur der mittlere Gewinn (besser Verlust) verringert sich, wenn man nicht den vollen Einsatz spielt.

Satz 16.20. *Ist $(X_n, \mathfrak{A}_n)_{n \in \mathbb{N}_0}$ ein Submartingal auf einem Wahrscheinlichkeitsraum $(\Omega, \mathfrak{S}, P)$ und $(B_n)_{n \in \mathbb{N}}$ eine nichtnegative, vorhersagbare Folge, für die die Produkte $B_n X_n$ und $B_n X_{n-1}$ integrierbar sind (etwa wenn die B_n beschränkt sind, oder wenn gilt B_n und $X_n \in \mathcal{L}_2 \quad \forall\, n \in \mathbb{N}$), so ist*

$$Y_0 := 0, \quad Y_n := \sum_{i=1}^{n} B_i (X_i - X_{i-1}), \; n \geq 1 \tag{16.12}$$

ein Submartingal. Aus $0 \leq B_n \leq 1$ P--fs $\forall\, n$ folgt zudem $\mathbb{E} Y_n + \mathbb{E} X_0 \leq \mathbb{E} X_n$. Ist $(X_n, \mathfrak{A}_n)_{n \in \mathbb{N}_0}$ ein Martingal, so ist $(Y_n, \mathfrak{A}_n)$ ebenfalls ein Martingal, wenn die B_n vorhersagbar sind und gilt $B_n X_n \in \mathcal{L}_1 \quad \forall\, n \in \mathbb{N}$.

Beweis. Aus der $\mathfrak{A}_n$-Messbarkeit der Y_n, der Vorhersagbarkeit der $B_n \geq 0$, der Rekursion $Y_{n+1} = Y_n + B_{n+1}(X_{n+1} - X_n)$ und $\mathbb{E}(X_{n+1}|\mathfrak{A}_n) \geq X_n$ folgt

$$\mathbb{E}(Y_{n+1}|\mathfrak{A}_n) = Y_n + B_{n+1}(\mathbb{E}(X_{n+1}|\mathfrak{A}_n) - X_n) \geq Y_n \quad P\text{--fs}. \tag{16.13}$$

Ist $0 \leq B_n \leq 1$, so gilt die Ungleichung $\mathbb{E} Y_n + \mathbb{E} X_0 \leq \mathbb{E} X_n$ für $n = 0$ definitionsgemäß, sodass es zum Beweis durch vollständige Induktion reicht den Schritt von n nach $n + 1$ zu zeigen. Aus der obigen Rekursion für die Y_n, der Additivität des Erwartungswerts, der Induktionsvoraussetzung, Satz 14.8 Punkt 1, der Vorhersagbarkeit der B_n zusammen mit Satz 14.15 und wegen $0 \leq B_{n+1} \leq 1$ in Verbindung mit $\mathbb{E}(X_{n+1} - X_n|\mathfrak{A}_n) \geq 0$ folgt

$$\mathbb{E} Y_{n+1} + \mathbb{E} X_0 \leq \mathbb{E} X_n + \mathbb{E}\left[\mathbb{E}(B_{n+1}(X_{n+1} - X_n)|\mathfrak{A}_n)\right]$$
$$= \mathbb{E} X_n + \mathbb{E}[B_{n+1}(\mathbb{E}(X_{n+1}|\mathfrak{A}_n) - X_n)] \leq \mathbb{E} X_n + \mathbb{E}[\mathbb{E}(X_{n+1}|\mathfrak{A}_n) - X_n]$$
$$= \mathbb{E} X_n + \mathbb{E} X_{n+1} - \mathbb{E} X_n = \mathbb{E} X_{n+1}.$$

Für Martingale $(X_n, \mathfrak{A}_n)$ gilt $\mathbb{E} B_n X_n = \mathbb{E}(\mathbb{E}(B_n X_n \mid \mathfrak{A}_{n-1})) = \mathbb{E} B_n X_{n-1}$, sodass aus $B_n X_n \in \mathcal{L}_1$ folgt $B_n X_{n-1} \in \mathcal{L}_1$. Zudem wird die Ungleichung in (16.13) zu einer Gleichung, und gilt daher auch für B_n mit negativen Werten.

Definition 16.21. *Ist $(X_n, \mathfrak{A}_n)_{n \in \mathbb{N}_0}$ ein Martingal mit $X_0 = 0$ und $(B_n)_{n \in \mathbb{N}}$ eine vorhersagbare Folge, für die gilt $B_n X_n \in \mathcal{L}_1 \quad \forall\, n \in \mathbb{N}$, so nennt man*

$$(B \bullet X)_0 := 0, \quad (B \bullet X)_n := \sum_{i=1}^{n} B_i (X_i - X_{i-1}), n \geq 1$$

das (diskrete) stochastische Integral von B bezüglich X oder die Martingaltransformierte von X.

16.3 Konvergenzsätze für Submartingale

Die gleichmäßige Beschränktheit der Erwartungen eines Submartingals ist eine wichtige Voraussetzung in den Konvergenzsätzen dieses Abschnitts. Das nächste Lemma zeigt, dass man diese Bedingung etwas abschwächen kann.

Lemma 16.22. *Ist $(X_t, \mathfrak{A}_t)_{t \geq 0}$ ein Submartingal mit $\sup_t \mathbb{E} X_t^+ < \infty$, so gilt*

$$\sup_t \mathbb{E} |X_t| \leq |\mathbb{E} X_0| + 2 \sup_t \mathbb{E} X_t^+ < \infty. \tag{16.14}$$

Beweis. Aus $|X_t| = X_t^+ + X_t^- = 2 X_t^+ - X_t$ und $\mathbb{E} X_0 \leq \mathbb{E} X_t$ folgt

$$\mathbb{E} |X_t| = 2 \mathbb{E} X_t^+ - \mathbb{E} X_t \leq 2 \mathbb{E} X_t^+ - \mathbb{E} X_0 \leq 2 \sup_t \mathbb{E} X_t^+ + |\mathbb{E} X_0| < \infty \quad \forall\, t.$$

Die folgende Ungleichung ist von grundlegender Bedeutung.

Satz 16.23 (Überquerungssatz von Doob). *Ist $(X_i, \mathfrak{A}_i)_{i=0,\dots,n}$ ein Submartingal auf einem Wahrscheinlichkeitsraum $(\Omega, \mathfrak{S}, P)$ und bezeichnet man für zwei gegebene reelle Zahlen $a < b$ mit $U_n(\omega)$, $\omega \in \Omega$ die Häufigkeit, mit der die Folge $(X_0(\omega), \dots, X_n(\omega))$ von einem Wert $X_i(\omega) \leq a$ zu einem Wert $X_j(\omega) \geq b$, $j > i$ wandert, so ist die Funktion $U_n : \Omega \to \mathbb{N}_0$ messbar und es gilt*

$$\mathbb{E} U_n \leq \frac{\mathbb{E}(X_n - a)^+}{b - a}. \tag{16.15}$$

Beweis. Ist $A_0 := \Omega$ und $A_k := \bigcup_{0 \leq j_1 < \cdots < j_{2k} \leq n} \bigcap_{h=1}^{k} [X_{j_{2h-1}} \leq a] \cap [X_{j_{2h}} \geq b]$ für $k \geq 1$, so gilt $U_n(\omega) = \max\{k : \omega \in A_k\}$ und $[U_n \geq k] = A_k$, woraus sofort folgt, dass U_n messbar ist. Wegen $0 \leq U_n \leq \lceil \frac{n}{2} \rceil$ ist es auch integrierbar. $Y_i := (X_i - a)^+$, $i = 0, \dots, n$ ist nach Satz 16.19 ebenfalls ein Submartingal bezüglich $(\mathfrak{A}_i)$, und $U_n(\omega)$ entspricht gerade der Häufigkeit, mit der die Folge $(Y_0(\omega), \dots, Y_n(\omega))$ von 0 zu einem Wert $Y_j(\omega) \geq d := b - a$ wandert, d.h.

$$U_n(\omega) := \max \left\{ k : \omega \in \bigcup_{0 \le j_1 < \cdots < j_{2k} \le n} \bigcap_{h=1}^{k} [Y_{j_{2h-1}} = 0] \cap [Y_{j_{2h}} \ge d] \right\}.$$

Da gilt $C_i := \bigcup_{j=0}^{i-1} \left([Y_j = 0] \cap \bigcap_{k=j}^{i-1} [Y_k < d] \right) \in \mathfrak{A}_{i-1} \quad \forall\, 1 \le i \le n$, sind die $\mathbb{1}_{C_i}$

vorhersagbar. Somit ist $Z_i := (\mathbb{1}_C \bullet Y)_i$ nach Satz 16.20 ein Submartingal mit

$$\mathbb{E}Z_n \le \mathbb{E}\,Z_n + \mathbb{E}Y_0 \le \mathbb{E}Y_n = \mathbb{E}(X_n - a)^+. \tag{16.16}$$

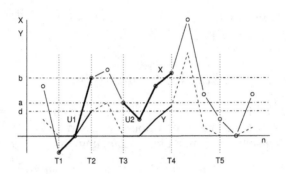

Abb. 16.1. Überquerungssatz von Doob

Definiert man Zufallsvariable $0 \le T_1 \le \cdots \le T_n \equiv n$ durch

$$T_1(\omega) \quad := \min\{i : Y_i(\omega) = 0\} \wedge n,$$

$$\vdots$$

$$T_{2j}(\omega) \quad := \min\{i > T_{2j-1}(\omega) : Y_i(\omega) \ge d\} \wedge n,$$
$$T_{2j+1}(\omega) := \min\{i > T_{2j}(\omega) : Y_i(\omega) = 0\} \wedge n,$$

wobei, wie üblich $\min \emptyset = \infty$ gesetzt wird, so gilt offensichtlich

$$\mathbb{1}_{C_i}(\omega) = 1 \iff \exists\, 1 \le j \le n : T_{2j-1}(\omega) < i \le T_{2j}(\omega).$$

Da aus $U_n(\omega) = 0$ folgt $T_2(\omega) = n$, ergibt sich daraus

$$Z_n(\omega) = Y_n(\omega) - Y_{T_1}(\omega) \quad \forall\, \omega \in [U_n = 0], \tag{16.17}$$

und auf $[U_n > 0]$ erhält man

$$Z_n(\omega) = \sum_{i=1}^{U_n(\omega)} \big(Y_{T_{2i}}(\omega) - Y_{T_{2i-1}}(\omega) \big) + \big(Y_n(\omega) - Y_{T_{2U_n+1}}(\omega) \big). \tag{16.18}$$

Aber aus $Y_{T_{2j+1}} = 0 \vee Y_{T_{2j+1}} = Y_n$ folgt $Y_n - Y_{T_{2j+1}} \ge 0$. Damit erhält man auf $[U_n = 0]$ aus (16.17) $Z_n \ge 0 = dU_n$, und auf $[U_n > 0]$ ergibt sich deshalb aus (16.18) $Z_n \geq \sum\limits_{i=1}^{U_n} \left(Y_{T_{2i}} - Y_{T_{2i-1}}\right) \geq d\,U_n$. Somit gilt $d\,U_n \leq Z_n$ auf dem ganzen Raum Ω. Daraus und aus Ungleichung (16.16) folgt

$$d\,\mathbb{E}\,U_n \leq \mathbb{E}\,Z_n \leq \mathbb{E}\,(X_n - a)^+ \;\Rightarrow\; \mathbb{E}\,U_n \leq \frac{\mathbb{E}\,(X_n - a)^+}{b - a}.$$

Satz 16.24 (Konvergenzsatz von Doob). *Ist $(X_n, \mathfrak{A}_n)$ ein Submartingal auf einem Wahrscheinlichkeitsraum $(\Omega, \mathfrak{S}, P)$, für das gilt $C := \sup\limits_{n} \mathbb{E}X_n^+ < \infty$, so konvergiert X_n P–fs gegen ein $X \in \mathcal{L}_1(\Omega, \mathfrak{A}_\infty, P)$ mit $\mathfrak{A}_\infty := \mathfrak{A}_\sigma\left(\bigcup\limits_{n} \mathfrak{A}_n\right)$.*

Beweis. Die Menge, auf der X_n nicht konvergiert, ist darstellbar als Vereinigung der Mengen $A_{a,b} := [\liminf\limits_{n} X_n < a < b < \limsup X_n]$, $a, b \in \mathbb{Q}$, $a < b$.
Ist für festes $a < b$ U_n definiert wie in Satz 16.23 als Anzahl der aufsteigenden Überquerungen des Intervalls $[a, b]$ durch $X_0, \dots, X_n$ und ist U die Anzahl der Überquerungen von $[a, b]$ durch die gesamte Folge (X_i), so gilt klarerweise $U_n \nearrow U$ P–fs. Auf $A_{a,b}$ gilt aber auch $U \equiv \infty$, sodass aus $P(A_{a,b}) > 0$ folgen müsste $\mathbb{E}U = \infty$.
Satz 16.23 besagt jedoch $\mathbb{E}\,U_n \leq \frac{\mathbb{E}(X_n - a)^+}{b-a} \leq \frac{C + |a|}{b-a} < \infty$ $\forall\, n$, sodass aus dem Satz über die Konvergenz durch Monotonie folgt $\mathbb{E}U \leq \frac{C+|a|}{b-a} < \infty$. Somit gilt $P(A_{a,b}) = 0$ $\forall\, a < b$, $a, b \in \mathbb{Q}$, d.h. $X := \lim\limits_{n} X_n$ existiert P–fs.
Da die X_n alle $\mathfrak{A}_\infty$-messbar sind, ist X_∞ ebenfalls $\mathfrak{A}_\infty$-messbar.
Aus Lemma 16.22 folgt $\widetilde{C} := \sup\limits_{n} \mathbb{E}\,|X_n| < \infty$, sodass das Lemma von Fatou zu $\mathbb{E}\,|X| \leq \liminf\limits_{n} \mathbb{E}\,|X_n| \leq \widetilde{C} < \infty$ führt.

Bemerkung 16.25. *Bereits in Bemerkung 16.10 wurde gezeigt, dass Kolmogoroffs 1-tes Gesetz der großen Zahlen auf Martingaldifferenzen $X_n := S_n - S_{n-1}$, für die gilt $\sum\limits_{i=1}^{\infty} \frac{\mathrm{Var}\,X_i}{i^2} < \infty$, verallgemeinert werden kann. Aber aus dem obigen Konvergenzsatz folgt dies unmittelbar, denn da $\widetilde{S}_n := \sum\limits_{i=1}^{n} \frac{X_i}{i}$ ein Martingal ist, ist $\widetilde{S}_n^2$ ein Submartingal mit $\sup\limits_{n} \mathbb{E}\,\widetilde{S}_n^2 = \sum\limits_{i=1}^{\infty} \frac{\mathrm{Var}\,X_i}{i^2} < \infty$. Daher konvergiert $\widetilde{S}_n^2$ gegen ein integrierbares $\widetilde{S}^2$ P–fs. Daraus folgt $\lim\limits_{n} \widetilde{S}_n = \sum\limits_{i=1}^{n} \frac{X_i}{i} = \widetilde{S}$ P–fs. Dies impliziert nach dem Lemma von Kronecker $\lim\limits_{n} \frac{1}{n} \sum\limits_{i=1}^{n} X_i = 0$ P–fs.*

Wie das nächste Beispiel zeigt, folgt aus der P–fs-Konvergenz eines Submartingals i.A. nicht die Konvergenz der Erwartungswerte.

Beispiel 16.26. Sind $X_1, X_2, \dots$ unabhängig, identisch verteilte Zufallsvariable mit $P(X_i = 0) = P(X_i = 2) = \frac{1}{2}$, so gilt $\mathbb{E}X_i = 1$ $\forall\, i$ und die $S_n := \prod\limits_{i=1}^{n} X_i$

bilden mit den $\mathfrak{S}(\mathbf{S}_1^n)$ ein Martingal, wie in Beispiel 16.6 gezeigt. Daher gilt nach Bemerkung 16.7 Punkt 2. $\mathbb{E} S_n = \mathbb{E} S_1 = 1 \quad \forall\, n \in \mathbb{N} \ \Rightarrow\ \lim_n \mathbb{E} S_n = 1$. Zudem gilt offensichtlich $S := \lim_n S_n = 0$ P–fs $\Rightarrow \ \mathbb{E} S = 0$.

Um die Frage zu beantworten, wann ein Martingal oder Submartingal im Mittel konvergiert, betrachten wir zuerst eine spezielle Art von Martingalen.

Lemma 16.27. *Ist $(\mathfrak{A}_t)_{t \in T}$ eine Filtration auf einem Wahrscheinlichkeitsraum $(\Omega, \mathfrak{S}, P)$ und $X \in \mathcal{L}_1$, so ist $(\mathbb{E}(X|\mathfrak{A}_t), \mathfrak{A}_t)_{t \in T}$ ein Martingal.*

Beweis. Aus Satz 14.8 Punkt 5. und $\mathfrak{A}_t \supseteq \mathfrak{A}_s$ für $s \leq t$ folgt

$$\mathbb{E}(X_t | \mathfrak{A}_s) = \mathbb{E}\left(\mathbb{E}(X|\mathfrak{A}_t)|\mathfrak{A}_s\right) = \mathbb{E}(X|\mathfrak{A}_s) = X_s \quad P\text{–fs}.$$

Definition 16.28. *Ist $(\mathfrak{A}_t)$ eine Filtration auf einem Wahrscheinlichkeitsraum $(\Omega, \mathfrak{S}, P)$ und $X \in \mathcal{L}_1(\Omega, \mathfrak{S}, P)$, so heißt $(\mathbb{E}(X|\mathfrak{A}_t), \mathfrak{A}_t)$ ein Doob-Martingal.*

Definition 16.29. *Ein Submartingal $(X_t, \mathfrak{A}_t)_{t \in T}$ besitzt ein letztes Element X_u (ist abgeschlossen), wenn es ein $u \in T$ gibt mit $\mathfrak{A}_t \subseteq \mathfrak{A}_u \ \forall\, t \in T$ und*

$$\mathbb{E}(X_u \mid \mathfrak{A}_t) \geq X_t \ P\text{–fs}. \tag{16.19}$$

Ein Martingal ist abgeschlossen, wenn in (16.19) Gleichheit gilt.

Bemerkung 16.30. *Offensichtlich ist jedes abgeschlossene Martingal ein Doob-Martingal, aber umgekehrt wird auch jedes Doob-Martingal $(\mathbb{E}(X|\mathfrak{A}_t), \mathfrak{A}_t)$ durch $X_u := X, \mathfrak{A}_u := \mathfrak{S}$ zu einem abgeschlossenen Martingal erweitert.*

Satz 16.31. *Jedes Martingal oder nichtnegative Submartingal $(X_t, \mathfrak{A}_t)$ mit einem letzten Element X_u ist gleichmäßig integrierbar.*

Beweis. Unter beiden Voraussetzungen ist $(|X_t|, \mathfrak{A}_t)$ gemäß Satz 16.19 ein Submartingal. Daher gilt $\mathbb{E}\,|X_t| \leq \mathbb{E}\,|X_u| < \infty \ \forall\, t$. Weiters gilt

$$P(|X_t| \geq c) \leq \frac{1}{c} \int |X_t|\, dP \leq \frac{1}{c} \int |X_u|\, dP \quad \forall\, t. \tag{16.20}$$

Nach Lemma 13.28 gibt es für alle $\varepsilon > 0$ ein $\delta_\varepsilon > 0$, sodass aus $P(A) \leq \delta_\varepsilon$ folgt $\int_A |X_u|\, dP \leq \varepsilon$. Nun gilt für $c > \frac{\mathbb{E}\,|X_u|}{\delta_\varepsilon}$ nach (16.20) $P(|X_t| \geq c) \leq \delta_\varepsilon$. Deshalb und wegen $[|X_t| \geq c] \in \mathfrak{A}_t$ erhält man schließlich für alle $c > \frac{\mathbb{E}\,|X_u|}{\delta_\varepsilon}$

$$\varepsilon \geq \int\limits_{[|X_t| \geq c]} |X_u|\, dP = \int\limits_{[|X_t| \geq c]} \mathbb{E}(|X_u| | \mathfrak{A}_t)\, dP \geq \int\limits_{[|X_t| \geq c]} |X_t|\, dP.$$

Somit sind die X_t gleichmäßig integrierbar.

Bemerkung 16.32. *Die Voraussetzungen von Satz 16.31 können nicht ohne weiteres abgeschwächt werden, denn das Martingal in Bsp. 16.26 ist wegen $\lim S_n = S \wedge \lim \mathbb{E}\, S_n \neq \mathbb{E} S$ nicht gleichmäßig integrierbar, somit nicht abgeschlossen. $(-S_n)$ ist wohl ein Submartingal mit letztem Element S, aber negativ.*

Satz 16.33. *Für ein Submartingal $(X_n, \mathfrak{A}_n)_{n \in \mathbb{N}}$ auf einem Wahrscheinlichkeitsraum $(\Omega, \mathfrak{S}, P)$ mit $\mathfrak{A}_\infty := \mathfrak{A}_\sigma \left(\bigcup_n \mathfrak{A}_n \right)$ sind folgende Aussagen äquivalent:*

1. $\lim_{n,m \to \infty} \|X_n - X_m\|_1 = 0$.

2. (X_n) ist gleichmäßig integrierbar.

3. Es gibt ein $X_\infty \in \mathcal{L}_1$, sodass $(X_n, \mathfrak{A}_n)_{n \in \mathbb{N} \cup \{\infty\}}$ ein Submartingal ist und gilt $\lim_n X_n = X_\infty$ P–fs $\wedge$ $\lim_n \mathbb{E} X_n = \mathbb{E} X_\infty$.

Ist $(X_n, \mathfrak{A}_n)_{n \in \mathbb{N}}$ ein Martingal, so ist $(X_n, \mathfrak{A}_n)_{n \in \mathbb{N} \cup \{\infty\}}$ in Punkt 3. ein abgeschlossenes Martingal, und dann sind die Aussagen 1. - 3. äquivalent zu

4. $(X_n, \mathfrak{A}_n)$ ist ein Doob-Martingal, d.h. $\exists X \in \mathcal{L}_1 : X_n = \mathbb{E}(X \mid \mathfrak{A}_n) \ \forall n \in \mathbb{N}$.

Außerdem gilt dann $X_\infty = \mathbb{E}(X \mid \mathfrak{A}_\infty)$ P–fs.

Beweis. 1. $\Rightarrow$ 2.: Dies folgt sofort aus Satz 13.35 (Kriterium von Vitali).

2. $\Rightarrow$ 1.: Aus Satz 13.32 Punkt 1. folgt $\infty > C := \sup_n \mathbb{E} |X_n| \geq \sup_n \mathbb{E} X_n^+$.

Daher existiert nach dem Konvergenzsatz von Doob ein $X_\infty \in \mathcal{L}_1$ mit $\lim_n X_n = X_\infty$ P–fs, und aus Satz 13.35 folgt $\lim_{n,m \to \infty} \|X_n - X_m\|_1 = 0$.

2. $\Rightarrow$ 3. $\wedge$ 4.: Wie oben gezeigt, gibt es ein $X_\infty \in \mathcal{L}_1 : \lim_n X_n = X_\infty$ P–fs.
Damit gilt $\lim_n X_n \mathbb{1}_A = X_\infty \mathbb{1}_A$ P–fs für alle $A \in \mathfrak{A}_m$, $m \in \mathbb{N}$. Da auch die $X_n \mathbb{1}_A$ gleichmäßig integrierbar sind, folgt aus Satz 13.34 Punkt 2.

$$\int_A X_m \, dP \leq \lim_{m \leq n} \int_A X_n \, dP = \lim_n \int_A X_n \, dP = \int_A X_\infty \, dP, \qquad (16.21)$$

d.h. $\mathbb{E}(X_\infty \mid \mathfrak{A}_m) \geq X_m$ P–fs $\forall m$. X_∞ ist als Limes der $\mathfrak{A}_\infty$-messbaren X_n ebenfalls $\mathfrak{A}_\infty$-messbar. Somit ist $(X_n, \mathfrak{A}_n)_{n \in \mathbb{N} \cup \{\infty\}}$ ein Submartingal. Mit $A := \Omega$ liefert die rechte Gleichung in (16.21) $\lim_n \mathbb{E} X_n = \mathbb{E} X_\infty$.

Ist $(X_n, \mathfrak{A}_n)$ ein Martingal, so gilt in (16.21) Gleichheit. Daraus folgt $\mathbb{E}(X_\infty \mid \mathfrak{A}_m) = X_m \ \forall m \in \mathbb{N}$. Damit ist sowohl Punkt 4. als auch die Abgeschlossenheit von $(X_n, \mathfrak{A}_n)_{n \in \mathbb{N} \cup \{\infty\}}$ als Martingal gezeigt.

3. $\Rightarrow$ 1.: Nach Satz 16.19 ist auch $(X_n^+, \mathfrak{A}_n)_{n \in \mathbb{N} \cup \{\infty\}}$ ein (nichtnegatives) Submartingal, das offensichtlich abgeschlossen ist. Daher ist (X_n^+) gemäß Satz 16.31 gleichmäßig integrierbar. Daraus folgt, wie eben gezeigt, $\lim_n X_n^+ = X_\infty^+$ P–fs $\wedge$ $\lim_n \mathbb{E} X_n^+ = \mathbb{E} X_\infty^+$. Wegen $\lim_n \mathbb{E} X_n = \mathbb{E} X_\infty$ gilt nun aber $\lim_n \mathbb{E} |X_n| = \lim_n (2 \mathbb{E} X_n^+ - \mathbb{E} X_n) = 2 \mathbb{E} X_\infty^+ - \mathbb{E} X_\infty = \mathbb{E} |X_\infty|$. Das und $\lim_n X_n = X_\infty$ P–fs ergibt nach Satz 13.24 $\lim_n \|X_n - X_\infty\|_1 = 0$.

4. $\Rightarrow$ 2.: Dies wurde bereits in Satz 14.18 bewiesen.
Aus $\mathbb{E}(X_\infty \mid \mathfrak{A}_n) = X_n = \mathbb{E}(X \mid \mathfrak{A}_n) \ \forall n$ folgt für alle $n \in \mathbb{N}$ und $A \in \mathfrak{A}_n$

$$\int_A X_\infty \, dP = \int_A X_n \, dP = \int_A \mathbb{E}(X | \mathfrak{A}_n) \, dP = \int_A X \, dP.$$

Da $\mathfrak{A}_\infty = \mathfrak{A}_\sigma \left(\bigcup_n \mathfrak{A}_n \right)$, folgt daher nach Lemma 14.12 $X_\infty = \mathbb{E}\,(X\,|\mathfrak{A}_\infty)$ P–fs.

Wie der folgende Satz zeigt, kann ein gleichmäßig integrierbares Submartingal in gleichmäßig integrierbare Komponenten zerlegt werden.

Satz 16.34. *Ist $(X_n, \mathfrak{A}_n)_{n\in\mathbb{N}_0}$ ein gleichmäßig integrierbares Submartingal, (S_n) das Martingal seiner Doob-Zerlegung und (Y_n) der monoton steigende, nichtnegative, vorhersagbare Prozess, so konvergiert (Y_n) P–fs gegen ein integrierbares Y_∞, und (Y_n) ist ebenso wie (S_n) gleichmäßig integrierbar.*

Beweis. Nach Satz 16.33 existiert ein $X_\infty \in \mathcal{L}_1$ mit $\lim_n X_n = X_\infty$ P–fs und $\lim_n \mathbb{E}\,X_n = \mathbb{E}\,X_\infty$. Da die Folge (Y_n) monoton wächst, gibt es auch ein Y_∞ mit $Y_n \nearrow Y_\infty$ P–fs, und aus dem Satz über die Konvergenz durch Monotonie folgt $\lim_n \mathbb{E}\,Y_n = \mathbb{E}\,Y_\infty$. Da weiters gilt $\mathbb{E}\,S_n = \mathbb{E}\,S_0 \quad \forall\, n$, erhält man schließlich

$$\mathbb{E}\,X_\infty = \lim_n \mathbb{E}\,X_n = \lim_n \mathbb{E}\,(S_n + Y_n) = \lim_n \mathbb{E}\,S_n + \lim_n \mathbb{E}\,Y_n = \mathbb{E}\,S_0 + \mathbb{E}\,Y_\infty,$$

d.h. $Y_\infty \in \mathcal{L}_1$. Wegen $0 \le Y_n \le Y_\infty$ P–fs $\quad\forall\, n$ folgt daraus sofort die gleichmäßige Integrierbarkeit der Y_n. Damit sind auch die $S_n = X_n - Y_n$ als Folge der Differenzen gleichmäßig integrierbarer Folgen gleichmäßig integrierbar.

Lemma 16.35. *Ist $(X_t)_{t\in T}$ eine Familie von Zufallsvariablen aus $\mathcal{L}_p(\Omega, \mathfrak{S}, P)$, mit $p > 1$ und $C := \sup_t \|X_t\|_p < \infty$, so ist $(X_t)_{t\in T}$ gleichmäßig integrierbar.*

Beweis. Wegen $\lim_{|x|\to\infty} \frac{|x|^p}{|x|} = \infty$ existiert für alle $n \in \mathbb{N}$ ein $c_n > 0$, sodass für $|x| > c_n$ gilt $\frac{|x|^p}{|x|} > n \;\Rightarrow\; |x| < \frac{|x|^p}{n}$. Daraus folgt

$$\int\limits_{[|X_t|>c_n]} |X_t|\,dP \le \frac{1}{n} \int\limits_{[|X_t|>c_n]} |X_t|^p\,dP \le \frac{1}{n} \int |X_t|^p\,dP \le \frac{C^p}{n} \quad \forall\, t \in T,$$

d.h. die X_t sind gleichmäßig integrierbar.

Damit kann man den folgenden Konvergenzsatz formulieren:

Satz 16.36. *Ist $(X_n, \mathfrak{A}_n)_{n\in\mathbb{N}}$ ein Martingal oder ein nichtnegatives Submartingal aus $\mathcal{L}_p(\Omega, \mathfrak{S}, P)$, $p > 1$ mit $C := \sup_n \|X_n\|_p < \infty$, so sind die $(|X_n|^p)$ gleichmäßig integrierbar, und es gibt eine Zufallsvariable $X_\infty \in \mathcal{L}_p$, für die gilt*

$$\lim_n X_n = X_\infty \ P\text{–fs} \quad \wedge \quad \lim_n \|X_n - X_\infty\|_p = 0.$$

Beweis. Nach Lemma 16.35 ist $(X_n)_{n\in\mathbb{N}}$ gleichmäßig integrierbar, und deshalb existiert nach Satz 16.33 Punkt 3. ein letztes Element $X_\infty \in \mathcal{L}_1$, sodass $\lim_n X_n = X_\infty$ P–fs $\;\Rightarrow\; \lim_n |X_n|^p = |X_\infty|^p$ P–fs. Daher folgt aus dem Lemma von Fatou $\int |X_\infty|^p\,dP \le \liminf_n \int |X_n|^p\,dP \le C^p < \infty \;\Rightarrow\; X_\infty \in \mathcal{L}_p$.

Damit aber folgt aus Satz 16.19, dass $(|X_n|^p, \mathfrak{A}_n)_{n \in \mathbb{N} \cup \{\infty\}}$ ein nichtnegatives Submartingal ist, das gemäß Satz 16.31 gleichmäßig integrierbar ist. Somit impliziert $\lim_n X_n = X_\infty$ P–fs nach Satz 13.35 $\lim_n \|X_n - X_\infty\|_p = 0$.

Folgerung 16.37. *Ein quadratisch integrierbares Martingal* $(X_n, \mathfrak{A}_n)_{n \in \mathbb{N}_0}$ *ist genau dann* L_2-*konvergent, wenn* $\sum_{i=1}^\infty \mathrm{Var}(X_i - X_{i-1}) < \infty$.

Beweis. Da gilt $X_n = X_0 + \sum_{i=1}^n (X_i - X_{i-1})$ und aus Satz 14.16 für $i < j$ folgt

$$\mathbb{E}\left[(X_i - X_{i-1})(X_j - X_{j-1})\right] = \mathbb{E}\left[(X_i - X_{i-1})(X_j - \mathbb{E}(X_j \mid \mathfrak{A}_{j-1}))\right] = 0,$$

ist $\sum_{i=1}^\infty \mathrm{Var}(X_i - X_{i-1}) < \infty$ äquivalent zu $\sup_n \mathbb{E} X_n^2 = \lim_n \mathbb{E} X_n^2 < \infty$. Aber $(X_n^2, \mathfrak{A}_n)_{n \in \mathbb{N}_0}$ ist nach Satz 16.19 ein Submartingal, und aus $\sup_n \mathbb{E} X_n^2 < \infty$ folgt, wie oben gezeigt, dass es ein $X_\infty \in \mathcal{L}_2$ gibt mit $\lim_n \|X_n - X_\infty\|_2 = 0$.

Umgekehrt folgt aus $\lim_{n,m \to \infty} \|X_n - X_m\|_2 = 0$ gemäß Satz 13.25, dass es ein $X_\infty \in \mathcal{L}_2$ gibt mit $\lim_n \|X_n\|_2 = \|X_\infty\|_2 < \infty$, und deshalb gilt natürlich

$$\infty > \mathbb{E} X_\infty^2 = \lim_n \mathbb{E} X_n^2 = \sum_{i=1}^\infty \mathrm{Var}(X_i - X_{i-1}) + \mathbb{E} X_0^2.$$

Definition 16.38. *Ist* $(X_n, \mathfrak{A}_n)_{n \in \mathbb{N}_0}$ *ein quadratisch integrierbares Martingal, so bezeichnet man den vorhersagbaren Prozess* $Y_n = \sum_{i=1}^n \left(\mathbb{E}(X_i^2 \mid \mathfrak{A}_{i-1}) - X_{i-1}^2 \right)$ *der Doob-Zerlegung von* (X_n^2) *als den quadratischen Variationsprozess von* (X_n). *Für* Y_n *wird üblicherweise die Bezeichnung* $\langle X \rangle_n$ *verwendet.*

Bemerkung 16.39. *Der quadratische Variationsprozess* $\langle X \rangle_n$ *kann auch dargestellt werden als* $\langle X \rangle_n = \sum_{i=1}^n \mathbb{E}\left((X_i - X_{i-1})^2 \mid \mathfrak{A}_{i-1} \right)$, *denn es gilt*

$$\mathbb{E}(X_i^2 \mid \mathfrak{A}_{i-1}) - X_{i-1}^2 = E\left([X_{i-1} + (X_i - X_{i-1})]^2 \mid \mathfrak{A}_{i-1}\right) - X_{i-1}^2$$
$$= X_{i-1}^2 + E\left((X_i - X_{i-1})^2 \mid \mathfrak{A}_{i-1}\right) - X_{i-1}^2 = E\left((X_i - X_{i-1})^2 \mid \mathfrak{A}_{i-1}\right).$$

Daraus folgt $\mathbb{E}\langle X \rangle_n = \sum_{i=1}^n \mathbb{E}(X_i - X_{i-1})^2 = \mathbb{E} X_n^2 - \mathbb{E} X_0^2$. *Folgerung 16.37 mit Hilfe des Variationsprozesses formuliert lautet daher, dass das Martingal genau dann im quadratischen Mittel konvergiert, wenn* $\sup_n \mathbb{E}\langle X \rangle_n < \infty$.

Für rückwärts gerichtete Submartingale gilt der folgende Konvergenzsatz.

Satz 16.40. *Jedes rückwärts gerichtete Submartingal* $(X_n, \mathfrak{A}_n)_{n \in \mathbb{N}}$ *auf einem Wahrscheinlichkeitsraum* $(\Omega, \mathfrak{S}, P)$ *konvergiert* P–fs *gegen ein* X_∞, *das bezüglich* $\mathfrak{A}_\infty := \bigcap_n \mathfrak{A}_n$ *messbar ist. Gilt* $\inf_n \mathbb{E} X_n > -\infty$, *so ist* (X_n) *gleichmäßig integrierbar, und deshalb gilt* $X_\infty \in \mathcal{L}_1 \wedge \lim_n \|X_n - X_\infty\|_1 = 0$.
Rückwärts gerichtete Martingale sind immer gleichmäßig integrierbar, und für sie gilt zusätzlich $X_\infty = \mathbb{E}(X_1 \mid \mathfrak{A}_\infty)$ P–fs.

Beweis. Für jedes $n \in \mathbb{N}$ ist $(X_i, \mathfrak{A}_i)_{i=n,\ldots,1}$ voraussetzungsgemäß ein Submartingal. Ist U_n für $a < b$, $a, b \in \mathbb{Q}$ die Anzahl der Überquerungen von $[a, b]$ durch $(X_i)_{i=n,\ldots,1}$, so gilt nach Satz 16.23 $\mathbb{E} U_n \leq \frac{\mathbb{E}(X_1 - a)^+}{b-a} < \infty$. Daher muss auch für U, die Anzahl aller Überqerungen von $[a, b]$ durch $(X_i, \mathfrak{A}_i)_{i \in \mathbb{N}}$, wegen $U_n \nearrow U$ nach dem Satz über die Konvergenz durch Monotonie gelten $\mathbb{E} U \leq \frac{\mathbb{E}(X_1 - a)^+}{b-a} < \infty$, woraus entsprechend der Argumentation im Beweis von Satz 16.24 folgt, dass $X_\infty := \lim_n X_n$ P–fs existiert.

Für jedes $m \in \mathbb{N}$ sind alle X_n mit $n \geq m$ $\mathfrak{A}_m$-messbar. Somit ist auch X_∞ als Grenzfunktion $\mathfrak{A}_m$-messbar $\forall m \in \mathbb{N}$, d.h. X_∞ ist $\mathfrak{A}_\infty$-messbar.

Da $(X_i^+, \mathfrak{A}_i)_{i=n,\ldots,1}$ nach Satz 16.19 ebenfalls ein Submartingal ist, gilt $\mathbb{E} X_n^+ \leq \mathbb{E} X_1^+$ $\forall n \in \mathbb{N}$. Gilt nun $\gamma := \inf_n \mathbb{E} X_n > -\infty$, so folgt daraus $\mathbb{E} |X_n| = 2 \mathbb{E} X_n^+ - \mathbb{E} X_n \leq C := 2 \mathbb{E} X_1^+ - \gamma < \infty$ $\forall n \in \mathbb{N}$, und das Lemma von Fatou impliziert $\mathbb{E} |X_\infty| \leq \liminf_n \mathbb{E} |X_n| \leq C < \infty \Rightarrow X_\infty \in \mathcal{L}_1$.

Es bleibt nur noch die gleichmäßige Integrierbarkeit von (X_n) zu zeigen. Da $\mathbb{E} X_n$ monoton gegen γ fällt, gibt es für alle $\varepsilon > 0$ ein n_ε, sodass

$$\gamma \leq \mathbb{E} X_n \leq \mathbb{E} X_{n_\varepsilon} \leq \gamma + \varepsilon \Rightarrow \mathbb{E} X_{n_\varepsilon} - \varepsilon \leq \gamma \leq \mathbb{E} X_n \quad \forall n \geq n_\varepsilon. \quad (16.22)$$

Wegen $\mathbb{E}(X_{n_\varepsilon} \mid \mathfrak{A}_n) \geq X_n$ P–fs $\forall n \geq n_\varepsilon$ gilt für alle $n \geq n_\varepsilon$ und $A \in \mathfrak{A}_n$

$$\int_A X_n \, dP \leq \int_A X_{n_\varepsilon} \, dP \wedge \int_{A^c} X_n \, dP \leq \int_{A^c} X_{n_\varepsilon} \, dP. \quad (16.23)$$

Daher müsste aus $\int_A X_n \, dP < \int_A X_{n_\varepsilon} \, dP - \varepsilon$ im Widerspruch zu (16.22) folgen $\mathbb{E} X_n < \mathbb{E} X_{n_\varepsilon} - \varepsilon$. Somit gilt für alle $n \geq n_\varepsilon$

$$\int_A X_{n_\varepsilon} \, dP - \varepsilon \leq \int_A X_n \, dP \leq \int_A X_{n_\varepsilon} \, dP \quad \forall A \in \mathfrak{A}_n. \quad (16.24)$$

Nun gibt es zu ε auch ein $\delta > 0$: $P(A) < \delta \Rightarrow \int_A |X_{n_\varepsilon}| \, dP < \varepsilon$. Aber aus $P(|X_n| > c) \leq \frac{1}{c} \mathbb{E} |X_n| \leq \frac{C}{c}$ $\forall n \in \mathbb{N}$ folgt, dass ein $c_\delta > 0$ existiert mit $P(|X_n| > c_\delta) < \delta$ $\forall n \in \mathbb{N} \Rightarrow \int_{[|X_n| > c_\delta]} |X_{n_\varepsilon}| \, dP < \varepsilon$ $\forall n \in \mathbb{N}$. Dies und die rechte Ungleichung in (16.24) mit $A := [X_n > c_\delta]$ führen zu

$$\int_{[X_n > c_\delta]} X_n \, dP \leq \int_{[X_n > c_\delta]} X_{n_\varepsilon} \, dP \leq \int_{[X_n > c_\delta]} |X_{n_\varepsilon}| \, dP < \varepsilon.$$

Aus der linken Ungleichung in (16.24) mit $A := [X_n < -c_\delta]$ folgt hingegen

$$- \int_{[X_n < -c_\delta]} X_n \, dP \leq \varepsilon - \int_{[X_n < -c_\delta]} X_{n_\varepsilon} \, dP \leq \varepsilon + \int_{[X_n < -c_\delta]} |X_{n_\varepsilon}| \, dP < 2\varepsilon,$$

und man erhält schließlich

$$\int\limits_{[|X_n|>c_\delta]} |X_n|\, dP = \int\limits_{[X_n>c_\delta]} X_n\, dP - \int\limits_{[X_n<-c_\delta]} X_n\, dP < 3\varepsilon \quad \forall\, n \geq n_\varepsilon,$$

womit die gleichmäßige Integrierbarkeit bewiesen ist.

$\inf\limits_n \mathbb{E}\, X_n > -\infty$ gilt für rückwärts gerichtete Martingale trivialerweise, da $\mathbb{E}\, X_n = \mathbb{E}\, X_1 \ \forall\, n \in \mathbb{N}$. Deshalb sind sie gleichmäßig integrierbar. Damit sind auch die $X_n\, \mathbb{1}_A$ für alle $A \in \mathfrak{S}$ gleichmäßig integrierbar, und es gilt $\lim\limits_n X_n\, \mathbb{1}_A = X_\infty\, \mathbb{1}_A \quad P\text{–fs} \ \Rightarrow \ \int_A X_\infty\, dP = \lim\limits_n \int_A X_n\, dP$. Daraus und aus $\mathfrak{A}_\infty \subseteq \mathfrak{A}_n \ \forall\, n \in \mathbb{N}$ folgt nun für alle $A \in \mathfrak{A}_\infty$

$$\int\limits_A X_\infty\, dP = \lim\limits_n \int\limits_A X_n\, dP = \lim\limits_n \int\limits_A \mathbb{E}(X_1|\mathfrak{A}_n)\, dP = \lim\limits_n \int\limits_A X_1\, dP = \int\limits_A X_1\, dP.$$

Da X_∞ $\ \mathfrak{A}_\infty$-messbar ist, ist dies äquivalent zu $X_\infty = \mathbb{E}(X_1|\mathfrak{A}_\infty) \quad P\text{–fs}$.

Aus dem obigen Satz kann man sehr leicht Kolmogoroffs 2-tes Gesetz der großen Zahlen herleiten und sogar um die L_1-Konvergenz erweitern.

Folgerung 16.41. *Ist (X_n) eine Folge unabhängig, identisch verteilter Zufallsvariabler auf einem Wahrscheinlichkeitsraum $(\Omega, \mathfrak{S}, P)$ mit endlichem Erwartungswert $\mathbb{E}\, X$, so gilt für die Summen $S_n := \sum\limits_{i=1}^{n} X_i$*

$$\lim\limits_{n\to\infty} \frac{1}{n} S_n = \mathbb{E}\, X \quad P\text{–fs} \quad \wedge \quad \lim\limits_{n\to\infty} \left\| \frac{1}{n} S_n - \mathbb{E}\, X \right\|_1 = 0. \tag{16.25}$$

Beweis. Die bedingten Erwartungen $\mathbb{E}(X_1|S_n, S_{n+1}, \ldots)$ bilden zusammen mit den σ-Algebren $\mathfrak{S}(S_n, S_{n+1}, \ldots)$ ein rückwärts gerichtetes Martingal. Unter Verwendung der Bezeichnung $\mathfrak{S}_\infty := \bigcap\limits_n \mathfrak{S}(S_n, S_{n+1}, \ldots)$ folgt daher aus Satz 16.40, dass $\mathbb{E}(X_1|S_n, S_{n+1}, \ldots)$ sowohl P–fs als auch im Mittel gegen $\mathbb{E}(X_1|\mathfrak{S}_\infty)$ konvergiert. Da jedoch, wie in Beispiel 14.14 gezeigt, gilt $\frac{1}{n} S_n = \mathbb{E}(X_1|S_n, S_{n+1}, \ldots) \quad P\text{–fs}$, ist dies äquivalent zu

$$\lim\limits_n \frac{1}{n} S_n = \mathbb{E}(X_1|\mathfrak{S}_\infty) \quad P\text{–fs} \ \wedge \ \lim\limits_n \left\| \frac{1}{n} S_n - \mathbb{E}(X_1|\mathfrak{S}_\infty) \right\|_1 = 0. \tag{16.26}$$

Nun haben wir in Beispiel 7.60 gezeigt, dass $\lim\limits_n \frac{1}{n} S_n$ eine terminale Funktion und daher P–fs konstant ist. Wegen $\mathbb{E}\, X = \mathbb{E}\, X_1 = \mathbb{E}\, \mathbb{E}(X_1|\mathfrak{S}_\infty)$ muss diese Konstante aber mit $\mathbb{E}\, X \quad P$–fs übereinstimmen.

Bemerkung 16.42. *Dass $\mathbb{E}(X_1|\mathfrak{S}_\infty)$ konstant ist, kann man auch aus dem Null-Eins-Gesetz von Hewitt-Savage herleiten, denn die Summen $S_n, S_{n+1}, \ldots$ ändern sich durch eine Permutation der ersten $n-1$ Summanden $X_1, \ldots, X_{n-1}$ nicht. Die Mengen aus $\mathfrak{S}_\infty = \bigcap\limits_n \mathfrak{S}(S_n, S_{n+1}, \ldots)$ werden daher durch keine Permutation von endlich vielen Koordinaten beeinflusst und sind somit symmetrisch, d.h. sie haben Wahrscheinlichkeit 0 oder 1.*

16.4 Optionales Stoppen - optionale Auswahl

Wenn die in Abschnitt 16.2 beschriebenen Einsätze B_n nur die Werte 0 oder 1 annehmen, wenn also der Spieler vor jedem Spiel entscheidet, ob er daran teilnimmt oder nicht, so spricht man von einer optionalen Auswahl (optional sampling); sind die B_n ab einem gewissen Zeitpunkt stets Null, d.h. wenn der Spieler aufhört zu spielen, so bezeichnet man das als optionales Stoppen. Die Zeitpunkte, in denen der Spieler spielt bzw. zu spielen aufhört, hängen vom bisherigen Spielverlauf ab und sind deshalb adaptierte Zufallsvariable, welche man als Stoppzeiten bezeichnet. Sie werden so definiert.

Definition 16.43. *Ist $(\mathfrak{A}_t)_{t\geq 0}$ eine Filtration auf einem Wahrscheinlichkeitsraum $(\Omega, \mathfrak{S}, P)$, so nennt man eine Funktion $\tau : \Omega \to [0, \infty]$ eine Stoppzeit, wenn $[\tau \leq t] \in \mathfrak{A}_t \quad \forall\, t \geq 0$. Die Stoppzeit ist endlich, wenn $P(\tau = \infty) = 0$.*

Bemerkung 16.44.

1. *Endliche Stoppzeiten werden auch Stoppregeln genannt. Allerdings sind diese Bezeichnungen nicht einheitlich; manche Autoren nennen τ eine Stoppregel, wenn $P(\tau = \infty) > 0$, und sprechen von einer Stoppzeit, wenn $\tau : \Omega \to \mathbb{R}^+$.*
2. *Für $\tau(\Omega) \subseteq \mathbb{N}_0$ ist $[\tau \leq n] \in \mathfrak{A}_n \quad \forall\, n$ wegen $[\tau = n] = [\tau \leq n] \setminus [\tau \leq n-1]$ und $[\tau \leq n] = \bigcup_{i=0}^{n} [\tau = i]$ äquivalent zu $[\tau = n] \in \mathfrak{A}_n \quad \forall\, n \in \mathbb{N}_0$.*
3. *$\tau \equiv t$ ist trivialerweise eine Stoppzeit.*
4. *Sind τ_1, τ_2 Stoppzeiten, so sind auch $\tau_1 \vee \tau_2$ und $\tau_1 \wedge \tau_2$ Stoppzeiten wegen $[\tau_1 \vee \tau_2 \leq t] = [\tau_1 \leq t] \cap [\tau_2 \leq t]$ und $[\tau_1 \wedge \tau_2 \leq t] = [\tau_1 \leq t] \cup [\tau_2 \leq t]$.*

Lemma 16.45. *Ist τ eine Stoppzeit bezüglich der Filtration $(\mathfrak{A}_t)_{t\geq 0}$ auf dem Wahrscheinlichkeitsraum $(\Omega, \mathfrak{S}, P)$, so ist $\mathfrak{A}_\tau := \{A \in \mathfrak{S} : A \cap [\tau \leq t] \in \mathfrak{A}_t \,\forall\, t\}$ eine σ-Algebra, die Vergangenheit von τ genannt wird, und τ ist $\mathfrak{A}_\tau$-messbar.*

Sind τ_1 und τ_2 zwei Stoppzeiten mit $\tau_1 \leq \tau_2 \quad P$–fs, so gilt $\mathfrak{A}_{\tau_1} \subseteq \mathfrak{A}_{\tau_2}$.

Beweis. Offensichtlich gilt $\emptyset \in \mathfrak{A}_\tau$ und $\Omega \in \mathfrak{A}_\tau$. Ist $A \in \mathfrak{A}_\tau$, so folgt aus $A \cap [\tau \leq t] \in \mathfrak{A}_t$ auch $A^c \cap [\tau \leq t] = [\tau \leq t] \setminus (A \cap [\tau \leq t]) \in \mathfrak{A}_t$. Somit gilt $A \in \mathfrak{A}_\tau \quad \Rightarrow \quad A^c \in \mathfrak{A}_\tau$. Ist schließlich (A_i) eine Folge aus $\mathfrak{A}_\tau$, so gilt $\left(\bigcup_i A_i \right) \cap [\tau \leq t] = \bigcup_i (A_i \cap [\tau \leq t]) \in \mathfrak{A}_t$, d.h. $\bigcup_i A_i \in \mathfrak{A}_\tau$.

Aus $[\tau \leq s] \cap [\tau \leq t] = [\tau \leq s \wedge t] \in \mathfrak{A}_{s \wedge t} \subseteq \mathfrak{A}_t \quad \forall\, t$ folgt $[\tau \leq s] \in \mathfrak{A}_\tau \quad \forall\, s$, d.h. τ ist $\mathfrak{A}_\tau$-messbar.

Aus $\tau_1 \leq \tau_2 \, P$–fs folgt $[\tau_2 \leq t] \subseteq [\tau_1 \leq t] \quad \forall\, t \geq 0$, und deshalb gilt auch $A \cap [\tau_2 \leq t] = (A \cap [\tau_1 \leq t]) \cap [\tau_2 \leq t]$. Da gilt $[\tau_2 \leq t] \in \mathfrak{A}_t$ und aus $A \in \mathfrak{A}_{\tau_1}$ folgt $A \cap [\tau_1 \leq t] \in \mathfrak{A}_t \,\forall\, t$, impliziert das $A \in \mathfrak{A}_{\tau_2} \,\forall\, A \in \mathfrak{A}_{\tau_1}$, d.h. $\mathfrak{A}_{\tau_1} \subseteq \mathfrak{A}_{\tau_2}$.

Definition 16.46. *Ist $(X_n)_{n\in\mathbb{N}_0}$ ein stochastischer Prozess und τ eine Stoppzeit bezüglich der Filtration $(\mathfrak{A}_n)_{n\in\mathbb{N}_0}$, so bezeichnet man den Prozess $(X_{\tau \wedge n})_{n\in\mathbb{N}_0}$ mit $X_{\tau \wedge n}(\omega) := X_{\tau(\omega)}(\omega)\, \mathbb{1}_{[\tau \leq n]}(\omega) + X_n(\omega)\, \mathbb{1}_{[\tau > n]}(\omega)$ als gestoppten Prozess.*

Lemma 16.47. *Ist $(X_n)_{n \in \mathbb{N}_0}$ eine an eine Filtration $(\mathfrak{A}_n)_{n \in \mathbb{N}_0}$ adaptierte Folge und τ eine endliche Stoppzeit, so ist $X_\tau := \sum\limits_{n \in \mathbb{N}_0} X_n \mathbb{1}_{[\tau = n]}$ $\mathfrak{A}_\tau$-messbar.*

Beweis. Ist $B \in \mathfrak{B}$, so gilt $X_\tau^{-1}(B) \cap [\tau = n] = X_n^{-1}(B) \cap [\tau = n] \in \mathfrak{A}_n$ für alle $n \in \mathbb{N}_0$. Daraus folgt $X_\tau^{-1}(B) \in \mathfrak{A}_\tau$ $\forall B \in \mathfrak{B}$, d.h. X_τ ist $\mathfrak{A}_\tau$-messbar.

Bemerkung 16.48. *Gibt es ein letztes Element $(X_\infty, \mathfrak{A}_\infty)$, so kann man X_τ für beliebige Stoppzeiten durch $X_\tau := \sum\limits_{n \in \mathbb{N}_0 \cup \{\infty\}} X_n \mathbb{1}_{[\tau = n]}$ sinnvoll definieren.*
Wegen $X_\tau^{-1}(B) \cap [\tau = \infty] = X_\infty^{-1}(B) \cap \bigcap\limits_{n \in \mathbb{N}_0} [\tau > n] \in \mathfrak{A}_\infty$ bleibt die Aussage des obigen Lemmas auch in diesem Fall gültig.

Satz 16.49. *Ist $(X_n, \mathfrak{A}_n)_{n \in \mathbb{N}_0}$ ein Submartingal und τ eine Stoppzeit, so sind auch $(X_{\tau \wedge n}, \mathfrak{A}_n)_{n \in \mathbb{N}_0}$ und $(X_{\tau \wedge n}, \mathfrak{A}_{\tau \wedge n})_{n \in \mathbb{N}_0}$ Submartingale.*
Ist $(X_n, \mathfrak{A}_n)$ ein Martingal, so sind $(X_{\tau \wedge n}, \mathfrak{A}_n)$ und $(X_{\tau \wedge n}, \mathfrak{A}_{\tau \wedge n})$ Martingale.

Beweis. Die $B_n := \mathbb{1}_{[\tau > n-1]}$, $n \in \mathbb{N}$ sind nichtnegativ und vorhersagbar, weshalb nach Satz 16.20 die $Y_0 := X_0$, $Y_n := X_0 + \sum\limits_{i=1}^{n} B_i (X_i - X_{i-1})$, $n \geq 1$ mit $(\mathfrak{A}_n)$ ein Submartingal bilden bzw. ein Martingal, wenn $(X_n, \mathfrak{A}_n)$ eines ist. Aber auf $[\tau \leq n]$ gilt $Y_n = X_\tau$ und auf $[\tau > n]$ gilt $Y_n = X_n$, d.h. $Y_n = X_{\tau \wedge n}$. Da aus $\tau \wedge m \leq m$ nach Lemma 16.45 folgt $\mathfrak{A}_{\tau \wedge m} \subseteq \mathfrak{A}_m$, gilt für $m < n$

$$\mathbb{E}(X_{\tau \wedge n} \mid \mathfrak{A}_{\tau \wedge m}) = \mathbb{E}(\mathbb{E}(X_{\tau \wedge n} \mid \mathfrak{A}_m) \mid \mathfrak{A}_{\tau \wedge m}) \geq \mathbb{E}(X_{\tau \wedge m} \mid \mathfrak{A}_{\tau \wedge m}) = X_{\tau \wedge m}.$$

Im Martingalfall wird die obige Ungleichung zu einer Gleichung.

Satz 16.50. *Ist $(X_n, \mathfrak{A}_n)_{n \in \mathbb{N}_0}$ ein gleichmäßig integrierbares Martingal mit $X_\infty = \lim\limits_{n} X_n$ P–fs und τ eine Stoppzeit, so ist X_τ integrierbar und es gilt*

$$X_\tau = \mathbb{E}(X_\infty \mid \mathfrak{A}_\tau) \ P\text{–fs}. \tag{16.27}$$

Beweis. Da gilt $\sum\limits_{i=0}^{n} |X_i| \mathbb{1}_{[\tau=i]} \nearrow |X_\tau| \mathbb{1}_{[\tau < \infty]}$ P–fs, folgt aus Satz 9.20

$$\int |X_\tau| \, dP = \sum\limits_{n \in \mathbb{N}_0} \int\limits_{[\tau=n]} |X_n| \, dP + \int\limits_{[\tau=\infty]} |X_\infty| \, dP. \tag{16.28}$$

Da $(|X_n|, \mathfrak{A}_n)_{n \in \mathbb{N}_0 \cup \{\infty\}}$ nach Satz 16.19 ein Submartingal ist, gilt weiters $\int_{[\tau=n]} |X_n| \, dP \leq \int_{[\tau=n]} |X_\infty| \, dP$ $\forall n \in \mathbb{N}_0$. Eingesetzt in (16.28) ergibt das

$$\int |X_\tau| \, dP \leq \sum\limits_{n \in \mathbb{N}_0} \int\limits_{[\tau=n]} |X_\infty| \, dP + \int\limits_{[\tau=\infty]} |X_\infty| \, dP = \int |X_\infty| \, dP < \infty.$$

Da gilt $\left| \sum\limits_{i=0}^{n} X_i \mathbb{1}_{[\tau=i]} \right| \leq \sum\limits_{i \in \mathbb{N}_0} |X_i| \mathbb{1}_{[\tau=i]} + |X_\infty| \mathbb{1}_{[\tau=\infty]} = |X_\tau| \in \mathcal{L}_1$ $\forall n$, folgt aus Satz 9.33 (Satz von Lebesgue) und wegen $X_n = \mathbb{E}(X_\infty \mid \mathfrak{A}_n)$ P–fs

$$\int_A X_\tau \, dP = \sum_{n \in \mathbb{N}_0} \int_{A \cap [\tau=n]} X_n \, dP + \int_{A \cap [\tau=\infty]} X_\infty \, dP$$

$$= \sum_{n \in \mathbb{N}_0} \int_{A \cap [\tau=n]} X_\infty \, dP + \int_{A \cap [\tau=\infty]} X_\infty \, dP = \int_A X_\infty \, dP \quad \forall \, A \in \mathfrak{A}_\tau .$$

Damit ist auch $X_\tau = \mathbb{E}(X_\infty \mid \mathfrak{A}_\tau)$ P–fs bewiesen.

Folgerung 16.51. *Ist $(X_n, \mathfrak{A}_n)_{n \in \mathbb{N}_0}$ ein gleichmäßig integrierbares Martingal mit $X_\infty := \lim\limits_n X_n$ P–fs und sind τ_j Stoppzeiten mit $\tau_j \le \tau_{j+1}$ P–fs $\forall \, j$, so gilt $X_{\tau_j} = \mathbb{E}(X_\infty \mid \mathfrak{A}_{\tau_j})$ P–fs $\forall \, j$, d.h. $(X_{\tau_j}, \mathfrak{A}_{\tau_j})$ ist ein Doob-Martingal mit*

$$\widetilde{X} := \mathbb{E}\left(X_\infty \,\middle|\, \mathfrak{A}_\sigma \left(\bigcup_j \mathfrak{A}_{\tau_j} \right) \right) = \lim_j X_{\tau_j} \ P\text{–fs} \ \wedge \ \lim_j \left\| X_{\tau_j} - \widetilde{X} \right\|_1 = 0 .$$

Beweis. Das folgt aus dem obigen Satz und aus Satz 16.33 Punkt 4.

Satz 16.52. *Ist $(X_n, \mathfrak{A}_n)_{n \in \mathbb{N}_0}$ ein gleichmäßig integrierbares Submartingal mit $X_\infty = \lim\limits_n X_n$ P–fs und τ eine Stoppzeit, so ist X_τ integrierbar und es gilt*

$$X_\tau \le \mathbb{E}(X_\infty \mid \mathfrak{A}_\tau) \ P\text{–fs} . \tag{16.29}$$

Beweis. Das Martingal $(S_n)_{n \in \mathbb{N}_0 \cup \{\infty\}}$ der Doob-Zerlegung von (X_n) ist gemäß Satz 16.34 gleichmäßig integrierbar. Daher ist S_τ nach Satz 16.50 integrierbar, und es gilt $S_\tau = \mathbb{E}(S_\infty \mid \mathfrak{A}_\tau)$ P–fs. Ist (Y_n) die zugehörige, vorhersagbare Folge, so ist Y_τ nach Bemerkung 16.48 $\mathfrak{A}_\tau$-messbar, und daher gilt $Y_\tau = \mathbb{E}(Y_\tau \mid \mathfrak{A}_\tau)$. Aus $0 \le Y_n \le Y_\infty \in \mathcal{L}_1$ $\forall \, n$ folgt weiters $Y_\tau = \sum\limits_{n \in \mathbb{N}_0 \cup \{\infty\}} Y_n \mathbb{1}_{[\tau=n]} \le \sum\limits_{n \in \mathbb{N}_0 \cup \{\infty\}} Y_\infty \mathbb{1}_{[\tau=n]} = Y_\infty$. Damit gilt $Y_\tau = \mathbb{E}(Y_\tau \mid \mathfrak{A}_\tau) \le \mathbb{E}(Y_\infty \mid \mathfrak{A}_\tau)$, und man erhält schließlich

$$X_\tau = S_\tau + Y_\tau \le \mathbb{E}(S_\infty \mid \mathfrak{A}_\tau) + \mathbb{E}(Y_\infty \mid \mathfrak{A}_\tau) = \mathbb{E}(X_\infty \mid \mathfrak{A}_\tau) \ P\text{–fs} .$$

Satz 16.53. *Ist $(X_n, \mathfrak{A}_n)_{n \in \mathbb{N}_0}$ ein gleichmäßig integrierbares Submartingal mit $X_\infty := \lim\limits_n X_n$ P–fs und sind τ_j Stoppzeiten mit $\tau_j \le \tau_{j+1}$ P–fs $\forall \, j$, so ist $(X_{\tau_j}, \mathfrak{A}_{\tau_j})$ ein gleichmäßig integrierbares Submartingal.*

Beweis. Mit den Bezeichnungen des vorigen Satzes ist (S_{τ_j}) gleichmäßig integrierbar (siehe Folgerung 16.51), und aus $0 \le Y_{\tau_j} \le Y_\infty \in \mathcal{L}_1$ $\forall \, j$ folgt die gleichmäßige Integrierbarkeit von (Y_{τ_j}). Daher sind auch die $X_{\tau_j} = S_{\tau_j} + Y_{\tau_j}$ gleichmäßig integrierbar.

Wegen $\tau_j \le \tau_{j+1}$ P–fs gilt $Y_{\tau_j} \mathbb{1}_{[\tau_j = \infty]} = Y_{\tau_{j+1}} \mathbb{1}_{[\tau_j = \infty]}$, sowie für alle $n \in \mathbb{N}_0$

$$Y_{\tau_j} \mathbb{1}_{[\tau_j = n]} = \mathbb{1}_{[\tau_j = n]} \sum_{i \ge n} Y_n \mathbb{1}_{[\tau_{j+1} = i]} \le \mathbb{1}_{[\tau_j = n]} \sum_{i \ge n} Y_i \mathbb{1}_{[\tau_{j+1} = i]} = Y_{\tau_{j+1}} \mathbb{1}_{[\tau_j = n]} ,$$

d.h. $Y_{\tau_j} \le Y_{\tau_{j+1}}$. Daraus folgt $\mathbb{E}(Y_{\tau_j} \mid \mathfrak{A}_{\tau_j}) \le \mathbb{E}(Y_{\tau_{j+1}} \mid \mathfrak{A}_{\tau_j})$, und man erhält

$$X_{\tau_j} = S_{\tau_j} + Y_{\tau_j} = \mathbb{E}(S_{\tau_{j+1}} \mid \mathfrak{A}_{\tau_j}) + E(Y_{\tau_j} \mid \mathfrak{A}_{\tau_j})$$
$$\le \mathbb{E}(S_{\tau_{j+1}} \mid \mathfrak{A}_{\tau_j}) + \mathbb{E}(Y_{\tau_{j+1}} \mid \mathfrak{A}_{\tau_j}) = \mathbb{E}(X_{\tau_{j+1}} \mid \mathfrak{A}_{\tau_j}) \ P\text{–fs} \ \forall \, j .$$

Folgerung 16.54. *Ist $(X_n, \mathfrak{A}_n)_{n \in \mathbb{N}_0}$ ein gleichmäßig integrierbares Submartingal und τ eine Stoppzeit, so sind $(X_{\tau \wedge n}, \mathfrak{A}_n)$ und $(X_{\tau \wedge n}, \mathfrak{A}_{\tau \wedge n})$ gleichmäßig integrierbare Submartingale und es gilt*

$$\mathbb{E} X_\tau = \lim_n \mathbb{E} X_{\tau \wedge n} \geq \mathbb{E} X_0 . \tag{16.30}$$

Ist $(X_n, \mathfrak{A}_n)$ ein gleichmäßig integrierbares Martingal, so sind $(X_{\tau \wedge n}, \mathfrak{A}_n)$ und $(X_{\tau \wedge n}, \mathfrak{A}_{\tau \wedge n})$ gleichmäßig integrierbare Martingale und es gilt

$$\mathbb{E} X_\tau = \lim_n \mathbb{E} X_{\tau \wedge n} = \mathbb{E} X_0 . \tag{16.31}$$

Beweis. Dass der gestoppte Prozess die Submartingal- bzw. Martingaleigenschaft beibehält, wurde schon in Satz 16.49 gezeigt, und damit gilt auch $\mathbb{E} X_{\tau \wedge n} \geq \mathbb{E} X_0$ bzw. $\mathbb{E} X_{\tau \wedge n} = \mathbb{E} X_0 \quad \forall\, n \in \mathbb{N}_0$ im Martingalfall. Aus dem vorigen Satz mit $\tau_j := \tau \wedge j$ folgt die gleichmäßige Integrierbarkeit.

Auf $[\tau = m]$ gilt $X_{\tau \wedge n} = X_m \quad \forall\, n \geq m$. Daraus folgt natürlich $\lim_n X_{\tau \wedge n} \mathbb{1}_{[\tau = m]} = X_m \mathbb{1}_{[\tau = m]} \quad \forall\, m \in \mathbb{N}_0$. Da es nach Satz 16.33 Punkt 3. ein $X_\infty \in \mathcal{L}_1$ gibt mit $\lim_n X_n = X_\infty$ P–fs und da auf $[\tau = \infty]$ $X_{\tau \wedge n}$ für alle $n \in \mathbb{N}_0$ mit X_n übereinstimmt, gilt auch $\lim_n X_{\tau \wedge n} \mathbb{1}_{[\tau = \infty]} = X_\infty \mathbb{1}_{[\tau = \infty]}$. Somit erhält man $\lim_n X_{\tau \wedge n} = \sum_{n \in \mathbb{N}_0 \cup \{\infty\}} X_n \mathbb{1}_{[\tau = n]} = X_\tau$ P–fs, woraus laut Satz 13.34 folgt $\mathbb{E} X_\tau = \lim_n \mathbb{E} X_{\tau \wedge n}$.

Bemerkung 16.55. *Man beachte, dass ein Submartingal $(X_i, \mathfrak{A}_i)_{0 \leq i \leq n}$, das nur aus endlich vielen Gliedern besteht, gleichmäßig integrierbar ist, und deshalb die obigen Sätze insbesondere für gleichmäßig beschränkte Stoppzeiten, also Stoppzeiten mit $\tau_j \leq n < \infty \quad \forall\, j$ gelten.*

Die Submartingaleigenschaft des Auswahlprozesses (X_{τ_j}) bleibt bereits dann erhalten, wenn das ursprügliche Submartingal nur ein letztes Element besitzt, anstatt gleichmäßig integrierbar zu sein. Allerdings ist der Prozess dann i.A. nicht mehr gleichmäßig integrierbar, sodass darauf die Konvergenzaussagen von Satz 16.33 nicht mehr angewandt werden können.

Satz 16.56. *Ist $(X_n, \mathfrak{A}_n)_{n \in \mathbb{N}_0 \cup \{\infty\}}$ ein Submartingal auf einem Wahrscheinlichkeitsraum $(\Omega, \mathfrak{S}, P)$, so gilt für beliebige Stoppzeiten σ, τ*

$$\sigma \leq \tau \ P\text{–fs} \quad \Rightarrow \quad \mathbb{E}(X_\tau \mid \mathfrak{A}_\sigma) \geq X_\sigma \ P\text{–fs} .$$

Beweis. Man zerlegt X_n in $S_n := \mathbb{E}(X_\infty \mid \mathfrak{A}_n)$ und $Y_n := X_n - \mathbb{E}(X_\infty \mid \mathfrak{A}_n)$, sodass gilt $X_n = S_n + Y_n \quad \forall\, n \in \mathbb{N}_0 \cup \{\infty\}$.

Da (S_n) ein Doob-Martingal ist, sind S_σ, S_τ laut Satz 16.50 integrierbar, und gemäß Folgerung 16.51 gilt $\mathbb{E}(S_\tau \mid \mathfrak{A}_\sigma) = S_\sigma$ P–fs für $\sigma \leq \tau$.

Wegen $\mathbb{E}(X_\infty \mid \mathfrak{A}_n) \geq X_n$ P–fs gilt $Y_n \leq 0$ P–fs $\quad \forall\, n$, und aus der $\mathfrak{A}_\infty$-Messbarkeit von X_∞ folgt $X_\infty = \mathbb{E}(X_\infty \mid \mathfrak{A}_\infty) \quad \Rightarrow \quad Y_\infty = 0$ P–fs. Daher gilt natürlich $\mathbb{E}(Y_\infty \mid \mathfrak{A}_n) = 0 \geq Y_n \quad \forall\, n \in \mathbb{N}_0$. Außerdem gilt für alle $m \leq n$

$\mathbb{E}(Y_n \mid \mathfrak{A}_m) = \mathbb{E}(X_n \mid \mathfrak{A}_m) - \mathbb{E}(\mathbb{E}(X_\infty \mid \mathfrak{A}_n) \mid \mathfrak{A}_m) \geq X_m - \mathbb{E}(X_\infty \mid \mathfrak{A}_m) = Y_m$,

d.h. $(Y_n, \mathfrak{A}_n)_{n \in \mathbb{N}_0 \cup \{\infty\}}$ ist ein negatives Submartingal.

Weil gilt $\sigma \wedge n \leq \tau \wedge n \leq n$, folgt aus Bemerkung 16.55 und Satz 16.53 $\mathbb{E}(Y_{\tau \wedge n} \mid \mathfrak{A}_{\sigma \wedge n}) \geq Y_{\sigma \wedge n}$. Für alle $A \in \mathfrak{A}_\sigma$ gilt aber $A \cap [\sigma \leq n] \in \mathfrak{A}_{\sigma \wedge n}$, da

$$A \cap [\sigma \leq n] \cap [\sigma \wedge n \leq m] = \begin{cases} A \cap [\sigma \leq m] \in \mathfrak{A}_m, & \text{für } m \leq n \\ A \cap [\sigma \leq n] \in \mathfrak{A}_n \subseteq \mathfrak{A}_m, & \text{für } m > n. \end{cases}$$

Die obige Ungleichung impliziert also $\int_{A \cap [\sigma \leq n]} Y_{\sigma \wedge n} \, dP \leq \int_{A \cap [\sigma \leq n]} Y_{\tau \wedge n} \, dP$. Da gilt $Y_{\tau \wedge n} \leq 0$ und $[\tau \leq n] \subseteq [\sigma \leq n]$ kann das rechte Integral abgeschätzt werden durch $\int_{A \cap [\sigma \leq n]} Y_{\tau \wedge n} \, dP \leq \int_{A \cap [\tau \leq n]} Y_{\tau \wedge n} \, dP$, und man erhält

$$\int_{A \cap [\sigma \leq n]} Y_{\sigma \wedge n} \, dP \leq \int_{A \cap [\sigma \leq n]} Y_{\tau \wedge n} \, dP \leq \int_{A \cap [\tau \leq n]} Y_{\tau \wedge n} \, dP \quad \forall \, n \in \mathbb{N}_0. \quad (16.32)$$

Da $Y_{\sigma \wedge (n+1)} \mathbb{1}_{A \cap [\sigma \leq n+1]} = Y_{\sigma \wedge n} \mathbb{1}_{A \cap [\sigma \leq n]} + Y_{n+1} \mathbb{1}_{A \cap [\sigma = n+1]} \leq Y_{\sigma \wedge n} \mathbb{1}_{A \cap [\sigma \leq n]}$, ist $(Y_{\sigma \wedge n} \mathbb{1}_{A \cap [\sigma \leq n]})_n$ monoton fallend mit $Y_{\sigma \wedge n} \mathbb{1}_{A \cap [\sigma \leq n]} \searrow Y_\sigma \mathbb{1}_{A \cap [\sigma < \infty]}$. Da auch gilt $Y_{\sigma \wedge n} \mathbb{1}_{A \cap [\sigma \leq n]} \leq 0$, folgt aus dem verallgemeinerten Satz von B. Levi (Satz 9.31) $\int_{A \cap [\sigma < \infty]} Y_\sigma \, dP = \lim_n \int_{A \cap [\sigma \leq n]} Y_{\sigma \wedge n} \, dP$. Wegen $Y_\infty = 0$ P–fs stimmt die linke Seite dieser Gleichung jedoch überein mit $\int_A Y_\sigma \, dP = \int_{A \cap [\sigma < \infty]} Y_\sigma \, dP + \int_{A \cap [\sigma = \infty]} Y_\infty \, dP$, und man erhält schließlich

$$\int_A Y_\sigma \, dP = \lim_n \int_{A \cap [\sigma \leq n]} Y_{\sigma \wedge n} \, dP. \quad (16.33)$$

Die obigen Argumente, angewandt auf τ, ergeben aber auch

$$\int_A Y_\tau \, dP = \lim_n \int_{A \cap [\tau \leq n]} Y_{\tau \wedge n} \, dP, \quad (16.34)$$

und aus (16.32), (16.33) sowie (16.34) folgt offensichtlich

$$\int_A Y_\sigma \, dP \leq \int_A Y_\tau \, dP \quad \forall \, A \in \mathfrak{A}_\sigma. \quad (16.35)$$

Es bleibt nur noch die Integrierbarkeit von Y_τ für jede Stoppzeit τ zu zeigen.

Aber (16.35) mit $\sigma \equiv 0$ und $A = \Omega$ führt zu $\int Y_0 \, dP \leq \int Y_\tau \, dP$. Daraus folgt $Y_\tau \in \mathcal{L}_1$ unmittelbar, weil bekanntlich gilt $-\infty < \int Y_0 \, dP$ und $Y_\tau \leq 0$.

Sind die Stoppzeiten endlich, so bleibt der Auswahlprozess (X_{τ_j}) auch unter den Voraussetzungen des folgenden Satzes ein Submartingal.

Satz 16.57. *Ist $(X_n, \mathfrak{A}_n)_{n \in \mathbb{N}_0}$ ein Submartingal und sind $\tau_j, j = 1, 2, \ldots$ endliche Stoppzeiten, sodass für alle j gilt $0 \leq \tau_j \leq \tau_{j+1}$ P–fs, $X_{\tau_j} \in \mathcal{L}_1$ und $\liminf_n \int_{[\tau_j > n]} |X_n| \, dP = 0$, so ist $(X_{\tau_j}, \mathfrak{A}_{\tau_j})$ ein Submartingal. Ist $(X_n, \mathfrak{A}_n)_{n \in \mathbb{N}_0}$ ein Martingal, so ist auch $(X_{\tau_j}, \mathfrak{A}_{\tau_j})$ eines.*

Beweis. Wegen $P(\tau_j = \infty) = 0$ gilt für $A \in \mathfrak{A}_{\tau_j}$ und $A_m := A \cap [\tau_j \leq m]$
$\lim_m X_{\tau_k} \mathbb{1}_{A_m} = X_{\tau_k} \mathbb{1}_A$ P-fs. Weiters gilt $|X_{\tau_k} \mathbb{1}_{A_m}| \leq |X_{\tau_k}|$ $\forall\, m \in \mathbb{N}$, sodass aus dem Satz über die Konvergenz durch Majorisierung (Satz 9.33) folgt
$\int_A X_{\tau_j}\, dP = \lim_m \int_{A_m} X_{\tau_j}\, dP$ und $\int_A X_{\tau_{j+1}}\, dP = \lim_m \int_{A_m} X_{\tau_{j+1}}\, dP$. Um den
Satz zu beweisen, genügt es daher $\int_{A_m} X_{\tau_{j+1}}\, dP \geq \int_{A_m} X_{\tau_j}\, dP$ zu zeigen.

Ist $m \in \mathbb{N}$ fest, so gilt für alle $n \geq m$ auf A_m klarerweise $X_{\tau_j \wedge n} = X_{\tau_j}$.

Für $n \geq m$ folgt aus $A_m \cap [\tau_j \wedge n \leq k] = \begin{cases} A \cap [\tau_j \leq k] \in \mathfrak{A}_k\,, & k \leq m \\ A \cap [\tau_j \leq m] \in \mathfrak{A}_m \subseteq \mathfrak{A}_k\,, & k > m \end{cases}$
überdies $A_m \in \mathfrak{A}_{\tau_j \wedge n}$, und Satz 16.53 mit Bemerkung 16.55, angewandt auf
$\tau_j \wedge n$ und $\tau_{j+1} \wedge n$, ergibt $\int_{A_m} X_{\tau_{j+1} \wedge n}\, dP \geq \int_{A_m} X_{\tau_j \wedge n}\, dP = \int_{A_m} X_{\tau_j}\, dP$.
Damit erhält man nun

$$\int_{A_m} X_{\tau_{j+1}}\, dP = \int_{A_m} X_{\tau_{j+1} \wedge n}\, dP + \int_{A_m} \left(X_{\tau_{j+1}} - X_{\tau_{j+1} \wedge n} \right)\, dP$$

$$\geq \int_{A_m} X_{\tau_j}\, dP + \int_{A_m} \left(X_{\tau_{j+1}} - X_{\tau_{j+1} \wedge n} \right)\, dP\,. \qquad (16.36)$$

Auf $A_m \cap [\tau_{j+1} \leq n]$ stimmen τ_{j+1} und $\tau_{j+1} \wedge n$ überein. Daher gilt

$$\int_{A_m} \left(X_{\tau_{j+1}} - X_{\tau_{j+1} \wedge n} \right)\, dP = \int_{A_m \cap [\tau_{j+1} > n]} \left(X_{\tau_{j+1}} - X_{\tau_{j+1} \wedge n} \right)\, dP$$

$$= \int_{A_m \cap [\tau_{j+1} > n]} X_{\tau_{j+1}}\, dP - \int_{A_m \cap [\tau_{j+1} > n]} X_n\, dP\,. \qquad (16.37)$$

Aus $P(\tau_{j+1} = \infty) = 0$ folgt $\mathbb{1}_{A_m \cap [\tau_{j+1} > n]} X_{\tau_{j+1}} \to 0$ P-fs, und es gilt
$\left| \mathbb{1}_{A_m \cap [\tau_{j+1} > n]} X_{\tau_{j+1}} \right| \leq |X_{\tau_{j+1}}| \in \mathcal{L}_1$. Das impliziert nach dem Konvergenzsatz von Lebesgue (Satz 9.33) $\lim_n \int_{A_m \cap [\tau_{j+1} > n]} X_{\tau_{j+1}}\, dP = 0$.
Voraussetzungsgemäß konvergiert auch $\int_{A_m \cap [\tau_{j+1} > n]} X_n\, dP$ für eine Teilfolge
(n_k) gegen 0. Daher kann das letzte Integral in (16.36) für geeignetes $n = n_k$
beliebig klein gemacht werden. Somit gilt $\int_{A_m} X_{\tau_{j+1}}\, dP \geq \int_{A_m} X_{\tau_j}\, dP$.

Ist $(X_n, \mathfrak{A}_n)$ ein Martingal, so wird die Ungleichung in (16.36) zu einer
Gleichung, und man erhält $\int_{A_m} X_{\tau_{j+1}}\, dP = \int_{A_m} X_{\tau_j}\, dP$.

Für Submartingale, die nur die Voraussetzungen des obigen Satzes erfüllen, stellt sich die Frage, ob der durch optionale Auswahl gebildete Prozess
gleichmäßig beschränkt bleibt, wenn das ursprüngliche Submartingal diese
Eigenschaft besitzt.Die Antwort gibt der folgende Satz.

Satz 16.58. *Ist* $(X_n, \mathfrak{A}_n)_{n \in \mathbb{N}_0}$ *ein Submartingal mit* $C := \sup_n \mathbb{E}\, |X_n| < \infty$, *so*

gilt $\mathbb{E}\, |X_\tau| \leq 3\,C < \infty$ *für jede endliche Stoppzeit* τ.
Sind τ_j, $j = 1, 2, \ldots$ *endliche Stoppzeiten mit* $0 \leq \tau_j \leq \tau_{j+1}$ P-fs, $\forall\, j$ *und*
gilt $\liminf_n \int_{[\tau_j > n]} |X_n|\, dP = 0$ $\forall\, j$, *so ist* $\left(X_{\tau_j}, \mathfrak{A}_{\tau_j} \right)$ *ein Submartingal.*

Beweis. Für festes $n \in \mathbb{N}_0$ sind die Stoppzeiten $\tau_0 := 0, \tau_1 := \tau \wedge n$ und $\tau_2 := n$ durch n beschränkt. Daher ist nach Satz 16.53 und Bemerkung 16.55 $\left(X_{\tau_j}, \mathfrak{A}_{\tau_j} \right)_{j=0,1,2}$ ein Submartingal, und nach Satz 16.19 ist auch $\left(X_{\tau_j}^+, \mathfrak{A}_{\tau_j} \right)_{j=0,1,2}$ ein Submartingal. Somit gilt

$$\mathbb{E}\, X_0 \leq \mathbb{E}\, X_{\tau \wedge n} \leq \mathbb{E}\, X_n \quad \text{und} \quad \mathbb{E}\, X_{\tau \wedge n}^+ \leq \mathbb{E}\, X_n^+ \leq \mathbb{E}\, |X_n| \leq C.$$

Wegen $|X_{\tau \wedge n}| = 2 X_{\tau \wedge n}^+ - X_{\tau \wedge n}$ folgt daraus für alle $n \in \mathbb{N}_0$

$$\mathbb{E}\, |X_{\tau \wedge n}| = 2\, \mathbb{E}\, X_{\tau \wedge n}^+ - \mathbb{E}\, X_{\tau \wedge n} \leq 2\, \mathbb{E}\, |X_n| - \mathbb{E}\, X_0 \leq 2C + \mathbb{E}\, |X_0| \leq 3C.$$

Voraussetzungsgemäß gibt es nach Satz 16.24 (Konvergenzsatz von Doob) ein $X_\infty \in \mathcal{L}_1$ mit $\lim_n X_n = X_\infty$ P–fs. Daraus folgt

$$X_{\tau \wedge n} = X_\tau \mathbb{1}_{[\tau \leq n]} + X_n \mathbb{1}_{[\tau > n]} \to X_\tau \mathbb{1}_{[\tau < \infty]} + X_\infty \mathbb{1}_{[\tau = \infty]} = X_\tau \; P\text{–fs}.$$

Demnach gilt natürlich auch $\lim_n |X_{\tau \wedge n}| = |X_\tau|$ P–fs, und Folgerung 9.32 (Lemma von Fatou) impliziert $\mathbb{E}\, |X_\tau| \leq \liminf_n \mathbb{E}\, |X_{\tau \wedge n}| \leq 3C \implies X_\tau \in \mathcal{L}_1$. Damit aber folgt die zweite Aussage des Satzes unmittelbar aus Satz 16.57.

16.5 Submartingalungleichungen

Abschließend werden in diesem Abschnitt noch einige der wichtigsten Ungleichungen für Submartingale vorgestellt.

Satz 16.59 (Doob'sche Extremal-Ungleichungen). *Ist $(X_n, \mathfrak{A}_n)_{n \in \mathbb{N}}$ ein Submartingal auf einem Wahrscheinlichkeitsraum $(\Omega, \mathfrak{S}, P)$ und $\varepsilon > 0$, so gilt*

$$P\left(\max_{1 \leq i \leq n} X_i \geq \varepsilon \right) \leq \frac{1}{\varepsilon} \int\limits_{\left[\max_{1 \leq i \leq n} X_i \geq \varepsilon \right]} X_n^+ \leq \frac{1}{\varepsilon} \int\limits_{\left[\max_{1 \leq i \leq n} X_i \geq \varepsilon \right]} |X_n| \leq \frac{1}{\varepsilon} \mathbb{E}\, |X_n|,$$

$$P\left(\min_{1 \leq i \leq n} X_i \leq -\varepsilon \right) \leq \frac{1}{\varepsilon} \left(\mathbb{E}\, X_n^+ - \mathbb{E}\, X_1 \right) \leq \frac{1}{\varepsilon} \left(\mathbb{E}\, |X_n| + \mathbb{E}\, |X_1| \right).$$

Beweis. Mit $A := \left[\max_{1 \leq i \leq n} X_i \geq \varepsilon \right]$ und $\tau(\omega) := \begin{cases} \min\{j : X_j \geq \varepsilon\}, & \omega \in A \\ n, & \omega \in A^c \end{cases}$

gilt $1 \leq \tau \leq n$ P–fs und $A = [X_\tau \geq \varepsilon] \in \mathfrak{A}_\tau$. Daher folgt aus Satz 16.53

$$\varepsilon\, P(A) \leq \int\limits_A X_\tau \, dP \leq \int\limits_A X_n \, dP \leq \int\limits_A X_n^+ \, dP \leq \int\limits_A |X_n| \, dP \leq \mathbb{E}\, |X_n|.$$

Ist $B := \left[\min_{1 \leq i \leq n} X_i \leq -\varepsilon \right]$ und $\sigma(\omega) := \begin{cases} \min\{j \leq n : X_j \leq -\varepsilon\}, & \omega \in B \\ n, & \omega \in B^c, \end{cases}$

so folgt wegen $1 \leq \sigma \leq n$ und $B = [X_\sigma \leq -\varepsilon] \in \mathfrak{A}_\sigma$ abermals aus Satz 16.53

$$\mathbb{E}\, X_1 \le \mathbb{E}\, X_\sigma = \int\limits_{B^c} X_\sigma\, dP + \int\limits_{B} X_\sigma\, dP \le \int\limits_{B^c} X_\sigma\, dP - \varepsilon\, P(B)\,.$$

Umgeformt und unter nochmaliger Anwendung von Satz 16.53 ergibt das

$$P(B) \le \frac{1}{\varepsilon}\left(\int\limits_{B^c} X_\sigma\, dP - \mathbb{E}\, X_1\right) \le \frac{1}{\varepsilon}\left(\int\limits_{B^c} X_n\, dP - \mathbb{E}\, X_1\right)$$

$$\le \frac{1}{\varepsilon}\left(\int\limits_{B^c} X_n^+\, dP - \mathbb{E}\, X_1\right) \le \frac{1}{\varepsilon}\left(\mathbb{E}\, X_n^+ - \mathbb{E}\, X_1\right)\,.$$

Bemerkung 16.60. *Aus Satz 16.59 folgt die verallgemeinerte Ungleichung von Kolmogoroff unmittelbar, denn, wenn $(S_n, \mathfrak{A}_n)$ ein Martingal ist, so ist nach Satz 16.19 $(S_n^2, \mathfrak{A}_n)$ ein Submartingal und daher gilt mit $S_0 := 0$*

$$P\left(\max_{1\le i\le n}|S_i| \ge \varepsilon\right) = P\left(\max_{1\le i\le n} S_i^2 \ge \varepsilon^2\right) \le \frac{1}{\varepsilon^2}\,\mathbb{E}\, S_n^2 = \frac{1}{\varepsilon^2}\sum_{i=1}^{n}\mathbb{E}\,(S_i - S_{i-1})^2\,.$$

Mit $X := \max\limits_{1\le i\le n} X_i$ und $Y := X_n^+$ lautet die 1-te Ungleichung in Satz 16.59:

$$P(X \ge x) \le \frac{1}{x}\int\limits_{[X\ge x]} Y\, dP\,. \tag{16.38}$$

Damit lässt sich folgende Aussage herleiten:

Satz 16.61. *Erfüllen nichtnegative Zufallsvariable X und Y auf einem Wahrscheinlichkeitsraum $(\Omega, \mathfrak{S}, P)$ Ungleichung (16.38) für alle $x > 0$, so gilt*

$$\|X\|_p \le \frac{p}{p-1}\,\|Y\|_p \quad \forall\, p > 1\,. \tag{16.39}$$

Beweis. Für $\|X\|_p = 0$ bzw. $\|Y\|_p = \infty$ ist nichts zu beweisen. Wir nehmen daher an, dass $\|X\|_p > 0$ und $\|Y\|_p < \infty$ gilt.
Aus Lemma 15.36, Ungleichung (16.38), dem Satz von Fubini (Satz 10.24) und der Ungleichung von Hölder (Satz 13.4) folgt nun mit $q := \frac{p}{p-1}$

$$\|X\|_p^p = \int\limits_{[0,\infty)} P(X^p > x)\,\lambda(dx) \le \int\limits_{[0,\infty)} x^{-\frac{1}{p}}\left[\int Y(\omega)\,\mathbb{1}_{[X \ge x^{\frac{1}{p}}]}\, P(d\omega)\right]\lambda(dx)$$

$$= \int Y(\omega)\left[\int\limits_{[0,X^p(\omega)]} x^{-\frac{1}{p}}\lambda(dx)\right] P(d\omega) = \int Y(\omega)\frac{p}{p-1}X^{p(1-\frac{1}{p})}(\omega)P(d\omega)$$

$$= q\int Y(\omega)\, X^{\frac{p}{q}}\, P(d\omega) \le q\,\|Y\|_p\,\left\|X^{\frac{p}{q}}\right\|_q = q\,\|Y\|_p\,\|X\|_p^{\frac{p}{q}}\,.$$

Falls $\|X\|_p < \infty$, kann man beide Seiten durch $\|X\|_p^{\frac{p}{q}}$ dividieren und erhält

$$\|X\|_p^{p-\frac{p}{q}} = \|X\|_p \le q\,\|Y\|_p\;.$$

Ist $X \ge 0$ eine beliebige Zufallsvariable, so gilt für alle $X \wedge n$, $n \in \mathbb{N}$ natürlich $\|X \wedge n\|_p < \infty$. Daraus folgt, wie eben gezeigt, $\|X \wedge n\|_p \le q\,\|Y\|_p \;\forall\, n \in \mathbb{N}$. Da gilt $|X \wedge n|^p \nearrow |X|^p$ P-fs, folgt daraus und aus Satz 9.20 (Konvergenz durch Monotonie) schließlich $\|X\|_p \le q\,\|Y\|_p$ für jede Zufallsvariable $X \ge 0$.

Der obige Satz ist das Kernstück im Beweis der folgenden Ungleichung.

Satz 16.62 (Doob'sche L_p-Ungleichung). *Ist* $(X_i, \mathfrak{A}_i)_{1 \le i \le n}$ *ein Martingal oder ein positives Submartingal aus* $\mathcal{L}_p$, $p > 1$, *so gilt mit* $|X|_n^* := \max\limits_{1 \le i \le n} |X_i|$

$$\big\||X|_n^*\big\|_p \le \frac{p}{p-1}\,\|X_n\|_p\;. \tag{16.40}$$

Beweis. Unter den obigen Voraussetzungen ist $(|X_i|, \mathfrak{A}_i)$ nach Satz 16.19 ein Submartingal. Daher folgt aus Satz 16.59 (Doob'sche Extremal-Ungleichung)

$$P\left(|X|_n^* \ge x\right) \le \frac{1}{x}\int\limits_{[|X|_n^* \ge x]} |X_n|\,dP \quad \forall\, x > 0\,,$$

d.h. $X := |X|_n^*$ und $Y := |X_n|$ erfüllen Ungleichung (16.38), und (16.40) folgt demnach unmittelbar aus Satz 16.61.

Bemerkung 16.63. *Ist* $(X_n, \mathfrak{A}_n)_{n \in \mathbb{N}}$ *ein Martingal oder ein positives Submartingal aus* $\mathcal{L}_p$, $p > 1$ *mit* $C := \sup\limits_n \|X_n\|_p < \infty$, *so folgt aus* (16.40) *natürlich* $\big\||X|_n^*\big\|_p \le q\,C$ $\forall\, n \in \mathbb{N}$. *Nun gilt* $|X|_n^* \nearrow |X|^* := \sup\limits_n |X_n|$ *P*-fs, *und daraus folgt nach Satz 9.20 (Konvergenz durch Monotonie)* $\big\||X|^*\big\|_p = \lim\limits_n \big\||X|_n^*\big\|_p$. *Somit gilt* $\big\||X|^*\big\|_p \le q\,C < \infty$, *d.h.* $|X|^* \in \mathcal{L}_p$. *Wegen* $|X_n|^p \le |X|^{*p}$ $\forall\, n \in \mathbb{N}$ *besitzen die* $|X_n|^p$ *also eine integrierbare Majorante, und müssen daher gleichmäßig integrierbar sein. Damit ist Satz 16.36 auf andere Art bewiesen.*

Verteilungskonvergenz und Grenzwertsätze

17.1 Schwache Konvergenz

Häufig muss man in der Wahrscheinlichkeitstheorie Verteilungen approximieren. Dem dient das folgende Konvergenzkonzept, das wir hier nur für den Raum $(\mathbb{R}, \mathfrak{B})$ vorstellen, obwohl es in einfacher Weise auf metrische Räume verallgemeinert werden kann.

Definition 17.1. *Eine Folge endlicher Maße μ_n auf $(\mathbb{R}, \mathfrak{B})$ bzw. die Folge der zugehörigen Verteilungsfunktionen F_n konvergiert schwach gegen das endliche Maß μ bzw. seine Verteilungsfunktion F (i.Z. $\mu_n \Rightarrow \mu$ bzw. $F_n \Rightarrow F$), wenn für jeden Stetigkeitspunkt x von F (d.h. $F_-(x) = F(x)$) gilt $\lim\limits_{n \to \infty} F_n(x) = F(x)$.*

Werden die Verteilungsfunktionen F_n und F durch Zufallsvariable X_n und X induziert (d.h. die F_n und F sind Verteilungsfunktionen i.e.S.), die nicht auf demselben Wahrscheinlichkeitsraum definiert sein müssen, so sagt man auch die F_n konvergieren in Verteilung (oder stochastisch) gegen F, wobei man diese Ausdrucksweise für die Zufallsvariablen X_n und X ebenfalls verwendet und dann $X_n \Rightarrow X$ schreibt.

Der Limes wird durch die schwache Konvergenz eindeutig bestimmt.

Lemma 17.2. *Sind F_n, $n \in \mathbb{N}$, F und G Verteilungsfunktionen auf $\mathbb{R}$, so folgt aus $F_n \Rightarrow F$ und $F_n \Rightarrow G$, dass gilt $F = G$.*

Beweis. F und G haben als Verteilungsfunkionen nur höchstens abzählbar viele Unstetigkeitsstellen. Zudem sind sie rechtsstetig. Daher gibt es zu jedem $x \in \mathbb{R}$ eine Folge (x_k) mit $x_k \searrow x$, die nur aus Stetigkeitspunkten von F und G besteht. Daher gilt $F(x_k) = \lim\limits_{n} F_n(x_k) = G(x_k) \quad \forall \, k \in \mathbb{N}$. Daraus folgt $F(x) = \lim\limits_{k} F(x_k) = \lim\limits_{k} G(x_k) = G(x)$.

Dass es sinnvoll ist nur Konvergenz in den Stetigkeitspunkten von F zu verlangen, wird durch das folgende Beispiel verdeutlicht.

Beispiel 17.3. Die gesamte Masse der Wahrscheinlichkeitsverteilungen P_n mit den Verteilungsfunktionen $F_n(x) := n\,(x - a)\,\mathbb{1}_{[a, a+\frac{1}{n}]}(x) + \mathbb{1}_{(a+\frac{1}{n}, \infty)}(x)$ liegt in den Intervallen $[a, a + \frac{1}{n}]$, die mit wachsendem n gegen $\{a\}$ gehen. Daher sollten sie die Kausalverteilung im Punkt a mit der Verteilungsfunktion $F(x) := \mathbb{1}_{[a, \infty)}(x)$ als Grenzverteilung besitzen.

Tatsächlich gilt $\lim_n F_n(x) = F(x) \quad \forall\, x \neq a$. Aber aus $F_n(a) = 0 \quad \forall\, n \in \mathbb{N}$ folgt $\lim F_n(a) = 0 \neq F(a) = 1$.

Der Name wird dadurch gerechtfertigt, dass selbst Konvergenz in Wahrscheinlichkeit schwache Konvergenz impliziert.

Satz 17.4. *Ist (X_n) eine Folge von Zufallsvariablen auf einem Wahrscheinlichkeitsraum $(\Omega, \mathfrak{S}, P)$, die in Wahrscheinlichkeit gegen die Zufallsvariable X konvergiert, so konvergiert die Folge auch in Verteilung gegen X.*

Beweis. Für alle $\varepsilon > 0$ gilt $[\, X \leq x - \varepsilon\,] \setminus [\,|X_n - X| > \varepsilon\,] \subseteq [\, X_n \leq x\,]$ und $[\, X_n \leq x\,] \subseteq [\, X \leq x + \varepsilon\,] \cup [\,|X_n - X| > \varepsilon\,]$. Daraus folgt für die durch die X_n und X induzierten Verteilungsfunktionen F_n und F

$$F(x - \varepsilon) - P(|X_n - X| > \varepsilon) \leq F_n(x) \leq F(x + \varepsilon) + P(|X_n - X| > \varepsilon)$$

Ist x ein Stetigkeitspunkt von F ergibt sich demnach $\lim_n F_n(x) = F(x)$. ∎

Der obige Satz lässt sich i.A. schon deshalb nicht umkehren, weil die Zufallsvariablen X_n und X bei Verteilungskonvergenz nicht einmal auf demselben Wahrscheinlichkeitsraum definiert sein müssen. Aber wenn die X_n stochastisch gegen eine Konstante konvergieren (d.h. die induzierten Verteilungen konvergieren gegen eine Kausalverteilung), dann gilt folgende Aussage:

Satz 17.5. *Sind X_n Zufallsvariable auf beliebigen Wahrscheinlichkeitsräumen $(\Omega_n, \mathfrak{S}_n, P_n)$, dann folgt aus $X_n \Rightarrow a \in \mathbb{R}$ auch*

$$\lim_n P_n(|X_n - a| > \varepsilon) = 0 \quad \forall\, \varepsilon > 0.$$

Beweis. Bezeichnet man mit F_n jeweils die Verteilungsfunktion von X_n und ist $\varepsilon > 0$, so folgt aus $[\,|X_n - a| > \varepsilon\,] \subseteq [\, X_n > a + \varepsilon\,] \cup [\, X_n \leq a - \varepsilon\,]$, dass gilt $P_n(|X_n - a| > \varepsilon) \leq 1 - F_n(a + \varepsilon) + F_n(a - \varepsilon)$. Aber $X_n \Rightarrow a$ ist äquivalent zu $\lim_n F_n(x) = 0 \quad \forall\, x < a$ und $\lim_n F_n(x) = 1 \quad \forall\, x > a$. Somit impliziert die eben gezeigte Ungleichung $\lim_n P_n(|X_n - a| > \varepsilon) = 0 \quad \forall\, \varepsilon > 0$. ∎

Wenngleich man aus der Verteilungskonvergenz nicht auf fast sichere Konvergenz schließen kann, so lässt sich doch zu jeder Folge (F_n) von Verteilungsfunktionen, die stochastisch gegen eine Verteilungsfunktion F konvergieren, ein Wahrscheinlichkeitsraum mit Zufallsvariablen $X_n \sim F_n$ und $X \sim F$ konstruieren, sodass $\lim_n X_n \to X$ fs. Dies ist der Inhalt des Darstellungssatzes von Skorochod mit dessen Hilfe sich viele Sätze über Verteilungskonvergenz stark vereinfachen beweisen lassen. Das Kernstück der Skorochod-Konstruktion bildet die folgende Aussage, die wir als eigenen Satz formulieren.

Satz 17.6. *Konvergieren die Verteilungsfunktionen F_n stochastisch gegen die Verteilungsfunktion F, so konvergieren die inversen Verteilungsfunktionen F_n^{-1} auf $(0,1)$ in jedem Stetigkeitspunkt von F^{-1} gegen F^{-1}.*

Beweis. Da F als monotone Funktion nur höchstens abzählbar viele Unstetigkeitsstellen besitzt (siehe Lemma 12.5), gibt es zu jedem $p \in (0,1)$ und $\varepsilon > 0$ ein x aus C_F, der Menge der Stetigkeitspunkte von F mit $F^{-1}(p) - \varepsilon < x < F^{-1}(p)$. Wegen Satz 8.15 Punkt 1. gilt $F(x) < p$ und, da die F_n in x gegen F konvergieren, muss deshalb auch für jedes hinreichend große n gelten $F_n(x) < p$, sodass wieder aus Satz 8.15 Punkt 1. folgt $F_n^{-1}(p) \geq x$. Dies impliziert aber $\liminf_n F_n^{-1}(p) \geq x > F^{-1}(p) - \varepsilon$. Da $\varepsilon > 0$ in dieser Ungleichung beliebig ist, folgt daraus $\liminf_n F_n^{-1}(p) \geq F^{-1}(p)$.

Ist umgekehrt $0 < p < 1$ ein Stetigkeitspunkt von F^{-1} und $\varepsilon > 0$, so gibt es ein $\delta > 0$, sodass aus $|q - p| < \delta$ und $q \in (0,1)$ folgt $\left| F^{-1}(q) - F^{-1}(p) \right| < \varepsilon$. Für jedes q mit $p < q < \min\{p + \delta, 1\}$ gilt daher $F^{-1}(q) < F^{-1}(p) + \varepsilon$, und es gibt ein $x \in C_F$ mit $F^{-1}(q) < x < F^{-1}(p) + \varepsilon$. Wieder folgt daraus nach Satz 8.15 Punkt 1. $F(x) \geq q > p$, sodass für alle hinreichend großen n gelten muss $F_n(x) > p$, was seinerseits $F_n^{-1}(p) \leq x$ impliziert. Somit gilt $\limsup_n F_n^{-1}(p) \leq x < F^{-1}(p) + \varepsilon \quad \forall \varepsilon > 0$. Daraus folgt $\limsup_n F_n^{-1}(p) \leq F^{-1}(p)$. Zusammen mit $F^{-1}(p) \leq \liminf_n F_n^{-1}(p)$ ergibt das $F^{-1}(p) = \lim_n F_n^{-1}(p)$ für jeden Stetigkeitspunkt von F^{-1}.

Folgerung 17.7 (Darstellungssatz von Skorochod). *Konvergieren die Verteilungsfunktionen F_n stochastisch gegen die Verteilungsfunktion F, so gibt es auf dem Wahrscheinlichkeitsraum $((0,1), \mathfrak{B} \cap (0,1), \lambda)$ eine λ–fs konvergente Folge von Zufallsvariablen X_n mit $X_n \sim F_n \quad \forall n \in \mathbb{N}$ und $X := \lim_n X_n \sim F$.*

Beweis. Die auf $((0,1), \mathfrak{B} \cap (0,1), \lambda)$ definierten Zufallsvariablen $X_n := F_n^{-1}$ und $X := F^{-1}$ haben nach Satz 8.16 die Verteilungsfunktionen F_n und F.

Zudem konvergieren die F_n^{-1}, wie eben gezeigt in jedem Stetigkeitspunkt von F^{-1} gegen F^{-1}. Nach Lemma 12.5 hat F^{-1} nur höchstens abzählbar viele Unstetigkeitsstellen. Daher ist die Menge der Sprungstellen von F^{-1} eine λ-Nullmenge, also gilt $\lim_n X_n = \lim_n F_n^{-1} = F^{-1} = X \quad \lambda$–fs.

Das englische Wort „ portmanteau ", was soviel wie Handkoffer bedeutet, dient als Namensgeber für den folgenden Satz. Denn, so wie ein Handkoffer notwendige Utensilien für die Reise enthält, beinhaltet er wichtige Kriterien für die Verteilungskonvergenz. Er ist sehr einfach mit Hilfe des Darstellungssatzes herleitbar.

Satz 17.8 (Portmanteau-Satz). *Sind P_n, $n \in \mathbb{N}$ und P Wahrscheinlichkeitsmaße auf $(\mathbb{R}, \mathfrak{B})$ mit den Verteilungsfunktionen F_n und F, so sind die folgenden Aussagen zueinander äquivalent:*

1. $P_n \Rightarrow P$.

2. $\int f\,dP \leq \liminf_n \int f\,dP_n$ für alle beschränkten Funktionen f, die P-fs von unten halbstetig sind (siehe Definition A.26).

3. $\int f\,dP \geq \limsup_n \int f\,dP_n$ für alle beschränkten Funktionen f, die P-fs von oben halbstetig sind (siehe Definition A.26).

4. $\int f\,dP = \lim_n \int f\,dP_n$ für alle beschränkten und P-fs stetigen Funktionen f.

5. $P(U) \leq \liminf_n P_n(U)$ für alle offenen Mengen U.

6. $P(A) \geq \limsup_n P_n(A)$ für alle abgeschlossenen Mengen A.

7. $P(A) = \lim_n P_n(A)$ für alle Mengen A, deren Rand eine P-Nullmenge ist.

8. $\int f\,dP = \lim_n \int f\,dP_n$ für alle beschränkten, 2-fach differenzierbaren Funktionen f mit beschränkten und gleichmäßig stetigen Ableitungen f' und f''.

Beweis.

1. $\Rightarrow$ 2. $\wedge$ 3. : f ist genau dann von unten halbstetig, wenn $-f$ von oben halbstetig ist (siehe Bemerkung A.27). Daher sind die Aussagen 2. und 3. zueinander äquivalent, sodass es reicht 2. aus 1. herzuleiten.

Gilt $P_n \Rightarrow P$, so gibt es dem Darstellungssatz von Skorochod zufolge auf $((0,1), \mathfrak{B} \cap (0,1), \lambda)$ Zufallsvariable $X_n \sim P_n$ und $X \sim P$ mit $\lim_n X_n = X$ λ-fs. Ist $A := \{\omega \in (0,1) : f(X(\omega)) > \liminf_n f(X_n(\omega))\}$ und $B := \{x \in \mathbb{R} : \exists (x_n) \text{ mit } \lim_n x_n = x \wedge f(x) > \liminf_n f(x_n)\}$, so gilt $\omega \in A \Rightarrow X(\omega) \in B$, d.h. $A \subseteq X^{-1}(B)$. B ist aber eine P-Nullmenge. Demnach existiert ein $N \in \mathfrak{B}$ mit $B \subseteq N$ und $0 = P(N) = \lambda(X^{-1}(N))$ (die Gleichung rechts gilt, da P durch X induziert wird). Somit ist A eine λ-Nullmenge, also gilt $f \circ X \leq \liminf_n f \circ X_n$ λ-fs. Zudem gilt $|f \circ X_n| \leq C := \sup_x |f(x)| < \infty \ \forall\, n \in \mathbb{N}$. Deshalb sind $f \circ X_n$ und $\liminf_n f \circ X_n$ integrierbar und die Voraussetzungen für das Lemma von Fatou (Folgerung 9.32) erfüllt. Damit erhält man in Verbindung mit dem Transformationssatz (Satz 9.62)

$$\int f\,dP = \int f\,d\lambda X^{-1} = \int f \circ X\,d\lambda \leq \int \liminf_n f \circ X_n\,d\lambda$$

$$\leq \liminf_n \int f \circ X_n\,d\lambda = \liminf_n \int f\,d\lambda X_n^{-1} = \liminf_n \int f\,dP_n\,.$$

2. $\wedge$ 3. $\Rightarrow$ 4. : Ist f P-fs stetig, so ist es P-fs halbstetig von unten und von oben (siehe Bemerkung A.27 Punkt 1.). Daher gilt

$$\int f\,dP \leq \liminf_n \int f\,dP_n \leq \limsup_n \int f\,dP_n \leq \int f\,dP\,.$$

2. $\Rightarrow$ 5. $\wedge$ 3. $\Rightarrow$ 6. : Nach Folgerung A.23 sind die Indikatoren der offenen Mengen halbstetig von unten und die Indikatoren der abgeschlossenen Mengen halbstetig von oben. Daher ist Punkt 5. nur ein Spezialfall von Punkt 2. und Punkt 6. ein Spezialfall von Punkt 3.

5. $\wedge$ 6. $\Rightarrow$ 7. : Ist $\overset{\circ}{A}$ das Innere von A und $\bar{A}$ seine abgeschlossene Hülle, so folgt aus $P(\partial A) = 0$ offensichtlich $P(\overset{\circ}{A}) = P(A) = P(\bar{A})$. Daher gilt

$$P(A) = P(\overset{\circ}{A}) \leq \liminf_n P_n(\overset{\circ}{A}) \leq \liminf_n P_n(A)$$
$$\leq \limsup_n P_n(A) \leq \limsup_n P_n(\bar{A}) \leq P(\bar{A}) = P(A).$$

7. $\Rightarrow$ 1. : Der Rand von $(-\infty, x]$ besteht nur aus dem Punkt x. Ist nun x ein Stetigkeitspunkt von F, so gilt $P(\{x\}) = F(x) - F_-(x) = 0$, und aus Punkt 7. folgt $F(x) = P((-\infty, x]) = \lim_n P_n((-\infty, x]) = \lim_n F_n(x)$.

4. $\Rightarrow$ 8. : Dies ist trivial.

8. $\Rightarrow$ 1. : Ist $y < z$, so hat die Funktion f_y^z, definiert durch

$$f_y^z(x) := \begin{cases} 1, & x \leq y \\ \left[1 - \left(\frac{x-y}{z-y}\right)^3\right]^3, & y < x < z \\ 0, & x \geq z, \end{cases} \tag{17.1}$$

die Ableitungen $f_y^{z\prime}(x) = -9\left[1 - \left(\frac{x-y}{z-y}\right)^3\right]^2 \left(\frac{x-y}{z-y}\right)^2 \mathbb{1}_{(y,z)}(x)$ und

$f_y^{z\prime\prime}(x) = \frac{18}{(z-y)^2}\left(\frac{x-y}{z-y}\right)\left[1 - \left(\frac{x-y}{z-y}\right)^3\right]\left[4\left(\frac{x-y}{z-y}\right)^3 - 1\right]\mathbb{1}_{(y,z)}(x)$, die beide beschränkt und gleichmäßig stetig sind.

Ist nun x ein Stetigkeitspunkt von F, so gibt es zu jedem $\varepsilon > 0$ ein $\delta > 0$, sodass aus $|x - y| \leq \delta$ folgt $|F(x) - F(y)| < \varepsilon$. Weiters gilt offensichtlich $\mathbb{1}_{(-\infty, x-\delta]} \leq f_{x-\delta}^x \leq \mathbb{1}_{(-\infty, x]} \leq f_x^{x+\delta} \leq \mathbb{1}_{(-\infty, x+\delta]}$. daraus folgt

$$F(x) - \varepsilon \leq F(x - \delta) \leq \int f_{x-\delta}^x \, dP = \lim_n \int f_{x-\delta}^x \, dP_n \leq \liminf_n F_n(x)$$
$$\leq \limsup_n F_n(x) \leq \lim_n \int f_x^{x+\delta} dP_n = \int f_x^{x+\delta} \, dP \leq F(x + \delta) \leq F(x) + \varepsilon.$$

Da $\varepsilon > 0$ beliebig gewählt werden kann, folgt daraus $F(x) = \lim_n F_n(x)$.

17.2 Der klassische zentrale Grenzverteilungssatz

Der folgende Satz liefert ein Beispiel für das sogenannte Invarianzprinzip. Zugleich bildet er die Grundlage für einen interessanten Beweis des klassischen zentralen Grenzwertsatzes.

Satz 17.9. *Gibt es eine Folge unabhängig, identisch verteilter und quadratisch integrierbarer Zufallsvariabler X_i mit $\mu := \mathbb{E}\, X_i$ und $\sigma^2 := \operatorname{Var} X_i > 0$, deren standardisierte Summen $S_n := \sum\limits_{i=1}^{n} \frac{X_i - \mu}{\sigma \sqrt{n}}$ in Verteilung gegen eine Zufallsvariable S konvergieren, so gilt für jede andere Folge (Y_n) unabhängig, identisch verteilter und quadratisch integrierbarer Zufallsvariabler mit gleichem Erwartungswert μ und gleicher Varianz σ^2 ebenfalls*

$$T_n := \sum_{i=1}^{n} \frac{Y_i - \mu}{\sigma \sqrt{n}} \ \Rightarrow \ S.$$

Beweis. Bezeichnet man mit P_X und P_Y die Verteilung der X_i und der Y_i, so gibt es, wie in Folgerung 8.18 gezeigt, eine Folge unabhängig, identisch verteilter Zufallsvariabler Z_i mit bspw. $Z_{2i} \sim P_X$ und $Z_{2i-1} \sim P_Y$. Man kann daher o.E.d.A. annehmen, dass beide Folgen auf einem Wahrscheinlichkeitsraum $(\Omega, \mathfrak{S}, P)$ definiert und unabhängig voneinander sind.

Wegen $PS_n^{-1} \ \Rightarrow \ PS^{-1}$ und Satz 17.8 Punkt 8. gilt für jede Funktion f, die die dort angeführten Voraussetzungen erfüllt

$$\mathbb{E}\, f \circ S = \int f \, dPS^{-1} = \lim_n \int f \, dPS_n^{-1} = \lim_n \mathbb{E}\, f \circ S_n. \tag{17.2}$$

Wir zeigen nun, dass gilt $|\mathbb{E}\, f \circ T_n - \mathbb{E}\, f \circ S_n| \to 0$, denn daraus und aus (17.2) folgt $\int f \, dPS^{-1} = \mathbb{E}\, f \circ S = \lim\limits_n \mathbb{E}\, f \circ T_n = \lim\limits_n \int f \, dPT_n^{-1}$. Das aber ist nach Satz 17.8 Punkt 8. äquivalent zu $PT_n^{-1} \ \Rightarrow \ PS^{-1}$ bzw. $T_n \ \Rightarrow \ S$.

Dazu schreiben wir $f \circ T_n - f \circ S_n$ mit den Bezeichnungen $\hat{Y}_0 := \hat{X}_{n+1} := 0$, $\hat{X}_i := \frac{X_i - \mu}{\sigma}, \hat{Y}_i := \frac{Y_i - \mu}{\sigma}, \quad 1 \leq i \leq n$ als Teleskopsumme folgendermaßen an

$$f \circ T_n - f \circ S_n = f\left(\sum_{i=1}^{n} \frac{\hat{Y}_i}{\sqrt{n}} \right) - f\left(\sum_{i=1}^{n} \frac{\hat{X}_i}{\sqrt{n}} \right)$$

$$= f\left(\sum_{i=0}^{n-1} \frac{\hat{Y}_i}{\sqrt{n}} + \frac{\hat{Y}_n}{\sqrt{n}} + \sum_{i=n+1}^{n+1} \frac{\hat{X}_i}{\sqrt{n}} \right) - f\left(\sum_{i=0}^{n-1} \frac{\hat{Y}_i}{\sqrt{n}} + \frac{\hat{X}_n}{\sqrt{n}} + \sum_{i=n+1}^{n+1} \frac{\hat{X}_i}{\sqrt{n}} \right)$$

$$+ f\left(\sum_{i=0}^{n-2} \frac{\hat{Y}_i}{\sqrt{n}} + \frac{\hat{Y}_{n-1}}{\sqrt{n}} + \sum_{i=n}^{n+1} \frac{\hat{X}_i}{\sqrt{n}} \right) - f\left(\sum_{i=0}^{n-2} \frac{\hat{Y}_i}{\sqrt{n}} + \frac{\hat{X}_{n-1}}{\sqrt{n}} + \sum_{i=n}^{n+1} \frac{\hat{X}_i}{\sqrt{n}} \right)$$

$$+ f\left(\sum_{i=0}^{n-3} \frac{\hat{Y}_i}{\sqrt{n}} + \frac{\hat{Y}_{n-2}}{\sqrt{n}} + \sum_{i=n-1}^{n+1} \frac{\hat{X}_i}{\sqrt{n}} \right) - \cdots - f\left(\sum_{i=0}^{1} \frac{\hat{Y}_i}{\sqrt{n}} + \frac{\hat{X}_2}{\sqrt{n}} + \sum_{i=3}^{n+1} \frac{\hat{X}_i}{\sqrt{n}} \right)$$

$$+ f\left(\sum_{i=0}^{0} \frac{\hat{Y}_i}{\sqrt{n}} + \frac{\hat{Y}_1}{\sqrt{n}} + \sum_{i=2}^{n+1} \frac{\hat{X}_i}{\sqrt{n}} \right) - f\left(\sum_{i=0}^{0} \frac{\hat{Y}_i}{\sqrt{n}} + \frac{\hat{X}_1}{\sqrt{n}} + \sum_{i=2}^{n+1} \frac{\hat{X}_i}{\sqrt{n}} \right)$$

Mit der Notation $V_j := \sum\limits_{i=0}^{j-1} \frac{\hat{Y}_i}{\sqrt{n}} + \sum\limits_{i=j+1}^{n+1} \frac{\hat{X}_i}{\sqrt{n}}, \quad 1 \leq j \leq n$ gilt also

$$f \circ T_n - f \circ S_n = \sum_{j=n}^{1} \left[f\left(V_j + \frac{\hat{Y}_j}{\sqrt{n}}\right) - f\left(V_j + \frac{\hat{X}_j}{\sqrt{n}}\right) \right].$$

Daraus folgt offensichtlich

$$|\mathbb{E}\, f \circ T_n - \mathbb{E}\, f \circ S_n| \leq \sum_{j=n}^{1} \left| \mathbb{E}\left[f\left(V_j + \frac{\hat{Y}_j}{\sqrt{n}}\right) - f\left(V_j + \frac{\hat{X}_j}{\sqrt{n}}\right) \right] \right| \quad (17.3)$$

Nach dem Satz von Taylor (siehe A.43) gilt

$$f(v+h) = f(v) + f'(v)\, h + f''(v + \theta\, h)\, \frac{h^2}{2} \quad \forall\, v, h \in \mathbb{R} \text{ mit } 0 \leq \theta \leq 1. \quad (17.4)$$

Die Funktion $\delta(h) := \sup\limits_{|x-y|<h} |f''(x) - f''(y)|$, $h > 0$ ist klarerweise monoton und damit messbar. Da f'' beschränkt ist, ist auch δ beschränkt, und aus der gleichmäßigen Stetigkeit von f'' folgt $\lim\limits_{h \searrow 0} \delta(h) = 0$. Setzt man nun $f''(v) - \delta(|h|) \leq f''(v + \theta\, h) \leq f''(v) + \delta(|h|)$ in (17.4) ein, so erhält man

$$f(v) + f'(v)h + [f''(v) - \delta(|h|)]\frac{h^2}{2} \leq f(v+h) \leq f(v) + f'(v)h + [f''(v) + \delta(|h|)]\frac{h^2}{2}.$$

Angewendet auf $f\left(V_j + \frac{\hat{Y}_j}{\sqrt{n}}\right)$ ergibt das die Ungleichung

$$f(V_j) + f'(V_j)\frac{\hat{Y}_j}{\sqrt{n}} + f''(V_j)\frac{\hat{Y}_j^2}{2n} - \delta\left(\left|\frac{\hat{Y}_j}{\sqrt{n}}\right|\right)\frac{\hat{Y}_j^2}{2n} \leq f\left(V_j + \frac{\hat{Y}_j}{\sqrt{n}}\right)$$

$$\leq f(V_j) + f'(V_j)\frac{\hat{Y}_j}{\sqrt{n}} + f''(V_j)\frac{\hat{Y}_j^2}{2n} + \delta\left(\left|\frac{\hat{Y}_j}{\sqrt{n}}\right|\right)\frac{\hat{Y}_j^2}{2n}. \quad (17.5)$$

In (17.5) sind sämtliche Terme wegen der Beschränktheit von f, f', f'' und δ integrierbar. Berücksichtigt man, dass V_j unabhängig von $\hat{Y}_j$ ist, und, dass gilt $\mathbb{E}\,\hat{Y}_j = 0$, $\mathbb{E}\,\hat{Y}_j^2 = 1$, so erhält man durch Übergang zu den Erwartungswerten

$$\mathbb{E}\, f(V_j) + \frac{1}{2n}\mathbb{E}\, f''(V_j) - \mathbb{E}\left(\delta\left(\left|\frac{\hat{Y}_j}{\sqrt{n}}\right|\right)\frac{\hat{Y}_j^2}{2n}\right) \leq \mathbb{E}\, f\left(V_j + \frac{\hat{Y}_j}{\sqrt{n}}\right)$$

$$\leq \mathbb{E}\, f(V_j) + \frac{1}{2n}\mathbb{E}\, f''(V_j) + \mathbb{E}\left(\delta\left(\left|\frac{\hat{Y}_j}{\sqrt{n}}\right|\right)\frac{\hat{Y}_j^2}{2n}\right). \quad (17.6)$$

Eine völlig analoge Argumentation führt zur Ungleichung

$$\mathbb{E}\, f(V_j) + \frac{1}{2n}\mathbb{E}\, f''(V_j) - \mathbb{E}\left(\delta\left(\left|\frac{\hat{X}_j}{\sqrt{n}}\right|\right)\frac{\hat{X}_j^2}{2n}\right) \leq \mathbb{E}\, f\left(V_j + \frac{\hat{X}_j}{\sqrt{n}}\right)$$

$$\leq \mathbb{E}\, f(V_j) + \frac{1}{2n}\mathbb{E}\, f''(V_j) + \mathbb{E}\left(\delta\left(\left|\frac{\hat{X}_j}{\sqrt{n}}\right|\right)\frac{\hat{X}_j^2}{2n}\right). \quad (17.7)$$

Da die Y_j bzw. X_j jeweils identisch verteilt sind, folgt aus (17.6) und (17.7)

$$\left| \mathbb{E} f\left(V_j + \frac{\hat{Y}_j}{\sqrt{n}} \right) - \mathbb{E} f\left(V_j + \frac{\hat{X}_i}{\sqrt{n}} \right) \right|$$

$$\leq \mathbb{E}\left(\delta\left(\left| \frac{\hat{Y}_j}{\sqrt{n}} \right| \right) \frac{\hat{Y}_j^2}{2\,n} \right) + \mathbb{E}\left(\delta\left(\left| \frac{\hat{X}_j}{\sqrt{n}} \right| \right) \frac{\hat{X}_j^2}{2\,n} \right)$$

$$= \mathbb{E}\left(\delta\left(\left| \frac{\hat{Y}_1}{\sqrt{n}} \right| \right) \frac{\hat{Y}_1^2}{2\,n} \right) + \mathbb{E}\left(\delta\left(\left| \frac{\hat{X}_1}{\sqrt{n}} \right| \right) \frac{\hat{X}_1^2}{2\,n} \right). \qquad (17.8)$$

(17.8) eingesetzt in (17.3) ergibt

$$|\mathbb{E} f \circ T_n - \mathbb{E} f \circ S_n| \leq \mathbb{E}\left[\delta\left(\left| \frac{\hat{Y}_1}{\sqrt{n}} \right| \right) \frac{\hat{Y}_1^2}{2} + \delta\left(\left| \frac{\hat{X}_1}{\sqrt{n}} \right| \right) \frac{\hat{X}_1^2}{2} \right]. \qquad (17.9)$$

Nun gilt $\lim\limits_n \left[\delta\left(\left| \frac{\hat{Y}_1}{\sqrt{n}} \right| \right) \frac{\hat{Y}_1^2}{2} + \delta\left(\left| \frac{\hat{X}_1}{\sqrt{n}} \right| \right) \frac{\hat{X}_1^2}{2} \right] = 0$ fs. Außerdem werden die Funktionen $\delta\left(\left| \frac{\hat{Y}_1}{\sqrt{n}} \right| \right) \frac{\hat{Y}_1^2}{2} + \delta\left(\left| \frac{\hat{X}_1}{\sqrt{n}} \right| \right) \frac{\hat{X}_1^2}{2}$ für alle $n \in \mathbb{N}$ majorisiert durch die integrierbare Funktion $\sup\limits_x \delta(x) \frac{\hat{Y}_1^2 + \hat{X}_1^2}{2}$, sodass auf die rechte Seite von (17.9) der Satz über die Konvergenz durch Majorisierung angewendet werden kann. Daraus folgt $\lim\limits_n |\mathbb{E} f \circ T_n - \mathbb{E} f \circ S_n| = 0$, womit der Satz bewiesen ist.

Satz 17.10 (klassischer zentraler Grenzverteilungssatz). *Ist (Y_n) eine Folge unabhängiger, identisch verteilter, quadratisch integrierbarer Zufallsvariabler mit $\mu := \mathbb{E} Y_n$ und $\sigma^2 := \mathrm{Var}\, Y_n > 0$, so konvergieren die standardisierten Summen $T_n := \sum\limits_{i=1}^{n} \frac{Y_i - \mu}{\sigma \sqrt{n}}$ in Verteilung gegen $N(0, 1)$.*

Beweis. Nach Folgerung 8.18 existiert auf einem Wahrscheinlichkeitsraum $(\Omega, \mathfrak{S}, P)$ eine iid Folge (X_n) mit $X_n \sim N(0, 1) \ \forall \, n \in \mathbb{N}$. Für die Summen $S_n := \sum\limits_{i=1}^{n} \frac{X_i}{\sqrt{n}}$ gilt dann $S_n \sim N(0, 1) \ \ \forall \, n \in \mathbb{N}$ (vgl. Beispiel 10.76), woraus trivialerweise folgt $P S_n^{-1} \Rightarrow N(0, 1)$. Wegen $\mathbb{E}\left(\frac{Y_n - \mu}{\sigma} \right) = 0$ und $\mathrm{Var}\left(\frac{Y_n - \mu}{\sigma} \right) = 1$ gilt daher nach dem vorigen Satz auch $P T_n^{-1} \Rightarrow N(0, 1)$. $\quad\blacksquare$

17.3 Schwache Kompaktheit

Wir haben bisher, entweder immer angenommen oder es hat sich aus den Satzvoraussetzungen ergeben, dass das Grenzmaß gegen das eine Folge von Wahrscheinlichkeitsverteilungen konvergiert, selbst eine Wahrscheinlichkeitsverteilung ist. Das muss i.A. nicht der Fall sein, wie das nächste Beispiel zeigt.

Beispiel 17.11. Für die Verteilungsfunktionen $F_n(x) := \mathbb{1}_{[n,\infty)}(x)$ gilt $F_n \Rightarrow 0$.
Aber es gilt die folgende Aussage, die von grundlegender Bedeutung ist.

Satz 17.12 (Satz von Helly). *Jede Folge (F_n) von Verteilungsfunktionen auf $\mathbb{R}$, die gleichmäßig beschränkt ist, für die also Konstante $a, b \in \mathbb{R}$ existieren mit $a \leq F_n(-\infty) \leq F_n(\infty) \leq b \;\; \forall\, n \in \mathbb{N}$, enthält eine Teilfolge (F_{n_k}), die schwach gegen eine Verteilungsfunktion F mit $a \leq F(-\infty) \leq F(\infty) \leq b$ konvergiert.*

Beweis. Wir betrachten die Verteilungsfunktionen zunächst auf den durchnummerierten rationalen Zahlen $q_1, q_2, \dots$.

Da die Folge $\big(F_n(q_1)\big)$ beschränkt ist, gibt es eine konvergente Teilfolge $\big(F_{n_k^{(1)}}(q_1)\big)$ mit $\widetilde{F}(q_1) := \lim_k F_{n_k^{(1)}}(q_1)$ (siehe Folgerung A.38).

$\big(F_{n_k^{(1)}}(q_2)\big)$ ist ebenfalls beschränkt und daher gibt es eine konvergente Teilfolge $\big(F_{n_k^{(2)}}(q_2)\big)$ von $\big(F_{n_k^{(1)}}(q_2)\big)$ mit $\widetilde{F}(q_2) := \lim_k F_{n_k^{(2)}}(q_2)$. Da aber auch $\big(F_{n_k^{(2)}}(q_1)\big)$ eine Teilfolge von $\big(F_{n_k^{(1)}}(q_1)\big)$ ist, gilt weiters $\widetilde{F}(q_1) = \lim_k F_{n_k^{(2)}}(q_1)$.

Im j-ten Schritt erhält man auf diese Art eine Teilfolge $\left(n_k^{(j)}\right)$, die in allen Folgen $\left(n_k^{(i)}\right)$, $i < j$ enthalten ist. Daher gilt $\lim_k F_{n_k^{(j)}}(q_i) = \widetilde{F}(q_i) \;\; \forall\, i \leq j$.

Da für jedes $j \in \mathbb{N}$ die Glieder der Diagonalfolge $\left(n_k^{(k)}\right)$ mit Indices $k \geq j$ in der Folge $\left(n_m^{(j)}\right)$ enthalten sind, gilt $\lim_k F_{n_k^{(k)}}(q_j) = \widetilde{F}(q_j) \;\; \forall\, j \in \mathbb{N}$.

Die Funktion $\widetilde{F} : \mathbb{Q} \to [a,b]$ ist monoton steigend, denn aus $q_i < q_j$ folgt $F_n(q_i) \leq F_n(q_j) \;\; \forall\, n \in \mathbb{N}$ und damit auch $\widetilde{F}(q_i) \leq \widetilde{F}(q_j)$.

Durch $F(x) := \inf_{x < q \in \mathbb{Q}} \widetilde{F}(q)$ wird nun eine Funktion $F : \mathbb{R} \to [a,b]$ definiert, die offensichtlich ebenfalls monoton steigend ist.

Man beachte, dass aus $\widetilde{F}(\hat{q}) \leq \widetilde{F}(q) \;\; \forall\, q > \hat{q}$ zwar folgt $\widetilde{F}(\hat{q}) \leq F(\hat{q})$, dass aber nicht gelten muss $\widetilde{F}(\hat{q}) = F(\hat{q})$. Aber die obige Definition garantiert die Rechtsstetigkeit von F, denn auf Grund der Definition von F gibt es für alle $\varepsilon > 0$ ein rationales $q > x$, für das gilt $F(x) \leq \widetilde{F}(q) < F(x) + \varepsilon$. Nun existiert für jede Folge (x_n), die von rechts gegen x konvergiert, ein n_0, sodass $x_n < q \;\; \forall\, n \geq n_0 \;\; \Rightarrow \;\; F(x_n) \leq \widetilde{F}(q) < F(x) + \varepsilon \;\; \forall\, n \geq n_0$. Andererseits gilt $F(x) \leq F(x_n) \, \forall\, n \in \mathbb{N}$. Das ergibt insgesamt $\lim_n F(x_n) = F(x)$.

Ist nun x ein Stetigkeitspunkt von F, so existiert zu jedem $\varepsilon > 0$ ein $\delta > 0$, sodass aus $|x - y| < \delta$ folgt $|F(x) - F(y)| < \varepsilon$. Wählt man $q', q'' \in \mathbb{Q}$ und $y \in \mathbb{R}$ so, dass $x - \delta < y < q' < x < q'' < x + \delta$, so gilt

$$F(x) - \varepsilon < F(y) \leq \widetilde{F}(q') \leq F(x) \leq \widetilde{F}(q'') \leq F(q'') < F(x) + \varepsilon. \tag{17.10}$$

Mit $\underline{\lim} F_{n_k^{(k)}}(x) := \liminf_k F_{n_k^{(k)}}(x)$ und $\overline{\lim} F_{n_k^{(k)}}(x) := \limsup_k F_{n_k^{(k)}}(x)$ gilt

$$\widetilde{F}(q') = \lim_k F_{n_k^{(k)}}(q') \leq \underline{\lim} F_{n_k^{(k)}}(x) \leq \overline{\lim} F_{n_k^{(k)}}(x) \leq \lim_k F_{n_k^{(k)}}(q'') = \widetilde{F}(q'').$$
$$\tag{17.11}$$

Da $\varepsilon > 0$ beliebig gewählt werden kann, folgt aus (17.10) und (17.11)

$$F(x) = \liminf_k F_{n_k^{(k)}}(x) = \limsup_k F_{n_k^{(k)}}(x) = \lim_k F_{n_k^{(k)}}(x) \,.$$

Damit ist der Satz bewiesen.

Um sicherzustellen, dass eine schwach konvergente Folge von Verteilungs-funktionen i.e.S. gegen eine Verteilungsfunktion i.e.S. konvergiert, benötigt man die folgende, zusätzliche Bedingung.

Definition 17.13. *Eine Menge $\{F_i : i \in I\}$ von Verteilungsfunktionen i.e.S. heißt straff, wenn es zu jedem $\varepsilon > 0$ eine Konstante $0 < M < \infty$ gibt, für die gilt*

$$\inf_{i \in I} [F_i(M) - F_i(-M)] > 1 - \varepsilon \,.$$

Damit gilt:

Satz 17.14 (Satz von Prochorov). *Eine Menge $\mathcal{F} := \{F_i : i \in I\}$ von Vertei-lungsfunktionen i.e.S. ist straff genau dann, wenn jede Folge daraus eine Teilfolge enthält, die schwach gegen eine Verteilungsfunktion i.e.S. konvergiert.*

Beweis.

$\Rightarrow$: Ist (F_n) eine Folge aus $\mathcal{F}$, so folgt aus dem Satz von Helly, dass eine Teilfolge (F_{n_k}) existiert, die schwach gegen eine Verteilungsfunktion F mit $0 \leq F(-\infty) \leq F(\infty) \leq 1$ konvergiert.

Da $\mathcal{F}$ straff ist, gibt es zu jedem $\varepsilon > 0$ ein $0 < M < \infty$, sodass $\sup_i F_i(-M) < \varepsilon$ und $\inf_i F_i(M) > 1 - \varepsilon$. Sind nun $x < -M$ und $y > M$ zwei Stetigkeitspunkte von F, so gelten folgende Beziehungen

$$F(-\infty) \leq F(x) = \lim_k F_{n_k}(x) \leq \sup_i F_i(x) \leq \sup_i F_i(-M) < \varepsilon$$

$$F(\infty) \geq F(y) = \lim_k F_{n_k}(y) \geq \inf_i F_i(y) \geq \inf_i F_i(M) > 1 - \varepsilon \,.$$

Daraus folgt sofort $F(-\infty) = 0$ und $F(\infty) = 1$.

$\Leftarrow$: Ist $\mathcal{F}$ nicht straff, so existiert ein $\varepsilon > 0$, für das gilt

$$\inf_{i \in I} [F_i(n) - F_i(-n)] \leq 1 - \varepsilon < 1 - \frac{\varepsilon}{2} \quad \forall \, n \in \mathbb{N} \,.$$

Daher gibt es zu jedem n ein F_{i_n} mit $F_{i_n}(n) - F_{i_n}(-n) < 1 - \frac{\varepsilon}{2}$. Nach dem Satz von Helly enthält (F_{i_n}) aber eine Teilfolge $(F_{i_{n_k}})$ mit $F_{i_{n_k}} \Rightarrow F$. Sind $x < 0 < y$ beliebige Stetigkeitspunkte von F, so gilt $(x, y] \subseteq (-n_k, n_k]$ für fast alle k. Daraus folgt

$$F(y) - F(x) = \lim_k \left(F_{i_{n_k}}(y) - F_{i_{n_k}}(x) \right)$$

$$\leq \limsup_k \left(F_{i_{n_k}}(n_k) - F_{i_{n_k}}(-n_k) \right) \leq 1 - \frac{\varepsilon}{2} \,.$$

Dies impliziert $F(\infty) - F(-\infty) = \lim_{y \nearrow \infty} F(y) - \lim_{x \searrow -\infty} F(x) \leq 1 - \frac{\varepsilon}{2}$, d.h. F ist keine Verteilungsfunktion i.e.S.

17.4 Charakteristische Funktionen

Bevor wir uns mit charakteristischen Funktionen beschäftigen können, müssen wir den Integralbegriff auf komplexwertige Funktionen verallgemeinern.

Definition 17.15. *Ist* f *eine komplexwertige Funktion auf einem Maßraum* $(\Omega, \mathfrak{S}, \mu)$ *und existieren die Integrale von* $\Re f$ *und* $\Im f$ *(siehe hiezu Anhang Definition A.60), so bezeichnet man* $\int f\, d\mu := \int \Re f\, d\mu + \mathbf{i} \int \Im f\, d\mu$ *als Integral von* μ. *Man nennt* f *integrierbar, wenn* $\Re f$ *und* $\Im f$ *integrierbar sind.*

Lemma 17.16. *Eine komplexwertige Funktion* f *auf einem Maßraum* $(\Omega, \mathfrak{S}, \mu)$ *ist genau dann integrierbar, wenn* $|f|$ *integrierbar ist.*

Beweis. Dies folgt unmittelbar aus $|\Re f| \vee |\Im f| \leq |f| \leq |\Re f| + |\Im f|$ (siehe Bemerkung A.63 Punkt 3.)

Lemma 17.17. *Existiert das Integral von* f, *so existiert auch das Integral der konjugierten Funktion* $\overline{f} = \Re f - \mathbf{i}\,\Im f$ *und es gilt* $\overline{\int f\, d\mu} = \int \overline{f}\, d\mu$.

Beweis. Dies folgt sofort aus Definition 17.15.

Bemerkung 17.18. *Auf Grund der obigen Definition ist klar, dass wichtige Eigenschaften und Aussagen, wie etwa die Linearität des Integrals oder der Satz über die Konvergenz durch Majorisierung für Integrale komplexwertiger Funktionen weiterhin gültig bleiben.*

Nur die Verallgemeinerung der Ungleichung aus Lemma 9.27 erfordert einen neuen Beweis.

Lemma 17.19. *Ist* f *eine komplexwertige Funktion auf einem Maßraum* $(\Omega, \mathfrak{S}, \mu)$, *deren Integral existiert, so gilt* $\left|\int f\, d\mu\right| \leq \int |f|\, d\mu$.

Beweis. Für $\left|\int f\, d\mu\right| = 0$ ist die Ungleichung trivial, ebenso für $\int |f|\, d\mu = \infty$. Ansonsten definiert man $c := \frac{\overline{\int f\, d\mu}}{|\int f\, d\mu|} \in \mathbb{C}$. Weil der Absolutbetrag immer reellwertig ist (Bemerkung A.63 Punkt 2.), wegen Bemerkung A.63 Punkt 3. und wegen $|c| = 1$ gilt dann

$$\left|\int f\, d\mu\right| = c \int f\, d\mu = \int c\, f\, d\mu = \int \Re(c\, f)\, d\mu \leq \int |\Re(c\, f)|\, d\mu$$

$$\leq \int |c\, f|\, d\mu = \int |c|\, |f|\, d\mu = \int |f|\, d\mu.$$

Definition 17.20. *Ist* μ *ein endliches Maß auf* $(\mathbb{R}, \mathfrak{B})$, *so nennt man*

$$\varphi(t) := \int e^{\mathbf{i}\, t\, x}\, d\mu(x)\,, \ t \in \mathbb{R}$$

die Fouriertransformierte von μ. *Ist* $(\Omega, \mathfrak{S}, \mu)$ *ein endlicher Maßraum und* f *eine reellwertige, messbare Funktion darauf, so wird die Fouriertransformierte des induzierten Maßes* μf^{-1} *auch Fouriertransformierte von* f *genannt. Ist* X *eine Zufallsvariable auf einem Wahrscheinlichkeitsraum* $(\Omega, \mathfrak{S}, P)$, *so spricht man von der charakteristischen Funktion von* PX^{-1} *bzw. von* X.

Klarerweise gilt $\varphi(t) = \int \mathrm{e}^{\mathrm{i}\,t\,x}\,dPX^{-1}(x) = \int \mathrm{e}^{\mathrm{i}\,t\,X}\,dP = \mathbb{E}\,\mathrm{e}^{\mathrm{i}\,t\,X}$.

Beispiel 17.21. $X \sim U_{0,1}$ hat die charakteristische Funktion

$$\varphi(t) = \int_0^1 \mathrm{e}^{\mathrm{i}\,t\,x}\,dx = \left.\frac{\mathrm{e}^{\mathrm{i}\,t\,x}}{\mathrm{i}\,t}\right|_0^1 = \frac{\mathrm{e}^{\mathrm{i}\,t} - 1}{\mathrm{i}\,t} = \frac{\mathrm{i} - \mathrm{i}\,\mathrm{e}^{\mathrm{i}\,t}}{t}.$$

Beispiel 17.22. $X \sim Ex_1$ hat die charakteristische Funktion

$$\varphi(t) = \int_0^\infty \mathrm{e}^{\mathrm{i}\,t\,x}\,\mathrm{e}^{-x}dx = \left.\frac{\mathrm{e}^{(\mathrm{i}\,t-1)\,x}}{(\mathrm{i}\,t - 1)}\right|_0^\infty = \frac{1}{1 - \mathrm{i}\,t}.$$

Beispiel 17.23. Eine Zufallsvariable X mit der Dichte $f(x) := \frac{\mathrm{e}^{-|x|}}{2}$, $x \in \mathbb{R}$ wird Laplace-verteilt genannt. Ihre charakteristische Funktion ist

$$\varphi(t) = \frac{1}{2}\left(\int_0^\infty \mathrm{e}^{\mathrm{i}\,t\,x-x}\,dx + \int_{-\infty}^0 \mathrm{e}^{\mathrm{i}\,t\,x+x}\,dx\right) = \frac{1}{2}\left(\frac{1}{1 - \mathrm{i}\,t} + \frac{1}{1 + \mathrm{i}\,t}\right) = \frac{1}{1 + t^2}.$$

$$(17.12)$$

In den folgenden Sätzen sind einige elementare Eigenschaften der Fouriertransformierten aufgelistet.

Satz 17.24. *Ist* $(\Omega, \mathfrak{S}, \mu)$ *ein endlicher Maßraum,* f *eine messbare Funktion darauf und* φ_f *die zugehörige Fouriertransformierte, so gilt:*

1. $\varphi_{a\,f+b}(t) = \mathrm{e}^{\mathrm{i}\,t\,b}\,\varphi_f(a\,t)$ $\quad \forall\, a, b \in \mathbb{R}$.
2. *Ist* f *symmetrisch um* 0, *d.h.* f *und* $-f$ *induzieren dasselbe Maß auf* $(\mathbb{R}, \mathfrak{B})$ *(vgl. Definition 15.18) so ist die Fouriertransformierte* φ_f *reellwertig.*

Beweis.

ad 1. : $\varphi_{a\,f+b}(t) = \int \mathrm{e}^{\mathrm{i}\,t\,(a\,f(x)+b)}\,d\mu(x) = \mathrm{e}^{\mathrm{i}\,b\,t}\int \mathrm{e}^{\mathrm{i}\,a\,t\,f(x)}\,d\mu(x) = \mathrm{e}^{\mathrm{i}\,b\,t}\,\varphi_f(a\,t)$.

ad 2. :   Auf Grund der Voraussetzungen gilt für jedes μf^{-1}-integrierbare g
$\int g \circ f\,d\mu = \int g\,d\mu f^{-1} = \int g\,d\mu(-f)^{-1} = \int g \circ (-f)\,d\mu$. Daraus folgt
$\varphi_f(t) = \int \mathrm{e}^{\mathrm{i}\,t\,f}\,d\mu = \int \mathrm{e}^{-\mathrm{i}\,t\,f}\,d\mu = \overline{\int \mathrm{e}^{\mathrm{i}\,t\,f}\,d\mu} = \overline{\varphi_f(t)} \Rightarrow \varphi_f(t) \in \mathbb{R}$.

Satz 17.25. *Sind* μ *und* ν *endliche Maße auf* $(\mathbb{R}, \mathfrak{B})$ *mit den Fouriertransformierten* φ_μ *und* φ_ν, *so gilt* $\varphi_{\mu*\nu} = \varphi_\mu\,\varphi_\nu$. *Sind* X *und* Y *unabhängige Zufallsvariable, so gilt insbesonders* $\varphi_{X+Y} = \varphi_X\,\varphi_Y$.

Beweis. Aus $\int \mathrm{e}^{\mathrm{i}\,t\,s}d\mu*\nu(s) = \int \mathrm{e}^{\mathrm{i}\,t\,(x+y)}d\mu\otimes\nu(x,y) = \int \mathrm{e}^{\mathrm{i}\,t\,x}\,d\mu(x)\int \mathrm{e}^{\mathrm{i}\,t\,y}\,d\nu(y)$ folgt unmittelbar $\varphi_{\mu*\nu}(t) = \varphi_\mu(t)\,\varphi_\nu(t)$.

Satz 17.26. *Ist* μ *ein endliches Maß auf* $(\mathbb{R}, \mathfrak{B})$, *so ist die Fouriertransformierte* φ *gleichmäßig stetig und es gilt* $|\varphi(t)| \le \varphi(0) = \mu(\mathbb{R})$ $\quad \forall\, t \in \mathbb{R}$.

Beweis. Nach Satz A.65 Punkt 4. gilt $\left|\mathrm{e}^{\mathrm{i}\,t\,x}\right| = 1$ $\forall\, t, x \in \mathbb{R}$. Daher ist $\mathrm{e}^{\mathrm{i}\,t\,x}$ für jedes t integrierbar, und aus Lemma 17.19 zusammen mit $\left|\mathrm{e}^{\mathrm{i}\,t\,x}\right| = 1$ folgt

$$\left|\varphi(t)\right| = \left|\int \mathrm{e}^{\mathrm{i}\,t\,x}\,d\mu\right| \leq \int \left|\mathrm{e}^{\mathrm{i}\,t\,x}\right| d\mu = \mu(\mathbb{R}) = \int \mathrm{e}^{\mathrm{i}\,0}\,d\mu = \varphi(0)\,.$$

Aus Satz A.65 Punkt 2. folgt $\lim\limits_{h\to 0} \left|\mathrm{e}^{\mathrm{i}\,h\,x} - 1\right| = 0$ $\forall\, x \in \mathbb{R}$. Da außerdem gilt $\left|\mathrm{e}^{\mathrm{i}\,h\,x} - 1\right| \leq \left|\mathrm{e}^{\mathrm{i}\,h\,x}\right| + 1 = 2$ impliziert der Satz über die Konvergenz durch Majorisierung (Satz 9.33) $\lim\limits_{h\to 0} \int \left|\mathrm{e}^{\mathrm{i}\,h\,x} - 1\right| d\mu(x) = 0$. Daraus folgt nun

$$0 \leq \limsup_{h\to 0} \left|\varphi(t+h) - \varphi(t)\right| = \limsup_{h\to 0} \left|\int \mathrm{e}^{\mathrm{i}\,t\,x}\left(\mathrm{e}^{\mathrm{i}\,h\,x} - 1\right) d\mu(x)\right|$$

$$\leq \limsup_{h\to 0} \int \left|\mathrm{e}^{\mathrm{i}\,t\,x}\right| \left|\mathrm{e}^{\mathrm{i}\,h\,x} - 1\right| d\mu(x) \leq \lim_{h\to 0} \int \left|\mathrm{e}^{\mathrm{i}\,h\,x} - 1\right| d\mu(x) = 0\,.$$

Da der letzte Ausdruck in der obigen Ungleichung unabhängig von t ist, ist damit die gleichmäßige Stetigkeit von φ gezeigt.

Zwischen der Existenz der Momente einer Zufallsvariablen und der Differenzierbarkeit der charakteristischen Funktion besteht folgender Zusammenhang

Satz 17.27. *Existiert das n-te Moment einer Zufallsvariablen X, so ist ihre charakteristische Funktion φ n-fach differenzierbar und es gilt*

$$\varphi^{(k)}(t) = \mathrm{i}^k \mathbb{E}\left(X^k\,\mathrm{e}^{\mathrm{i}\,t\,X}\right) \;\Rightarrow\; \varphi^{(k)}(0) = \mathrm{i}^k \mathbb{E}\,X^k \quad 1 \leq k \leq n\,. \qquad (17.13)$$

Ist umgekehrt φ in 0 für ein $n \in \mathbb{N}$ $2\,n$-fach differenzierbar mit $\left|\varphi^{(2\,n)}(0)\right| < \infty$, so sind die Momente $\mathbb{E}\,|X|^k$ endlich und es gilt (17.13) für alle $k \leq 2\,n$.

Beweis.   Den Beweis, dass aus der Existenz des n-ten Moments die n-fache Differenzierbarkeit folgt, führen wir durch vollständige Induktion und betrachten zunächst den Fall $n = 1$. Dafür gilt

$$\frac{\varphi(t+h) - \varphi(t)}{h} = \mathbb{E}\left[\frac{\mathrm{e}^{\mathrm{i}\,(t+h)\,X} - \mathrm{e}^{\mathrm{i}\,t\,X}}{h}\right] = \mathbb{E}\left[\mathrm{i}\,X\mathrm{e}^{\mathrm{i}\,t\,X}\left(\frac{\mathrm{e}^{\mathrm{i}\,h\,X} - 1}{\mathrm{i}\,h\,X}\right)\right]\,.$$

Aus Satz A.65 Punkt 5. und 9. folgt $\left|\mathrm{e}^{\mathrm{i}\,t\,X}\left(\frac{\mathrm{e}^{\mathrm{i}\,h\,X} - 1}{\mathrm{i}\,h\,X}\right)\mathrm{i}\,X\right| \leq |X|$ $\forall\, h \in \mathbb{R}$, und Punkt 2. dieses Satzes impliziert $\lim\limits_{h\to 0} \mathrm{i}\,X\,\mathrm{e}^{\mathrm{i}\,t\,X}\left(\frac{\mathrm{e}^{\mathrm{i}\,h\,X} - 1}{\mathrm{i}\,h\,X}\right) = \mathrm{i}\,X\,\mathrm{e}^{\mathrm{i}\,t\,X}$. Wegen $\mathbb{E}\,|X| < \infty$ folgt aus dem Satz über die Konvergenz durch Majorisierung

$$\varphi'(t) = \lim_{h\to 0} \frac{\varphi(t+h) - \varphi(t)}{h} = \lim_{h\to 0} \mathbb{E}\left[\mathrm{i}\,X\,\mathrm{e}^{\mathrm{i}\,t\,X}\left(\frac{\mathrm{e}^{\mathrm{i}\,h\,X} - 1}{\mathrm{i}\,h\,X}\right)\right]$$

$$= \mathbb{E}\left[\lim_{h\to 0} \mathrm{i}\,X\,\mathrm{e}^{\mathrm{i}\,t\,X}\left(\frac{\mathrm{e}^{\mathrm{i}\,h\,X} - 1}{\mathrm{i}\,h\,X}\right)\right] = \mathbb{E}\left(\mathrm{i}\,X\,\mathrm{e}^{\mathrm{i}\,t\,X}\right)\,.$$

Ist nun (17.13) für ein $k < n$ richtig, so gilt

$$\frac{\varphi^{(k)}(t+h) - \varphi^{(k)}(t)}{h} = \mathbb{E}\left[\mathrm{i}^k X^k \mathrm{e}^{\mathrm{i}tX} \left(\frac{\mathrm{e}^{\mathrm{i}hX} - 1}{h} \right) \right]$$

$$= \mathbb{E}\left[\mathrm{i}^{k+1} X^{k+1} \mathrm{e}^{\mathrm{i}tX} \left(\frac{\mathrm{e}^{\mathrm{i}hX} - 1}{\mathrm{i}hX} \right) \right],$$

wobei $\left| \mathrm{i}^{k+1} X^{k+1} \mathrm{e}^{\mathrm{i}tX} \left(\frac{\mathrm{e}^{\mathrm{i}hX} - 1}{\mathrm{i}hX} \right) \right| \le |X|^{k+1}$ mit $\mathbb{E}\,|X|^{k+1} < \infty$. Nochmalige Anwendung des Satzes über die Konvergenz durch Majorisierung ergibt daher $\varphi^{(k+1)}(t) = \mathrm{i}^{k+1}\,\mathbb{E}\,X^{k+1}\,\mathrm{e}^{\mathrm{i}tX}$, womit die eine Richtung bewiesen ist.

Auch die Umkehrung beweisen wir durch vollständige Induktion.
Für $n = 1$ gilt

$$\varphi''(0) = \lim_{h\to 0} \frac{\frac{\varphi(2h)-\varphi(0)}{2h} - \frac{\varphi(0)-\varphi(-2h)}{2h}}{2h} = \lim_{h\to 0} \mathbb{E}\left(\frac{\mathrm{e}^{2\mathrm{i}hX} - 2 + \mathrm{e}^{-2\mathrm{i}hX}}{4h^2} \right)$$

$$= \lim_{h\to 0} \mathbb{E}\left(\frac{\mathrm{e}^{\mathrm{i}hX} - \mathrm{e}^{-\mathrm{i}hX}}{2h} \right)^2 = \lim_{h\to 0} \mathbb{E}\left[X^2 \left(\frac{2\mathrm{i}\,\Im\left(\mathrm{e}^{\mathrm{i}hX} \right)}{2hX} \right)^2 \right]$$

$$= \lim_{h\to 0} \mathbb{E}\left[\mathrm{i}^2 X^2 \left(\frac{\sin(hX)}{hX} \right)^2 \right] = -\lim_{h\to 0} \mathbb{E}\left[X^2 \left(\frac{\sin(hX)}{hX} \right)^2 \right]. \tag{17.14}$$

Da die $X^2 \left(\frac{\sin(hX)}{hX} \right)^2$ nichtnegativ sind, gilt nach dem Lemma von Fatou

$$\mathbb{E}\left[\liminf_{h\to 0} X^2 \left(\frac{\sin(hX)}{hX} \right)^2 \right] \le \lim_{h\to 0} \mathbb{E}\left[X^2 \left(\frac{\sin(hX)}{hX} \right)^2 \right] = |\varphi''(0)| < \infty.$$

Aus Satz A.65 Punkt 10. folgt aber $\lim_{h\to 0} X^2 \left(\frac{\sin(hX)}{hX} \right)^2 = X^2$. Eingesetzt in die obige Ungleichung ergibt dies $\mathbb{E}\,X^2 \le |\varphi''(0)| < \infty$. Daraus folgt nun, wie im ersten Teil des Beweises gezeigt, $\varphi''(t) = -\mathbb{E}\left(X^2 \mathrm{e}^{\mathrm{i}tX} \right) \quad \forall\, t \in \mathbb{R}$.

Aus der Annahme, dass für $k-1$ gilt $\varphi^{(2k-2)}(t) = (-1)^{k-1}\mathbb{E}\left(X^{2k-2} \mathrm{e}^{\mathrm{i}tX} \right)$, folgt aber unter nochmaliger Anwendung der oben gemachten Umformungen

$$\varphi^{(2k)}(0) = \lim_{h\to 0} \frac{\frac{\varphi^{(2k-2)}(2h)-\varphi^{(2k-2)}(0)}{2h} - \frac{\varphi^{(2k-2)}(0)-\varphi^{(2k-2)}(-2h)}{2h}}{2h}$$

$$= \lim_{h\to 0}(-1)^{k-1}\mathbb{E}\left[X^{2k-2} \left(\frac{\mathrm{e}^{2\mathrm{i}hX} - 2 + \mathrm{e}^{-2\mathrm{i}hX}}{4h^2} \right) \right]$$

$$= \lim_{h\to 0}(-1)^k \mathbb{E}\left[X^{2k} \left(\frac{\sin(hX)}{hX} \right)^2 \right].$$

Daraus folgt unter Anwendung des Lemmas von Fatou und, weil bekanntlich gilt (Satz A.65 Punkt 10.) $\lim_{h\to 0} X^{2k} \left(\frac{\sin(hX)}{hX} \right)^2 = X^{2k}$

$$\infty > \left|\varphi^{(2k)}(0)\right| = \lim_{h\to 0} \mathbb{E}\left[X^{2k}\left(\frac{\sin(hX)}{hX}\right)^2\right] \geq \mathbb{E}X^{2k}.$$

Daraus folgt wieder $\varphi^{(2k)}(t) = (-1)^k \mathbb{E}\left(X^{2k}e^{itX}\right)$ $\forall\, t \in \mathbb{R}$ nach der ersten Aussage des Satzes. Damit ist auch die Umkehrung bewiesen.

Folgerung 17.28. *Existiert das n-te Moment einer Zufallsvariablen X, so gilt für ihre charakteristische Funktion φ*

$$\varphi(t) = \sum_{k=0}^{n}(it)^k \frac{\mathbb{E}X^k}{k!} + o(t^n) \quad mit \quad \lim_{t\to 0}\frac{o(t^n)}{t^n} = 0. \tag{17.15}$$

Sind alle Momente endlich, so folgt aus $C := \limsup\limits_{k}\left(\frac{\mathbb{E}|X|^k}{k!}\right)^{\frac{1}{k}} < \infty$

$$\varphi(t) = \sum_{k=0}^{\infty}(it)^k \frac{\mathbb{E}X^k}{k!} \quad \forall\, t : |t| < \rho := \frac{1}{C}. \tag{17.16}$$

Beweis. Der Satz von Taylor (Satz A.43) angewendet auf den Real- und den Imaginärteil von φ ergibt zusammen mit dem obigen Satz

$$\varphi(t) = \sum_{k=0}^{n-1}(it)^k \frac{\mathbb{E}X^k}{k!} + \frac{(it)^n}{n!}\mathbb{E}\left[X^n\left(\cos(\delta_1 t) + i\sin(\delta_2 t)\right)\right] \text{ mit } 0 < \delta_1, \delta_2 < 1.$$

Der Erwartungswert im letzten Term auf der rechten Seite der obigen Gleichung kann umgeformt werden zu $\mathbb{E}X^n + \mathbb{E}\left[X^n\left(\cos(\delta_1 t) + i\sin(\delta_2 t) - 1\right)\right]$. Nun gilt $\left|X^n\left(\cos(\delta_1 t) + i\sin(\delta_2 t) - 1\right)\right| \leq 3|X|^n$ mit $\mathbb{E}|X|^n < \infty$ und $\lim\limits_{t\to 0} X^n\left(\cos(\delta_1 t) + i\sin(\delta_2 t) - 1\right) = 0$, sodass nach dem Satz über die Konvergenz durch Majorisierung für $o(t^n) := \frac{(it)^n}{n!}\mathbb{E}\left[X^n\left(\cos(\delta_1 t) + i\sin(\delta_2 t) - 1\right)\right]$ gilt $\lim\limits_{t\to 0}\frac{o(t^n)}{t^n} = 0$.

Für $|t| \leq \theta\rho$ mit $0 \leq \theta < 1$ gilt $\left|(it)^k \frac{\mathbb{E}X^k}{k!}\right| < \theta^k$ für fast alle k. Daher konvergiert die Reihe in (17.16) für diese t absolut. Wegen (17.15) stimmt sie im Konvergenzbereich $(-\rho, \rho)$ mit φ überein

Beispiel 17.29. Ist $X \sim N(0,1)$, so existieren, wie in Beispiel 15.21 gezeigt, alle Momente, und es gilt $\mathbb{E}X^{2n-1} = 0$ und $\mathbb{E}X^{2n} = \prod\limits_{k=1}^{n}(2k-1)$. Da die

Reihe $\sum\limits_{n=0}^{\infty}\frac{(it)^{2n}\mathbb{E}X^{2n}}{(2n)!} = \sum\limits_{n=0}^{\infty}-\left(\frac{t^2}{2}\right)^n\frac{1}{n!} = e^{-\frac{t^2}{2}}$ offensichtlich für alle $t \in \mathbb{R}$

absolut konvergiert, hat X die charakteristische Funktion $\varphi_X(t) = e^{-\frac{t^2}{2}}$.

$Y \sim N(\mu, \sigma^2)$ ist bekanntlich darstellbar als $Y = \sigma X + \mu$ und besitzt daher nach Satz 17.24 Punkt 1. die charakteristische Funktion $\varphi_Y(t) = e^{i\mu t - \frac{\sigma^2 t^2}{2}}$.

Dass die Umkehrung von Satz 17.27 nur für Ableitungen gerader Ordnung gilt, zeigt das folgende Gegenbeispiel.

Beispiel 17.30. Die Zufallsvariable X, die die Werte $\pm n$, $n \geq 2$ mit den Wahrscheinlichkeiten $P(X = n) = P(X = -n) := \frac{c}{n^2 \ln n}$ für einen geeigneten Normierungsfaktor $c > 0$ annimmt, besitzt keinen Erwartungswert wegen

$$\mathbb{E}\,X^+ = \mathbb{E}\,X^- = \sum_{n=2}^{\infty} \frac{c}{n \ln n} = c \sum_{m=1}^{\infty} \sum_{n=2^m}^{2^{m+1}-1} \frac{1}{n \ln n} \geq c \sum_{m=1}^{\infty} \frac{2^m}{2^{m+1}(m+1)} = \infty.$$

Da X symmetrisch um 0 ist, ist die zugehörige charakteristische Funktion reellwertig und gegeben durch $\varphi(t) = c \sum_{n=2}^{\infty} \left(e^{\mathrm{i}tn} + e^{-\mathrm{i}tn} \right) \frac{1}{n^2 \ln n}$. Daraus erhält man unter Berücksichtigung von $\sum_{n=2}^{\infty} \frac{2c}{n^2 \ln n} = 1$

$$\left| \frac{\varphi(t) - \varphi(0)}{t} \right| = \left| \frac{\varphi(t) - 1}{t} \right| \leq c \sum_{n=2}^{\infty} \frac{\left| e^{\mathrm{i}tn} + e^{-\mathrm{i}tn} - 2 \right|}{|t|\, n^2 \ln n}. \tag{17.17}$$

Aus Satz A.65 Punkt 5. und Lemma 15.32 folgt nun mit $m := \max\{\lfloor \frac{1}{|t|} \rfloor, 2\}$

$$\limsup_{|t| \to 0} \sum_{n=m+1}^{\infty} \frac{\left| e^{\mathrm{i}tn} + e^{-\mathrm{i}tn} - 2 \right|}{|t|\, n^2 \ln n} \leq \limsup_{|t| \to 0} \left(\frac{4}{|t| \ln(m+1)} \sum_{n=m+1}^{\infty} \frac{1}{n^2} \right)$$

$$\leq \limsup_{|t| \to 0} \left(\frac{4(m+1)}{\ln(m+1)} \frac{2}{m+1} \right) = \limsup_{|t| \to 0} \left(\frac{8}{\ln(m+1)} \right) \leq \lim_{|t| \to 0} \frac{8}{-\ln|t|} = 0.$$

$2 - e^{\mathrm{i}tn} - e^{-\mathrm{i}tn} = \left(e^{\mathrm{i}tn} - 1 \right) \left(e^{-\mathrm{i}tn} - 1 \right)$ zusammen mit Satz A.65 Punkt 9. und Lemma 15.33 führt andererseits zu

$$\limsup_{|t| \to 0} \sum_{n=2}^{m} \frac{\left| e^{\mathrm{i}tn} + e^{-\mathrm{i}tn} - 2 \right|}{|t|\, n^2 \ln n} = \limsup_{|t| \to 0} \sum_{n=2}^{m} \left| \frac{e^{\mathrm{i}tn} - 1}{tn} \right| \left| \frac{e^{-\mathrm{i}tn} - 1}{tn} \right| \frac{|t|\, n^2}{n^2 \ln n}$$

$$\leq \limsup_{|t| \to 0} \left(|t| \sum_{n=2}^{m} \frac{1}{\ln n} \right) \leq \lim_{m \to \infty} \frac{1}{m-1} \sum_{n=2}^{m} \frac{1}{\ln n} = 0.$$

Somit gilt $\varphi'(0) = \lim_{t \to 0} \frac{\varphi(t) - \varphi(0)}{t} = 0$, obwohl X keinen Erwartungswert hat.

Satz 17.31 (Umkehrsatz). *Ist F eine beschränkte Verteilungsfunktion auf $\mathbb{R}$ mit der Fouriertransformierten φ, so gilt für alle Stetigkeitspunkte $a < b$ von F*

$$F(b) - F(a) = \lim_{c \to \infty} \frac{1}{2\pi} \int_{-c}^{c} \frac{e^{-\mathrm{i}ta} - e^{-\mathrm{i}tb}}{\mathrm{i}t} \varphi(t)\, dt \tag{17.18}$$

Beweis. Ersetzt man die Fouriertransformierte φ durch ihre Definition, so hat das Integral in (17.18) die Form $I(c) := \frac{1}{2\pi} \int_{-c}^{c} \frac{e^{-\mathrm{i}ta} - e^{-\mathrm{i}tb}}{\mathrm{i}t} \int_{\mathbb{R}} e^{\mathrm{i}tx} dF(x)\, dt$. In $I(c)$ kann die Integrationsreihenfolge nach dem Satz von Fubini vertauscht werden, denn aus den Punkten 5. und Punkt 9. von Satz A.65 folgt

$\left|\frac{e^{-i\,t\,a}-e^{-i\,t\,b}}{i\,t}e^{i\,t\,x}\right| = (b-a)\left|e^{i\,t\,(x-b)}\right|\left|\frac{e^{i\,t\,(b-a)}-1}{i\,t\,(b-a)}\right| \le b-a$, und klarerweise gilt

$\int\limits_{[-c,c]\times\mathbb{R}}(b-a)\,\lambda\otimes F(dt,dx) = 2\,c\,(b-a)\,(F(\infty)-F(-\infty)) < \infty$. Mit der Be-

zeichnung $I_c(x) := \int_{-c}^c \frac{e^{i\,t\,(x-a)}-e^{i\,t\,(x-b)}}{i\,t}\,dt$ ergibt das $I(c) = \frac{1}{2\pi}\int_{\mathbb{R}}I_c(x)\,dF(x)$.
Da $\frac{\cos(t\,h)}{t}$ eine ungerade Funktion in t ist und daher gilt $\int_{-c}^c \frac{\cos(t\,h)}{t}\,dt = 0$,
kann man das innere Integral $I_c(x)$ umformen zu

$$I_c(x) = \int\limits_{-c}^{c} \frac{\cos(t\,(x-a))-\cos(t\,(x-b))+i\,\sin(t\,(x-a))-i\,\sin(t\,(x-b))}{i\,t}\,dt$$

$$= \int\limits_{-c}^{c} \frac{\sin(t\,(x-a))-\sin(t\,(x-b))}{t}\,dt \tag{17.19}$$

Das letzte Integral in (17.19) ist für $x = a$ bzw. $x = b$ von der Gestalt
$\int_{-c}^c \frac{\sin(t\,k)}{t}\,dt$ mit $k = b-a > 0$. Für $a < x < b$ kann es angeschrieben werden
als $\int_{-c}^c \frac{\sin(t\,k)}{t}\,dt + \int_{-c}^c \frac{\sin(t\,h)}{t}\,dt$ mit $k = x-a > 0$ und $h = b-x > 0$, und für
$x < a$ oder $x > b$ kann man es darstellen als $\int_{-c}^c \frac{\sin(t\,k)}{t}\,dt - \int_{-c}^c \frac{\sin(t\,h)}{t}\,dt$ mit
$k = b-x > 0$ und $h = a-x > 0$ bzw. $k = x-a > 0$ und $h = x-b > 0$. Die Sub-
stitution $u := k\,t$, $k > 0$ führt zu $\int_{-c}^c \frac{\sin(t\,k)}{t}\,dt = \int_{-y}^{y} \frac{\sin u}{u}\,du$ mit $y := c\,k$. Für
$g(y) := \int_{-y}^{y} \frac{\sin u}{u}\,du$ gilt nach Gleichung (10.18) $\lim\limits_{y\to\infty}g(y) = \pi$. Deshalb gibt
es zu $\varepsilon > 0$ ein y_ε, sodass $|g(y)| \le \pi+\varepsilon \quad \forall\,y \ge y_\varepsilon$. Da g außerdem stetig in
y ist, ist es nach Satz A.34 auch auf $[0, y_\varepsilon]$ beschränkt, d.h. es gibt ein $M < \infty$
mit $\sup\limits_{y\ge0}|g(y)| \le M$. Damit gilt aber auch $\sup\limits_{c,x}|I_c(x)| \le 2\,M$. Nun folgt aus den
obigen Ausführungen und Gleichung (10.18) $\lim\limits_{c\to\infty}I_c(x) = 2\,\pi\,\mathbb{1}_{(a,b)}+\pi\,\mathbb{1}_{\{a,b\}}$,
und der Satz über die Konvergenz durch Majorisierung impliziert schließlich

$$\lim\limits_{c\to\infty}I(c) = \lim\limits_{c\to\infty}\frac{1}{2\pi}\int\limits_{\mathbb{R}}I_c(x)\,dF(x) = \frac{1}{2\pi}\int\limits_{\mathbb{R}}\lim\limits_{c\to\infty}I_c(x)\,dF(x)$$

$$= \frac{1}{2\pi}\int\limits_{\mathbb{R}}(2\,\pi\,\mathbb{1}_{(a,b)}+\pi\,\mathbb{1}_{\{a,b\}})\,dF = \frac{1}{2}\left[F(b)+F_-(b)-F(a)-F_-(a)\right].$$

Für Stetigkeitspunkte a, b von F stimmt das überein mit Gleichung (17.18),
sodass damit der Satz bewiesen ist.

Folgerung 17.32. *Jede beschränkte Verteilungsfunktion F auf $\mathbb{R}$ wird durch ihre Fouriertransformierte φ eindeutig bestimmt.*

Beweis. Nach dem Umkehrsatz ist F in allen Stetigkeitspunkten eindeutig
festgelegt. Wie im Beweis von Lemma 17.2 gezeigt, ist F damit für alle $x \in \mathbb{R}$
eindeutig bestimmt.

Erst mit dieser Aussage gewinnen die Sätze 17.24 und 17.25 an Bedeutung, wie am folgenden Beispiel demonstriert wird.

Beispiel 17.33. Sind $X_i \sim N(\mu_i, \sigma_i^2)$, $i = 1, 2$ unabhängige Zufallsvariable, so gilt $\varphi_{X_1+X_2}(t) = \varphi_{X_1}(t)\, \varphi_{X_2}(t) = e^{i\,t\,(\mu_1+\mu_2) - \frac{t^2}{2}\,(\sigma_1^2+\sigma_2^2)}$. Dies ist die charakteristische Funktion einer $N(\mu_1+\mu_2, \sigma_1^2+\sigma_2^2)$-Verteilung. Daher ist die Summe unabhängiger, normalverteilter Zufallsvariabler ebenfalls normalverteilt.

Zu Satz 17.24 Punkt 2. können wir nun folgende Umkehrung formulieren.

Satz 17.34. *Ist $(\Omega, \mathfrak{S}, \mu)$ ein endlicher Maßraum und $f : (\Omega, \mathfrak{S}) \to (\mathbb{R}, \mathfrak{B})$ eine Abbildung mit einer reellwertigen Fouriertransformierten φ_f, dann gilt $\mu f^{-1} = \mu(-f)^{-1}$, d.h. f ist symmetrisch um 0.*

Beweis. Da φ_f reellwertig ist, gilt $\varphi_f(t) = \overline{\varphi_f(t)} = \varphi_{(-f)}(t) \quad \forall\, t \in \mathbb{R}$. Somit haben die Maße μf^{-1} und $\mu(-f)^{-1}$ dieselbe Fouriertransformierte, sodass nach Folgerung 17.32 gilt $\mu f^{-1} = \mu(-f)^{-1}$.

Ist die Fouriertransformierte integrierbar, vereinfacht sich der Umkehrsatz zu:

Satz 17.35. *Ist μ ein endliches Maß auf $(\mathbb{R}, \mathfrak{B})$ mit einer integrierbaren Fouriertransformierten φ, so ist μ absolut stetig bezüglich λ und besitzt die gleichmäßig stetige, beschränkte Dichte*

$$f(x) := \frac{1}{2\pi} \int_{\mathbb{R}} e^{-i\,t\,x}\, \varphi(t)\, \lambda(dt). \tag{17.20}$$

Beweis. Aus Lemma 17.19 und Satz A.65 Punkt 5. folgt für alle $x \in \mathbb{R}$

$$\infty > K := \frac{1}{2\pi} \int_{\mathbb{R}} |\varphi(t)|\, \lambda(dt) = \frac{1}{2\pi} \int_{\mathbb{R}} \left|e^{-i\,t\,x}\right|\, |\varphi(t)|\, \lambda(dt) \geq |f(x)|\,,$$

d.h. f ist beschränkt. Gemäß der obigen Definition von K gilt für alle $a < b$

$$\int_{(a,b]} \left[\int_{\mathbb{R}} \frac{\left|e^{-i\,t\,x}\, \varphi(t)\right|}{2\,\pi}\, \lambda(dt)\right] \lambda(dx) = \int_{(a,b]} K\, \lambda(dx) = K\,(b-a) < \infty. \tag{17.21}$$

Aus Lemma 17.19 und Satz A.65 Punkt 5. und Punkt 9. folgt ferner

$$|f(x+h) - f(x)| \leq \frac{1}{2\pi} \int_{\mathbb{R}} \left|e^{-i\,t\,x}\right|\, \left|e^{-i\,t\,h} - 1\right|\, |\varphi(t)|\, d\lambda(t)$$

$$= \frac{1}{2\pi} \int_{\mathbb{R}} \left|e^{-i\,t\,h} - 1\right|\, |\varphi(t)|\, d\lambda(t) \leq \frac{1}{2\pi} \int_{\mathbb{R}} |h|\, |\varphi(t)|\, d\lambda(t) \tag{17.22}$$

Da der Integrand des Integrals ganz rechts in (17.22) mit $h \to 0$ ebenfalls gegen 0 strebt und durch $|\varphi|$ majorisiert wird, konvergiert nach dem Satz über die Konvergenz durch Majorisierung das Integral selbst gegen 0. Dieses Integral ist unabhängig von x. Somit ist f gleichmäßig stetig.

Gemäß (17.21) ist $\mathrm{e}^{-\mathrm{i}\,t\,x}\,\varphi(t)$ auf $(a,b] \times \mathbb{R}$ integrierbar. Daher kann man in der untenstehenden Gleichung nach dem Satz von Fubini die Integrationsreihenfolge vertauschen. In Verbindung mit dem Umkehrsatz ergibt sich damit für beliebige Stetigkeitspunkte $a < b$ der Verteilungsfunktion F von μ

$$
\int_{(a,b]} f(x)\,\lambda(dx) = \frac{1}{2\,\pi} \int_{\mathbb{R}} \varphi(t) \left[\int_{(a,b]} \mathrm{e}^{-\mathrm{i}\,t\,x}\,\lambda(dx) \right] \lambda(dt)
$$

$$
= \lim_{c \to \infty} \frac{1}{2\,\pi} \int_{-c}^{c} \frac{\mathrm{e}^{-\mathrm{i}\,t\,a} - \mathrm{e}^{-\mathrm{i}\,t\,b}}{\mathrm{i}\,t}\,\varphi(t)\,dt = F(b) - F(a). \qquad (17.23)
$$

Da die Stetigkeitspunkte von F dicht in $\mathbb{R}$ sind, gibt es zu jedem $x \in \mathbb{R}$ und jedem $\varepsilon > 0$ Stetigkeitspunkte a, b mit $x - \varepsilon < a < x < b < x + \varepsilon$, sodass aus (17.21) und (17.23) folgt $\mu(\{x\}) \leq F(b) - F(a) \leq 2\,K\,\varepsilon$. Somit gilt $\mu(\{x\}) = F(x) - F_-(x) = 0$, d.h. F ist stetig und (17.23) gilt für alle $a < b$. Wäre $\Im f(x) \neq 0$, etwa o.E.d.A. $\Im f(x) > 0$ für ein $x \in \mathbb{R}$, so müsste für alle y in einem hinreichend kleinen Intervall $(a,b]$ um x gelten $\Im f(y) > \frac{\Im f(x)}{2}$, und $F(b) - F(a)$ wäre nicht reellwertig. Somit gilt $f(x) \in \mathbb{R} \quad \forall\, x \in \mathbb{R}$.

Mit dem nämlichen Argument zeigt man, dass $f(x) < 0$ nicht gelten kann. Da f demnach nichtnegativ reellwertig ist, wird durch $\nu(B) := \int_B f\,d\lambda$, $B \in \mathfrak{B}$ ein Maß definiert, das auf den halboffenen Intervallen und damit nach dem Eindeutigkeitssatz (Satz 4.13) auf ganz $\mathfrak{B}$ mit μ übereinstimmt. Daher gilt $\mu \ll \lambda$, und nach Satz 12.30 ist F differenzierbar mit $F' = f$.

Beispiel 17.36. In Beispiel 17.23 haben wir gesehen, dass eine Laplace-verteilte Zufallsvariable X die charakteristische Funktion $\varphi_X(t) = \frac{1}{1+t^2}$, die offensichtlich integrierbar ist, besitzt. Da X die Dichte $f(x) = \frac{\mathrm{e}^{-|x|}}{2}$ hat, muss gemäß Gleichung (17.20) gelten $\frac{\mathrm{e}^{-|x|}}{2} = \frac{1}{2\,\pi} \int_{-\infty}^{\infty} \mathrm{e}^{-\mathrm{i}\,t\,x}\,\frac{1}{1+t^2}\,dt$. Mit der Substitution $v := -t$ erhält man daraus $\mathrm{e}^{-|x|} = \int_{-\infty}^{\infty} \mathrm{e}^{\mathrm{i}\,v\,x}\,\frac{1}{\pi\,(1+v^2)}\,dv$. Weil aber $\frac{1}{\pi\,(1+v^2)}$ die Dichte der Cauchyverteilung ist, haben wir damit gezeigt, dass Cauchyverteilte Zufallsvariable die charakteristische Funktion $\varphi(x) = \mathrm{e}^{-|x|}$ besitzen.

Zum Beweis des letzten Satzes dieses Abschnitts, der den Zusammenhang zwischen der stochastischen Konvergenz von Verteilungsfunktionen und der punktweisen Konvergenz der zugehörigen charakteristischen Funktionen herstellt, benötigen wir die im nächsten Lemma formulierte Ungleichung.

Lemma 17.37. *Ist P eine Wahrscheinlichkeitsverteilung auf $(\mathbb{R}, \mathfrak{B})$ mit der charakteristischen Funktion φ und $c > 0$, so gilt $\int_{-c}^{c} (1 - \varphi(t))\,dt \in \mathbb{R}$ sowie*

$$
P\left(\left[-\frac{2}{c}, \frac{2}{c} \right]^c \right) \leq \frac{1}{c} \int_{-c}^{c} (1 - \varphi(t))\,dt. \qquad (17.24)
$$

Beweis. Aus $|1 - \varphi(t)| \leq 1 + |\varphi(t)| \leq 2$ (Satz 17.26) folgt, dass das Integral $\int_{-c}^{c} (1 - \varphi(t)) \, dt$ existiert und endlich ist. Dass es zudem reellwertig ist, ergibt sich aus $\int_{-c}^{c} (1 - \varphi(t)) \, dt = \int_{0}^{c} (2 - \varphi(t) - \varphi(-t)) \, dt = \int_{0}^{c} [2 - 2\Re(\varphi(t))] \, dt$.

Wegen $\int_{-c}^{c} \left[\int_{\mathbb{R}} |1 - e^{itx}| \, P(dx) \right] dt \leq \int_{-c}^{c} \left[\int_{\mathbb{R}} 2P(dx) \right] dt = 4c < \infty$ kann man in $\int_{-c}^{c} \int_{\mathbb{R}} (1 - e^{itx}) \, P(dx) \, dt$ die Integrationsreihenfolge vertauschen und erhält wegen $\Im(e^{icx}) \leq |\Im(e^{icx})| \leq |e^{icx}| \leq 1$

$$\frac{1}{c} \int_{-c}^{c} (1 - \varphi(t)) \, dt = \frac{1}{c} \int_{-c}^{c} \left[\int_{\mathbb{R}} (1 - e^{itx}) \, P(dx) \right] dt$$

$$= \int_{\mathbb{R}} \frac{1}{c} \left[\int_{-c}^{c} (1 - e^{itx}) \, dt \right] dP(x) = \int_{\mathbb{R}} \left(2 - \frac{e^{icx} - e^{-icx}}{icx} \right) dP(x)$$

$$= 2 \int_{\mathbb{R}} \left(1 - \frac{\Im(e^{icx})}{cx} \right) dP(x) \geq 2 \int_{\mathbb{R}} \left(1 - \frac{|\Im(e^{icx})|}{|cx|} \right) dP(x)$$

$$\geq 2 \int_{\mathbb{R}} \left(1 - \frac{1}{|cx|} \right) dP(x) \geq 2 \int_{\{|x| > \frac{2}{c}\}} \left(1 - \frac{1}{|cx|} \right) dP(x) \geq P \left(\left[-\frac{2}{c}, \frac{2}{c} \right]^{c} \right).$$

Satz 17.38 (Stetigkeitssatz von Lévy). *Eine Folge (P_n) von Wahrscheinlichkeitsmaßen auf $(\mathbb{R}, \mathfrak{B})$ konvergiert genau dann gegen eine Wahrscheinlichkeitsverteilung P, wenn die Folge (φ_n) der charakteristischen Funktionen punktweise gegen eine komplexwertige Funktion φ konvergiert, die stetig in 0 ist. φ ist dann die charakteristische Funktion von P.*

Beweis.

$\Rightarrow$: Nach Satz 17.8 Punkt 8, angewendet auf den Real- und den Imaginärteil von e^{itx}, folgt aus $P_n \Rightarrow P$ sofort $\lim_n \varphi_n(t) = \varphi(t)$.

Satz 17.26 impliziert die Stetigkeit von φ in 0.

$\Leftarrow$: Aus $\varphi(t) = \lim_n \varphi_n(t) \wedge \varphi_n(0) = 1 \ \forall n \in \mathbb{N}$ folgt $\varphi(0) = 1$. Weil aber φ stetig in 0 ist, gibt es für alle $\varepsilon > 0$ ein $c_\varepsilon > 0$, sodass $|1 - \varphi(t)| \leq \frac{\varepsilon}{2}$ für alle $t \in [-c_\varepsilon, c_\varepsilon]$. Daraus folgt $\frac{1}{c_\varepsilon} \int_{-c_\varepsilon}^{c_\varepsilon} |1 - \varphi(t)| \, dt \leq \frac{1}{c_\varepsilon} \int_{-c_\varepsilon}^{c_\varepsilon} \frac{\varepsilon}{2} \, dt = \varepsilon$. Da gilt $\lim_n |1 - \varphi_n| = |1 - \varphi|$ und $|1 - \varphi_n(t)| \leq 2$ folgt aus dem Satz über die Konvergenz durch Majorisierung

$$\lim_n \int_{-c_\varepsilon}^{c_\varepsilon} |1 - \varphi_n(t)| \, dt = \int_{-c_\varepsilon}^{c_\varepsilon} |1 - \varphi(t)| \, dt.$$

Daher existiert ein n_0, sodass für alle $n \geq n_0$ gilt

$$\frac{1}{c_\varepsilon} \int_{-c_\varepsilon}^{c_\varepsilon} |1 - \varphi_n(t)| \, dt \leq \frac{1}{c_\varepsilon} \int_{-c_\varepsilon}^{c_\varepsilon} |1 - \varphi(t)| \, dt + \varepsilon \leq 2\varepsilon.$$

Nach Lemma 17.37 gilt dann auch $P_n\left(\left[-\frac{2}{c_\varepsilon},\frac{2}{c_\varepsilon}\right]^c\right)\leq 2\varepsilon$ für alle $n\geq n_0$.
Daher sind die P_n straff, und nach dem Satz von Prochorov (Satz 17.14)
existiert eine Teilfolge (P_{n_k}) und eine Verteilung P mit $P_{n_k}\Rightarrow P$. Für die
charakteristische Funktion φ_P von P gilt, wie oben gezeigt, $\lim_k\varphi_{n_k}=\varphi_P$.
Da andererseits gilt $\lim_k\varphi_{n_k}=\varphi$, stimmt φ mit φ_P überein.

Gäbe es eine Teilfolge (P_{m_i}) mit $P_{m_i}\not\Rightarrow P$, so wäre auch diese Teilfolge
straff, und deshalb müsste es eine Subfolge $(P_{m_{i_j}})$ und eine Verteilung
$Q\neq P$ mit $P_{m_{i_j}}\Rightarrow Q$ geben. Für die charakteristischen Funktionen
dieser Subfolge würde daher im Widerspruch zu den Voraussetzungen
gelten $\lim_j\varphi_{m_{i_j}}=\varphi_Q\neq\varphi$. Also gilt $P_n\Rightarrow P$.

17.5 Der Grenzverteilungssatz von Lindeberg-Feller

In diesem Abschnitt wird Satz 17.10 auf unabhängige, aber nicht identisch
verteilte Folgen von Zufallsvariablen verallgemeinert.

1901 zeigte Lyapunov die Gültigkeit des Satzes für derartige Folgen unter
der Voraussetzung, dass für ein $\delta>0$ mit $s_n:=\sqrt{\sum_{k=1}^n\mathbb{E}\,(X_k-\mathbb{E}X_k)^2}$ gilt

$$\lim_{n\to\infty}\frac{1}{s_n^{2+\delta}}\sum_{k=1}^n\mathbb{E}\,|X_k-\mathbb{E}X_k|^{2+\delta}=0. \qquad (17.25)$$

Die obige Beziehung wird Lyapunov-Bedingung genannt, aber, da sie die
Existenz der Momente der Ordnung $2+\delta$ voraussetzt, stellt Lyapunovs Resultat keine echte Verallgemeinerung von Satz 17.10 dar. Erst Lindeberg konn-
te 1922 eine schwächere, hinreichende Bedingung, die nach ihm benannte
Lindeberg-Bedingung finden, welche für unabhängige, identisch verteilte Zufallsvariable mit endlicher Varianz $\sigma^2>0$ immer gilt.

Definition 17.39. *Eine Folge unabhängiger Zufallsvariabler X_k auf einem Wahrscheinlichkeitsraum $(\Omega,\mathfrak{S},P)$, deren Varianzen σ_k^2 endlich und nicht alle 0 sind,
erfüllt die Lindeberg-Bedingung, wenn mit $s_n^2:=\sum_{k=1}^n\sigma_k^2$ gilt*

$$\lim_{n\to\infty}\frac{1}{s_n^2}\sum_{k=1}^n\int_{[|X_k-\mathbb{E}X_k|\geq\varepsilon\,s_n]}(X_k-\mathbb{E}X_k)^2\,dP=0 \quad\forall\varepsilon>0. \qquad (17.26)$$

Lemma 17.40. *Jede unabhängig, identisch verteilte Folge von Zufallsvariablen
X_k auf einem Wahrscheinlichkeitsraum $(\Omega,\mathfrak{S},P)$ erfüllt die Lindeberg-Bedingung, wenn gilt $0<\sigma^2:=\mathbb{E}(X_k-\mathbb{E}X_k)^2<\infty$.*

Beweis. Da für $\varepsilon > 0$ gilt $(X_1 - \mathbb{E}X_1)^2 \geq \mathbb{1}_{[|X_1 - \mathbb{E}X_1| \geq \varepsilon\,\sigma\,\sqrt{n}]}\,(X_1 - \mathbb{E}X_1)^2 \searrow 0$
folgt aus dem Satz über die Konvergenz durch Majorisierung

$$\lim_{n\to\infty} \frac{\displaystyle\int_{[|X_1 - \mathbb{E}X_1| \geq \varepsilon\,\sigma\,\sqrt{n}]} (X_1 - \mathbb{E}X_1)^2\,dP}{\sigma^2} = 0 \quad \forall\,\varepsilon > 0\,.$$

Diese Beziehung stimmt aber für iid Folgen mit (17.26) überein.

Lemma 17.41. *Gilt für eine Folge (X_k) von unabhängigen Zufallsvariablen die Lyapunov-Bedingung (17.25), so gilt auch die Lindeberg-Bedingung.*

Beweis. Ist (17.25) für $\delta > 0$ erfüllt und definiert man s_n^2 durch $s_n^2 := \sum_{k=1}^{n} \sigma_k^2$,

so gilt $\mathbb{E}\,|X_k - \mathbb{E}X_k|^{2+\delta} \geq \displaystyle\int_{[|X_k - \mathbb{E}X_k| \geq \varepsilon\,s_n]} \varepsilon^\delta\,s_n^\delta\,(X_k - \mathbb{E}X_k)^2\,dP$. Daraus folgt

$$\frac{1}{s_n^{2+\delta}} \sum_{k=1}^{n} \mathbb{E}\,|X_k - \mathbb{E}X_k|^{2+\delta} \geq \frac{\varepsilon^\delta}{s_n^2} \sum_{k=1}^{n} \int_{[|X_k - \mathbb{E}X_k| \geq \varepsilon\,s_n]} (X_k - \mathbb{E}X_k)^2\,dP\,,$$

woraus sich die Aussage des Lemmas unmittelbar ergibt.

Lemma 17.42. *Erfüllt eine Folge (X_k) unabhängiger Zufallsvariabler die Lindeberg-Bedingung, so gilt mit den Bezeichnungen von Definition 17.39*

$$\lim_{n\to\infty} \frac{\max_{1\leq k\leq n} \sigma_k^2}{s_n^2} = 0 \tag{17.27}$$

und

$$\lim_{n\to\infty} \max_{1\leq k\leq n} P\left(\left| \frac{X_k - \mathbb{E}X_k}{s_n} \right| \geq \varepsilon \right) = 0\,. \tag{17.28}$$

Beweis. Da die Folge (X_k) die Lindeberg-Bedingung genau dann erfüllt, wenn sie auch für die Folge der zentrierten Zufallsvariablen $X_k - \mathbb{E}X_k$ gilt, kann o.E.d.A. $\mathbb{E}X_k = 0 \quad \forall\,k \in \mathbb{N}$ angenommen werden.

Für alle k mit $1 \leq k \leq n$ und jedes beliebige $\varepsilon > 0$ gilt

$$\frac{\sigma_k^2}{s_n^2} = \int_{[|X_k| < \varepsilon\,s_n]} \frac{X_k^2}{s_n^2}\,dP + \int_{[|X_k| \geq \varepsilon\,s_n]} \frac{X_k^2}{s_n^2}\,dP \leq \varepsilon^2 + \frac{1}{s_n^2} \sum_{j=1}^{n} \int_{[|X_j| \geq \varepsilon\,s_n]} X_j^2\,dP\,.$$

Daraus folgt $\dfrac{\max_{1\leq k\leq n} \sigma_k^2}{s_n^2} \leq \dfrac{1}{s_n^2} \displaystyle\sum_{j=1}^{n} \int_{[|X_j| \geq \varepsilon\,s_n]} X_j^2\,dP$, womit (17.27) gezeigt ist,

da die rechte Seite dieser Ungleichung voraussetzungsgemäß gegen 0 strebt.
(17.28) folgt nun aus (17.27) nach der Tschebyscheff'schen Ungleichung.

Folgerung 17.43. *Erfüllt eine Folge* (X_k) *unabhängiger Zufallsvariabler die Lindeberg-Bedingung, so gilt* $\lim\limits_n s_n^2 = \infty$, *und deshalb sind unendlich viele* X_k *nicht entartet, d.h. für unendlich viele* k *gilt* $\sigma_k^2 > 0$.

Beweis. Aus $\sigma_k^2 \geq 0 \quad \forall\, k \in \mathbb{N}$ folgt $S := \sum\limits_{k=1}^{\infty} \sigma_k^2 \geq s_n^2 \quad \forall\, n \in \mathbb{N}$. Voraussetzungsgemäß existiert zudem ein j mit $\sigma_j^2 > 0$. Daher gilt für alle $n \geq j$ $\frac{\max\limits_{1 \leq k \leq n} \sigma_k^2}{s_n^2} \geq \frac{\sigma_j^2}{S}$. Zusammen mit (17.27) ergibt das $0 = \lim\limits_{n \to \infty} \frac{\max\limits_{1 \leq k \leq n} \sigma_k^2}{s_n^2} \geq \frac{\sigma_j^2}{S}$. Daraus folgt $S = \infty$, und klarerweise gilt dann $\sigma_k^2 > 0$ für unendlich viele k.

Die Gleichungen (17.27) und (17.28) zeigen, dass in einer Folge von Zufallsvariablen, die der Lindeberg-Bedingung genügt, die Abweichungen der einzelnen Variablen von ihrem jeweiligen Mittelwert unwesentlich in Bezug auf die Varianz der Summe sind. Man definiert daher:

Definition 17.44. *Eine Folge* (X_k) *unabhängiger, quadratisch integrierbarer Zufallsvariabler auf einem Wahrscheinlichkeitsraum* $(\Omega, \mathfrak{S}, P)$ *heißt gleichmäßig asymptotisch vernachlässigbar, wenn* (17.28) *gilt.*

Das folgende Beispiel zeigt, dass es Folgen gibt, die nicht gleichmäßig asymptotisch vernachlässigbar sind und die daher auch nicht die Lindeberg-Bedingung erfüllen , deren standardisierte Summen $\sum\limits_{k=1}^{n} \frac{X_k - \mathbb{E}X_k}{s_n}$ aber in Verteilung gegen $N(0,1)$ konvergieren. Somit stellt die Lindeberg-Bedingung keine notwendige Voraussetzung für die schwache Konvergenz gegen Normalverteilung dar. Wir werden aber später sehen, dass (17.26) für gleichmäßig asymptotisch vernachlässigbare Folgen nicht nur hinreichend, sondern auch notwendig ist.

Beispiel 17.45. Sind die $X_k \sim N(0, 2^{k-1})$, $k \in \mathbb{N}$ unabhängig, so gilt $s_n^2 = 1 + \cdots + 2^{n-1} = 2^n - 1$ und $\frac{1}{s_n} \sum\limits_{k=1}^{n} X_k \sim N(0,1) \quad \forall\, n \in \mathbb{N}$. Damit ist die Verteilungskonvergenz gegen $N(0,1)$ trivialerweise gegeben. Aber es gilt

$$\lim_n \max_{1 \leq k \leq n} P\left(\left|\frac{X_k}{s_n}\right| \geq \varepsilon\right) = \lim_n \max_{1 \leq k \leq n} P\left(\left|\frac{X_k}{\sigma_k}\right| \geq \varepsilon \frac{s_n}{\sigma_k}\right)$$

$$= 2 - 2 \lim_n \Phi\left(\varepsilon \sqrt{\frac{2^n - 1}{2^{n-1}}}\right) = 2 - 2\Phi\left(\varepsilon \sqrt{2}\right) > 0 \quad \forall\, \varepsilon > 0.$$

Um zu zeigen, dass die Lindeberg-Bedingung hinreichend ist, werden zumeist Logarithmen mit komplexen Argumenten verwendet. Dies lässt sich mit dem folgenden Lemma vermeiden.

Lemma 17.46. *Sind* $\mathbf{x}_1, \ldots, \mathbf{x}_n$ *und* $\mathbf{y}_1, \ldots, \mathbf{y}_n$ *komplexe Zahlen mit* $|\mathbf{x}_i| \leq 1$ *sowie* $|\mathbf{y}_i| \leq 1$ *für alle* $1 \leq i \leq n$, *so gilt*

$$\left| \prod_{i=1}^{n} \mathbf{x}_i - \prod_{i=1}^{n} \mathbf{y}_i \right| \le \sum_{i=1}^{n} |\mathbf{x}_i - \mathbf{y}_i| \,. \tag{17.29}$$

Beweis. Für $n = 1$ ist (17.29) klar. Gilt (17.29) aber für $n - 1$, so folgt daraus

$$\left| \prod_{i=1}^{n} \mathbf{x}_i - \prod_{i=1}^{n} \mathbf{y}_i \right| \le \left| \mathbf{x}_n \left(\prod_{i=1}^{n-1} \mathbf{x}_i - \prod_{i=1}^{n-1} \mathbf{y}_i \right) \right| + |\mathbf{x}_n - \mathbf{y}_n| \left| \prod_{i=1}^{n-1} \mathbf{y}_i \right|$$

$$\le |\mathbf{x}_n| \left| \prod_{i=1}^{n-1} \mathbf{x}_i - \prod_{i=1}^{n-1} \mathbf{y}_i \right| + |\mathbf{x}_n - \mathbf{y}_n| \le \sum_{i=1}^{n-1} |\mathbf{x}_i - \mathbf{y}_i| + |\mathbf{x}_n - \mathbf{y}_n| \,.$$

Damit ist das Lemma durch vollständige Induktion bewiesen.

Zudem benötigt man ein paar Näherungsformeln für die Exponentialfunktion, die im nächsten Lemma zusammengefasst sind.

Lemma 17.47. *Für $x \in \mathbb{R}$ und $\mathbf{z} \in \mathbb{C}$ gelten folgende Ungleichungen:*

1. $\left| e^{\mathbf{z}} - 1 - \mathbf{z} \right| \le |\mathbf{z}|^2$, *wenn* $|\mathbf{z}| \le \frac{1}{2}$,
2. $\left| e^{\mathrm{i}\, x} - 1 \right| \le \min\{2, |x|\}$,
3. $\left| e^{\mathrm{i}\, x} - \sum_{k=0}^{n} \frac{\mathrm{i}^k x^k}{k!} \right| \le \frac{|x|^{n+1}}{(n+1)!} + \frac{|x|^{n+2}}{(n+2)!}$ *für* $x^2 \le (n+2)(n+3)$,
4. $\left| e^{\mathrm{i}\, x} - 1 - \mathrm{i}\, x \right| \le \min\{2\,|x|\,, x^2\}$,
5. $\left| e^{\mathrm{i}\, x} - 1 - \mathrm{i}\, x + \frac{x^2}{2} \right| \le \min\{x^2, |x|^3\}$.

Beweis.

ad 1.: Aus $|\mathbf{z}| \le \frac{1}{2}$ folgt

$$\left| e^{\mathbf{z}} - 1 - \mathbf{z} \right| \le |\mathbf{z}|^2 \sum_{k=0}^{\infty} \frac{|\mathbf{z}|^k}{(k+2)!} \le \frac{|\mathbf{z}|^2}{2} \sum_{k=0}^{\infty} |\mathbf{z}|^k \le \frac{|\mathbf{z}|^2}{2} \sum_{k=0}^{\infty} 2^{-k} = |\mathbf{z}|^2 \,.$$

ad 2.: Aus Satz A.65 Punkt 5. folgt $\left| e^{\mathrm{i}\, x} - 1 \right| \le \left| e^{\mathrm{i}\, x} \right| + 1 = 2 \quad \forall\, x \in \mathbb{R}$, und aus Punkt 9. desselben Satzes folgt $\left| e^{\mathrm{i}\, x} - 1 \right| \le |x| \quad \forall\, x \in \mathbb{R}$.

ad 3.: Unter Berücksichtigung von Lemma A.5 gilt für $x^2 \le (n+2)(n+3)$

$$\left| e^{\mathrm{i}\, x} - \sum_{k=0}^{n} \frac{\mathrm{i}^k x^k}{k!} \right| \le \left| \sum_{k=\lfloor \frac{n}{2} \rfloor + 1}^{\infty} \frac{\mathrm{i}^{2k} x^{2k}}{(2k)!} \right| + \left| \sum_{k=\lceil \frac{n}{2} \rceil}^{\infty} \frac{\mathrm{i}^{2k+1} x^{2k+1}}{(2k+1)!} \right|$$

$$= \left| \sum_{k=\lfloor \frac{n}{2} \rfloor + 1}^{\infty} (-1)^k \frac{|x|^{2k}}{(2k)!} \right| + \left| \mathrm{i} \sum_{k=\lceil \frac{n}{2} \rceil}^{\infty} (-1)^k \frac{|x|^{2k+1}}{(2k+1)!} \right|$$

$$\le \frac{|x|^{2\lfloor \frac{n}{2} \rfloor + 2}}{(2\lfloor \frac{n}{2} \rfloor + 2)!} + \frac{|x|^{2\lceil \frac{n}{2} \rceil + 1}}{(2\lceil \frac{n}{2} \rceil + 1)!} = \frac{|x|^{n+1}}{(n+1)!} + \frac{|x|^{n+2}}{(n+2)!} \,, \tag{17.30}$$

da die Absolutbeträge der Glieder der beiden alternierenden Reihen in der 2-ten Zeile für $x^2 \le (n+2)(n+3)$ monoton fallen.

ad 4.: Zunächst gilt $\left|e^{i\,x} - 1 - i\,x\right| \leq \left|e^{i\,x} - 1\right| + |x| \leq 2\,|x|$ wegen Punkt 2. Daraus folgt auch $\left|e^{i\,x} - 1 - i\,x\right| \leq x^2$ für $|x| \geq 2$. Aber für $|x| < 2$ gilt gemäß (17.30) ebenfalls $\left|e^{i\,x} - 1 - i\,x\right| \leq \frac{x^2}{2} + \frac{|x|^3}{6} = x^2\left(\frac{1}{2} + \frac{|x|}{6}\right) \leq x^2$.

ad 5.: Da aus $|x| \geq 1 + \sqrt{5}$ folgt $2 + |x| \leq \frac{x^2}{2} \leq |x|^3$, erhält man für diese x

$$\left|e^{i\,x} - 1 - i\,x + \frac{x^2}{2}\right| \leq \left|e^{i\,x}\right| + 1 + |x| + \frac{x^2}{2} = 2 + |x| + \frac{x^2}{2} \leq x^2 \leq |x|^3\,.$$

Andererseits gilt für $|x| < 1 + \sqrt{5} < \sqrt{20}$ auf Grund von (17.30)

$$\left|e^{i\,x} - 1 - i\,x + \frac{x^2}{2}\right| \leq \frac{|x|^3}{3!} + \frac{x^4}{4!} = |x|^3\left(\frac{1}{6} + \frac{|x|}{24}\right) = x^2\left(\frac{|x|}{6} + \frac{x^2}{24}\right)$$

mit $\frac{1}{6} + \frac{|x|}{24} \leq \frac{1}{6} + \frac{1+\sqrt{5}}{24} < 1$ und $\frac{|x|}{6} + \frac{x^2}{24} \leq \frac{1+\sqrt{5}}{6} + \frac{(1+\sqrt{5})^2}{24} = \frac{5+3\sqrt{5}}{12} < 1$. Demnach ist die Ungleichung von Punkt 5. für alle $x \in \mathbb{R}$ bewiesen.

Wir können nun den zentralen Grenzverteilungssatz von Lindeberg beweisen.

Satz 17.48 (Zentraler Grenzverteilungssatz von Lindeberg). *Erfüllt eine Folge* (X_k) *unabhängiger Zufallsvariabler auf einem Wahrscheinlichkeitsraum* $(\Omega, \mathfrak{S}, P)$ *die Lindeberg-Bedingung, so gilt mit* $s_n^2 := \sum\limits_{k=1}^{n} \mathbb{E}(X_k - \mathbb{E}X_k)^2$

$$\sum_{k=1}^{n} \frac{X_k - \mathbb{E}X_k}{s_n} \;\Rightarrow\; N(0,1)\,. \tag{17.31}$$

Beweis. Mit den Bezeichnungen $\sigma_k^2 := \mathbb{E}(X_k - \mathbb{E}X_k)^2$, $Z_n := \sum\limits_{k=1}^{n} \frac{X_k - \mathbb{E}X_k}{s_n}$ und φ_X für die charakteristische Funktion einer Zufallsvariablen X gilt (17.31) nach Satz 17.38 genau dann, wenn $\lim\limits_{n} \varphi_{Z_n}(t) = e^{-\frac{t^2}{2}}$ $\forall\, t \in \mathbb{R}$,

Das zeigen wir nun, und nehmen o.E.d.A. $\mathbb{E}X_k = 0$ $\forall\, k \in \mathbb{N}$ an. Unter Berücksichtigung von Lemma 17.46 erhält man für jedes $t \in \mathbb{R}$

$$\left|\varphi_{Z_n}(t) - e^{-\frac{t^2}{2}}\right|$$

$$= \left|\prod_{k=1}^{n} \varphi_{X_k}\left(\frac{t}{s_n}\right) - \prod_{k=1}^{n} e^{-\frac{t^2 \sigma_k^2}{2 s_n^2}}\right| \leq \sum_{k=1}^{n}\left|\varphi_{X_k}\left(\frac{t}{s_n}\right) - e^{-\frac{t^2 \sigma_k^2}{2 s_n^2}}\right|$$

$$\leq \sum_{k=1}^{n}\left|\varphi_{X_k}\left(\frac{t}{s_n}\right) - 1 + \frac{t^2 \sigma_k^2}{2 s_n^2}\right| + \sum_{k=1}^{n}\left|1 - \frac{t^2 \sigma_k^2}{2 s_n^2} - e^{-\frac{t^2 \sigma_k^2}{2 s_n^2}}\right| \tag{17.32}$$

Da aus (17.27) folgt $\frac{t^2 \sigma_k^2}{2 s_n^2} \leq \frac{1}{2}$ für alle $1 \leq k \leq n$, wenn n groß genug ist,

ergibt Lemma 17.47 Punkt 1. angewendet auf $x := -\frac{t^2 \sigma_k^2}{2 s_n^2}$ mit $M_n := \frac{\max\limits_{1 \leq k \leq n} \sigma_k^2}{s_n^2}$

$$\sum_{k=1}^{n}\left|e^{-\frac{t^2\,\sigma_k^2}{2\,s_n^2}}-1+\frac{t^2\,\sigma_k^2}{2\,s_n^2}\right|\le\frac{t^4}{4}\sum_{k=1}^{n}\left(\frac{\sigma_k^2}{s_n^2}\right)^2\le\frac{t^4\,M_n}{4}\sum_{k=1}^{n}\frac{\sigma_k^2}{s_n^2}=\frac{t^4\,M_n}{4}\,.$$

Gemäß (17.27) strebt daher die letzte Summe in (17.32) für jedes t gegen 0.

Die Summanden der vorletzten Summe in (17.32) kann man wegen $\mathbb{E}X_k=0$ und Lemma 17.47 Punkt 5. für alle $\varepsilon>0$ abschätzen durch

$$\left|\varphi_{X_k}\left(\frac{t}{s_n}\right)-1+\frac{t^2\,\sigma_k^2}{2\,s_n^2}\right|=\left|\mathbb{E}\left(e^{\frac{\mathrm{i}\,t\,X_k}{s_n}}-1-\frac{\mathrm{i}\,t\,X_k}{s_n}+\frac{t^2\,X_k^2}{2\,s_n^2}\right)\right|$$

$$\le\mathbb{E}\left|e^{\frac{\mathrm{i}\,t\,X_k}{s_n}}-1-\frac{\mathrm{i}\,t\,X_k}{s_n}+\frac{t^2\,X_k^2}{2\,s_n^2}\right|\le\mathbb{E}\min\left\{\frac{t^2\,X_k^2}{s_n^2},\frac{|t|^3\,|X_k|^3}{s_n^3}\right\}$$

$$\le\int\limits_{[|X_k|\le\varepsilon\,s_n]}\frac{|t|^3\,|X_k|^3}{s_n^3}\,dP+\int\limits_{[|X_k|>\varepsilon\,s_n]}\frac{t^2\,X_k^2}{s_n^2}\,dP$$

$$\le\frac{|t|^3\,\varepsilon\,s_n}{s_n^3}\int\limits_{[|X_k|\le\varepsilon\,s_n]}X_k^2\,dP+\frac{t^2}{s_n^2}\int\limits_{[|X_k|>\varepsilon\,s_n]}X_k^2\,dP$$

$$\le\varepsilon\,|t|^3\,\frac{\sigma_k^2}{s_n^2}+\frac{t^2}{s_n^2}\int\limits_{[|X_k|>\varepsilon\,s_n]}X_k^2\,dP\le\varepsilon\,|t|^3+\frac{t^2}{s_n^2}\int\limits_{[|X_k|>\varepsilon\,s_n]}X_k^2\,dP\,.$$

Da die Lindeberg-Bedingung erfüllt ist und $\varepsilon>0$ beliebig, gilt demnach

$$0\le\sum_{k=1}^{n}\left|\varphi_{X_k}\left(\frac{t}{s_n}\right)-1+\frac{t^2\,\sigma_k^2}{2\,s_n^2}\right|\le\frac{t^2}{s_n^2}\sum_{k=1}^{n}\int\limits_{[|X_k|>\varepsilon\,s_n]}X_k^2\,dP\ \to\ 0\,.$$

Somit konvergieren beide Summen in der 2-ten Zeile von (17.32) gegen 0, und damit ist der Satz bewiesen.

Der zentrale Grenzverteilungssatz kann unter gewissen Voraussetzungen auch auf Folgen abhängiger Zufallsvariabler verallgemeinert werden. Damit werden wir uns nicht beschäftigen. Aber zum Abschluss dieses Kapitels wollen wir noch Fellers Umkehrung des Satzes von Lindeberg für asymptotisch gleichmäßig vernachlässigbare Folgen zeigen.

Satz 17.49 (Satz von Feller). *Eine Folge (X_k) asymptotisch gleichmäßig vernachlässigbarer Zufallsvariabler auf einem Wahrscheinlichkeitsraum $(\Omega,\mathfrak{S},P)$ erfüllt die Lindeberg-Bedingung. wenn Gleichung (17.31) gilt.*

Beweis. Wir werden den Beweis mit den Bezeichnungen des vorigen Satzes und der o.E.d.A. gemachten Voraussetzung $\mathbb{E}X_k=0\quad\forall\,k\in\mathbb{R}$ in zwei Schritten führen. Im ersten Schritt wird gezeigt, dass gilt

$$\lim_n\sum_{k=1}^{n}\Re\left(\varphi_{X_k}\left(\frac{t}{s_n}\right)-1\right)=-\frac{t^2}{2}\quad\forall\,t\in\mathbb{R}.\tag{17.33}$$

Dazu betrachtet man

$$\left| e^{\sum\limits_{k=1}^{n}\left(\varphi_{X_k}\left(\frac{t}{s_n}\right)-1\right)} - e^{-\frac{t^2}{2}} \right| \leq \left| e^{\sum\limits_{k=1}^{n}\left(\varphi_{X_k}\left(\frac{t}{s_n}\right)-1\right)} - \varphi_{Z_n}(t) \right| + \left| \varphi_{Z_n}(t) - e^{-\frac{t^2}{2}} \right|.$$

$$(17.34)$$

Wegen $Z_n = \sum\limits_{k=1}^{n} \frac{X_k}{s_n} \Rightarrow N(0,1)$ gilt nach Satz 17.38 $\lim\limits_{n} \left| \varphi_{Z_n}(t) - e^{-\frac{t^2}{2}} \right| = 0$.

Klarerweise gilt $\left| \Re\left(\varphi_{X_k}\left(\frac{t}{s_n}\right)\right) \right| \leq \left| \varphi_{X_k}\left(\frac{t}{s_n}\right) \right| \leq 1$, und daraus folgt wegen Satz A.65 Punkt 8. $\left| e^{\varphi_{X_k}\left(\frac{t}{s_n}\right)-1} \right| = e^{\Re(\varphi_{X_k}\left(\frac{t}{s_n}\right))-1} \leq 1$. Außerdem gilt

$\varphi_{Z_n}(t) = \prod\limits_{k=1}^{n} \varphi_{X_k}\left(\frac{t}{s_n}\right)$. Somit kann man auf den ersten Term auf der rechten Seite von (17.34) Lemma 17.46 anwenden und erhält

$$\left| e^{\sum\limits_{k=1}^{n}\left(\varphi_{X_k}\left(\frac{t}{s_n}\right)-1\right)} - \varphi_{Z_n}(t) \right| \leq \sum\limits_{k=1}^{n} \left| e^{\varphi_{X_k}\left(\frac{t}{s_n}\right)-1} - \varphi_{X_k}\left(\frac{t}{s_n}\right) \right|. \quad (17.35)$$

Unter Berücksichtigung von Lemma 17.47 Punkt 2. gilt nun für alle $\varepsilon > 0$

$$\left| \varphi_{X_k}\left(\frac{t}{s_n}\right) - 1 \right| \leq \mathbb{E}\left| e^{\frac{i t X_k}{s_n}} - 1 \right| \leq \mathbb{E}\min\left\{ 2, \frac{|t|\,|X_k|}{s_n} \right\}$$

$$\leq \int\limits_{[|X_k|<\varepsilon\, s_n]} \frac{|t|\,|X_k|}{s_n}\, dP + \int\limits_{[|X_k|\geq\varepsilon\, s_n]} 2\, dP \leq \varepsilon\, |t| + 2 \max\limits_{1\leq j\leq n} P\left(\left|\frac{X_j}{s_n}\right| \geq \varepsilon\right).$$

Die beiden Ausdrücke ganz rechts in der obigen Beziehung sind unabhängig von k, und der letzte Term strebt voraussetzungsgemäß gegen 0. Daher gilt

$$M_n := \max\limits_{1\leq k\leq n} \left| \varphi_{X_k}\left(\frac{t}{s_n}\right) - 1 \right| \to 0. \quad (17.36)$$

Daraus folgt, dass für alle hinreichend großen n und alle $1 \leq k \leq n$ gilt $\left| \varphi_{X_k}\left(\frac{t}{s_n}\right) - 1 \right| \leq \frac{1}{2}$. Deshalb ergibt sich aus Lemma 17.47 Punkt 1.

$$\sum\limits_{k=1}^{n} \left| e^{\varphi_{X_k}\left(\frac{t}{s_n}\right)-1} - \varphi_{X_k}\left(\frac{t}{s_n}\right) \right|$$

$$= \sum\limits_{k=1}^{n} \left| e^{\varphi_{X_k}\left(\frac{t}{s_n}\right)-1} - 1 - \left(\varphi_{X_k}\left(\frac{t}{s_n}\right) - 1\right) \right| \leq \sum\limits_{k=1}^{n} \left| \varphi_{X_k}\left(\frac{t}{s_n}\right) - 1 \right|^2 (17.37)$$

Wegen $\mathbb{E}X_k = 0$ und Lemma 17.47 Punkt 4. kann man die rechte Summe in (17.37) von oben beschränken durch

$$\sum\limits_{k=1}^{n} \left| \varphi_{X_k}\left(\frac{t}{s_n}\right) - 1 \right|^2 \leq M_n \sum\limits_{k=1}^{n} \left| \varphi_{X_k}\left(\frac{t}{s_n}\right) - 1 \right| \leq M_n \sum\limits_{k=1}^{n} \mathbb{E}\left| e^{\frac{i t X_k}{s_n}} - 1 \right|$$

$$= M_n \sum\limits_{k=1}^{n} \mathbb{E}\left| e^{\frac{i t X_k}{s_n}} - 1 - i\frac{t\,X_k}{s_n} \right| \leq M_n t^2 \sum\limits_{k=1}^{n} \mathbb{E}\frac{X_k^2}{s_n^2} = M_n\, t^2. \quad (17.38)$$

Aber aus (17.35), (17.36), (17.37) und (17.38) folgt, dass auch der erste Ausdruck auf der rechten Seite von (17.34) gegen 0 konvergiert. Daher gilt
$$e^{\sum\limits_{k=1}^{n}\left(\varphi_{X_k}\left(\frac{t}{s_n}\right)-1\right)} \to e^{-\frac{t^2}{2}}\,, \text{ und damit gilt auch } \left|e^{\sum\limits_{k=1}^{n}\left(\varphi_{X_k}\left(\frac{t}{s_n}\right)-1\right)}\right| \to e^{-\frac{t^2}{2}}\,.$$

Aber wegen $|e^{\mathbf{z}}| = e^{\Re(\mathbf{z})}$ $\forall\,\mathbf{z} \in \mathbb{C}$ (siehe Satz A.65 Punkt 8.) ist dies äquivalent zu $e^{\sum\limits_{k=1}^{n}\Re\left(\varphi_{X_k}\left(\frac{t}{s_n}\right)-1\right)} \to e^{-\frac{t^2}{2}}$. Da die Exponentialfunktion auf $\mathbb{R}$ streng monoton und stetig ist, folgt daraus schließlich (17.33).

Im zweiten Schritt des Beweises leiten wir nun die Gültigkeit der Lindeberg-Bedingung aus (17.33) her. Dazu formen wir (17.33) zunächst um zu

$$\lim_n \sum_{k=1}^{n} \int \left[\cos\left(\frac{t\,X_k}{s_n}\right) - 1 + \frac{t^2\,X_k^2}{2\,s_n^2}\right]\,dP = 0\,. \tag{17.39}$$

Da in (17.39) der Integrand gemäß Folgerung A.57 nichtnegativ ist, gilt auch

$$\lim_n \sum_{k=1}^{n} \int\limits_{[|X_k|\geq\varepsilon\,s_n]} \left[\cos\left(\frac{t\,X_k}{s_n}\right) - 1 + \frac{t^2\,X_k^2}{2\,s_n^2}\right]\,dP = 0 \quad \forall\,\varepsilon > 0\,. \tag{17.40}$$

Aus $1 - \cos x \leq 2$ und der Tschebyscheff'schen Ungleichung (13.14) folgt aber

$$\int\limits_{[|X_k|\geq\varepsilon\,s_n]} \left[1 - \cos\left(\frac{t\,X_k}{s_n}\right)\right]\,dP \leq 2\,P\left(|X_k| \geq \varepsilon\,s_n\right) \leq \frac{2}{\varepsilon^2} \int\limits_{[|X_k|\geq\varepsilon\,s_n]} \frac{X_k^2}{s_n^2}\,dP\,.$$

Das zusammen mit (17.40) impliziert nun für alle $t \in \mathbb{R}$ und $\varepsilon > 0$

$$\limsup_n \left(\frac{t^2}{2} - \frac{2}{\varepsilon^2}\right) \sum_{k=1}^{n} \int\limits_{[|X_k|\geq\varepsilon\,s_n]} \frac{X_k^2}{s_n^2}\,dP \leq 0\,. \tag{17.41}$$

Da für festes $\varepsilon > 0$ und $|t| > \frac{2}{\varepsilon}$ der Ausdruck $\frac{t^2}{2} - \frac{2}{\varepsilon^2}$ strikt positiv ist, folgt aus (17.41) $\lim\limits_n \sum\limits_{k=1}^{n} \int\limits_{[|X_k|\geq\varepsilon\,s_n]} \frac{X_k^2}{s_n^2}\,dP = 0$, also die Lindeberg-Bedingung.

A

Anhang

A.1 Diagonalisierungsverfahren und Auswahlaxiom

Satz A.1 (Diagonalisierungsverfahren). *Es gibt eine bijektive Abbildung von* $\mathbb{N}^2$ *auf* $\mathbb{N}$.

Beweis. Schreibt man die Punkte von $\mathbb{N}^2$ in eine nach unten und rechts offene Matrix , so besteht die erste Diagonale aus dem Punkt $(1,1)$, die zweite Diagonale enthält die beiden Punkte $(1,2), (2,1)$ und die d-te Diagonale setzt sich aus aus den d Punkten $(1+k, d-k)$, $k = 0, \ldots, d-1$ zusammen. Nummeriert man die Eingänge der Matrix nach Diagonalen geordnet und innerhalb einer Diagonalen jeweils von oben beginnend, so erhält man eine Abbildung $a : \mathbb{N}^2 \to \mathbb{N}$ mit $a(1,1) = 1, a(1,2) = 2, a(2,1) = 3, \ldots$.

$$
\begin{array}{cccc}
1 & 2 & 4 & 7 \\
(1,1) & (1,2) & (1,3) & (1,4) \ldots \\
3 & \swarrow \ 5 & \swarrow \ 8 & \swarrow \\
(2,1) & (2,2) & (2,3) \ldots \\
6 & \swarrow \ 9 & \swarrow \\
(3,1) & (3,2) \ldots \\
10 & \swarrow \\
(4,1) \ldots
\end{array}
$$

Ein beliebiger Punkt $(i,j) \in \mathbb{N}^2$ steht in der $d := i + j - 1$-ten Diagonale in der i-ten Zeile. Daher kommen vor diesem Punkt alle Punkte der Diagonalen 1 bis $d - 1$, sowie der oberen $i - 1$ Zeilen der d-ten Diagonale. Das sind $i - 1 + \sum_{k=0}^{d-1} k = i - 1 + \frac{d(d-1)}{2}$ Punkte. Unser Punkt bekommt daher die Nummer

$$a(i,j) = i + \frac{d(d-1)}{2} = i + \frac{(i+j-1)(i+j-2)}{2} .$$

Aus $(i,j) \neq (k,l)$ und $i+j = k+l$ folgt $i \neq k$, und weiters $a(i,j) \neq a(k,l)$. Gilt $i + j \neq k + l$, etwa o.E.d.A. $i + j < k + l$, so folgt erst recht

$$a(i,j) = i + \frac{(i+j-1)(i+j-2)}{2} \le i+j-1 + \frac{(i+j-1)(i+j-2)}{2}$$

$$= \frac{(i+j-1)(i+j)}{2} \le \frac{(k+l-2)(k+l-1)}{2} < a(k,l) \, .$$

Somit ist a injektiv.

Ist $n \in \mathbb{N}$, $d_n := \max\{d \in \mathbb{N}_0 \; : \; \frac{d(d+1)}{2} < n\}$, $i := n - \frac{d_n(d_n+1)}{2}$ und $j := d_n + 2 - i$, so gilt $1 \le i \le d_n + 1 \wedge 1 \le j \le d_n + 1 \wedge i+j-1 = d_n+1$. Daraus folgt $a(i,j) = n$ und deshalb ist a auch surjektiv.

Axiom A.2 (Auswahlaxiom) *Ist $\{\Omega_i \; : \; i \in I \ne \emptyset\}$ eine nichtleere Klasse von Mengen $\Omega_i \ne \emptyset$, $\forall \, i \in I$, so gibt es eine Funktion $f \, : \, I \to \bigcup\limits_{i \in I} \Omega_i$, sodass*

$$f(i) \in \Omega_i \, , \, \forall \, i \in I \, .$$

A.2 Reihen

Definition A.3. *Eine Reihe $\sum\limits_{i=1}^{\infty} a_i$ konvergiert, wenn die Folge ihrer Partialsummen $s_n := \sum\limits_{i=1}^{n} a_i$ konvergiert, wenn also zu jedem $\varepsilon > 0$ ein $n_\varepsilon \in \mathbb{N}$ existiert, sodass für alle $n, m \ge n_\varepsilon$ gilt $|s_n - s_m| < \varepsilon$.*

Die Reihe $\sum\limits_{i=1}^{\infty} a_i$ konvergiert absolut, wenn die Reihe $\sum\limits_{i=1}^{\infty} |a_i|$ konvergiert.

Lemma A.4. *Konvergiert die Reihe $\sum\limits_{i=1}^{\infty} a_i$, so gilt $\lim\limits_i |a_i| = 0$.*

Beweis. Dies folgt sofort aus $|a_i| = |s_i - s_{i-1}| \quad \forall \, i \ge 2$.

Lemma A.5. *Ist (a_n) eine Folge nichtnegativer Zahlen mit $a_n \searrow 0$, so gilt*

$$0 \le \sum_{i=0}^{k} (-1)^i a_{n+i} \le a_n \quad \forall \, k \ge 0 \text{ und } n \in \mathbb{N}. \tag{A.1}$$

Beweis. Wegen $\sum\limits_{i=0}^{0} (-1)^i a_{n+i} = a_n \quad \forall \, n \in \mathbb{N}$ ist (A.1) für $k = 0$ gültig. Aus der Annahme, dass (A.1) für ein $k \in \mathbb{N}$ und alle $n \in \mathbb{N}$ richtig ist, folgt aber

$$0 \le a_n - a_{n+1} \le a_n - \sum_{i=0}^{k} (-1)^i a_{n+1+i} = \sum_{j=0}^{k+1} (-1)^j a_{n+j}$$

$$= a_n - \sum_{i=0}^{k} (-1)^i a_{n+1+i} \le a_n \, .$$

Damit gilt (A.1) auch für $k+1$, und das Lemma ist durch vollständige Induktion bewiesen.

Satz A.6. *Ist (a_i) eine Folge nichtnegativer Zahlen mit $a_i \searrow 0$, so konvergiert die alternierende Reihe $\sum\limits_{i=1}^{\infty} (-1)^i a_i$.*

Beweis. Aus dem obigen Lemma folgt unmittelbar

$$|s_n - s_{n+k}| = \left| \sum_{i=0}^{k-1} (-1)^i a_{n+1+i} \right| = \sum_{i=0}^{k-1} (-1)^i a_{n+1+i} \leq a_{n+1},$$

womit die Konvergenz der Reihe bewiesen ist.

Lemma A.7. *Jede absolut konvergente Reihe $\sum\limits_{i=1}^{\infty} a_i$ ist konvergent.*

Beweis. Ist $\varepsilon > 0$ und wählt man n_ε so, dass mit $\sigma_n := \sum\limits_{i=1}^{n} |a_i|$ gilt $|\sigma_n - \sigma_m| < \varepsilon, \quad \forall\, n, m \geq n_\varepsilon$, dann gilt auch

$$|s_n - s_m| = \left| \sum_{i=n+1}^{m} a_i \right| \leq \sum_{i=n+1}^{m} |a_i| = |\sigma_n - \sigma_m| < \varepsilon.$$

Definition A.8. *Die Reihe $\sum\limits_{i=1}^{\infty} a_i$ konvergiert bedingt, wenn $\sum\limits_{i=1}^{\infty} a_i$ konvergiert aber $\sum\limits_{i=1}^{\infty} |a_i|$ nicht konvergiert.*

Beispiel A.9. Die Reihe $\sum\limits_{i=1}^{\infty} \frac{(-1)^i}{i}$ ist wegen Satz A.6 konvergent, aber sie ist nicht absolut konvergent, denn auf $[1, n+1)$ gilt $\sum\limits_{i=1}^{n} \frac{1}{i} \mathbb{1}_{[i,i+1)}(x) \geq \frac{1}{x}$ und daraus folgt $\sigma_n := \sum\limits_{i=1}^{n} \frac{1}{i} \geq \int_1^{n+1} \frac{1}{x}\, dx = \ln(n+1) \Rightarrow \lim\limits_{n} \sigma_n = \infty$.

Lemma A.10. *Konvergieren die Reihen $\sum\limits_{i=1}^{\infty} a_i \to a$ und $\sum\limits_{i=1}^{\infty} b_i \to b$, dann konvergieren auch die Reihen $\sum\limits_{i=1}^{\infty} (a_i + b_i) \to a + b$ und $\sum\limits_{i=1}^{\infty} c\, a_i \to c\, a$ mit $c \in \mathbb{R}$.*

Beweis. Der Beweis ergibt sich sofort aus

$$\left| (a+b) - \sum_{i=1}^{m} (a_i + b_i) \right| \leq \left| a - \sum_{i=1}^{m} a_i \right| + \left| b - \sum_{i=1}^{m} b_i \right|$$

bzw. aus $\left| c\, a - \sum\limits_{i=1}^{m} c\, a_i \right| \leq |c| \left| a - \sum\limits_{i=n+1}^{m} a_i \right|$.

Definition A.11. *Eine Umordnung ist eine Bijektion k von $\mathbb{N} \to \mathbb{N}$. Dabei verwenden wir üblicherweise die Notation $k_n := k(n)$.*

Man beachte, dass $k_n := 2n, n \in \mathbb{N}$ zwar eine Bijektion zwischen $\mathbb{N}$ und $G := \{2n : n \in \mathbb{N}\}$ darstellt aber keine Umordnung ist, da der Wertebereich nicht mit $\mathbb{N}$ übereinstimmt.

Lemma A.12. *Eine Reihe $\sum\limits_{i=1}^{\infty} a_i$ mit $a_i \geq 0, \quad \forall\, i \in \mathbb{N}$ verändert ihren Wert nicht durch Umordnung.*

Beweis. Für $\sum\limits_{i=1}^{\infty} a_i = \infty$ gibt es zu jedem $M > 0$ ein $n_M \in \mathbb{N}$ mit $\sum\limits_{i=1}^{n_M} a_i > M$. Ist k eine Umordnung, so ist $\{1, \ldots, n_M\}$ Teilmenge von $\{k_1, \ldots, k_j\}$ mit $j := \max\limits_{1 \leq i \leq n_M} k^{-1}(i)$. Daraus folgt $M < \sum\limits_{i=1}^{n_M} a_i \leq \sum\limits_{h=1}^{j} a_{k_h} \Rightarrow \sum\limits_{h=1}^{\infty} a_{k_h} = \infty$.

Gilt $\sum\limits_{i=1}^{\infty} a_i = s < \infty$, so gibt es zu jedem $\varepsilon > 0$ ein $n_\varepsilon \in \mathbb{N}$ mit $s \geq \sum\limits_{i=1}^{n_\varepsilon} a_i > s - \varepsilon$. Wieder existiert ein $j \; : \; \{1, \ldots, n_\varepsilon\} \subseteq \{k_1, \ldots, k_j\}$. Andererseits existiert auch ein $N \; : \; \{k_1, \ldots, k_j\} \subseteq \{1, \ldots, N\}$. Daraus folgt

$$s - \varepsilon < \sum_{i=1}^{n_\varepsilon} a_i \leq \sum_{h=1}^{j} a_{k_h} \leq \sum_{i=1}^{N} a_i \leq s \; \Rightarrow \; \sum_{h=1}^{\infty} a_{k_h} = s \,.$$

Satz A.13. *Eine absolut konvergente Reihe $\sum\limits_{i=1}^{\infty} a_i$ verändert ihren Wert nicht durch Umordnung.*

Beweis. Nach Lemma A.7 ist die Reihe $\sum\limits_{i=1}^{\infty} a_i$ konvergent und daher gibt es einen endlichen Grenzwert $a := \sum\limits_{i=1}^{\infty} a_i$. Weiters existiert zu jedem $\varepsilon > 0$ ein $n_\varepsilon \in \mathbb{N}$, sodass $\sum\limits_{i=n_\varepsilon+1}^{\infty} |a_i| < \frac{\varepsilon}{2}$. Ist nun k eine Umordnung, so gibt es ein j, für das gilt $\{1, \ldots, n_\varepsilon\} \subseteq \{k_1, \ldots, k_j\}$. Umgekehrt existiert zu jedem $h \geq j$ ein $n > n_\varepsilon$ mit $\{k_1, \ldots, k_h\} \subseteq \{1, \ldots, n\}$. Somit ist $H := \{k_1, \ldots, k_h\} \backslash \{1, \ldots, n_\varepsilon\}$ eine Teilmenge von $\{n_\varepsilon + 1, \ldots, n\}$. Daher gilt für jedes $h \geq j$

$$\left| \sum_{i=1}^{h} a_{k_i} - a \right| \leq \left| \sum_{i=1}^{h} a_{k_i} - \sum_{i=1}^{n_\varepsilon} a_i \right| + \left| \sum_{i=1}^{n_\varepsilon} a_i - a \right| = \left| \sum_{i \in H} a_i \right| + \left| \sum_{i=1}^{n_\varepsilon} a_i - a \right|$$

$$\leq \sum_{i \in H}^{n} |a_i| + \frac{\varepsilon}{2} \leq \sum_{i=n_\varepsilon+1}^{\infty} |a_i| + \frac{\varepsilon}{2} \leq \varepsilon \,,$$

womit der Satz bewiesen ist.

Satz A.14 (Umordnungssatz von Riemann). *Konvergiert die Reihe* $\sum_{i=1}^{\infty} a_i$ *bedingt, so gibt es zu jedem $A \leq B$ eine Umordnung (k_i) mit*

$$\liminf \sum_{i=1}^{\infty} a_{k_i} = A \ \wedge \ \limsup \sum_{i=1}^{\infty} a_{k_i} = B \ .$$

Beweis. Da Glieder $a_i = 0$ den Wert einer Reihe nicht beeinflussen, können wir derartige Glieder weglassen und o.E.d.A. annehmen, dass $a_i \neq 0$, $\forall i$.

Würden die Reihen $\sum_{i=1}^{\infty} a_i^+$ mit $a_i^+ := a_i \vee 0$ und $\sum_{i=1}^{\infty} a_i^-$ mit $a_i^- := -(a_i \wedge 0)$ konvergieren, so müsste auch $\sum_{i=1}^{\infty} |a_i| = \sum_{i=1}^{\infty} a_i^+ + \sum_{i=1}^{\infty} a_i^-$ im Widerspruch zu den Voraussetzungen konvergieren.

Würde eine der beiden Reihen $\sum_{i=1}^{\infty} a_i^+$ und $\sum_{i=1}^{\infty} a_i^-$ konvergieren, so müsste wegen $a_i^+ = a_i + a_i^-$ bzw. $a_i^- = a_i^+ - a_i$ und, da ja $\sum_{i=1}^{\infty} a_i$ konvergiert, auch die andere Reihe konvergieren. Dies führt, wie wir gesehen haben, auf einen Widerspruch, und daher müssen beide Reihen divergieren.

Streicht man in $\sum_{i=1}^{\infty} a_i^+$ und $\sum_{i=1}^{\infty} a_i^-$ alle Nullen, so erhält man zwei neue Reihen $\sum_{i=1}^{\infty} p_i = \infty$ und $\sum_{i=1}^{\infty} q_i = \infty$ und jedes Glied von $\sum_{i=1}^{\infty} a_i$ kommt wegen $a_i \neq 0, \forall i$ genau einmal in genau einer der Reihen $\sum_{i=1}^{\infty} p_i$ oder $\sum_{i=1}^{\infty} -q_i$ vor.

Man definiert nun rekursiv

$$n_1 := \min\left\{ j : \sum_{i=1}^{j} p_i \geq B \right\}, \qquad \sigma_1 := \sum_{i=1}^{n_1} p_i$$

$$n_2 := \min\left\{ j : \sigma_1 - \sum_{i=1}^{j} q_i \leq A \right\}, \qquad \sigma_2 := \sigma_1 - \sum_{i=1}^{n_2} q_i$$

$$\vdots$$

$$n_{2k} := \min\left\{ j : \sigma_{2k-1} - \sum_{i=n_{2k-2}+1}^{j} q_i \leq A \right\}, \ \sigma_{2k} := \sigma_{2k-1} - \sum_{i=n_{2k-2}+1}^{n_{2k}} q_i$$

$$n_{2k+1} := \min\left\{ j : \sigma_{2k} + \sum_{i=n_{2k-1}+1}^{j} p_i \geq B \right\}, \ \sigma_{2k+1} := \sigma_{2k} + \sum_{i=n_{2k-1}+1}^{n_{2k+1}} p_i$$

Das ergibt eine Aneinanderreihung von Teilfolgen der Reihenglieder a_i , also eine Umordnung, und für die Partialsummen σ_{2k} gilt $|\sigma_{2k} - A| \leq |a_{n_{2k}}|$, während die Partialsummen σ_{2k+1} die Ungleichung $|\sigma_{2k+1} - B| \leq |a_{n_{2k+1}}|$ erfüllen (nur für σ_1 gilt diese Ungleichung bei $B < 0$ nicht). Unter Berücksichtigung von Lemma A.4 ist damit der Satz bewiesen.

Bemerkung A.15. *Bei* $A = B$ *gilt* $\liminf \sum\limits_{i=1}^{\infty} a_{k_i} = \limsup \sum\limits_{i=1}^{\infty} a_{k_i}$, *also kon-*

vergiert $\sum\limits_{i=1}^{\infty} a_{k_i}$ *für die entsprechende Umordnung gegen* A *, während* $\sum\limits_{i=1}^{\infty} a_{k_i}$ *bei*
$A \neq B$ *klarerweise divergiert.*

Satz A.16. *Ist* $\sum\limits_{i=1}^{\infty} \sum\limits_{j=1}^{\infty} a_{i,j}$ *eine Doppelreihe mit* $a_{i,j} \geq 0$, $\forall\ (i,j) \in \mathbb{N}^2$ *, so*

existiert $s := \lim\limits_{n,m\to\infty} \sum\limits_{i=1}^{n} \sum\limits_{j=1}^{m} a_{i,j}$ *(s kann auch ∞ sein) und es gilt*

$$s = \sum_{i=1}^{\infty}\left(\sum_{j=1}^{\infty} a_{i,j}\right) = \sum_{j=1}^{\infty}\left(\sum_{i=1}^{\infty} a_{i,j}\right) , \qquad (A.2)$$

d.h. man kann s sowohl durch Addition der Zeilensummen, als auch der Spaltensummen berechnen und Vertauschung der Zeilen und Spalten ändert nichts am Wert der Doppelreihe.

Beweis. Die Existenz von s ist klar, da die Folge $s_{n,m} := \sum\limits_{i=1}^{n} \sum\limits_{j=1}^{m} a_{i,j}$ wegen

$a_{i,j} \geq 0$, $\forall\ (i,j)$ in n,m monoton wächst. Aus nämlichen Grund müssen

auch alle Zeilensummen $r_i := \sum\limits_{j=1}^{\infty} a_{i,j}$ und alle Spaltensummen $c_j := \sum\limits_{i=1}^{\infty} a_{i,j}$

existieren.

Gilt $s = \infty$, so gibt es zu jedem $K > 0$ ein $n_K, m_K \in \mathbb{N}$ mit

$$K \leq \sum_{i=1}^{n_K} \sum_{j=1}^{m_K} a_{i,j} \leq \sum_{i=1}^{n_K} r_i \wedge K \leq \sum_{j=1}^{m_K} \sum_{i=1}^{n_K} a_{i,j} \leq \sum_{j=1}^{m_K} c_j \Rightarrow \sum_{i=1}^{\infty} r_i = \sum_{j=1}^{\infty} c_j = \infty .$$

Ist n fest, so gilt $s_{n,m} \leq s$, $\forall m \in \mathbb{N} \Rightarrow \lim\limits_{m\to\infty} s_{n,m} = \sum\limits_{i=1}^{n} r_i \leq s$. Da dies für

alle $n \in \mathbb{N}$ gilt, muss auch gelten $\sum\limits_{i=1}^{\infty} r_i \leq s$, und analog sieht man $\sum\limits_{j=1}^{\infty} c_j \leq s$.

Ist $s < \infty$, so gibt es zu jedem $\varepsilon > 0$ Indices $n_\varepsilon, m_\varepsilon \in \mathbb{N}$ mit

$$s - \varepsilon \leq s_{n_\varepsilon, m_\varepsilon} \leq \sum_{i=1}^{n_\varepsilon} r_i \leq \sum_{i=1}^{\infty} r_i \leq s \wedge s - \varepsilon \leq s_{n_\varepsilon, m_\varepsilon} \leq \sum_{j=1}^{m_\varepsilon} c_j \leq \sum_{j=1}^{\infty} c_j \leq s .$$

Somit gilt $s = \sum\limits_{i=1}^{\infty} r_i = \sum\limits_{j=1}^{\infty} c_j$.

Satz A.17. *Sind die Reihen* $a := \sum\limits_{i=0}^{\infty} a_i$ *und* $b := \sum\limits_{i=0}^{\infty} b_i$ *absolut konvergent, so ist*

auch $c := \sum\limits_{i=0}^{\infty} \sum\limits_{j=0}^{\infty} a_i\, b_j$ *absolut konvergent, und es gilt* $c = \sum\limits_{k=0}^{\infty} \sum\limits_{i=0}^{k} a_i\, b_{k-i} = a\, b$.
c wird als Produktreihe von a und b bezeichnet.

Beweis. Voraussetzungsgemäß gilt $A := \sum\limits_{i=0}^{\infty} |a_i| < \infty$ und $B := \sum\limits_{i=0}^{\infty} |b_i| < \infty$.

Nun gilt $\sum\limits_{i=0}^{n} \sum\limits_{j=0}^{m} |a_i|\,|b_j| = \left(\sum\limits_{i=0}^{n} |a_i|\right)\left(\sum\limits_{j=0}^{m} |b_j|\right) \le A\,B < \infty$ für alle $n, m \in \mathbb{N}$.

Somit ist c absolut konvergent, und aus Satz A.13 folgt $c = \sum\limits_{k=0}^{\infty} \sum\limits_{i=0}^{k} a_i\, b_{k-i}$.

Wählt man zu $\varepsilon > 0$ ein n_ε, sodass $\sum\limits_{i=n_\varepsilon+1}^{\infty} |a_i| < \varepsilon$ und $\sum\limits_{i=n_\varepsilon+1}^{\infty} |b_i| < \varepsilon$, so gilt

für alle $n, m > n_\varepsilon$ mit $s_n := \sum\limits_{i=0}^{n} a_i$ und $t_m := \sum\limits_{j=0}^{m} b_j$

$$\left| \sum_{i=0}^{n} \sum_{j=0}^{m} a_i\, b_j - a\,b \right| = \left| \left(\sum_{i=0}^{n} a_i\right)\left(\sum_{j=0}^{m} b_j\right) - a\,b \right|$$

$$\le |s_n\, t_m - a\, t_m| + |a\, t_m - a\,b| \le |t_m| \left|\sum_{i=n+1}^{\infty} a_i\right| + |a| \left|\sum_{i=m+1}^{\infty} b_i\right| \le B\varepsilon + A\varepsilon.$$

Also gilt $\lim\limits_{n,m\to\infty} \sum\limits_{i=0}^{n} \sum\limits_{j=0}^{m} a_i\, b_j = a\,b$.

A.3 Topologie

Definition A.18. *Eine Menge $U \subseteq \mathbb{R}^k$ heißt offen, wenn es zu jedem $\mathbf{x} \in U$ einen Quader $(\mathbf{x} - \varepsilon, \mathbf{x} + \varepsilon) \subseteq U$ mit $\varepsilon > 0$ gibt.*
Die Menge $A \subseteq \mathbb{R}^k$ wird abgeschlossen genannt, wenn ihr Komplement offen ist. Eine Menge $K \subseteq \mathbb{R}^k$ heißt kompakt, wenn sie abgeschlossen und beschränkt ist.

Bemerkung A.19. *Da der Quader $(\mathbf{x} - \varepsilon, \mathbf{x} + \varepsilon)$ mit $\varepsilon > 0$ die offene Kugel*
$$K(\mathbf{x}, \varepsilon) := \left\{ \mathbf{y} \,:\, \|\mathbf{y} - \mathbf{x}\| := \sqrt{\sum_{i=1}^{k} (y_i - x_i)^2} < \varepsilon \right\}$$ *enthält und $K(\mathbf{x}, \varepsilon)$ umge-*
kehrt Obermenge des Quaders $\left(\mathbf{x} - \frac{\varepsilon}{\sqrt{k}}, \mathbf{x} + \frac{\varepsilon}{\sqrt{k}}\right)$ ist, kann man die Quader in Definition A.18 durch Kugeln ersetzen.

Definition A.20. *Ist A eine beliebige Teilmenge von $\mathbb{R}^k$, so versteht man unter dem Inneren von A die Menge $\overset{\circ}{A} := \{\mathbf{x} \in A \,:\, \exists\, \varepsilon > 0 \,:\, K(\mathbf{x}, \varepsilon) \subseteq A\}$, die Menge $\bar{A} := \{\mathbf{x} \,:\, \exists\, \mathbf{y} \in A \cap K(\mathbf{x}, \varepsilon) \;\; \forall\, \varepsilon > 0\}$ wird als abgeschlossene Hülle von A bezeichnet, und $\partial A := \bar{A} \setminus \overset{\circ}{A}$ ist der Rand von A.*
A ist dicht, wenn $\bar{A} = \mathbb{R}^k$. A ist nirgends dicht, wenn das Innere von $\bar{A}$ leer ist.

Lemma A.21. *Ist $A \subseteq \mathbb{R}^k$, so ist $\overset{\circ}{A}$ offen und $\bar{A}$ sowie ∂A sind abgeschlossen.*

Beweis. Ist $\mathbf{x} \in \overset{\circ}{A}$ und $K(\mathbf{x}, \varepsilon) \subseteq A$ mit $\varepsilon > 0$, so gilt für jedes $\mathbf{y} \in K(\mathbf{x}, \varepsilon)$ natürlich $K(\mathbf{y}, \varepsilon - \|\mathbf{y} - \mathbf{x}\|) \subseteq K(\mathbf{x}, \varepsilon) \subseteq A \;\Rightarrow\; K(\mathbf{x}, \varepsilon) \subseteq \overset{\circ}{A}, .$

Für jedes $\mathbf{x} \in \bar{A}^c$ gibt es definitionsgemäß ein $\varepsilon > 0$ mit $K(\mathbf{x}, \varepsilon) \subseteq A^c$, und für jedes $\mathbf{y} \in K(\mathbf{x}, \varepsilon)$ gilt $K(\mathbf{y}, \varepsilon - \|\mathbf{y} - \mathbf{x}\|) \subseteq K(\mathbf{x}, \varepsilon) \subseteq A^c$. Daraus folgt $K(\mathbf{x}, \varepsilon) \subseteq \bar{A}^c$, d.h. $\bar{A}^c$ ist offen. Somit ist $\bar{A}$ abgeschlossen. Daraus folgt aber auch, dass $\partial A = \bar{A} \cap \left(\overset{\circ}{A}\right)^c$ als Durchschnitt abgeschlossener Mengen ebenfalls abgeschlossen ist.

Lemma A.22. *$U \subseteq \mathbb{R}^k$ ist genau dann offen, wenn fast alle Glieder einer jeden Folge $(\mathbf{x}_n)$ mit $\lim\limits_n \mathbf{x}_n = \mathbf{x} \in U$ in U liegen.*

Beweis.

> $\Rightarrow$: Ist $\mathbf{x} \in U$, so gibt es ein $\varepsilon > 0$ mit $K(\mathbf{x}, \varepsilon) \subseteq U$. Gilt nun $\lim\limits_n \mathbf{x}_n = \mathbf{x}$, so gibt es zu diesem ε ein $n_\varepsilon \in \mathbb{N}$, sodass $\|\mathbf{x}_n - \mathbf{x}\| < \varepsilon \quad \forall\, n \geq n_\varepsilon$. Daraus folgt $\mathbf{x}_n \in U \quad \forall\, n \geq n_\varepsilon$.
>
> $\Leftarrow$: Ist U nicht offen, so existiert ein $\mathbf{x} \in U$, sodass es für alle $n \in \mathbb{N}$ ein $\mathbf{x}_n \in K(\mathbf{x}, \frac{1}{n}) \cap U^c$ gibt. Somit gilt $\lim\limits_n \mathbf{x}_n = \mathbf{x}$ und $\mathbf{x}_n \notin U \quad \forall\, n \in \mathbb{N}$.

Folgerung A.23. *Es gelten die beiden zueinander äquivalenten Beziehungen*

$$\lim_n \mathbf{x}_n = \mathbf{x} \;\Rightarrow\; \mathbb{1}_U(\mathbf{x}) \leq \liminf_n \mathbb{1}_U(\mathbf{x}_n) \quad \forall\, U \quad \text{offen}, \tag{A.3}$$

$$\lim_n \mathbf{x}_n = \mathbf{x} \;\Rightarrow\; \mathbb{1}_A(\mathbf{x}) \geq \limsup_n \mathbb{1}_A(\mathbf{x}_n) \quad \forall\, A \quad \text{abgeschlossen}. \tag{A.4}$$

Beweis. Für offenes $U, \mathbf{x} \in U$ und $\lim\limits_n \mathbf{x}_n = \mathbf{x}$ folgt aus dem obigen Lemma $\mathbb{1}_U(\mathbf{x}_n) = 1$ für fast alle n. Daher gilt $\liminf\limits_n \mathbb{1}_U(\mathbf{x}_n) = 1 = \mathbb{1}_U(\mathbf{x})$. Für $\mathbf{x} \in U^c$ gilt $\mathbb{1}_U(\mathbf{x}) \leq \liminf\limits_n \mathbb{1}_U(\mathbf{x}_n)$ wegen $\mathbb{1}_U(\mathbf{x}) = 0$. Damit ist (A.3) gezeigt.

Die Äquivalenz von (A.3) und (A.4) folgt einfach aus $\mathbb{1}_A(\mathbf{x}) = 1 - \mathbb{1}_{A^c}(\mathbf{x})$, $\limsup\limits_n \mathbb{1}_A(\mathbf{x}_n) = 1 - \liminf\limits_n \mathbb{1}_{A^c}(\mathbf{x}_n)$ und A^c offen $\Leftrightarrow A$ abgeschlossen.

Lemma A.24. *$A \subseteq \mathbb{R}^k$ ist genau dann abgeschlossen, wenn der Grenzwert einer jeden konvergenten Folge $(\mathbf{x}_n)$ aus A ebenfalls in A liegt.*

Beweis. Für jede Folge $(\mathbf{x}_n)$ aus A gilt $\mathbb{1}_A(\mathbf{x}_n) = 1 \quad \forall\, n \in \mathbb{N}$, woraus folgt $\limsup\limits_n \mathbb{1}_A(\mathbf{x}_n) = 1$. Ist nun A abgeschlossen und gilt $\lim\limits_n \mathbf{x}_n = \mathbf{x}$, so folgt aus Ungleichung (A.4) $\mathbb{1}_A(\mathbf{x}) \geq \limsup\limits_n \mathbb{1}_A(\mathbf{x}_n) = 1 \;\Rightarrow\; \mathbf{x} \in A$.

Ist andererseits A nicht abgeschlossen, so ist A^c nicht offen und daher gibt es, wie im Beweis von Lemma A.22 gezeigt ein $\mathbf{x} \in A^c$ und eine Folge $(\mathbf{x}_n)$ aus A mit $\lim\limits_n \mathbf{x}_n = \mathbf{x}$. Damit ist auch die Umkehrung bewiesen.

Lemma A.25. *Für jede Menge $A \subseteq \mathbb{R}^k$ stimmt die Menge der Unstetigkeitsstellen von $\mathbb{1}_A$ überein mit dem Rand ∂A.*

Beweis. Gilt $\mathbf{x} \in \overset{\circ}{A}$ und $\lim_{n} \mathbf{x}_n = \mathbf{x}$, so liegen nach Lemma A.22 fast alle Glieder von $(\mathbf{x}_n)$ in $\overset{\circ}{A}$. Daher gilt $\lim_{n} \mathbb{1}_A(\mathbf{x}_n) = 1 = \mathbb{1}_A(\mathbf{x})$. Aus $\mathbf{x} \in \bar{A}^c$ und $\lim_{n} \mathbf{x}_n = \mathbf{x}$ folgt mit demselben Argument $\lim_{n} \mathbb{1}_A(\mathbf{x}_n) = 0 = \mathbb{1}_A(\mathbf{x})$. Daher gilt $\overset{\circ}{A} \cup \bar{A}^c \subseteq S$, der Menge der Stetigkeitspunkte von $\mathbb{1}_A$, bzw. $S^c \subseteq \partial A$.

Gilt umgekehrt $\mathbf{x} \in A \cap \partial A$, so liegt $\mathbf{x}$ nicht in $\overset{\circ}{A}$. Daher gilt für alle $n \in \mathbb{N}$ $K(\mathbf{x}, \frac{1}{n}) \cap A^c \neq \emptyset$. Somit gibt es zu jedem n ein $\mathbf{x}_n \in A^c$ mit $\|\mathbf{x}_n - \mathbf{x}\| < \frac{1}{n}$. Für die Folge $(\mathbf{x}_n)$ gilt demnach $\lim_{n} \mathbf{x}_n = \mathbf{x}$ und $\lim_{n} \mathbb{1}_A(\mathbf{x}_n) = 0 \neq \mathbb{1}_A(\mathbf{x}) = 1$.

Gilt $\mathbf{x} \in A^c \cap \partial A$, so gibt es wegen $\mathbf{x} \in \bar{A}$ zu jedem n ein $\mathbf{x}_n \in A$ mit $\|\mathbf{x}_n - \mathbf{x}\| < \frac{1}{n}$. Somit gilt $\lim_{n} \mathbf{x}_n = \mathbf{x}$ und $\lim_{n} \mathbb{1}_A(\mathbf{x}_n) = 1 \neq \mathbb{1}_A(\mathbf{x}) = 0$. Damit ist auch $\partial A \subseteq S^c$ bewiesen.

Definition A.26. *Eine Funktion $f : \mathbb{R}^k \to \mathbb{R}$ heißt halbstetig von unten, wenn aus $\lim_{n} \mathbf{x}_n = \mathbf{x}$ folgt $f(\mathbf{x}) \leq \liminf_{n} f(\mathbf{x}_n)$, und sie heißt halbstetig von oben, wenn aus $\lim_{n} \mathbf{x}_n = \mathbf{x}$ folgt $f(\mathbf{x}) \geq \limsup_{n} f(\mathbf{x}_n)$.*

Bemerkung A.27.

1. *f ist genau dann stetig, wenn es halbstetig von unten und von oben ist.*
2. *Gemäß der obigen Definition ist der Indikator einer jeden offenen Menge halbstetig von unten und der Indikator einer jeden abgeschlossenen Menge ist halbstetig von oben.*
3. *f ist genau dann von unten halbstetig, wenn $-f$ von oben halbstetig ist.*

Satz A.28. *$f : \mathbb{R}^k \to \mathbb{R}$ ist genau dann halbstetig von unten, wenn $[f > a]$ für jedes $a \in \mathbb{R}$ offen ist. $f : \mathbb{R}^k \to \mathbb{R}$ ist genau dann halbstetig von oben, wenn $[f \geq a]$ für jedes $a \in \mathbb{R}$ abgeschlossen ist.*

Beweis. Wir beweisen zunächst die erste Aussage.

$\Rightarrow$: Ist $\mathbf{x} \in [f > a]$ und $\lim_{n} \mathbf{x}_n = \mathbf{x}$, so folgt aus $a < f(\mathbf{x}) \leq \liminf_{n} f(\mathbf{x}_n)$, dass fast alle Folgenglieder $\mathbf{x}_n$ in $[f > a]$ liegen. Nach Lemma A.22 ist $[f > a]$ daher offen.

$\Leftarrow$: Ist $\mathbf{x} \in \mathbb{R}^k$ und $\varepsilon > 0$, so ist $[f > f(\mathbf{x}) - \varepsilon]$ offen und enthält deshalb eine offene Kugel $K(\mathbf{x}, \delta)$, $\delta > 0$. Gilt $\lim_{n} \mathbf{x}_n = \mathbf{x}$, so liegen fast alle $\mathbf{x}_n$ in dieser Kugel, woraus folgt $\liminf_{n} f(\mathbf{x}_n) > f(\mathbf{x}) - \varepsilon$. Da $\varepsilon > 0$ beliebig ist, impliziert das $\liminf_{n} f(\mathbf{x}_n) \geq f(\mathbf{x})$.

Wendet man das eben Bewiesene auf $-f$ an, so ergibt sich die zweite Aussage.

Satz A.29. *Ist $U \subseteq \mathbb{R}^k$ eine offene Menge, so gibt es eine Folge $((\mathbf{a}_n, \mathbf{b}_n))$ mit $U = \bigcup_{n}(\mathbf{a}_n, \mathbf{b}_n)$.*

Beweis. Die Familie der offenen Würfel $(\mathbf{q} - \delta, \mathbf{q} + \delta) \subseteq U$ mit $\mathbf{q} \in \mathbb{Q}^k, \delta \in \mathbb{Q}$ ist abzählbar und ihre Vereinigung ist klarerweise eine Teilmenge von U.

Da U offen ist, gibt es umgekehrt zu jedem $\mathbf{x} \in U$ ein $\epsilon > 0$ und einen offenen Würfel $(\mathbf{x} - \epsilon, \mathbf{x} + \epsilon) \subseteq U$. Wählt man nun einen Punkt $\mathbf{q} \in \mathbb{Q}^k$, sodass $\max_{1 \leq i \leq k} |x_i - q_i| < \frac{\epsilon}{2}$ und ein $\delta \in \mathbb{Q} : \max_{1 \leq i \leq k} |x_i - q_i| < \delta < \frac{\epsilon}{2}$, so gilt $\mathbf{x} \in (\mathbf{q} - \delta, \mathbf{q} + \delta) \subseteq (\mathbf{x} - \epsilon, \mathbf{x} + \epsilon) \subseteq U$. Daher überdeckt die obige Familie ihrerseits U, d.h. ihre Vereinigung stimmt mit U überein.

Satz A.30. *Jede offene Menge $U \subseteq \mathbb{R}$ ist Vereinigung von höchstens abzählbar vielen disjunkten offenen Intervallen (a_n, b_n).*

Beweis. Für $U = \emptyset$ ist nichts zu beweisen.
Zu $x \in U$ gibt es ein $\varepsilon > 0$, sodass $(x - \varepsilon, x + \varepsilon) \subseteq U$, und es gibt ein $q \in \mathbb{Q}$ mit $|q - x| < \frac{\varepsilon}{2}$. Daraus folgt $x \in (q - \frac{\varepsilon}{2}, q + \frac{\varepsilon}{2}) \subset U$. Definiert man zu q das System $\mathfrak{I}_q := \{(a, b) \subseteq U : q \in (a, b)\}$, dann gilt also $x \in I_q := \bigcup_{(a,b) \in \mathfrak{I}_q} (a, b)$.

Da $x \in U$ beliebig ist, impliziert dies $U = \bigcup_{q \in U \cap \mathbb{Q}} I_q$.

Für $q \in U \cap \mathbb{Q}$ und $a_q := \inf_{(a,b) \in \mathfrak{I}_q} a$ bzw. $b_q := \sup_{(a,b) \in \mathfrak{I}_q} b$ gilt nun $I_q \subseteq (a_q, b_q)$.

Umgekehrt gibt es zu $a_q < x \leq q$ ein $a < x$ mit $(a, b) \in \mathfrak{I}_q$, und aus $q \in (a, b)$ folgt $x \in (a, b) \Rightarrow x \in I_q$. Ähnlich zeigt man, dass für alle $q < x < b_q$ ebenfalls gilt $x \in I_q$. Daraus folgt $(a_q, b_q) = I_q \subseteq U$ und $(a_q, b_q) \in \mathfrak{I}_q$.
Aus $x \in (a_p, b_p) \cap (a_q, b_q)$, $p, q \in \mathbb{Q}$ folgt nun $p, q \in (a_p \wedge a_q, b_p \vee b_q) \subseteq U$. Damit aber muss gelten $a_p = a_p \wedge a_q = a_q$ und $b_p = b_p \vee b_q = b_q$, d.h. die I_q, $q \in \mathbb{Q} \cap U$ sind entweder disjunkt oder identisch.

Hilfssatz A.31. *Ist (I_n) eine monoton fallende Folge nichtleerer abgeschlossener Zellen aus $\mathbb{R}^k$, so gilt:* $\bigcap_n I_n \neq \emptyset$.

Beweis. Mit $I_n := [\mathbf{a}_n, \mathbf{b}_n]$, $\forall n \in \mathbb{N}$ folgt aus $I_{n+1} \subseteq I_n$

$$\mathbf{a}_n \leq \mathbf{a}_{n+1} \leq \mathbf{b}_{n+1} \leq \mathbf{b}_n \leq \mathbf{b}_1.$$

$(\mathbf{a}_n)$ ist also eine monoton steigende, von oben beschränkte Folge und besitzt daher einen Grenzwert $\mathbf{a} := \lim_n \mathbf{a}_n$ (d.h. ist $\mathbf{a}_n = (a_{n,1}, \dots, a_{n,k})$, so sind sämtliche Koordinaten $a_{n,i}$, $i = 1, \dots, k$ mit n monoton steigend und beschränkt und konvergieren daher gegen einen Grenzwert a_i).
Klarerweise gilt

$$\mathbf{a}_n \leq \mathbf{a} \quad \forall n \in \mathbb{N}. \tag{A.5}$$

Andererseits gilt auch

$$\mathbf{a}_{n+m} \leq \mathbf{b}_{n+m} \leq \mathbf{b}_n \ \forall n, m \in \mathbb{N} \Rightarrow \mathbf{a} = \lim_m \mathbf{a}_{n+m} \leq \mathbf{b}_n \ \forall n \in \mathbb{N}. \tag{A.6}$$

Wegen (A.5) und (A.6) gilt

$$\mathbf{a} \in [\mathbf{a}_n, \mathbf{b}_n] \ \forall n \in \mathbb{N} \Rightarrow \mathbf{a} \in \bigcap_n I_n.$$

Satz A.32 (Satz von Heine-Borel). *Ist* $I := [\mathbf{a}, \mathbf{b}]$ *eine abgeschlossene Zelle aus* $\mathbb{R}^k$ *und* $(I_j)_{j \in J}$ *eine Überdeckung von* I *durch offene Zellen, so gibt es eine endliche Teilfamilie* $\{j_1, \dots, j_m\} \subseteq J$ *mit* $I \subseteq \bigcup\limits_{k=1}^{m} I_{j_k}$.

Beweis. Man führt den Beweis indirekt und nimmt an, dass es keine endliche Überdeckung von $\hat{I}_1 := I$ gibt. Dann gibt es auch für mindestens eine der 2^k Teilzellen die durch Halbierung der Kanten von $\hat{I}_1$ entstehen keine endliche Überdeckung, da man ansonsten einen Widerspruch zur Annahme hätte. Für $\hat{I}_2$ wählt man eine dieser Teilzellen ohne endliche Überdeckung und unterteilt $\hat{I}_2$ wieder in 2^k Teilzellen durch Halbierung der Kanten. Auch von diesen Teilzellen kann mindestens eine nicht durch eine endliche Teilfamilie überdeckt werden. Eine derartige Teilzelle nimmt man dann für $\hat{I}_3$.
Auf diese Weise erhält man eine monoton fallende Folge $(\hat{I}_n)$ von abgeschlossenen Zellen, von denen keine durch eine endliche Teilfamilie überdeckt werden kann .
Wegen des obigen Hilfssatzes A.31 gibt es ein $\mathbf{x} \in \bigcap\limits_n \hat{I}_n \subseteq I$ und, da $(I_j)_{j \in J}$ eine Überdeckung von I ist, existiert ein $i \in J$ mit $\mathbf{x} \in I_i$. I_i ist aber offen und daher gibt es ein $\epsilon > 0$, sodass $(\mathbf{x} - \epsilon, \mathbf{x} + \epsilon) \subseteq I_i$.
Ist nun n so groß, dass die Kantenlänge von $\hat{I}_n$ kleiner als ϵ ist, so muss wegen $\mathbf{x} \in \hat{I}_n$ gelten $\hat{I}_n \subseteq (\mathbf{x} - \epsilon, \mathbf{x} + \epsilon) \subseteq I_i$. Dies ist ein Widerspruch zur Aussage, dass keines der Folgenglieder $\hat{I}_n$ durch eine endliche Teilfamilie überdeckt werden kann.

Definition A.33. $f : \mathbb{R}^k \to \mathbb{R}$ *heißt gleichmäßig stetig, wenn es zu jedem* $\varepsilon > 0$ *ein* $\delta > 0$ *gibt sodass* $\|\mathbf{x} - \mathbf{y}\| < \delta \ \Rightarrow \ |f(\mathbf{x}) - f(\mathbf{y})| < \varepsilon$.

Satz A.34. *Jedes stetige* $f : [\mathbf{a}, \mathbf{b}] \to \mathbb{R}$ *ist gleichmäßig stetig und beschränkt.*

Beweis. Weil f stetig ist, gibt es zu jedem $\varepsilon > 0$ und jedem $\mathbf{x} \in [\mathbf{a}, \mathbf{b}]$ ein $\delta_{\mathbf{x}} > 0$, sodass $\|\mathbf{x} - \mathbf{y}\| < \delta_{\mathbf{x}} \ \Rightarrow \ |f(\mathbf{x}) - f(\mathbf{y})| < \varepsilon$. Nun bilden die Zellen $I_{\mathbf{x}} := (\mathbf{x} - \frac{\delta_{\mathbf{x}}}{3\sqrt{k}}, \mathbf{x} + \frac{\delta_{\mathbf{x}}}{3\sqrt{k}})$, $\mathbf{x} \in [\mathbf{a}, \mathbf{b}]$ eine offene Überdeckung von $[\mathbf{a}, \mathbf{b}]$. und nach dem Satz von Heine-Borel existieren endlich viele Punkte $\mathbf{x}_1, \dots, \mathbf{x}_n$, sodass $[\mathbf{a}, \mathbf{b}] \subseteq \bigcup\limits_{i=1}^{n} I_{\mathbf{x}_i}$. Somit gibt es für alle $\mathbf{x}, \mathbf{y} \in [\mathbf{a}, \mathbf{b}]$ Punkte $\mathbf{x}_i, \mathbf{x}_j$ mit $\mathbf{x} \in I_{\mathbf{x}_i}$ und $\mathbf{y} \in I_{\mathbf{x}_j}$. Gilt $\|\mathbf{x} - \mathbf{y}\| < \delta := \min\limits_{1 \leq i \leq n} \frac{\delta_{\mathbf{x}_i}}{3}$ und o.E.d.A. $\delta_{\mathbf{x}_i} \leq \delta_{\mathbf{x}_j}$, so folgt daraus $\|\mathbf{x}_i - \mathbf{x}_j\| \leq \|\mathbf{x}_i - \mathbf{x}\| + \|\mathbf{x} - \mathbf{y}\| + \|\mathbf{y} - \mathbf{x}_j\| < \delta_{\mathbf{x}_j}$, und dies impliziert $|f(\mathbf{x}_i) - f(\mathbf{x}_j)| < \varepsilon$. Damit gilt jedoch

$$|f(\mathbf{x}) - f(\mathbf{y})| \leq |f(\mathbf{x}) - f(\mathbf{x}_i)| + |f(\mathbf{x}_i) - f(\mathbf{x}_j)| + |f(\mathbf{x}_j) - f(\mathbf{y})| < 3\,\varepsilon.$$

Dies beweist die gleichmäßige Stetigkeit von f. Beschränkt ist f, weil offensichtlich gilt $\min\limits_{1 \leq i \leq n} f(\mathbf{x}_i) - \varepsilon < f(\mathbf{x}) < \max\limits_{1 \leq i \leq n} f(\mathbf{x}_i) + \varepsilon \quad \forall \, \mathbf{x} \in [\mathbf{a}, \mathbf{b}]$.

Definition A.35. *Ein Punkt* $\mathbf{x} \in \mathbb{R}^k$ *heißt Häufungspunkt der Menge* $A \subseteq \mathbb{R}^k$, *wenn* $K(\mathbf{x}, \varepsilon) \cap A \setminus \{\mathbf{x}\} \neq \emptyset \quad \forall \, \varepsilon > 0$.

Bemerkung A.36. *Offensichtlich ist* x *genau dann ein Häufungspunkt von* A, *wenn es eine eine Folge* (x_n) *aus* $A \setminus \{x\}$ *gibt, die gegen* x *konvergiert.*

Satz A.37 (Satz von Bolzano-Weierstraß). *Jede beschränkte unendliche Menge* $A \subseteq \mathbb{R}^k$ *besitzt einen Häufungspunkt.*

Beweis. Da A beschränkt ist, gibt es eine Zelle $I_1 := [a, b]$ mit $A \subseteq I_1$. Man unterteilt nun I_1, wie im Beweis des Satzes von Heine-Borel, durch Halbierung der Kanten in 2^k abgeschlossene Teilzellen, und nimmt als I_2 eine dieser Teilzellen, die unendlich viele Punkte von A enthält. Setzt man dieses Verfahren ad infinitum fort, so erhält man eine monoton fallende Folge I_n von abgeschlossenen Zellen, deren Durchschnitt nach Hilfssatz A.31 einen Punkt x_0 enthält. Da die Kantenlängen gegen 0 gehen, ist x_0 das einzige Element von $\bigcap_n I_n$ und offensichtlich Häufungspunkt von A.

Folgerung A.38. *Jede beschränkte Folge* (x_n) *enthält eine konvergente Teilfolge.*

Beweis. Ist die Menge $A := \{x_n : n \in \mathbb{N}\}$ endlich, so gibt es einen Index m, sodass $x_m = x_n$ $\forall n \geq m$, und $(x_n)_{n \geq m}$ ist die gesuchte Teilfolge.
Ist A unendlich, so gibt es nach dem Satz von Bolzano-Weierstraß einen Häufungspunkt y von A und damit auch eine Teilfolge (x_{n_k}), die gegen y konvergiert (siehe Bemerkung A.36).

A.4 Analysis

Die Exponentialfunktion lässt sich folgendermaßen charakterisieren:

Satz A.39. *Gilt für eine stetige Funktion* $f : \mathbb{R}^+ \to \mathbb{R}$, $f \neq 0$

$$f(x + y) = f(x)\,f(y) \quad \forall\, x, y \in \mathbb{R}^+ , \tag{A.7}$$

so existiert ein $\tau \in \mathbb{R}$, *sodass* $f(x) = e^{\tau x}$ $\forall\, x \in \mathbb{R}^+$.

Beweis. Gemäß (A.7) gilt $f\left(\frac{2}{m}\right) = f\left(\frac{1}{m} + \frac{1}{m}\right) = f\left(\frac{1}{m}\right) f\left(\frac{1}{m}\right) = f\left(\frac{1}{m}\right)^2$ $\forall\, m \in \mathbb{N}$. Aus $f\left(\frac{n}{m}\right) = f\left(\frac{1}{m}\right)^n$ folgt $f\left(\frac{n+1}{m}\right) = f\left(\frac{n}{m}\right) f\left(\frac{1}{m}\right) = f\left(\frac{1}{m}\right)^{n+1}$. Somit gilt $f\left(\frac{n}{m}\right) = f\left(\frac{1}{m}\right)^n$ $\forall\, n \in \mathbb{N}$, und mit $\tau := \ln f(1)$ erhält man

$$f\left(\frac{n}{m}\right) = f\left(\frac{1}{m}\right)^n = f(1)^{\frac{n}{m}} = e^{\frac{n}{m} \ln f(1)} = e^{\tau \frac{n}{m}} \quad \forall\, n, m \in \mathbb{N}.$$

Damit ist $f(q) = e^{\tau q}$ $\forall\, q \in \mathbb{Q}^+$ gezeigt.
    Ist $x \in \mathbb{R}^+$, so gibt es wegen der Stetigkeit von f und e^x zu jedem $\varepsilon > 0$ ein $q \in \mathbb{Q}^+$, sodass gilt $|e^{\tau x} - e^{\tau q}| < \frac{\varepsilon}{2}$ und $|f(x) - f(q)| < \frac{\varepsilon}{2}$. Daraus folgt $|e^{\tau x} - f(x)| \leq |e^{\tau x} - e^{\tau q}| + |e^{\tau q} - f(q)| + |f(q) - f(x)| < \varepsilon$ $\forall\, \varepsilon > 0$. Also gilt $f(x) = e^{\tau x}$ für alle $x \in \mathbb{R}^+$.

Satz A.40. *Gilt für* $f : \mathbb{N}_0 \to \mathbb{R}$, $f \neq 0$ $f(m+n) = f(m)\, f(n)$ $\forall\, m, n \in \mathbb{N}_0$, *so folgt daraus* $f(n) = f(1)^n = e^{n \ln f(1)}$ $n \in \mathbb{N}_0$.

Beweis. $f(0) = f(0+0) = f(0)\, f(0) \Rightarrow f(0) = 1$.
$f(2) = f(1+1) = f(1)\, f(1) = f(1)^2$.
Gilt $f(n) = f(1)^n$, so gilt auch $f(n+1) = f(n)\, f(1) = f(1)^{n+1}$.
Damit ist der Satz bewiesen.

Satz A.41. *Jede stetige Funktion* $f : [a, b] \to \mathbb{R}$ *nimmt ihre Extremwerte an.*

Beweis. Da f nach Satz A.34 beschränkt ist, sind $m := \inf\limits_{a \leq x \leq b} f(x)$ und $M := \sup\limits_{a \leq x \leq b} f(x)$ beide reellwertig. Es genügt, zu zeigen, dass ein $x \in [a, b]$ existiert, sodass $M = f(x)$, denn das Ergebnis für das Minimum ergibt sich dann durch Übergang von f zu $-f$.
Die Folge (x_n) mit $f(x_n) \geq M - \frac{1}{n}$ $\forall\, n \in \mathbb{N}$ enthält gemäß Folgerung A.38 eine konvergente Teilfolge (x_{n_k}), für die gilt $y := \lim\limits_{k} x_{n_k} \in [a, b]$, da das Intervall abgeschlossen ist. Klarerweise gilt $M = f(y)$.

Satz A.42 (Mittelwertsatz). *Ist* f *auf* $[a, b]$, $a < b$ *stetig und auf* (a, b) *differenzierbar, so gibt es einen Punkt* $x \in (a, b)$, *sodass* $\frac{f(b) - f(a)}{b - a} = f'(x)$.

Beweis. Für $g(x) := f(x) - f(a) - \frac{f(b) - f(a)}{b - a}\, (x - a) \equiv 0$ ist die Aussage trivial. Ansonsten muss es ein $y \in (a, b)$ geben mit $g(y) > 0$ oder $g(y) < 0$. Man kann o.E.d.A. $g(y) > 0$ annehmen, da man ansonsten einfach g durch $-g$ ersetzt. Wie im vorigen Satz gezeigt, gibt es dann ein $a \leq x \leq b$ mit $g(x) = \max\limits_{a \leq y \leq b} g(y)$. Wegen $g(a) = g(b) = 0$ muss sogar $a < x < b$ gelten. Nun gilt $g(y) \leq g(x)$ bzw. äquivalent dazu $f(y) - f(x) \leq \frac{f(b) - f(a)}{b - a}\, (y - x)$ für alle $y \neq x$, was wiederum für $y > x$ äquivalent zu $\frac{f(y) - f(x)}{y - x} \leq \frac{f(b) - f(a)}{b - a}$ ist, während sich die Ungleichung für $y < x$ umkehrt und zu $\frac{f(y) - f(x)}{y - x} \geq \frac{f(b) - f(a)}{b - a}$ wird. Daraus folgt aber einerseits $f'(x) \leq \frac{f(b) - f(a)}{b - a}$ und andererseits $f'(x) \geq \frac{f(b) - f(a)}{b - a}$. Da f in x differenzierbar ist, gilt somit $f'(x) = \frac{f(b) - f(a)}{b - a}$.

Satz A.43 (Satz von Taylor). *Hat* f *auf* $[a, b]$, $a < b \in \mathbb{R}$ *eine stetige* $n - 1$-*te Ableitung* $f^{(n-1)}$ *und existiert* $f^{(n)}$ *auf* (a, b), *so gibt es ein* $x \in (a, b)$, *sodass*

$$f(b) = \sum_{i=0}^{n-1} \frac{f^{(i)}(a)}{i!}\, (b - a)^i + \frac{f^{(n)}(x)}{n!}\, (b - a)^n.$$

Beweis. Für $n = 1$ entspricht die obige Aussage gerade dem Mittelwertsatz.
Definiert man $P(x) := \sum\limits_{i=0}^{n-1} \frac{f^{(i)}(a)}{i!}\, (x - a)^i$, $\Delta := (f(b) - P(b)) \frac{n!}{(b-a)^n}$ und $g(x) := f(x) - P(x) - \Delta \frac{(b-a)^n}{n!}$ für $n > 1$, so ist g stetig auf $[a, b]$, und es gilt $g(a) = g(b) = 0$, sowie $g^{(i)}(a) = 0$ $\forall\, i = 1, \ldots, n - 1$. Daher folgt aus dem

Mittelwertsatz zunächst die Existenz eines Punktes $x_1 \in (a, b)$ mit $g'(x_1) = 0$. Wegen $g'(a) = g'(x_1) = 0$ muss aber dem Mittelwertsatz, angewandt auf g' im Intervall $[a, x_1]$, zufolge ein $x_2 \in (a, x_1)$ existieren mit $g''(x_2) = 0$. Wiederholt man diese Argumentation, so zeigt sich nach $n - 1$ Schritten, dass ein $x_{n-1} \in (a, b)$ existieren muss mit $g^{(n-1)}(x_{n-1}) = 0$. Aus dem Mittelwertsatz, angewandt auf $g^{(n-1)}$ im Intervall $[a, x_{n-1}]$, ergibt sich daher die Existenz eines Punktes $x_n \in (a, x_{n-1}) \subseteq (a, b)$, für den gilt $g^{(n)}(x_n) = f^{(n)}(x_n) - \Delta = 0$. Daraus folgt sofort $f(b) = \sum\limits_{i=0}^{n-1} \frac{f^{(i)}(a)}{i!}(b-a)^i + \frac{f^{(n)}(x_n)}{n!}(b-a)^n$ mit $a < x_n < b$.

A.5 Konvexe Mengen und Funktionen

Definition A.44. *Eine Menge $A \subseteq \mathbb{R}^k$ heißt konvex, wenn für alle $\mathbf{x}, \mathbf{y} \in A$ und $\alpha \in [0, 1]$ gilt $\alpha\mathbf{x} + (1 - \alpha)\mathbf{y} \in A$.*

Definition A.45. *Ist $A \subseteq \mathbb{R}^k$ eine konvexe Menge, so nennt man die Funktion $\varphi : A \to \mathbb{R}$ konvex, wenn gilt*

$$\varphi(\alpha\mathbf{x} + (1 - \alpha)\mathbf{y}) \le \alpha\varphi(\mathbf{x}) + (1 - \alpha)\varphi(\mathbf{y}) \quad \forall\, \mathbf{x}, \mathbf{y} \in A, \ \alpha \in [0, 1]. \quad \text{(A.8)}$$

Gilt hingegen

$$\varphi(\alpha\mathbf{x} + (1 - \alpha)\mathbf{y}) \ge \alpha\varphi(\mathbf{x}) + (1 - \alpha)\varphi(\mathbf{y}) \quad \forall\, \mathbf{x}, \mathbf{y} \in A, \ \alpha \in [0, 1], \quad \text{(A.9)}$$

so nennt man φ konkav.

Für unsere Zwecke reicht es aus konvexe Funktionen auf $\mathbb{R}$ zu betrachten. In diesem Fall ist der Definitionsbereich ein Intervall I.

Satz A.46. *Eine Funktion $\varphi : (a, b) \to \mathbb{R}$ ist genau dann konvex, wenn für alle $\mathbf{x} = (x_1, x_2)$, $\mathbf{y} = (y_1, y_2)$ mit $x_1 < x_2$, $y_1 < y_2$ und $\mathbf{x} \le \mathbf{y}$ gilt*

$$\frac{\varphi(x_2) - \varphi(x_1)}{x_2 - x_1} \le \frac{\varphi(y_2) - \varphi(y_1)}{y_2 - y_1}. \quad \text{(A.10)}$$

Beweis.

$\Rightarrow$: Aus $x_1 < x_2 \le y_2$ folgt mit $\alpha := \frac{y_2 - x_2}{y_2 - x_1} \in [0, 1]$

$$x_2 = \frac{y_2 - x_2}{y_2 - x_1} x_1 + \frac{x_2 - x_1}{y_2 - x_1} y_2 = \alpha x_1 + (1 - \alpha) y_2.$$

Daher gilt

$$\varphi(x_2) \le \alpha\varphi(x_1) + (1 - \alpha)\varphi(y_2). \quad \text{(A.11)}$$

Analog zeigt man, dass aus $x_1 \le y_1 < y_2$ mit $\beta := \frac{y_2 - y_1}{y_2 - x_1}$ gilt

$$\varphi(y_1) \le \beta\varphi(x_1) + (1 - \beta)\varphi(y_2). \quad \text{(A.12)}$$

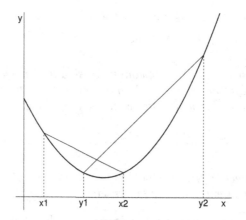

Abb. A.1. Graph einer konvexen Funktion

(A.11) ergibt umgeformt $\varphi(x_2) - \varphi(x_1) \leq (1 - \alpha)(\varphi(y_2) - \varphi(x_1))$, also

$$\frac{\varphi(x_2) - \varphi(x_1)}{x_2 - x_1} \leq \frac{\varphi(y_2) - \varphi(x_1)}{y_2 - x_1}. \tag{A.13}$$

(A.12) impliziert $\varphi(y_2) - \varphi(y_1) \geq \beta(\varphi(y_2) - \varphi(x_1))$, und daraus folgt

$$\frac{\varphi(y_2) - \varphi(y_1)}{y_2 - y_1} \geq \frac{\varphi(y_2) - \varphi(x_1)}{y_2 - x_1}. \tag{A.14}$$

(A.13) führt nun in Verbindung mit (A.14) zu Ungleichung (A.10).

$\Leftarrow$: Ist $x_1 < y_2$ und $0 < \alpha < 1$, so gilt $x_1 < x_2 := \alpha x_1 + (1 - \alpha) y_2 < y_2$, und daher folgt aus (A.10) mit $y_1 := x_2$, dass gilt $\frac{\varphi(x_2)-\varphi(x_1)}{x_2-x_1} \leq \frac{\varphi(y_2)-\varphi(x_2)}{y_2-x_2}$, bzw. $\varphi(x_2)(y_2 - x_2) - \varphi(x_1)(y_2 - x_2) \leq \varphi(y_2)(x_2 - x_1) - \varphi(x_2)(x_2 - x_1)$. Umgeformt ergibt das $\varphi(x_2)(y_2 - x_1) \leq (y_2 - x_2)\varphi(x_1) + (x_2 - x_1)\varphi(y_2)$, bzw. $\varphi(x_2) \leq \frac{y_2-x_2}{y_2-x_1}\varphi(x_1) + \frac{x_2-x_1}{y_2-x_1}\varphi(y_2) = \alpha\,\varphi(x_1) + (1-\alpha)\,\varphi(y_2)$. Damit ist auch die umgekehrte Richtung gezeigt.

Lemma A.47. *Ist $\varphi : (a, b) \to \mathbb{R}$ konvex, so ist φ auf jedem abgeschlossenen Intervall $[c, d] \subset (a, b)$ absolut stetig.*

Beweis. Sind (c_i, d_i), $i = 1, ..., n$ disjunkte Intervalle aus $[c, d]$, für die gilt $\sum_{i=1}^{n}(d_i - c_i) < \delta$, so folgt aus (A.10) mit $0 < \Delta < \min\{(c - a), (b - d)\}$

$$C_u := \frac{\varphi(c) - \varphi(a + \Delta)}{c - a - \Delta} \leq \frac{\varphi(d_i) - \varphi(c_i)}{d_i - c_i} \leq C_o := \frac{\varphi(b - \Delta) - \varphi(d)}{b - \Delta - d}.$$

Daher gilt $|\varphi(d_i) - \varphi(c_i)| \leq \max\{|C_o|, |C_u|\} (d_i - c_i) \quad \forall\ i = 1, \ldots, n$, und daraus folgt $\sum\limits_{i=1}^{n} |\varphi(d_i) - \varphi(c_i)| \leq \max\{|C_0|, |C_n|\} \delta$.

Lemma A.48. *Ist $\varphi : (a, b) \to \mathbb{R}$ konvex, so sind die linksseitigen Differenzenquotienten in jedem Punkt $x \in (a, b)$ monoton fallend, die rechtsseitigen Differenzenquotienten sind monoton steigend, und es gilt stets*

$$\frac{\varphi(y) - \varphi(x)}{y - x} \leq \frac{\varphi(z) - \varphi(x)}{z - x} \quad \forall\ y < x < z\,,$$

d.h. ein linksseitiger Differenzenquotient in x kann nie größer als ein rechtsseitiger Differenzenquotient in diesem Punkt sein.

Beweis. Alle Aussagen des Lemmas folgen unmittelbar aus Ungleichung (A.10).

Folgerung A.49. *Ist $\varphi : (a, b) \to \mathbb{R}$ konvex, so existieren in jedem $x \in (a, b)$ die linksseitige Ableitung $\partial^l \varphi(x) := \lim\limits_{y \nearrow x} \frac{\varphi(y) - \varphi(x)}{y - x}$ und die rechtsseitige Ableitung $\partial^r \varphi(x) := \lim\limits_{y \searrow x} \frac{\varphi(y) - \varphi(x)}{y - x}$, wobei gilt $\partial^l \varphi(x) \leq \partial^r \varphi(x)$.*
Die Ableitung φ'existiert bis auf höchstens abzählbar viele Punkte und sie wächst monoton.
Aus $a < x < y < b$ folgt außerdem $\partial^r \varphi(x) \leq \partial^l \varphi(y)$.

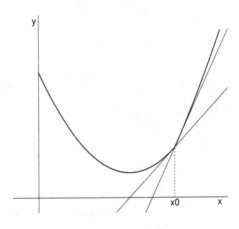

Abb. A.2. unterschiedliche links- und rechtsseitige Ableitungen in x_0

Beweis. Dass $\partial^l\varphi$, $\partial^r\varphi$ existieren und dass $\partial^l\varphi \leq \partial^r\varphi$ gilt, folgt unmittelbar aus dem obigen Lemma.

Ist $x < y$, so gilt $\partial^r\varphi(x) \leq \frac{\varphi(y)-\varphi(x)}{y-x} \leq \partial^l\varphi(y) \leq \partial^r\varphi(y)$. Daher ist die Funktion $g(x) := \partial^r\varphi(x)$ monoton und hat somit nur höchstens abzählbar viele Unstetigkeiten mit $g(x) - g_-(x) > 0$. Wegen $\partial^r\varphi(x) - \partial^l\varphi(x) \leq g(x) - g_-(x)$ gibt es deshalb auch nur höchstens abzählbar viele x mit $\partial^r\varphi(x) - \partial^l\varphi(x) > 0$.

Folgerung A.50. *Ist $\varphi : (a,b) \to \mathbb{R}$ konvex, so gilt für jedes $x \in (a,b)$*

$$\varphi(y) \geq \varphi(x) + k\,(y - x) \quad \forall\,y \in (a,b)\,, \; k \in \left[\partial^l\varphi(x), \partial^r\varphi(x)\right]\,, \qquad (A.15)$$

d.h. die Funktion φ liegt stets oberhalb ihrer Tangenten.

Beweis. Aus den obigen Ausführungen folgt sofort, dass für $y < x < z$ gilt $\frac{\varphi(x)-\varphi(y)}{x-y} \leq \partial^l\varphi(x) \leq \partial^r\varphi(x) \leq \frac{\varphi(z)-\varphi(x)}{z-x}$. Die rechte Ungleichung impliziert $\varphi(z) \geq \varphi(x) + \partial^r\varphi(x)\,(z - x) \geq \varphi(x) + k\,(z - x)\,\forall\,z > x\,,\;k \leq \partial^r\varphi(x)$. $\varphi(y) \geq \varphi(x) + \partial^l\varphi(x)\,(y - x) \geq \varphi(x) + k\,(y - x)\,\forall\,y < x\,,\;k \geq \partial^l\varphi(x)$. folgt aus der linken Ungleichung, und damit gilt für jedes $k \in [\partial^l\varphi(x), \partial^r\varphi(x)]$

$$\varphi(y) \geq \varphi(x) + k\,(y - x)\,\forall\,y \in (a,b)\,.$$

Satz A.51 (Tangentensatz). *Ist $\varphi : (a,b) \to \mathbb{R}$ konvex, so gibt es Folgen (c_n) und (d_n) aus $\mathbb{R}$, sodass*

$$\varphi(y) = \sup_n\{c_n\,y + d_n\} \quad \forall\,y \in (a,b)\,. \qquad (A.16)$$

Beweis. Definiert man für die rationalen Zahlen q_n aus (a,b) $c_n := \partial^r\varphi(q_n)$ und $d_n := \varphi(q_n) - \partial^r\varphi(q_n)\,q_n$, so gilt nach Folgerung A.50

$$\varphi(y) \geq \varphi(q_n) + \partial^r\varphi(q_n)\,(y - q_n) = c_n\,y + d_n \quad \forall\,y \in (a,b)\,,\;\forall\,n \in \mathbb{N}\,.$$

Somit gilt $\varphi(y) \geq \sup_n\{c_n\,y + d_n\} \quad \forall\,y \in (a,b)$. Aber für jede Teilfolge (q_{n_k}) mit $a < q_{n_k} \nearrow y$ gilt wegen Lemma A.47 und Folgerung A.49

$$|\varphi(y) - c_{n_k}\,y - d_{n_k}| = |\varphi(y) - \varphi(q_{n_k}) - \partial^r\varphi(q_{n_k})\,(y - q_{n_k})|$$
$$\leq |\varphi(y) - \varphi(q_{n_k})| + \max\left\{|\partial^r\varphi(q_{n_1})|\,, |\partial^r\varphi(y)|\right\}\,|y - q_{n_k}| \to 0\,.$$

Damit ist der Satz bewiesen.

Lemma A.52. *Ist φ auf (a,b) differenzierbar und ist φ' monoton wachsend, so ist φ konvex. Speziell ist φ konvex, wenn es 2- mal differenzierbar mit $\varphi'' \geq 0$ ist.*

Beweis. Ist $x < y < z$, so folgt aus dem Mittelwertsatz (Satz A.42), dass ein $u \in [x,y]$ und ein $v \in [y,z]$ existieren mit

$$\frac{\varphi(y) - \varphi(x)}{y - x} = \varphi'(u) \leq \varphi'(v) = \frac{\varphi(z) - \varphi(y)}{z - y}\,.$$

Umgeformt ergibt das $\varphi(y)\,[(z-y)+(y-x)] \leq (z-y)\,\varphi(x)+(y-x)\,\varphi(z)$, woraus folgt $\varphi(y) \leq \frac{z-y}{z-x}\,\varphi(x) + \frac{y-x}{z-x}\,\varphi(z)$. F für $\alpha := \frac{z-y}{z-x}$ gilt $y = \alpha\,x + (1-\alpha)\,z$, sodass dies äquivalent ist zu $\varphi(\alpha\,x + (1-\alpha)\,z) \leq \alpha\,\varphi(x) + (1-\alpha)\,\varphi(z)$.

Bemerkung A.53. *Ist φ konkav, so ist $-\varphi$ konvex, daher erübrigt sich eine gesonderte Betrachtung konkaver Funktionen.*

A.6 Trigonometrie

Wir begnügen uns hier mit der üblichen elementargeometrischen Definition der Winkelfunktionen, wobei Winkel im Bogenmaß angegeben werden.

Definition A.54. *Die x-Koordinate des Punktes $\mathbf{x}$ des Kreisbogens der Länge α, der auf dem Einheitskreis im Punkt $\mathbf{1} := (1, 0)$ beginnt und gegen den Uhrzeigersinn führt, wird mit $\cos \alpha$ bezeichnet. Die y-Koordinate von $\mathbf{x}$ nennt man $\sin \alpha$.*

Wenn man den Kreisumfang mit 2π bezeichnet, so ergeben sich unmittelbar aus der Definition die folgenden Beziehungen:

$$\sin(-\alpha) = -\sin(\alpha), \ \cos(-\alpha) = \cos(\alpha), \ \cos(\alpha \pm \pi) = -\cos\alpha . \qquad (A.17)$$

Vertauschung der x- und y-Achse liefert

$$\sin \alpha = \cos\left(\frac{\pi}{2} - \alpha\right) = \cos\left(\alpha - \frac{\pi}{2}\right) . \qquad (A.18)$$

Da der Punkt $\mathbf{x} = (\cos\alpha, \sin\alpha)$ definitionsgemäß auf dem Einheitskreis liegt, gilt natürlich auch

$$\sin^2\alpha + \cos^2\alpha = 1 . \qquad (A.19)$$

Satz A.55 (Additionssatz für Sinus und Kosinus).

$$\cos(\alpha \pm \beta) = \cos\alpha \cos\beta \mp \sin\alpha \sin\beta , \qquad (A.20)$$

$$\sin(\alpha \pm \beta) = \sin\alpha \cos\beta \pm \cos\alpha \sin\beta . \qquad (A.21)$$

Beweis. Sind $\mathbf{w} := (w_1, w_2)$ und $\mathbf{v} := (v_1, v_2)$ die zu den Winkeln α und β gehörigen Punkte auf dem Einheitskreis, so ist $\alpha - \beta$ der Winkel zwischen $\mathbf{w}$ und $\mathbf{v}$ und man erhält $\cos(\alpha - \beta)$ indem man die x-Achse in die Gerade durch den Ursprung $\mathbf{0} = (0, 0)$ und $\mathbf{v}$ verdreht und die x-Koordinate von $\mathbf{w}$ im neuen Koordinatensystem berechnet. Das ist aber nichts anderes als die Strecke $\overline{\mathbf{0}\,\mathbf{s}}$ zwischen dem Ursprung und dem Schnittpunkt der Geraden $g(x) := \frac{v_2}{v_1} x$ und der darauf Normalen durch den Punkt $\mathbf{w}$, die durch die Gleichung $h(x) := -\frac{v_1}{v_2} x + \frac{v_1}{v_2} w_1 + w_2$ bestimmt wird. Der Schnittpunkt hat die Koordinaten $s_1 = (v_1 w_1 + v_2 w_2) v_1$ und $s_2 = (v_1 w_1 + v_2 w_2) v_2$, und daher ist $v_1 w_1 + v_2 w_2$ die gesuchte Strecke $\overline{\mathbf{0}\,\mathbf{s}}$. Somit gilt

$$\cos(\alpha - \beta) = v_1 w_1 + v_2 w_2 . \qquad (A.22)$$

Wegen $v_1 = \cos\beta$, $v_2 = \sin\beta$, $w_1 = \cos\alpha$, $w_2 = \sin\alpha$ ergibt das

$$\cos(\alpha - \beta) = \cos\alpha \cos\beta + \sin\alpha \sin\beta .$$

Ersetzt man β durch $-\beta$, so liefert das die Formel für $\cos(\alpha + \beta)$.

Mit Hilfe der Gleichungen (A.17) und (A.18) kann man die Beziehung (A.21) auf (A.20) zurückführen.

Satz A.56.

$$\lim_{\alpha \to 0} \frac{\sin \alpha}{\alpha} = 1 .$$ (A.23)

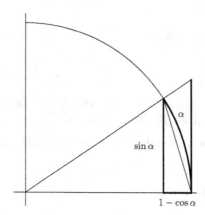

Abb. A.3. Beweisskizze zu $\lim\limits_{\alpha \to 0} \frac{\sin \alpha}{\alpha} = 1$

Beweis. Der Abstand zwischen den Punkten $(\cos \alpha, \sin \alpha)$ und $(1, 0)$ beträgt $\sqrt{(1 - \cos \alpha)^2 + \sin^2 \alpha}$ und ist kleiner als die Länge α des Kreisbogens zwischen diesen Punkten. Daraus folgt $\sin^2 \alpha \leq \alpha^2$ bzw. $|\sin \alpha| \leq |\alpha|$. Zusammen mit $\alpha \leq \tan \alpha$ führt dies zu $\sin \alpha < \alpha < \tan \alpha = \frac{\sin \alpha}{\cos \alpha}$. Daraus folgt $\cos \alpha < \frac{\sin \alpha}{\alpha} < 1 \;\Rightarrow\; 1 = \lim\limits_{\alpha \to 0} \cos \alpha \leq \liminf\limits_{\alpha \to 0} \frac{\sin \alpha}{\alpha} \leq \limsup\limits_{\alpha \to 0} \frac{\sin \alpha}{\alpha} \leq 1$.

Folgerung A.57.

$$\cos \alpha = 1 - 2 \sin^2 \frac{\alpha}{2} \geq 1 - \frac{\alpha^2}{2} .$$ (A.24)

Beweis. Aus Satz A.55 folgt $\cos \alpha = \cos^2 \frac{\alpha}{2} - \sin^2 \frac{\alpha}{2}$. Daraus erhält man

$$\cos \alpha + 2 \sin^2 \frac{\alpha}{2} = \cos^2 \frac{\alpha}{2} + \sin^2 \frac{\alpha}{2} = 1 \;\Rightarrow\; \cos \alpha = 1 - 2 \sin^2 \frac{\alpha}{2} .$$

Wegen $\sin^2 \frac{\alpha}{2} \leq \frac{\alpha^2}{4}$ (siehe im Beweis oben) gilt damit auch $\cos \alpha \geq 1 - \frac{\alpha^2}{2}$.

Lemma A.58. $\sin' \alpha = \cos \alpha$, $\cos' \alpha = -\sin \alpha$.

Beweis. Aus Satz A.55 folgt

$$\sin(\alpha + h) = \sin \left((\alpha + \frac{h}{2}) + \frac{h}{2} \right) = \sin \left(\alpha + \frac{h}{2} \right) \cos \frac{h}{2} + \cos \left(\alpha + \frac{h}{2} \right) \sin \frac{h}{2}$$

$$\sin \alpha = \sin \left((\alpha + \frac{h}{2}) - \frac{h}{2} \right) = \sin \left(\alpha + \frac{h}{2} \right) \cos \frac{h}{2} - \cos \left(\alpha + \frac{h}{2} \right) \sin \frac{h}{2}.$$

Daraus erhält man $\sin(\alpha + h) - \sin\alpha = 2\cos\left(\alpha + \frac{h}{2}\right)\sin\frac{h}{2}$. Unter Berücksichtigung von Satz A.56 folgt daraus schließlich

$$\lim_{h\to 0}\frac{\sin(\alpha + h) - \sin\alpha}{h} = \lim_{h\to 0}\cos\left(\alpha + \frac{h}{2}\right)\lim_{h\to 0}\frac{\sin\frac{h}{2}}{\frac{h}{2}} = \cos\alpha.$$

Aus $\cos\alpha = \sin\left(\alpha + \frac{\pi}{2}\right)$ folgt $\cos'\alpha = \cos\left(\alpha + \frac{\pi}{2}\right) = -\sin\alpha$.

Satz A.59. $\sin\alpha = \sum_{i=0}^{\infty}(-1)^i\frac{\alpha^{2i+1}}{(2i+1)!}$, $\cos\alpha = \sum_{i=0}^{\infty}(-1)^i\frac{\alpha^{2i}}{(2i)!}$.

Beweis. Das folgt sofort aus dem Satz von Taylor (Satz A.43) mit $a = 0$, $b = \alpha$, weil in beiden Fällen gilt $0 \le \lim_n\left|\frac{f^{(n)}(x)}{n!}\alpha^n\right| \le \lim_n\left|\frac{\alpha^n}{n!}\right| = 0$. Wie leicht zu sehen, konvergieren die beiden obigen Reihen absolut.

A.7 Komplexe Analysis

Definition A.60. *Die Punkte der Zahlenebene $\mathbb{R}^2$ zusammen mit der durch $(x_1, x_2) + (y_1, y_2) := (x_1 + y_1, x_2 + y_2)$ definierten Addition und der durch $(x_1, x_2)(y_1, y_2) := (x_1 y_1 - x_2 y_2, x_1 y_2 + x_2 y_1)$ definierten Multiplikation werden als Körper der komplexen Zahlen bezeichnet. Für die Menge der komplexen Zahlen verwenden wir die Notation $\mathbb{C}$ anstatt $\mathbb{R}^2$. Ist $\mathbf{x} := (x_1, x_2)$, so nennt man x_1 den Realteil von $\mathbf{x}$ und bezeichnet ihn mit $\Re\mathbf{x}$, $\Im\mathbf{x} := x_2$ wird Imaginärteil genannt.*

Bemerkung A.61.

1. *Man kann leicht nachprüfen, dass die Körperaxiome tatsächlich erfüllt sind, wobei $\mathbf{0} := (0,0)$ das Nullelement und $\mathbf{1} := (1,0)$ das Einselement darstellt, und das zu $\mathbf{x} := (x_1, x_2) \neq \mathbf{0}$ bezüglich der Multiplikation inverse Element gegeben ist durch $\mathbf{x}^{-1} = \left(\frac{x_1}{x_1^2 + x_2^2}, \frac{-x_2}{x_1^2 + x_2^2}\right)$.*
2. *Fasst man $\mathbb{C}$ als Vektorraum über $\mathbb{R}$ auf und definiert man $\mathbf{i}$ als $\mathbf{i} := (0,1)$, so gilt $\mathbf{x} := (x_1, x_2) = x_1\mathbf{1} + \mathbf{i}x_2$, bzw., wenn man die Multiplikation mit dem Einselement nicht anschreibt, $\mathbf{x} = x_1 + \mathbf{i}x_2$. Das ist die für komplexe Zahlen übliche Notation, die auch hier von nun an verwendet wird.*
3. *Mit der obigen Bezeichnung gilt $\mathbf{i}^2 = -1$ bzw. $\mathbf{i} = \sqrt{-1}$.*

Definition A.62. *Ist $\mathbf{x} \in \mathbb{C}$, so heißt $\overline{\mathbf{x}} := \Re\mathbf{x} - \mathbf{i}\Im\mathbf{x}$ die zu $\mathbf{x}$ Konjugierte.*

Bemerkung A.63.

1. *Offensichtlich gilt $\overline{\mathbf{x} + \mathbf{y}} = \overline{\mathbf{x}} + \overline{\mathbf{y}}$, $\overline{\mathbf{x}\mathbf{y}} = \overline{\mathbf{x}}\,\overline{\mathbf{y}}$, $\mathbf{x} + \overline{\mathbf{x}} = 2\Re\mathbf{x}$, $\mathbf{x} - \overline{\mathbf{x}} = 2\mathbf{i}\Im\mathbf{x}$.*
2. *Die Abbildung $\langle \mathbf{x}, \mathbf{y}\rangle := \mathbf{x}\overline{\mathbf{y}}$ hat alle Eigenschaften eines inneren Produkts (siehe Definition A.74), deshalb wird durch $|\mathbf{x}| := \sqrt{\mathbf{x}\overline{\mathbf{x}}}$ eine Norm auf $\mathbb{C}$ definiert. Man nennt $|\mathbf{x}|$ den Absolutbetrag von $\mathbf{x}$. Klarerweise gilt $|\mathbf{x}| \in \mathbb{R}$.*

3. *Es gilt* $\max\{|\Re\mathbf{x}|, |\Im\mathbf{x}|\} \le |\mathbf{x}| \le |\Re\mathbf{x}| + |\Im\mathbf{x}|$.

4. *Aus Punkt 3 folgt* $\lim_n \mathbf{x}_n = \mathbf{x} \Leftrightarrow (\lim_n \Re\mathbf{x}_n = \Re\mathbf{x} \wedge \lim_n \Im\mathbf{x}_n = \Im\mathbf{x})$.

5. *Mit den obigen Bezeichnungen gilt* $\mathbf{x}^{-1} = \frac{\overline{\mathbf{x}}}{\langle\mathbf{x},\mathbf{x}\rangle}$.

6. *Mit* $\theta := \arg\mathbf{x} := \arctan\frac{\Im\mathbf{x}}{\Re\mathbf{x}} = \arccos\frac{\Re\mathbf{x}}{|\mathbf{x}|} = \arcsin\frac{\Im\mathbf{x}}{|\mathbf{x}|}$ *kann man* $\mathbf{x} \ne \mathbf{0}$
in trigonometrischer Form $\mathbf{x} = |\mathbf{x}|(\cos\theta + \mathbf{i}\sin\theta)$ *darstellen.* θ *wird als Argument von* $\mathbf{x}$ *bezeichnet. Auf Grund von Satz A.55 ergibt sich damit für die Multiplikation zweier komplexer Zahlen* $\mathbf{x} = |\mathbf{x}|(\cos\alpha + \mathbf{i}\sin\alpha)$ *und* $\mathbf{y} = |\mathbf{y}|(\cos\beta + \mathbf{i}\sin\beta)$ *die folgende Beziehung*

$$\mathbf{x}\,\mathbf{y} = (|\mathbf{x}|(\cos\alpha + \mathbf{i}\sin\alpha))(|\mathbf{y}|(\cos\beta + \mathbf{i}\sin\beta))$$
$$= |\mathbf{x}|\,|\mathbf{y}|(\cos(\alpha+\beta) + \mathbf{i}\sin(\alpha+\beta)). \tag{A.25}$$

Lemma A.64. *Die Reihe* $\sum\limits_{n=0}^{\infty} \frac{\mathbf{x}^n}{n!}$ *konvergiert auf* $\mathbb{C}$ *absolut, sodass jedem* $\mathbf{x} \in \mathbb{C}$ *durch* $e^{\mathbf{x}} := \sum\limits_{n=0}^{\infty} \frac{\mathbf{x}^n}{n!}$ *ein endlicher Wert zugewiesen wird. Die entsprechende Funktion wird (komplexe) Exponentialfunktion genannt.*

Beweis. Aus $\frac{\frac{|\mathbf{x}|^{n+1}}{(n+1)!}}{\frac{|\mathbf{x}|^n}{n!}} = \frac{|\mathbf{x}|}{n+1} < \frac{1}{2} \ \forall\, n > 2\,|\mathbf{x}|$ folgt nach dem Quotientenkriterium die absolute Konvergenz der Reihe. Nach Satz A.7 konvergiert daher auch die Reihe $\sum\limits_{n=0}^{\infty} \frac{\mathbf{x}^n}{n!}$.

Satz A.65.

1. $e^{\mathbf{x}+\mathbf{y}} = e^{\mathbf{x}}\,e^{\mathbf{y}} \ \ \forall\,\mathbf{x},\mathbf{y} \in \mathbb{C}$.

2. $\lim\limits_{\mathbf{x}\to 0} \frac{e^{\mathbf{x}}-1}{\mathbf{x}} = 1$.

3. $(e^{\mathbf{x}})' = e^{\mathbf{x}}$.

4. $e^{\mathbf{i}x} = \cos x + \mathbf{i}\sin x \ \ \forall\,x \in \mathbb{R}$ *(Euler'sche Formel).*

5. $|e^{\mathbf{i}x}| = 1 \ \ \forall\,x \in \mathbb{R}$.

6. $\overline{(e^{\mathbf{i}x})} = e^{-\mathbf{i}x}$.

7. $e^{\mathbf{x}} = e^{\Re\mathbf{x}}\,e^{\mathbf{i}\,\Im(\mathbf{x})} = e^{\Re\mathbf{x}}(\cos(\Im\mathbf{x}) + \mathbf{i}\sin(\Im\mathbf{x}))$.

8. $|e^{\mathbf{x}}| = e^{\Re\mathbf{x}}$.

9. $\frac{|e^{\mathbf{i}x}-1|}{|x|} \le 1 \ \ \forall\,x \in \mathbb{R}$.

10. $\lim\limits_{x\to 0} \frac{\Im(e^{\mathbf{i}x})}{x} = \lim\limits_{x\to 0} \frac{\sin x}{x} = 1$.

11. $\left|\frac{\Im(e^{\mathbf{i}x})}{x}\right| = \left|\frac{\sin x}{x}\right| \le 1$.

Beweis.

ad 1. :   Dies folgt aus Satz A.17 wegen

$$\mathbf{e^{x+y}} = \sum_{n=0}^{\infty} \frac{(\mathbf{x+y})^n}{n!} = \sum_{n=0}^{\infty} \sum_{k=0}^{n} \frac{\mathbf{x}^k}{k!} \frac{\mathbf{y}^{n-k}}{(n-k)!}$$

$$= \left(\sum_{n=0}^{\infty} \frac{\mathbf{x}^n}{n!} \right) \left(\sum_{m=0}^{\infty} \frac{\mathbf{y}^m}{m!} \right) = \mathbf{e^x \, e^y} \,.$$

ad 2. : Es gilt $\frac{\mathbf{e^x}-1}{\mathbf{x}} = 1 + \mathbf{x} \sum_{n=2}^{\infty} \frac{\mathbf{x}^{n-2}}{n!}$. Daraus folgt die Behauptung unmittel-

bar, da für $|\mathbf{x}| \leq 1$ gilt $\left| \mathbf{x} \sum_{n=2}^{\infty} \frac{\mathbf{x}^{n-2}}{n!} \right| \leq |\mathbf{x}| \sum_{n=2}^{\infty} \frac{|\mathbf{x}|^{n-2}}{(n-2)!} \leq |\mathbf{x}| \sum_{m=0}^{\infty} \frac{1}{m!} = |\mathbf{x}| \, \mathrm{e}$.

ad 3. : Aus den Punkten 1. und 2. folgt

$$(\mathbf{e^x})' = \lim_{h \to 0} \frac{\mathbf{e^{x+h}} - \mathbf{e^x}}{h} = \mathbf{e^x} \lim_{h \to 0} \frac{\mathbf{e^h} - 1}{h} = \mathbf{e^x} \,.$$

ad 4. : Dies folgt aus Lemma A.10 in Zusammenhang mit Satz A.59, denn die Summe der Reihen für $\cos x$ und $\mathbf{i} \sin x$ ergibt die Reihe für $\mathrm{e}^{\mathbf{i}x}$.

ad 5. : Wegen Punkt 4. gilt $\left| \mathrm{e}^{\mathbf{i}x} \right|^2 = \cos^2 x + \sin^2 x = 1$.

ad 6. : Dies folgt aus Punkt 4. und $\cos(-x) = \cos x$, $\sin(-x) = -\sin x$.

ad 7. : Wegen $\mathbf{x} = \Re \mathbf{x} + \mathbf{i} \Im \mathbf{x}$ folgt dies sofort aus den Punkten 1. und 4.

ad 8. : Dies folgt sofort aus den Punkten 5. und 7.

ad 9. : Wegen $\left| \mathrm{e}^{\mathbf{i}x} - 1 \right| \leq \left| \mathrm{e}^{\mathbf{i}x} \right| + 1 = 2$ ist die Aussage trivial für $|x| \geq 2$. Für $0 \leq |x| \leq 2$ gilt

$$\left| \mathrm{e}^{\mathbf{i}x} - 1 \right|^2 = \left(\mathrm{e}^{\mathbf{i}x} - 1 \right) \left(\mathrm{e}^{-\mathbf{i}x} - 1 \right) = 1 - \mathrm{e}^{\mathbf{i}x} - \mathrm{e}^{-\mathbf{i}x} + 1$$

$$= 2 - \sum_{k=0}^{\infty} \frac{\mathbf{i}^k x^k}{k!} - \sum_{k=0}^{\infty} \frac{(-1)^k \mathbf{i}^k x^k}{k!} = 2 \sum_{n=1}^{\infty} (-1)^{n-1} \frac{x^{2n}}{(2n)!} \,.$$

Daraus folgt $\frac{\left| \mathrm{e}^{\mathbf{i}x} - 1 \right|^2}{|x|^2} = 1 - 2 \sum_{n=2}^{\infty} (-1)^n \frac{x^{2n-2}}{(2n)!}$. Da für $0 \leq |x| \leq 2$ die

Glieder $\frac{x^{2n-2}}{(2n)!}$ der Reihe auf der rechten Seite der Gleichung monoton

gegen 0 fallen, impliziert Lemma A.5 $\quad 0 \leq \sum_{n=2}^{\infty} (-1)^n \frac{x^{2n-2}}{(2n)!} \leq \frac{x^2}{4!} \leq \frac{1}{6}$,

sodass auch in diesem Fall $\frac{\left| \mathrm{e}^{\mathbf{i}x} - 1 \right|}{|x|} \leq 1$ gelten muss.

ad 10. : $\lim_{x \to 0} \frac{\Im(\mathrm{e}^{\mathbf{i}x})}{x} = \lim_{x \to 0} \frac{\mathrm{e}^{\mathbf{i}x} - \mathrm{e}^{-\mathbf{i}x}}{2\mathbf{i}x} = \lim_{x \to 0} \frac{1}{2} \left(\frac{\mathrm{e}^{\mathbf{i}x} - 1}{\mathbf{i}x} + \frac{\mathrm{e}^{-\mathbf{i}x} - 1}{-\mathbf{i}x} \right)$. Daraus

folgt nach Punkt 2. $\lim_{x \to 0} \frac{\Im(\mathrm{e}^{\mathbf{i}x})}{x} = 1$. Dies ist ein anderer Beweis für

$\lim_{x \to 0} \frac{\sin x}{x} = 1$.

ad 11. : $\left| \frac{\Im(\mathrm{e}^{\mathbf{i}x})}{x} \right| = \left| \frac{\mathrm{e}^{\mathbf{i}x} - \mathrm{e}^{-\mathbf{i}x}}{2\mathbf{i}x} \right| \leq \frac{1}{2} \left(\left| \frac{\mathrm{e}^{\mathbf{i}x} - 1}{\mathbf{i}x} \right| + \left| \frac{\mathrm{e}^{-\mathbf{i}x} - 1}{-\mathbf{i}x} \right| \right) \leq 1$ nach Punkt 9.

Dies ist ein anderer Beweis für $\left| \frac{\sin x}{x} \right| \leq 1$.

A.8 Funktionalanalysis

Definition A.66. *Eine nichtleere Menge* $\mathbf{V}$ *heißt Vektorraum oder linearer Raum über* $\mathbf{K} := \mathbb{R}$ *oder* $\mathbf{K} := \mathbb{C}$, *wenn es eine Abbildung* $+ : \mathbf{V}^2 \to \mathbf{V}$ *gibt mit folgenden Eigenschaften*

1. $\mathbf{x}, \mathbf{y} \in \mathbf{V} \;\;\Rightarrow\;\; \mathbf{x} + \mathbf{y} = \mathbf{y} + \mathbf{x}$,
2. $\mathbf{x}, \mathbf{y}, \mathbf{z} \in \mathbf{V} \;\;\Rightarrow\;\; (\mathbf{x} + \mathbf{y}) + \mathbf{z} = \mathbf{x} + (\mathbf{y} + \mathbf{z})$,
3. $\exists\, \mathbf{0} \in \mathbf{V} : \mathbf{x} + \mathbf{0} = \mathbf{x} \;\;\forall\, \mathbf{x} \in \mathbf{V}$,
4. $\mathbf{x} \in \mathbf{V} \;\;\Rightarrow\;\; \exists\, -\mathbf{x} \in \mathbf{V} : \mathbf{x} - \mathbf{x} := \mathbf{x} + (-\mathbf{x}) = \mathbf{0}$,

und, wenn es eine „Multiplikation " $\cdot$ *gibt, die* $\mathbf{K} \times \mathbf{V}$ *abbildet in* $\mathbf{V}$ *und die die folgenden Eigenschaften hat*

1. $\alpha, \beta \in \mathbf{K}, \mathbf{x} \in \mathbf{V} \;\;\Rightarrow\;\; \alpha \cdot (\beta \cdot \mathbf{x}) = (\alpha\,\beta) \cdot \mathbf{x}$,
2. $1 \cdot \mathbf{x} = \mathbf{x} \;\;\forall\, \mathbf{x} \in \mathbf{V}$,
3. $\alpha, \beta \in \mathbf{K}, \mathbf{x} \in \mathbf{V} \;\;\Rightarrow\;\; (\alpha + \beta) \cdot \mathbf{x} = \alpha \cdot \mathbf{x} + \beta \cdot \mathbf{x}$,
4. $\alpha \in \mathbf{K}, \mathbf{x}, \mathbf{y} \in \mathbf{V} \;\;\Rightarrow\;\; \alpha \cdot (\mathbf{x} + \mathbf{y}) = \alpha \cdot \mathbf{x} + \alpha \cdot \mathbf{y}$.

Ist $\mathbf{K} := \mathbb{R}$, *so spricht man von einem reellen Vektorraum, und einen Vektorraum über* $\mathbf{K} := \mathbb{C}$ *nennt man einen komplexen Vektorraum.*
Statt $\alpha \cdot \mathbf{x}$ *schreibt man üblicherweise* $\alpha\,\mathbf{x}$.

Definition A.67. *Ist* $\mathbf{V}$ *ein Vektorraum über* $\mathbf{K}$, *so nennt man eine Abbildung* $T : \mathbf{V} \to \mathbf{K}$ *ein lineares Funktional, wenn*

$$T(\alpha\,\mathbf{x} + \beta\,\mathbf{y}) = \alpha\,T(\mathbf{x}) + \beta\,T(\mathbf{y}) \quad \forall\, \alpha, \beta \in \mathbf{K}, \; \mathbf{x}, \mathbf{y} \in \mathbf{V}\,. \tag{A.26}$$

Definition A.68. *Eine Seminorm* $\|.\|$ *ist eine Abbildung von einem Vektorraum* $\mathbf{V}$ *über* $\mathbf{K}$ *in* $\mathbb{R}$, *für die gilt*

1. $\|\alpha\,\mathbf{x}\| = |\alpha|\,\|\mathbf{x}\| \quad \forall\, \alpha \in \mathbf{K}, \; \mathbf{x} \in \mathbf{V}$,
2. $\|\mathbf{x} + \mathbf{y}\| \leq \|\mathbf{x}\| + \|\mathbf{y}\| \quad \forall\, \mathbf{x}, \mathbf{y} \in \mathbf{V}$.

Punkt 1. impliziert $\|\mathbf{0}\| = 0$. *Gilt zusätzlich* $\|\mathbf{x}\| = 0 \;\;\Rightarrow\;\; \mathbf{x} = \mathbf{0}$, *so spricht man von einer Norm.*

Definition A.69. *Ein Vektorraum* $\mathbf{V}$ *zusammen mit einer Norm ist ein normierter, linearer Raum. Ist der Raum* $\mathbf{V}$ *vollständig, wenn also zu jeder Cauchyfolge aus* $\mathbf{V}$ *ein Grenzwert in* $\mathbf{V}$ *existiert, so nennt man* $\mathbf{V}$ *einen Banachraum.*

Definition A.70. *Ist* $\mathbf{V}$ *ein normierter, linearer Raum, so nennt man ein lineares Funktional* T *auf* $\mathbf{V}$ *beschränkt, wenn* $\|T\| := \sup\{\|T(\mathbf{x})\| : \|\mathbf{x}\| \leq 1\} < \infty$. $\|T\|$ *wird als Norm von* T *bezeichnet.*

Bemerkung A.71. *Ist* $\mathbf{W} \subseteq \mathbf{V}$ *ebenfalls ein normierter, linearer Raum, also ein Teilraum von* $\mathbf{V}$, *so ist* $T|_{\mathbf{W}}$ *ein lineares Funktional auf* $\mathbf{W}$, *für das klarerweise gilt* $\|T|_{\mathbf{W}}\| \leq \|T\|$, *d.h. die Norm der Einschränkung eines beschränkten, linearen Funktionals auf einen Teilraum ist nie größer als die Norm des Funktionals selbst.*

Bemerkung A.72. *Es ist leicht zu sehen, dass die beschränkten, linearen Funktionale auf einem Banachraum* **V** *auch einen normierten, linearen Raum bilden.*

Definition A.73. *Unter dem zu einem Banachraum* **V** *dualen Raum versteht man den Raum der beschränkten, linearen Funktionale auf* **V** .

Definition A.74. *Ist* **V** *ein Vektorraum über* $\mathbf{K} := \mathbb{R}$ *oder* $\mathbf{K} := \mathbb{C}$, *so nennt man eine Abbildung* $\langle .,. \rangle$ *von* $\mathbf{V}^2$ *in* $\mathbf{K}$ *ein inneres Produkt, wenn*

1. $\langle \alpha \, \mathbf{x} + \beta \, \mathbf{y} , \mathbf{z} \rangle = \alpha \, \langle \mathbf{x} , \mathbf{z} \rangle + \beta \, \langle \mathbf{y} , \mathbf{z} \rangle \quad \forall \, \alpha , \beta \in \mathbf{K}, \ \mathbf{x} , \mathbf{y} , \mathbf{z} \in \mathbf{V}$,
2. $\langle \mathbf{x} , \mathbf{y} \rangle = \overline{\langle \mathbf{y} , \mathbf{x} \rangle} \quad \forall \, \mathbf{x} , \mathbf{y} \in \mathbf{V}$
   (in der obigen Gleichung bezeichnet $\overline{\alpha}$, $\alpha \in \mathbb{C}$ *die zu* α *konjugiert komplexe Zahl; dementsprechend gilt* $\langle \mathbf{x} , \mathbf{y} \rangle = \langle \mathbf{y} , \mathbf{x} \rangle$, *wenn* $\mathbf{K} := \mathbb{R}$*),*
3. $\langle \mathbf{x} , \mathbf{x} \rangle \geq 0 \quad \forall \, \mathbf{x} \in \mathbf{V}$,
4. $\langle \mathbf{x} , \mathbf{x} \rangle = 0 \iff \mathbf{x} = \mathbf{0}$.

Räume mit innerem Produkt werden auch als Prähilberträume bezeichnet.

Beispiel A.75. Wie man leicht sieht, wird durch

$$\langle \mathbf{v} , \mathbf{w} \rangle := \sum_{i=1}^{k} v_i \, w_i , \quad \mathbf{v} := (v_1, \ldots, v_k), \mathbf{w} := (w_1, \ldots, w_k) \in \mathbb{R}^k \qquad (A.27)$$

ein inneres Produkt auf $\mathbb{R}^k$ definiert.

Bemerkung A.76. *Sind* **v** *und* **w** *zwei Vektoren aus* $\mathbb{R}^2$, *so stimmt nach Gleichung* (A.22) *der Kosinus* $\cos(\mathbf{v}, \mathbf{w})$ *des Winkels zwischen* **v** *und* **w** *überein mit dem inneren Produkt der entsprechenden Einheitsvektoren, also*

$$\cos(\mathbf{x}, \mathbf{y}) = \frac{\langle \mathbf{v}, \mathbf{w} \rangle}{\|\mathbf{v}\| \, \|\mathbf{w}\|} . \qquad (A.28)$$

Satz A.77 (Cauchy-Schwarz'sche Ungleichung). *Ist* **V** *ein Prähilbertraum, so gilt mit* $\|\mathbf{x}\| := \sqrt{\langle \mathbf{x} , \mathbf{x} \rangle}$, $\mathbf{x} \in \mathbf{V}$

$$|\langle \mathbf{x} , \mathbf{y} \rangle| \leq \|\mathbf{x}\| \, \|\mathbf{y}\| \quad \forall \, \mathbf{x} , \mathbf{y} \in \mathbf{V}. \qquad (A.29)$$

Beweis. Wegen $\langle \mathbf{x} , \mathbf{0} \rangle = \langle \mathbf{x} , \mathbf{0} + \mathbf{0} \rangle = \langle \mathbf{x} , \mathbf{0} \rangle + \langle \mathbf{x} , \mathbf{0} \rangle$ gilt $\langle \mathbf{x} , \mathbf{0} \rangle = 0$. Daher ist die obige Gleichung für $\mathbf{y} = \mathbf{0}$ trivial. Ist $\mathbf{y} \neq \mathbf{0}$, so gilt

$$0 \leq \langle \mathbf{x} - \frac{\langle \mathbf{x} , \mathbf{y} \rangle}{\|\mathbf{y}\|^2} \, \mathbf{y} , \mathbf{x} - \frac{\langle \mathbf{x} , \mathbf{y} \rangle}{\|\mathbf{y}\|^2} \, \mathbf{y} \rangle$$

$$= \|\mathbf{x}\|^2 - 2 \, \frac{\langle \mathbf{x} , \mathbf{y} \rangle \, \overline{\langle \mathbf{x} , \mathbf{y} \rangle}}{\|\mathbf{y}\|^2} + \frac{\langle \mathbf{x} , \mathbf{y} \rangle \, \overline{\langle \mathbf{x} , \mathbf{y} \rangle}}{\|\mathbf{y}\|^2} = \|\mathbf{x}\|^2 - \frac{|\langle \mathbf{x} , \mathbf{y} \rangle|^2}{\|\mathbf{y}\|^2} .$$

Folgerung A.78. *Ist* **V** *ein Prähilbertraum, so ist* $\|\mathbf{x}\| := \sqrt{\langle \mathbf{x} , \mathbf{x} \rangle}$, $\mathbf{x} \in \mathbf{V}$ *eine Norm auf* **V** .

Beweis. Definitionsgemäß gilt $\|\mathbf{x}\| = 0 \Leftrightarrow \mathbf{x} = \mathbf{0}$, und $\|\alpha\,\mathbf{x}\| = |\alpha|\,\|\mathbf{x}\|$ ist klar. Daher genügt es die Dreiecksungleichung zu beweisen.
Sind $\mathbf{x}, \mathbf{y} \in \mathbf{V}$ mit $\langle \mathbf{x}, \mathbf{y} \rangle = a + ib$, $a, b \in \mathbb{R}$, so gilt

$$\|\mathbf{x} + \mathbf{y}\|^2 = \|\mathbf{x}\|^2 + \|\mathbf{y}\|^2 + \langle \mathbf{x}, \mathbf{y} \rangle + \overline{\langle \mathbf{x}, \mathbf{y} \rangle} = \|\mathbf{x}\|^2 + \|\mathbf{y}\|^2 + 2\,a$$
$$\leq \|\mathbf{x}\|^2 + \|\mathbf{y}\|^2 + 2\,|\langle \mathbf{x}, \mathbf{y} \rangle| \leq \|\mathbf{x}\|^2 + \|\mathbf{y}\|^2 + 2\,\|\mathbf{x}\|\,\|\mathbf{y}\| = (\|\mathbf{x}\| + \|\mathbf{y}\|)^2 \,.$$

Beispiel A.79. Die durch das innere Produkt aus Beispiel A.75 auf $\mathbb{R}^k$ definierte Norm $\|\mathbf{v}\| := \sqrt{\langle \mathbf{v}, \mathbf{v} \rangle} = \sqrt{\sum_{i=1}^{k} v_i^2}$ wird als euklidische Norm bezeichnet.

Definition A.80. *Ein Hilbertraum ist ein bezüglich der oben definierten Norm vollständiger Prähilbertraum.*

Definition A.81. *Zwei Vektoren eines Prähilbertraums* $\mathbf{V}$ *heißen orthogonal und man schreibt* $\mathbf{x} \perp \mathbf{y}$*, wenn* $\langle \mathbf{x}, \mathbf{y} \rangle = 0$*. Sie heißen orthonormal, wenn gilt* $\mathbf{x} \perp \mathbf{y} \wedge \|\mathbf{x}\| = \|\mathbf{y}\| = 1$*. Eine Teilmenge A von* $\mathbf{V}$ *ist ein Orthogonalsystem, wenn je zwei Vektoren aus A orthogonal sind, und A ist ein Orthonormalsystem, wenn je zwei Vektoren aus A orthonormal sind.*

Definition A.82. *Der Vektor* $\mathbf{s} := \left\langle \mathbf{y}, \frac{\mathbf{x}}{\|\mathbf{x}\|} \right\rangle \frac{\mathbf{x}}{\|\mathbf{x}\|} = \langle \mathbf{y}, \mathbf{x} \rangle \frac{\mathbf{x}}{\|\mathbf{x}\|^2}$ *wird die Projektion von* $\mathbf{y}$ *auf* $\mathbf{x}$ *genannt.*

Definition A.83. *Eine Drehung (um den Ursprung) ist eine lineare Abbildung* $T : \mathbb{R}^2 \to \mathbb{R}^2$*, für die gilt* $\|\mathbf{v}\| = \|T(\mathbf{v})\| \ \forall \ \mathbf{v} \in \mathbb{R}^2$ *und deren Matrix die Determinante 1 besitzt.*

Satz A.84. *Die* 2×2*-Matrix D ist genau dann die Matrix einer Drehung T, wenn* $\det D = 1$ *und* $\langle \mathbf{v}, \mathbf{w} \rangle = \langle T(\mathbf{v}), T(\mathbf{w}) \rangle \quad \forall \ \mathbf{v}, \mathbf{w} \in \mathbb{R}^2$ *.*

Beweis. Mit $\mathbf{v} = \mathbf{w}$ folgt aus $\langle \mathbf{v}, \mathbf{w} \rangle = \langle T(\mathbf{v}), T(\mathbf{w}) \rangle$ natürlich $\|\mathbf{v}\| = \|T(\mathbf{v})\|$.
Umgekehrt erhält man aus $\|\mathbf{v}\| = \|T(\mathbf{v})\| \quad \forall \ \mathbf{v} \in \mathbb{R}^2$

$$\|\mathbf{v}\|^2 + \|\mathbf{w}\|^2 + 2\,\langle \mathbf{v}, \mathbf{w} \rangle = \|v + w\|^2 = \|T(\mathbf{v} + \mathbf{w})\|^2 = \|T(\mathbf{v}) + T(\mathbf{w})\|^2$$
$$= \|T(\mathbf{v})\|^2 + \|T(\mathbf{w})\|^2 + 2\,\langle T(\mathbf{v}), T(\mathbf{w}) \rangle \Rightarrow \langle \mathbf{v}, \mathbf{w} \rangle = \langle T(\mathbf{v}), T(\mathbf{w}) \rangle \,.$$

Satz A.85. *Die zu einer Drehung T um den Ursprung gehörige Matrix D hat die Gestalt*

$$D = \begin{pmatrix} a & b \\ -b & a \end{pmatrix} \tag{A.30}$$

mit $\det D = a^2 + b^2 = 1$*, d.h. D kann dargestellt werden als*

$$D = \begin{pmatrix} \cos \alpha & \sin \alpha \\ -\sin \alpha & \cos \alpha \end{pmatrix} \tag{A.31}$$

mit geeignetem α *. Dieses* α *wird Drehwinkel genannt.*

Beweis. Ist $D = \begin{pmatrix} a & b \\ c & d \end{pmatrix}$ die Matrix von T, so werden die Vektoren $(1,0)$, $(0,1)$ und $(1,1)$ abgebildet auf (a,b), (c,d) und $(a+c, b+d)$. Wegen $\|\mathbf{v}\|^2 = \|T(\mathbf{v})\|^2$ bekommt man daraus die Gleichungen $a^2 + b^2 = 1$, $c^2 + d^2 = 1$ und

$$2 = a^2 + b^2 + c^2 + d^2 + 2(ac + bd) = 2 + 2(ac + bd). \Rightarrow ac = -bd$$

Daraus und aus $\det D = ad - bc = 1$ folgt $-bd^2 = acd = bc^2 + c \Rightarrow c = -b$. Dies eingesetzt in $ac = -bd$ liefert $ac = cd \Rightarrow a = d$ für $c \neq 0$. $c = b = 0$ und $a = -d$ würde $\det D = -1$ ergeben. Daher gilt $a = d$ auch bei $c = 0$.

Lemma A.86. *Für Drehungen T ist $\langle \mathbf{v}, T(\mathbf{v}) \rangle$ für alle $\mathbf{v}$ mit $\|\mathbf{v}\| = 1$ konstant.*

Beweis. Ist $D = \begin{pmatrix} a & b \\ -b & a \end{pmatrix}$ die Matrix von T, so wird $\mathbf{v} := (v_1, v_2)$ in den Vektor $(av_1 - bv_2, bv_1 + av_2)$ abgebildet und damit erhält man

$$\langle \mathbf{v}, T(\mathbf{v}) \rangle = av_1^2 - bv_1 v_2 + bv_1 v_2 + av_2^2 = a\|\mathbf{v}\| = a.$$

Literaturverzeichnis

1. Apostol, T.M.: *Mathematical Analysis*, Addison-Wesley, Reading, 1974.
2. Ash, R.B.; Doléans-Dade, C.A.: *Probability and Measure Theory*, Academic Press, San Diego, 2000.
3. Bauer, H.: *Maß- und Integrationstheorie*, W. de Gruyter, Berlin, 1992 .
4. Billingsley, P.: *Probability and Measure*, Wiley, New York, 1986.
5. Breiman, L.: *Probability*, SIAM, Philadelphia, 1993.
6. Capiński, M.; Kopp, E.: *Measure, Integral and Probability*, Springer, Berlin, 2004.
7. Doob, J.L.: *Stochastic Processes*, Wiley, New York, 1953.
8. Dudley, R.M.: *Real Analysis and Probability*, Cambridge University Press, Cambridge, 2002.
9. Elstrodt, J.: *Maß- und Integrationstheorie*, Springer, Berlin, 2005.
10. Feller, W.: *An Introduction to Probability Theory and its Applications, Vol.1*, Wiley, New York, 1968.
11. Feller, W.: *An Introduction to Probability Theory and its Applications, Vol.2*, Wiley, New York, 1971.
12. Galambos, J.: *Advanced Probability Theory*, Marcel Dekker,Inc., New York, 1988.
13. Halmos, P.R.: *Measure Theory*, Springer, Berlin, 1974.
14. Kingman, J.F.C.; Taylor, S.J.: *Introduction to Measure and Probability*, Cambridge University Press, Cambridge, 1966.
15. Kolmogorov, A.N.; Fomin, S.V.: *Reelle Funktionen und Funktionalanalysis*, Deutscher Verlag der Wissenschaften, Berlin, 1975.
16. Rényi, A.: *Foundations of Probability*, Holden-Day,Inc., San Francisco, 1970.
17. Rényi, A.: *Probability Theory*, North-Holland, Amsterdam, 1970.
18. Riesz, F.: *Gesammelte Arbeiten*, Verlag der Ungarischen Akademie der Wissenschaften, Budapest, 1960.
19. Riesz, F.; Sz-Nagy, B.: *Vorlesungen über Funktionalanalysis*, Deutscher Verlag der Wissenschaften, Berlin, 1982.
20. Royden, H.L.: *Real Analysis*, Macmillan Comp., New York, 1968.
21. Rudin, W.: *Analysis*, Oldenbourg, München, 2005.
22. Rudin, W.: *Reelle und Komplexe Analysis*, Oldenbourg, München, 1999.
23. Williams, D.: *Probability with Martingales*, Cambridge University Press, Cambridge, 2010.

Abkürzungs- und Symbolverzeichnis

Stichwortverzeichnis